ENCYCLOPÉDIE INDUSTRIELLE
Fondée par M.-C. Lechalas, Inspecteur général des Ponts et Chaussées en retraite

TRAITÉ

DE

CHIMIE ORGANIQUE

APPLIQUÉE

PAR

A. JOANNIS

PROFESSEUR A LA FACULTÉ DES SCIENCES DE BORDEAUX
CHARGÉ DE COURS A LA FACULTÉ DES SCIENCES DE PARIS

TOME PREMIER

GÉNÉRALITÉS. — CARBURES. — ALCOOLS
PHÉNOLS — ÉTHERS
ALDÉHYDES. — CÉTONES. — QUINONES
SUCRES

PARIS
GAUTHIER-VILLARS ET FILS, IMPRIMEURS-LIBRAIRES
DE L'ÉCOLE POLYTECHNIQUE, DU BUREAU DES LONGITUDES, ETC.
Quai des Grands-Augustins, 55

TRAITÉ

DE

CHIMIE ORGANIQUE APPLIQUÉE

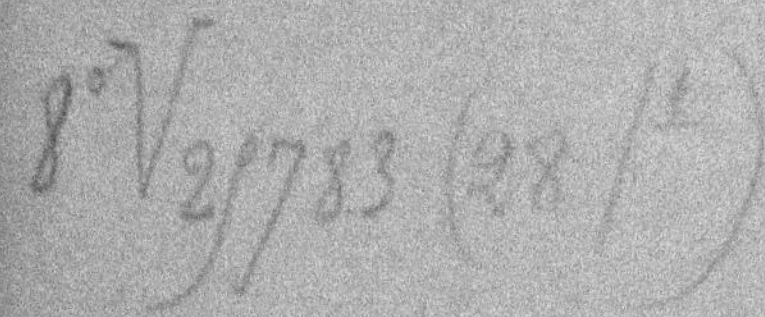

ENCYCLOPÉDIE INDUSTRIELLE

Fondée par M.-C. LECHALAS, Inspecteur général des Ponts et Chaussées en retraite

TRAITÉ

DE

CHIMIE ORGANIQUE

APPLIQUÉE

PAR

A. JOANNIS

PROFESSEUR A LA FACULTÉ DES SCIENCES DE BORDEAUX

CHARGÉ DE COURS A LA FACULTÉ DES SCIENCES DE PARIS

TOME PREMIER

GÉNÉRALITÉS. — CARBURES. — ALCOOLS
PHÉNOLS. — ÉTHERS
ALDÉHYDES. — CÉTONES. — QUINONES
SUCRES

PARIS

GAUTHIER-VILLARS ET FILS, IMPRIMEURS-LIBRAIRES

DE L'ÉCOLE POLYTECHNIQUE, DU BUREAU DES LONGITUDES, ETC.

Quai des Grands-Augustins, 55

1896

CHAPITRE PREMIER

GÉNÉRALITÉS

1. Objet de la chimie organique. — La chimie organique, qui avait, au début, pour objet la recherche et l'examen des composés que l'on trouve dans les êtres organisés, embrasse aujourd'hui l'étude de tous les composés du carbone. Aussi l'a-t-on souvent appelée la *chimie du carbone*. Le rôle extraordinaire de ce métalloïde, dont les composés connus sont plus nombreux que ceux de tous les autres corps, est en rapport avec le caractère particulier qu'il présente lorsqu'on le compare aux autres éléments.

2. Nature du carbone. — Le carbone, en effet, sous forme de diamant, de graphite ou de carbone amorphe, est un des rares corps simples qui ne suivent pas la loi si générale de *Dulong* et *Petit* relative aux chaleurs spécifiques. (V. art. 10.) Les anomalies que présentent la volatilité de ses composés et leur chaleur de formation tendent, en outre, à faire croire que nous ne connaissons que des états polymérisés de l'élément car-

bone. Les déductions que l'on peut tirer de l'étude des
autres corps simples conduisent à cette conclusion que le
carbone élémentaire doit être gazeux. En effet, tous les
corps composés sont moins volatils que les éléments qui
les constituent : ainsi l'union de corps gazeux donne
souvent des produits liquides ou solides, ou tout au moins
des gaz plus faciles à liquéfier que les gaz générateurs.
C'est ainsi que l'hydrogène et l'oxygène donnent un
composé liquide, l'eau ; que l'acide chlorhydrique et
l'ammoniac donnent un composé solide, le chlorure
d'ammonium ; que l'azote et l'hydrogène, gaz très difficiles à liquéfier, donnent un gaz facilement liquéfiable,
l'ammoniac, etc. Au contraire, le sulfure de carbone,
corps très volatil, serait obtenu à l'aide de deux corps
solides, le soufre et le carbone, si l'on considérait le
carbone que nous connaissons comme l'état élémentaire
de ce corps. Si, au contraire, le carbone élémentaire est
gazeux, la volatilité du sulfure de carbone n'est plus
une exception, c'est une conséquence de cet état gazeux.

Tous les métalloïdes dont le poids atomique est faible
sont gazeux ; les autres sont liquides ou solides. Or, le
carbone est, après l'hydrogène, le métalloïde dont le
poids atomique est le plus faible.

Les considérations thermo-chimiques conduisent à la
même conclusion : quand un corps simple peut se combiner suivant plusieurs proportions à un autre corps,
les quantités de chaleur qui accompagnent les fixations
successives du deuxième corps sur le premier sont voisines les unes des autres, mais vont en décroissant légèrement. C'est ainsi que :

$$Cu^2 \; + O = Cu^2O \qquad \text{dégage} + 42^c,0$$
$$Cu^2O + O = Cu^2O^2 \qquad \text{dégage} + 36^c,8$$

Or, le carbone donne deux composés oxygénés : CO et CO^2, dont voici les chaleurs de formation :

$$\underset{\text{(diamant)}}{C} + O = CO \qquad \text{dégage} + 25^c,8$$

$$CO + O = CO^2 \qquad \text{dégage} + 68^c,2$$

C'est là une anomalie. Mais, si l'on remarque que la variété de carbone qui a servi pour cette mesure (diamant) n'est pas l'élément carbone, mais un carbone polymérisé, et que cette polymérisation de l'élément a dégagé une certaine quantité de chaleur, on a, en désignant par Q cette chaleur de polymérisation :

$$\underset{\text{(élément)}}{C} = \underset{\text{(diamant)}}{C} \qquad \text{dégage} + Q$$
$$\left.\underset{\text{(diamant)}}{C} + O = CO \qquad \text{dégage} + 25^c,8 \right\} Q + 25^c,8$$
$$CO + O = CO^2 \qquad \text{dégage} + 68^c,2$$

Alors il suffira, pour que cette anomalie rentre dans la règle générale, que l'on ait :

$$Q + 25^c,8 \geqq 68^c,2$$

ou :

$$Q \geqq 42^c,4$$

Il résulterait de ce qui précède et d'un certain nombre d'autres remarques analogues que, dans toutes les réactions où du carbone est mis en liberté, il se polymérise aussitôt. Cette aptitude toute particulière de l'atome du carbone à se polymériser, c'est-à-dire à s'unir à d'autres atomes de carbone, est probablement la cause de l'existence de ces composés nombreux et parfois si complexes, si condensés, que l'on rencontre en chimie organique.

3. Synthèse chimique. Échelle de synthèse. Échelle de réduction. — Une des causes qui, au début, ont le plus contribué à faire de la chimie organique une chimie spéciale, différente par son objet et par ses procédés de la chimie minérale, est l'idée fausse, généralement admise alors, que les diverses fonctions de la vie organique utilisaient des forces d'une nature spéciale, des *forces vitales*, que le chimiste n'avait pas à sa disposition pour obtenir les composés qu'il trouvait dans les êtres vivants : « Le chimiste, écrivait Gerhardt en 1846, fait tout l'opposé de la nature vivante. Il brûle, détruit, opère par analyse ; la force vitale seule opère par synthèse, elle reconstruit l'édifice abattu par les forces chimiques. » En cela encore, la chimie organique différait de la chimie minérale, qui opérait le plus souvent par synthèse. Cependant, en 1824, près de vingt ans avant que Gerhardt n'écrivît la phrase que nous venons de citer, Wohler avait réalisé la première synthèse d'un corps observé jusque-là uniquement dans les liquides animaux : urine, sang, etc. En combinant l'ammoniaque et l'acide cyanique, corps que l'on savait obtenir directement, en partant des éléments azote, hydrogène, oxygène et carbone, Wohler obtint le cyanate d'ammonium, dont la composition chimique est la même que celle de l'urée, et qui se transforme en ce dernier corps quand on l'abandonne longtemps à lui-même, ou lorsqu'on le chauffe pendant un certain temps. Cette synthèse fut alors considérée comme un fait exceptionnel ; d'ailleurs, elle ne mettait pas sur la voie d'une méthode générale. C'est à M. Berthelot que l'on doit d'avoir réalisé la synthèse des principaux composés organiques. Ses belles expériences permettent, en partant du carbone et de l'hydrogène, d'obtenir un premier carbure, l'acétylène,

que l'on pourra ensuite transformer en d'autres carbures, soit en le chauffant au rouge sombre avec de
l'hydrogène, soit à l'aide d'autres composés que l'on sait
préparer en partant des éléments ; l'éthylène, obtenu
par exemple en chauffant au rouge sombre l'acétylène et
l'hydrogène, sera le point de départ de nouvelles synthèses ; agité avec de l'acide sulfurique, ce gaz est
absorbé, et la liqueur obtenue, additionnée d'eau et soumise à la distillation, donne de l'alcool. D'autre part,
sous l'influence de l'oxygène ou des matières oxydantes,
les carbures peuvent donner des acides ; c'est ainsi que
l'acétylène se transforme dans ces conditions en acide
acétique ou en acide oxalique. L'alcool, à son tour, permet d'obtenir des synthèses de corps plus compliqués ;
avec les acides il donne des éthers ; ceux-ci, traités par
l'ammoniaque, donnent, comme l'a montré Wurtz, des
alcalis organiques ; la synthèse des alcaloïdes, composés
qui se rapprochent des précédents, est moins avancée ;
cependant, par une suite de synthèses successives constituant ce que l'on appelle une *échelle de synthèse*, on a
obtenu la synthèse d'un certain nombre de corps à fonction chimique déjà assez complexe, tels que la glycolla-
mine (Perkin et Duppa), la sarcosine (Volhard), la né-
vrine (Wurtz), etc. Ces expériences de synthèse ont une
portée considérable ; d'abord, elles montrent que les
forces chimiques sont les mêmes, qu'elles se manifestent
dans nos appareils ou dans les organismes vivants ;
ensuite, elles mettent en évidence, de la façon la plus
précise, les relations qui existent entre les corps ; elles
nous renseignent en particulier sur leur constitution. La
décomposition inverse des corps complexes en composés
de plus en plus simples, qui constitue ce que l'on appelle
l'*échelle de décomposition*, donne aussi des renseignements

précieux sur la constitution des corps. Enfin, les synthèses chimiques ont donné lieu parfois à des applications industrielles importantes. Ainsi, en partant du toluène, carbure ayant des propriétés analogues à celles de la benzine, en le transformant en toluène chloré et en l'oxydant par l'azotate de plomb, on réalise la synthèse de l'essence d'amandes amères et, par suite, de l'acide benzoïque que l'on obtient ainsi industriellement (Lauth et Grimaux).

4. Lois fondamentales. — Les lois fondamentales de la chimie, trouvées à la fin du siècle dernier ou au commencement de ce siècle, en étudiant les composés de la chimie minérale, s'appliquent aux composés du carbone. Ces lois sont:

Loi des poids. — Le poids d'un composé est égal à la somme des poids des composants.

Loi des proportions définies. — Deux corps, pour former un même composé, se combinent toujours dans des proportions invariables.

Loi des proportions multiples. — Quand deux corps en se combinant peuvent former plusieurs composés, il y a toujours un rapport simple entre les différentes quantités de l'un des corps qui se combinent avec un même poids de l'autre.

5. Caractère particulier de la chimie organique. — Certains faits cependant donnent à la chimie organique un caractère spécial ; on y trouve en effet des séries nombreuses de composés ayant des propriétés analogues et des compositions soit identiques, soit variant d'une façon assez simple. On ne trouve pas de pareilles séries en chimie minérale. Tous les carbures d'hydrogène appelés carbures éthyléniques contiennent 85,71 0/0 de carbone et 14,29 0/0 d'hydrogène. Ces séries sont formées de corps dont les propriétés sont : les unes identiques ; les autres analogues et suivant une marche régulière. Par exemple, tous ces carbures jouissent de la propriété de donner un alcool, lorsqu'on les combine à un volume de vapeur d'eau égal au leur ; tous ces carbures, en se combinant à un volume égal d'hydrogène, fournissent une nouvelle série de carbures de propriétés analogues ; tous ces carbures convenablement oxydés fournissent des acides, etc. A côté de ces propriétés, identiques pour tous les termes de cette série, on en trouve d'autres qui varient lorsqu'on passe d'un terme à un autre, mais leur variation est régulière : ainsi les divers carbures éthyléniques, comparés à l'état de gaz ou de vapeur sous le même volume et la même pression, ont des poids très divers mais, si on les range par ordre de poids croissants, on trouve que ces poids sont entre eux comme la série des nombres, 2, 3, 4, 5, etc. Puis, si, conservant cet ordre, on considère une autre propriété physique telle que la volatilité, par exemple, on trouve de même une variation régulière, quand on passe d'un terme au suivant. Ainsi : le premier de ces gaz bout à — 103° ; le deuxième, au-dessous de 0° ; le troisième, à + 3° ; le quatrième, à 36° ; le cinquième, à 67° ; le sixième, à 98° ; le septième, à 123° ; le huitième, à 140° ; le neuvième, à 160° ; etc. L'existence de ces séries de corps analogues a des conséquences importantes : elle donne aux méthodes de chimie organique une grande généralité ; elle nécessite, lorsque les corps ont même composition centésimale, comme dans l'exemple des carbures éthyléniques que nous avons cités, de faire intervenir, pour fixer les formules de ces corps, des considérations dont la chimie minérale n'eut pas besoin au début, mais qu'elle utilise actuellement ; c'est la considération des densités à l'état de gaz ou à l'état de vapeur. C'est ce que nous allons développer maintenant.

6. Loi de Gay-Lussac. Conséquences. — Les expériences de Wenzel sur la double décomposition des sels et celles de Richter sur le déplacement des métaux dans les sels ont conduit les chimistes à reconnaître l'existence de nombres spécifiques pour chaque corps simple (nombres proportionnels, équivalents, poids atomiques) représentant, à un multiple simple près, les poids des divers corps simples qui entrent en combinaison. Suivant le système adopté, équivalents E ou poids atomiques P, on dira que le chlorure ferreux, qui résulte de la combinaison du fer (E = 28 ; P = 56) au chlore (E = 35,5 ; P = 35,5), est formé d'un équivalent de fer pour un de chlore (28 de fer pour 35,5 de chlore), ou d'un atome de fer pour deux atomes de chlore (56 de fer pour $2 \times 35,5$ de chlore).

Le système des équivalents fondé sur l'étude des doubles décompositions salines est particulièrement simple pour la représentation de ces réactions, mais il présente l'inconvénient de ne pas satisfaire aussi bien que celui des poids atomiques aux relations générales, telles que la loi de Dulong et Petit par exemple.

Le système des poids atomiques, qui satisfait à la loi de Dulong et Petit, présente donc déjà cet avantage d'avoir un caractère plus général; il est particulièrement commode pour l'étude de la chimie organique, et nous l'adopterons dans cet ouvrage. Voyons par quelles considérations on a été conduit à ce système.

Gay-Lussac, en comparant les volumes des gaz qui se combinent ou qui prennent naissance dans les combinaisons, a énoncé les lois suivantes: 1° *Quand deux gaz se combinent, les volumes de gaz qui entrent en combinaison sont toujours en rapport simple*; 2° *le volume du composé considéré à l'état gazeux est aussi en rapport simple avec les volumes des composants.*

Ainsi : 2 volumes d'hydrogène se combinent avec 1 volume d'oxygène et donnent 2 volumes de vapeur d'eau; 1 volume d'hydrogène se combine avec 1 volume de chlore et donne 2 volumes d'acide chlorhydrique; 3 volumes d'hydrogène se combinent avec 1 volume d'azote et donnent 2 volumes d'ammoniac, etc.

Ces lois découvertes toutes deux par l'expérience sont cependant des conséquences directes des nombres auxquels les expériences de Wenzel et de Richter ont conduit pour les équivalents en poids. En effet, considérons les corps simples gazeux ou dont on a pu prendre la densité de vapeur, et calculons le volume à l'état de gaz ou de vapeur occupé par les poids équivalents de ces corps, tels que ces nombres résultent des expériences de Wenzel et de Richter. C'est suivant ces volumes ainsi calculés, ou suivant des multiples simples de ces volumes que les corps se combineront. Quant aux volumes occupés par ces combinaisons, ils se calculeront en remarquant que le poids équivalent d'un composé est la somme des poids équivalents des corps qui le constituent et en faisant intervenir la densité de vapeur du composé. Soient : E_y, l'équivalent en poids d'un corps simple ou composé, exprimé en grammes; V, le volume qu'il occupe sous la pression 760 à la température de 0°, exprimé en litres; D, sa densité, à l'état de gaz ou de vapeur. On a, entre ces quantités, la relation suivante qui permet de calculer V :

$$E_p = V \times 1,293 \times D.$$

Le tableau suivant contient ces valeurs de V pour divers corps simples et composés :

Corps	E_p	D	V	E_c
Oxygène	8^{gr}	1,1056	5,594	1
Hydrogène	1	0,0695	11,126	2
Azote	14	0,9714	11,146	2
Chlore	35 ,5	2,47	11,163	2
Brome	80	5,54	11,173	2
Iode	127	8,716	11,239	2
Mercure	100	6,976	11,236	2
Acide chlorhydrique.	36 ,5	1,278	22,324	4
Acide bromhydrique.	81	2,71	22,314	4
Acide iodhydrique..	128	4,44	22,338	4
Acide fluorhydrique.	20	0,693	22,321	4
Acide sulfhydrique..	17	1,171	11,162	2
Acide azoteux	38	2,63	11,176	2
Acide sulfureux	32	2,25	11,149	2
Acide carbonique...	22	1,529	11,125	2
Acide hypochloreux.	43 ,5	3,02	11,154	2
Acide cyanhydrique.	27	0,948	22,314	4
Ammoniac	17	0,597	22,339	4
Vapeur d'eau	9	0,623	11,166	2

(Les sept premières lignes sont accolées sous « Corps simples » ; les suivantes sous « Corps composés ».)

On voit que les diverses valeurs de V correspondant aux corps simples sont toutes très voisines de 5 lit. 580, ou de 11 lit. 160, qui en est le double ; que, pour les corps composés, elles sont de même très voisines de 11 lit. 160, ou de 22 lit. 320, qui en est le double. Comme le rapport des poids suivant lesquels les corps se combinent est le rapport même de leurs équivalents en poids, ou ce rapport multiplié par un rapport simple il résulte de ce fait et des rapports simples qui existent entre les trois nombres 5 lit. 58, 11 lit. 16, 22 lit. 32, que le rapport des volumes des corps qui se combinent et des composés formés doit être lui-même simple.

Nous pouvons donc dresser un tableau des volumes des corps qui entrent en combinaison parallèle en quelque sorte au tableau des nombres proportionnels de Wenzel et de Richter.

Ainsi : 9 grammes ou 11 lit. 16 de vapeur d'eau sont formés avec 1 gramme ou 11 lit. 16 d'hydrogène et 8 grammes ou 5 lit. 58 d'oxygène ; 36 gr. 5 ou 22 lit. 32 d'acide chlorhydrique sont formés avec 1 gramme ou 11 lit. 16 d'hydrogène et 35 gr. 5 ou 11 lit. 16 de chlore ; 17 grammes ou 22 lit. 42 d'ammoniac sont formés avec 3 grammes ou 3×11 lit. 16 d'hydrogène et 14 grammes ou 11 lit. 16 d'azote.

De même que pour dresser le tableau des équivalents en poids on a été conduit à prendre l'hydrogène pour point de départ et à lui donner le poids équivalent 1, de même ici nous prendrons comme point de départ l'un des gaz ayant pour volume 5 lit. 58, et nous lui donnerons pour volume équivalent 1. Il résulte des remarques faites plus haut que les corps simples auront pour équivalent en volume 1 ou 2, et les corps composés 2 ou 4. Ces nombres se trouvent dans la colonne E_v du tableau précédent.

La considération du volume des gaz ou des vapeurs conduit donc à un système de nombres spécifiques analogue à celui des équivalents en poids, c'est celui des équivalents en volumes.

On peut donc dire que l'équivalent en volume E_v d'un

corps est le volume (à l'état de gaz à $0°$ et 760) de son équivalent en poids, mais exprimé en une unité particulière qui vaut 5 lit. 580. On a donc : $V = 5,58\ E_v$, et, par suite, l'équation qui nous a servi à calculer le volume des corps devient en y remplaçant V par sa valeur :

$$E_p = E_v \times 5,58 \times 1,293 \times D$$

ou bien :

$$E_p = 7,215 \times E_v \times D.$$

Cette formule est précieuse dans le système des équivalents en poids, parce qu'elle permet de déterminer l'une ou l'autre des trois quantités qui y figurent quand on connaît les deux autres. On peut la mettre sous une autre forme ; soit d la densité de l'hydrogène ; appliquons cette formule à l'hydrogène dont l'équivalent en poids est 1, et l'équivalent en volume 2, on a :

$$1 = 7,215 \times 2 \times d.$$

Et, en divisant ces deux équations membre à membre, il vient :

$$E_p = \frac{E_v}{2} \times \frac{D}{d} = \frac{E_v}{2} \times \Delta,$$

en désignant par Δ le quotient $\dfrac{D}{d}$ qui n'est autre chose que la densité du gaz par rapport à l'hydrogène.

Le tableau des équivalents en volume des corps simples se compose donc uniquement des nombres 1 ou 2 ; il est, par suite, beaucoup plus simple et plus facile à retenir que celui des équivalents en poids ; on doit seulement remarquer que l'équivalent en volume d'un corps composé n'est pas toujours la somme des équivalents en volume des corps qui le forment, mais qu'il est toujours égal à 2 ou à 4.

On aurait pu simplifier ces résultats en modifiant les équivalents en poids, de façon que tous les corps simples aient même volume, 11 lit. 16; il suffirait pour cela de doubler l'équivalent en poids des corps dont l'équivalent en volume est 1. On pouvait aussi convenir de donner aux corps composés une formule telle que leur équivalent en volume fût toujours 4. De là, les trois formules employées pour représenter l'eau : HO, système des équivalents; H^2O^2, système des équivalents modifié de telle façon que tous les corps composés aient même équivalent en volume; et, enfin, H^2O, système deséquivalents modifié de façon que chaque symbole de corps simple représente un même volume : 11 lit. 16.

7. Poids moléculaires. — Le système des poids atomiques qui correspond aussi à un système de volumes simples s'appuie sur les considérations suivantes : la simplicité des lois physiques qui régissent les gaz semble indiquer la simplicité de leur constitution. L'absence, dans beaucoup de phénomènes, de constantes spécifiques pour chaque gaz, semble indiquer de plus des constitutions analogues. Ainsi le physicien qui étudie la compressibilité des gaz ne saurait dire s'il a affaire à de l'hydrogène, de l'azote ou de l'oxygène, à moins de pousser les mesures jusqu'à une grande approximation ; il en est de même lorsqu'il étudie leur dilatation sous l'influence de la chaleur, leur capacité calorifique rapportée à un même volume, etc. Les gaz, à un certain nombre de points de vue, n'ont pas de personnalité propre pour le physicien.

Ces considérations ont conduit Avogadro et Ampère à admettre l'hypothèse qu'un même volume de tous les gaz sous la même pression et à la même température renfermait le même nombre de molécules, de telle sorte que les poids d'un même volume, du litre par exemple, ou, ce qui revient au même, les densités des divers gaz, étaient proportionnels aux poids des molécules elles-mêmes de ces gaz. Si donc l'on prend pour unité le poids de la molécule d'hydrogène, l'oxygène, dont la densité est seize fois celle de l'hydrogène, aura une molécule dont le poids sera 16. Appelons donc Δ la densité d'un gaz par rapport à l'hydrogène; le poids p_m de la molécule d'un gaz sera donné avec cette hypothèse par la formule :

$$p_m = \Delta$$

qui n'est autre que la formule :

$$E_g = \frac{E_c}{2} \times \Delta$$

dans laquelle on modifie l'équivalent en poids de telle manière qu'il occupe un volume constant de 11 lit. 16, de façon que l'on ait toujours $E_g = 2$.

Adoptons l'hypothèse d'Avogadro, en prenant *provisoirement* pour unité le poids de la molécule d'hydrogène : nous dirons *provisoirement* aussi : le poids moléculaire d'un corps est égal à sa densité par rapport à l'hydrogène.

8. Poids atomique. — Une première difficulté, facile à lever d'ailleurs, se présente dès le début. Considérons la combinaison du chlore et de l'hydrogène qui se fait à volumes égaux, en donnant un volume d'acide chlorhydrique égal à la somme des volumes de chlore et d'hydrogène. Avec l'hypothèse précédente, nous énoncerons ce résultat en disant que n molécules de chlore se sont combinées avec n molécules d'hydrogène pour donner $2n$ molécules d'acide chlorhydrique ; donc, chaque molécule d'acide chlorhydrique contient un poids de chlore qui est celui d'une demi-molécule de chlore et un poids d'hydrogène qui est celui d'une demi-molécule d'hydrogène ; si donc la molécule, au sens que lui donne l'hypothèse d'Avogadro, est la plus petite quantité d'un corps qui peut exister à l'état libre, il existe toutefois, mais à l'état de combinaison, des quantités de corps simples plus petites qu'à l'état libre, puisqu'une molécule d'acide chlorhydrique renferme une demi-molécule de chlore et une demi-molécule d'hydrogène ; aussi, il y a lieu de considérer des masses plus petites que les molécules, et on appelle *atome* la plus petite quantité d'un corps qui peut exister à l'état de combinaison dans une molécule de composé. La synthèse de l'acide chlorhydrique montre que les molécules de chlore et d'hydrogène doivent contenir chacune un nombre pair d'atomes. L'examen de toutes les combinaisons connues où entre l'hydrogène fait voir qu'il suffit d'admettre que cette molécule contient deux atomes. Il en est de même pour le chlore. On appellera alors poids atomique d'un corps le poids de l'atome ainsi défini. Mais, si l'on prend pour unité, comme nous l'avons fait *provisoirement*, le poids de la molécule d'hydrogène, le poids de l'atome d'hydrogène sera 1/2. Pour éviter ce nombre fractionnaire, nous prendrons *désormais* pour unité le poids de l'atome d'hydrogène. Dans ce système le poids moléculaire de l'hydrogène est 2 et, comme le volume occupé par 2 grammes d'hydrogène, à 0° et 760 millimètres, est de 22 lit. 320, nous donnerons pour

définition du poids moléculaire des corps indifféremment
l'une ou l'autre de ces définitions équivalentes :

Le poids moléculaire d'un gaz ou d'une vapeur est
le poids de 22 lit. 320 de ce gaz ramené à 0° et 760 millimètres.

Le poids moléculaire d'un gaz ou d'une vapeur est le
double de sa densité par rapport à l'hydrogène.

Ce poids moléculaire P_m est donné par l'une ou
l'autre des formules :

$$P_m = 28,86 \times D$$

D étant la densité du gaz par rapport à l'air, ou :

$$P_m = 2\Delta$$

Δ étant la densité du gaz par rapport à l'hydrogène.

On obtient ces formules en remplaçant dans les
formules données plus haut E_v par 4.

Le poids atomique d'un corps étant, comme nous
l'avons vu, la plus petite quantité de ce corps qui peut
exister en combinaison dans une molécule d'un corps
composé, pour déterminer le poids atomique d'un corps
on analysera toutes les combinaisons gazeuses ou volatiles que forme ce corps, et l'on déterminera les quantités q, q', q'', etc., de ce corps qui entrent dans une
molécule de ces composés, c'est-à-dire dans 22 lit. 320
mesurés à 0° et 760 millimètres. Le plus grand commun diviseur des quantités q, q', q'', etc., sera le poids
atomique de ce corps simple.

Le tableau ci-dessous donne les poids atomiques
et les poids moléculaires d'un certain nombre de
corps simples.

9. Tableau des poids moléculaires et des poids atomiques :

CORPS SIMPLES	SYMBOLES (Notation atomique)	POIDS MOLÉCULAIRE	POIDS ATOMIQUES	ÉQUIVALENTS
Hydrogène.....	H^2	2	1	1
Chlore.........	Cl^2	71	35,5	35,5
Brome.........	Br^2	160	80	80
Iode..........	I^2	254	127	127
Fluor.........	Fl^2	38	19	19
Oxygène......	O^2	32	16	8
Soufre........	S^2	64	32	16
Sélénium......	Se^2	158	79	39,5
Tellure	Te^2	250	125	62,5
Azote.........	Az^2	28	14	14
Phosphore.....	P^4	124	31	31
Arsenic.......	As^4	300	75	75
Mercure.......	Hg	200	200	100

Les poids moléculaires inscrits dans ce tableau ont été déterminés à l'aide de la densité à l'état de gaz ou de vapeur ; seuls, les éléments gazeux ou susceptibles d'être volatilisés dans des conditions permettant la mesure de la densité de vapeur y figurent. Les poids atomiques sont déterminés par l'analyse des combinaisons volatiles des corps simples, en rapportant les résultats à une molécule des composés, comme il a été dit plus haut.

On voit que la molécule de la plupart des corps renferme deux atomes, hydrogène, oxygène, etc. Ces corps sont dits biatomiques. Une molécule de phosphore renferme quatre atomes, le phosphore est dit tétratomique ; le mercure, dont la molécule ne renferme qu'un atome, est dit monoatomique (1).

(1) On emploie assez souvent l'expression de monoatomique, de biatomique, etc., dans un autre sens, au lieu de monovalent, bivalent, etc.

10. Loi de Dulong et Petit. — Les poids atomiques se trouvant ainsi définis pour un grand nombre de corps simples, nous pouvons maintenant énoncer la loi de Dulong et Petit : Le produit du poids atomique d'un corps simple par sa chaleur spécifique à l'état solide est un nombre constant, voisin de 6,4. — Cette loi est vérifiée pour tous les corps dont le poids atomique est connu, à l'exception du phosphore rouge, du carbone, du bore et du silicium. L'exception du phosphore rouge montre que les formes polymérisées des éléments ne suivent pas cette loi ; pour le carbone, nous avons vu, dès le début, les raisons qui font croire que les carbones que nous connaissons sont des formes polymérisées de l'élément carbone ; il en est probablement de même du bore et du silicium.

Si donc on admet que la loi de Dulong et Petit est générale, on pourra l'appliquer aux corps dont le poids atomique n'est pas fixé et déterminer ainsi, parmi les quelques nombres entre lesquels on peut hésiter, nombres qui sont d'ailleurs entre eux en rapport simple, quel est le véritable poids atomique.

11. Formules. — La condition que la formule d'un corps sera telle qu'elle représentera le poids de ce corps occupant 22 lit. 32 à 0° et sous la pression 760, permet de donner aux divers corps d'une même série, qui ont la même composition centésimale, des formules différentes. Ainsi : la série des carbures éthyléniques, que nous avons citée, se compose de corps gazeux ou volatils, dont on connaît la densité et dont nous déterminerons le poids moléculaire par la formule :

$$P_m = 28,86 \, D.$$

Soit $C^x H^y$ la formule d'un de ces carbures de densité D. Sachant qu'il contient 14,29 0/0 d'hydrogène, nous aurons l'équation :

$$\frac{y}{12x + y} = 0,1429,$$

qui jointe à l'équation :

$$12x + y = P_m = 28,86\,D$$

nous donnera x et y.

De la première équation on tire $y = 2x$, et de la deuxième :

$$14x = 28,86\,D, \quad \text{ou :} \quad x = 2,061\,D.$$

La première équation nous apprend la formule générale de cette série de carbures, que l'on peut représenter par $C^x H^{2x}$; et la seconde nous donnera les valeurs de n, c'est-à-dire les formules véritables pour chaque carbure dont on connaît la densité. Le tableau suivant contient ces résultats.

NOMS DES CARBURES	DENSITÉ D	PRODUIT (1) $2,061 \times D = x$	FORMULE
Éthylène..........	0,978	2,015	C^2H^4
Butylène..........	1 926	3 97	C^4H^8
Amylène..........	2 43	5 01	C^5H^{10}
Hexylène..........	2 925	6 03	C^6H^{12}

(1) Dans cette colonne on trouverait des nombres entiers si les gaz suivaient exactement les lois de Mariotte et de Gay-Lussac. Comme d'ailleurs x est un nombre entier, on prend pour x le nombre entier, toujours très voisin, du produit 2,061 par D.

Lorsque les corps ne sont pas volatils, cette méthode n'est pas applicable ; mais, comme elle a permis de trouver des relations entre les poids moléculaires que l'on a déterminés ainsi et d'autres constantes, on se sert de ces relations pour déterminer les poids moléculaires des substances non volatiles. Parmi les méthodes que l'on peut employer pour cela, les plus commodes sont celles qui utilisent l'abaissement du point de congélation (méthode cryoscopique) et l'abaissement de tension de vapeur (Raoult) (V. art. 25 ; B et C).

12. Formules brutes et formules de constitution. — Mais il n'y a pas que les corps homologues, de propriétés semblables, comme les carbures éthyléniques, qui aient même composition centésimale ; il existe des corps de propriétés très différentes qui, non seulement ont même composition centésimale, mais encore même poids moléculaire et, par suite, même formule. Tels sont, par exemple, l'éther méthylacétique, l'éther éthylformique et l'acide propionique, qui tous trois ont la même formule $C^3H^6O^2$. L'existence de ces corps de même formule montre qu'il faut faire un pas de plus, si on veut donner à tous ces corps une formule qui leur convienne, c'est-à-dire qui, tout en indiquant que la composition centésimale est la même, que la densité est la même, indique, en outre, en quoi leur constitution diffère ; de là, l'origine des formules de constitution.

« Découvrir la constitution atomique des composés organiques, a dit Wurtz (1), et par elle expliquer leurs propriétés et établir leurs relations, tel est le but de la chimie organique. »

(1) *Dictionnaire* de Wurtz. Discours préliminaire.

Lorsque Berzélius, complétant la nomenclature de Lavoisier, représenta par des symboles les corps simples, par des symboles groupés, ou formules, les corps composés, il permit aux chimistes, à l'inspection d'une formule, non seulement de connaître la composition qualitative des corps, mais aussi leur composition quantitative, grâce aux valeurs numériques affectées aux symboles. La considération des densités de vapeur permit, en outre, de donner à des corps de même composition centésimale, mais inégalement condensés, une formule indiquant à la fois cette composition centésimale identique et la valeur de cette condensation différente, comme le montre l'exemple des carbures éthyléniques que nous avons cités. Ces formules étaient d'abord suffisantes, elles ne le sont plus maintenant. Si nous voulons, en effet, représenter par des formules différentes l'acide propionique et les éthers méthylacétique et éthylformique auxquels les règles précédentes donnent la même formule $C^3H^6O^2$, il faut imaginer quelque chose de plus. Nous ne pouvons changer dans cette formule ni les rapports des nombres 3, 6, 2, ni même leur valeur absolue, si nous voulons que la formule continue à donner la composition centésimale et la condensation; il ne nous reste qu'à changer l'ordre relatif des symboles. C'est là une nécessité inévitable. Il faut donc, pour obtenir des formules représentant les corps sans ambiguïté, grouper de diverses façons les symboles des formules, que l'on admette ou non qu'à ces groupements des symboles correspond dans les corps eux-mêmes un groupement plus ou moins analogue des atomes. On pourrait grouper ces symboles suivant divers systèmes : comme exemple, nous allons exposer rapidement l'un d'eux ; il eut un grand succès, fut très fécond et conduisit au système le plus généralement adopté actuellement.

13. Notions sur les valences des éléments.
— La notion de la valence des éléments, ou, comme
l'on disait d'abord, de l'atomicité des éléments, base du
système actuel, s'est peu à peu introduite dans la science
et à peu près comme celle des nombres proportionnels : les expériences de doubles décompositions ont,
en effet, conduit à admettre l'existence de nombres proportionnels pour les bases et les acides (Wenzel), puis
celle de pareils nombres pour les métaux d'abord (Richter), puis par extension pour tous les corps simples. La
notion de l'atomicité des bases et des acides a été acquise
la première ; puis, on a fait dépendre l'atomicité de ces
composés de celle des groupes ou radicaux qu'ils contenaient, et, enfin, on a étendu aux éléments eux-mêmes
les notions que l'on venait d'acquérir sur l'atomicité des
corps composés et de leurs radicaux.

14. Théorie des types. — Un des systèmes imaginés au début pour formuler les corps est celui qui est
connu sous le nom de théorie des types. En 1839, Dumas,
dans un travail devenu classique, montra que le chlore
agissant sur l'acide acétique le transformait en un
composé, l'acide trichloracétique, ne différant du premier que par la substitution de trois atomes de chlore à
trois atomes d'hydrogène, les premiers jouant dans le
nouveau composé le même rôle que les seconds dans
l'acide acétique ; il ajoute que ces deux composés appartiennent au même *type chimique* et que les propriétés
des corps composés dépendent moins de la nature des
atomes qu'ils renferment que de leur groupement. Dix ans
plus tard, la découverte des ammoniaques composées,
par Wurtz, montra l'existence d'un nouveau type, le
type ammoniac. Les nouvelles bases qu'il venait de

découvrir différaient de l'ammoniac AzH^3 par la substitution à un atome d'hydrogène d'un groupe ou *radical*, l'éthyle C^2H^5, par exemple. Le radical éthyle jouait dans cette substitution le même rôle que l'atome de chlore dans l'expérience de Dumas. En 1851, Williamson, à la suite de ses expériences sur les éthers mixtes, crée le type eau $\left.\begin{smallmatrix}H\\H\end{smallmatrix}\right\}O$. En remplaçant dans cette formule un atome d'hydrogène par le radical éthyle, on a l'alcool ordinaire $\left.\begin{smallmatrix}C^2H^5\\H\end{smallmatrix}\right\}O$; en faisant de même pour le second atome d'hydrogène, on a l'éther ordinaire $\left.\begin{smallmatrix}C^2H^5\\C^2H^5\end{smallmatrix}\right\}O$. De même, si dans le type $\left.\begin{smallmatrix}H\\H\end{smallmatrix}\right\}O$ on remplace l'un ou les deux atomes d'hydrogène par du potassium, on a l'hydrate de potassium $\left.\begin{smallmatrix}K\\H\end{smallmatrix}\right\}O$ et la potasse anhydre $\left.\begin{smallmatrix}K\\K\end{smallmatrix}\right\}O$. La formule des sels de potassium s'obtient en remplaçant dans $\left.\begin{smallmatrix}K\\H\end{smallmatrix}\right\}O$ l'atome d'hydrogène par un radical acide, tel que l'acétyle C^2H^3O, et $\left.\begin{smallmatrix}K\\C^2H^3O\end{smallmatrix}\right\}O$ est la formule typique de l'acétate de potassium comme $\left.\begin{smallmatrix}C^2H^3O\\H\end{smallmatrix}\right\}O$ est la formule typique de l'acide acétique ordinaire et $\left.\begin{smallmatrix}C^2H^5\\C^2H^3O\end{smallmatrix}\right\}O$ la formule typique de l'éther éthylacétique. Ces deux derniers exemples nous montrent comment on peut représenter par des formules différentes les trois corps que nous citions plus haut : ils appartiennent au même type eau. Voici leurs formules :

$$\text{Éther méthylacétique.} \dots \quad \left.\begin{smallmatrix}CH^3\\C^2H^3O\end{smallmatrix}\right\}O$$

$$\text{— éthylformique.} \dots \quad \left.\begin{smallmatrix}C^2H^5\\CHO\end{smallmatrix}\right\}O$$

$$\text{Acide propionique} \dots \quad \left.\begin{smallmatrix}C^3H^5O\\H\end{smallmatrix}\right\}O$$

Laurent et Gerhardt généralisèrent encore l'idée des types, ils imaginèrent le type hydrogne $\left.\begin{array}{l}H\\H\end{array}\right\}$ qui comprend l'acide chlorhydrique $\left.\begin{array}{l}H\\Cl\end{array}\right\}$, le chlorure de potassium $\left.\begin{array}{l}K\\Cl\end{array}\right\}$, l'aldéhyde $\left.\begin{array}{l}H\\C^2H^3O\end{array}\right\}$, etc.

On a fait à cette théorie diverses objections ; elle avait l'inconvénient, ainsi généralisée, de faire rentrer dans un même type la potasse $\left.\begin{array}{l}K\\H\end{array}\right\}O$ et l'acide hypochloreux $\left.\begin{array}{l}Cl\\H\end{array}\right\}O$, corps qui ne sont plus, comme l'acide acétique et l'acide trichloracétique, des corps d'un même type comme constitution et comme propriétés. Le choix des divers types était, en outre, arbitraire. Cependant, malgré ses imperfections, la théorie des types fut féconde ; elle se prêtait bien, et c'était là son principal avantage, à exprimer les doubles réactions ; elle se prêtait beaucoup moins bien à représenter les dédoublements des corps.

Williamson introduit ensuite des types d'une nouvelle espèce, les types condensés tels que l'eau $\left.\begin{array}{l}H^2\\H^2\end{array}\right\}O^2$ ou $\left.\begin{array}{l}H^3\\H^3\end{array}\right\}O^3$. Du premier de ces types dérivait l'acide sulfurique ; le radical SO^2 remplaçant H^2, l'acide sulfurique s'écrivait $\left.\begin{array}{l}SO^2\\H^2\end{array}\right\}O^2$. Nous voyons apparaître ici un radical jouant le même rôle que deux atomes d'hydrogène. Puis, Odling imagina les types mixtes. Soient les deux molécules $\left.\begin{array}{l}H\\H\\H\\Cl\end{array}\right\}O$

et supposons que le radical sulfuryle SO^2 remplace encore deux atomes d'hydrogène n'appartenant pas à la même molécule, le schéma $SO^3\begin{array}{c} H \\ Cl \end{array}\Big|\begin{array}{c} O \end{array}$ représentera ce nouveau composé dérivé d'un type double mixte, c'est le chlorure de sulfuryle (1).

Étudions maintenant le système le plus généralement adopté aujourd'hui et voyons comment on y a été amené.

15. Valence des métaux et des radicaux. — Si l'on considère les formules représentant une molécule de divers sels, on constate qu'un atome de certains métaux remplace un atome d'hydrogène dans la formule de l'acide correspondant, tandis qu'un atome de certains autres remplace deux ou trois atomes d'hydrogène :

	A. azotique	A. sulfurique	A. phosphorique
Acides	AzO^3H	SO^4H^2	PO^4H^3, etc.
Sels de potassium.	AzO^3K	SO^4K^2	PO^4K^3
Sels de calcium...	$(AzO^3)^2Ca$	SO^4Ca	$(PO^4)^2Ca^3$
Sels de bismuth..	$(AzO^3)^3Bi$	$(SO^4)^3Bi^2$	PO^4Bi, etc

Ce même tableau montre aussi que, tandis que le radical AzO^3 peut saturer un atome de potassium, il faut deux groupes AzO^3 pour saturer un atome de calcium, trois groupes AzO^3 pour un atome de bismuth, etc. Il résulte de là que les métaux K, Ca, Bi peuvent remplacer respectivement un, deux ou trois atomes d'hydrogène, et, d'autre part, les radicaux considérés AzO^3, SO^4, PO^4, qui peuvent s'unir à un, deux ou trois atomes d'hydrogène ont aussi des capacités de saturation différentes.

(1) Remarquons, d'ailleurs, qu'on pourrait aussi le représenter comme le chlorure d'acétyle par une formule du type hydrogène.

Le second pas dans la voie de l'atomicité a été fait à la suite des belles expériences de M. Berthelot sur la glycérine. Ce savant a montré que la glycérine, qui joue le rôle d'un alcool, exigeait, pour être transformée en éther neutre complètement saturé, trois molécules d'un acide monobasique, et il compara la glycérine à l'acide phosphorique qui exige trois molécules de base pour être saturé : il y a donc entre la glycérine et l'alcool ordinaire la même relation qu'entre l'acide phosphorique, qui contient un radical PO^4 capable de s'unir à trois atomes d'hydrogène, et l'acide azotique qui contient un groupe AzO^3 capable de s'unir seulement à un atome d'hydrogène. La théorie des types pouvait représenter la glycérine comme elle avait représenté l'acide sulfurique en partant du type eau trois fois condensée $\left.\begin{array}{l}H^3\\H^3\end{array}\right\} O^3$.

Dans ce système, la glycérine s'écrivait $\left.\begin{array}{l}(C^3H^5)''\\H^3\end{array}\right\} O^3$, le radical glycérile C^3H^5 jouant le même rôle que trois atomes d'hydrogène et étant, comme on le disait alors, *tribasique* ; Wurtz fit alors faire à la théorie de l'atomicité cette deuxième étape dont nous avons parlé : il fait observer que le groupe C^3H^5 est tribasique, parce qu'il renferme deux atomes d'hydrogène de moins que le radical C^3H^7 qui, lui, ne peut remplacer qu'un atome d'hydrogène. Cette capacité de saturation des radicaux, qu'on nommait alors atomicité, dépend donc de leur composition. Cette idée, mise en avant par Wurtz, ne reposait alors que sur l'exemple de la glycérine ; elle devait presque aussitôt recevoir de Wurtz lui-même un nouvel appui par la découverte d'alcools intermédiaires entre l'alcool ordinaire et la glycérine, et cet appui fut d'autant plus important que ce fut l'idée même de Wurtz qui le conduisit à admettre l'existence d'alcools diatomiques et qui lui indiqua en même temps la marche à suivre pour les obtenir : ces alcools devaient contenir, d'après lui, un radical diatomique. Wurtz prit comme point de départ l'éthylène qui possède, en effet, cette propriété ; il le transforma en bibromure ; à ce bibromure devait correspondre un bihydrate, alcool diatomique, comme au bromure d'éthyle correspond un monohydrate, l'alcool ordinaire.

16. Valence du carbone. — Restait à franchir la troisième étape. L'atomicité des radicaux et des corps comme l'éthylène dépend de leur composition ; or, il existe une série de carbures d'hydrogène homologues que l'on appelle carbures saturés ; leur formule générale est C^nH^{2n+2}. Tous ces corps jouissent et jouissent seuls de la propriété de ne pas pouvoir se combiner au chlore : le chlore n'agit sur eux que par substitution, c'est-à-dire avec élimination d'un nombre d'atomes d'hydrogène égal à celui des atomes du chlore qui entrent en combinaison ; ils ne peuvent non plus se combiner à aucun autre corps. Les radicaux qui en proviennent par la perte d'un atome d'hydrogène sont monoatomiques, ceux qui en proviennent par la perte de deux atomes sont biatomiques, etc. Parmi ces carbures, le plus simple, le méthane, ou formène, CH^4, contient un atome de carbone et quatre atomes d'hydrogène ; il est saturé, et l'on dit que toutes les affinités du carbone et de l'hydrogène sont satisfaites. Le carbure suivant C^2H^6 contient pour deux atomes de carbone six atomes d'hydrogène et non huit, et cependant il est saturé. M. Kékulé a proposé l'explication suivante : un atome de carbone peut se combiner à quatre atomes d'un corps comme l'hydrogène, le chlore, ou à des radicaux capables de remplacer un atome d'hydrogène comme le méthyle par exemple. Dans le carbure C^2H^6, un atome de carbone est uni à trois atomes d'hydrogène et à un groupe CH^3 (équivalent lui-même à un atome d'hydrogène), ce qui complète sa saturation ; ou bien encore deux molécules de formène CH^4, en perdant chacune un atome d'hydrogène, deviennent des radicaux monoatomiques pouvant s'unir à un atome de chlore ou de brome, etc., mais pouvant aussi s'unir entre eux en donnant C^2H^6 que l'on représenterait dans la théorie des types par $\left.\begin{array}{c} CH^3 \\ CH^3 \end{array}\right\}$ dérivant du type hydrogène $\left.\begin{array}{c} H \\ H \end{array}\right\}$.

17. Représentation des carbures saturés.

— Dans la notation atomique on représente souvent par des traits les *liaisons* du carbone avec les autres éléments ou les autres groupes. Par exemple, le méthane CH^4 et l'éthane C^2H^6 sont représentés par les formules :

$$
\begin{array}{ccc}
& \text{H} & \text{H} \quad \text{H} & \text{H} \\
& | & | \quad | & | \\
\text{H--C--H,} & \text{H--C--C--H} & \text{ou} \quad \text{H--C--}(CH^3)' & \text{ou} \quad (CH^3)'\text{--}(CH^3)'. \\
& | & | \quad | & | \\
& \text{H} & \text{H} \quad \text{H} & \text{H}
\end{array}
$$

méthane $\qquad\qquad$ éthane

Tous les carbures saturés peuvent être ainsi représentés en satisfaisant à la tétravalence du carbone.

Considérons maintenant les carbures non saturés et prenons pour exemple les carbures éthyléniques, C^nH^{2n}. Le premier, l'éthylène C^2H^4, peut se combiner comme l'apprend l'expérience à deux atomes de chlore ou deux atomes d'hydrogène, etc. Il est donc diatomique. On pourrait le représenter par le schéma

$$-\overset{\overset{\displaystyle H}{|}}{\underset{\underset{\displaystyle H}{|}}{C}}-\overset{\overset{\displaystyle H}{|}}{\underset{\underset{\displaystyle H}{|}}{C}}-\text{mon-}$$

trant qu'il y a deux atomicités disponibles ; on préfère (1)

le représenter par

$$\overset{\overset{\displaystyle H}{|}}{\underset{\underset{\displaystyle H}{|}}{C}}=\overset{\overset{\displaystyle H}{|}}{\underset{\underset{\displaystyle H}{|}}{C}}.$$

La double liaison, en devenant simple, rendra disponibles les deux atomicités de l'éthylène.

Ce que l'on a été conduit à faire pour le carbone, on l'a fait de même pour les autres éléments en considérant le nombre maximum d'atomes de chlore ou d'hydrogène auquel un atome de chaque corps pouvait se combiner : le phosphore, par exemple, dont le chlorure le plus riche en chlore a pour formule PCl^5, est dit pentatomique. L'oxygène est diatomique, etc.

(1) Plusieurs raisons militent en faveur de cette seconde formule ; dans

les deux formules apparaissent deux groupes $\overset{\overset{\displaystyle H}{|}}{\underset{\underset{\displaystyle H}{|}}{C}}$ ou CH^2 qui diffèrent de

CH^4 par la perte de deux atomicités. Ces deux groupes CH^2 sont donc biatomiques ; en se combinant entre eux, leurs deux atomicités se saturent mutuellement, comme on l'admet pour l'union de tous les corps biatomiques, $Ca = S$, par exemple. La formule adoptée $CH^2 = CH^2$ n'exprime pas autre chose. Remarquons, en outre, que, sauf une ou deux exceptions (oxyde azotique, peroxyde d'azote), on n'a jamais obtenu de composés ayant un nombre impair d'atomicités non satisfaites, ce qui conduit à admettre que, dans les corps tels qu'ils existent, toutes les atomicités sont satisfaites. Les groupes qui ont 2, 4, 6, etc., atomicités disponibles peuvent exister parce qu'elles se saturent mutuellement. Elles ne peuvent plus être entièrement satisfaites pour les groupes ayant 1, 3, 5, etc., atomicités disponibles, et l'on constate qu'on ne peut obtenir en effet de pareils corps. Quand on cherche à obtenir le méthyle CH^3, par exemple, deux groupes CH^3 se soudent ensemble, et l'on obtient le diméthyle $CH^3 - CH^3$ ou éthane, où les atomicités sont toutes satisfaites.

L'atomicité des éléments ainsi définie est un nombre bien déterminé, qui ne pourra être changé que le jour où l'on découvrira un composé plus riche en chlore que celui qui a servi à fixer l'atomicité du corps simple en question. Le phosphore est pentatomique, et seule la découverte d'un chlorure plus riche en chlore que PCl^5 pourrait changer la valeur 5 de son atomicité. Mais il existe un autre chlorure de phosphore dont la formule est PCl^3; comment le représenter? On dit, d'ordinaire, que le phosphore peut être tantôt pentatomique, tantôt triatomique : il est pentatomique dans le perchlorure de phosphore, triatomique dans le trichlorure. L'atomicité est alors une propriété variable : l'azote est triatomique dans l'ammoniac AzH^3, pentatomique dans le chlorure d'ammonium AzH^4Cl. Toutefois, on a remarqué que l'atomicité des corps ne varie jamais qu'entre des nombres de même parité. On peut tout aussi bien admettre, grâce à cette remarque, que l'atomicité est un nombre déterminé sans ambiguïté; qu'elle est, par exemple, 5 pour l'azote, en admettant que deux des cinq atomicités peuvent se satisfaire mutuellement. Le chlorure d'ammonium et l'ammoniac se représenteront alors pas les schémas :

On avait admis en représentant l'éthane par $CH^3 — CH^3$ que deux groupes identiques, radicaux monoatomiques, ont de l'affinité l'un pour l'autre; on avait admis, en représentant la molécule d'hydrogène par $H — H$, que deux atomes identiques peuvent satisfaire leur affinité disponible l'un pour l'autre. Cette nouvelle hypothèse n'est qu'un pas de plus fait dans cette voie : deux atomicités d'un même atome peuvent se saturer mutuellement.

Nous avons jusqu'ici employé, dans ce rapide historique, les expressions de diatomique, triatomique, etc., pour désigner la capacité de combinaison des corps ; ce sont, en effet, ces mots que l'on a employés tout d'abord. Ils présentent, toutefois, un inconvénient, car ils sont parfois employés dans un autre sens (voir plus haut.) Dans la suite nous remplacerons le mot atomicité par le mot valence ; nous dirons, par exemple, le phosphore est un corps *pentavalent*, qui dans le trichlorure de phosphore a deux *valences* disponibles.

18. Tableau des valences de quelques corps simples. — Voici les valences des principaux corps simples :

	MONOVALENTS	BIVALENTS	TRIVALENTS	TÉTRAVALENTS	PENTAVALENTS	HEXAVALENTS
Métalloïdes	Hydrogène Chlore Brome Iode	Oxygène Soufre Sélénium Tellure	Bore	Carbone Silicium	Azote Phosphore Arsenic	
Métaux	Lithium Sodium Potassium Argent	Calcium Strontium Baryum Magnésium	Or Thallium	Étain Plomb (1)	Antimoine Bismuth	Osmium Ruthénium

(1) Le plomb est rangé dans cette série par suite de l'existence d'un plombo-tétréthyle $Pb\,(C^2H^5)^4$. Toutefois, dans la plupart de ses combinaisons, il joue le rôle d'un élément bivalent.

19. Isomérie. — Avant d'aborder l'étude de l'isomérie, résumons rapidement les hypothèses faites jusqu'ici pour arriver aux formules de constitution ; nous avons admis l'existence d'une capacité de saturation propre à chaque élément; nous avons admis que dans les composés que l'on a obtenus toutes les valences étaient satisfaites, mais en ayant recours à des liaisons simples ou multiples. L'expérience apprend que tous les composés de la chimie organique peuvent être représentés par des formules schématiques à l'aide de ces deux hypothèses. C'est là un résultat très important. En voici un autre qui l'est davantage et rend légitime l'emploi de ces hypothèses. Les valences étant toutes satisfaites dans les combinaisons que nous connaissons, les groupements assujettis à satisfaire ces valences ressortent du domaine de la *géométrie de relation*. On peut, étant donnée la formule brute d'un corps, déterminer par des considérations de géométrie une disposition des symboles satisfaisant aux valences des éléments correspondant à la formule brute donnée, et dans la plupart des cas on trouvera plusieurs dispositions satisfaisant à la formule et aux valences; le tableau suivant, relatif aux carbures saturés, est un exemple de ces représentations multiples :

$$CH^4, \quad H - \overset{\displaystyle H}{\underset{\displaystyle H}{\overset{|}{\underset{|}{C}}}} - H, \text{ ou plus simplement (1) } C :: H^4 ;$$

méthane

---

(1) Ce sont ces formules plus simples qui figureront dans la suite de cet ouvrage; nous les avons mises ici en regard des formules développées pour montrer comment on passe des unes aux autres.

$$C^2H^6 \text{ éthane} \qquad H-\overset{\displaystyle H}{\underset{\displaystyle H}{C}}-\overset{\displaystyle H}{\underset{\displaystyle H}{C}}-H \qquad\qquad \text{ou:} \qquad CH^3.CH^3 ;$$

$$C^3H^8 \text{ propane} \qquad H-\overset{\displaystyle H}{\underset{\displaystyle H}{C}}-\overset{\displaystyle H}{\underset{\displaystyle H}{C}}-\overset{\displaystyle H}{\underset{\displaystyle H}{C}}-H \qquad \text{ou:} \qquad CH^3.CH^2.CH^3 ;$$

C^4H^{10} butane et isomère

$$H-\overset{\displaystyle H}{\underset{\displaystyle H}{C}}-\overset{\displaystyle H}{\underset{\displaystyle H}{C}}-\overset{\displaystyle H}{\underset{\displaystyle H}{C}}-\overset{\displaystyle H}{\underset{\displaystyle H}{C}}-H \qquad \text{ou:} \quad CH^3.CH^2.CH^2.CH^3$$

ou :

$$H-\overset{\displaystyle H}{\underset{\displaystyle H}{C}}-\overset{\displaystyle H}{\underset{\displaystyle \underset{\displaystyle H}{|}}{C}}-\overset{\displaystyle H}{\underset{\displaystyle H}{C}}-H \qquad \text{ou :} \quad CH^3.CH:(CH^3,CH^3)$$

$$\text{ou :} \qquad C :: [H, (CH^3)^3] ;$$

C^5H^{12} pentane et isomère

$$H-\overset{\displaystyle H}{\underset{\displaystyle H}{C}}-\overset{\displaystyle H}{\underset{\displaystyle H}{C}}-\overset{\displaystyle H}{\underset{\displaystyle H}{C}}-\overset{\displaystyle H}{\underset{\displaystyle H}{C}}-\overset{\displaystyle H}{\underset{\displaystyle H}{C}}-H \qquad \text{ou:} \quad CH^3.CH^2.CH^2.CH^2.CH^3$$

ou :

$$H-\overset{\displaystyle H}{\underset{\displaystyle H}{C}}-\overset{\displaystyle H}{\underset{\displaystyle H}{C}}-\overset{\displaystyle H}{\underset{\displaystyle \underset{\displaystyle H}{|}}{C}}-\overset{\displaystyle H}{\underset{\displaystyle H}{C}}-H \qquad \text{ou;} \quad CH^3.CH^2.CH:(CH^2,CH^3)$$

$$
\begin{array}{c}
\text{ou :} \\[1em]
\mathrm{H} \\
| \\
\mathrm{H\ H-C-H\ H} \\
|\qquad |\qquad | \\
\mathrm{H-C-\!\!-\!\!-C-\!\!-\!\!-C-H} \quad \text{ou C} : : (CH^2, CH^3, CH^2, CH^3) \\
|\qquad |\qquad | \\
\mathrm{H\ H-C-H\ H} \\
| \\
\mathrm{H} \\[1em]
\text{ou C} : : (CH^3)^4, \text{ etc.}
\end{array}
$$

On voit que les trois premiers termes ne peuvent être représentés que d'une seule façon. Le quatrième, le carbure C^4H^{10}, peut être représenté de deux façons ; le cinquième, de trois façons ; le sixième, de cinq façons ; le septième, de neuf façons, etc.

Ces corps de même formule sont dits isomériques. La théorie ne prévoit l'existence que d'un méthane, d'un éthane et d'un propane ; elle prévoit celle de deux butanes, de trois pentanes, etc. L'expérience montre qu'en effet on n'a obtenu qu'un seul méthane, un seul éthane et un seul propane ; qu'on a obtenu, au contraire, deux butanes et trois propanes, etc. Pour tous les composés d'une formule donnée on a toujours obtenu un nombre de corps égal ou inférieur (1) au nombre des isomères prévus par la théorie, abstraction faite des corps doués de pouvoir rotatoire qui présentent une exception sur laquelle nous reviendrons. (V. art. 21.)

La théorie de l'atomicité permet donc, non seulement de représenter les corps que la théorie des types permettait aussi de distinguer, mais aussi des composés isomé-

______

(1) On admet alors que tous les isomères dont la théorie prévoit l'existence n'ont pas été encore obtenus.

riques que celle-ci était souvent impuissante à schématiser.

20. Formules de constitution. Exemple : constitution de la benzine. — L'existence de plusieurs schémas possibles pour la représentation des corps, schémas qui deviennent très nombreux dès que la molécule contient un certain nombre d'atomes, exige que l'on choisisse, entre toutes ces formules, géométriquement acceptables, celle qui l'est seule au point de vue chimique. Les faits que l'on prend en considération pour faire ce choix sont très variés ; quand le corps que l'on veut représenter appartient à une série de termes homologues dont le premier a une formule simple, il est facile, en général d'avoir sans ambiguité la formule de ce premier terme et d'en faire dériver celle de l'autre. L'ensemble de réactions d'un corps donne parfois de précieux renseignements : la notion des radicaux s'est introduite dans la science, parce que l'on a vu que, dans les transformations des corps, certains groupes d'éléments se transportaient, comme d'une seule pièce, d'un composé à l'autre. C'est ainsi que, dans le travail classique de Wœhler et Liebig sur l'essence d'amandes amères (1832), on voit intervenir le radical benzoyle qui se transporte, comme d'une pièce, d'un corps à l'autre, en formant avec l'hydrogène l'essence d'amandes amères, avec le chlore le chlorure de benzoyle, avec l'oxygène l'acide benzoïque anhydre, avec l'oxygène et l'oxhydryle l'acide benzoïque hydraté, etc. Toutes ces réactions tendent à faire mettre en évidence dans la formule de ce corps le groupe benzoyle.

Nous verrons, dans le cours de cet ouvrage, comment on établit la formule de constitution d'un certain nombre de corps. Nous examinerons seulement ici comme exemple comment on peut établir la constitution de la benzine.

L'analyse de la benzine (92,31 0/0 de carbone et 7,69 0/0 d'hydrogène) montre que sa composition centésimale est représentée par la formule C^nH^n. Le poids moléculaire correspondant est $12n + n$ ou $13n$. La densité de vapeur voisine de 2,70 permet de calculer son poids moléculaire ; on a en effet $2,70 \times 28,86 = 78 = 13 \times 6$. On a donc : $n = 6$, d'où résulte la formule brute C^6H^6.

Si l'on veut maintenant représenter par une formule schématique la constitution de la benzine, il est nécessaire de considérer ses propriétés chimiques fondamentales. On peut grouper les six atomes d'hydrogène et les six atomes de carbone de 206 façons différentes (1), en satisfaisant à la tétravalence du carbone (2). Pour choisir entre ces 206 schémas correspondant à la formule C^6H^6, on s'appuiera sur le fait suivant : il n'y a pas d'isomères connus pour les dérivés monosubstitués de la benzine ; on en conclut que les schémas de la benzine doivent être tels que les divers atomes d'hydrogène y entrent tous de la même façon ; car, si tous les atomes d'hydrogène n'y figuraient pas avec le même rôle, on aurait des isomères parmi les composés monosubstitués, selon que la substitution porterait sur l'un ou sur l'autre de ces atomes d'hydrogène de rôle différent. Or, le nombre des atomes d'hydrogène étant de six et tous ces atomes ayant le même rôle, ils peuvent être reliés au carbone par groupe de trois, de deux ou un à un, chaque groupe jouant le même rôle. Les schémas ne présentant pas cette disposition seront donc écartés, par suite de ce premier fait expérimental. On aura donc à choisir entre les trois séries sui-

____

(1) BRUNEL, *Mémoires de la Société des Sciences physiques et naturelles de Bordeaux*, 1894.

(2) Si l'on admettait que le carbone peut être tantôt bivalent et tantôt tétravalent, au lieu de 206 schémas, il y en aurait 919.

vantes correspondant au groupement par trois, par deux
ou par un :

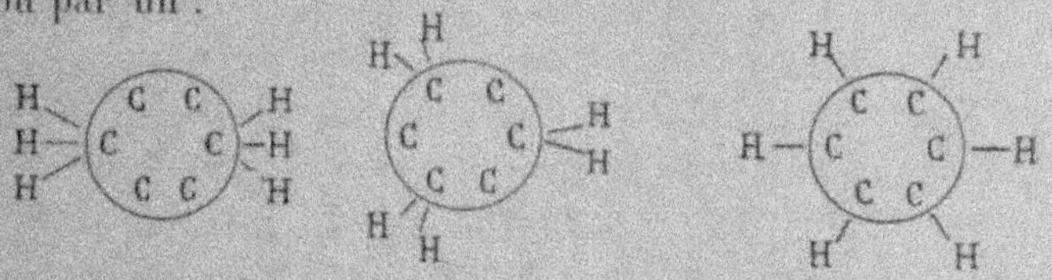

Nous ne figurons pas à dessein les liaisons qui peuvent
exister entre les divers atomes de carbone, parce qu'il y
en a un grand nombre pour chacun de ces trois cas.
Pour choisir entre ces schémas, de nombre plus restreint, on considère un second fait d'expérience : lorsque
la benzine est modifiée par une double substitution, on
obtient trois isomères : soient R et R′ les deux atomes
ou radicaux qui se substituent à deux atomes d'hydrogène. La première série ne pourra fournir que deux
isomères, correspondant à la substitution de R et de R′
dans le même groupe ou dans les deux groupes :

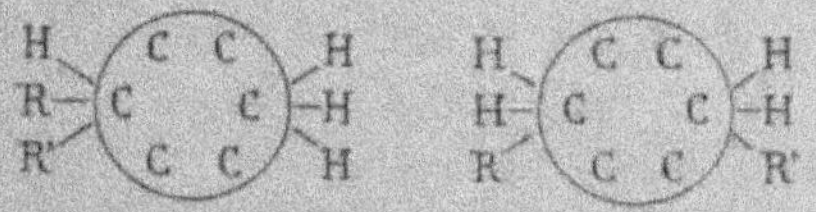

La seconde série ne pourra fournir, non plus, que
deux isomères, correspondant à la substitution de R et
de R′ dans le même groupe, ou dans deux des trois
groupes. Ces deux isomères seront :

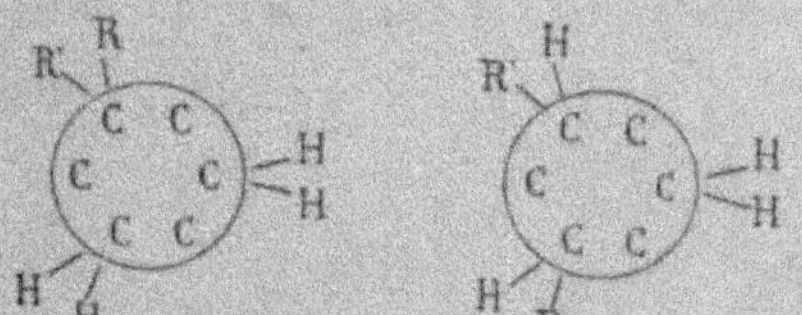

Les schémas de ces deux séries ne peuvent donc pas convenir à la benzine. Reste la dernière série ; on n'aperçoit pas *a priori* d'impossibilité pour celle-là, et il faut examiner séparément tous les schémas de ce groupe ; or, il n'y en a que trois parmi les 206 et dans tous les trois les atomes d'hydrogène sont liés à des atomes de carbone, jouant le même rôle (c'est-à-dire ayant les mêmes liaisons avec les atomes de carbone voisins) ; ils satisferont donc tous les trois à la condition de ne pas donner de dérivés monosubstitués isomériques. Ils sont représentés ici :

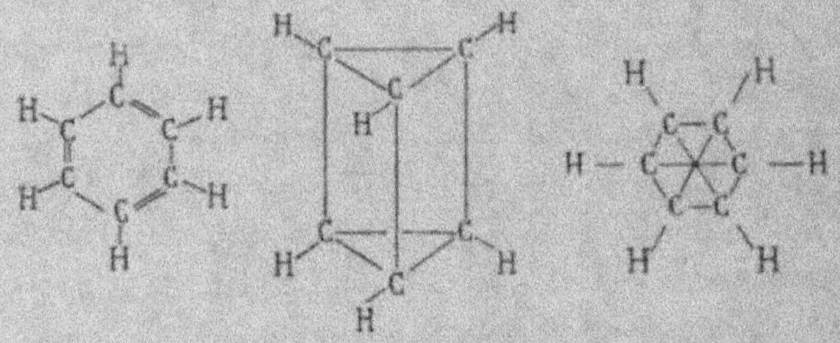

Le premier est connu sous le nom d'hexagone de Kekulé ; il a été longtemps employé et l'est encore ; on peut cependant faire cette remarque qu'il prévoit quatre isomères pour les composés bisubstitués. Ce sont :

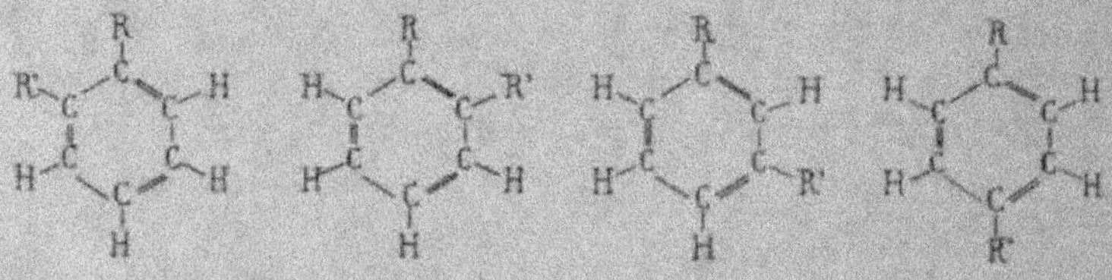

ortho méta para

Les trois derniers représentent les isomères admis par Kekulé ; parmi ceux-ci, le premier correspond aux ortho-dérivés ; le second, aux méta-dérivés ; et le troisième, aux

para-dérivés. Cependant, le schéma ortho et le premier
sont distincts ; la double substitution porte bien dans
les deux sur deux carbones voisins (c'est-à-dire reliés
directement) ; mais dans l'un le lien est simple, et dans
l'autre il est double.

La constitution de ces deux composés n'est donc pas
exactement la même.

La seconde figure, dite du prisme triangulaire, a été
proposée par Ladenburg ; elle montre que, pour les
doubles substitutions, trois isomères sont possibles, et
trois seulement.

Donnons des numéros aux divers carbones pour les
désigner plus facilement :

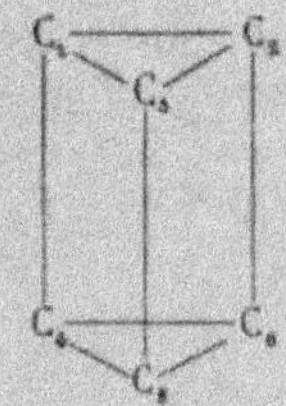

Chacun de ces carbones joue le même rôle ; chacun
est, en effet, relié à deux autres reliés entre eux, et à
un troisième qui en est indépendant. Soit C_1 l'atome
qui a éprouvé la première substitution ; la seconde
pourra porter, soit sur un carbone directement relié à C_1,
soit sur un carbone non relié à C_1. Parmi les premiers
(C_2, C_3, C_4), deux sont reliés entre eux (C_2, C_3), et se
distinguent par cela du troisième C_4, qui n'est relié ni
à C_2 ni à C_3. Si la deuxième substitution porte sur C_2
ou sur C_3, elle fournira, dans ces deux cas, un produit
identique, mais différent de celui que l'on obtiendra,
lorsque la deuxième substitution portera sur C_4. Les

seconds (C_5, C_6) jouent, au contraire, le même rôle; ils
ne donneront donc, à eux deux, qu'un isomère; il y en
aura donc trois en tout. Voici comment on les représente :

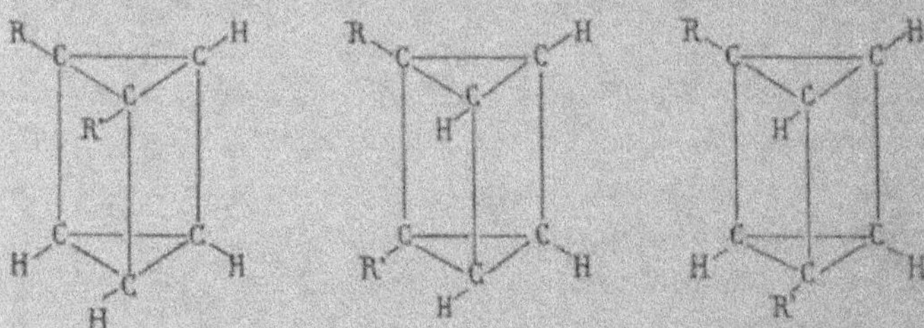

La troisième figure (hexagone avec diagonales) ne
donne, pour les composés bi-substitués, que deux isomères possibles. Représentons ce schéma, en donnant
aux divers carbones des numéros pour les désigner :

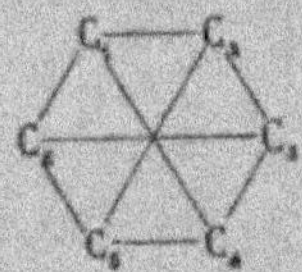

Chacun de ces carbones, étant réuni par un lien
simple à trois autres (non reliés entre eux), joue le
même rôle. Désignons par C_1 celui dont l'hydrogène a
été remplacé par l'atome R. La seconde substitution
pourra porter soit sur un carbone directement relié à C_1,
soit sur un carbone non relié à C_1. Parmi les premiers
(C_2, C_4, C_6), il n'y en a pas jouant un rôle spécial; tous
les trois, en effet, sont reliés de la même façon aux
mêmes atomes (C_1, C_3, C_5). Pour les seconds (C_3 et C_5),
il en est de même; ils sont reliés de la même façon,
aux mêmes atomes C_2, C_4, C_6. Il n'y a donc que deux
dérivés bisubstitués isomériques possibles.

Le schéma dit du prisme triangulaire est donc le

seul qui puisse représenter la benzine. Il présente, en
outre, ceci de remarquable, qu'il met en relief le mode
de formation le plus important de la benzine, par
l'union de trois molécules d'acétylène, se condensant en
une molécule de benzine (Berthelot). En effet, les trois
arêtes latérales du prisme sont formées par la liaison
de deux atomes de carbone, reliés chacun à un atome
d'hydrogène, comme dans la molécule d'acétylène.

Une autre conséquence de la discussion précédente est
qu'il ne peut y avoir qu'un seul carbure de formule
C^6H^6 jouissant de cette double propriété, de ne pas donner de composés monosubstitués isomériques, et de
donner trois composés bisubstitués isomériques. On ne
connaît pas, en effet, d'isomère de la benzine.

21. Stéréochimie. — Nous avons vu plus haut
comment la nécessité de distinguer les corps ayant
même composition a conduit les chimistes d'abord à
établir des formules représentant le poids de ces corps,
occupant un même volume gazeux; puis, ces formules
se trouvant insuffisantes pour représenter les corps de
même composition, de même densité à l'état de gaz ou
de vapeur, on a dû imaginer la tétravalence du carbone
permettant de représenter, par des schémas différents,
ces corps différents. Ces schémas n'indiquent que les
liaisons entre les divers atomes des corps, mais non
leurs positions relatives. On a pu ainsi, pendant longtemps représenter tous les corps avec leurs isomères.
Puis, on a découvert des composés en nombre plus
grand que les isomères prévus par les formules obtenues en admettant la tétravalence du carbone. Il a fallu
faire alors un pas de plus et établir des formules où
l'on utilisait à la fois les liaisons des divers atomes et

leurs positions relatives. Il était naturel de représenter
ces positions relatives des atomes, en ne les supposant
pas placés tous dans le même plan, mais formant un
solide géométrique à trois dimensions. Nous avons vu
que les schémas reposant sur les liaisons étaient souvent
beaucoup plus nombreux que les isomères connus. Il
en serait de même ici si l'observation de certains faits et
l'adoption d'une hypothèse n'était venue restreindre le
nombre des schémas possibles.

En 1874, MM. Van't Hoff, en Hollande, et Le Bel, en
France, remarquèrent que les corps, pour la représentation desquels il était nécessaire de faire intervenir,
non seulement les liaisons, mais aussi la position relative des atomes, étaient des corps ayant, au point de
vue expérimental, une action sur la lumière polarisée et
ayant, au point de vue théorique, un atome de carbone
combiné à quatre groupes différents.

Ainsi l'acide malique :

$$COOH - CH^2 - \underset{\displaystyle OH}{\overset{\displaystyle H}{C}} - CO.OH$$

contient, parmi ces quatre atomes de carbone un atome
de carbone relié à quatre groupes différents :

$$H, COOH, OH, CH^2COOH.$$

Or, on ne peut donner à l'acide malique, qui est alcool
monoatomique et acide bibasique, que cette formule
qui met en évidence les deux groupes CO.OH (qui caractérisent les acides) et le groupe C — OH (qui caractérise les
alcools tertiaires). Cependant l'expérience apprend qu'il

existe deux acides maliques, l'un déviant à droite le plan
de polarisation de la lumière, l'autre le déviant à gauche.

Si l'on veut représenter dans l'espace la *direction*
des quatre liaisons que possède un atome de carbone,
le plus simple est de diriger ces liaisons suivant les
quatre sommets d'un tétraèdre dont le carbone occupe
le centre de gravité. Cette idée avait déjà été émise par
M. Pasteur, en 1861, dans ses *leçons sur la dissymé-
trie moléculaire.* Cette idée a été reprise et complétée
par les travaux de MM. Van't Hoff et Le Bel.

Chaque fois qu'il existe dans la formule d'un corps
un carbone relié à quatre groupes différents, si l'on
place ce carbone au centre d'un tétraèdre régulier dont
les quatre sommets sont occupés par un des quatre
groupes différents, on obtient un solide qui ne possède
pas de plan de symétrie ; ce carbone qui occupe le
centre du tétraèdre est dit *carbone asymétrique.*

Mais il est facile de voir que l'on peut former avec
un carbone asymétrique C et quatre groupes différents
R_1, R_2, R_3, R_4 placés aux quatre sommets du tétraèdre,
deux solides tétraédriques, non superposables, symétriques l'un de l'autre par rapport à un plan PP_1.

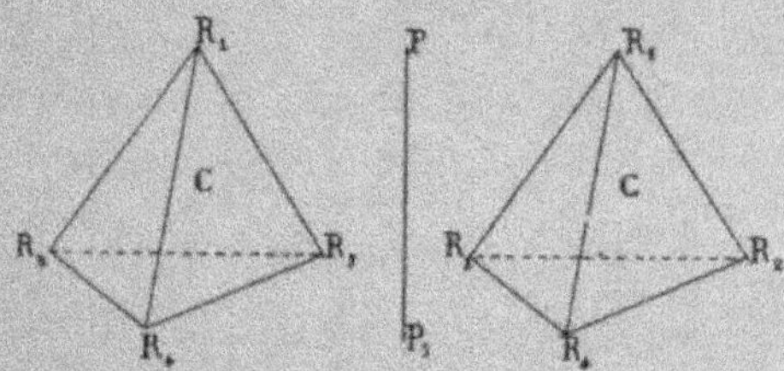

L'un des acides maliques peut être représenté par
l'une de ces figures ; l'autre, par l'autre. Un fait curieux,
signalé dès le début par M. Pasteur, est que les substances isomériques douées de pouvoir rotatoire de sens

contraire, cristallisent en cristaux hémièdres non superposables, mais symétriques par rapport à un plan,
de sorte qu'il y a entre les cristaux formés par les
acides maliques, par exemple, la même symétrie
qu'entre les formules stéréochimiques proposées pour
les représenter.

De même, dans le cas de l'existence de deux carbones
asymétriques, dans le cas de l'acide tartrique par
exemple

$$(H,OH,COOH) \;\therefore\; C.C \;\therefore\; (H,OH,COOH)$$

la stéréochimie prévoit l'existence de deux isomères
actifs, l'un dextrogyre, l'autre lévogyre, et d'un composé inactif et ne résultant pas de la combinaison
d'une molécule d'acide dextrogyre avec une molécule
d'acide lévogyre. Ce composé ne peut être dédoublé
en acide droit et acide gauche.

Quand il existe dans un composé deux carbones
asymétriques reliés par une liaison simple, on les
représente par un double tétraèdre, chacun des deux
atomes de carbone étant à la fois le centre et le sommet
d'un tétraèdre; R_1, R_2, R_3 désignant les groupes H,
OH, COOH qui figurent dans la formule de l'acide
tartrique: voici les trois figures qui représentent en
stéréochimie l'acide tartrique inactif et les deux acides
tartriques.

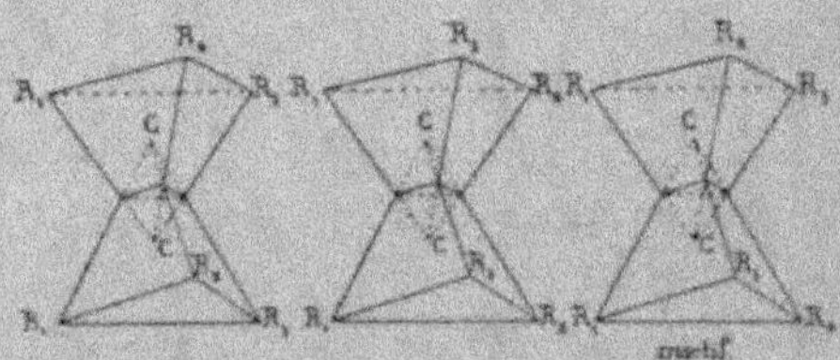

On a même été plus loin dans cette voie : M. Guye, en 1891, a obtenu des relations numériques entre le pouvoir rotatoire des corps contenant un atome de carbone asymétrique et les poids des groupes que l'on suppose placés aux sommets du tétraèdre.

Mais la stéréochimie est encore trop peu avancée pour que nous développions davantage ces notions dans un ouvrage tel que celui-ci.

22. Analyse organique. — Avant de procéder à la détermination de la composition centésimale d'un corps, on doit s'assurer qu'il est pur, et pour cela voir, par exemple, si sa température d'ébullition ou son point de fusion sont constants. Dans le cas où la substance à analyser est complexe, comme la plupart des matières organiques naturelles, avant de procéder à l'analyse élémentaire, on fait l'*analyse immédiate* de la substance, c'est-à-dire que l'on en extrait par l'écrasement ou la compression (graines oléagineuses, par exemple), ou par des dissolvants neutres, acides ou basiques, ou par volatilisation, etc.; les substances les plus importantes, celles qui donnent par exemple à la substance naturelle les propriétés pour lesquelles on l'emploie. Cette première séparation faite, on analyse chacun des corps obtenus séparément, par les procédés de l'analyse élémentaire que nous allons décrire maintenant.

23. Analyse élémentaire. — Les éléments que l'on a presque toujours à doser dans les matières organiques sont : le carbone, l'hydrogène, l'oxygène et l'azote.

On trouve encore, mais plus rarement, les métalloïdes

suivants : chlore, brome, iode, soufre, phosphore, arsenic et quelques métaux. Nous examinerons : 1° le cas des composés ternaires de carbone, d'hydrogène et d'oxygène ; 2° celui des composés qui contiennent en plus de l'azote ; 3° les dosages particuliers des autres corps simples qui se rencontrent moins souvent dans les analyses.

A. — DOSAGE DU CARBONE ET DE L'HYDROGÈNE

a. *Composés non azotés.* — Le principe de la méthode est celui-ci : la substance mélangée avec une matière oxydante capable de lui fournir l'oxygène nécessaire pour une combustion complète, est chauffée au rouge sombre. L'hydrogène et le carbone passent respectivement à l'état de vapeur d'eau et d'acide carbonique. On recueille séparément ces deux corps, le premier dans un tube desséchant, et le second dans un tube à soude pesés avant et après l'expérience ; l'augmentation de poids de ces tubes donne les poids d'eau et d'acide carbonique. La composition de ces corps est connue : l'eau contient $\frac{1}{9}$ de son poids d'hydrogène ; l'acide carbonique, $\frac{12}{44}$ ou $\frac{3}{11}$ de son poids de carbone ; on détermine ainsi les poids d'hydrogène et de carbone contenus dans le poids de matière employée et par différence le poids d'oxygène.

Pour réaliser ces conditions, on utilise les propriétés oxydantes de l'oxyde de cuivre ; on prépare de l'oxyde avec les précautions suivantes : on fait griller dans un moufle ou dans un creuset percé de la tournure de cuivre qui s'oxyde facilement ; après un certain temps on la laisse refroidir et on la broie dans un mortier pour détacher les pellicules d'oxyde formées à la surface ; on grille de nouveau le métal non oxydé, et ainsi de suite. On réunit ensuite l'oxyde ainsi obtenu, on le chauffe au moufle pour en chasser l'humidité qu'il a absorbée depuis son refroidissement, et on l'introduit encore chaud dans un matras bien sec que l'on ferme avec un bouchon traversé par un tube contenant des matières desséchantes ; l'air qui rentre ainsi dans le matras, au fur et à mesure de son refroidissement est sec et ne lui apporte pas de vapeur d'eau ; l'oxyde de cuivre est alors prêt à servir. Le tube dans lequel doit se faire la combustion est un tube en verre vert peu fusible ou en verre de Bohême (1), de 70 centimètres de long et d'environ 12 millimètres de diamètre. Une extrémité se recourbe en col de cygne, de façon à pouvoir être munie d'un caoutchouc. Ce tube doit être absolument sec et exempt de poussières organiques. Ce résultat peut être facilement atteint en chauffant, au préalable, le tube vers le rouge sombre dans un courant d'oxygène ; on le laisse refroidir, on ferme alors l'extrémité effilée à la lampe, et l'autre avec un bon bouchon. On prépare, en outre, les tubes qui doivent absorber les gaz. Le premier tube est destiné à absorber la vapeur d'eau ; c'est un tube en U terminé, du côté du tube à analyse par un

---

(1) Les tubes en verre de Bohême, d'origine ou de fabrication française, sont très bons pour cet usage ; ils sont peu fusibles et se cassent moins facilement que les autres sous l'action de la chaleur ; ils peuvent servir plusieurs fois.

petit tube coudé dont une partie est soufflée, de façon
à recueillir la plus grande partie de la vapeur d'eau
qui vient s'y condenser ; celle qui échappe est retenue
par la pierre ponce imbibée d'acide sulfurique qui se
trouve dans le tube en U (1).

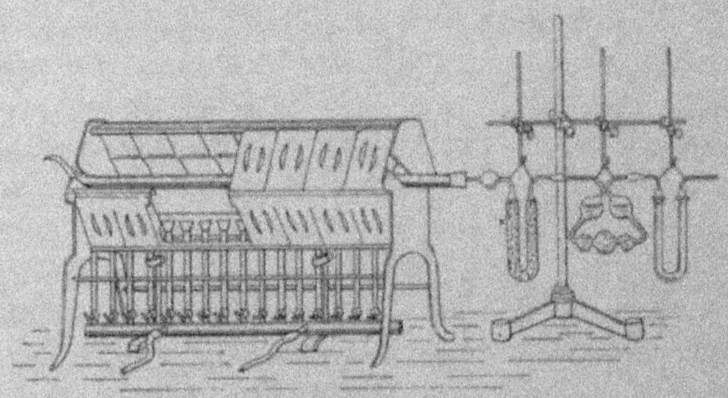

Le deuxième tube est un tube à cinq boules de
Liebig qui contient une dissolution de soude de concentration moyenne, de densité 1,45 environ, destiné
à absorber l'acide carbonique. Comme les gaz qui
traversent ce tube ont été desséchés par le tube à ponce
sulfurique, ils enlèvent un peu de vapeur d'eau à cette
dissolution, et, par suite, il est nécessaire de les faire
passer dans un troisième tube contenant de petits
morceaux de soude récemment fondue qui retiennent la
vapeur d'eau. Ces tubes sont reliés les uns aux autres
pendant la combustion par de petits tubes de caoutchouc.

(1) Pour préparer cette pierre ponce on la trempe d'abord dans de
l'acide sulfurique, puis on la chauffe au rouge ; les carbonates et les
chlorures qu'elle contenait se trouvent décomposés ; on la laisse
refroidir et on l'imbibe très légèrement d'acide sulfurique pur.

Avant et après la combustion, on munit ces tubes à leurs deux extrémités de deux petits bouts de caoutchouc terminés par des fragments de baguettes de verre pour éviter que l'humidité et l'acide carbonique de l'air ne soient absorbés pendant les manipulations. Chaque tube (1) est taré avant l'expérience, c'est-à-dire que sur l'un des plateaux on met un poids supérieur de quelques grammes au moins au poids du tube en U, tandis que sur l'autre on met le tube en U muni de ses obturateurs de caoutchouc, et à côté de lui les poids marqués nécessaires pour établir l'équilibre. Après l'expérience, on fera de même, mais il faudra diminuer les poids marqués ajoutés du côté du tube en U, pour rétablir l'équilibre; la différence de ces poids marqués donnera, par la méthode de la double pesée, le poids d'eau ou d'acide carbonique absorbé.

Quand tous ces préparatifs sont faits, on place la substance à analyser, bien séchée à l'étuve, ou parfois à l'état d'hydrate bien défini, non effleuri, dans un petit tube bouché dont on fait la tare.

On débouche alors le tube à analyse, et on y introduit une colonne d'oxyde de cuivre de 15 centimètres de long environ, puis 3 à 4 décigrammes de la matière à analyser prise dans le petit tube bouché; la nouvelle tare de celui-ci donne le poids exact de la matière employée; on achève, enfin, de remplir le tube avec de l'oxyde de cuivre, on le place sur une grille à gaz dans une sorte de gouttière en clinquant, contenant un peu d'amiante, et on adapte les tubes en U et le tube à boules. Il est bon d'adapter au dernier tube, celui à soude en morceaux, un tube à pierre ponce sulfurique,

____

(1) On peut tarer ensemble le tube à boules et le tube à soude.

non taré, destiné à empêcher l'humidité de l'air de pénétrer dans l'appareil. On chauffe alors le tube lentement, en n'allumant, tout d'abord, que les becs qui se trouvent les plus éloignés de la région où se trouve la matière; puis, on allume un ou deux becs de ceux qui se trouvent à l'autre extrémité. C'est seulement lorsque ces parties sont bien rouges que l'on chauffe progressivement la région où se trouve la matière; de cette façon, la combustion est complète, et le dégagement de gaz assez lent pour que l'absorption de l'acide carbonique et de la vapeur d'eau soit totale. On juge, d'ailleurs, de la rapidité du dégagement des gaz par le nombre de bulles que l'on voit traverser les boules du tube de Liebig. On est averti que la combustion est terminée, lorsque les bulles cessent de se dégager; on coiffe alors la pointe du col de cygne par un tube de caoutchouc qui s'y adapte bien et qui communique par l'intermédiaire de tubes desséchants et de tubes à soude, avec un gazomètre contenant de l'oxygène. On brise alors à l'intérieur du tube de caoutchouc la pointe du col de cygne et l'on fait arriver lentement de l'oxygène sec et privé d'acide carbonique. Ce courant gazeux brûle les dernières traces de matière qui auraient pu échapper à l'oxyde de cuivre, en même temps qu'il chasse dans les tubes absorbants la vapeur d'eau et l'acide carbonique qui, sans cette précaution, seraient restés dans le tube à analyse. Enfin, on déplace l'oxygène par un courant lent d'air sec, privé d'acide carbonique, pour que les tubes absorbants, qu'on avait tarés au début pleins d'air, se trouvent de nouveau pleins d'air quand on les reporte sur la balance (1).

____

(1) Cloez a proposé une variante à ce procédé ; la matière organique est mise dans une nacelle en platine. Le tube à analyse peut être encore en verre, mais Cloez le prend de préférence en fer ; il contient une

Quand la matière à analyser est liquide, elle est pesée soit dans une ampoule à pointes fines qu'on ferme à la lampe, si ce liquide est volatil, soit dans un petit tube ouvert ; le petit tube ou l'ampoule dont on brise une des pointes au moment où on l'introduit dans le tube, sont placés comme les matières solides entre deux couches d'oxyde de cuivre ; la marche de l'opération est la même, à cela près, qu'il faut chauffer encore plus lentement les parties où se trouve la matière, et cela avec d'autant plus de soin qu'elle est plus volatile.

Quand la matière à analyser est douée de propriétés explosives, on peut parfois appliquer la même méthode, mais en diluant cette matière dans une autre difficile à brûler, de composition bien connue, et mise en quantité exactement déterminée.

b. *Dosage du carbone et de l'hydrogène dans les composés azotés.* — Si on appliquait, sans modification, la méthode précédente au dosage du carbone et de l'hydrogène à des matières azotées, une partie de l'azote se dégagerait à l'état de peroxyde d'azote qui serait absorbé par la soude ; on trouverait donc un poids trop fort pour l'anhydride carbonique. Pour éviter cette cause d'erreur très importante, on opère comme précédemment, mais dans un tube plus long de 25 centimètres environ, parce que, entre la colonne d'oxyde de cuivre et les tubes en U, il faut mettre une colonne de tournure de

longue colonne d'oxyde de cuivre que l'on a séchée dans le tube même avant l'introduction de la nacelle. La combustion se fait dans un courant d'oxygène qui revivifie constamment l'oxyde de cuivre qui pourrait être réduit de telle sorte que l'oxyde est toujours prêt à servir. Cette méthode est surtout avantageuse pour les composés ternaires, carbone, hydrogène et oxygène, quand on a beaucoup d'analyses à faire ; par contre, l'absorption de l'acide carbonique par le tube de Liebig est plus délicate, ce gaz étant pendant toute l'opération mélangé d'oxygène.

cuivre de cette longueur qui est chauffée comme l'oxyde de cuivre et qui, sans décomposer la vapeur d'eau et l'acide carbonique, détruit avec mise en liberté d'azote le peroxyde d'azote qui a pu se produire.

B. — DOSAGE DE L'AZOTE

Le dosage de l'azote peut se faire par deux procédés différents : on peut décomposer le produit de façon à mettre l'azote en liberté et mesurer le volume de ce gaz (Dumas), puis calculer son poids ; ou bien, on peut le transformer en ammoniaque que l'on dose par l'alcali-métrie (Will et Warrentrapp ; Kjeldahl). Cette dernière méthode n'est pas générale comme la première, on ne peut pas l'employer en particulier pour les composés qui dérivent des composés oxygénés de l'azote.

a. *Méthode de Dumas.* — La combustion se fait dans un tube de verre vert de 90 centimètres de long environ, dans le fond duquel on a mis une colonne d'environ 10 centimètres de bicarbonate de sodium sec, puis de l'oxyde de cuivre, puis le mélange d'oxyde et de matière, puis de l'oxyde de cuivre et, enfin, de la tournure de cuivre. Ce tube à combustion ne communique pas avec des tubes absorbants. Il est fermé par un bouchon que traverse un tube, qui se recourbe à sa partie inférieure ; celle-ci plonge dans une cuve à mercure ; c'est par ce tube que l'azote se dégagera, et c'est sur la cuve qu'on le recueillera dans une éprouvette.

Le bicarbonate de sodium, mis au fond du tube, est chauffé au commencement et à la fin de l'analyse. Au commencement, l'acide carbonique qu'il dégage sert à chasser l'air et, par suite, l'azote contenu dans l'appareil, et l'on est assuré que ce résultat est obtenu d'une façon parfaite, quand les gaz qui se dégagent sur le mercure sont entièrement absorbables par la potasse (1). On chauffe alors le tube à combustion comme à l'ordinaire ; l'azote se dégage mêlé d'acide carbonique, on le reçoit dans une éprouvette, contenant une solution concentrée de soude. Quand il ne se dégage plus de gaz, la combustion est terminée ; en chauffant alors de nouveau le bicarbo-

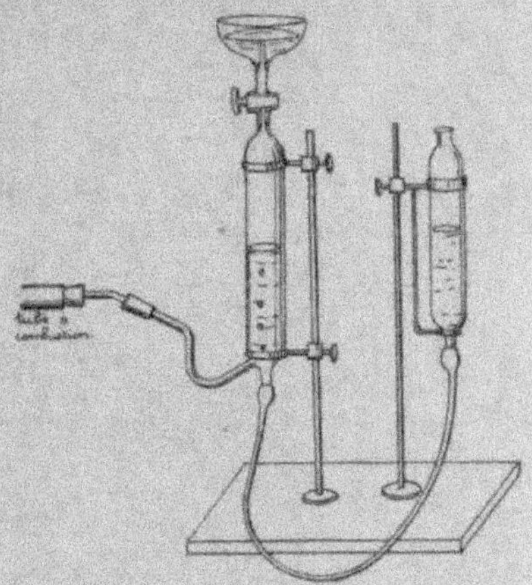

nate de sodium, il chasse devant lui l'azote restant dans le tube ; on continue jusqu'à ce que les bulles qui se dégagent soient absorbées sans résidu dans la solution de soude. On transporte alors l'éprouvette sur

(1) On peut abréger cette partie de l'opération en prenant un tube de dégagement d'une hauteur de 80 centimètres environ et muni latéralement d'un robinet de verre. Avant de chauffer le bicarbonate, on ouvrira le robinet et, en mettant celui-ci en communication avec une machine pneumatique, on fera le vide dans l'appareil ; le mercure montera dans le tube de dégagement, mais ne pourra pénétrer dans le tube à combustion, à cause de la hauteur de 80 centimètres qu'on a donnée au premier ; on chauffera ensuite le bicarbonate ; puis, on fera de nouveau le vide, et on répétera deux ou trois fois ces opérations ; l'expulsion de l'azote peut alors être considérée comme totale ; on le vérifiera, d'ailleurs, comme précédemment.

la cuve à eau ; le mercure et la solution de soude tombent au fond, on transvase le gaz dans une éprouvette graduée, et on lit son volume (1). On peut aussi recueillir les gaz qui se dégagent dans un petit appareil représenté ci-dessus et rempli d'une solution de soude qui absorbe l'acide carbonique. Le robinet qui surmonte l'un des deux cylindres de verre permet de faire passer l'azote recueilli dans un tube gradué où l'on mesure son volume et où l'on essaie sa pureté. Quel que soit le procédé employé, une fois le volume mesuré, il ne reste plus qu'à calculer son poids.

Soient : V, son volume en centimètres cubes ; t, sa température ; H, sa pression exprimée en millimètres de mercure : c'est la pression atmosphérique, si l'on ramène le niveau de l'eau à être le même à l'extérieur et à l'intérieur de l'éprouvette ; F, la tension maximum de la vapeur d'eau à cette température, en millimètres.

Le poids p en grammes du volume V d'azote dans ces conditions est donné par la formule :

$$p = 0,001256 \times V \frac{H - F}{760} \times \frac{1}{1 + 0,003667t}.$$

b. *Méthode de Will et Warrentrapp.* — Cette méthode ne s'applique pas à tous les cas comme celle

(1) Il est utile, surtout dans le cas des substances riches en oxygène, de vérifier que l'azote obtenu ne contient pas d'oxyde azotique ; s'il en contenait, on s'en apercevrait en traitant le gaz par le sulfate de fer qui produirait une diminution de volume égale au volume de ce gaz ; il faudrait alors ajouter au volume du gaz restant la moitié du volume d'oxyde azotique, ce gaz contenant en effet la moitié de son volume d'azote. Quant au protoxyde d'azote sa présence ne fausserait pas les résultats, car il serait compté comme azote, et il contient son volume d'azote. Il est bon, en outre, de s'assurer, à l'aide du pyrogallate de potassium que l'azote mesuré ne contient pas d'oxygène.

de Dumas, mais elle est beaucoup plus rapide ; elle utilise la réaction des hydrates alcalins sur un grand nombre de matières organiques azotées, action qui transforme leur azote en ammoniaque. Pour appliquer cette méthode, on emploie un tube de verre vert de 60 centimètres de long environ, au fond duquel on place quelques grammes d'oxalate de calcium : on met ensuite une colonne de 15 centimètres de long de chaux sodée (1), puis le mélange de matière de la chaux sodée, et on

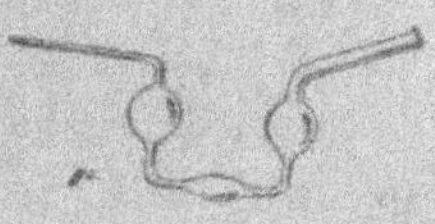

achève de remplir avec de la chaux sodée ; un peu avant le bouchon, on met un tampon d'amiante pour empêcher les projections. Le tube est alors fermé par un bouchon dans lequel s'engage à frottement doux un tube à boules (dit tube de Will et Warrentrapp), dans lequel on a mis une quantité connue d'acide sulfurique étendu, par exemple, 10 centimètres cubes d'une solution contenant 1 molécule d'acide sulfurique par litre (98 grammes d'acide monohydraté SO^4H^2). On chauffe, d'abord, la partie du tube où se trouve la chaux sodée pure, puis celle où se trouve le mélange de matière et de chaux sodée. Lorsqu'il ne se dégage plus de gaz, on chauffe l'oxalate de calcium qui dégage un mélange d'oxyde de carbone et d'anhydride carbonique, qui entraîne dans le tube de Will l'ammoniac qui, sans cette précaution, resterait dans le tube à combustion. La combustion terminée, on détache le tube de Will, on verse son contenu dans un ballon, on le lave en versant

---

(1) On emploie de la chaux sodée au lieu d'hydrate de sodium parce que ce dernier corps est trop fusible, et qu'une fois fondu il aurait, entre autres inconvénients, celui d'attaquer et même de percer le tube de verre.

aussi les eaux de lavage dans le ballon, et on détermine à l'aide d'une solution de baryte, qui n'a pas besoin d'être titrée : 1° le nombre N de centimètres cubes de cette solution nécessaires pour saturer 10 centimètres cubes de la solution d'acide sulfurique employé ; 2° le nombre N' de centimètres cubes de la solution de baryte nécessaires pour saturer le liquide du ballon. La différence $N - N'$ représente la quantité de baryte équivalente à l'ammoniac absorbé dans l'expérience. Or, d'après le premier essai,

N centimètres cubes de baryte saturent 10 centimètres cubes ou $\frac{1}{100}$ de molécule d'acide sulfurique, donc $N - N'$ de baryte saturent $\frac{N - N'}{N}$ centimètres cubes ou $\frac{N - N'}{100N}$ molécules d'acide sulfurique.

Or, pour saturer une molécule d'acide sulfurique, il faut 34 grammes d'ammoniac (contenant 28 grammes d'azote). Le poids d'ammoniaque absorbé était donc de :

$$\frac{N - N'}{100N} \times 34$$

et le poids d'azote correspondant $\frac{N - N'}{100N} \times 28$.

c. *Méthode de Kjeldahl.* — Cette méthode, beaucoup plus récente que les précédentes, ne s'applique pas à tous les composés organiques azotés, mais elle est très rapide. Elle consiste à décomposer les corps organiques par l'acide sulfurique concentré et chaud, en faisant intervenir, quand cela est nécessaire, une matière oxydante comme le permanganate de potassium, par exemple. L'azote est ainsi transformé en ammoniac ou, plutôt, en sulfate d'ammonium. Cette attaque qui

ne demande pas de surveillance peut durer de cinq à
six heures ; on peut, cependant, obtenir une transformation complète, beaucoup plus rapidement, en
ajoutant à l'acide sulfurique, de 20 à 25 0/0 d'anhydride phosphorique, ou de l'anhydride sulfurique. On
emploie d'ordinaire 20 à 30 centimètres cubes d'acide
sulfurique pour 0 gr. 5 à 1 gramme de matière organique. On a proposé aussi d'ajouter du mercure ou
du sulfate de cuivre, au lieu de permanganate.

Une fois la matière décomposée, on l'étend d'eau
avec précaution ; puis, on sature l'acide avec un excès
de soude dans un appareil distillatoire (procédé Schlœ-
sing) ; le sulfate d'ammonium est décomposé par la
soude ; l'ammoniac, mis en liberté, se dégage et vient
se dissoudre dans une quantité connue d'acide sulfurique titré, de telle sorte qu'on termine l'analyse
comme dans le procédé précédent.

La méthode de Kjeldahl donne de bons résultats
avec les matières albuminoïdes et les matières végétales ; avec les alcaloïdes, les bases pyridiques, les dérivés nitrés les résultats sont moins bons. On a indiqué
de nombreuses modifications au procédé Kjeldahl pour
rendre la méthode applicable à un plus grand nombre
de substances.

C. — DOSAGE DE L'OXYGÈNE

Dans la plupart des cas on ne dose pas l'oxygène
dans les matières organiques, mais on le calcule par
différence, après avoir dosé tous les autres corps, en
retranchant du poids de matière employé la somme des
poids trouvés pour les autres éléments.

D. — DOSAGE DU CHLORE, DU BROME ET DE L'IODE

Deux procédés principaux sont utilisés pour ces dosages.

a. *Procédé à la chaux.* — La matière organique est chauffée dans un long tube assez étroit avec de la chaux pure, exempte surtout de chlore ; le chlore, le brome ou l'iode passent à l'état de chlorure, de bromure ou d'iodure de calcium. On dissout le contenu du tube dans de l'acide azotique étendu, de façon que la liqueur soit acide ; on filtre pour enlever les matières insolubles de la chaux et le carbone non brûlé, et on précipite par l'azotate d'argent. Il se forme un précipité de chlorure, bromure ou iodure d'argent que l'on recueille sur un filtre et que l'on lave; on sèche ensuite le précipité et on le pèse. Du poids de sel d'argent obtenu on déduit le poids du chlore, du brome ou de l'iode qui s'y trouve contenu.

Le chlorure d'argent contient en effet 24,724 0/0 de chlore
— bromure   —   —   42,560 —   brome
— iodure   —   —   54,049 —   iode

Si la matière organique renfermait deux de ces trois corps simples, ou même ces trois corps, on les précipiterait encore à l'état de sels d'argent, mais il faudrait ensuite employer les procédés un peu compliqués de séparation du chlore, du brome et de l'iode, décrits dans les traités d'analyse.

b. *Procédé Carius.* — La matière organique pesée est enfermée dans un petit tube en verre mince que l'on place dans un tube en verre épais contenant de l'acide azotique quadrihydraté. On ferme ensuite ce tube à la lampe. A l'aide de quelques secousses, on brise le tube mince qui contient la matière organique; celle-ci est attaquée et, en chauffant le tube dans un bain d'huile vers 150° pendant six heures, puis à 180° pendant environ une heure, l'attaque devient complète. Pour éviter les accidents graves que pourrait produire l'explosion de ces tubes, on les renferme à l'intérieur de tubes en fer ou en bronze fermés par des bouchons à vis. Si un tube de verre éclate à l'intérieur d'un de ces tubes métalliques, ses éclats ne sont pas projetés, et les gaz s'échappent à travers un petit trou percé dans le bouchon à vis. Après la chauffe, le chlore est alors à l'état libre, à l'état d'acide chlorhydrique, ou bien à l'état de dérivés chlorés de l'acide azotique. On laisse refroidir le tube; puis, on plonge une de ses pointes bien effilée, dans une solution de sulfite de sodium (1), et on la casse à l'intérieur de ce liquide. La pression intérieure, due surtout à l'acide carbonique formé, chasse le liquide dans le sulfite qui transforme aussitôt le chlore libre ou les dérivés chlorés en acide chlorhydrique ; on chauffe ensuite légèrement le gaz contenu dans le tube scellé; il se dilate en chassant encore du liquide dans le sulfite. Quand on le laisse refroidir, du sulfite entre ; et on recommence plusieurs fois de façon qu'il ne reste plus de chlore libre dans le tube; on lave ensuite le tube ; on chauffe la liqueur pen-

(1) Contenant un poids de sulfite de sodium cristallisé, égal à 10 fois environ celui de la matière.

dant une heure ou deux, pour chasser tout l'acide sulfureux ; puis, on précipite par l'azotate d'argent, et l'on achève comme précédemment. On peut aussi, dans un grand nombre de cas, mettre dans le tube scellé en même temps que l'ampoule contenant la matière organique et l'acide azotique, un cristal d'azotate d'argent. On opère comme précédemment, mais sans avoir besoin de sulfite de sodium ; il faut seulement faire bouillir dans de l'eau pendant quelque temps le précipité de chlorure, de bromure ou d'iodure d'argent, pour détruire les combinaisons que ces corps forment parfois avec l'azotate d'argent.

E. — DOSAGE DU SOUFRE

On le transforme en sulfate de potassium ; quand le corps est solide et peu volatil, on le mélange avec du carbonate et de l'azotate de potassium, qu'on projette par petites portions dans une capsule de platine portée au rouge. Quand le corps est volatil, on fait passer ses vapeurs sur du carbonate de potassium porté au rouge ; puis, on fait passer un courant d'oxygène, qui transforme en sulfate les divers composés sulfurés qui ont pris naissance. Enfin, on peut chauffer la matière en tube scellé, par le procédé Carius, avec de l'acide azotique. Quel que soit le procédé employé, le soufre est à l'état de sulfate de potassium ou d'acide sulfurique libre (procédé Carius) ; on traite alors la liqueur par l'azotate de baryum ; on recueille, sur un filtre, le précipité de sulfate de baryum formé et, après l'avoir lavé et séché, on le pèse. Le sulfate de baryum contenant 13,734 0/0 de soufre, il suffit de multiplier par 0,13734 le poids de sulfate de baryum obtenu, pour avoir le poids du soufre contenu dans la matière.

F. — DOSAGE DU PHOSPHORE

L'on peut employer, pour transformer ce corps en phosphate de potassium ou en acide phosphorique, une des trois méthodes indiquées pour transformer le soufre en sulfate de potassium ou en acide sulfurique ; la liqueur obtenue est ensuite neutralisée, quand elle est acide et traitée par un sel ammoniacal et par du sulfate de magnésium, qui donnent, avec l'acide phosphorique, un précipité de phosphate ammoniaco-magnésien, qu'on laisse déposer pendant vingt-quatre ou quarante-huit heures ; on le recueille sur un filtre, on le lave et on le sèche ; puis, on le calcine pour le transformer en pyrophosphate de magnésium (1), dont la composition est bien déterminée. On sait, en effet, que ce corps contient 27,928 0/0 de phosphore ; il suffira donc de multiplier par 0,27928 le poids de pyrophosphate recueilli pour obtenir le poids de phosphore contenu dans la quantité de matière organique employée.

---

(1) On ne peut sécher ce précipité humide sans lui faire perdre de son eau d'hydratation ; on ne peut non plus le déshydrater complètement sans qu'il perde un peu d'ammoniac ; il est donc nécessaire de le calciner pour obtenir une matière de composition bien déterminée, dont le poids puisse servir à déterminer exactement le poids de phosphore qui y est contenu.

G. — DOSAGE DES MÉTAUX

Il est facile de transformer en sulfates les métaux contenus dans les matières organiques, en décomposant celles-ci par l'acide sulfurique concentré et chaud ; les sulfates sont ensuite dosés par les procédés ordinaires de l'analyse minérale.

Quant au carbone et à l'hydrogène, ils se dosent, dans ce cas, comme à l'ordinaire, sauf si le métal est un métal alcalin ou alcalino-terreux.

Dans le cas où la matière contient un métal alcalin, (sel organique de sodium, par exemple), l'alcali reste à l'état de carbonate, et il faut ajouter à la quantité d'acide carbonique, trouvée par l'augmentation de poids du tube de Liebig, celui qui reste dans le tube à l'état de carbonate alcalin, et que l'on peut calculer quand on a déterminé, par un dosage spécial, la proportion de métal. Quand la matière contient un métal alcalino-terreux, celui-ci reste, à l'état de carbonate mélangé d'oxyde, et l'on ne peut plus faire la correction indiquée ; pour éviter cela, la matière organique est introduite, mélangée avec un acide capable de dégager tout l'acide carbonique. L'acide silicique et l'acide tungstique sont les plus employés pour cet usage. Les autres métaux restant dans le tube à analyse, à l'état d'oxyde ou de métal, le même inconvénient ne se présente pas.

24. Calcul de la composition centésimale et détermination de la formule brute des corps. — Une fois l'analyse élémentaire faite, il faut déterminer la composition centésimale et la formule brute de la matière. Soient : P, le poids de la matière ; et p, le poids de l'un des éléments qui entrent dans sa composition ; la proportion centésimale de ce corps, c'est-à-dire le poids de cet élément, dans 100 parties de la substance, est donnée par une règle de trois ; elle est égale à $100\frac{p}{P}$. Ce calcul fait pour tous les corps simples que contient le corps donnera sa composition centésimale. Pour avoir la formule brute, il faut évaluer les diverses quantités telles que $100\frac{p}{P}$ non plus avec une unité qui est la même pour toutes, non plus en grammes, mais en une unité nouvelle, différente pour chaque corps simple ; cette unité, c'est l'atome. Soit A le poids atomique d'un de ces corps simples ; le quotient de $100\frac{p}{P}$ par A, c'est-à-dire $\frac{100p}{PA}$ indique combien dans 100 grammes du corps il y a de fois le poids atomique de ce corps simple. On aura de même, pour les autres éléments entrant dans la composition du corps, $\frac{100p'}{PA'}$, $\frac{100p''}{PA''}$, etc. Supposons cette opération faite pour tous les éléments du corps : divisons chacun des nombres obtenus par le plus petit de ces nombres. Supposons que ce soit $\frac{100p}{PA}$, ce plus petit nombre ; les rapports $\dfrac{\frac{100p'}{PA'}}{\frac{100p}{PA}}$, $\dfrac{\frac{100p''}{PA''}}{\frac{100p}{PA}}$, etc., sont des nombres entiers ou des fractions simples. S'il y a, parmi ces rapports, des nombres fractionnaires on multipliera chacun d'eux par le plus petit commun multiple des dénominateurs de ces fractions, et les nombres obtenus, tous entiers, seront les plus simples dont on puisse affecter les symboles de ces corps (1).

Prenons comme exemple l'analyse de l'acide tartrique.

Voici comment on peut disposer les pesées et les calculs :

Pesée de la matière.	Tare 10^{gr} = tube bouché + acide tartrique.........	+	4^{gr},9272
	= tube bouché vide....................	+	5 ,3842
	Acide tartrique employé..	=	0 ,4570
Pesée du tube desséchant.	Tare 70^{gr} = tube desséchant...............	+	23 ,5293
	= tube desséchant + eau absorbée.....	+	23 ,3637
	Eau absorbée......	=	0 ,1656
Pesée du tube de Liebig.	Tare 70^{gr} = tube à boules................	+	17 ,5439
	= tube à boules + acide carbonique absorbé — vapeur d'eau enlevée......	+	16 ,9894
	Acide carbonique absorbé — vap. d'eau enlevée	=	0 ,8245
Pesée du tube à soude.	Tare 70^{gr} = tube à soude................	+	9 ,4284
	= tube à soude + vapeur d'eau enlevée	+	9 ,4232
	Eau absorbée.............	=	0 ,0052

CALCUL DE L'ANALYSE

1° Composition centésimale

Carbone

CO^2 trouvé = 0,8245 + 0,0052 = 0,8297.

C trouvé = $0,8297 \times \frac{3}{11}$ = 0,1445.

Proportion centésimale de carbone = $100 \times \frac{0,1445}{0,4570}$ =   31,62

Hydrogène

H^2O trouvé = 0,1656.

H trouvé = $0,1656 \times \frac{1}{9}$ = 0,0184.

Proportion centésimale d'hydrogène = $100 \times \frac{0,0184}{0,4570}$ =   4,03

Oxygène

Oxygène = 0,4570 — 0,1445 — 0,0184 = 0,2941.

Proportion centésimale d'oxygène = $100 \times \frac{0,2941}{0,4570}$ =   64,35

                                                            100,00

(1) Si le poids moléculaire de la substance est déterminé, par une des méthodes ci-après, quand on fait l'analyse, on peut arriver plus simplement au résultat en rapportant la composition de la substance non pas à 100 parties, mais à un nombre de parties égal à ce poids moléculaire M ; les quantités telles que $M \frac{p}{P}$ représenteront les poids de chacun des éléments qui entrent dans une molécule du corps et, par suite, les quotients $\frac{Mp}{PA}$, $\frac{Mp'}{PA'}$, $\frac{Mp''}{PA''}$ représenteront le nombre exact des atomes de chacun des corps simples.

2° Formule brute

$$
\begin{array}{llll}
\text{Carbone}\ldots & \dfrac{31,62}{12} = 2,64 & \dfrac{2,64}{2,64} = 1 & \text{ou en} & 1 \\[2ex]
\text{Hydrogène.} & \dfrac{4,03}{1} = 4,03 & \dfrac{4,03}{2,64} = 1,52 & \text{fractions} & \dfrac{3}{2} \\[2ex]
\text{Oxygène}\ldots & \dfrac{64,35}{16} = 4,02 & \dfrac{4,02}{2,64} = 1,52 & \text{ordinaires} & \dfrac{3}{2}
\end{array}
$$

ou en multipliant par 2 on a $\begin{cases} C & 2 \\ H & 3 \\ O & 3 \end{cases}$ formule brute (1) $= C^2H^3O^3$.

25. Détermination du poids moléculaire. —

Les méthodes que l'on a à sa disposition, pour fixer le poids moléculaire des corps, consistent à déterminer sa densité de vapeur, ou à mesurer l'abaissement du point de congélation ou de la tension de vapeur d'un liquide, dans lequel on dissout un poids connu du corps étudié.

A. — DÉTERMINATION DE LA DENSITÉ DE VAPEUR

On emploie surtout les procédés de Dumas et de Gay-Lussac, avec la modification apportée par Hoffmann et Meyer à cette dernière méthode.

Il y a, entre le poids P d'une vapeur exprimé en grammes, le volume V exprimé en litres qu'elle occupe sous la pression H exprimée en millimètres de mercure à la température T, et sa densité D, la relation :

$$ P = V \times D \times 1.293 \times \frac{H}{760} \times \frac{1}{1 + 0,00366T}. $$

Pour obtenir D à l'aide de cette formule, on peut, en

(1) Le poids moléculaire déterminé, comme on le verra plus loin (voir p. 83), à l'aide des méthodes cryoscopiques est 146. Or, $C^2H^3O^3$ valant 75, le poids moléculaire est $75n$; on en déduit $n = \dfrac{146}{75}$, soit sensiblement $n = 2$: donc la formule de l'acide tartrique s'obtient en doublant la formule brute trouvée plus haut ; elle est $C^4H^6O^6$.

opérant à une température T et à une pression H déterminées, ou se donner P et déterminer V par l'expérience, ou bien se donner V et déterminer P. Ce dernier procédé est celui de Dumas ; le premier est celui de Gay-Lussac et de Meyer.

a. *Méthode de Dumas.* — Cette méthode est la plus exacte ; par contre, elle nécessite l'emploi de quantités de matières assez considérables, surtout si l'on mesure la densité de vapeur à diverses températures. Enfin, si le corps n'est pas pur, s'il contient, comme impureté, une matière moins volatile que le corps, l'influence de cette impureté est plus sensible dans la méthode de Dumas que dans les autres ; par contre, c'est l'inverse, si l'impureté est plus volatile.

Dans cette méthode, on détermine le poids de vapeur qui occupe un volume connu. Pour cela, on prend un ballon en verre dont le col est effilé et dont la capacité est de 300 à 500 centimètres cubes. Ce ballon étant bien sec intérieurement, on en fait la tare avec un poids suffisant et avec un ballon ayant sensiblement même volume extérieur, pour rendre négligeable l'influence que les variations de densité de l'air auraient sur la poussée éprouvée par le ballon ; puis, on note la température ambiante t et la pression atmosphérique H_1.

Pour introduire dans le ballon le liquide dont on veut mesurer la densité de vapeur, on le chauffe légèrement, de façon à chasser un peu d'air ; puis, on le laisse se refroidir en plongeant la pointe sous le liquide (1) : une certaine quantité de celui-ci pénètre dans le ballon ; on le place alors entre deux rondelles métalliques, qui

(1) Si la matière est solide, on l'introduit dans le ballon lorsque son col a été étiré modérément ; puis, on achève de l'effiler, une fois la matière introduite.

peuvent glisser le long d'une tige, et qui obligent le
ballon à rester immergé dans le bain d'huile où on le
plonge, malgré la poussée qu'il éprouve. Puis, on chauffe
le bain d'huile, en agitant et en suivant, sur le thermomètre, la marche de la température. On opère,
autant que possible, à une température notablement
supérieure à celle de l'ébullition. Pendant que la température s'élève, la tension du liquide augmente, et,
lorsqu'il bout, la vapeur chasse l'air primitivement contenu dans le ballon, et s'échappe dans l'atmosphère;
puis, lorsque tout le liquide est réduit en vapeur, la
température continuant à s'élever, la vapeur se dilate et
sort du ballon. Quand on a atteint la température T, à
laquelle on veut faire l'expérience, on la note, et,
quand il ne sort plus de vapeur du ballon, on ferme
à la lampe la pointe effilée. On note en ce moment la
pression atmosphérique H_2, qui est aussi la pression de
la vapeur, et on laisse refroidir le ballon (1). La partie la
plus délicate de cette opération est de bien choisir le
moment où on scelle le ballon. Si on le ferme trop tôt,
toute la vapeur qui devait sortir du ballon n'est pas sortie,
et l'on trouve une densité trop considérable ; si on le
ferme trop tard, la vapeur est sortie, mais de l'air est
rentré par diffusion ; de là, une cause d'erreur, donnant
un nombre trop fort ou trop faible, suivant que la vapeur
est plus légère ou plus lourde que l'air ; cette erreur se
trouve, il est vrai, atténuée, parce qu'on détermine toujours, à la fin de l'expérience, la quantité d'air restée

---

(1) Cette pression, comme d'ailleurs toutes les autres, doivent être
exprimées en hauteur de mercure à 0°. Ce que nous désignons par
H_1, H_2, ce ne sont pas les nombres lus sur le baromètre, mais ces
nombres corrigés de la dilatation du mercure et de la règle divisée,
ainsi que de la capillarité.

dans le ballon; mais cette mesure est entachée d'une petite indétermination, si on cherche à l'obtenir en ouvrant le ballon sur l'eau. Le ballon une fois refroidi, est lavé (avec une solution de sonde faible au besoin, pour enlever l'huile adhérente, puis avec de l'eau), et séché; on le reporte ensuite sur le plateau de la balance, et on rétablit l'équilibre; soit p la somme des poids qu'il faut ajouter ou retrancher. Ce poids p, évalué en grammes, représente la différence des poids qui existe entre le poids d'air π_1, qui emplit à la température ambiante t et à la pression H_1 le volume que possède le ballon à cette température t, et le poids de vapeur π_2, qu'il contient à la température T, sous la pression H_2. Le poids d'air a pour expression, en désignant par V_0 le volume en litres du ballon mesuré à $0°$, et K le coefficient de dilatation du verre :

$$\pi_1 = V_0 (1 + Kt) \times 1{,}293 \times \frac{H_1}{760} \times \frac{1}{1 + 0{,}00366t}$$

et le poids de vapeur π_2 a pour expression :

$$\pi_2 = V_0 (1 + KT) \times 1{,}293 \times \frac{H_2}{760} \times \frac{1}{1 + 0{,}00366T} \times D$$

D étant la densité de la vapeur, on a donc l'équation :

$$p = \pi_2 - \pi_1 = \frac{V_0 \times 1{,}293}{760} \left[(1 + KT) \frac{H_2 \times D}{1 + 0{,}00366T} - (1 + Kt) \frac{H_1}{1 + 0{,}00336t} \right]$$

De cette équation on tire D :

$$D = \frac{(1 + 0{,}00366T)[760(1 + 0{,}00366t)p + 1{,}293(1 + Kt)V_0 H_1]}{1{,}293 (1 + 0{,}00366t) (1 + KT) V_0 H_2}$$

Le volume V_0 du ballon qui entre dans cette équation s'obtient, après la pesée, en brisant la pointe effilée sous le mercure ; ce liquide se précipite à l'intérieur du ballon qu'il remplit entièrement si tout l'air a été chassé ; sinon, il reste une bulle de gaz que l'on transvase dans une éprouvette graduée et dont on tient compte, comme on le verra un peu plus loin ; le ballon se trouvant alors plein de mercure, on verse celui-ci dans une éprouvette graduée. Si la graduation de cette éprouvette a été faite à $0°$ la lecture de la division où le mercure affleure donne immédiatement le volume V_0. Si la graduation (1) de l'éprouvette est exacte à la température τ, et qu'on s'en serve à la température θ, le nombre lu V devra être multiplié par le rapport $\dfrac{1 + K\tau}{1 + K\theta}$ ou plus simplement par $1 + K(\tau - \theta)$ pour devenir égal à V_0. On peut aussi peser le mercure contenu dans le ballon. Si l'on désigne : par θ, la température à laquelle le mercure remplit le ballon ; par α, le coefficient de dilatation du mercure ; par δ, la densité du mercure à $0°$, et par P, le poids de ce mercure, le volume du ballon à $0°$ sera donné par l'équation :

$$V_0 = \frac{P}{\delta} \times \frac{1 + \alpha\theta}{1 + K\theta} \text{ ou sensiblement} = \frac{P}{\delta}\left[1 + (\alpha - K)\theta\right]$$

Le poids P, étant considérable (5 à 6 kilogrammes en général), sera déterminé avec une balance peu sensible ; mais l'erreur relative commise sur V_0 sera faible, plus faible qu'en mesurant le volume du mercure dans une éprouvette graduée. On peut aussi opérer de la même

(1) Il est facile de déterminer par l'expérience à quelle température un vase jaugé possède exactement le volume qu'il indique.

façon, soit en volume, soit en poids, en ouvrant le ballon sur de l'eau ; on atteint ainsi à très peu près la même précision dans la mesure du volume, mais celle du résidu d'air peut être très erronée par suite de l'air qui est dissous dans l'eau et qui se dégage lorsque celle-ci pénètre dans le ballon où la pression est très faible.

La formule précédente doit être modifiée lorsque tout l'air du ballon n'a pas été expulsé. Supposons qu'on ait ouvert le ballon sur le mercure et que la bulle de gaz, transvasée dans une éprouvette graduée et mesurée sous la pression atmosphérique H_2 ait un volume v. Remarquons que cet air est saturé de la vapeur du liquide dont on mesure la densité de vapeur. Soit f sa tension maxima à la température θ' de l'expérience. Le poids d'air p' resté dans le ballon aura pour expression :

$$p' = v \times 1{,}293 \times \frac{1}{1 + 0{,}00366\theta'} \frac{H_2 - f}{760}$$

Ce poids p' devra évidemment être retranché du poids π_2 de la vapeur et, d'autre part, cette vapeur ne remplissant pas le ballon sous la pression H_2, mais sous cette pression diminuée de celle qu'avait à la température T la masse d'air de poids p' ; cette pression, que nous désignerons par h, peut être calculée par la formule suivante qui exprime que le poids de cette masse est toujours égal à p', soit qu'on le calcule d'après le volume v (premier membre de l'équation suivante), soit qu'on le calcule d'après le volume V (deuxième membre) :

$$v \times 1{,}293 \frac{1}{1+0{,}00366\theta'} \times \frac{H_2 - f}{760} = V_0(1+KT) \times 1{,}293 \frac{1}{1+0{,}00366T} \frac{h}{760}$$

qui devient :

$$h = \frac{v}{V_0} \times \frac{(1 + 0,00366T)}{(1 + KT)(1 + 0,00366t)}(H_3 - f)$$

On devra donc calculer p' et h par ces formules en fonction de v qui est la quantité que l'on a déterminée. La formule donnant la densité deviendra alors :

$$D = \frac{(1 + 0,00366T)[760(1 + 0,00366t)(p - p') + 1.293(1 + Kt)V_0 H_1]}{1,293(1 + 0,00366t)(1 + KT)V_0(H_2 - h)}$$

Lorsque le liquide que l'on emploie est rare, on peut recueillir celui qui s'échappe en vapeur dans un petit réfrigérant. On peut aussi, lorsqu'on veut mesurer la densité sous une pression réduite, mettre la pointe en communication avec une machine pneumatique et un manomètre qui indique la valeur de la pression à l'intérieur du ballon au moment où on le ferme à la lampe. Mais il est préférable, dans ces deux cas, d'employer l'une des méthodes suivantes.

b. *Méthode de Gay-Lussac modifiée par Hoffmann.* — Ce procédé consiste à volatiliser un poids connu de substance dans une éprouvette graduée reposant sur le mercure ; on détermine à la fois le volume et la pression de la vapeur à une température donnée. L'éprouvette est formée d'un long tube, de 1 mètre environ, portant deux divisions l'une en dixièmes de centimètre cube, et l'autre en millimètres. Au début, cette éprouvette est séchée, remplie de mercure sec et renversée sur la cuve à mercure ; elle forme alors un tube barométrique, au sommet duquel il y a le vide ; on l'entoure d'un manchon en verre dans presque toute sa hauteur ; ce manchon sera parcouru au moment de l'expérience par un courant de vapeur d'un liquide convenable qui portera la température au point voulu. Un thermomètre, placé à l'intérieur de ce manchon, donnera la température. Pour introduire dans ce baromètre un poids connu P de liquide, celui-ci est renfermé soit dans une ampoule en verre mince, qui

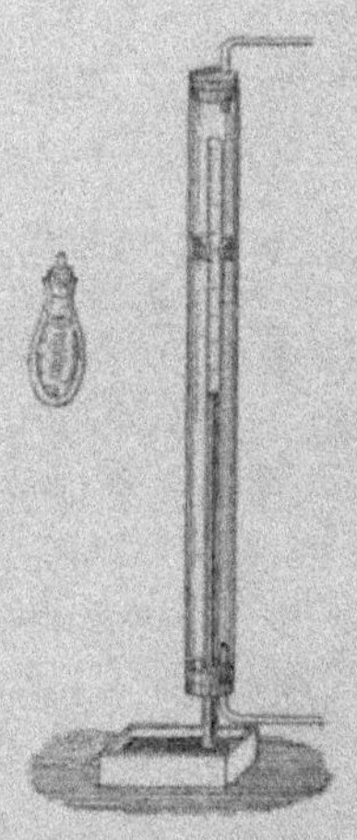

se brisera par la dilatation du liquide lorsqu'elle sera parvenue dans la partie chaude, soit dans un petit flacon bouché à l'émeri qui se débouchera en arrivant dans le vide. La vapeur ne doit pas être saturante ; on s'en assure en soulevant l'éprouvette ; en même temps que le volume occupé par la vapeur augmente, la pression doit diminuer. Le volume de la vapeur est alors mesuré à l'aide de la graduation en centimètres cubes, et la pression est mesurée en notant la pression barométrique H (1) et la hauteur h de la colonne de mercure soulevée dans l'éprouvette ; en même temps, on note la température T indiquée par le thermomètre. Supposons que la graduation en volumes et en hauteurs de l'éprouvette ait été faite à 0°. Soient : δ, le coefficient de dilatation du mercure ; et K, le coefficient de dilatation linéaire du verre ; 3K sera son coefficient de dilatation cubique. Une division qui valait 1 millimètre à 0° vaudra $(1 + KT)$ milli-

____

(1) Nous désignons par H la pression atmosphérique ramenée à 0°, tandis que h est le nombre lu sur l'éprouvette.

mètres à T°, et une division qui valait 1 centimètre cube à 0° vaudra à la même température $(1 + 3\mathrm{K}\mathrm{T})$ centimètres cubes. Si donc la vapeur occupe un nombre de centimètres cubes égal à V, d'après la graduation son volume véritable sera $\mathrm{V}\,(1 + 3\mathrm{K}\mathrm{T})$; si, d'autre part, la colonne de mercure soulevée a une hauteur h, d'après la graduation cette hauteur sera, en réalité, égale à h $(1 + \mathrm{K}\mathrm{T})$, et une pareille colonne de mercure à T° équivaudra, comme pression, à une colonne de mercure de $\dfrac{h(1 + \mathrm{K}\mathrm{T})}{1 + \delta\mathrm{T}}$. De sorte que la pression de la vapeur sera :

$$\mathrm{H} - h\,\frac{1 + \mathrm{K}\mathrm{T}}{1 + \delta\mathrm{T}}.$$

En outre, si la température T est assez élevée, la tension f de la vapeur de mercure n'est pas négligeable (elle est d'environ 20 millimètres à 200°) ; il faudra donc retrancher cette tension f de la pression observée ; la pression de la vapeur sera alors $\mathrm{H} - h\,\dfrac{1 + \mathrm{K}\mathrm{T}}{1 + \delta\mathrm{T}} - f$.

Introduisons ces quantités, volume et pression, dans la formule qui donne le poids d'une vapeur, nous aurons l'équation suivante, dont on pourra tirer la densité cherchée D :

$$\mathrm{P} = \mathrm{V}(1+3\mathrm{K}\mathrm{T}) \times 1{,}293 \times \frac{\mathrm{H} - h\dfrac{1+\mathrm{K}\mathrm{T}}{1+\delta\mathrm{T}} - f}{760} \times \frac{1}{1+0{,}00366\mathrm{T}} \times \mathrm{D}$$

d'où :

$$\mathrm{D} = \frac{760 \times (1 + 0{,}00366\mathrm{T}) \times \mathrm{P}}{1{,}293\mathrm{V}(1 + 3\mathrm{K}\mathrm{T})\left(\mathrm{H} - h\,\dfrac{1 + \mathrm{K}\mathrm{T}}{1 + \delta\mathrm{T}} - f\right)}$$

On voit que ce procédé permet avec peu de liquide de faire une mesure de densité ; on peut, d'ailleurs, avec un même échantillon faire une série de déterminations à des pressions et à des températures différentes. Dans le cas où le liquide n'est pas pur, il donne un nombre d'autant plus rapproché de la densité véritable que l'impureté est en plus petite proportion ; cela n'arrivait pas avec le procédé Dumas où les impuretés, lorsqu'elles étaient moins volatiles que le corps, se trouvaient à la fin dans le ballon être en proportion relative plus considérable que dans le liquide primitif.

c. *Méthode de Victor Meyer.* — Ce procédé, moins précis que les précédents, est d'un usage très commode et n'exige que des calculs assez courts. Dans la formule :

$$P = VD \times 1,293 \times \frac{H}{760} \times \frac{1}{1 + 0,00366t}$$

remarquons que le produit :

$$V \times 1,293 \times \frac{H}{760} \times \frac{1}{1 + 0,00366t}$$

représente le poids d'un volume d'air égal au volume d'un poids P de vapeur dans les mêmes conditions de température et de pression. Si donc on appelle P' ce produit, la formule précédente devient :

$$P = P'D, \quad \text{ou} : \quad D = \frac{P}{P'}$$

Le procédé de Meyer consiste à prendre un poids P de matière qui se réduira en vapeur et à déterminer expérimentalement P′. L'appareil, tout en verre, consiste en un réservoir cylindrique d'une capacité d'environ 100 centimètres cubes ; il est surmonté d'un tube droit de 50 à 60 centimètres, auquel est soudé latéralement un petit tube de dégagement débouchant dans un vase plein d'eau. La partie supérieure du tube droit peut être fermée par un bouchon. Le réservoir est plongé dans un liquide que l'on chauffe à la température à laquelle on veut prendre la densité du corps; cette température qui n'intervient pas dans la formule n'a pas besoin d'être connue exactement (1). Pour faire une détermination, on chauffe le réservoir : l'air qui se dilate s'échappe par le tube latéral en traversant l'eau bulle à bulle ; on ne le recueille pas. Lorsque la température à laquelle on veut opérer est atteinte, on la maintient stationnaire; il ne doit plus se dégager de bulles d'air. On enlève alors le bouchon de la partie supérieure du tube droit, et on introduit la matière, de poids P, contenue à l'intérieur d'un petit tube pouvant pénétrer dans le tube droit ; pendant que celui-ci descend, ralenti dans sa chute par son trottement sur le tube, on remet vivement le bouchon. A ce moment il y avait dans l'appareil un certain volume d'air ; quand la matière tombe dans la partie chaude, sur une petite couche d'amiante placée au fond du réservoir cylindrique pour amortir le choc, elle se réduit en vapeur ; celle-ci, en se formant, déplace un volume d'air chaud d'un volume exactement égal au sien dans les mêmes conditions de température et de pression. Cet air chaud, en sortant du réservoir, et se rendant dans la cuve à eau où une éprouvette graduée le reçoit, se

(1) Il est bon de la connaître approximativement parce que la densité de vapeur, variant parfois avec la température, il est toujours utile d'indiquer vers quelle température elle a été déterminée.

refroidit et revient à la température ordinaire; le volume de l'air chassé par la vapeur n'est plus resté le même, il n'est plus égal à celui de la vapeur. Mais son poids est resté le même; or, c'est ce poids seul que nous cherchons, c'est lui que nous avons appelé P' et qui entre dans la formule que nous voulons appliquer; il peut se calculer facilement d'après le volume actuel occupé par l'air dans l'éprouvette graduée. Si on désigne, en effet, par v le volume de l'air, par H la pression atmosphérique, par F la tension maxima de la vapeur d'eau à la température ambiante t, on a l'équation suivante qui donne P' :

$$P' = v \times 1{,}293 \times \frac{H - F}{760} \times \frac{1}{1 + 0{,}00366t}.$$

On a donc la formule :

$$D = \frac{P}{P'} = \frac{P}{v \times 1{,}293 \times \dfrac{H - f}{760} \times (1 + 0{,}00366t)}.$$

L'opération ne dure que quelques minutes. Il faut, en effet, que la vapeur produite ne se diffuse pas à travers l'air, qui reste dans l'appareil jusque vers les parties froides où elle se condenserait.

**B. — DÉTERMINATION DES POIDS MOLÉCULAIRES
PAR LA CRYOSCOPIE**

a. *Principe de la méthode*. — Quand un solide pur fond, cette fusion se produit toujours à la même tempé-

rature quand la pression est la même (1). Le phénomène
inverse n'est pas toujours aussi net; la température d'un
liquide peut être abaissée au-dessous de son point de
fusion sans qu'il se solidifie; mais il est alors en équilibre instable, on dit qu'il est surfondu, car il suffit d'introduire un fragment du liquide solidifié dans la liqueur
pour que celle-ci commence aussitôt à se solidifier, et la
température du liquide remonte alors exactement au
point de fusion. C'est là un fait qui a été utilisé pour
déterminer avec précision les points de fusion des corps.

Quand le corps considéré n'est pas pur, quand il contient en dissolution un solide ou un liquide, on constate :
1° que son point de solidification est inférieur à son
point de solidification lorsqu'il est pur, et qu'en outre c'est
du dissolvant pur qui se solidifie quand on a suffisamment abaissé la température. C'est ainsi que l'eau de la
mer ne gèle qu'au-dessous de 0° et que la glace qui se
forme est de l'eau pure. C'est là un fait général.

Ces faits étaient connus depuis longtemps, et l'on avait
même cherché à en donner les lois. Blagden, qui a le
premier étudié ces phénomènes, a énoncé la loi suivante,
connue sous le nom de loi de Blagden : « L'abaissement du
point de congélation de l'eau est proportionnel au poids
de sel dissous dans un poids constant d'eau. » Les expériences de Rüdorff, puis celles de de Coppet confir-
mèrent dans leur ensemble les résultats de Blagden,
mais montrèrent qu'il y avait des exceptions à la loi qu'il
avait énoncée. Ils tentèrent de les faire rentrer dans la
loi générale en admettant dans les dissolutions tantôt

---

(1) L'influence de la pression est, d'ailleurs, très faible : ainsi pour la
glace, le point de fusion est de — 0°,039 sous la pression de 8 atmosphères, les variations de la pression atmosphérique sont donc absolument sans effet sensible

l'existence de sels anhydres et tantôt celle d'hydrates. De Coppet, allant plus loin, considéra ce qu'il appela l'abaissement atomique, c'est-à-dire l'abaissement que produirait une *molécule de sel* dissoute dans 100 grammes d'eau; cet abaissement qu'on ne peut pas mesurer, en général, se calcule d'après les résultats obtenus avec des dissolutions plus étendues et en admettant la loi de Blagden. Il remarqua que chaque genre de sels avait un abaissement atomique à peu près voisin (entre $33°,6$ et $35°,2$ pour les chlorures alcalins, entre $15°,3$ et $18°$ pour les sulfates magnésiens, etc.). Les recherches de M. Raoult complétèrent, de la façon la plus heureuse, les recherches précédentes, en leur donnant une généralité qui leur faisait alors défaut. M. Raoult, en étudiant un très grand nombre de corps et surtout en utilisant d'autres dissolvants que l'eau, est arrivé à montrer qu'il y a une relation générale entre l'abaissement du point de solidification d'un liquide qui contient une substance dissoute et le poids moléculaire de cette substance. Cette loi, vérifiée sur un très grand nombre de corps dont les poids moléculaires sont connus avec certitude par leurs densités de vapeur, peut être appliquée à ceux dont on ne peut prendre la densité de vapeur. De là, un nouveau procédé très utile et d'un emploi commode pour déterminer les poids moléculaires. L'usage de cette méthode est d'ailleurs très général, car il existe peu de corps qui ne soient solubles dans quelque liquide.

b. *Définitions et formules.* — On opère sur des dissolutions assez étendues pour que l'abaissement du point de congélation soit voisin de $1°$; on a alors le *coefficient d'abaissement brut* de la substance en divisant l'abaissement C du point de fusion par le poids P de substance qui, dissoute dans 100 grammes du dissolvant, a produit l'abaissement observé C. Les recherches de M. Raoult ont montré que $\frac{C}{P}$ n'est pas, en général, constant, comme l'exigerait la loi de Blagden. Si l'on représente par une courbe les résultats de l'expérience en portant comme ordonnées les valeurs de $\frac{C}{P}$ et comme abscisses les valeurs de C, on constate qu'au voisinage de l'axe des ordonnées la ligne est à peu près rectiligne, et on appelle *coefficient d'abaissement à la limite* la valeur de l'ordonnée du point où cette partie rectiligne rencontre l'axe des ordonnées. Ce coefficient à la limite est celui que M. Raoult considère surtout au point de vue théorique ; mais, au point de vue pratique, et, en particulier, pour la détermination du poids moléculaire qui nous occupe seule ici, il suffit de considérer le coefficient d'abaissement brut déterminé avec une solution assez étendue, pour que l'abaissement du point de congélation soit d'environ 1°.

Soit $\frac{C}{P}$ le coefficient ainsi défini : on obtient l'*abaissement moléculaire* T, en multipliant le coefficient précédent par le poids moléculaire M de la substance en dissolution, de sorte que l'on a par définition (1) :

$$T = \frac{C}{P} \times M, \qquad \text{ou :} \qquad M = T\,\frac{P}{C}.$$

T est une quantité qui dépend de la nature du liquide employé, et elle dépend aussi, pour la plupart des li-

_____

(1) Cet abaissement moléculaire T est dit abaissement *vrai* quand le corps suit la loi de Blagden, ou bien lorsque, ne la suivant pas, on met pour $\frac{C}{P}$ le coefficient d'abaissement à la limite.

quides, de la substance dissoute, de sorte que, étant
donné un liquide, il existe plusieurs valeurs de T (1) qui
lui correspondent ; les corps de propriétés analogues correspondent, comme on le verra un peu plus loin, à une
même valeur de T. On connaît actuellement ces valeurs
de T pour un certain nombre de liquides. Il serait, d'ailleurs, facile, s'il était nécessaire, d'employer un liquide
non encore utilisé et de déterminer T par les expériences
faites en dissolvant dans ce liquide des corps de poids
moléculaires connus.

Une fois M ainsi obtenu, on cherche, parmi les poids
moléculaires possibles du composé considéré, quel est
celui qui est le plus voisin de la valeur approchée obtenue
pour M, et c'est celui-là qui est son poids moléculaire
exact.

Les dissolvants les plus commodes à employer pour
ces recherches sont : l'eau, la benzine et surtout l'acide
acétique, parce qu'ils sont faciles à obtenir purs, parce
qu'ils ont des points de fusion faciles à observer ($0°$ pour
l'eau, $+ 4°,96$ pour la benzine, et $16°,75$ pour l'acide
acétique), et ensuite parce qu'ils dissolvent la plupart
des substances organiques. L'acide acétique, en particulier, est d'un emploi commode ; il dissout presque tous
les corps, et il ne possède qu'une seule valeur pour T.

(1) Les valeurs maxima de T, correspondant aux divers liquides, sont,
comme l'a montré M. Raoult, inversement proportionnelles aux poids
moléculaires M de ces liquides, de sorte que l'on a $\frac{T}{M} =$ constante $= 0°,63$.

Valeurs de T

DISSOLVANTS	T	REMARQUES ET EXCEPTIONS
Eau	19	Seulement pour les matières organiques, acide oxalique excepté.
Benzine	25	Alcools, phénols, acides (sauf l'acide picrique).
	49	Tous les autres composés organiques et acide picrique.
Acide acétique	39	Tous les composés organiques sans exception.

On emploiera donc, pour déterminer le poids moléculaire M d'une substance les formules :

$$M = 19 \times \frac{P}{C} \text{ si la dissolution est faite avec l'eau;}$$

$$M = 39 \times \frac{P}{C} \quad - \quad - \quad \text{l'acide acétique :}$$

$$M = \frac{25}{ou\ 49} \times \frac{P}{C} \quad - \quad - \quad \text{la benzine,}$$

en prenant 25 ou 49, suivant la fonction du corps étudié. Avec les alcools, les phénols et les acides on doit employer le coefficient 25, mais les résultats ne sont pas aussi certains, et il vaut mieux employer un autre dissolvant.

c. *Procédé opératoire.* — La substance sur laquelle on opère est pesée exactement, en tube scellé, que l'on brise à l'intérieur de l'eau si sa volatilité rend cette précaution nécessaire, et mise dans 100 grammes d'eau. Cette dissolution est placée dans une éprouvette de 4 à 5 centi-

mètres de diamètre ; un agitateur mécanique permet
de rendre la température uniforme. Cette température est
mesurée à l'aide d'un thermomètre divisé en vingtièmes,
ou mieux en cinquantièmes de degré ; on l'observe avec
un viseur. Cette éprouvette plonge dans un vase contenant de l'alcool, refroidi lui-même à l'aide d'un mélange
réfrigérant. Le vase contenant l'alcool ainsi que le mélange réfrigérant, peuvent être déplacés verticalement,
de façon à faire plonger plus ou moins dans l'alcool froid
le tube qui contient la dissolution étudiée ; on modifie
ainsi à volonté la vitesse du refroidissement.

Pour procéder à une détermination, on abaisse lentement la température de la dissolution de quelques
dixièmes de degré au-dessous du point de congélation ;
puis, on y introduit, à l'aide d'un fil de platine crochu,
une parcelle de la même dissolution préalablement
congelée. Aussitôt, la surfusion cesse, et la glace apparaît sous la forme de paillettes qui se multiplient et qui
flottent dans le liquide. En même temps, le thermomètre
remonte rapidement au point de congélation normal, et
si la dissolution est étendue, s'y maintient absolument
fixe pendant plusieurs minutes ; après quoi, la température s'abaisse de nouveau. Il y a donc un minimum d'a-
baissement ; c'est lui que l'on prend pour point de congélation. En opérant comme il vient d'être dit, on le
retrouve toujours exactement le même, à $\frac{1}{200}$ de degré
près.

d. *Exemples.* — *Premier exemple.* — Soit à déterminer le poids moléculaire de l'acide tartique, composé dont
on ne peut déterminer la densité de vapeur. M. Raoult,
ayant dissous ce corps dans l'eau, a fait les trois dissolutions étendues ci-dessous et a obtenu les abaissements

du point de fusion consignés dans le tableau suivant :

Poids d'acide tartrique dans 100^{gr} d'eau	Abaissement du point de fusion	Quotient	
P	C	$\dfrac{C}{P}$	
5^{gr},26	— 0°,69	0,131	
10 54	— 1 35	0,129	moyenne
16 63	— 2 20	0,132	0,13

On a donc pour le poids moléculaire M la valeur :

$$M = 19 \times \frac{1}{0,13} = 146.$$

Des considérations d'ordre purement chimique lui avaient fait attribuer la valeur 150. La composition centésimale de ce corps indique que son poids moléculaire est $75 \times n$ (v. p. 65 en note) ; 146 étant beaucoup plus voisin de 150 que de tout autre multiple de 75, c'est évidemment 150 que l'on doit adopter d'après la cryoscopie.

Deuxième exemple. — Soit à déterminer le poids moléculaire de l'éther à l'aide des méthodes cryoscopiques : M. Raoult a fait cette détermination en employant successivement, comme dissolvants, l'eau, la benzine et l'acide acétique. Le tableau suivant résume ses expériences :

NATURE du DISSOLVANT	POIDS D'ÉTHER dans 100cc DE DISSOLVANT P	ABAISSEMENT DU POINT de fusion C	QUOTIENT $\frac{C}{P}$	POIDS MOLÉCULAIRE CORRESPONDANT M
Eau	4cc,47	1°,05	0,23	$M = 19 \times \frac{1}{0,23} = 82$
Benzine.....	2 724	1 826	0,671	$M = 49 \times \frac{1}{0,671} = 73$
Ac. acétique	1 510	0 800	0,529	$M = 39 \times \frac{1}{0,529} = 74$

La composition centésimale de l'éther montre que son poids moléculaire est $37 \times n$. Les trois valeurs de M contenues dans le tableau précédent donnent pour n les valeurs 2,22 avec l'eau, 1,97 avec la benzine, 2,00 avec l'acide acétique. Ces trois expériences concordent donc pour assigner à n qui est un nombre *entier* la valeur 2.

C. — DÉTERMINATION DES POIDS MOLÉCULAIRES PAR LES TENSIONS DE VAPEUR DES SOLUTIONS

a. *Principe de la méthode.* — Cette méthode, comme la précédente, repose sur les travaux de M. Raoult. En 1847, Van Babo étudia les tensions de vapeur d'un certain nombre de dissolutions. Il observa que la dissolution d'un corps dans un liquide abaisse les tensions maxima que possède ce liquide aux diverses températures. Wullner qui reprit cette étude énonça la loi qui porte son nom : le rapport de la diminution de tension que fait éprouver à un liquide un certain poids de sel en se dissolvant dans un poids constant d'eau à la tension de l'eau pure à la même température, est proportionnel à ce poids de sel. Van Babo et Wullner arrivèrent aussi à cette autre conclusion que le rapport $\dfrac{f'}{f}$ de la tension de la dissolution du sel dans l'eau à la tension de l'eau pure à la même température, est indépendante de cette température. Il en résulte que le rapport $\dfrac{f-f'}{f}$, qui figure dans l'énoncé de la loi de Wullner, est lui-même indépendant de la température.

b. *Formules.* — M. Raoult, en multipliant les expériences et surtout en employant des liquides autres que l'eau, a été amené à modifier l'énoncé de la loi de Wullner, reconnue inexacte, et il est arrivé à trouver des relations où figure le poids moléculaire des substances dissoutes ; de là, un procédé commode dans bien des cas pour déterminer les poids moléculaires. Il a remarqué que le rapport $\dfrac{f-f'}{fP}$, dans lequel P désigne le poids de la substance qui se trouve en solution, soit dans un poids constant de dissolvant, soit dans un volume constant de dissolution, n'est pas constant, mais que les diminutions relatives de pression $\dfrac{f-f'}{f}$, sont, au contraire, entre des limites de concentration très étendues, sensiblement proportionnelles au nombre de molécules de substance fixe contenues dans 100 molécules de mélange. Si l'on désigne par :

M, le poids moléculaire
n, le nombre des molécules $\Big\}$ de la substance fixe
P, le poids $\qquad$ dissoute ;

et par :

M', le poids moléculaire
n', le nombre de molécules $\Big\}$ du dissolvant volatil ;
100, le poids

le nombre de molécules fixes contenues dans 100 molécules de mélange est :

$$\frac{n}{n + n'} \times 100, \text{ ou} : \frac{PM'}{100M + PM'} \times 100.$$

La loi de Raoult s'énonce algébriquement à l'aide de ces notations par la formule :

$$\frac{f - f'}{f} \times \frac{n + n'}{n} = \text{constante} = K.$$

La valeur de la constante est la même, quelle que soit la concentration, mais elle dépend de la nature du corps dissous et de celle du dissolvant. Les nombreux tableaux résumant les expériences de M. Raoult mettent cette loi en évidence. Ils montrent, de plus, que la valeur de la constante est pour tous les corps très voisine de l'unité. Font exception : l'acide acétique, pour lequel la constante est 1,63 ; le sulfure de carbone, l'amylène, le bromure d'éthyle et la benzine, pour lesquels la constante est, en moyenne, 0,52. Font encore exception les dissolutions de sels dans l'eau. Si l'on admet que l'on a :

$$\frac{f - f'}{f} \times \frac{n + n'}{n} = 1$$

comme on a :

$$\frac{n}{n + n'} = \frac{PM'}{100M + PM'}$$

il en résulte que, connaissant f et f', on en déduit $\frac{n + n'}{n}$

et, d'après la seconde formule, une relation entre P, M, M', f et f'. Or, M', le poids moléculaire du dissolvant employé, est connu ; d'autre part, P, f et f' sont déterminés par l'expérience ; il en résulte que l'on peut connaître le poids moléculaire M du corps dissous à l'aide de la formule :

$$(1) \qquad M = \frac{P}{100} \frac{f'}{f - f'} M'.$$

Avec les dissolvants pour lesquels la constante K est différente de l'unité, on a :

$$M = \frac{P}{100} \frac{f'}{f - f'} M'K$$

M. Van't Hoff a fait sur le même sujet des études théoriques de la plus haute importance ; il a montré, en particulier, que la formule précédente est une conséquence des lois de la thermodynamique ; il a montré, en outre, que, pour toutes les dissolutions faites dans un même dissolvant, il y a un rapport constant entre l'abaissement du point de congélation et la diminution relative de tension de vapeur.

Il faut, d'après ce qui précède, pour déterminer le poids moléculaire d'une substance, connaître le poids P de substance contenu dans 100 grammes de dissolvant volatil, le poids moléculaire M' de ce dissolvant, la tension de vapeur f du dissolvant pur et la tension de vapeur f' de la dissolution, à la même température. La valeur de $\frac{P}{100} \frac{f'}{f - f'}$ qui entre dans la formule (1) correspond à des dissolutions étendues (au plus 5 molécules de substance fixe pour 100 molécules de dissolvant) ; mais, comme $f - f'$ est alors très petit et assez difficile à évaluer avec précision, M. Raoult conseille d'employer des solutions plus concentrées, de faire plusieurs expériences avec des concentrations variables, de représenter graphiquement les résultats en prenant les valeurs de P pour abscisses, et les valeurs correspondantes de $\dfrac{P}{100} \times \dfrac{f'}{f-f'}$ comme ordonnées. On prolonge la ligne représentative jusqu'à l'axe des ordonnées et l'on prend la valeur de $\dfrac{P}{100} \times \dfrac{f'}{f-f'}$ à l'origine (c'est-à-dire pour P nul), comme en cryoscopie.

c. *Procédés opératoires*. — M. Raoult a opéré en suivant les deux méthodes, statique et dynamique, que l'on utilise en physique pour les déterminations des tensions de vapeur. Toutefois, il recommande la méthode dynamique comme plus facile à employer et ayant une exactitude suffisante pour la recherche des poids moléculaires.

1° *Méthode dynamique*. — Dans cette méthode on s'appuie sur cette loi physique que la tension de vapeur d'un liquide *en ébullition* est égale à la pression de l'atmosphère gazeuse, qui est au-dessus du liquide (à la pression atmosphérique dans le cas où le liquide bout à l'air libre). L'appareil qui sert pour les déterminations des tensions de vapeur par la méthode dynamique se compose d'une sorte de flacon en verre C tubulé latéralement de $0^m,04$ de diamètre, à fond rond et dont le col est surmonté d'un entonnoir. Sa capacité est d'environ 100 centimètres cubes. On y met une quantité suffisante du liquide volatil sur lequel on veut opérer et une spirale de palladium hydrogéné (1) pour régulariser l'ébullition. On

---

¹ On obtient cette spirale en enroulant sous forme de boudin, à spires très écartées, un fil de palladium de $0^m,02$ de diamètre et de $0^m,50$ de long. On le charge d'hydrogène en l'employant comme électrode négative dans un voltamètre à eau acidulée, jusqu'à ce que l'hydrogène se dégage abondamment. On lave, on essuie et l'on sèche cette spirale. Lorsqu'on l'in-

y fixe un thermomètre T, au moyen d'un bon bouchon
de liège, percé d'un trou central pour la tige, et, si cela
est nécessaire, on rend la fermeture hermétique au moyen
d'un peu de mercure qu'on verse dans l'entonnoir M, en
assez grande quantité pour couvrir complètement le bouchon. La partie supérieure du
corps du flacon est soudée à angle
aigu avec un long tube de verre,
de 1 mètre environ de longueur
et de $0^m,01$ de diamètre qui, dans
la plus grande partie de sa longueur est enveloppé par un manchon plein d'eau froide R. Une
seconde tubulure latérale, non
représentée sur la figure, sert à
l'introduction des substances que
l'on veut dissoudre. L'extrémité
du tube latéral est mise en communication par l'intermédiaire d'une éprouvette desséchante, avec un grand
réservoir d'air enveloppé d'eau et constituant une atmosphère artificielle, dont on peut faire varier la pression
à volonté.

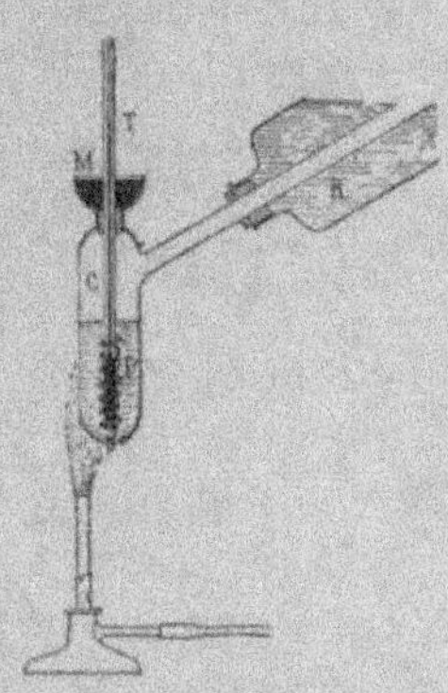

Les choses étant ainsi disposées, et le corps du flacon C
étant, à l'exception du fond, complètement enveloppé
d'amiante pour le protéger contre le refroidissement, on
le chauffe à la flamme d'un bec de gaz placé un peu de
côté, jusqu'à ce que l'ébullition se produise abondamment, sans cependant qu'il y ait projection du liquide dans
le tube latéral. Les vapeurs formées se condensent dans

troduit ensuite dans le liquide en expérience et que l'on chauffe, l'ébullition se fait très facilement, grâce à la petite quantité d'hydrogène qui
se dégage continuellement. Quand l'action de la spirale est épuisée on
la recharge d'hydrogène de la même façon ; elle peut servir indéfiniment.

le tube refroidi et refluent dans le flacon, de sorte que la concentration de la dissolution bouillante reste indéfiniment la même. Comme l'ébullition est régulière, grâce au palladium hydrogéné, la tension de la vapeur, à la température de l'ébullition, est égale à la pression de l'atmosphère naturelle ou artificielle, en communication avec l'extrémité du tube refroidi ; et cette pression est exactement mesurée par un baromètre ou un manomètre, suivant les cas.

Cet appareil ne fournit pas immédiatement $\dfrac{f}{f-f'}$, il donne la température à laquelle la solution a une tension de vapeur f', et il donne cette tension, qui n'est autre que la pression atmosphérique, lue sur un baromètre, lorsque l'appareil est ouvert ou la pression lue sur le manomètre dans le cas d'une atmosphère artificielle. Pour avoir f, on peut employer deux procédés.

On peut se contenter de lire dans une table dressée à l'avance la valeur de f, tension de vapeur du dissolvant pur à la température de l'expérience, ou bien faire varier la pression de l'atmosphère artificielle, de façon que la dissolution et le dissolvant pur bouillent à la même température ; les pressions respectives de l'atmosphère artificielle, au moment des deux ébullitions, représentent f et f'. Ce procédé, un peu plus compliqué que le précédent, est très précis, l'exactitude du thermomètre n'intervenant plus, puisque cet appareil ne sert plus à indiquer quelle est la température, mais seulement que la température est la même dans les deux cas : il n'est plus besoin que ce thermomètre soit exact, il suffit qu'il soit sensible.

2ᵉ *Méthode statique*. — Deux tubes barométriques T et T_1, d'une longueur de 90 centimètres environ, sont

mastiqués sur une garniture métallique qui porte, en
outre, un tube T de même diamètre que les précédents,
et qui est en relation par un tube de caoutchouc avec un
ballon B contenant du mercure. En déplaçant, à l'aide
d'une crémaillère, la planchette qui supporte ce ballon,
on peut faire varier le niveau du mercure simultanément
dans les trois tubes T, T_1, T_2. Le système des trois tubes
est plongé dans de l'eau
pour maintenir la tem-
pérature uniforme. Les
deux tubes barométri-
ques diffèrent des tubes
ordinaires en ce que
leur partie supérieure
comprend un étrangle-
ment rodé intérieure-
ment et susceptible
d'être exactement bou-
ché par une tige en
ivoire (I et I') dont la
partie inférieure est ro-
dée et légèrement co-
nique. Dans la cavité
qui surmonte chaque
étranglement, on peut
mettre du mercure qui

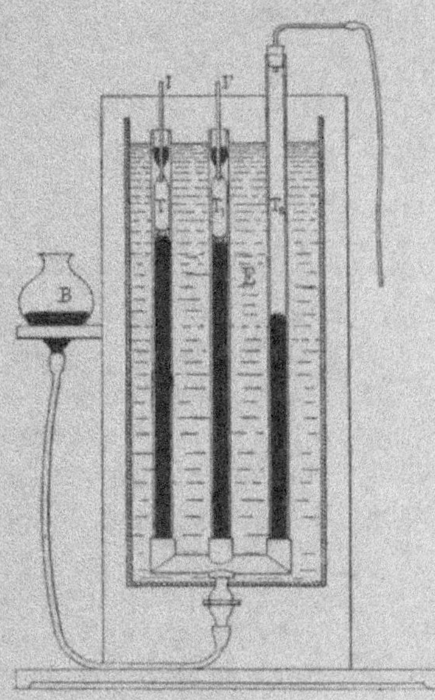

rend l'appareil absolument étanche.

Pour faire une détermination, les tubes T, T_1, T_2 étant
secs, on enlève les tiges I, I', et on verse dans la partie
supérieure du tube T le dissolvant pur avec lequel on
opère, et dans le tube T_1 la dissolution du corps dont on
cherche le poids moléculaire dans le même dissolvant;
on soulève alors le ballon B, de façon à expulser tout l'air

des tubes T et T_1 et de façon à ce que le liquide de chaque tube dépasse la partie étranglée ; on ferme alors ces parties avec les tiges d'ivoire, et on abaisse le réservoir B ; le mercure et la petite couche de liquide, qui le surmonte dans les tubes T et T_1, descendent alors et s'arrêtent à une certaine hauteur (1). En mesurant avec une règle graduée, ou avec un cathétomètre, la distance des niveaux du mercure dans les tubes T et T_1, on obtient ainsi $f - f'$. De même, f' s'obtient en mesurant la distance des niveaux du mercure dans le tube T_1 et le tube T_2. On peut alors appliquer la formule (1) qui donne M en fonction du poids moléculaire connu M' du dissolvant employé, et de la richesse centésimale $\frac{P}{100}$ de la dissolution employée dans le tube T_1. Lorsque l'expérience est terminée, on soulève le ballon B, et on enlève les tiges d'ivoire pour expulser le liquide ; on lave alors l'appareil avec de l'alcool, en soulevant et abaissant successivement le ballon B ; puis, on enlève l'alcool qui mouille les parois des tubes en introduisant et expulsant un certain nombre de fois de l'air bien sec.

d. *Exemples.* — 1° *Application de la méthode dynamique.* — Soit à déterminer le poids moléculaire du perchlorate de sodium ClO^4Na. On dissout 8 gr. 038 de ce sel dans 100 grammes d'alcool, et on détermine la température d'ébullition de cette dissolution ; sous la pres-

---

(1) Souvent les liquides contiennent en dissolution de l'azote et de l'oxygène provenant de l'air. Lorsqu'on abaisse le réservoir B, ces gaz se dégagent en partie, et on trouverait une tension trop forte pour la vapeur si on ne les expulsait pas. Pour cela, on soulève le ballon B et l'on observe une bulle (d'azote mélangé d'oxygène) au-dessus du liquide ; on soulève la tige d'ivoire, et la bulle se dégage ; on remet en place la tige d'ivoire et on recommence la même série d'opérations une ou deux fois, si cela est nécessaire.

sion atmosphérique, on trouve 77°,87, la pression atmosphérique étant de 742^{mm},7. Appliquons la formule
donnée plus haut :

$$M = \frac{P}{100} \times \frac{f'}{f - f'} \times M'$$

on a ici :

$$P = 8,038 ; \quad M' = 46 ; \quad f' = 742,7.$$

Quant à la pression f, il faut la chercher dans la
table dressée par Regnault pour les tensions de l'alcool
pur à diverses températures ; on pourrait y chercher
la tension maxima de la vapeur d'alcool à la température de 77°,87 ; il est plus exact de déterminer dans
le même appareil le point d'ébullition de l'alcool pur
sous la même pression de 742^{mm},7. On trouvera ainsi
77°,11. Les deux températures d'ébullition diffèrent
donc de 0°,76. Or, d'après la table de Regnault, à une
différence de température de 0°,76 correspond, dans
le voisinage de la pression atmosphérique, une différence
de tension de vapeur de 23 millimètres. On en con-
cluera que : $f = 742,7 + 23,0 = 765,7$. Cette façon
d'opérer est plus exacte, parce qu'il n'est plus nécessaire que le thermomètre dont on dispose soit exactement d'accord avec celui dont Regnault s'est servi.
En portant dans la formule précédente cette valeur de
$f = 765,7$, nous aurons :

$$M = \frac{8,038}{100} \times \frac{742,7}{23} \times 46$$

ou :

$$M = 119,4$$

or, la composition centésimale du perchlorate de sodium montre que son poids moléculaire est $122,5 \times n$; on a donc :

$$122,5 \times n = 119,4, \qquad \text{d'où} : n = 0,98,$$

et, comme on doit prendre pour n un nombre entier, on a donc :
$$n = 1;$$
le poids moléculaire du perchlorate de sodium est donc 122,5.

2° *Application de la méthode statique*. — Soit à déterminer le poids moléculaire de la nitrobenzine. On dissout dans 100 grammes de benzine 16 gr. 47 de nitrobenzine ; à la température 40°,7, on mesure la tension maxima de vapeur f de la benzine pure ; on trouve par l'expérience $f = 191^{mm},0$ et la tension maxima f' de la dissolution de nitrobenzine dans la benzine ($P = 16,47$). On trouve par l'expérience $f' = 175$ millimètres.

Appliquons toujours la même formule :

$$M = \frac{P}{100} \times \frac{f}{f - f'} M'$$

Le poids moléculaire M' de la benzine est 78. On a donc :

$$M = \frac{16,47}{100} \times \frac{175}{16,1} \times 78 = 139.$$

Avec une solution plus étendue, on aurait trouvé un nombre un peu plus faible ; malgré cela, ce nombre est suffisant pour donner le poids moléculaire de la nitrobenzine. La composition centésimale de ce corps montre que son poids moléculaire est $123 \times n$. On a donc :

$$123 \times n = 139, \qquad \text{ou} : n = 1,13.$$

Le poids moléculaire de la nitrobenzine est donc 123, car on doit prendre pour n un nombre entier, le nombre entier le plus voisin de la valeur trouvée, nous prendrons donc $n = 1$.

26. Fonctions chimiques. — Lorsqu'on étudie l'ensemble des composés organiques, on observe entre certains corps des analogies marquées, analogies de propriétés et analogies de formules. On a classé les corps de la chimie organique selon l'ensemble de leurs propriétés, selon leur *fonction chimique*. Les composés les plus simples ne contiennent que du carbone et de l'hydrogène ; leur importance est très grande à la fois au point de vue pratique et au point de vue théorique, car on peut les prendre comme point de départ des combinaisons plus complexes. La fonction *carbure d'hydrogène* est une fonction chimique. Voici le tableau des principales fonctions chimiques :

Carbure d'hydrogène,	
Alcool,	
Phénol,	
Acide,	Composés non azotés.
Anhydride d'acide,	
Éther,	
Aldéhyde,	
Acétone,	
Amine,	
Amide,	Composés azotés.
Nitrile,	

Chaque fonction est caractérisée par un certain nombre de propriétés générales communes et, au point

de vue de sa constitution, par des formules schématiques, mettant en évidence certains groupes dont
la présence caractérise la fonction comme le groupe
CO.OH, par exemple, pour la fonction acide.

Certains corps possèdent à la fois les propriétés
caractéristiques de plusieurs de ces fonctions ; on dit
qu'ils sont à fonction mixte. Tels sont : l'acide citrique,
qui est à la fois acide tribasique et alcool monoatomique ;
l'acide salicylique, qui a une fonction acide et une
fonction phénol ; l'acide opianique, qui est à la fois
acide, aldéhyde et éther, etc.

Dans cet ouvrage, nous suivrons l'ordre de ces fonctions en étudiant, à la fin de chaque chapitre, les composés qui jouissent à la fois de la fonction qui fait l'objet
du chapitre et d'une ou plusieurs des fonctions étudiées dans les chapitres précédents.

CHAPITRE II

CARBURES D'HYDROGÈNE

---

§ 1. — *Généralités.* — § 2. — *Étude particulière des carbures*
§ 3. — *Applications*

§ 1. — GÉNÉRALITÉS

27. Définition. — Les carbures d'hydrogène, composés formés uniquement de carbone et d'hydrogène, sont des plus intéressants, aussi bien au point de vue pratique qu'au point de vue théorique. Au point de vue pratique, ils comprennent des corps d'une application très importante, tels que les carbures du gaz d'éclairage, les pétroles, le benzène et ses homologues, l'essence de térébenthine, le caoutchouc, la gutta-percha, etc. Au point de vue théorique, non seulement ce sont les plus simples des composés organiques, puisqu'ils ne contiennent que deux éléments, mais ce sont encore eux que l'on peut considérer comme les générateurs immédiats d'un très grand nombre d'autres composés plus complexes. Leur rôle, à ce point de vue, a été mis en lumière, de la façon la plus nette, par M. Berthelot, dans la synthèse des composés organiques.

23. Synthèse des carbures d'hydrogène. — M. Berthelot a réalisé la synthèse de l'acétylène C^2H^2, en faisant jaillir l'arc électrique dans une atmosphère d'hydrogène. Pour faire cette expérience, on prend deux baguettes en charbon de cornue et on les soumet pendant longtemps à l'action du chlore à la température du rouge, afin de leur enlever tout l'hydrogène que ces charbons contiennent; cet hydrogène y est contenu à l'état de carbures très condensés, qu'il faut éliminer pour qu'on ne puisse attribuer à leur décomposition l'acétylène que l'on obtient. Ces charbons, une fois purifiés, on les dispose dans les tubulures opposées d'un œuf électrique, dans lequel on fait passer un courant d'hydrogène. On fait jaillir l'arc électrique entre les deux charbons et l'on recueille les gaz qui sortent de l'appareil dans un flacon laveur contenant du chlorure cuivreux dissous dans l'ammoniaque; cette liqueur donne, avec l'acétylène, un précipité rouge d'acétylure cuivreux, que l'on peut ensuite décomposer par l'acide chlorhydrique, qui met l'acétylène en liberté. C'est le seul carbure que l'on sache obtenir directement. On peut aussi l'obtenir par synthèse, mais par une méthode plus détournée, qui consiste à traiter l'oxyde de carbone, corps facile à former à l'aide des éléments, par une solution de baryte à 100°; il se forme dans ces conditions du formiate de baryum selon l'équation :

$$C^2O^2 + Ba(OH)^2 = (C^2HO^2)^2 : Ba.$$

Il suffit ensuite de chauffer le formiate de baryum obtenu pour en dégager un carbure d'hydrogène, le formène CH^4, qu'une combustion incomplète transforme en acétylène.

L'acétylène, une fois obtenu, est le point de départ de la synthèse des autres carbures. Quand on le chauffe seul, il se condense : six volumes d'acétylène se transforment en deux volumes de vapeurs de benzène :

$$3C^2H^2 = C^6H^6.$$

Chauffé avec de l'hydrogène, l'acétylène peut se transformer en éthylène C^2H^4 et en hydrure d'éthylène C^2H^6. Ces divers carbures, chauffés seuls ou en présence les uns des autres, en reproduisent de nouveaux. La plupart des carbures ont pu être obtenus par synthèse, mais indirectement.

29. Propriétés physiques. — 1° *Point d'ébullition.* — Les carbures d'hydrogène ont des propriétés qui se traduisent par des nombres variant toujours dans le même sens, quand dans une même série on passe d'un terme à l'autre ; par exemple, le point d'ébullition s'élève régulièrement. On avait même pensé autrefois qu'il existait des lois simples concernant ces points d'ébullition. Gerhardt avait remarqué que, lorsque deux carbures d'hydrogène contenaient le même nombre d'atomes d'hydrogène, et que l'un avait n atomes de plus de carbone, ce dernier avait un point d'ébullition de $n \times 35°,5$ au-dessus de l'autre ; en outre, lorsque deux carbures contenaient le même nombre d'atomes de carbone et que l'un avait n atomes d'hydrogène de plus, ce dernier avait un point d'ébullition inférieur de $n \times 7°,5$ à l'autre. Ces règles, qui s'appliquent assez bien à quelques cas, ne sont pas générales. Il faudrait, d'ailleurs, préciser, dans le cas où il existe plusieurs carbures isomériques, quel est celui qui doit suivre la loi.

2° *Points de fusion.* — Un certain nombre de carbures sont solides aux températures ordinaires ; leur point de fusion s'élève, en général, avec leur poids moléculaire.

3° *Solubilités.* — Les carbures d'hydrogène sont, en général, peu solubles dans l'eau ; ils le sont beaucoup plus dans l'alcool, l'éther, le chloroforme et les carbures d'hydrogène liquides, tels que le benzène et les pétroles.

Le tableau suivant réunit les points d'ébullition et de fusion d'un certain nombre de carbures d'hydrogène.

Tableau des points de fusion et d'ébullition des principaux carbures

NOMS	FORMULES	CLASSES	POINTS D'ÉBULLITION	POINTS DE FUSION
Méthane	CH^4		— 164°	— 186°
Éthane	$CH^3.CH^3$			
Propane	$CH^3.CH^2.CH^3$		— 17	
Butane	$CH^3.CH^2.CH^2.CH^3$		+ 1	
Triméthylméthane	$(CH^3)^3:.CH$		— 18	
Pentane	$CH^3.CH^2.CH^2.CH^2.CH^3$		+ 37	
Isopentane	$CH^3.CH^2.CH : (CH^3)^2$		+ 30	
Tétraméthylméthane	$(CH^3)^4 ::. C$		+ 9	— 20°
Hexane	$CH^3.CH^2.CH^2.CH^2.CH^2.CH^3$	Carbures saturés C^nH^{2n+2}	+ 71	
Propyldiméthylme-thane	$CH^3.CH^2.CH^2.CH : (CH^3)^2$		+ 62	
Diisopropyle	$(CH^3)^2 : CH.CH : (CH^3)^2$		+ 58	
Éthyltriméthylme-thane	$CH^3.CH^2.C :. (CH^3)^3$		+ 45	
Heptane	C^7H^{16}		+ 97,5	
Octane	C^8H^{18}		+ 117,0	
Nonane	C^9H^{20}		+ 137,0	
Décane	$C^{10}H^{22}$		+ 160,0	
Undécane	$C^{11}H^{24}$		+ 184,0	
Duodécane ou hydrure de lauryle	$C^{12}H^{24}$		+ 199,0	
Hydrure de cocinyle	$C^{13}H^{28}$		+ 219,0	
» » myristyle	$C^{14}H^{30}$		+ 238,0	
» » benyle	$C^{15}H^{32}$		+ 260,0	
» » palmityle	$C^{16}H^{34}$		+ 280,0	

NOMS	FORMULES	CLASSES	POINTS D'ÉBULLITION	POINTS DE FUSION
Éthylène	$CH^2 : CH^2$	Carbures éthyléniques C^nH^{2n}	— 105°	— 169°
Propylène	$CH^3.CH. : CH^2$		»	»
Butylène et isomères	$CH^3.CH^2.CH : CH^2$		— 5	
	$CH^3.CH : CH.CH^3$		+ 3	
	$(CH^3)^2 : C : CH^2$		— 8	
Amylène et isomères	$CH^3.CH^2.CH^2.CH : CH^2$		+ 40	
	$CH^3.CH^2.CH : CH.CH^3$		+ 36	
	$(CH^3)^2 : CH.CH : CH^2$		+ 21	
	$(CH^2)^2 : C : CH.CH^3$		+ 35	
	$(CH^3.CH^2,CH^3) : C : CH^2$		+ 32	
Caproïlène	C^6H^{12}		+ 67	
Œnanthylène	C^7H^{14}		+ 98	
Caprylène	C^8H^{16}		+ 123	
Élaène	C^9H^{18}		+ 140	
Paramylène	$C^{10}H^{20}$		+ 160	
Cétène	$C^{16}H^{32}$		+ 274	
Acétylène	$CH : CH$	Carbures acétyléniques C^nH^{2n-2}		
Allylène	$CH^3.C : .CH$			
Crotonylène	$CH^2 : CH.CH : CH^2$		+ 20	
Valérylène	C^5H^8		+ 46	
Benzène	C^6H^6	Série benzénique C^nH^{2n-6}	+ 80,4	+ 6
Toluène	C^7H^8		+ 111	
Xylène (para)	C^8H^{10}		+ 136	+ 16
Xylène (méta)			+ 138	
Xylène (ortho)			+ 142	
Cumène	$C^6H^5.CH : (CH^3)^2$		+ 151	
Mésitylène	$C^6H^3 : . (CH^3)^3$ (m. m.)		+ 163	
Pseudocumène	$C^6H^3 : . (CH^3)^3$ (o. p.)		+ 166	
Cymène	$C^{10}H^{14}$		+ 175	
Styrolène	C^8H^8		+ 145	
Naphtaléne	$C^{10}H^8$	Carbures divers	+ 218	+ 79
Acénaphtène	$C^{12}H^{10}$		+ 278	+ 95
Fluorène	$C^{13}H^{10}$		+ 305	+ 113
Anthracène	$C^{14}H^{10}$		+ 360	+ 210
Phénanthrène	$C^{14}H^{10}$		+ 340	+ 100
Triphénylméthane	$C^{19}H^{16}$		+ 355	+ 92,5
Chrysène	$C^{18}H^{12}$		+ 360	+ 250
Térébenthène	$C^{20}H^{16}$		+ 156,5	

30. Propriétés chimiques. — *Action de la chaleur.* — L'action de la chaleur sur les carbures d'hydrogène a été l'objet, de la part de M. Berthelot, d'une étude approfondie. Il résulte de ses expériences qu'à partir d'une température convenable un carbure se décompose, en donnant naissance à des carbures qui peuvent à leur tour subir une décomposition inverse. Par exemple, les produits principaux de l'action de la chaleur sur les carbures sont des produits polymérisés; c'est ainsi que l'acétylène est transformé en benzène, trois fois plus condensée; inversement, les vapeurs de benzène, fortement chauffées, reproduisent un peu d'acétylène. En même temps que des carbures condensés, apparaissent des corps qui dérivent de plusieurs molécules du corps primitif, mais avec perte d'hydrogène. C'est ainsi qu'en chauffant de la vapeur de benzène C^6H^6 on obtient, en même temps que des corps plus condensés, du phényle $C^{12}H^{10}$,

$$2C^6H^6 = C^{12}H^{10} + H^2$$

et du chrysène

$$3C^6H^6 = C^{18}H^{12} + 3H^2$$

Cet hydrogène rendu ainsi disponible est mis en liberté ou forme des carbures plus hydrogénés. En chauffant à des températures de plus en plus élevées, on obtient des matières goudronneuses de plus en plus riches en carbone, puis des corps que l'on peut appeler des carbones, parce qu'ils ne contiennent pas plus d'hydrogène que les charbons usuels qui, eux aussi, résultent des condensations successives, sous l'influence de la chaleur, soit de carbures d'hydrogène, comme le charbon de cornue, le coke, etc., soit de matières organiques plus complexes, telles que la cellulose par exemple. De telle sorte que le carbone pur, tel que nous savons le produire, le charbon de sucre, par exemple, une fois débarrassé de ses dernières traces d'hydrogène, peut être considéré en quelque sorte comme la condensation limite, vers laquelle tendent tous ces carbures, dont le poids moléculaire augmente en même temps que diminue leur richesse en hydrogène. Cette genèse du carbone amorphe est d'accord avec les autres faits exposés plus haut qui, eux aussi, montrent que nous ne connaissons pas l'élément carbone, mais seulement des états polymérisés de ce corps simple.

Action de l'oxygène et des matières oxydantes. — L'*oxygène libre* n'agit à la température ordinaire que sur quelques carbures. C'est ainsi que le benzène au contact de l'oxygène s'oxyde avec une extrême lenteur, il devient acide, il peut réduire l'azotate d'argent. L'essence de térébenthine absorbe l'oxygène un peu plus rapidement en donnant des produits solides résineux, utilisés pour l'industrie des vernis.

A la température ordinaire, mais en présence de la potasse, l'acétylène est très lentement transformé par l'oxygène en acétate de potassium ; l'action exige plusieurs mois.

Pour certains carbures, l'éthylène par exemple, on a obtenu des produits d'oxydation avec l'oxygène pur à des températures peu élevées.

A la température du rouge, tous les carbures en présence d'un excès d'oxygène éprouvent une combustion complète avec formation d'acide carbonique et d'eau. Si le carbure est au contraire en excès, on observe presque toujours la formation de l'acétylène.

L'*ozone* est sans action sur le méthane, l'éthane et les carbures de cette famille ; il détone au contraire en présence de l'éthylène; avec le benzène il donne une matière solide, douée de propriétés explosives assez violentes, c'est l'ozobenzène.

Lorsqu'au lieu de faire d'abord les effluves électriques sur l'oxygène et de diriger ensuite l'ozone ainsi produit dans du formène, on soumet le mélange d'oxygène et de formène à l'action de l'effluve, on obtient de l'aldéhyde formique et de l'acide formique :

$$CH^4 + O^2 = CH^2O + H^2O$$
$$CH^4 + 3O = CH^2O^2 + H^2O$$

Les *matières oxydantes*, telles que le permanganate de potassium, l'acide chromique, le mélange de bioxyde de manganèse et d'acide sulfurique, transforment les carbures en divers produits dont les principaux sont les aldéhydes et les cétones. On peut résumer ainsi l'action du permanganate de potassium sur les carbures d'hydrogène, action qui peut servir de type pour les autres oxydants et qui a été particulièrement étudiée par M. Berthelot :

1° Les carbures de formule C^nH^{2n+2} donnent un acide monobasique correspondant $C^nH^{2n}O^2$, et l'acide bibasique correspondant $C^nH^{2n-2}O^4$;

2° Les carbures de formule C^nH^{2n} donnent de l'eau en même temps que l'acide bibasique correspondant $C^nH^{2n-2}O^4$, et un mélange d'eau, d'anhydride carbonique et d'acide monobasique correspondant a u carbure inférieur, $C^{n-1}H^{2n-2}O^2$;

3° Les carbures de formule C^nH^{2n-2} donnent, sans élimination d'eau, l'acide bibasique correspondant et, en même temps que de l'anhydride carbonique, l'acide monobasique $C^{n-1}H^{2n-2}O^2$;

4° Les carbures de formule C^nH^{2n-4} fournissent l'aldéhyde correspondante $C^nH^{2n-4}O$ et un composé résineux acide de composition mal déterminée;

5° Parmi les carbures de formule C^nH^{2n-6}, le benzène fournit comme produits principaux, en liqueur acide, de l'anhydride carbonique et, en liqueur alcaline, un oxalate alcalin; les autres carbures de cette classe fournissent les acides monobasique $C^nH^{2n-8}O^2$ et bibasique $C^nH^{2n-10}O^4$ correspondants.

Dans presque toutes ces réactions les composés principaux que nous venons d'indiquer sont accompagnés de composés homologues inférieurs, provenant de l'oxydation éprouvée par l'acide formé dans l'oxydation du carbure.

Action de l'hydrogène. — L'hydrogène libre n'agit sur les carbures d'hydrogène qu'à une température assez élevée, à laquelle le plus souvent les carbures d'hydrogène éprouvent déjà des transformations sous l'action seule de la chaleur ; l'action de l'hydrogène est donc souvent assez compliquée. Toutefois, avec les carbures de formules simples, on a pu observer des combinaisons très nettes de l'hydrogène avec les carbures. Ainsi des volumes égaux d'éthylène et d'hydrogène donnent un volume d'éthane sensiblement égal à la moitié du volume théorique que pouvait fournir le mélange,

$$C^2H^4 + H^2 = C^2H^6, \text{ éthane ;}$$

il se produit donc un équilibre ; la réaction précédente, fixation de l'hydrogène sur l'éthylène, se trouve limitée par la décomposition inverse de l'éthane en hydrogène et éthylène, sous l'influence de la chaleur. Dans les mêmes conditions, l'acétylène se transforme partiellement en éthylène et en éthane :

$$C^2H^2 + H^2 = C^2H^4, \quad \text{éthylène}$$
$$C^2H^2 + 2H^2 = C^2H^6, \quad \text{éthane.}$$

Les homologues supérieurs de ces gaz donnent des réactions plus compliquées. Avec ces derniers carbures, les corps hydrogénants, tels que l'acide iodhydrique à 280°, le fer en présence des acides, etc., donnent des résultats beaucoup plus simples que l'hydrogène libre à chaud. Ainsi M. Berthelot a pu transformer le benzène C^6H^6 en un carbure saturé C^6H^{14} par l'action de l'acide iodhydrique.

L'hydrogène est sans action sur les carbures saturés ou forméniques.

Action du chlore, du brome et de l'iode. — Avec les carbures saturés, ces corps ne peuvent donner que des dérivés substitués, dans lesquels un ou plusieurs atomes d'hydrogène sont remplacés par un nombre égal d'atomes de chlore, de brome ou d'iode. Avec les autres carbures, on peut obtenir à la fois des produits substitués et des produits d'addition. Ces réactions sont, en général, plus faciles à réaliser sous l'influence de la lumière solaire, directe ou diffuse. Parfois, la réaction primitive, addition ou substitution, dégage assez de chaleur pour porter le mélange de carbure et de chlore à une température où la réaction est plus complète, où le carbone se dépose et où tout l'hydrogène forme de l'acide chlorhydrique :

$$C^nH^p + pCl = nC + pHCl.$$

Aussi, pour rendre l'action du chlore plus lente et plus régulière, emploie-t-on souvent, au lieu de chlore libre, des mélanges capables de donner du chlore peu à peu (mélange de bioxyde de manganèse et d'acide chlorhydrique, ou bien chlorure d'iode, perchlorure d'antimoine, etc.).

Le *brome* donne, en général, des réactions plus régulières, plus faciles à étudier que le chlore, par suite de son énergie moindre.

L'*iode* peut fournir des composés ayant des formules analogues à celles des composés du brome et de l'iode; mais ils sont, en général, difficiles à obtenir directement.

31. Classification des carbures d'hydrogène. — Il est nécessaire, pour exposer et surtout pour retenir les propriétés des carbures d'hydrogène, de ranger ces composés si nombreux en diverses classes, comprenant les corps de propriétés analogues; dans chacune de ces classes, on adoptera un ordre fondé sur une propriété particulière différente de celle qui a servi à établir les classes. Par exemple, il existe des carbures qui ne peuvent pas donner de combinaison d'addition avec le chlore. Ce sont les carbures saturés; on les range dans une même classe: celle des carbures saturés ou forméniques ou paraffines (le formène et la paraffine en font partie); puis, dans cette classe on les place en commençant par celui dont la molécule contient le moins de carbone; sa formule est CH^4, c'est le formène ou méthane; le carbure qui en contient le moins après le précédent a pour formule C^2H^6, c'est l'éthane; et l'on continue ainsi de suite. Si l'on examine ensuite une propriété particulière, autre que la précédente, on constate qu'elle varie régulièrement, quand on passe d'un terme au suivant; le point d'ébullition, par exemple, s'élève régulièrement d'un corps à l'autre; de sorte que cette classification fondée sur un fait spécial, la teneur en carbone, mérite d'être adoptée, puisqu'elle présente les corps de chaque classe dans l'ordre même où la considération de la plupart des autres propriétés les aurait fait placer. Le groupe des carbures saturés constitue la première classe des carbures d'hydrogène; de la formule de son premier terme CH^4, on peut faire dériver celle des autres carbures de cette classe. On obtiendra la formule du second carbure en remplaçant un des atomes d'hydrogène, par le groupe monovalent CH^3, et l'on obtiendra ainsi le carbure $H^3C - CH^3$ ou C^2H^6. Celui-ci permettra de passer de même au suivant d'une façon analogue. Or, à chaque passage d'un terme au suivant, on retranche H et l'on ajoute CH^3, ce qui revient à ajouter CH^2. Si l'on a fait $n - 1$ passages de ce genre, on a le n^{me} carbure, et, comme le premier a pour formule CH^4, le n^{me} a pour formule $C^nH^{4 + 2(n - 1)}$, ou $C^nH^{2n + 2}$. Si à un carbure quelconque de cette classe on retranche une molécule H^2 d'hydrogène, on a un carbure non saturé, car il peut fixer une molécule de chlore Cl^2. Par conséquent, tous les carbures dont la formule s'obtient en retranchant H^2 des carbures saturés ont cette propriété commune de pouvoir s'unir à une molécule de chlore. Ces carbures dont la formule générale est, par conséquent, C^nH^{2n}, constituent la deuxième classe des carbures. Le premier d'entre eux est l'éthylène C^2H^4; on désigne les carbures de cette classe sous les noms de carbures éthyléniques ou oléfines. Si à ces carbures on enlève une nouvelle molécule d'hydrogène H^2, on a des carbures plus incomplets, pouvant fixer deux molécules de chlore $2Cl^2$; ils constituent la troisième classe dite des carbures acétyléniques; leur formule générale est $C^nH^{2n - 2}$. Les classes suivantes contiennent les carbures dont la formule s'obtient en continuant d'appliquer la règle précédente. La quatrième classe (carbures camphéniques) a pour formule générale $C^nH^{2n - 4}$. La cinquième classe (carbures benzéniques) a pour formule typique $C^nH^{2n - 6}$, et, d'une façon générale, la $p^{ième}$ classe a pour formule typique $C^nH^{2(n - p) + 2}$.

Dans chacune de ces classes, les corps d'un même groupe, appelés corps homologues, ont des formules qui diffèrent de CH^2 quand on passe de l'une à l'autre. L'expérience apprend que les corps homologues qui ont, par suite de la classification adoptée, cette propriété commune de pouvoir fixer par addition le même nombre de molécules de chlore, ont aussi la plupart de leurs propriétés très semblables. Il est donc utile d'étudier plus spécialement un type de chacune de ces classes, et, parmi les autres, de n'étudier que les plus importants, quitte à réunir ensuite dans un tableau les principales propriétés des autres corps de la même classe; on aura, de cette façon, le plus succinctement possible, un ensemble des propriétés des divers carbures. C'est ce que nous allons faire dans ce qui va suivre.

§ 2. — ÉTUDE PARTICULIÈRE DES CARBURES

32. Formène ou Méthane

CH^4

(Syn.) *Gaz des marais, hydrogène protocarboné, ou hydrure de méthyle.*
Poids moléculaire, 16.

Historique. — Le formène est un gaz qui paraît avoir été observé vers la fin du XVIII° siècle, mais ce n'est qu'en 1837 que Persoz l'a préparé et étudié.

État naturel. — Le formène se rencontre dans les gaz qui se dégagent de la vase des marais. Il se trouve aussi dans la houille, dans le sel gemme, dans les sources de pétrole d'Amérique. C'est à la décomposition des matières organiques que l'on attribue sa présence dans ces corps, et c'est vraisemblablement la même cause qui produit les dégagements de formène que l'on observe dans certains pays où l'on voit ce gaz se dégager par des fissures du sol, comme dans l'Isère, à Bologne, à Florence, etc. Les sources naturelles de formène sont utilisées, dans certains pays, pour la calcination de la pierre à chaux et la cuisson des poteries. Sa présence dans les mines de houille, où on le désigne sous le nom de grisou, cause, chaque année, de terribles catastrophes. (V., pour le *grisou*, § 2, p. 114.)

Modes de production. — Le plus intéressant est celui qui a permis à M. Berthelot d'obtenir la synthèse de ce corps, à l'aide de l'acide sulfhydrique et du sulfure de carbone, composés que l'on sait obtenir par l'union directe des éléments. On fait passer ces deux corps à l'état gazeux dans un tube chauffé au rouge et contenant du cuivre ; il se produit la réaction :

$$CS^2 + 2H^2S = CH^4 + 4S ;$$

le soufre forme du sulfure de cuivre.

Préparation. — On décompose par la chaleur, dans une cornue en verre vert peu fusible, un mélange d'une partie d'acétate de sodium, primitivement fondu pour lui enlever ses trois molécules d'eau de cristallisation, avec quatre parties de chaux sodée. La soude transforme l'acétate en carbonate, et la chaux sert à rendre la soude moins fusible ; par suite, le mélange reste intime et le verre est peu attaqué. La formule de la réaction est la suivante :

$$C^2H^3NaO^2 + NaOH = CH^4 + CO^3Na^2.$$

Pour purifier le méthane, on fait barboter les gaz qui se dégagent dans deux flacons laveurs contenant le premier de l'eau, et le second de l'acide sulfurique concentré.

Composition. — Le formène étant un gaz combustible, sa composition peut être déterminée par la méthode eudiométrique. Le mélange de volumes connus de formène et d'oxygène est enflammé par une étincelle électrique ; le volume d'anhydride carbonique produit est déterminé par la diminution que la potasse fait subir au volume gazeux qui reste après l'explosion ; l'oxygène non utilisé dans la combustion est déterminé par la diminution du volume que le pyrogallate de potassium fait subir au volume gazeux après l'action de la potasse.

Le tableau suivant résume cette expérience :

$V_1 =$ le vol. de formène employé, soit par exemple. 100
$V_2 =$ le vol. d'oxygène ajouté, soit par exemple... 300
$V_3 =$ le vol. après l'étincelle ; il sera, avec les nombres pris pour exemple, égal à..... 200
$V_4 =$ le vol. après l'addition de potasse ; il sera égal à 100
$V_5 =$ le vol. après l'addition de pyrogallate de potassium ; il sera égal à................. 0

Les compositions de l'acide carbonique et de la vapeur d'eau étant connues, on peut déduire des données précédentes la composition du formène :

$V_3 - V_4 =$ volume d'anhydride carbonique produit $= 100$ contenant...... $\left\{ \begin{array}{l} \text{oxygène } V_3 - V_4, \text{ soit } 100. \\ \textit{vapeur de} \\ \textit{carbone} \end{array} \right.$ $\dfrac{V_2 - V_3}{2}$, soit 50.

$V_2 - (V_4 - V_5) =$ oxygène consommé $= 200$ dont $\left\{ \begin{array}{l} V_3 - V_4 \text{ ou } 100 \text{ ont donné } CO^2. \\ V_2 + V_5 - V_3 \text{ ou } 100 \text{ ont donné} \\ H^2O \text{ avec } 2\,(V_2 + V_5 - V_3) \\ \text{ou } 200 \textit{ d'hydrogène.} \end{array} \right.$

Donc 100 vol. de formène contiennent......... $\left\{ \begin{array}{l} 50 \text{ vol. de vapeur de carbone.} \\ 200 \text{ ou } 4 \times 50 \text{ vol. d'hydrogène.} \end{array} \right.$

Cette expérience nous apprend qu'un volume quelconque de formène, renfermant, par exemple, $2n$ molécules de ce corps, contient un volume de vapeur de carbone égal à sa moitié, renfermant, par conséquent, n molécules de carbone et un volume double d'hydrogène renfermant, par conséquent, $4n$ molécules d'hydrogène. Il y a donc dans une molécule de formène une demi-molécule de carbone et deux molécules d'hydrogène ; or, le poids moléculaire admis pour la vapeur de carbone est, comme celui de l'hydrogène, le double de son poids atomique ; par conséquent, dans une molécule de formène, il y a une demi-molécule ou un atome de carbone et deux molécules ou quatre atomes d'hydrogène. La formule atomique est donc CH^4.

Comme vérifications nous pouvons remarquer :

1° Que le poids moléculaire 16, qui résulte de cette formule, conduit à une densité théorique voisine de la densité expérimentale (0,5566) ; on a en effet :

$$\frac{16}{28,88} = 0,554.$$

Ceci montre, en outre, que la formule est bien CH^4 et non C^2H^8, ou un autre polymère.

2° La loi de la conservation des poids est sensiblement vérifiée, car avec l'unité de poids que nous adoptons pour ce genre de calcul, c'est-à-dire le poids de 22 lit. 320 d'air à 0° et 760, on a :

$$2\times0,0692+\frac{1}{2}\times0,8284=0,5526, \text{ nomb. voisin de } 0,5566.$$

Chaleur de formation. — La chaleur de formation du formène a été trouvée, par M. Berthelot, égale à $+ 18^c,5$

pour une molécule, depuis le carbone à l'état de diamant et l'hydrogène gazeux.

Propriétés physiques. — C'est un gaz incolore, inodore, insipide ; sa densité est 0,559. Il a été liquéfié pour la première fois par M. Cailletet. Son point d'ébullition est — 164° ; son point de fusion, — 186° ; sa température critique, —82°. Coefficients z de solubilité dans l'eau et z' dans l'alcool :

$$z = 0,0545 — 0,00118t + 0,00001028t^2$$
$$z' = 0,52259 — 0,0028655t + 0,0000142t^2.$$

Propriétés chimiques. — La *chaleur* décompose le formène, mais moins facilement que l'éthylène. A la température du rouge, il se forme de l'acétylène, de l'hydrogène, de l'éthylène, de l'éthane, du benzène, de la naphtaline et du carbone.

Les *étincelles électriques* le décomposent en partie en donnant du carbone, de l'hydrogène et de l'acétylène.

L'*hydrogène* est sans action.

Le *chlore* ne peut donner, avec le formène, que des produits de substitution ; on peut les obtenir directement sous l'influence d'une lumière diffuse assez intense ; ce sont :

Le formène monochloré, ou chlorure de méthyle, ou éther méthylchlorhydrique, CH^3Cl ;

Le formène bichloré CH^2Cl^2 ;

Le formène trichloré, ou chloroforme, $CHCl^3$;

Le formène quadrichloré, ou tétrachlorure de carbone, CCl^4.

Le *brome* forme des composés correspondants ; le plus intéressant est le bromoforme $CHCl^3$; on les obtient par voie indirecte.

L'*iode* forme des composés correspondants, parmi lesquels l'iodoforme CHI^3 est le plus important. Ces divers produits sont étudiés un peu plus loin.

L'*oxygène* libre n'a d'action qu'au rouge ; il y a alors combustion complète : formation d'acide carbonique et d'eau. La combustion du formène donne une flamme peu éclairante.

Applications. — Le formène entre dans la composition du gaz d'éclairage dont il forme environ le tiers.

GRISOU. — On trouve, dans la plupart des mines de houille et dans quelques mines de sel gemme, un gaz qui se dégage des fissures de la terre et qui est constitué presque exclusivement par du formène. Il est dû à la décomposition ancienne des plantes qui ont formé la houille ; il se dégage aussi du formène de la vase des marais, par suite de la décomposition actuelle des matières organiques qui s'y trouvent ; il s'en dégage aussi dans la fermentation du fumier (Gayon). Le formène qui accompagne la houille s'y trouve emprisonné sous pression dans des cavités assez petites, en général.

Le grisou, qui se dégage par suite du travail des ouvriers, est donc sensiblement proportionnel au cube de houille extrait, toutes choses égales d'ailleurs, c'est-à-dire pour une même mine et pour une même couche. Il y a, en outre, des cavités beaucoup plus volumineuses où se trouve accumulé du formène, qui produisent tout d'un coup un grand dégagement de grisou (*soufflard*).

Les mélanges d'air et de grisou sont des mélanges détonants d'une violence extrême ; la formule de la combustion :

$$CH^3 + 2O^2 = CO^2 + 2H^2O$$
$$\text{2 vol.} \quad \text{4 vol.} \quad \text{2 vol.}$$

montre que, pour la combustion parfaite, il faut un volume d'oxygène double de celui du formène, ou encore un volume d'air dix fois plus considérable que celui du formène, puisque dix volumes d'air contiennent deux volumes d'oxygène. C'est donc lorsque le mélange contient environ 9 0/0 de grisou que l'explosion est la plus violente ; mais elle est encore possible quand la proportion de grisou est supérieure à 6 0/0 et inférieure à 16 0/0.

Les mélanges d'air et de grisou exigent, pour s'enflammer une température voisine de 650°.

La présence de petites quantités d'hydrogène dans le grisou est incertaine ; cette présence aurait pour effet d'abaisser la température d'inflammation et d'écarter les limites d'explosion.

Les précautions à prendre contre le grisou consistent d'après ce qui précède : 1° à abaisser le plus possible la teneur en grisou de l'atmosphère de la mine par une ventilation suffisante ; 2° à éviter de mettre l'atmosphère de la mine en présence d'un corps chauffé vers 650°.

La ventilation est obtenue à l'aide de machines puissantes, qui doivent pouvoir marcher sans arrêt, un arrêt du ventilateur pouvant causer un accident.

La quantité d'air envoyé dans la mine est, en général, proportionnelle au cube des matières abattues par jour (1). Si, dans toute la mine, le mélange d'air et de grisou était homogène, il suffirait de vérifier que l'air à la sortie des puits contient moins de 6 0/0 de grisou. Mais, comme il n'en est pas ainsi, on admet que l'air qui sort de la mine ne doit pas contenir plus de

____

(1) Dans les mines françaises, on envoie par seconde une quantité d'air représentant $\frac{1}{10}$ à $\frac{1}{20}$ du volume extrait par jour.

1/2 0/0 de grisou. On vérifie qu'il en est bien ainsi en analysant l'air qui sort de la mine à l'aide de grisoumètres ou de lampes indicatrices. Certains grisoumètres (Coquillon, Le Châtelier, etc.) reposent sur la combustion du grisou. La formule donnée plus haut montre que le volume qui disparaît $(2 + 4 — 2)$ est double du volume de grisou existant dans l'air. D'autres appareils permettent de déterminer combien il faut ajouter de gaz d'éclairage à l'air grisouteux pour qu'il devienne explosible ; ils sont donc fondés sur la limite d'explosion. Les lampes indicatrices, la lampe Pieler, par exemple, surtout le modèle modifié par M. Chesneau, permettent de reconnaître la présence du grisou, lorsque sa proportion atteint 1/4 0/0. L'aspect de la flamme indique cette présence et permet aussi d'apprécier assez exactement la proportion du grisou.

Une ventilation convenable permet donc d'éviter les dangers que produit le dégagement *régulier* du grisou; mais il n'en est pas ainsi pour le dégagement brusque de formène que produisent les *soufflards*.

Il faut, en outre, éliminer la seconde condition nécessaire pour l'inflammation : la présence d'un corps vers 650°. Le grisou peut être enflammé, soit par les lampes des mineurs, soit par l'explosion des mines. Les lampes de sûreté sont des lampes à huile dans lesquelles l'arrivée de l'air, nécessaire à la combustion de la flamme, et la sortie des produits de cette combustion se font au travers de toiles métalliques suffisamment serrées. Si un air grisouteux pénètre dans la lampe et fait explosion au contact de la flamme, les gaz enflammés s'éteignent en traversant la toile métallique froide, et l'atmosphère environnante n'est pas enflammée. De très nombreux modèles ont été imaginés pour donner une lumière suffisante, pour empêcher les ouvriers d'ouvrir la lampe, ou pour l'éteindre s'ils cherchent à l'ouvrir, etc. Pour éviter que l'explosion des mines n'enflamme le grisou, qui se dégage souvent plus abondamment au moment où le coup part, on emploie les explosifs dits de sûreté; ce sont des mélanges donnant du gaz à une température relativement basse. On emploie pour cela des mélanges de diverses substances explosives avec l'azotate d'ammonium (poudres Favier, etc.).

DÉRIVÉS CHLORÉS, BROMÉS, IODÉS DU FORMÈNE. — Ces dérivés résultent de la substitution du chlore, du brome ou de l'iode à l'hydrogène, atome à atome suivant la formule

$$CH^4 + pR^2 = CH^{4-p}R^p + pHR,$$

R désignant Cl, Br ou Io.

Le volume du mélange ne change pas pendant la substitution.

FORMÈNE MONOCHLORÉ, ou CHLORURE DE MÉTHYLE, CH^3Cl, ou ÉTHER MÉTHYLCHLORHYDRIQUE. — C'est un composé important étudié plus loin avec les éthers.

FORMÈNE BICHLORÉ CH^2Cl^2. — C'est un liquide de densité 1,36 à 0°, bouillant à 40°-42°, que l'on prépare par l'action du chlore sur le chlorure de méthyle, au soleil, ou par l'action du chloroforme sur l'ammoniaque.

FORMÈNE TRICHLORÉ, ou CHLOROFORME, $CHCl^3$. — Ce composé a été simultanément découvert, en France, par Soubeyran et, en Allemagne, par Liebig (1831). Ces deux chimistes lui attribuèrent d'ailleurs des formules différentes, inexactes toutes deux ; Dumas établit sa composition véritable, représentée par la formule $CHCl^3$, et, ayant montré que sa décomposition par la potasse donnait naissance à du *chlorure* de potassium et à du *formiate* de potassium, il rappela cette propriété en le nommant *chloroforme*.

Le chloroforme est un liquide que l'on prépare en faisant agir le chlorure de chaux sur l'alcool. Voici les proportions :

Chlorure de chaux sec......	10 kgr.
Chaux éteinte..............	3 »
Alcool.....................	2 »
Eau	60 »

On délaye dans l'eau le chlorure de chaux et la chaux ; on fait ainsi une bouillie que l'on introduit dans un appareil distillatoire assez grand pour qu'elle n'en occupe que le tiers ; la masse se boursoufle beaucoup pendant l'opération ; on ajoute alors l'alcool, on installe le dôme de l'alambic que l'on lute exactement, et on élève la température aussi rapidement que possible jusqu'à 80°. On retire alors le feu, la distillation se fait vivement, sans qu'il soit nécessaire de chauffer davantage, sauf vers la fin. Le liquide qui a passé à la distillation est ensuite agité avec de l'eau ; il se forme deux couches de liquide. Le liquide inférieur est du chloroforme contenant de l'alcool et divers composés chlorés. Après quelque temps de repos, on décante le liquide inférieur, on le lave à l'eau d'abord, puis avec une solution étendue de carbonate de sodium ; on rectifie ensuite le liquide obtenu en le chauffant au bain-marie.

On opère ainsi dans les laboratoires et dans l'industrie. Dans l'industrie, des agitateurs mécaniques permettent de brasser le liquide à l'intérieur de l'alambic.

Celui-ci est chauffé à la vapeur. La figure ci-jointe représente un appareil souvent employé :

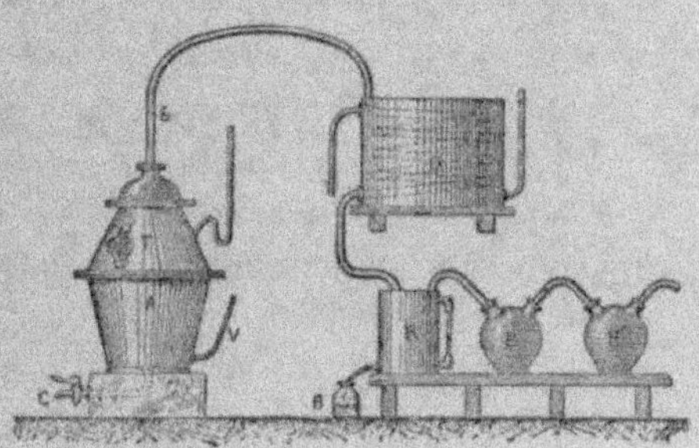

A, alambic ; — V, admission de la vapeur ; — C, robinet de vidange ; — T, trou d'homme pour le nettoyage ; — O, serpentin ; — R, récipient de condensation du chloroforme et de la vapeur d'eau, avec niveau ; — EE', vases pour la condensation des vapeurs de chloroforme.

Dans les vases E et E' se condense un mélange d'eau chlorée, de chloroforme et d'alcool qui remplace, dans l'opération suivante, une partie de l'eau employée pour délayer le chlorure de chaux et la chaux.

Le liquide recueilli dans le vase R est un mélange de chloroforme, d'alcool et d'eau $\left(\frac{1}{4} \text{ ou } \frac{1}{5} \text{ de chloroforme} \right)$.

Pour retirer le chloroforme du liquide qui a passé à la distillation, on lui ajoute quatre ou cinq fois son volume d'une solution faible de carbonate de sodium, pour détruire un peu de chlore libre. Le chloroforme se rassemble à la partie inférieure du vase ; on le décante et on le bat fortement avec de l'eau, pour lui enlever la presque totalité de l'alcool qu'il tenait en dissolution ; il doit marquer alors 48° B. On le traite ensuite par l'acide sulfurique concentré, qui détruit diverses matières organiques ; le liquide est alors assez fortement coloré par suite de cette carbonisation. On le lave à l'eau ; puis, on le distille sur un peu de carbonate de sodium pour enlever les dernières traces d'acide sulfurique.

Propriétés physiques. — Liquide de densité 1,496 à 12°. Il bout à 60°,8. A 20°, sa tension de vapeur est suffisante pour qu'un litre d'air saturé de vapeur de chloroforme contienne environ un gramme de cette vapeur ; à 30°, il en contient 2 grammes. Il est très peu soluble dans l'eau, environ 10 grammes par litre ; il est soluble en toutes proportions dans l'alcool et dans l'éther. Il dissout bien le caoutchouc.

Propriétés chimiques. — Le chloroforme n'est pas combustible. La chaleur le décompose au rouge en carbone, chlore et acide chlorhydrique. Dirigé en vapeur sur du cuivre au rouge, il donne de l'acétylène :

$$2CHCl^3 + 3Cu^2 = C^2H^2 + 3Cu^2Cl^2.$$

Avec une solution alcoolique de potasse, le chloroforme se décompose en chlorure et formiate de potassium :

$$CHCl^3 + 4KOH = CHKO^2 + 3KCl + 2H^2O.$$

Essai du chloroforme. — Le chloroforme doit être absolument pur quand il doit servir comme anesthésique. Le chloroforme pur a une densité de 1,496 à + 12°. Traité par l'azotate d'argent, il ne doit donner aucun précipité blanc, qui indiquerait la présence de chlore ou de composés chlorés, tels que l'acide chlorhydrique et l'acide hypochloreux ; il ne doit pas noircir en présence de l'azotate d'argent, ce qui indiquerait la présence de substances réductrices, principalement d'aldéhyde ou d'acide formique; il doit ne pas noircir au contact de l'acide sulfurique, ce qui indiquerait la présence de certains hydrocarbures huileux (ayant, en général, des propriétés très toxiques). Il ne doit pas blanchir quand on l'agite avec de l'eau, ce qui indiquerait la présence de l'alcool. Enfin, s'il ne contient ni éther, ni aldéhyde, ni alcools méthylique et amylique, il ne prend pas de teinte brune en présence du binitrosulfure de fer.

Purification du chloroforme. — Les traitements indiqués plus haut dans la préparation du chloroforme peuvent être employés pour purifier le chloroforme du commerce; une distillation lente, faite en ne recueillant ni les premiers, ni les derniers produits, donne de bons résultats. On peut aussi purifier le chloroforme par cristallisation à basse température (le chloroforme fond à — 70°).

En refroidissant le chloroforme à l'aide d'un mélange d'acide carbonique et d'éther (— 78°), on obtient des cristaux de chloroforme qui se forment lentement, et que l'on sépare du liquide restant, avant que celui-ci ne se soit solidifié en masse; ces cristaux constituent du chloroforme plus pur que celui qui a servi de point de départ, les impuretés étant restées dans le liquide non encore solidifié d'après les principes de la cryoscopie (V. chap. I, p. 76); on égoutte ces cristaux à froid, puis on les laisse réchauffer; ils fondent et, si l'on recommence la même cristallisation partielle sur le liquide ainsi obtenu, on a du chloroforme très pur.

Usages. — Il est employé en médecine, soit à l'intérieur, soit à l'extérieur, soit surtout comme anesthésique.

FORMÈNE TÉTRACHLORÉ, OU TÉTRACHLORURE DE CARBONE, CCl^4. — C'est un liquide de densité 1,6 qui bout à 78°, que l'on obtient par l'action du chlore ou du pentachlorure d'antimoine par le sulfure de carbone.

DÉRIVÉS BROMÉS. — Les dérivés bromés sont :

FORMÈNE MONOBROMÉ, ou BROMURE DE MÉTHYLE, CH^3Br. — Sera étudié au chapitre des *Éthers*.

FORMÈNE BIBROMÉ. — Liquide de densité 3,084 à 11°,5, bouillant à 80° ; on le prépare en faisant réagir, en tubes scellés à 250°, le brome sur le bromure de méthyle : on sépare ensuite par distillation fractionnée le formène bibromé du bromoforme obtenu simultanément, qui bout à 152°.

FORMÈNE TRIBROMÉ, ou BROMOFORME, $CHBr^3$. — C'est le plus important de ces composés. C'est un liquide d'odeur éthérée, de saveur sucrée, de densité 2,9, se solidifiant vers 9°, bouillant à 152°. Il est peu soluble dans l'eau, très soluble dans l'alcool et l'éther.

On le prépare en traitant un mélange refroidi d'une partie de potasse et d'une partie d'alcool méthylique par du brome ajouté peu à peu jusqu'à ce qu'il y en ait un léger excès : la coloration jaune due au brome est alors permanente.

Le bromoforme formé pendant cette opération s'est solidifié au fur et à mesure ; on le recueille, on le lave à l'eau froide, puis on le rectifie sur du chlorure de calcium fondu.

Il a des propriétés analogues à celles du chloroforme : comme lui, c'est un anesthésique et un caustique, mais il n'a guère été expérimenté que sur les animaux.

Il est décomposé plus facilement que le chloroforme par une solution bouillante de potasse, en formiate et bromure de potassium.

FORMÈNE TÉTRABROMÉ ou TÉTRABROMURE DE CARBONE, CBr^4. — C'est un composé solide, cristallisé en lamelles incolores, fusible à 91°.

On le prépare par l'action du brome (14 parties) sur le

sulfure de carbone (2 parties), en présence de l'iode (3 parties). Le mélange est chauffé à 150° en tubes scellés ; puis, le contenu des tubes est traité par le carbonate de sodium et distillé avec de l'eau dont la vapeur entraîne la vapeur de tétrabromure.

Dérivés iodés. — Les dérivés iodés sont :

Formène monoiodé, ou Iodure de méthyle, CH^3I. — Étudié au chapitre des *Éthers*.

Formène biiodé, CH^2I^2. — Liquide huileux, jaunâtre, de densité 3,3 à 5°, se solidifiant à $+ 5°$. On l'obtient en chauffant ensemble en tubes scellés du chloroforme avec de l'acide iodhydrique.

Formène triiodé, ou Iodoforme, CHI^3. — C'est un solide cristallisé en petites paillettes jaunes, dont l'odeur rappelle celle du safran. Sa densité est 2 ; il fond vers 115°-120°, puis se volatilise en se décomposant partiellement. Il est à peu près insoluble dans l'eau, très soluble dans l'alcool et l'éther.

On prépare l'iodoforme en projetant peu à peu 1 partie d'iode dans une solution de 2 parties de carbonate de sodium hydraté, dissoutes dans un mélange de 10 parties d'eau et de 1 partie d'alcool ; on opère vers 80°.

L'iodoforme se dépose peu à peu ; on décante et, dans le liquide décanté, à 80°, on ajoute de nouvelles doses de carbonate de sodium et d'alcool, égales aux premières, et on fait passer un courant de chlore ; il se produit une nouvelle précipitation d'iodoforme.

Usages. — L'iodoforme est très employé comme antiseptique dans le traitement des plaies ; le mécanisme de son action est mal connu, mais cette action n'est pas douteuse, quoiqu'elle soit nulle sur un assez grand nombre de microbes.

Cependant, son action est énergique sur le *Staphylo-*

coccus pyogenes aureus, qui est un microbe jouant un grand rôle dans la suppuration des plaies.

FORMÈNE TÉTRAIODÉ, ou TÉTRAIODURE DE CARBONE, CI^4. — Cristaux octaédriques rouges, de densité 4,32, obtenus en faisant réagir le tétrachlorure de carbone sur l'iodure d'aluminium, ces deux corps étant tous les deux en dissolution dans le sulfure de carbone pour modérer la réaction qui est extrêmement vive avec les corps eux-mêmes.

33. Éthane
$$C^2H^6$$

(Syn. : *Hydrure d'éthyle, hydrure d'éthylène.*)
Poids moléculaire, 30.

Historique. — C'est un gaz qui a été découvert par Frankland et Kolbe, et dont M. Berthelot a fait la synthèse, en chauffant de l'éthylène et de l'hydrogène.

Préparation. — On prépare l'éthane par l'électrolyse d'une solution neutre et concentrée d'acétate de potassium avec une pile de huit éléments Bunsen.

Propriétés. — Gaz incolore, d'une odeur éthérée, de densité 1,075, insoluble dans l'eau, peu soluble dans l'alcool, 1,5 environ.

Au contact du chlore, il donne divers dérivés chlorés.

Dérivés chlorés de l'éthane

		Points d'ébullition	Densités à 0°, à l'état liquide
Éthane monochloré ou chlorure d'éthyle .	C^2H^5Cl	$+ 12°,5$	0,921
Éthane bichloré . . .	$C^2H^4Cl^2$	$+ 65$	1,241
— trichloré . . .	$C^2H^3Cl^3$	$+ 75$	1,346
— tétrachloré . .	$C^2H^2Cl^4$	$+ 102$	1,530
— quintichloré .	C^2HCl^5	$+ 154$	1,663
— hexachloré . .	C^2Cl^6	$+ 188$	2,0 à l'état solide

Le premier de ces composés est le chlorure d'éthyle, ou éther chlorhydrique, étudié au chapitre des *Éthers*.

Le second a la composition de la liqueur des Hollandais, obtenue par l'action de l'éthylène sur le chlore, mais c'est un isomère; sa formule de constitution est: $CH^3.CH^2Cl^2$; la liqueur des Hollandais a pour formule: $CH^2Cl.CH^2Cl$; elle bout à $82°,5$.

Il existe aussi des dérivés bromés et iodés correspondants.

34. Éthylène
$$C^2H^4$$

(Syn.: *Hydrogène bicarboné, gaz oléfiant, éthène.*)
Poids moléculaire, 28.

Historique. — C'est un gaz obtenu, vers 1796, par Deiman, van Troostwyk, Bondt et Lauwerenburgh, chimistes hollandais; Gay-Lussac a fixé sa composition.

Les relations de ce carbure avec les alcools monoatomiques et les éthers ont été établies par Gay-Lussac, vérifiées et étendues par Thénard et Dumas. Plus tard, Wurtz obtint le glycol en partant de l'éthylène, et en vérifiant ainsi la relation qu'il avait soupçonnée entre ce carbure et une classe d'alcools alors inconnue, celle des alcools diatomiques.

M. Berthelot a réalisé sa synthèse.

Modes de production. — Pour faire la synthèse de l'éthylène, on chauffe de l'acétylène avec de l'hydrogène dans une cloche courbe; la combinaison se fait à volumes égaux avec condensation de moitié; on peut aussi traiter l'acétylure cuivreux par l'hydrogène naissant. L'action de la chaleur sur le formène produit aussi de l'éthylène.

Préparation. — On l'obtient par l'action de l'acide sulfurique concentré sur l'alcool. Plusieurs réactions simultanées se produisent; la principale, qui donne naissance à l'éthylène, peut être représentée par la formule :

$$C^2H^6O + SO^4H^2 = C^2H^4 + SO^3H^2 + H^2O.$$

La température de 160° est celle qui est la plus favorable; au dessous, il se forme principalement de l'éther, et au dessus de l'anhydride sulfureux et du charbon, dont une partie donne, en même temps que de l'anhydride carbonique, une nouvelle quantité d'anhydride sulfureux. On verse peu à peu l'acide sulfurique dans l'alcool en agitant constamment et en plaçant le vase qui contient l'alcool dans de l'eau fraîche; le mélange de l'acide et de l'alcool est ensuite introduit dans une cornue ou dans un ballon, avec un peu de sable destiné à diminuer le boursouflement de la matière qui se produit lorsque l'on chauffe. Les gaz qui se dégagent traversent des flacons laveurs destinés à absorber les impuretés; un flacon à acide sulfurique s'empare des vapeurs d'éther, d'eau et d'alcool; deux flacons à soude arrêtent l'anhydride sulfureux et l'anhydride carbonique. Il est bon de munir le ballon d'un thermomètre, de façon à ne pas dépasser autant que possible la température de 160°.

Composition. — L'éthylène étant un gaz combustible, sa composition peut être déterminée par la méthode eudiométrique; pour cela, on mélange de l'éthylène avec un excès d'oxygène (on doit en retrouver après l'explosion), et on enflamme le mélange par une étincelle électrique. Le volume d'anhydride carbonique formé est déterminé par la diminution que la potasse fait subir au volume gazeux; l'oxygène non utilisé dans la combustion est déterminé par la diminution de volume que le pyrogallate de potassium fait subir au gaz. Le tableau suivant résume cette analyse :

$V_1 =$ le vol. de l'éthylène employé, soit par exemple 100 (1)

$V_2 =$ le vol. d'oxygène ajouté, soit par exemple. 400

$V_3 =$ le vol. après l'explosion ; il sera, avec les nombres pris pour exemple, égal à............................. 300

$V_4 =$ le vol. après l'addition de potasse ; il sera égal à......................... 100

$V_5 =$ le vol. après l'addition de pyrogallate de potassium ; il sera égal à...... 0

Les compositions de la vapeur d'eau et de l'acide carbonique étant connues, on peut déduire des données précédentes la composition de l'éthylène :

$V_2 - V_4 =$ volume d'acide carbonique produit $= 200$, contenant $\begin{cases} \text{oxygène } V_3 - V_4, \text{ soit } 200. \\ \textit{vapeur de} \\ \textit{carbone} \end{cases} \dfrac{V_3 - V_3}{2}$, soit 100.

$V_2 - (V_4 - V_5) =$ oxygène consommé $= 300$, dont $\begin{cases} V_3 - V_4, \text{ ou } 200, \text{ a donné } CO^2. \\ \text{et le reste, ou } V_2 + V_5 - V_3, \text{ ou } 100, \text{ a} \\ \text{donné } H^2O \text{ avec } 2\,(V_2 + V_5 - V_3) \\ \textit{d'hydrogène} \ldots \ldots \ldots \quad \text{soit } 200 \end{cases}$

Donc 100 volumes d'éthylène contiennent $\begin{cases} 100 \text{ volumes de vapeur de carbone ;} \\ 200, \text{ ou } 2 \times 100, \text{ volumes d'hydrogène.} \end{cases}$

Cette expérience nous apprend qu'un volume quel-

(1) Les valeurs numériques de V_1 et de V_2 sont seules arbitraires, à cette condition que V_2 soit supérieure au volume strictement nécessaire pour la combustion. Les autres sont données par l'expérience.

conque d'éthylène, renfermant, par exemple, n molécules de ce corps, contient un volume égal de vapeur de carbone renfermant aussi, par conséquent, n molécules de carbone et un volume double d'hydrogène renfermant, par conséquent, $2n$ molécules d'hydrogène.

Il y a donc, dans une molécule d'éthylène, 1 molécule de carbone et 2 molécules d'hydrogène; or, le poids moléculaire admis pour la vapeur de carbone est, comme celui de l'hydrogène, le double de son poids atomique; par conséquent, dans une molécule d'éthylène, il y a 1 molécule ou 2 atomes de carbone et 2 molécules ou 4 atomes d'hydrogène; sa formule est donc C^2H^4.

Comme vérifications nous pouvons remarquer que :

1° Le poids moléculaire 28 que cette formule attribue à l'éthylène conduit à une densité théorique, voisine de la densité expérimentale 0,97. On a, en effet :

$$\frac{28}{28,88} = 0,969.$$

Cette remarque montre, en même temps, que la formule est bien C^2H^4 et non CH^2, ou un polymère de C^2H^4.

2° La loi de la conservation des poids est sensiblement vérifiée, car, avec l'unité de poids que nous adoptons pour ce genre de calcul, on a :

$2 \times 0,0692 + 1 \times 0,8284 = 0,9668$, nomb. voisin de 0,97.

Chaleur de formation. — La chaleur de formation de l'éthylène est, depuis le carbone diamant et l'hydrogène gazeux, égale à — 15°,4 ; l'éthylène absorbe donc de la chaleur en se formant (M. Berthelot).

Propriétés physiques. — C'est un gaz incolore, insipide, d'une odeur légèrement empyreumatique. Sa densité est 0,97. Il a été liquéfié par Faraday. M. Cailletet a montré qu'on l'obtient liquide à + 1° sous une pression de 45 atmosphères. Il l'a obtenu liquide en grande quantité, à l'aide de sa pompe à piston recouvert de mercure ; c'est un liquide qui bout à — 103°, sous la pression atmosphérique, et se solidifie à — 169°. Il est commode à employer pour obtenir des températures très basses. Coefficient α de solubilité de l'éthylène dans l'eau :

$$\alpha = 0,2563 — 0,009136t + 0,000188t^2 ;$$

coefficient α' de solubilité de ce gaz dans l'alcool absolu :

$$\alpha' = 3,5950 — 0,0577t + 0,00068t^2.$$

Propriétés chimiques. — La *chaleur* décompose partiellement l'éthylène et le transforme en un mélange d'hydrogène, d'acétylène, d'éthane, de formène, de benzène, etc., et de charbon. Les *étincelles électriques* produisent une décomposition du même genre.

L'*oxygène* peut donner divers produits : en présence d'un excès de ce gaz, l'éthylène brûle avec une flamme éclairante, en donnant de l'eau et de l'anhydride carbonique :

$$C^2H^4 + 6O = 2CO^2 + 2H^2O.$$

Un mélange d'un volume d'éthylène et de trois volumes d'oxygène détone avec une grande violence, sous l'action d'une étincelle électrique ou par une élévation convenable de température.

Lorsque l'oxygène n'est pas en proportion suffisante, il se produit de l'anhydride carbonique et surtout de l'eau, et une partie du carbone se dépose, une autre reste à l'état d'acétylène. Cette formation d'acétylène est facile à mettre en évidence. Dans une éprouvette contenant de l'éthylène, on verse quelques gouttes d'une solution ammoniacale de chlorure cuivreux, et on enflamme l'éthylène ; presque aussitôt, on voit la solution de chlorure cuivreux, primitivement bleuâtre, devenir rouge, par la formation d'un précipité d'acétylure cuivreux.

Lorsque, au lieu d'oxygène libre, on emploie des matières oxydantes, l'oxydation est plus ménagée et se produit dès la température ordinaire ou à une température peu élevée. Ainsi, le permanganate de potassium donne avec l'éthylène un mélange d'acide oxalique, d'acide formique et d'anhydride carbonique, en passant lui-même à l'état de bioxyde de manganèse. L'acide chromique à 120° donne avec l'éthylène de l'aldéhyde et de l'acide acétique.

L'*hydrogène*, chauffé dans une cloche courbe avec de l'éthylène, donne de l'éthane.

Le *chlore*, mélangé avec l'éthylène, donne, à la température ordinaire, un composé liquide, de consistance huileuse, formé par la combinaison de volumes égaux des deux gaz. Ce liquide, connu sous le nom de huile des Hollandais, a pour formule $C^2H^4Cl^2$. Si, au lieu d'abandonner à lui-même le mélange des deux gaz, on l'enflamme, il se forme de l'acide chlorhydrique, et il se dépose du charbon selon l'équation :

$$C^2H^4 + 2\,Cl^2 = 2C + 4HCl.$$

Le *brome* donne, avec l'éthylène, un liquide huileux $C^2H^4Br^2$, qui est utilisé pour la préparation du glycol et, dans l'analyse des gaz, pour séparer les carbures éthyléniques des carbures saturés.

L'*iode*, sous l'influence des rayons solaires, donne un composé solide cristallisé $C^2H^4I^2$.

Certains *acides* se combinent avec l'éthylène pour

former les éthers correspondants : tels sont les acides chlorhydrique, bromhydrique, etc. L'acide sulfurique l'absorbe, comme l'a montré M. Berthelot, lorsqu'on le secoue dans un flacon, en présence de ce gaz ; il se produit de l'acide éthylsulfurique :

$$SO^4H^2 + C^2H^4 = SO^5 (H,C^2H^5).$$

Applications. — L'éthylène existe dans le gaz d'éclairage en proportions assez faibles, 4 0/0 en moyenne ; par sa présence, même en petite quantité, il contribue, d'une façon importante, à donner au gaz d'éclairage une partie de son pouvoir éclairant.

BICHLORURE D'ÉTHYLÈNE, ou LIQUEUR DES HOLLANDAIS, $CH^2Cl.CH^2Cl$. — Ce composé, qui est l'éther dichlorhydrique du glycol, est un liquide huileux, que l'on prépare par l'action du chlore sur l'éthylène à la lumière diffuse. Ces deux gaz arrivent dans un grand ballon tubulé à pointe. La pointe s'engage dans un flacon muni d'un tube de dégagement. Le bichlorure d'éthylène, qui se forme au contact des deux gaz, se condense, sous forme de gouttelettes huileuses, qui coulent dans le flacon où elles vont se réunir, tandis que le gaz en excès s'échappe. Le liquide obtenu est lavé à l'eau, puis distillé à plusieurs reprises, tantôt en présence de potasse, tantôt en présence d'acide sulfurique.

Liquide de densité 1,256, bouillant à 82°,5, assez facilement inflammable.

La potasse en solution alcoolique transforme ce composé en glycol :

$$CH^2Cl.CH^2Cl + 2KOH = 2KCl + (CH^2.OH).(CH^2.OH).$$

C'est ainsi que le premier alcool biatomique, le glycol, a été découvert par Wurtz.

35. Acétylène

$$C^2H^2$$

(Syn. : *Éthine*.)
Poids moléculaire, 26.

Historique. — L'acétylène est un gaz dont l'existence a été signalée par Davy, mais dont l'importance considérable a été complètement mise en lumière par les travaux de M. Berthelot. Ce savant a montré que l'acétylène se produisait dans un très grand nombre de réactions, qu'il jouait un rôle important dans les équilibres gazeux qui s'établissent lorsque l'on chauffe les carbures d'hydrogène au rouge ; il a montré, enfin, qu'on pouvait l'obtenir par synthèse directe et le prendre pour point de départ d'un très grand nombre d'autres synthèses.

Circonstances de production. — On obtient l'acétylène quand on fait jaillir l'arc électrique entre deux charbons dans une atmosphère d'hydrogène ; il se produit encore, par l'action de la chaleur ou des étincelles électriques sur un grand nombre de composés organiques, et en particulier sur les autres carbures d'hydrogène ; il se forme aussi dans la combustion incomplète d'un grand nombre de corps, tels que les carbures, les alcools, les éthers, etc. Il est facile de montrer sa formation dans ces circonstances, parce qu'il forme avec le chlorure cuivreux dissous dans l'ammoniaque un précipité rouge. En mettant dans une éprouvette contenant de l'éther quelques gouttes de ce réactif, et en enflammant les vapeurs d'éther, on voit presque aussitôt se produire sur les parois de l'éprouvette, mouillées par le réactif ammoniacal, un dépôt rouge que l'on désigne sous le nom d'acétylure cuivreux. Ce précipité, dont la formule est $C^2H^2Cu^2O$, peut être considéré comme un oxyde de cuprosacétyle.

Préparation. — On obtient ce gaz en décomposant

par l'acide chlorhydrique l'acétylure cuivreux, dont nous étudierons plus loin la préparation.

La réaction se produit facilement en chauffant doucement le mélange dans un ballon en verre ; on recueille le gaz sur l'eau ou sur le mercure :

$$C^2H^2Cu^2O + 2HCl = C^2H^2 + 2CuCl + H^2O.$$

L'acétylure cuivreux est obtenu en préparant de l'acétylène impur, soit par la combustion incomplète du gaz

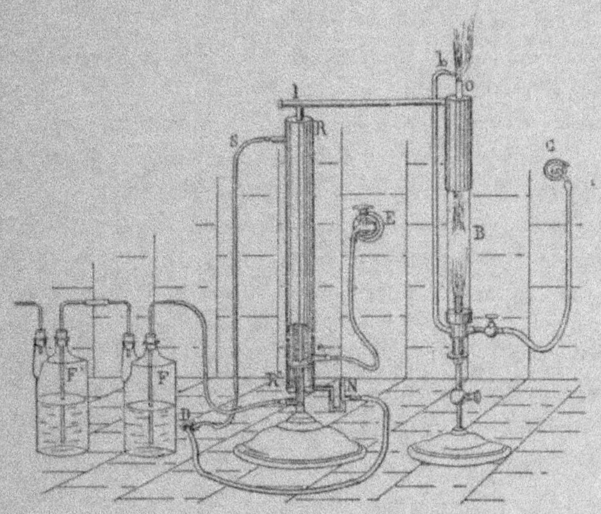

d'éclairage, soit par l'action de la chaleur sur un carbure et en absorbant l'acétylène ainsi produit par le chlorure cuivreux ammoniacal. Le premier procédé est le plus employé. On se sert, le plus souvent, pour produire cette combustion incomplète, de l'appareil de Jungfleisch. Cet appareil se compose essentiellement d'une lampe à gaz B, analogue aux lampes ordinaires, mais en différant par ce point, que les rôles de l'air et du gaz sont intervertis, de telle sorte que l'air pénètre par une couronne centrale, tandis que le gaz d'éclairage constitue l'atmosphère, dans lequel l'air vient brûler ; la partie supérieure du verre est munie d'une garniture métallique qui communique avec l'air extérieur, grâce à un tube O, par lequel sort une partie du gaz de la combustion et des gaz non brûlés ; on les enflamme à l'aide du petit brûleur b ; une autre partie se dégage par une tubulure latérale l, grâce à l'aspiration produite par une trompe à eau R, et vient, après avoir été refroidie par un réfrigérant, barboter dans des flacons laveurs F, F' interposés entre la trompe et la lampe. Ces flacons contiennent du chlorure cuivreux ammoniacal, qui absorbe l'acétylène produit, en donnant le précipité d'acétylure cuivreux qui sert à la préparation de ce gaz. La marche de la trompe est réglée de façon à aspirer une partie seulement des produits de la combustion, l'autre s'échappant au dehors. Grâce à la disposition de la lampe, les gaz aspirés par la trompe ne contiennent pas d'oxygène libre, susceptible de détruire à la fois le chlorure et l'acétylure cuivreux. On peut laisser marcher l'appareil pendant des journées entières en changeant de temps à autre le réactif absorbant ; l'acétylure cuivreux obtenu est lavé rapidement avec de l'eau et conservé sous l'eau, jusqu'au moment où on doit l'employer, afin d'éviter son altération par l'oxygène de l'air.

Plus récemment, M. Maquenne (1) a indiqué un procédé plus rapide pour obtenir d'assez grandes quantités d'acétylène presque pur, contenant 98 0/0 de ce gaz ; dans ce procédé, on commence par préparer du carbure de baryum BaC^2 que l'on décompose ensuite par l'eau.

(1) *Ann. de Chimie et de Phys.* (6), XXVIII, p. 267.

La préparation du carbure se fait dans une bouteille en fer de 700 centimètres cubes environ, munie d'un tube de dégagement en fer de 30 centimètres de long et de 2 centimètres de diamètre. On charge la bouteille avec 40 grammes d'un mélange intime de 100 parties de carbonate de baryum, 40 parties de magnésium et 15 parties de charbon ; puis, on l'introduit dans un four Perrot déjà rouge, en ayant soin de laisser le tube ouvert à son extrémité supérieure. Après quatre minutes en moyenne, la réaction se produit brusquement avec un bruit sourd, et l'on voit sortir de l'appareil une flamme jaune intense, qui est quelquefois accompagnée d'une gerbe d'étincelles. On ferme immédiatement le tube avec un bon bouchon de liège, on sort la bouteille du four et on la plonge dans un bain d'eau, de manière à la refroidir aussi vite que possible. On retire alors le produit obtenu, mélange de carbure de baryum (38 0/0 environ), de magnésie et de charbon, avec une trace de carbonate de baryum non décomposé, et on le garde à l'abri de l'humidité dans un flacon bien bouché. La réaction peut aussi se faire dans un creuset en fer recouvert d'un couvercle, mais en opérant sur de moins grandes quantités à la fois (1). Le produit brut donne environ 50 centimètres cubes d'acétylène par gramme, quand on le traite par l'eau : on le place dans un petit flacon dont le bouchon laisse passer un tube de dégagement et un tube à robinet par lequel on fait arriver de l'eau goutte à goutte ; en réglant cet écoulement, on obtient un courant régulier d'acétylène qu'il est facile de modifier à volonté. Il se produit la réaction :

$$BaC^2 + 2H^2O = Ba(OH)^2 + C^2H^2.$$

(1) On fabrique actuellement industriellement du carbure de calcium à 100 francs la tonne.

Composition de l'acétylène. — L'acétylène étant un gaz combustible, sa composition peut être déterminée par la méthode eudiométrique. On mélange dans un eudiomètre de l'acétylène avec un excès d'oxygène (on doit en retrouver après l'explosion), et on enflamme le mélange par une étincelle électrique. Le volume d'acide carbonique formé est déterminé par la diminution que la potasse fait subir au volume gazeux. L'oxygène non utilisé dans la combustion est déterminé par la diminution de volume que le pyrogallate de potassium fait subir au gaz. Le tableau suivant résume cette analyse :

$V_1 =$ le vol. de l'acétylène employé, soit par exemple. 100

$V_2 =$ le vol. de l'oxygène ajouté, soit, par exemple, pour en avoir un excès 300

$V_3 =$ le vol. après l'explosion ; il sera, avec les nombres pris pour exemple, égal à . . . 250

$V_4 =$ le vol. après l'addition de potasse ; il sera, avec ces mêmes nombres, égal à 50

$V_5 =$ le vol. après l'addition du pyrogallate de potassium ; il sera égal à 0

Les compositions de la vapeur d'eau et de l'acide carbonique étant connues, on peut déduire des données précédentes la composition de l'acétylène :

$V_3 - V_4 =$ volume d'acide carbonique produit $= 200$ contenant $\left\{\begin{array}{l}\text{oxygène } V_3 - V_4\text{, soit 200.}\\[4pt] \textit{vapeur de } \dfrac{V_3 - V_4}{2} \text{ soit 100.}\\ \textit{carbone}\end{array}\right.$

$V_2 - (V_4 - V_5) =$ oxygène consommé $= 250$ dont $\left\{\begin{array}{l}V_3 - V_4\text{, ou 200, a donné } CO^2 ;\\ \text{et le reste, } V_2 + V_5 - V_3,\\ \text{ou 50, a donné } H^2O \text{ avec}\\ 2\,(V_2 + V_5 - V_3) \textit{ d'oxygène,}\\ \text{c'est-à-dire . . . . 100}\end{array}\right.$

Donc 100 volumes d'acétylène contiennent 100 volumes de vapeur de carbone et 100 volumes d'hydrogène. Cette expérience nous apprend qu'un volume quelconque d'acétylène renfermant, par exemple, n molécules de ce corps contient un volume de vapeur de carbone égal renfermant aussi, par conséquent, n molécules de carbone, et un volume d'hydrogène égal, renfermant aussi, par conséquent, n molécules. Il y a donc dans une molécule d'acétylène une molécule de carbone et une molécule d'hydrogène ; or, le poids moléculaire admis pour la vapeur de carbone est, comme celui de l'hydrogène, le double de son poids atomique ; par conséquent, dans une molécule d'acétylène, il y a une molécule ou 2 atomes de carbone, et 1 molécule ou 2 atomes d'hydrogène ; sa formule est donc C^2H^2.

Comme vérification, nous remarquerons que :

1° Le poids moléculaire 26, que cette formule attribue à l'acétylène, conduit à une densité théorique voisine de la densité expérimentale 0,92 ; on a en effet :

$$\frac{26}{28,88} = 0,900.$$

Cette remarque montre en même temps que la formule est C^2H^2, et non CH, ou un polymère de C^2H^2.

2° La loi de la conservation des poids est sensiblement vérifiée, car avec l'unité de poids que nous adoptons pour ce genre de calcul, on a :

$1 \times 0,0692 + 1 \times 0,8284 = 0,8976$, nombre voisin de 0,92.

Chaleur de formation. — L'acétylène absorbe dans sa formation une quantité de chaleur considérable ; sa chaleur de formation est donc négative, et elle est égale à

— 61°,1 pour une molécule d'acétylène (M. Berthelot). C'est donc un corps explosif ; mais, comme certains de ces corps, il peut se décomposer sans détoner. M. Berthelot a réussi à faire détoner l'acétylène en renfermant ce gaz dans une éprouvette en verre épais, fermée par une garniture métallique, en provoquant l'explosion du gaz par celle d'une petite quantité de fulminate de mercure ; l'acétylène se décomposait en charbon et hydrogène.

Propriétés physiques. — C'est un gaz incolore, d'une odeur spéciale rappelant un peu celle de l'ail ; il a été liquéfié par M. Cailletet à la température de 1° sous une pression de 48 atmosphères. Sa densité est 0,92. Il est un peu soluble dans l'eau.

Coefficient de solubilité dans l'eau, 1 environ.

Coefficient de solubilité dans l'alcool absolu, 6 environ.

Propriétés chimiques. — *Action de la chaleur.* — Quand on chauffe de l'acétylène dans une cloche courbe, il se transforme partiellement en benzine par une condensation de trois molécules d'acétylène en une seule :

$$3C^2H^2 = C^6H^6.$$

En même temps, l'acétylène réagit sur la benzine formée et donne de nouveaux carbures, parmi lesquels M. Berthelot, à qui l'on doit cette réaction importante, a signalé le styrolène C^8H^8, la naphtaline $C^{10}H^8$, etc.

Action de l'oxygène. — Un mélange de 4 volumes d'acétylène et de 10 volumes d'oxygène détone au contact d'une flamme ou d'une étincelle avec une violence extraordinaire, brisant toujours les vases en verre dans lesquels le mélange est renfermé. L'acétylène pur brûle à l'air avec une flamme fuligineuse ; mêlé à de l'hydrogène, il donne une flamme très éclairante, ne fumant pas :

$$C^2H^2 + 5O = 2CO^2 + H^2O.$$

A la température ordinaire et en présence de potasse, l'oxygène peut s'unir à l'acétylène pour fournir de l'acide acétique ; la réaction dure plusieurs mois :

$$C^2H^2 + O + KOH = C^2H^2KO^2.$$

L'oxygène fourni par les matières oxydantes, telles que le permanganate de potassium ou l'acide chromique, transforme, surtout en présence de la potasse, l'acétylène en acide formique, acétique ou oxalique, suivant les formules :

$$C^2H^2 + 2O^2 = CH^2O^2 + CO^2$$

(acétylène gazeux et acide chromique concentré)

$$C^2H^2 + O + H^2O = C^2H^4O^2$$

(dissolution aqueuse d'acétylène et acide chromique étendu)

$$C^2H^2 + 2O^2 = C^2H^2O^4$$

(acétylène gazeux et permanganate de potassium additionné de potasse).

Action de l'hydrogène. — L'hydrogène chauffé avec de l'acétylène au rouge sombre donne de l'éthylène en même temps que d'autres produits résultant principalement de l'action de la chaleur sur l'acétylène. Avec l'acétylène et l'hydrogène, dit naissant, provenant de la décomposition de l'eau à froid par les sels de protoxyde de chrome, on obtient facilement de l'éthylène :

$$C^2H^2 + Cr^2O^2 + H^2O = C^2H^4 + Cr^2O^3.$$

On fait cette expérience en traitant l'acétylène par une solution ammoniacale de sulfate chromeux et de chlorure d'ammonium ; ce gaz est aussitôt absorbé, mais la liqueur dégage bientôt des bulles d'éthylène. L'acétylène peut être transformé en éthane par l'action de l'acide iodhydrique à 280°. A cette température, cet acide est décomposé en ses éléments, et l'hydrogène est fixé sur l'acétylène qu'il transforme en éthane :

$$C^2H^2 + 2H^2 = C^2H^6.$$

L'action se produit en enfermant dans un tube de verre très résistant, que l'on scelle ensuite par fusion, du diiodhydrate d'acétylène $C^2H^2(HI)^2$ et une solution très concentrée d'acide iodhydrique (densité $= 2$).

L'éthane s'obtient aussi par l'action du noir de platine sur un mélange d'hydrogène et d'acétylène.

Le *chlore* forme avec l'acétylène deux composés $C^2H^2Cl^2$ et $C^2H^2Cl^4$. Les deux gaz, sous l'influence de la lumière diffuse, se combinent en donnant le premier de ces deux composés, $C^2H^2Cl^2$, corps liquide, insoluble dans l'eau, d'une odeur éthérée, bouillant à 55°. Quelquefois la réaction, d'abord lente, se termine par une explosion avec formation de charbon et d'acide chlorhydrique.

$$C^2H^2 + Cl^2 = C^2 + 2HCl.$$

Aussi il est préférable d'employer, au lieu du chlore libre, le perchlorure d'antimoine qui cède facilement une partie de son chlore. Le perchlorure d'antimoine $SbCl^5$ absorbe l'acétylène en formant le composé $C^2H^2,SbCl^5$ qui donne, lorsqu'on le chauffe seul, le composé chloré $C^2H^2Cl^2$:

$$C^2H^2,SbCl^5 = C^2H^2Cl^2 + SbCl^3.$$

Lorsqu'on le chauffe en présence du pentachlorure d'antimoine, il prend une nouvelle molécule de chlore et donne le second composé, $C^2H^2Cl^4$, corps liquide, insoluble dans l'eau et bouillant vers 147°.

Le *brome* forme aussi deux composés liquides $C^2H^2Br^2$ et $C^2H^2Br^4$ que l'on obtient par l'action directe des deux corps en proportions convenables, sous l'influence de la lumière diffuse.

L'*iode* réagit moins facilement sur l'acétylène ; cependant, à 100°, il se combine lentement avec ce gaz, en donnant le composé $C^2H^2I^2$, cristallisé en longues aiguilles blanches, assez stable pour pouvoir être sublimé ; par l'action d'une solution éthérée d'iode sur l'acétylure d'argent, on obtient le second composé, $C^2H^2I^4$. Ce sont des cristaux jaunes facilement décomposables.

L'*azote* donne, avec l'acétylène et sous l'influence des étincelles électriques, une réaction intéressante signalée par M. Berthelot ; il y a production d'acide cyanhydrique suivant la formule :

$$C^2H^2 + Az^2 = 2CAzH.$$

Pour montrer la présence de l'acide cyanhydrique, on traite le gaz par un très petit morceau de potasse humide qui absorbe cet acide ; puis, on ajoute à la solution alcaline obtenue un mélange de sulfate ferreux et de sulfate ferrique qui transforme le cyanure de potassium en bleu de Prusse ; mais, en même temps, l'excès de potasse transforme les deux sulfates en oxydes de fer qui masquent la coloration du bleu de Prusse. On traite alors le précipité par une petite quantité d'acide chlorhydrique étendu, qui redissout ces deux oxydes et laisse apparaître la couleur du bleu de Prusse.

Les *métaux alcalins* se combinent directement à l'acétylène sous l'influence d'une température peu élevée ; il se forme les acétylures C^2HNa et C^2HK. D'autres composés métalliques, dérivant de l'acétylène, se préparent d'une façon indirecte, comme nous le verrons plus loin. Nous citerons seulement parmi eux l'oxyde de cuprosacétyle $C^2H^2Cu^2O$.

Les *acides*, et principalement les hydracides, réagissent sur l'acétylène à froid, mais d'une façon lente. Ainsi l'acide iodhydrique donne les deux composés suivants : le monoiodhydrate C^2H^3HI, liquide insoluble dans l'eau, bouillant à 62°, et le biiodhydrate $C^2H^2,2HI$, liquide insoluble dans l'eau, de densité égale à 2,7, bouillant à 182°.

(Pour les dérivés métalliques, voir le chapitre *Radicaux organométalliques*).

Usages. — L'acétylène, obtenu facilement par les carbures de calcium ou de baryum, commence à être employé pour rendre plus éclairant le gaz d'éclairage.

36. Benzène

$$C^6H^6$$

(Syn. : *Benzol, hydrure de phényle, benzine*).
Poids moléculaire, 78.

Historique. — Le benzène a été découvert, en 1825, par Faraday, dans les produits liquides obtenus en distillant les huiles. Mitscherlich a montré ses relations avec l'acide benzoïque, en distillant le benzoate de calcium en présence de la chaux :

$$(C^7H^5O^2)^2 Ca + Ca (OH)^2 = 2C^6H^6 + 2CO^3Ca.$$

Sa présence dans les goudrons de houille a été signalée, en 1842, par Leigh ; sa synthèse a été faite par M. Berthelot à l'aide de l'acétylène.

Modes de production. — Le plus important de tous est

celui qui résulte de l'action de la chaleur sur l'acétylène :

$$3C^2H^2 = C^6H^6.$$

D'autre part, il est nécessaire de remarquer que, l'acétylène prenant naissance dans un très grand nombre de réactions opérées à chaud, on trouvera en même temps du benzène. L'action de la chaleur sur la plupart des carbures, des alcools, des éthers, etc., donne en même temps de l'acétylène et son produit tricondensé, le benzène. Ainsi s'explique la présence du benzène dans la distillation de la houille.

Préparation. — Nous n'indiquerons ici que la préparation du benzène pur dans les laboratoires, en renvoyant à la troisième partie de ce chapitre pour la préparation industrielle. La réaction de Mitscherlich fournit du benzène pur : on distille, à une température peu élevée, un mélange intime d'une partie d'acide benzoïque et de trois parties de chaux vive ; le liquide obtenu est lavé à la potasse, puis à l'eau, séché sur du chlorure de calcium, puis rectifié. Le poids de benzène obtenu est le tiers du poids d'acide employé. On peut aussi l'obtenir pur, en rectifiant celui du commerce et en le faisant cristalliser à plusieurs reprises.

Chaleur de formation. — Elle a été déterminée par M. Berthelot, d'après sa chaleur de combustion. Depuis le carbone à l'état de diamant et l'hydrogène gazeux, sa chaleur de formation est :

$$
\begin{aligned}
&\text{À l'état gazeux :} \quad 12^c,0 \\
&\qquad\quad\text{— liquide :} \quad 5\ 0 \\
&\qquad\quad\text{— solide :} \quad 2\ 7
\end{aligned}
$$

Propriétés physiques. — C'est un liquide incolore, d'une odeur spéciale, très mobile. Sa densité à 0° est

0,8995 (Louguinine). Il fond vers $+ 4°,5$, et bout à
80°,4 (Kopp). Très peu soluble dans l'eau, il se dissout, au contraire, très facilement dans l'alcool, l'éther
et un grand nombre de composés organiques; il dissout lui-même l'iode, le soufre, le phosphore et un grand
nombre de matières organiques, parmi lesquelles nous
citerons seulement le caoutchouc et la gutta-percha.

Propriétés chimiques. — La *chaleur* rouge décompose
les vapeurs de benzène, en donnant pour produit principal du diphényle $C^{12}H^{10}$ et de l'hydrogène; on observe, en
outre, la formation d'un carbure cireux fondant à 200°
qui ressemble au chrysène; il se forme aussi une matière résineuse.

Action de l'oxygène. — Le benzène est facilement
inflammable; il brûle avec une flamme fuligineuse: ses
vapeurs, mêlées à de l'hydrogène, donnent une flamme
très éclairante:

$$C^6H^6 + 15O = 6CO^2 + 3H^2O.$$

En présence du chlorure d'aluminium, l'oxygène peut
être fixé sur le benzène en donnant du phénol (Friedel et
Crafts). Le permanganate de potassium donne, avec le
benzène, en présence des acides, de l'anhydride carbonique
(formule précédente) et, en présence des alcalis, de l'acide
oxalique, comme le fait l'acétylène:

$$C^6H^6 + 6O^2 = 3C^2H^2O^4.$$

Parfois une partie de l'anhydride carbonique formé dans
l'oxydation se fixe sur une partie du benzène en donnant de l'acide benzoïque ou de l'acide phtalique:

$$C^6H^6 + CO^2 = C^7H^6O^2. \quad \text{ou:} \quad C^6H^6 + 2CO^2 = C^8H^6O^4.$$

Le *chlore* donne avec le benzène des réactions d'addition et de substitution ; sous l'influence de la lumière solaire, il forme un produit d'addition très bien cristallisé $C^6H^6Cl^6$. On obtient, au contraire, des produits de substitution en faisant agir du chlore sur du benzène bouillant en présence d'une petite quantité d'iode. M. Jungfleisch a obtenu par ce procédé les divers benzènes chlorés, dont voici les formules et les principales propriétés physiques :

		Points d'ébullition	Points de fusion
Benzène monochloré	C^6H^5Cl	133	— 40
— bichloré	$C^6H^4Cl^2$	171	+ 53
— trichloré.	$C^6H^3Cl^3$	206	+ 17
— tétrachloré.	$C^6H^2Cl^4$	240	+ 139
— quintichloré	C^6HCl^5	272	+ 74
Benzène hexachloré ou per-chloré	C^6Cl^6	330	+ 228

Ces benzènes chlorés, soumis à l'action du chlore sous l'influence des rayons solaires, donnent, comme le benzène ordinaire, des produits d'addition, tels que C^6H^5Cl, Cl^2 ; $C^6H^5Cl^5$, etc. Ces composés perdent de l'acide chlorhydrique par l'action de la chaleur ou des alcalis, en donnant des composés, ayant la formule des benzènes chlorés et souvent isomériques de ceux que l'on obtient directement.

Le *brome* a une action analogue, mais moins vive ; la présence de l'iode facilite son action.

L'*iode* est sans action ; on peut obtenir cependant les dérivés iodés correspondant aux composés précédents, en faisant agir simultanément l'iode et l'acide iodique.

Les *acides* donnent, avec le benzène, des réactions importantes.

L'acide sulfurique fumant dissout le benzène en donnant naissance aux trois composés suivants :

L'acide benzinodi-
  sulfurique, ou acide
  bibasique. . . . . . $C^6H^4 2SO^4H^2 - 2H^2O$ ou $C^6H^4:(SO^3H)^2$
L'acide benzino-
  sulfurique, ou acide
  phénylsulfureux
  (acide monobasique). $C^6H^6SO^4H^2 - H^2O$ ou $C^6H^4:(H,SO^3H)$
La diphénylsulfone
  (substance neutre). . $2C^6H^6 + SO^4H^2 - 2H^2O$ ou $(C^6H^5)^2:SO^2$.

Ces corps sont assez stables ; l'eau ne les décompose pas, pour donner un hydrate de benzène, comme l'acide éthylsulfurique, formé par l'action de l'acide sulfurique et de l'éthylène qui donne de l'alcool en réagissant sur l'eau. Par l'action de la potasse vers 300° sur le phénylsulfite de potassium, on obtient un nouveau sel de ce métal, le phénate de potassium, C^6H^5KO :

$$2C^6H^5SO^3K + 4KOH = 2C^6H^5KO + K^2SO^4 + K^2SO^3 + H^2O + H^2$$

L'acide phénique, ou phénol, correspondant à ce sel, C^6H^6O, a donc une origine analogue à celle de l'alcool que l'on obtient en décomposant par l'eau le produit de l'action de l'éthylène sur l'acide sulfurique.

L'acide sulfurique monohydraté, mais non fumant, a une action extrêmement lente à froid sur le benzène.

L'anhydride carbonique donne aussi avec le benzène des réactions très intéressantes.

On obtient de l'acide benzoïque (acide benzinocarbonique $C^6H^5.COOH$) par l'action de l'acide carbonique sur le benzène bouillant, en présence du chlorure d'aluminium (Friedel et Crafts) ; de l'acide phtalique (benzinodicarbonique et ses isomères) $C^6H^4 : (COOH)^2$; de l'acide trimellique (1) (benzino-tricarbonique et ses isomères), $C^9H^6O^6$; de l'acide pyromellique (benzino-tétracarbonique) et ses isomères, $C^{10}H^6O^8$; de l'acide benzino-pentacarbonique $C^{11}H^6O^{10}$; de l'acide mellique (benzino-hexacarbonique) $C^{12}H^6O^{12}$.

Le premier de ces composés, l'acide benzoïque, est monobasique, le second bibasique, etc., le sixième hexabasique. La benzone $C^{13}H^{10}O$, corps neutre, peut être considérée aussi comme dérivant du benzène et de l'acide carbonique :

$$2C^6H^6 + CO^2H^2 - 2H^2O = C^6H^5.CO.C^6H^5.$$

Les hydracides sont sans action sur le benzène.

Certains acides monobasiques, comme l'acide acétique et l'acide benzoïque, donnent des composés neutres, tels que la méthylbenzone $CH^3.CO.C^6H^5$ et la benzophénone $(C^6H^5)^2 : CO$.

L'action de l'*acide azotique* sur le benzène est des plus importantes ; elle fournit le point de départ de nombreux composés, dont les applications industrielles se développent de plus en plus ; la fabrication des couleurs dérivées du goudron de houille, que nous étudierons plus loin, repose sur toute une série de réactions, dont la première est la transformation du benzène et de ses homologues, contenus dans ce goudron, en dérivés nitrés.

Lorsqu'on fait agir de l'acide azotique fumant sur du benzène, à la température ordinaire, on constate que le mélange s'échauffe et que le benzène, non miscible avec l'acide, disparaît peu à peu, sans donner le gaz, si

(1) La formule rationnelle de cet acide et des suivants dérive, comme celle des précédents, de la substitution dans le benzène C^6H^6 de trois, quatre, cinq ou six groupes COOH à un nombre égal d'atomes d'hydrogène.

l'on a soin de refroidir le vase où se fait la réaction. Une partie de benzène peut se dissoudre dans cinq parties environ d'acide azotique. Le liquide ainsi obtenu étant traité par l'eau, on obtient un corps huileux, le nitrobenzène $C^6H^5(AzO^2)$. C'est un liquide jaunâtre, se solidifiant à $+3°$, bouillant à $220°$, d'une densité égale à 1,186; il est à peu près insoluble dans l'eau, soluble dans l'alcool, l'éther, etc.

Il a une odeur rappelant celle de l'essence d'amandes amères, ce qui le fait employer en parfumerie sous le nom d'essence de mirbane. Sa vapeur détone au rouge.

Le nitrobenzène ainsi obtenu peut subir à son tour l'action de l'acide azotique fumant et éprouver une nouvelle substitution en donnant le binitrobenzène : $C^6H^4(AzO^2)^2$.

L'action de l'acide azotique sur les benzènes chlorés donne des composés correspondants, dans lesquels une partie de l'hydrogène est remplacée par du chlore, et une autre par le peroxyde d'azote AzO^2.

La réaction la plus importante, à tous les points de vue, du nitrobenzène est sa transformation en amine par l'action de l'hydrogène naissant :

$$C^6H^5.AzO^2 + 3H^2 = C^6H^5.Az H^2 + 2H^2O.$$

Cette ammoniaque composée est la phénylamine ou aniline ; on l'obtient par l'action d'un métal, fer ou zinc, sur un acide étendu, en présence du nitrobenzène. Cette réaction se fait en grand dans l'industrie des matières colorantes dérivées de la houille. (Voir plus loin.)

Constitution du benzène. — Ce sujet a été traité avec détail dans le chapitre i^{er}. Voir page 35.

Usages du benzène. — L'application de beaucoup la plus importante est sa transformation en matières colorantes ; on utilise aussi son pouvoir dissolvant dans le dégraissage, dans la préparation des vernis; mêlé avec l'alcool, il peut servir à l'éclairage.

37. Toluène

$$C^7H^8 \quad \text{ou} \quad C^6H^5.CH^3$$

(Syn.: *Méthylbenzène.*)
Poids moléculaire, 92.

Historique. — Il a été découvert, en 1838, par Pelletier et Walter, puis étudié d'abord par Sainte-Claire Deville qui l'a retiré du baume de Tolu. MM. Fittig et Tollens, d'une part, M. Berthelot, de l'autre, ont réalisé sa synthèse. Ses relations avec l'acide benzoïque, avec l'alcool benzilique, avec le crésylol, l'orcine, ont été ensuite établies.

Modes de production et synthèse. — On le trouve avec le benzène dans le goudron qui provient de la distillation de la houille. On peut obtenir sa synthèse en faisant réagir sur le sodium un mélange d'éther méthyliodhydrique et de benzène bromé (Fittig et Tollens) :

$$C^6H^5Br + CH^3I + 2Na = C^6H^5.CH^3 + NaBr + NaI,$$

ou bien en distillant ensemble un mélange de benzoate et d'acétate de calcium (Berthelot).

Préparation. — On peut employer l'une des réactions précédentes pour obtenir le toluène ; il vaut mieux prendre le toluène commercial qu'on obtient dans la rectification des benzènes et le purifier. Pour cela on le transforme en acides crésylsulfureux (1) par l'action d'acide sulfurique fumant; on les décompose ensuite par l'eau, ce qui régénère du toluène assez pur, mais contenant cependant un

____

(1) Il y a trois acides crésylsulfureux isomères, ortho, méta et para-dérivés du benzène. (V. p. 38.)

peu de benzène et de xylène. Pour l'avoir absolument pur, on transforme les acides crésylsulfureux en sels de potassium qu'il est facile de purifier par quelques cristallisations ; on régénère ensuite ces acides, et on les décompose par la vapeur d'eau.

Propriétés physiques. — Le toluène est un liquide incolore, d'une odeur spéciale, un peu différente de celle du benzène, mobile, très réfringent, bouillant à $110°,3$. Sa densité à $0°$ est $0,884$; il est à peu près insoluble dans l'eau ; il se mêle en toutes proportions à l'alcool, à l'éther, etc.

Propriétés chimiques. — La *chaleur* le transforme partiellement en divers produits parmi lesquels on a signalé le benzène, le naphtalène, le chrysène, etc. Il est combustible ; l'*oxygène* fourni par les matières oxydantes le transforme en acide benzoïque. En présence du platine au rouge, il donne avec l'oxygène de l'acide et de l'aldéhyde benzoïques. L'*hydrogène* naissant, fourni par la décomposition de l'acide iodhydrique, le transforme en carbures plus hydrogénés ; on peut même obtenir ainsi le carbure saturé correspondant C^7H^{16}.

Le *chlore*, le *brome* et l'*iode* donnent des produits analogues à ceux que ces métalloïdes fournissent avec le benzène ; on peut obtenir des produits d'addition ou de substitution. Mais, pour ces derniers, il existe des isomères parmi les produits monosubstitués, tandis que pour le benzène il n'en était pas ainsi.

Constitution du toluène. — L'existence de ces isomères peut s'expliquer en considérant le toluène comme du méthylbenzène $C^6H^5 (CH^3)$, c'est-à-dire comme du benzène, dans lequel un des six atomes d'hydrogène est remplacé par le groupe méthyle CH^3. Si l'on substitue dans le toluène à un atome d'hydrogène un atome de chlore, on peut faire cette substitution, soit dans le groupe méthyle, soit dans le groupe du benzène; dans ce dernier groupe, il y aura lieu de considérer, comme dans le cas des dérivés bisubstitués du benzène, le cas où le chlore remplacera l'hydrogène d'un CH plus ou moins voisin de celui qui a subi la substitution méthylée; il y aura donc pour ces corps monosubstitués du toluène des termes ortho, méta et para.

Pour les dérivés bisubstitués, il y aura, outre les composés provenant d'une double substitution, soit dans le groupe méthyle, soit dans celui du benzène, des produits mixtes où l'une des substitutions portera sur le groupe méthyle, et l'autre sur le groupe benzile.

38. Naphtalène

$$C^{10}H^8 \quad \text{ou}$$

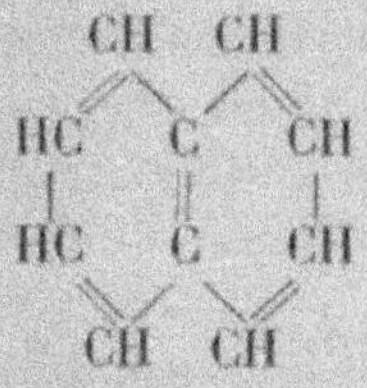

CH CH

HC   C   CH

HC   C   CH

CH CH

(Syn. : *Naphtaline.*)
Poids moléculaire, 128.

Historique. — Ce composé a été découvert, en 1820, par Garden, puis étudié par Faraday et par Laurent. Sa synthèse a été obtenue par M. Berthelot.

Formation. — Le naphtalène prend naissance dans l'action de la chaleur sur un très grand nombre de carbures: l'acétylène se forme aussi par l'action de la chaleur sur la plupart des carbures d'hydrogène, et il se polymérise partiellement sous la même influence en donnant du benzène. Celui-ci, réagissant sur une, puis sur deux molécules d'acétylène, donne du styrolène et du naphtalène conformément aux formules suivantes:

$$3C^2H^2 = C^6H^6 \ldots\ldots\ldots\ldots \quad \text{benzène}$$
$$C^6H^6 + C^2H^2 = C^8H^8 \ldots\ldots \quad \text{styrolène}$$
$$C^8H^8 + C^2H^2 = C^{10}H^8 + H^2. \quad \text{naphtalène.}$$

Aussi le naphtalène se rencontre-t-il dans le goudron provenant de la distillation de la houille, et il s'en dépose même dans les conduits du gaz d'éclairage.

Préparation. — On prépare le naphtalène en le retirant du goudron de houille, ou plutôt des matières qui passent à la distillation vers 200°, quand on chauffe les goudrons. (Voir *Tableau de la distillation du goudron*, p. 212.) Ces matières se sont solidifiées par le refroidissement; on comprime ces cristaux entre des doubles de papier buvard; puis, on les sublime, dans les laboratoires, en les plaçant dans un têt en terre sur lequel on colle plusieurs doubles de papier buvard que traversera la vapeur de naphtalène, et l'on couvre le tout d'un cône en carton sur lequel viennent se condenser de petites paillettes brillantes de naphtalène.

Propriétés. — Le naphtalène fond à 79° et bout à 218°. Il est insoluble dans l'eau, soluble dans l'alcool bouillant et dans l'éther.

Le naphtalène est difficilement décomposable par la chaleur et par l'hydrogène libre; l'hydrogène naissant (acide iodhydrique à 280°) fournit divers hydrures, entre autres le carbure saturé $C^{10}H^{22}$.

L'oxygène naissant le transforme en dinaphtyle:

$$2C^{10}H^8 + O = C^{20}H^{14} + H^2O,$$

ou en acide phtalique:

$$C^{10}H^8 + 9O = C^8H^6O^4 + 2CO^2 + H^2O$$

Le chlore donne facilement des dérivés chlorés et des produits d'addition, tels que :

$$C^{10}H^8 \qquad C^{10}H^8Cl^2 \qquad C^{10}H^8Cl^4$$
$$C^{10}H^7Cl \qquad C^{10}H^7Cl^3 \qquad C^{10}H^7Cl^5$$
$$C^{10}H^6Cl^2 \qquad\qquad \vdots \qquad\qquad \vdots$$
$$\vdots$$
$$C^{10}Cl^8 \qquad C^{10}Cl^{10}$$

Le tétrachlorure de naphtalène $C^{10}H^8Cl^4$ est obtenu industriellement pour la préparation de l'acide phtalique.

Les *acides* agissent sur le naphtalène à peu près comme sur le benzène. L'*acide azotique* fournit des dérivés nitrés utilisés dans certaines poudres ; ce sont :

Le mononitronaphtalène aiguilles jaunes fusibles à   61°
    binitronaphtalène. . .   »   jaunâtres   »   216°
    trinitronaphtalène. . . lamelles jaune clair »   218°
    tétranitronaphtalène. aiguilles flexibles   »   218°

Ces divers composés ont de nombreux isomères. Ils donnent, sous l'influence des agents réducteurs, les alcalis correspondants, naphtylamine, etc.

L'action d'une solution alcoolique d'*acide picrique* sur une solution alcoolique de naphtalène donne un précipité de belles aiguilles jaunes :

$$C^{10}H^{11}(AzO^2)^3O.$$

C'est une réaction caractéristique du naphtalène.

Usages. — Le naphtalène sert à la fabrication de quelques couleurs, dérivées des nitronaphtalènes. Ces dérivés nitrés servent aussi dans la confection de poudres pour les mines de houille (poudres de sûreté pour mines grisouteuses).

39. Anthracène

$$C^{14}H^{10} \quad ou$$

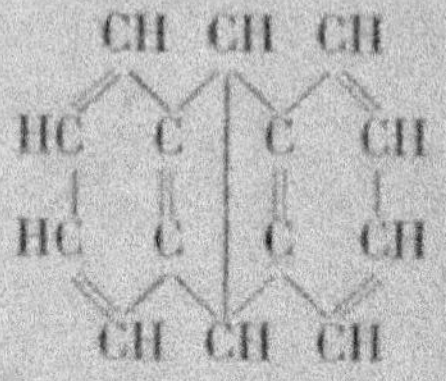

$$
\begin{array}{cccccc}
 & CH & CH & CH & & \\
HC & C & & C & CH \\
HC & C & & C & CH \\
 & CH & CH & CH & &
\end{array}
$$

Poids moléculaire, 178.

Historique. — Ce composé solide a été découvert, en 1832, par Dumas et Laurent ; M. Berthelot en a fait la synthèse. MM. Gralbe et Liebermann l'ont particulièrement étudié.

Formation. — L'anthracène se produit dans l'action du styrolène sur le benzène :

$$C^{8}H^{8} + C^{6}H^{6} = C^{14}H^{10} + 2H^{2}.$$

Il s'en produit aussi beaucoup dans l'action de la chaleur sur le toluène :

$$2C^{7}H^{8} = C^{14}H^{10} + 3H^{2}.$$

Préparation. — On extrait l'anthracène du mélange qui passe à la distillation vers 300°, quand on chauffe les goudrons de houille. On fait cristalliser à plusieurs reprises ces matières solides en les dissolvant, les premières fois, dans les huiles légères de goudron, puis à la fin dans de l'alcool. On le sublime ensuite vers 250°.

Propriétés. — Paillettes légères, fusibles vers 210°, bouillant à 360°, d'une odeur faible et désagréable à froid, mais devenant très irritante à une température plus élevée. Il est insoluble dans l'eau et assez peu soluble dans l'alcool bouillant. Il se dissout bien dans le benzène et le toluène.

L'oxygène naissant le transforme en anthraquinone $C^{14}H^8O^2$, qu'une nouvelle oxydation transforme en alizarine $C^{12}H^8O^4$.

C'est là la propriété principale de l'anthracène; elle est utilisée pour la préparation artificielle de l'alizarine, principe colorant de la garance.

40. Carbures térébéniques, ou camphéniques. — On désigne sous ces noms des carbures de formule $(C^{10}H^{16})^n$. Les plus importants de ces carbures sont les divers isomères qui ont pour formule $C^{10}H^{16}$, et qui comprennent le térébenthène, le térébène, les isotérébenthènes, les camphènes, le terpilène. Ces carbures se trouvent contenus dans les *térébenthines*, produits naturels que l'on obtient en faisant des incisions à divers arbres (du genre *Pinus*, principalement) et en recueillant les matières visqueuses qui s'en échappent. Ces térébenthines, traitées par les procédés de laboratoire qui vont être décrits, fournissent les carbures purs. Ces térébenthines, traitées au contraire par les procédés industriels décrits plus loin, fournissent des *essences de térébenthine*, dont la composition varie avec la térébenthine employée (térébenthines de Bordeaux, de Strasbourg, de Venise, etc.), et aussi avec le procédé d'extraction. Ces essences sont des mélanges complexes, contenant des carbures et divers produits d'oxydation de ces carbures. (Voir plus loin.)

Térébenthène $C^{10}H^{16}$. — C'est un liquide incolore, mobile, que l'on extrait de la térébenthine brute en la neutralisant par un carbonate alcalin et en la distillant dans le vide.

Propriétés. — Liquide de densité 0,864 à 16°, bouillant à 156°,5. Il est insoluble dans l'eau, miscible avec l'alcool absolu et avec l'éther. Il est lévogyre : pouvoir rotatoire — 42°,3.

La chaleur (250° en tubes scellés) le transforme en isomères ou polymères : l'*isotérébenthène* $C^{10}H^{16}$, ayant l'odeur de l'essence de citron, liquide, de densité 0,842 à 16°, qui bout à 177° (pouvoir rotatoire + 42°3) ; et le *métatérébenthène* $C^{20}H^{32}$, de densité 0,91, qui bout à 400°.

Mélangé avec 1/20 de son poids d'acide sulfurique, le térébenthène donne un isomère liquide, le *térébène*, sans action sur la lumière polarisée, et un polymère $C^{20}H^{32}$, appelé *ditérébène*, ou *colophène*. Les *camphènes* sont des isomères solides du térébenthène. On les obtient par l'action d'un stéarate alcalin sur les monochlorhydrates de térébenthine ; il existe un colophène dextrogyre, un lévogyre et un inactif.

A 300°, le térébenthène se décompose lentement en donnant du cymène :

$$C^{10}H^{16} = C^{10}H^{14} + H^2.$$

L'*australène* a même formule que le térébenthène ; on le retire du *Pinus australis*, tandis que le térébenthène se retire du *Pinus maritima*. Leurs propriétés chimiques sont les mêmes.

L'*oxygène* libre, à la température ordinaire, oxyde le térébenthène ; tout d'abord, le produit formé est oxydant, car il cède facilement son oxygène à diverses matières organiques, telles que l'indigo qu'il décolore, le sucre qu'il transforme en acide oxalique, etc., et repasse à l'état de térébenthène ; l'oxydation continuant, on arrive à des matières solides résineuses qui n'ont plus le pouvoir oxydant. Cette propriété du térébenthène est utilisée

pour fabriquer des vernis avec l'essence de térébenthine.

L'oxygène naissant peut produire l'inflammation de
l'essence ou des produits tels que les acides toluique
$C^8H^8O^2$ et téréphtalique $C^8H^6O^4$.

Le *chlore* et le *brome* donnent facilement des produits
de substitution.

L'acide chlorhydrique forme, avec le térébenthène,
trois composés : deux monochlorhydrates $C^{10}H^{16}$,HCl, l'un
solide, l'autre liquide, et un dichlorhydrate $C^{10}H^{16}$, 2HCl
qui est solide.

Les monochlorhydrates s'obtiennent en faisant passer
un courant d'acide chlorhydrique dans le térébenthène
refroidi ; il se dépose des cristaux de chlorhydrate solide,
tandis que le chlorhydrate liquide reste en solution. Le
dichlorhydrate s'obtient en faisant passer un courant
d'acide chlorhydrique dans l'hydrate de térébenthène
$C^{10}H^{16}$,3H^{2}O obtenu par l'action de l'acide azotique et de
l'alcool sur l'essence de térébenthine.

Principales propriétés

NOMS DES CARBURES	FORMULES brutes	FORMULES de CONSTITUTION	CHALEURS de formation	POINTS de fusion	POINTS d'ébullition
Méthane....................	CH^4	$C :: H^4$	$+18^C,5$	-186	-164
Éthane....................	C^2H^6	$CH^3.CH^3$	$+5,7$		
Propane....................	C^3H^8	$CH^3.CH^2.CH^3$	$+4,5$		-17°
Butane	C^4H^{10}	$CH^3.CH^2.CH^2.CH^3$			$+1$
Triméthylméthane	C^4H^{10}	$(CH^3)^3 : CH$			-17
Pentane	C^5H^{12}	$CH^3.CH^2.CH^2.CH^2.CH^3$			37-39
Isopentane....................	C^5H^{12}	$CH^3.CH^2.CH : (CH^3)^2$		$< -21^{\circ}$	30
Tétraméthylméthane ..	C^5H^{12}	$(CH^3)^4 :: C$		-20	$9^{\circ},5$
Éthylène	C^2H^4	$CH^2 : CH^2$	$-15,4$	-169	-103
Propylène	C^3H^6	$CH^3.CH : CH^2$	$-18,3$		
Butylène....................	C^4H^8	$CH^3.CH^2.CH : CH^2$			-5
Isobutylène....................	C^4H^8	$CH^3 : C : (CH^3)^2$			-6
Pseudobutylène	C^4H^8	$CH^3.CH : CH.CH^3$			$+3$
Acétylène	C^2H^2	$CH : .CH$	$-61,4$		
Allylène....................	C^3H^4	$CH^3.C : .CH$	$-46,5$		
Crotonylène	C^4H^6	$CH^2 : CH.CH : CH^2$			18
Valérylène	C^5H^8	$CH^2:C:C:(CH^3)^2$			44-46
Benzène....................	C^6H^6	$\begin{array}{c} CH-\!-CH \\ CH \\ CH-\!-CH \\ CH \end{array}$	-5	$+4^{\circ},5$	$80,4$
Toluène....................	C^7H^8	Méthylbenzène			$110,3$
O. xylène....................	C^8H^{10}	Orthodiméthylbenzène		< -22	142
M. xylène....................	C^8H^{10}	Métadiméthylbenzène			137
P. xylène....................	C^8H^{10}	Paradiméthylbenzène		$+15$	136

des carbures d'hydrogène

| DENSITÉS | | SOLUBILITÉS DANS | | PRÉPARATIONS |
à l'état gazeux	à l'état liquide	eau	alcool	
0,56		0,039 à 15°	0,48 à 15°	Décomposition des acétates alcalins par la chaux sodée.
1,075		ins.	1,5	Électrolyse de l'acétate de potassium.
		t. p. sol.	6	Action du zinc et de l'acide chlorhydrique sur l'iodure d'isopropyle.
2,004		ins.	18 à 14°	Action du zinc sur l'iodure d'éthyle en tubes scellés à 150°.
				Action du zinc sur l'iodure butylique tertiaire.
				Existe en petites quantités dans les pétroles.
2,57	0,628 à 17°	ins.	sol.	Action de l'iodure d'amyle sur le zinc et l'eau.
				Zinc méthyle sur iodure d'alcool butylique tertiaire.
0,978		0,16 à 16°	3,6 à 0°	Action de l'acide sulfurique sur l'alcool ordinaire.
		0,23 à 15°	13	Action de la potasse sur l'iodure d'isopropyle.
				Action de la potasse alcoolique sur l'iodure de butyle normal.
				Action d'une solution de potasse dans l'alcool absolu sur l'iodure butylique tertiaire.
	0,635	t. p. sol.	t. sol.	Action de la potasse alcoolique sur l'iodure de butyle secondaire.
0,92		1	6	Décomposition de l'acétylure cuivreux par l'acide chlorhydrique.
		as. sol.	t. sol.	Action de la potasse sur le bromure de propylène.
1,936				Action du butylène bromé sur l'alcool sodé.
2,35				Action du bromure d'amylène sur une solution alcoolique de potasse.
	0,8995 à 0°	t. p. sol.	t. sol.	Extraction du goudron de houille et distillation du benzoate de calcium en présence de chaux.
	0,884	p. sol.	miscible	Extraction du goudron de houille et distillation d'un mélange de benzoate et d'acétate de calcium.
				Extraction du goudron de houille et action du sodium sur un mélange d'iodure de méthyle et d'orthobromotoluène.
		ins.	sol.	Extraction du goudron de houille et distillation de l'acide mésitylénique en présence de chaux.
	0,862			Extraction du goudron de houille et action du sodium sur un mélange d'iodure de méthyle et de parabromotoluène.

§ 3. — APPLICATIONS

41. Gaz d'éclairage. — *Généralités.* — On obtient des gaz propres à l'éclairage en décomposant par la chaleur diverses matières organiques, ou bien en mêlant à des gaz combustibles, mais dont le pouvoir éclairant est nul ou trop faible, des vapeurs de carbures d'hydrogène facilement volatils, ou bien encore en faisant passer de l'air dans ces carbures ; l'oxygène est en trop faible quantité dans ce mélange d'air et de carbures en vapeurs, pour que le mélange détone ; il brûle tranquillement. Parmi les gaz éclairants ainsi obtenus, le plus important de beaucoup est le gaz produit par la distillation de la houille. Nous allons l'étudier tout d'abord, et nous indiquerons ensuite les modifications de détail que l'on fait subir à ce procédé quand on remplace la houille par d'autres substances.

A. *Gaz de la houille.* — La houille qui, au point de vue chimique, peut être considérée comme un mélange de carbures d'hydrogène, riches en carbone et très condensés, donne naissance, lorsqu'on la chauffe en vase clos, à des produits gazeux, à des produits liquides plus ou moins volatils et à des produits solides. Parmi les produits gazeux, les uns sont utiles pour le but principal qu'on se propose, tels sont les gaz combustibles, hydrogène, formène, éthylène ; les autres nuisibles, au moins au point de vue de l'éclairage ; tels sont l'anhydride carbonique, qui diminue notablement le pouvoir éclairant, l'acide sulfhydrique, qui donne par la combustion un gaz acide d'une odeur irritante, et l'ammoniaque. Ces corps doivent être éliminés le mieux possible, au point de vue de la qualité du gaz d'éclairage; l'acide sulfhydrique et l'ammoniaque donnent d'ailleurs des produits accessoires, le soufre et les sels ammoniacaux dont la valeur compense, et au delà, les frais d'épuration.

Parmi les produits liquides, les uns sont assez volatils comme le benzène, d'autres le sont très peu comme les goudrons; ces produits doivent être condensés dans l'usine, de façon telle qu'il ne se produise plus, autant que possible, de condensation dans la canalisation qui relie l'usine aux consommateurs de gaz. Les produits qui se condenseraient là non seulement resteraient inutilisés, mais encore viendraient obstruer les canalisations ou, tout au moins, diminuer leur débit. Il n'y a pas intérêt, d'autre part, à pousser trop loin la condensation, parce qu'il est nécessaire, pour que le gaz ait un pouvoir éclairant suffisant, au moins égal à celui que prévoient les contrats passés entre les municipalités et les compagnies, qu'il contienne une quantité suffisante de vapeurs de benzine. Les liquides que l'on condense à l'usine sont les goudrons d'où l'on extrait des produits accessoires dont la valeur est aussi considérable que celle du gaz; ces goudrons sont, en effet, la matière première qu'emploie l'industrie des couleurs que l'on nomme couleurs dérivées du goudron de houille, des couleurs d'aniline en particulier.

Parmi les produits solides, on trouve le naphtalène, qui se sublime avec les composés liquides et qui quelquefois vient cristalliser en paillettes dans les canalisations qu'il obstrue plus ou moins complètement; le coke, qui reste dans la cornue et qui constitue un combustible précieux pour le chauffage des machines ou les opérations métallurgiques; le charbon dit de cornue, qui, après un certain nombre d'opérations, tapisse les

parois des cornues où l'on décompose la houille, est lui-
même un combustible avantageux, lorsque l'on dispose
d'un tirage suffisant; il est conducteur de l'électricité et
est employé dans un certain nombre de piles électriques
dont il constitue les pôles positifs.

La fabrication du gaz d'éclairage comprend donc la
décomposition de la houille, la condensation partielle des
produits liquides volatils, l'épuration qui élimine les composés nuisibles et les transforme en sous-produits rému-
nérateurs, l'emmagasinage et la distribution à domicile.

La figure ci-jointe montre la disposition générale des
divers appareils, qui servent à la production et à l'épuration du gaz et qui vont être décrits.

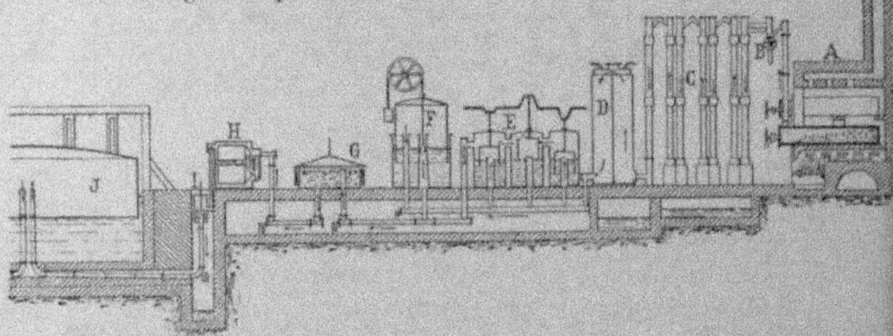

A, four à cornues; — B, barillet; — C, condenseurs; — D, condenseurs à
coke; — E, extracteurs; — F, épurateur de goudron; — G, épurateur
chimique; — H, compteur; — J, gazomètre.

100 kilogrammes de houille ordinaire donnent, en
moyenne, 25 mètres cubes de gaz (1), 75 kilogrammes de
coke, 6 kilogrammes de goudron et 6 kilogrammes d'eau
ammoniacale.

Décomposition de la houille; cornues et fours. — La

(1) Composition moyenne du gaz d'éclairage : Formène, 39; hydrogène, 47; carbures éthyléniques, 4,4; carbures benzéniques, 1,3; oxyde
de carbone, 5,6; anhydride carbonique, 1,7; azote, 1,0.

décomposition de la houille est très faible à 440°; elle se produit au rouge facilement: on a reconnu que la meilleure température pour la cornue était de 1 100°. La température de la houille placée dans la cornue est plus basse, parce qu'une partie de la chaleur fournie est absorbée par la décomposition de la houille. La nature et la quantité des produits de cette décomposition varient avec la matière première, avec la température, avec la phase de l'opération et avec la pression qui règne dans la cornue. La *nature de la houille* a beaucoup d'influence: le bog-head (C = 0,61; H = 0,09; O = 0,04; cendres = 0,26 en moyenne) fournit par 100 kilogrammes 75 mètres cubes d'un gaz quatre fois plus éclairant que le gaz ordinaire; le cannel-coal (C = 0,85; H = 0,05; O = 0,03; cendres = 0,07 en moyenne) fournit par 100 kilogrammes 35 mètres cubes d'un gaz deux fois plus éclairant que le gaz ordinaire.

L'influence de la *température* de décomposition est considérable; le gaz est d'autant plus éclairant que la température de décomposition est plus basse; mais, pour augmenter le rendement, on est amené, surtout vers la fin, à opérer à une température notablement plus élevée qu'au commencement.

C'est au début de la chauffe que la proportion des carbures forméniques et éthyléniques est la plus grande dans les gaz dégagés. La proportion d'hydrogène va, au contraire, en augmentant à mesure que la décomposition se poursuit et que la température s'élève.

Le rôle de la *pression* dans les cornues est important; cette pression ne peut être inférieure à la pression atmosphérique, parce que les fuites que présentent les cornues donneraient naissance à des rentrées d'air qui brûleraient une partie du gaz produit; mais on a tout intérêt à la rendre aussi peu supérieure que possible à cette pression; les fuites sont ainsi diminuées d'autant, et, en outre, on obtient à la fois plus de gaz et plus de goudrons, parce qu'une partie moins considérable de carbures gazeux se transforme en charbon de cornue; autrefois la pression dans la cornue était de 30 à 40 centimètres d'eau; aujourd'hui on emploie des extracteurs qui sont décrits un peu plus loin et qui ramènent la pression au voisinage de la pression atmosphérique; l'usage de ces appareils a augmenté de 10 à 15 0/0 le rendement en gaz, et de 20 0/0 le rendement en goudron; le rendement en charbon de cornue est diminué proportionnellement, mais sa valeur est incomparablement moindre que celles du goudron et du gaz, et sa présence nuit à la bonne fabrication du gaz.

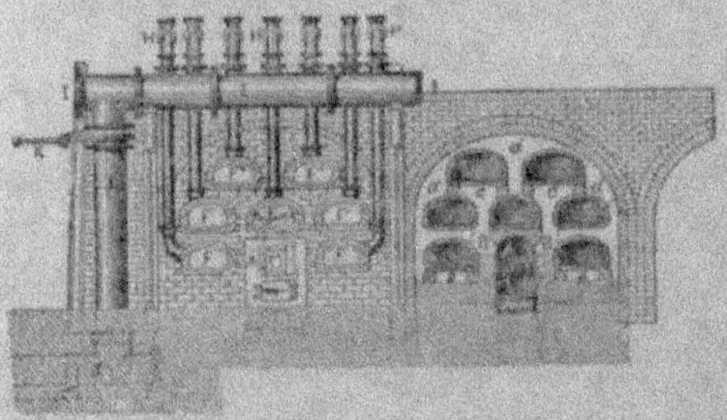

Les cornues peuvent être en fonte ou en terre réfractaire; autrefois elles étaient en fonte; actuellement on les fait en terre réfractaire; elles sont à la fois moins coûteuses et d'une durée plus longue; elles peuvent durer un an et même dix-huit mois. Les cornues sont cylindriques; leur section a la forme d'un ⌓ couché horizontalement; elles sont en moyenne de 0m,50 de large sur 0m,35 de haut et 3 mètres de long. Ces cornues sont disposées par sept ou par douze, dans des fourneaux chauffés au coke. La figure ci-contre montre l'assemblage de sept cornues : à droite, coupe du four ; à gauche, façade du four ; F, F', F″, cornues de gaz ; A, porte du foyer ; I, barillet ; H, tuyaux amenant le gaz de chaque cornue dans le barillet ; J, canalisation emmenant le gaz aux épurateurs.

Ces fours sont, en général, adossés deux par deux par leur face postérieure et disposés en une longue file ; on évite ainsi les pertes de chaleur par l'arrière et par les côtés. L'ouverture de la cornue est munie d'une partie métallique sur laquelle est branché le tube de dégagement H, et contre laquelle on vient appliquer une porte garnie d'un lut qui fait joint. Certaines cornues ont 6^m,00 de long ; elles traversent le four de part en part ; leurs deux extrémités sont munies d'un tube de dégagement et d'une porte. La charge d'une cornue est, en moyenne, de 150 kilogrammes de houille ; la durée d'une opération est de quatre heures, en moyenne. Les cornues sont chauffées au coke, et ce chauffage consomme environ le tiers du coke produit. Lorsqu'une charge est épuisée, on défait le joint de la porte, en enlève celle-ci, on enflamme les gaz et, à l'aide de crochets, on fait tomber le coke ; la houille est ensuite enfournée à l'aide d'une pelle ayant à peu près la longueur de la cornue et la forme d'une gouttière demi-cylindrique ; on a versé dans cette pelle, soutenue sur une barre de fer, 150 kilogrammes de houille ; on la fait glisser alors dans la cornue, on lui fait faire demi-tour, et la houille se trouve ainsi répartie uniformément dans la cornue où elle forme une couche de 10 à 12 centimètres d'épaisseur. On applique aussitôt la porte garnie d'un lut frais, et on la serre à l'aide de vis. Après un certain nombre d'opérations, la couche de charbon de cornue qui se dépose continuellement sur les parois est

devenue assez épaisse pour gêner le chauffage ; parfois
on l'enlève à l'aide de ciseaux ; souvent on la brûle en
laissant la cornue ouverte et en dirigeant un courant
d'air à l'intérieur.

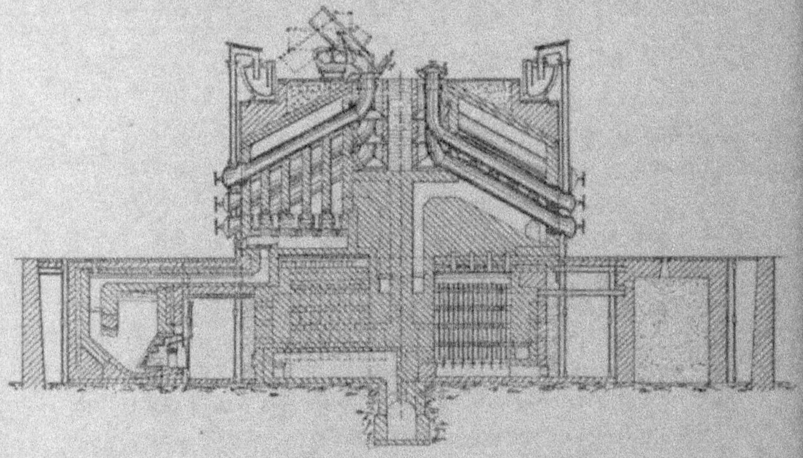

Four Caze. — Pour faciliter le chargement des cornues
et l'enlèvement du coke, M. Caze emploie des cornues
inclinées sous un angle de 30°, que l'on charge par le
haut avec un wagonnet et que l'on décharge par en bas.
La figure ci-jointe montre la disposition générale du four ;
avec cette disposition la main-d'œuvre serait réduite de
moitié. (*Bull. Soc. Encour.*, 44, p. 481.)

Barillet. — Le tube de dégagement H, dont chaque
cornue est munie à la partie inférieure, vient se rendre
dans un tuyau horizontal, *le barillet* I, qui règne tout le long
des fours à cornues et qui reçoit de la même façon tous
les tubes de dégagement. Ces tubes pénètrent à l'intérieur
du barillet et plongent dans le liquide qui le remplit en
partie. Ce liquide retient presque toutes les matières

goudronneuses et une partie des eaux ammoniacales
dégagées. Le barillet constitue une fermeture hydraulique qui sépare le reste de l'appareil de chacune des cornues, de sorte que l'on peut ouvrir celles-ci pour les charger sans faire pénétrer d'air dans les autres parties. Les
liquides qui se trouvent dans le barillet sont violemment
remués par les gaz qui se dégagent, de sorte qu'il est
nécessaire que les tubes de dégagement plongent d'une
quantité suffisante, pour que leur extrémité soit toujours
recouverte par le liquide; autrefois ils plongeaient de
15 à 20 centimètres; aujourd'hui cette hauteur n'est plus
que de 2 centimètres pour réduire autant que possible
la pression dans la cornue et diminuer le travail des
extracteurs. Outre ce rôle, le barillet a celui de condenser la majeure partie des substances peu volatiles : c'est là
surtout qu'on obtient les goudrons ; autrefois les barillets
étaient en fonte; actuellement ils sont en tôle. Leurs
dimensions sont calculées d'après la section des tubes
de dégagement qui y amènent le gaz; la surface de niveau
du liquide dans le barillet doit être de vingt-cinq à trente
fois plus grande que la somme des sections des tuyaux
qui amènent le gaz.

Extracteurs. — A la sortie des barillets, les gaz se
rendent dans les extracteurs qui ont pour objet d'aider à
la circulation du gaz en l'aspirant des cornues et en le
refoulant dans le gazomètre à travers les appareils d'épuration qui lui offrent une certaine résistance. On a beaucoup employé l'appareil à cloches de Pauwel et Dubochet.
C'est une sorte de gazomètre dont la cloche est alternativement soulevée et abaissée ; des soupapes permettent
au gaz d'être aspiré seulement du côté de la cornue à gaz
quand on soulève la cloche, et refoulé seulement du côté
des condenseurs lorsque la cloche est abaissée. Ils exigent

peu de force, mais sont encombrants; on emploie à la
Compagnie Parisienne des cylindres et des pistons. En
Angleterre, on emploie souvent l'extracteur de Beale plus
ou moins modifié, analogue à certaines pompes rotatives ;
cet appareil se compose essentiellement d'un cylindre
creux muni de deux tubulures ; le gaz entre par l'une,
sort par l'autre ; dans celui-ci se trouve placé un cylindre
plein, disposé excentriquement par rapport au premier ;
le cylindre plein, en tournant autour de son axe, est toujours en contact avec la génératrice inférieure du cylindre
creux. Le cylindre plein est muni de rainures opposées dans
lesquelles glissent deux plaques formant pistons et qui
s'appuient constamment contre la surface intérieure du
cylindre creux. Cet appareil est plus délicat que l'extracteur
à cloche, mais il est moins encombrant, et il est plus facile
de modifier son débit en modifiant sa vitesse de rotation.

Condenseurs. — Au sortir des extracteurs, ou parfois
avant les extracteurs, les gaz se rendent dans des appareils
d'épuration physique, ou con-
denseurs, puis dans des appareils d'épuration chimique.
Les condenseurs se compo-
sent d'appareils réfrigérants
où le gaz circule dans des
tuyaux métalliques refroidis
par l'air ou par un courant
d'eau : tels sont les appareils
dits jeux d'orgue. On fait
aussi quelquefois circuler le
gaz dans l'espace annulaire
compris entre deux cylindres,

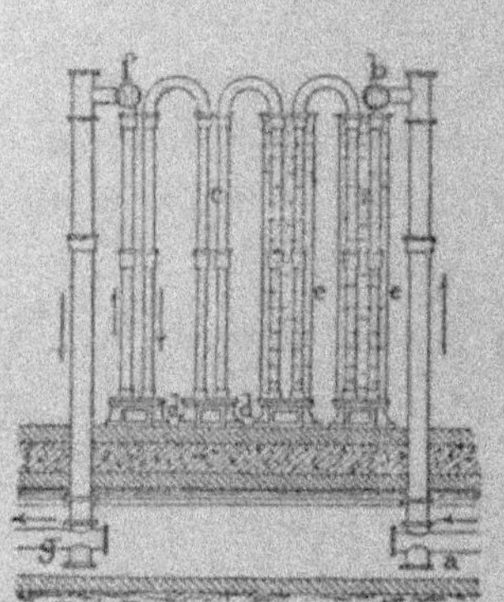

a, arrivée du gaz ; — b, entrée du gaz
dans l'épurateur ; — c, c, tuyaux
du jeu d'orgue ; — e, e, enveloppe
d'eau pour les refroidir ; — f et g,
sortie du gaz.

dont le plus grand est refroidi par l'eau (en été), tandis que

le cylindre intérieur est parcouru par un courant d'air.
Dans ces appareils, le gaz circule avec une vitesse d'environ 3 mètres par seconde. La surface des appareils de
refroidissement doit être proportionnée à la surface de
chauffe des cornues, ou, ce qui revient au même, à la production journalière du gaz. On adopte, en général, les rapports suivants : une surface de refroidissement double de
la surface de chauffe, soit 40 mètres superficiels pour une
production de 100 mètres cubes de gaz à l'heure. La
partie inférieure de l'appareil à jeu d'orgue est divisée
en cloisons et parcourue par de l'eau qui dissout et entraîne une partie des goudrons non condensés déjà, et
l'ammoniaque libre ou combinée ; l'eau suit une marche
inverse de celle du gaz, ce qui assure son lavage méthodique (1), puisque l'eau pure qui entre dans l'appareil
rencontre d'abord les gaz déjà appauvris en ammoniaque,
tandis que les gaz relativement riches en ammoniaque
qui pénètrent dans le réfrigérant rencontrent l'eau déjà
chargée de produits ammoniacaux. A la sortie des réfrigérants, les gaz pénètrent dans des tours remplies de coke,
sur lesquelles on fait tomber, en pluie fine, de l'eau pure
ou de l'eau légèrement acidulée par l'acide sulfurique.
Dans ce dernier cas, les appareils de lavage, au lieu d'être
en tôle non protégée, sont garnis intérieurement de

(1) Le principe du lavage méthodique est le suivant : étant donné un
liquide servant de dissolvant et une impureté à dissoudre contenue
dans un gaz, on remarque que la dissolution est facile, si l'eau ne contient pas l'impureté à dissoudre, ou si cette impureté est en proportion
importante dans le gaz ; pour utiliser de la meilleure façon une quantité d'eau donnée, on devra donc mettre l'eau pure qui dissout facilement l'impureté, en contact d'abord avec le gaz déjà appauvri qu'elle
épurera davantage ; et l'eau ainsi chargée de cette impureté pourra ensuite en prendre une nouvelle quantité, si on la met en contact avec
les gaz riches en cette impureté qu'elle transformera en gaz appauvris
qu'on traitera ensuite par l'eau pure.

plomb; l'emploi de l'acide rend l'absorption plus complète, mais elle nécessite une épuration chimique plus parfaite, parce que l'acide carbonique et le sulfure de carbone en partie combinés à l'ammoniaque sont mis en liberté et doivent être absorbés ensuite.

A la sortie des condenseurs les gaz contiennent encore du goudron entraîné à l'état de fines gouttelettes. Pour les retenir, MM. Pélouze et Audouin ont imaginé un appareil représenté dans la figure ci-contre, où ils utilisent le choc de ces globules contre des surfaces solides pour les arrêter et les faire couler dans le réservoir inférieur. Le gaz, qui entre en a dans l'appareil, arrive par un gros tube central C à l'intérieur d'une cloche b à double paroi, qui repose sur de l'eau en c et est contenue dans une boîte en tôle munie d'un tube d pour le dégagement du gaz; cette cloche est soutenue à l'aide d'un contrepoids J. La cloche I forme un joint hydraulique permettant le jeu du contrepoids. La paroi interne de la double cloche est percée d'un très grand nombre de trous de 1 millimètre de diamètre; les jets gazeux qui traversent ces orifices sont projetés sur la seconde paroi distante de 2 à 3 millimètres de la première; ils y abandonnent leur goudron; cette seconde

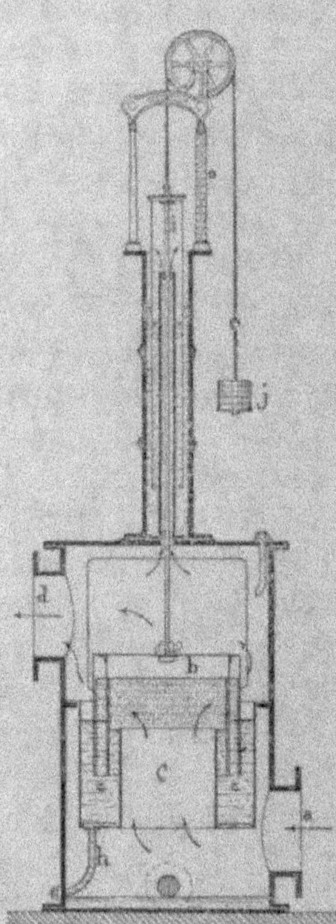

paroi est percée d'orifices plus larges en face desquels la paroi interne ne présente pas de trous. Le gaz sort par ces orifices et se rend dans le tuyau de sortie. Pour que l'appareil fonctionne dans des conditions normales, il faut qu'il y ait, entre l'intérieur et l'extérieur de la cloche, une différence de pression déterminée. Elle reste la même quand la production du gaz varie, grâce à ce que, lorsque la pression intérieure tend à s'élever, la cloche se soulève et démasque un plus grand nombre de trous par lesquels le gaz peut s'échapper, tandis que, lorsque la pression baisse, la cloche s'abaisse, et le nombre d'orifices qui laissent passer les gaz diminue, puisqu'un plus grand nombre se trouvent alors plongés dans l'eau. Le goudron se rassemble dans l'eau sur laquelle flotte le gazomètre et peut être évacué par h. Un appareil d'un mètre cube suffit pour une production journalière de 100 000 mètres cubes. Cet appareil peut être aussi placé immédiatement après les barillets.

Épurateurs chimiques. — Les substances nuisibles que les traitements précédents n'ont pas éliminées sont l'anhydride carbonique, l'acide sulfhydrique et le sulfure de carbone ; l'anhydride carbonique diminue, dans une proportion très notable, le pouvoir éclairant du gaz, même quand il ne s'y trouve qu'en très petites quantités ; l'acide sulfurique et le sulfure de carbone donnent dans leur combustion de l'acide sulfureux, d'une odeur irritante. Certains gaz ne contiennent pas de produits sulfurés ; on se contente, pour enlever l'acide carbonique qu'ils contiennent, de les faire passer sur de la chaux éteinte humectée d'eau. Ceux qui contiennent des produits sulfurés et, en même temps, de l'acide carbonique, ont perdu une partie de ces produits pendant l'épuration physique ; l'ammoniaque qui s'est dissoute pendant ce traitement a entraîné à l'état de sels ammoniacaux une partie de ces composés, mais seulement lorsque les laveurs sont alimentés avec de l'eau non acidulée. Pour retenir les composés sulfurés non absorbés, on emploie diverses substances, dont la plus employée est connue sous le nom de mélange de Laming; lorsque le gaz à épurer est riche en anhydride carbonique, on le fait passer sur de la chaux humide, après qu'il a été désulfuré par le mélange de Laming. Cette matière se prépare en mélangeant 1 mètre cube de sciure de bois, 400 kilogrammes de sulfate ferreux et une proportion équivalente, soit 200 kilogrammes, de chaux éteinte. Ces substances, bien mélangées et d'une aération facile à cause de la sciure de bois, sont exposées à l'air et remuées de temps à autre.

Il se produit une double décomposition entre la chaux et le sulfate de fer, et l'oxyde ferreux produit se transforme en oxyde ferrique sous l'influence de l'oxygène de l'air :

$$SO^4Fe + CaO = SO^4Ca + FeO$$
$$2FeO + O = Fe^2O^3.$$

Lorsque la transformation en oxyde ferrique est complète, le mélange est prêt à servir; on le dispose sur des claies, en couches minces, de façon à ce que les gaz restent assez longtemps en contact. Le sulfure de carbone et l'acide sulfurique produisent les réactions exprimées par les formules suivantes :

$$Fe^2O^3 + 3H^2S = Fe^2S^3 + 3H^2O$$
$$2Fe^2O^3 + 3CS^2 = 2Fe^2S^3 + 3CO^2.$$

En même temps, le sulfate de calcium formé dans le

mélange Laming décompose le carbonate d'ammonium volatil qu'il transforme en sulfate d'ammonium fixe:

$$SO^4Ca + CO^3 (AzH^4)^2 = SO^4 (AzH^4)^2 + CO^3Ca.$$

Après un certain temps, le mélange Laming devient moins actif; on le régénère alors en l'exposant de nouveau à l'action oxydante de l'air :

$$Fe^2S^3 + 3O = Fe^2O^3 + 3S.$$

On a admis aussi qu'il se produisait les réactions :

$$Fe^2S^3 + 8O = 2SO^4Fe + S$$
$$SO^4Fe + CO^3Ca = SO^4Ca + CO^3Fe,$$

et :

$$2CO^3Fe + O = Fe^2O^3 + 2CO^2.$$

Quoi qu'il en soit, le mélange soumis à l'action de l'air est régénéré, il peut servir de nouveau et il contient, à l'état de liberté, une très grande partie du soufre qu'il a absorbé. Après un certain nombre de revivifications, le mélange de Laming peut contenir de 30 à 40 0/0 de soufre; il n'y a plus intérêt alors à le régénérer, mais on l'utilise ainsi : par un lessivage méthodique, on extrait les sels ammoniacaux, puis le soufre par sublimation ou par dissolution dans le sulfure de carbone. Enfin, le résidu peut être employé comme engrais, ou servir à la préparation du ferrocyanure de potassium.

Les claies sur lesquelles repose le mélange de Laming sont contenues à l'intérieur de grandes caisses en fonte G, recouvertes par des couvercles en tôle B, dont le bord vient plonger dans des gouttières D remplies d'eau

et former fermeture hydraulique; ces caisses sont disposées en séries entre deux rails, sur lesquels roule une
grue qui permet de soulever ces couvercles quand il
est nécessaire de retirer le mélange pour le revivifier.
Le gaz arrive en A et sort en E.

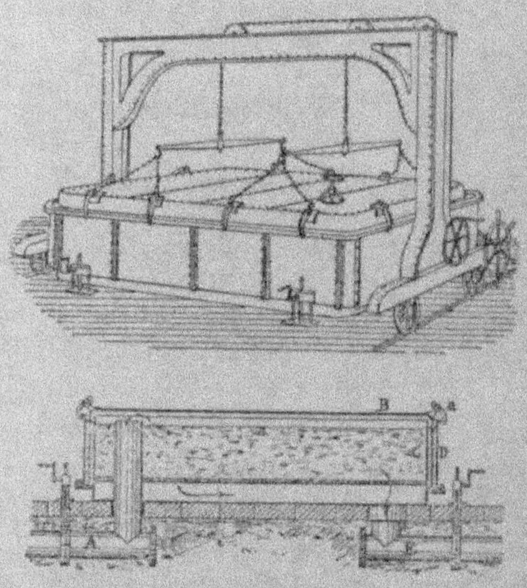

On admet, en général, que, pour une production journalière de 250 mètres cubes de gaz, les épurateurs
doivent présenter une surface d'épuration de 1 mètre
carré.

On emploie beaucoup, en Angleterre, au lieu du
mélange de Laming, un oxyde de fer qu'on trouve dans
le nord de l'Irlande, bog-iron ore, et que son état spon-
gieux rend assez actif; on le revivifie comme le mélange
de Laming.

On a proposé, en 1888, d'employer, pour détruire les

composés sulfurés, la boue Weldon bien lavée pour
la débarrasser de son chlorure de calcium et séchée ;
cette matière que l'on extrait des résidus de manganèse
qui ont servi à la préparation du chlore, contient de la
chaux, du protoxyde et du bioxyde de manganèse. Elle
produit, d'après MM. Howe et Salomon, une épuration
très bonne, la matière se revivifie bien par son exposition à l'air, et après un certain nombre de revivifications
on la grille ; le soufre part à l'état d'anhydride sulfureux que l'on utilise à la fabrication de l'acide sulfurique, et la matière qui reste peut servir de nouveau
après avoir été oxydée, comme dans le procédé Weldon.

On a proposé aussi dernièrement de faire la revivification du mélange de Laming en vase clos, pendant que
le courant de gaz passe et s'épure, en introduisant constamment de l'air (de 1 à 4 0/0). Pour que la revivification soit complète, il faut que la proportion d'oxygène introduite soit équivalente à la quantité de soufre
que contient le gaz à épurer. Comme l'oxygène de l'air
agit seul, l'azote de l'air reste mélangé au gaz et
diminue son pouvoir éclairant ; le procédé ne permet
donc pas d'introduire beaucoup d'air ; il ne s'applique
donc qu'aux gaz peu sulfurés, ou bien il ne produit
qu'une revivification partielle qu'il faut compléter de
temps à autre, par une exposition à l'air. On a alors
essayé l'oxygène pur, préparé par la méthode Brin. Les
résultats obtenus par M. Belton, et publiés en mai 1893
(Conférence à l'Incorporated Institute of Gaz Engineers),
ont montré qu'avec l'oxygène pur on pouvait employer
des houilles de qualité inférieure, et que les économies
totales réalisées principalement en chaux et en main-
d'œuvre représentaient plus de dix fois les dépenses

nouvelles occasionnées par ce procédé, y compris les frais d'amortissement des appareils employés.

Gazomètres. — A la sortie des épurateurs, les gaz se rendent dans des gazomètres à cloche de très grandes dimensions. Les cloches sont en tôle; elles flottent, plus ou moins remplies de gaz, sur de l'eau contenue dans une grande cuve cimentée. Le gaz y pénètre par un système de tuyaux articulés dont une extrémité est placée

à la cloche, et l'autre à la canalisation venant des épurateurs; le gaz en sort par d'autres tuyaux disposés de même, communiquant avec la canalisation de la ville; des montants en fer disposés tout autour de la cloche servent à la guider à l'aide de galets, lorsqu'elle s'élève ou s'abaisse. Les gazomètres d'une usine ont à peu près comme volume total le volume de gaz fourni par jour. Quelques-uns des gazomètres de la Compagnie Parisienne ont une capacité de 25 000 mètres cubes.

Un des gazomètres d'une Compagnie de New-York contient 91 000 mètres cubes; un autre appartenant à une Compagnie de Londres mesure 140 000 mètres cubes.

Canalisations. — Les conduits qui distribuent le gaz aux particuliers sont en fonte ou en tôle. Beaucoup sont en tôle étamée ou plombée à l'intérieur et recouverte extérieurement d'un mélange de bitume et de sable (système Chameroy). Ils sont assemblés à l'aide de vis et d'écrous en alliage coulés sur le tube lui-même. On fait de ces tuyaux qui ont 1 mètre de diamètre.

Les tuyaux plus petits sont en fer ou en plomb. Malgré le soin apporté à la réunion de ces tuyaux, les fuites représentent quelquefois le dixième de la production du gaz. C'est pour atténuer ces pertes que la pression du gaz dans les tuyaux est toujours assez faible, et qu'on l'augmente progressivement à l'usine à mesure que la nuit vient et qu'on allume en ville un plus grand nombre de becs. Vers onze heures du soir, on commence à la diminuer par suite de l'extinction d'un grand nombre de becs.

Conditions que doit remplir le gaz d'éclairage. — Dans la plupart des villes, surtout en France, la fabrication du gaz est un monopole, mais les Compagnies sont astreintes à fournir un gaz satisfaisant à certaines conditions d'épuration et de pouvoir éclairant ; on vérifie chaque soir si ces conditions sont remplies dans des bureaux d'essai situés en divers points, mais à 1 kilomètre au moins des gazomètres. Pour le contrôle de l'épuration, on se borne le plus souvent à chercher l'acide sulfhydrique ; pour cela un papier imprégné d'acétate de plomb et humecté d'eau est placé dans un large tube en verre parcouru par un courant de gaz d'environ 100 litres à l'heure ; le papier doit y rester absolument blanc pendant un quart d'heure.

Détermination du pouvoir éclairant. — Le pouvoir éclairant se détermine en mesurant la quantité de gaz qui fournit, pendant un temps donné, autant de lumière qu'un bec type pris pour étalon. L'étalon adopté est la lumière d'une lampe Carcel-type, brûlant de l'huile de colza épurée, dans des conditions déterminées par l'instruction rédigée par Dumas et Regnault. La lampe Carcel employée a $23^{mm},5$ de diamètre extérieur de bec et 17 millimètres de diamètre intérieur ; le verre de la lampe a des dimensions déterminées (diamètre extérieur au haut, 34 ; au bas, 47 ; hauteur totale, 290 millimètres ; distance du coude à la base, 61 millimètres). La mèche est tressée à soixante-quinze brins et doit peser 3 gr. 6 par décimètre de longueur ; elle est conservée dans un endroit sec. Le bec dans lequel on brûle le gaz est un bec Benghel en porcelaine à trente trous ; les dimensions des diverses parties sont spécifiées dans l'instruction. Pour comparer l'intensité des lumières de ces becs, on emploie le photomètre de Foucault, et l'on place à égale distance des deux moitiés de l'écran de cet appareil, d'une part, le bec de gaz et, de l'autre, le carcel. Le carcel doit être muni d'une mèche neuve dépassant de 10 millimètres le haut du bec, et le coude du verre doit être à 7 millimètres au-dessus de la mèche ; à l'aide d'un robinet très sensible qui commande le bec de gaz, on fait varier le débit de celui-ci, de façon à amener l'égalité d'éclairement, et on maintient cette égalité pendant le temps nécessaire à la lampe pour brûler 10 grammes d'huile ; ce temps doit être de quatorze minutes dix-sept secondes, si la lampe brûle, comme elle le doit, 42 grammes par heure ; on admet une tolérance : la durée peut varier entre 15'47" correspondant à une consommation de 38 grammes par heure, et 13'3" correspondant à une consommation de

46 grammes par heure. Un compteur très sensible, dont l'exactitude est vérifiée, permet d'évaluer le gaz consommé. L'aiguille de ce compteur peut être embrayée à un moment donné en pressant sur un bouton qui met en mouvement en même temps un compteur à seconde. La lampe à huile a est suspendue au fléau d'une balance A et tarée. On place alors du côté de la lampe un petit poids additionnel.

Cette balance porte une aiguille munie d'un petit marteau, qui vient tomber sur un timbre T placé à côté, quand l'aiguille primitivement déviée vers la tare b (le côté de la lampe étant plus lourd, par suite du petit poids additionnel) passe par la verticale. Pour faire un essai, on amène l'éclairement à être le même des deux côtés en manœuvrant le robinet de gaz et en regardant à travers la lunette B ; au moment où le timbre retentit, on appuie sur le bouton qui met en mouvement à la fois les aiguilles du compteur de gaz C et du compteur à secondes c, et l'on ajoute du côté de la lampe un poids de 10 grammes ; on remet le petit marteau en place. Quand 10 grammes d'huile sont brûlés, l'aiguille re-
devient verticale,
un nouveau coup
de timbre reten-
tit, et l'on tire le
bouton qui com-
mande les aiguilles.
Si le temps de l'es-
sai est compris en-
tre 13'3″, et 15'47″, l'essai est bon ; sinon, il est nul : on modifie un peu la hauteur de la mèche et du verre ; on remet une nouvelle mèche et l'on recommence. En outre,

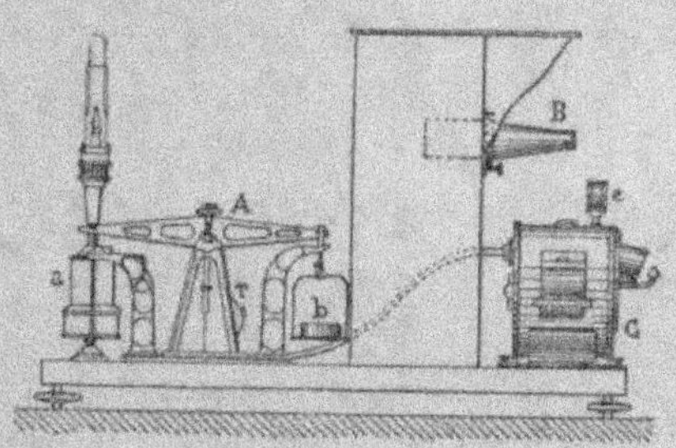

on lit l'indication du compteur à gaz ; le bec doit avoir consommé pendant ce temps 25 litres de gaz avec une tolérance de 1/10, soit 27,5 ; au delà, le pouvoir éclairant est déclaré trop faible, et les Compagnies paient des amendes aux municipalités (1).

Détermination du pouvoir calorifique du gaz d'éclairage. — Le gaz servant non seulement à l'éclairage, mais aussi au chauffage, il est souvent utile de déterminer son pouvoir calorifique. Il est facile de le faire à l'aide de la bombe calorimétrique de M. Berthelot, modèle Mahler. Cet appareil consiste en une sorte d'obus en acier, émaillé intérieurement, dont le sommet est largement ouvert, mais peut être fermé par un large bouchon légèrement conique, qui s'applique exactement sur l'ouverture. Un couvercle à vis serre fortement ce bouchon sur l'obus, et des rondelles de plomb, écrasées par ce serrage, rendent le joint hermétique. Le bouchon porte un robinet à vis qui permet d'introduire des gaz à l'intérieur ; il porte, en outre, deux tiges de platine dont l'une est isolée. Entre ces deux tiges, on tend un fil de fer fin. Dans l'obus on introduit le gaz d'éclairage que l'on veut examiner, et de l'oxygène sous une pression de 5 atmosphères. L'obus est alors immergé dans l'eau d'un calo-

____

(1) Les conditions dans lesquelles doit se produire la combustion sont déterminées avec beaucoup de détail, comme on vient de le voir, en ce qui concerne les produits combustibles ; mais il n'en est pas de même pour les conditions à remplir par l'air : ses variations d'état hygrométrique, de pression, de température, n'ont-elles pas une influence sur le pouvoir éclairant ? Cette influence est-elle la même sur le bec de gaz et le bec Carcel qui sert de type ? On a constaté qu'un bec papillon, débitant 140 litres, perd 11 0/0 de son pouvoir éclairant dans un air saturé d'humidité à une température un peu élevée. (*Génie civil*, XVI, p. 367.) Il résulte des expériences de M. Brémond que l'altitude a une influence sur le pouvoir éclairant du gaz ; un gaz ayant à Paris un pouvoir éclairant représenté par 105 n'aurait plus à Madrid (différence d'altitude, 573) qu'un pouvoir éclairant égal à 87. (*Bull. Soc. Encour.* (3), IX, p. 216.)

rimètre; on note sa température. En faisant passer un courant électrique de quelques éléments dans le fil de fer, il rougit et brûle en enflammant le mélange détonant. En quelques minutes la chaleur dégagée est transmise à l'eau du calorimètre, on mesure la température, et un calcul facile permet de déterminer le pouvoir calorifique du gaz.

Produits accessoires. — Les produits accessoires de la fabrication du gaz d'éclairage par la distillation de la houille sont les goudrons (V. p. 211), les eaux ammoniacales que l'on traite pour obtenir l'ammoniaque qu'elles contiennent, ou que l'on transforme en sels ammoniacaux, et le coke qui est utilisé pour le chauffage. La revivification du mélange Laming donne, en outre, comme nous l'avons vu (page 173), du soufre, des sels ammoniacaux et des cyanures.

B. *Gaz à l'eau.* — Gengembre l'a étudié, en 1817, au point de vue pratique; mais les résultats obtenus furent médiocres. Gillard établit, en 1850, une usine à Passy pour l'éclairage des rues. Narbonne fut éclairée par Fages, en 1858, avec du gaz à l'eau. Malgré ces tentatives intéressantes, le gaz à l'eau s'est peu développé, surtout en France, par suite des dangers qu'il présente, à cause de la quantité souvent considérable d'oxyde de carbone qu'il contient.

Le gaz à l'eau est obtenu en faisant passer de la vapeur d'eau sur du charbon porté au rouge. Le charbon décompose l'eau en mettant l'hydrogène en liberté, et il donne avec l'oxygène un mélange d'oxyde de carbone et d'acide carbonique, en proportions variables avec l'excès de vapeur d'eau et la température :

$$C + H^2O = CO + H^2$$
$$C + 2H^2O = CO^2 + 2H^2.$$

Comme l'acide carbonique est facile à éliminer par la chaux humide, tandis que l'on ne connaît pas encore de procédé pratique d'absorption de l'oxyde de carbone (1), on cherche à obtenir surtout la seconde réaction, en opérant à basse température, en présence d'un excès de vapeur d'eau et en évitant de faire traverser aux gaz obtenus des couches trop épaisses de charbon incandescent ; celui-ci donnerait avec l'acide carbonique de l'oxyde de carbone.

L'appareil employé par Fages est reproduit ci-contre : il est en terre réfractaire garni d'une ceinture en tôle ; un espace annulaire AA, réservé entre la terre réfractaire et la tôle, communique, d'une part, avec une canalisation d'air B, et, d'autre part, avec la partie intérieure

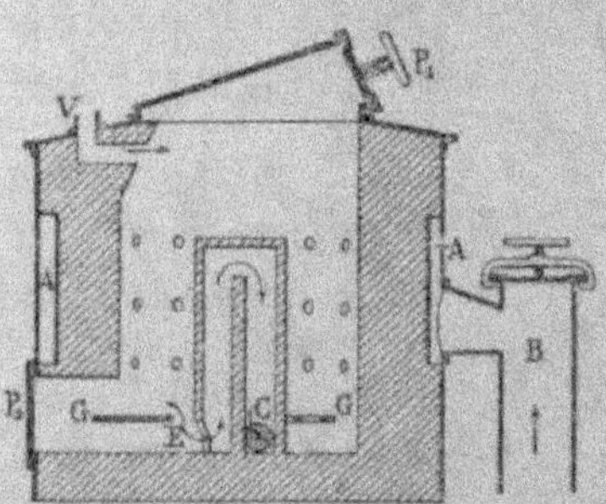

du four, par trois rangées de trous. Une grille GG, supporte le coke. A la partie centrale se trouve un pilier entouré de tous côtés par des cloisons ; une ouverture est pratiquée en E. Pour mettre l'appareil en marche, on le charge de coke par la porte P_1 ; on ouvre la porte P_2, et on l'allume ; puis, on ferme P_1, et l'on injecte de l'air par B, de façon à faire monter la température au point convenable. Ce résultat obtenu, on ferme P_2 ; on interrompt par un registre la communication avec B, et l'on envoie par V un courant de vapeur d'eau ; celle-ci traverse le

(1) On a essayé, en Amérique, de mettre à profit l'action de l'oxyde de carbone sur le nickel réduit et la formation de nickel tétracarbonyle, pour se débarrasser de l'oxyde de carbone.

coke incandescent, se décompose, arrive en E où se trouve un nouveau jet de vapeur et pénètre dans la chambre centrale fortement chauffée où l'excès de vapeur d'eau réagit sur l'oxyde de carbone et s'échappe par la canalisation C. Après un certain temps, vingt minutes environ, la température du coke n'est plus suffisante; on interrompt alors le courant de vapeur d'eau, on ouvre P_1, et pendant cinq minutes on envoie de l'air par B; après ce temps la température est revenue au point convenable et l'appareil se retrouve prêt à fonctionner. Le gaz ainsi obtenu contient surtout de l'hydrogène et de l'acide carbonique. On le dirige dans des épurateurs à chaux. Voici la composition trouvée à un gaz épuré, produit avec l'appareil Fages :

$$
\begin{array}{ll}
\text{H} & 94 \\
\text{CO} & 3,5 \\
\text{CO}^2 & 0,5 \\
\text{CH}^4 & \underline{0,4} \\
& 98,4
\end{array}
$$

Avec cette disposition, on consomme 75 kilogrammes de coke, 55 kilogrammes de houille et 82 kilogrammes de chaux, pour obtenir 100 mètres cubes de gaz (ce volume pouvant être fourni en deux heures avec les appareils employés par Fages).

Le gaz ainsi obtenu n'est pas éclairant, mais il a un grand pouvoir calorifique; pour le rendre éclairant, on le carbure à l'aide de carbures d'hydrogène volatils, comme on le fait pour l'air (V. p. 189). Mais il est préférable, comme l'a montré Frankland, de diriger le gaz à l'eau tel qu'on l'obtient dans une seconde cornue où on distille de la houille : 1° parce que le gaz à l'eau qui traverse cette seconde cornue balaie constamment le gaz

que dégage la houille, et le transporte rapidement hors
de la zone très chaude où il se décompose en partie en
donnant du goudron ; 2° parce que la vapeur d'eau qui
n'a pas été décomposée dans la première cornue réagit
sur la houille, en donnant une nouvelle quantité de gaz.

Frankland a constaté qu'avec cette disposition la proportion d'hydrogène était augmentée de 12 0/0 de sa
valeur primitive, l'oxyde de carbone de 3 0/0. Le formène se trouvait, au contraire, diminué de 14 0/0, et
les carbures éthyléniques de 1 0/0 (avec de la houille
de Newcastle). D'après le même auteur, le rendement
était une fois et demie à trois fois plus considérable
qu'avec les procédés ordinaires, et le pouvoir éclairant était meilleur que celui du gaz ordinaire. Malgré
cela, ce procédé est resté longtemps stationnaire ; la
dépense de combustible et de chaux vive était plus
considérable qu'avec le gaz ordinaire ; l'opération était
délicate à conduire : on n'obtenait pas toujours des gaz
aussi pauvres en oxyde de carbone que celui dont nous
avons donné l'analyse. Depuis quelque temps, le procédé
a fait des progrès considérables en Amérique ; à Baltimore, il est employé d'une façon presque exclusive. A
New-York, il entre pour moitié dans la consommation de
la ville, d'après l'*Engineering and Mining Journal*.

Dans le procédé mixte de White, on remplaçait la
houille de la deuxième cornue par de la résine ; on
avait ainsi un gaz assez éclairant.

C. *Gaz portatif.* — Cette industrie a été créée par
M. d'Harcourt. Elle consiste à préparer, par les procédés
ordinaires, du gaz de houille que l'on comprime ensuite
dans des réservoirs sous une pression de 12 atmosphères. Ces réservoirs sont transportés à domicile et
mis en communication par un tube flexible, avec des

réservoirs installés au domicile des consommateurs. La pression, dans ces réservoirs particuliers n'est que de 4 atmosphères ; un système de régulateur permet ensuite de réduire le débit du gaz, de façon à ce que sa pression ne soit que de 12 à 20 millimètres d'eau dans la canalisation qui le distribue. Le gaz utilisé pour cet éclairage doit évidemment être aussi éclairant que possible, de façon que, pour produire un éclairage déterminé, les réservoirs employés soient les moins encombrants et, en même temps, les moins chers possible. D'autre part, le gaz préparé à l'usine ne doit pas perdre son pouvoir éclairant quand on le comprime ; il faut donc que ce pouvoir éclairant ne soit pas dû à des matières condensables par pression, qui ne se volatiliseraient plus ensuite qu'incomplètement pendant la détente. Pour obtenir ce gaz riche, on emploie une houille particulière, connue sous le nom de bog-head. Cette houille est décomposée dans des appareils à peu près semblables à ceux qui ont été décrits pour le gaz d'éclairage. On obtient, comme sous-produits du goudron, des carbures liquides et de la paraffine. Le gaz est épuré à la chaux.

L'acétylène liquide, qu'il est facile maintenant d'obtenir à un prix suffisamment bas, constitue un gaz portatif dont l'usage semble devoir se répandre rapidement ; il semble plus économique que le gaz d'éclairage.

D. *Gaz produit par la distillation du bois.* — Le bois se décompose à une température inférieure à celle qui produit la décomposition de la houille ; à 350°, le bois se décompose en donnant 60 0/0 d'acide carbonique, 33 0/0 d'oxyde de carbone, et 7 0/0 de formène (en moyenne) ; il ne se produit pas de carbures éthyléniques dont le pouvoir éclairant est considérable. Mais, si on projette le bois dans des appareils chauffés à une température beaucoup plus élevée, au rouge cerise, par exemple, les gaz obtenus sont beaucoup plus éclairants.

La nature du bois n'a qu'une importance secondaire sur le rendement en gaz et sur son pouvoir éclairant : les bois résineux, les bois tendres, les bois durs se comportent sensiblement de même. Les considérations de prix d'achat du bois et du prix de vente du charbon obtenu, qui est de qualité très variable avec la nature du bois, sont donc surtout à envisager. Le degré de sécheresse des bois a, au contraire, une influence très grande ; 1 ou 2 0/0 d'eau en plus ou en moins changent considérablement la qualité et la quantité.

Les cornues que l'on emploie, au lieu d'être en terre comme pour la houille, sont en fonte ; celles-ci donnent en effet un rendement de moitié en plus. Comme elles sont bonnes conductrices, la décomposition du bois a lieu plus rapidement et à une température plus élevée que dans des cornues de terre. La durée de la distillation n'est que d'une heure ; on obtient par 100 kilogrammes de bois de 31 à 38 mètres cubes de gaz. Grâce à cette faible durée, on peut obtenir un même volume de gaz avec un nombre de fours et de cornues moitié moindre que celui qu'exige la distillation de la houille. Les barillets que l'on emploie doivent être beaucoup plus spacieux, parce que le dégagement est beaucoup plus tumultueux qu'avec le gaz de houille.

L'épuration du gaz a lieu à l'aide de la chaux humide, parce qu'il ne contient pas de composés sulfurés. Comme sous-produits on obtient de la créosote, de l'acide pyroligneux (acide acétique), de l'acétone, de l'esprit-de-bois ou alcool méthylique, de l'aldéhyle ; mais on n'obtient pas de composés ammoniacaux. Le gaz qui est assez éclairant a une composition assez variable :

Hydrogène . . . . de 20 à 50 0/0
Oxyde de carbone. . . . . . . de 20 à 60 »
Carbures forméniques. . . . . de 10 à 35 »
Carbures éthyléniques. . . . . de 6 à 10 »

E. *Gaz de tourbe*. — On l'obtient comme le gaz de bois ; il est un peu moins éclairant que ce dernier ; parmi les sous-produits, on trouve de l'ammoniaque en petite quantité et peu d'acide pyroligneux. Cent kilogrammes de tourbe sèche donnent en moyenne de 20 à 37 mètres cubes de gaz. Voici l'analyse d'un échantillon de ce gaz :

Hydrogène.   24,5
Formène.   42,7
Oxyde de carbone . . .   20,3
Carbures éthyléniques .   9,5

F. *Gaz d'huile*. — On peut fabriquer avec l'huile un gaz de bonne qualité ; mais on n'utilise en général, pour cet usage, que les huiles trop impures pour être épurées ou les résidus d'huile. Les appareils ont la même disposition générale que pour la houille ; la cornue est garnie de coke sur lequel vient couler l'huile. Très souvent l'huile est introduite à une extrémité du barillet ; elle s'y charge des goudrons qui s'y condensent, et c'est ce liquide mixte qui alimente les cornues ; les goudrons ne sont pas retirés ; ils rentrent dans la cornue et s'y décomposent. Comme l'huile, en se décomposant, donne peu de matières solides, la cornue peut marcher très longtemps sans être nettoyée. On obtient ainsi 75 mètres cubes d'un gaz plus éclairant que le gaz ordinaire pour 100 kilogrammes d'huile.

G. *Gaz d'eaux grasses*. — Dans certaines villes où

existent des filatures importantes, comme à Reims et à Mulhouse, les eaux de savonnerie, après le dégraissage des étoffes de laine, contiennent des corps gras et des savons que l'on dirige par une canalisation spéciale des fabriques jusqu'à l'usine à gaz. Celle-ci possède de vastes réservoirs ou ces eaux sont emmagasinées et traitées. On mélange 15 mètres cubes de ces eaux avec 500 kilogrammes d'acide sulfurique contenant la moitié de son poids d'eau ; après dix-huit heures d'action, l'eau est recouverte d'une couche d'huile grasse ; il s'est formé en même temps des sulfates de sodium et de calcium. La couche d'huile est soutirée, épurée avec de l'acide sulfurique et transformée en savon à l'aide de soude, mais il reste un résidu noir qu'on dissout dans du goudron, que l'on chauffe dans une cornue et qui donne un gaz éclairant en même temps que du goudron qui sert à dissoudre

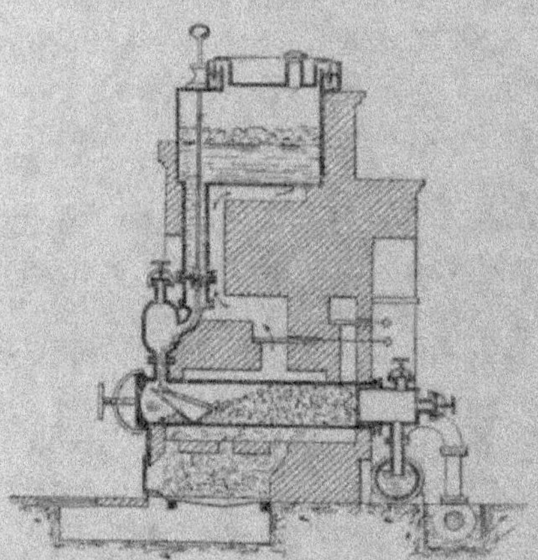

une nouvelle quantité de résidu noir. Le gaz fabriqué avec les résidus d'une usine représente environ le double de gaz que cette usine consomme pour son éclairage.

II. *Gaz de résine.* — La distillation de la résine donne un gaz aussi bon que le meilleur gaz de houille ; on obtient, en moyenne, 100 mètres cubes de gaz par 100 kilogrammes de résine. Cette distillation se produit dans des cornues en fonte, pleines de coke sur lequel la résine fondue par la chaleur perdue du foyer vient couler d'une façon continue que l'on peut régler à l'aide d'un bouchon conique. La figure ci-contre donne la disposition adoptée par Chaussenot.

I. *Carburation de l'air*. — L'air peut être assez chargé de vapeurs de liquides combustibles pour brûler sans explosion ; il suffit pour cela de le faire passer dans des benzènes ou dans les parties les plus volatiles que l'on obtient par la distillation des pétroles et que l'on vend sous le nom de gazoline. L'air peut être emmagasiné dans un réservoir à cloche, d'où il passe dans des appareils carburateurs ; ou bien, il peut être envoyé dans ces carburateurs à l'aide d'un appareil analogue à un compteur à gaz, que l'on fait tourner à l'aide de poids. Ces divers systèmes ont l'inconvénient de donner un gaz, d'un pouvoir éclairant un peu variable, parce que les vapeurs se forment en plus grande quantité au début qu'à la fin, par suite de la température qui s'abaisse par la volatilisation même, et parce qu'il reste, à la fin, les carbures les moins volatils. Si l'on ne dispose aucun appareil pour réchauffer le liquide, on pourra obtenir des résultats très différents en été et en hiver. L'appareil Krieger diminue considérablement le volume de la cloche qui sert de réservoir à gaz et, de plus, la gazoline se trouve volatilisée entièrement à l'aide d'un petit bec de gaz ; le jet de vapeur de gazoline sort par une sorte d'injecteur en entraînant de l'air, qui se rend dans le gazomètre. Le réservoir de gazoline est placé à une certaine hauteur au-dessus de l'appareil ; le tuyau qui l'amène est muni d'un robinet, sur lequel agit un levier en relation avec la cloche du gazomètre ; quand celle-ci contient une certaine quantité de gaz, la cloche est soulevée, et le robinet fermé ; si l'on vient à consommer du gaz, la cloche s'abaisse, le robinet s'ouvre, de la gazoline pénètre dans une petite chaudière en acier chauffée par le bec de gaz, s'y vaporise, entraîne de l'air et va remplacer le gaz brûlé dans le gazomètre. Celui-ci ne sert donc, en quelque sorte, que de régulateur de la production ; il n'est plus besoin de lui donner les grandes dimensions qu'il doit avoir, lorsqu'il sert à emmagasiner le gaz. Le gaz produit par ce procédé revient à 0 fr. 12 le mètre cube (et à 0 fr. 18 à Paris à cause des droits d'octroi).

42. Industrie du pétrole. — *Généralités.* — Le pétrole (huile de pierre, huile minérale) se trouve dans la terre ; il est connu de toute antiquité, mais le développement de son industrie et ses applications les plus importantes datent de vingt-cinq à trente ans. Les Égyptiens se servaient du naphte et du bitume pour embaumer leurs morts. On trouve dans Hérodote une description des méthodes très simples employées dans l'île de Zante pour obtenir le pétrole ; comme de nos jours, ce produit était mélangé d'eau salée et de sable. Plutarque dit que les palais d'Alexandre le Grand étaient éclairés, la nuit, avec du naphte brut. Le pétrole de la péninsule d'Apchéron (Caucase) était connu des adorateurs du feu du temps de Zoroastre ; le temple de Surakhani était bâti sur un terrain sillonné de fissures par lesquelles s'échappait un gaz inflammable. En Chine et au Japon, le pétrole est aussi connu depuis un temps immémorable. L'existence du pétrole américain sur les bords de la rivière Niagara semble avoir été mentionnée pour la première fois en 1629. Mais, pendant longtemps, on utilisa peu le pétrole ; cependant, en 1802, Gênes fut éclairée à l'huile minérale. Dès 1868, Henri Sainte-Claire Deville proposa de l'employer pour le chauffage des machines à vapeur, et, depuis, son emploi dans les machines s'est considérablement développé, surtout dans ces derniers temps.

Le pétrole est très répandu dans la nature; on en trouve à peu près dans tous les pays ; il y en a des gisements en France, en Alsace, en Espagne, en Italie, en Autriche, mais les *champs de pétrole* les plus productifs sont ceux de l'Amérique du Nord et du Caucase. Le pétrole se trouve dans des couches géologiques assez différentes et très anciennes, en général. En Europe, il se rencontre surtout dans les terrains tertiaires. En Amérique, on le trouve en quantités énormes dans les terrains dévoniens et siluriens ; presque partout, il est accompagné d'eau salée. En Pensylvanie, il est renfermé dans de vastes cavités où se trouvent à la fois des gaz combustibles, du pétrole et de l'eau salée. Selon le point atteint par la sonde, on a des jets de gaz, de pétrole ou d'eau salée. Le gaz naturel qui se dégage de certains puits est utilisé pour l'éclairage de quelques villes. Pittsburg, par exemple, reçoit de 48 puits percés dans le terrain pétrolifère, qui se trouve à une vingtaine de kilomètres de la ville, 55 000 mètres cubes de gaz par vingt-quatre heures ; ces gaz sont amenés à la ville par cinq canalisations en fer forgé, dont le diamètre varie entre 20 et 50 centimètres, et dont le développement était de près de 150 kilomètres, en 1887. Le gaz circule dans ces tuyaux sous une pression de 21 atmosphères. Des régulateurs permettent de diminuer la pression dans la ville, et de nouveaux appareils, placés dans chaque maison, produisent une nouvelle chute de pression qui fournit le gaz à la tension convenable pour l'éclairage. Pendant cinq ans, ces gaz si abondants jaillirent avant d'être canalisés.

Procédés d'extraction du pétrole brut. — Les Indiens se contentaient autrefois, pour retirer le pétrole, de creuser des cavités peu profondes, et d'y mettre des couvertures de laine qu'ils tordaient ensuite pour en retirer le pétrole, ou bien dans certains lacs boueux, ils passaient une planche à la surface, qui écrémait en quelque sorte la couche de pétrole ; ce pétrole très épais était ensuite filtré à travers une étoffe. En 1853, un avocat de New-York, surnommé depuis le Roi de l'Huile, acheta toutes les terres de la vallée d'Oil-Creek, où on avait reconnu la présence du pétrole, et forma la première Compagnie. Les anciens puits creusés par les Indiens furent agrandis, des galeries percées de façon à augmenter les surfaces de suintement ; mais les résultats restèrent médiocres, et l'on se mit à forer des puits. En 1859, à une lieue de Titusville, on rencontra à 23 mètres de profondeur la première veine un peu importante ; elle fournissait 8 barils par jour ; on continua à creuser, et à 100 mètres on rencontra de nouvelles sources. Enfin, à 200 mètres, la sonde pénétra dans d'énormes poches remplies de gaz inflammables, de pétrole et d'eau salée ; la Pensylvanie connut alors ce que l'on appela la fièvre de l'huile ; 317 Compagnies se fondèrent en peu de temps à New-York pour exploiter la nouvelle industrie ; on perça un grand nombre de puits ; beaucoup fournirent au début 1 000 barils (de 100 litres) par jour ; l'un eut un débit de 2 000 barils par jour pendant quatre ans ; un autre, qui s'épuisa après six semaines, eut un débit journalier de 3 000 barils. Lorsque les puits cessent de fournir du pétrole jaillissant, on installe des pompes qui permettent d'extraire encore de grandes quantités de pétrole. Mais ces gisements, si riches qu'ils soient, sont inférieurs aux gisements du Caucase qui sont, d'après Mendeleef, les plus abondants du globe. La péninsule d'Apchéron, dont la superficie est d'environ 400 kilomètres carrés, n'est exploitée que sur une superficie d'un peu plus d'un kilomètre carré. C'est dans cet espace relativement restreint que se trouve ce que l'on a appelé le « champ d'huile de Bakou ».

Dans une île voisine, l'île de Tschelekan, on compte plus de 3 000 sources de pétrole. Le champ d'huile de Bakou est percé d'environ 400 puits, qui produisent à eux seuls plus que les 20 000 puits américains. Parmi ces puits, 20 seulement laissent jaillir le pétrole. Le puits n° 18 de la maison Nobel frères fournit 6 000 barils par jour ; le puits n° 19 et le puits Droujba en fournissent 12 000. Les autres puits sont exploités à l'aide de pompes d'une espèce particulière, par suite de la grande quantité de sable que l'on pompe en même temps que l'huile. Le niveau descend peu à peu dans ces puits ; on a trouvé qu'il descend d'environ 17 mètres par 23 millions d'hectolitres extraits. Les puits sont forés avec les appareils ordinaires qui servent pour les puits artésiens. Parfois, au moment où on atteint la couche d'huile, tout l'appareil est projeté au loin. Lorsque le puits Droujba fut percé, il en jaillit une colonne de pétrole qui s'éleva à 90 mètres de haut, et l'on ne put se rendre maître de cette source qu'après quatre mois, pendant lesquels coulèrent des torrents de pétrole, entraînant une quantité de sable qui recouvrit presque les bâtiments voisins. Les puits jaillissants sont entourés d'une maçonnerie solide, que vient fermer un couvercle en fer muni d'une soupape qu'on lève quand on veut faire couler le pétrole. Ces couvercles sont rapidement usés par le frottement du sable entraîné par le pétrole. Lorsque l'on ouvre les soupapes en grand, il sort des colonnes de pétrole souvent très hautes, s'élevant à 30 mètres dans le puits n° 18, et à 90 mètres dans le puits n° 19. Lorsque, le puits étant foré, on a atteint le pétrole, si le liquide ne jaillit pas, on installe des pompes ; si le puits ne fournit pas assez de pétrole, on descend au fond du puits une cartouche de dynamite que l'on fait détoner ; elle disloque le fond du puits, produit des fissures par lesquelles le pétrole arrive plus abondamment aux puits.

Une fois le pétrole sorti du puits, il est nécessaire de le conduire, soit aux usines voisines où on le raffinera, soit aux stations de chemins de fer ou aux ports, où on l'exportera. En Russie, le champ d'huile étant voisin de la mer, le transport est facile.

Jusqu'en 1876, le pétrole était transporté dans de grands tonneaux chargés sur des chariots ; les frais de transport étaient considérables, deux millions et demi par an. Actuellement, sept canalisations réunissent le champ d'huile aux raffineries de Bakou ; elles permettent le transport annuel de 800 millions de gallons de pétrole. En Amérique, on se servait, au début, de tonneaux en bois, enduits intérieurement de colle forte ; ils étaient transportés par chemin de fer ; on construisit ensuite des wagons-réservoirs ; ce sont des cylindres surmontés d'un dôme analogue à ceux qui servent de prise de vapeur dans les locomotives. Ils contiennent, en moyenne, 18 000 litres. Depuis 1865, on a commencé à construire des canalisations, permettant le transport économique du pétrole. Plusieurs Compagnies se sont établies pour les construire et exploiter. Lorsqu'une mine a accumulé, dans son réservoir, une quantité suffisante de pétrole, un agent de la Compagnie de transport vient jauger le contenu et délivre un bon, représentant le volume de pétrole reconnu, déduction faite de

3 0/0, pour couvrir les pertes éventuelles ; ce bon est une valeur négociable. Trois Compagnies possèdent ensemble plus de 12000 kilomètres de tuyaux, dont les plus larges atteignent $0^m,15$ de diamètre ; les réservoirs de ces Compagnies permettent d'emmagasiner 80 millions d'hectolitres. Ces canalisations comprennent cinq lignes principales : l'une, allant à New-York, 473 kilomètres ; une autre, à Philadelphie, 372 kilomètres ; une autre, à Cleveland, 164 kilomètres ; une autre, à Baltimore, 106 kilomètres ; la dernière, à Buffalo, 101 kilomètres. Des stations de pompes, disposées sur le parcours, refoulent le pétrole.

Pour l'exportation, par chemin de fer ou par bateaux, on emploie des wagons-citernes et des bateaux-citernes. Le pétrole ayant un coefficient de dilatation assez élevé, il est nécessaire de laisser vide un espace suffisant pour que la dilatation puisse se produire sans déchirer les réservoirs. On a proposé aussi divers procédés pour solidifier le pétrole, afin de rendre son transport plus facile.

Le pétrole brut, lourd, chauffé à une température inférieure à celle de l'ébullition, dissout une certaine quantité de savon de Marseille, et par refroidissement il se prend en gelée plus facile à transporter que le pétrole primitif. La quantité de savon à employer varie entre 1/2 et 3 0/0, suivant la nature du pétrole ; pour régénérer le pétrole, on le traite par une petite quantité d'un acide étendu, qui décompose le savon. Ce procédé a été étudié dans le Caucase.

Nature chimique du pétrole. — Les propriétés du pétrole varient beaucoup, non seulement d'un pays à l'autre, mais, quelquefois même, d'un puits au puits voisin ; la couleur, l'odeur, la densité, la volatilité à diverses températures changent. Sa couleur varie du jaune brun

au noir avec dichroïsme vert; l'odeur est tantôt éthérée,
et presque agréable, tantôt nauséabonde; on y trouve
alors souvent quelques millièmes de soufre; la densité
varie entre 0,78 et 0,97. Certaines huiles brutes contiennent, en quantités beaucoup plus considérables, des
parties très volatiles; elles fourniront, par suite, à la
distillation, des quantités très inégales des produits que
l'on sépare, éthers de pétrole, essences, huiles lampantes,
huiles de graissage. Certaines huiles sont très visqueuses;
les bitumes, qu'on rencontre aussi dans la terre, représentent les états limites de viscosité que peuvent atteindre
les pétroles.

Les pétroles sont constitués, en majeure partie, par
des carbures d'hydrogène, appartenant surtout aux carbures saturés; les pétroles américains ne contiennent
guère que ceux-là; les pétroles russes contiennent, en
outre, une certaine quantité de carbures de formule
C^nH^{2n}, isomériques des carbures éthyléniques normaux,
et des carbures aromatiques. Les pétroles de Tiflis
représentent une variété intermédiaire entre les deux
précédentes. On a signalé aussi la présence de carbures
aromatiques dans les pétroles de Galicie. A côté des carbures se trouvent, en petite quantité, des produits oxygénés, principalement des acides ou des phénols. Pelouze
a séparé, dans la partie des pétroles américains qui distille au-dessous de 150°, le pentane C^5H^{12} et son isomère
le diméthylpropane, l'hexane C^6H^{14}, l'heptane C^7H^{16} et
son isomère, le diméthyldiéthylméthane, et l'octane C^8H^{18}.
Lebel a isolé, dans le pétrole de Pechelbronn (Alsace),
deux amylènes et deux hexylènes. On a trouvé, dans un
pétrole de Galicie, jusqu'à 5 0/0 de benzène. La composition des pétroles n'est, d'ailleurs, pas susceptible d'être
déterminée avec une grande rigueur; avec un pétrole

donné, on obtiendra des produits bouillant au-dessous
d'une température donnée en quantités variables, selon
que la distillation aura été poussée plus ou moins vite.
On a même utilisé dernièrement cette propriété des
pétroles, c'est le procédé de cracking ou *fendage*. Les
recherches de Thorpe et Joung ont montré que, lorsqu'on chauffe les paraffines à une température supérieure à leur point d'ébullition, elles se transforment
partiellement en oléfines, ou carbures éthyléniques. Le
fendage est effectué en opérant la distillation de l'huile
à brûler, d'une manière tellement lente que les hydrocarbures moins volatils se condensent dans la partie supérieure de l'alambic, et retombent dans l'huile où ils se
volatilisent, et où leurs vapeurs sont chauffées au-dessus
de leur point d'ébullition. La qualité du produit obtenu
est peut-être un peu inférieure, mais le rendement est
notablement plus grand.

Les quantités de pétrole qui passent à la distillation,
aux diverses températures, varient beaucoup avec la
nature du pétrole, et les densités des produits obtenus
à une même température, avec deux pétroles différents,
varient aussi notablement. Les pétroles russes contiennent
moins de parties volatiles au-dessous de 150° que les
pétroles américains, comme le montre le tableau ci-dessous, qui contient les quantités de pétrole fournies par
100 parties à diverses températures :

	Pétrole russe	Pétrole américain
Au-dessous de 150°.	0,63	14,34
Entre 150 et 250. . .	21,73	25,35
Entre 250 et 300. . .	15,55	13,75
Au-dessus de 300 . .	57,97	40,91
Résidu et perte . . .	4,12	5,57
	100,00	100,00

Mendeleef a conseillé de représenter graphiquement les résultats que donnent les pétroles à la distillation, en prenant, pour abscisses les centièmes de pétrole ayant passé à la distillation, et pour ordonnée, la densité correspondant au produit distillé à ce moment. On peut aussi prendre les mêmes abscisses, et pour ordonnées, les températures d'ébullition correspondantes. Ces gra-

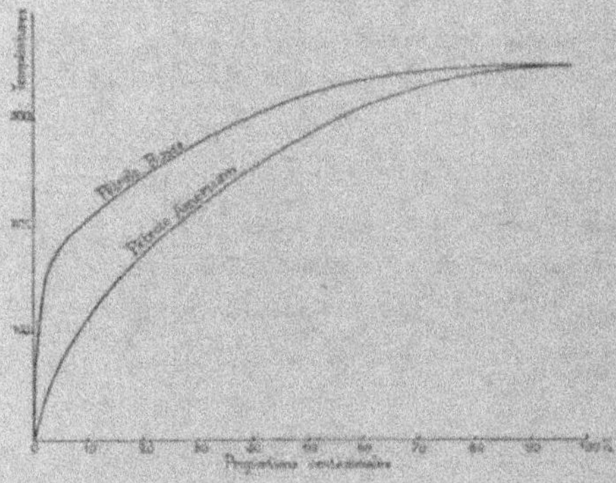

phiques montrent immédiatement la marche différente de la distillation russe et américaine. La figure ci-jointe donne ces graphiques pour les deux pétroles ci-dessus.

Origine du pétrole. — Cette origine est intéressante à étudier, d'abord au point de vue scientifique et, en outre, au point de vue pratique, parce que, si elle était exactement connue, on pourrait peut-être se faire une idée de l'avenir des gisements de pétrole. Le pétrole résulte, suivant les uns, de la décomposition des plantes et des animaux marins ; cette explication, suggérée par la présence ordinaire du sel gemme dans les puits de pétrole, est sujette à critiques ; on ne trouve pas, en effet, de débris organisés dans les matières sableuses, souvent très abondantes, rejetées avec le pétrole, et sur-

tout on trouve le pétrole dans des couches de terrains
très anciens, où la vie était très peu développée.

Le pétrole semble, d'autre part, venir de parties plus
profondes que celles où on le trouve ; ce sont souvent
les pétroles les plus denses qui sont les plus voisins de
la surface. D'après d'autres auteurs, le pétrole provien-
drait de la distillation très lente de la houille, dans des
conditions que l'on est obligé d'admettre très différentes
de celles que l'on réalise dans les cornues à gaz, car les
produits que l'on y obtient diffèrent beaucoup du
pétrole, comme composition. On peut faire remarquer
que le pétrole ne se trouve au voisinage de la houille
que dans un petit nombre de contrées, et souvent même
au-dessous des couches de la houille. D'autres savants
assignent au pétrole une origine purement chimique.
Dès 1866, M. Berthelot a émis l'opinion qu'au sein de
la terre il pouvait se produire, entre l'acide carbonique
et les métaux alcalins, des acétylures alcalins, décomposables, par la vapeur d'eau, en acétylène, que la température et la pression pouvaient ensuite transformer en
pétrole. En 1876, Byasson a montré qu'en faisant agir
sur du fer un mélange de vapeur d'eau, d'acide sulfhydrique et d'acide carbonique, on obtenait des carbures
analogues à ceux du pétrole. Cloez a aussi obtenu de
pareils carbures, par l'action des acides sur les carbures
de zinc et de fer. En 1876, Mendeleef proposa une explication analogue à celle de M. Berthelot, pour expliquer
l'origine du pétrole ; mais, faisant remarquer que la densité moyenne de la terre est plus élevée que celle des
parties superficielles et que, par suite, ce sont surtout
les métaux lourds qui doivent s'y trouver, il fait jouer
au fer un rôle analogue à celui des métaux alcalins. Ce
seraient des carbures de fer à une température élevée qui

donneraient, sous l'influence de la vapeur d'eau, les carbures du pétrole ; ces réactions se produiraient très profondément; l'accès de l'eau dans ces régions profondes et le retour du pétrole vers la surface se produiraient par les nombreuses fissures qui existent dans le sol des terrains pétrolifères, qui se trouvent toujours dans le voisinage de grandes chaînes de montagnes, dont l'élévation a produit de grandes dislocations de terrains. Si cette explication est exacte, la production du pétrole est une action continue, moderne, et, par suite, il n'y a pas lieu de craindre de voir tarir les sources de pétrole, aussi rapidement que si ce précieux liquide était dû à la décomposition de matières organisées, appartenant à des âges reculés.

Distillation et raffinage du pétrole. — Le pétrole brut contient des quantités variables de produits plus ou moins volatils, qu'il est avantageux de séparer, et l'on n'utilise guère le pétrole brut que pour le chauffage industriel. Lorsqu'on distille un pétrole, on constate que la température d'ébullition s'élève progressivement ; on sépare les produits qui passent à la distillation à diverses températures en un certain nombre de catégories, trois le plus souvent, l'essence ou esprit-de-pétrole, l'huile lampante ou photogène ou huile solaire, propre à l'éclairage, et l'huile de graissage. On recueille quelquefois à part les premiers produits de la distillation qui constituent les éthers de pétrole (kérosolène anglais). Les noms donnés à ces produits varient beaucoup. Les parties les plus volatiles sont quelquefois désignées aussi sous le nom de rhigolène, de gazoline.

Dans l'huile de graissage américaine se trouve en dissolution de la paraffine, que l'on extrait par un refroidissement suffisant du pétrole ou par d'autres procédés

(V. *Paraffine*, p. 209). Cette extraction de la paraffine donne des bénéfices importants. Les pétroles russes ne contiennent que des traces de paraffine ; mais les huiles de graissage sont par cela même moins sujettes à s'épaissir sous l'influence des basses températures. On obtient enfin des vaselines, des goudrons et, comme dernier produit, un coke très combustible.

En Amérique, le raffinage se fait en deux parties distinctes. Dans la première, on sépare l'essence et l'huile lampante, et dans la seconde on traite le résidu laissé par la première opération, et on en retire les huiles de graissage, la paraffine et le coke. La première opération se fait dans un alambic cylindrique de 10 mètres de long sur 4 de diamètre, placé horizontalement. Ce cylindre est surmonté d'un dôme où se trouve la prise de vapeur de pétrole. Cet appareil est chargé avec 600 barils de pétrole. Le condensateur est formé d'une série de tubes en fer refroidis par de l'eau. On sépare souvent les produits qui passent au début, des produits qui passent ensuite. Cette séparation se fait lorsque le produit qui distille a une densité déterminée : on obtient ainsi l'essence ; ce qui distille ensuite est vendu comme huile lampante, mais on arrête l'opération quand la densité a atteint une nouvelle valeur déterminée (plus grande que la première). L'opération dure de trois à quatre jours. Ce qui reste dans la cornue est alors écoulé dans des réservoirs, pour être traité dans d'autres alambics, souvent dans d'autres usines. Ces alambics qui contiennent 260 barils sont pour la plupart en acier ; la deuxième distillation, qui dure trente heures en moyenne, permet de séparer en plusieurs portions les résidus de la première distillation : les portions les moins volatiles contiennent en dissolution de la paraffine ; on extrait celle-ci

en refroidissant le pétrole à l'aide de machines réfrigé-
rantes; la paraffine se dépose; on l'enferme dans des
sacs, et on la soumet à l'action de la presse hydraulique.
L'huile qui sort pendant cette pression sert pour le graissage. La vaseline, que l'on obtient aussi comme résidu de
la distillation des pétroles, est filtrée sur du charbon de
bois ; c'est un mélange de carbures dont la composition
est comprise entre $C^{16}H^{34}$ et $C^{20}H^{42}$. Lorsque la distillation
est terminée, il reste 12 0/0 de coke environ.

Le raffinage proprement dit se fait par des traitements
successifs à l'acide sulfurique et à la soude, qui ne diffèrent pour les essences et les huiles que par la quantité
d'acide employée, qui est plus grande pour ces derniers
produits. Ces traitements s'effectuent dans des cuves en
fer cylindriques, garnies de plomb, de 7 mètres de diamètre sur 12 à 14 mètres de haut, d'une contenance de
1 800 barils. Pour l'épuration des huiles, un serpentin
percé de trous est placé dans le fond de la cuve; il sert
à injecter de l'air dans la masse; on fait alors arriver
5 kilogrammes d'acide par baril de pétrole, on souffle
de l'air; puis, on laisse reposer et l'on décante; l'acide
sulfurique est devenu brun; il s'est chargé de matières
goudronneuses ; on le régénère en le chauffant. Pour
l'épuration des essences, le mélange de l'acide et du
pétrole est obtenu par un agitateur mécanique et non
plus par un courant d'air qui entraînerait trop de
matières à l'état de vapeur. Le traitement à l'acide sulfurique améliore les huiles sous le rapport de l'odeur et
de la couleur qui devient moins foncée, et les essences
surtout, au point de vue de l'odeur. Après ce traitement
à l'acide, les pétroles sont lavés à l'eau, puis à la soude,
et lavés de nouveau à l'eau; on les sèche ensuite en les
faisant passer sur du sel marin desséché.

Au Canada, on soumet aussi les pétroles à l'action simultanée de la soude et de la litharge, pour enlever la majeure partie du soufre contenu dans les huiles de ce pays.

En Russie, la maison Nobel a adopté la distillation continue. Les alambics ont chacun une capacité de 20 000 litres; ils sont disposés par groupes de vingt-cinq, et un courant de pétrole traverse toute la série et s'écoule du dernier à l'état de résidu. Chaque alambic est maintenu à une température correspondant aux points d'ébullition des produits à évaporer. Ce procédé s'applique beaucoup mieux au pétrole russe qu'au pétrole américain, parce que les résidus de celui-ci ne sont pas assez fluides. Pour le chauffage, on emploie les résidus du pétrole et les parties les plus volatiles, parce que celles-ci trouvent peu d'emploi. Les produits distillés sont divisés en benzine (essence de pétrole), densité 0,754; gazoline, autre espèce d'essence, densité 0,787; et kérosine ou huile lampante. Après la distillation, la kérosine est traitée par 1,5 0/0 d'acide sulfurique, dans de grands bassins en tôle garnis de plomb; puis, elle est lavée à l'eau de mer, à la soude, puis de nouveau à l'eau de mer; elle est ensuite emmagasinée dans d'immenses réservoirs d'environ 7 000 mètres cubes.

Le résidu de pétrole russe donne des huiles lubréfiantes, qui peuvent supporter d'assez basses températures sans se solidifier; on les vend sous le nom d'oléonaphtes.

Les résidus de pétrole russe sont aussi transformés en carbures benzéniques d'une façon très intéressante. On chauffe le résidu de pétrole dans un four à réverbère d'une construction spéciale, où les vapeurs dégagées se trouvent soumises à une température bien supérieure à celle de leur volatilisation ; l'on obtient ainsi 30 à 40 0/0 d'un goudron contenant lui-même 8 0/0 de benzène. Les huiles lourdes obtenues dans cette première opération sont ensuite traitées de même ; elles fournissent une nouvelle dose de goudron contenant 4 à 5 0/0 de benzène et du naphtalène. On obtient, en même temps, un volume d'un gaz très éclairant, représentant environ quatre-vingts fois le volume de résidu traité. Le benzène peut être ensuite employé pour la fabrication des matières colorantes d'aniline.

Applications. — Le monde entier consomme actuellement 82 000 hectolitres de pétrole par jour. La production augmente constamment, comme le montre le tableau ci-joint :

Années	Production en barils de 180 litres	
	États-Unis	Russie
1861	2,113,600	»
1865	3,497,712	»
1870	5,308,046	»
1875	8,948,749	»
1880	24,788,950	»
1884	21,600,651	9,097,777
1886	25,856,822	13,081,600
1888	16,128,000	16,866,600

Divers produits du pétrole sont utilisés pour *l'éclairage;* ce sont, par ordre de volatilité: les gaz naturels employés en divers endroits, notamment à Pittsburg, les éthers de pétrole qui chargent l'air de vapeurs très combustibles et le transforment en gaz d'éclairage (gaz artificiel à froid); les essences de pétrole que l'on peut employer dans des lampes garnies d'éponge ou de feutre ; les huiles lampantes, de beaucoup les plus employées ;

les résidus de pétrole que l'on peut transformer en gaz ; la paraffine, qu'on retire de ces huiles lourdes et qui donne d'excellentes bougies.

On emploie pour le *chauffage industriel* soit les huiles brutes, soit les huiles lourdes, résidus de la distillation. Henri Sainte-Claire Deville avait préconisé leur emploi pour le chauffage des machines à vapeur dès 1868. La grille employée était formée de rigoles inclinées dans lesquelles coulait le pétrole. Aujourd'hui, beaucoup de chemins de fer russes, tous les bateaux de la mer Caspienne sont chauffés au pétrole ; certains navires pétroliers, qui vont chercher le pétrole en Amérique pour le raffiner en Europe, chauffent à l'aller avec de la houille et au retour avec le pétrole. Le procédé le plus employé actuellement pour brûler le pétrole dans ces foyers consiste à le pulvériser en gouttelettes très fines par un jet d'air comprimé ou de vapeur.

Le brûleur système Meyers, dont la figure est ci-contre, permet l'emploi du pétrole brut ; ce combustible est pulvérisé par un courant d'air comprimé. Le chauffage au pétrole est particulièrement avantageux pour les torpilleurs. Il nécessite à égalité de puissance un moindre poids de chaudière et  d'approvisionnement de combustible ; en outre, il ne donne pas de fumée ni d'escarbilles et rend, par suite, moins visible la présence des torpilleurs. On s'est servi aussi de ce mode de chauffage en Amérique pour les fours à réchauffer et pour la fabrication de l'acier sur sole.

Nous avons vu qu'on solidifiait le pétrole par l'addition de savon, pour le rendre plus transportable. On a récemment essayé de le solidifier et de le mettre en briquettes pour l'employer au chauffage des machines marines. Voici le procédé du lieutenant de vaisseau Maestracci : on mélange à 1 litre d'huile de pétrole 150 grammes de savon trituré (1), 15 grammes de résine, et 333 grammes de soude caustique. On fait chauffer ce mélange en ayant soin de l'agiter ; dès que la solidification commence, ce qui a lieu au bout de quarante minutes environ, on surveille de près la marche de l'opération. Si le mélange tend à déborder, on verse dans le récipient quelques gouttes de soude. On continue à remuer jusqu'à ce que la solidification soit complète ; l'opération terminée, on coule la matière dans des moules pour en faire des briquettes, qu'on passe ensuite pendant dix ou quinze minutes dans une étuve. Il ne reste plus qu'à les laisser refroidir ; on peut employer ces briquettes quelques heures après leur fabrication.

Les huiles lourdes sont utilisées pour le *graissage*, quand elles ont une viscosité suffisante et un point de solidification assez bas.

On utilise les propriétés dissolvantes du pétrole pour la préparation des tissus imperméables, des vernis et des couleurs, dans la parfumerie et la photographie.

On l'a employé comme insecticide.

La vaseline sert en pharmacie comme véhicule d'un certain nombre de médicaments.

Essais des pétroles. — Son pouvoir calorifique qui joue un grand rôle dans les principales applications se détermine facilement avec la bombe calorimétrique de

____

(1) On peut ajouter 20 0/0 de sciure de bois et 20 0/0 d'argile, pour rendre les briquettes plus solides.

M. Berthelot, modèle de M. Mahler (Voir page 180).

Une propriété très utile à connaître pour l'emploi des pétroles est leur degré d'inflammabilité ; on mesure la température d'inflammation en chauffant le pétrole avec la lampe à alcool jusqu'à ce qu'une allumette, présentée à la partie supérieure du tube en pointillé représenté sur la figure ci-contre, enflamme la vapeur. On note alors la température d'inflammation.

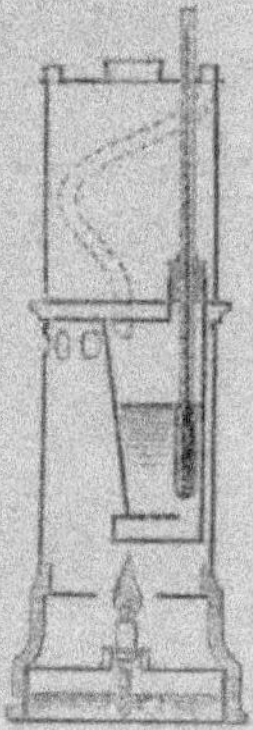

43. Bitumes. — *Origine*. — Les bitumes peuvent être considérés comme des pétroles, altérés par l'action de l'oxygène de l'air ou du soufre ; les bitumes, comme les pétroles, sont des mélanges de principes divers. Boussingault les considérait comme un mélange de pétrolène liquide $C^{20}H^{32}$ et d'asphaltène solide $C^{20}H^{32}O^3$. Ils sont, en réalité, plus complexes ; outre l'oxygène, ils contiennent de l'azote et du soufre ; quelquefois, il n'y a que des traces d'oxygène et quelques centièmes de soufre (bitume de Judée). Le bitume de Péchelbronn, qui accompagne le pétrole que l'on extrait de ce gisement, a été l'objet d'études nombreuses. Voici sa composition :

C	H	O	S	Az	Cendres
86,6	11,4	0,3	1,4	0,3	0,5

On peut en retirer, par distillation, du pétrolène liquide et des matières solides colorées ; pour obtenir ces dernières, on traite le résidu par de l'éther qui le dissout, puis par de l'alcool qui sépare en deux couches le liquide obtenu. La couche supérieure est rouge ; elle contient une résine et de la paraffine ; la couche inférieure est noire ;

elle peut abandonner une matière soluble dans le sulfure
de carbone, et que l'on peut obtenir en écailles cristallines en évaporant ce dissolvant. Sa composition est :

$$C \qquad H \qquad O$$
$$86,2 \qquad 8,8 \qquad 15,0$$

On connaît d'assez nombreux gisements de bitume ; les
deux variétés les plus importantes sont : le bitume de
Judée et le bitume de la Trinidad. Le bitume de Judée
flotte par fragments plus ou moins gros sur la mer Morte
et vient s'échouer surtout sur la côte occidentale. A la
suite de tremblements de terre, il y a presque toujours
augmentation notable de ces masses flottantes, qui se détachent du fond de la mer où elles doivent être amenées
par des sources thermales. Ce bitume est de qualité tout
à fait supérieure, et se vend souvent 1 000 francs la tonne.

Le bitume de la Trinidad, de qualité plus inférieure,
est de beaucoup le plus abondant. On le trouve dans cette
île en deux gisements dont le plus important est à fleur
de terre, et connu sous le nom de lac de la Braie. Ce lac,
d'une superficie de 40 hectares, est formé d'un dépôt de
bitume assez compact pour pouvoir supporter piétons et
voitures, sauf en certaines parties plus molles. Des îles
en terre végétale couvertes d'arbres se trouvent encas-
trées dans ce dépôt ; on l'estime à 3 millions de tonnes ;
on en retire annuellement 16 000 tonnes que l'on exporte
(en France, 3 000 tonnes ; Angleterre, 3 000 ; Europe,
moins la France et l'Angleterre, 5 000 ; Amérique, 5 000).
L'autre gisement n'est pas à fleur de terre ; il se trouve
dans une couche du pliocène.

Extraction. — L'extraction du bitume est simple ; on
le pioche avec le pic et on le transporte par tombereaux.
On en épure une partie sur place, en le chauffant pen-

dant vingt-quatre heures dans des chaudières à sucre, où il perd l'eau qu'il contient, 30 0/0 environ. On le puise encore liquide dans ces chaudières, et on le verse dans des tonneaux. A son arrivée en France, la tonne vaut 65 francs (bitume brut), ou 100 francs (bitume épuré).

Le bitume de Judée sert en photographie; il est, en effet, sensible à la lumière, et devient insoluble dans l'essence de lavande et dans diverses autres, sous l'influence de la lumière; il sert surtout dans les reproductions photographiques où les tirages se font aux encres grasses (zincogravure, etc.). Mêlé à de l'essence de térébenthine, de la cendre et du noir d'ivoire, il donne un vernis noir qui ne se fendille pas. On l'a aussi utilisé, surtout à une certaine époque (1830), pour la peinture; mais des tableaux, où cette couleur a été employée, sont actuellement devenus très foncés.

Le bitume de la Trinidad sert surtout à former avec l'asphalte le mastic asphaltique qui, mélangé de sable, sert à recouvrir les trottoirs (mastic asphaltique : 8 0/0 de bitume et 92 0/0 d'asphalte ; matière des trottoirs : 100 de mastic et 60 de sable).

Les bitumes, soumis à la distillation, abandonnent une huile qui pourrait servir à l'éclairage ; mais son odeur infecte la rend très peu propre à cet usage. On a proposé de l'employer contre le phylloxera.

Asphaltes. — Les asphaltes sont des calcaires imprégnés de bitume. Les mines d'asphaltes les plus importantes sont celles de Seyssel.

44. Paraffines. — Les paraffines sont des carbures d'hydrogène saturés, de formule C^nH^{2n+2}. Leur nom vient de leur peu d'affinité (*parum affinis*). Les paraffines du commerce sont des mélanges de plusieurs carbures solides de propriétés très voisines.

Propriétés. — Ce sont des corps solides blancs, à texture cristalline, translucides, inodores et insipides. Leur point de fusion varie entre 45 et 65°, suivant leur origine (1) ; le point d'ébullition, variable aussi, est voisin de 300°. Mais bien avant cette température elles émettent des vapeurs abondantes qui peuvent s'enflammer dès 200°.

On peut retirer de la paraffine d'un grand nombre de substances complexes, comme le goudron de houille, la cire, le pétrole, etc. C'est surtout la distillation des pétroles qui fournit la majeure partie de la paraffine. Nous verrons, à propos de la distillation du goudron de houille et des huiles de pétrole, que l'on obtient, à certaine température assez élevée, des produits volatils qui se solidifient par refroidissement, par suite de la grande quantité de paraffine qu'ils contiennent. Ces matières solides sont soumises à l'action de la presse hydraulique, à la température ordinaire, si l'on cherche un grand rendement, à 40° si on tient moins au rendement qu'à la dureté du produit. La matière une fois pressée est fondue et traitée à 170° par l'acide sulfurique qui détruit les carbures étrangers. On lave le produit à l'eau, puis à la soude, et enfin à l'eau de nouveau pour enlever les matières brunes formées par l'action de l'acide sulfurique.

On obtient encore de la paraffine en l'extrayant d'une substance naturelle, l'*ozokérite* ; cette matière brune que l'on trouve sur les bords de la mer Caspienne est de la

---

(1) Point de fusion de la paraffine extraite du pétrole de Rangoon. 64°
    »   »   de la poix . . . . 46°,7
    »   »   » cire de Chine . . 57°
    »   »   » cire d'abeille . . 62°

paraffine imprégnée de bitume. On la fond avec de l'eau pour la séparer du sable et d'autres impuretés de ce genre ; puis, on la distille ; il passe à la distillation environ les 2/3 du produit contenant près de 90 0/0 de paraffine et 10 0/0 de carbures liquides ; on sépare le mieux possible à la presse hydraulique les carbures solides des carbures liquides, par un traitement à l'acide sulfurique.

Usages. — Le principal usage est la fabrication des bougies de paraffine. La flamme de ces bougies est très éclairante, elle n'est pas fumeuse. Le seul inconvénient est que le point de fusion de la paraffine est peu élevé. Avec les paraffines fondant vers 50°, il faut ajouter 1/5 environ de stéarine pour avoir des bougies suffisamment dures pour être employées l'été. Cette addition est inutile pour les paraffines fondant au-dessus de 60°.

45. Industrie de la benzine, du toluène et de l'anthracène. — *Traitement du goudron de houille.* — Le goudron que l'on recueille lorsqu'on distille la houille pour obtenir du gaz d'éclairage, ou pour la transformer en coke, d'un emploi presque toujours beaucoup plus avantageux en métallurgie, contient des produits très divers dont la séparation constitue une industrie importante qui fournit, outre le benzène et ses homologues, de l'anthracène, de l'acide phénique, du naphtalène, etc. Quelquefois on distille de la houille uniquement pour obtenir du goudron ; enfin, dans ces derniers temps, on a transformé en goudron des carbures lourds provenant de la distillation des pétroles (V. p. 203). Le traitement consiste surtout en distillations et en quelques réactions simples, traitements par la soude, l'anhydride carbonique, etc. Mais, comme les produits obtenus

Le goudron auquel on ajoute le résidu E est séparé par distillation en cinq fractions qui sont

— Une première fraction bouillant au-dessous de 170°. On la rectifie et on obtient
- 1°
- 2° des huiles qui distillent
  - 1° au-dessous de 110° — une essence qu'on lave et qu'on distille à la vapeur, ce qui donne
    - 1° — Eau ammoniacale.
    - 2° benzol impur A — Benzol à 90 0/0.
  - 2° entre 110 et 140° — À cette partie on ajoute les benzols impurs A et B, on lave, on distille à la vapeur, et on obtient
    - 1° — Benzol à 90 0/0.
    - 2° — Benzol à 50 0/0.
    - 3° benzol impur B
    - 4° — huile pour dissolution.
  - 3° entre 140 et 170° — à cette partie on ajoute l'huile D, on lave à l'eau et on distille à la vapeur, ce qui donne
    - 1° — huile pour dissolution.
    - 2° — huile pour brûler.
    - 3° huile C

— Une deuxième fraction bouillant entre 170 et 230°, à laquelle on ajoute les huiles C et F que l'on traite par la soude, ce qui donne
- 1° une huile que l'on distille
  - 1° jusqu'à 170°, ce qui donne une huile D
  - 2° jusqu'à 230°, ce qui donne du — naphtalène.
  - 3° et il reste un — résidu E
- 2° une lessive que l'on décompose par l'acide carbonique, ce qui donne
  - 1° du phénol brut que l'on purifie et qui donne — phénol.
  - 2° huile F

carbonate de sodium qu'on transforme en soude caustique à l'aide de chaux

— Une troisième fraction bouillant entre 230 et 270° qui fournit une — huile créosotée.

— Une quatrième fraction bouillant au-dessus de 270° que l'on filtre, ou que l'on presse à froid, ce qui donne
- 1° des huiles auxquelles on ajoute l'huile I et que l'on distille, ce qui donne
  - 1° matière solide G — huile pour graissage.
  - 2°
  - 3° résidu H
  - huile I
- 2° du résidu auquel on ajoute la matière G et que l'on presse à chaud, ce qui donne
  - 1° une
  - 2° de l'anthracène brut; on le lave avec des huiles pour dissolution, ce qui donne
    - 1° une matière solide — anthracène
    - 2° une dissolution que l'on distille, ce qui donne
      - 1° — huile pour dissolution.
      - 2° — phénanthrène.

— Une cinquième fraction qui reste dans la cornue sous forme de brai que l'on additionne du résidu H et que l'on vend tel quel, ou que l'on distille, ce qui donne
- 1° anthracène brut J
- 2° — huile pour graissage.
- 3° — coke.

sont multiples, il est bon, dès le début, de dresser le tableau (1) des principaux produits obtenus dans les différentes phases de ces traitements.

La distillation des goudrons les sépare en cinq fractions, bouillant : la première, entre 80 et 170 ; la seconde, entre 170 et 230 ; la troisième, entre 230 et 270 ; la quatrième, entre 270 et 300 ; et la cinquième est le résidu de la distillation jusqu'à 300°. La première fraction contient, en outre, des eaux ammoniacales.

Appareils. — La distillation se fait à l'aide d'alambics très volumineux dont les figures ci-contre montrent la disposition.

Cette figure représente un alambic très employé en France. C'est une chaudière cylindrique horizontale B, séparée du foyer par un pont en briques réfractaires pour éviter l'action directe des flammes sur la partie inférieure du cylindre ; les gaz de la combustion cir-

---

(1) Ce tableau est, à quelques modifications près, la reproduction de celui que donne Lunge dans son *Traité de la distillation du goudron de houille*, édition française, traduite par M. Gautier.

culent ensuite le long des parois de la chaudière. La partie inférieure est munie d'un tuyau de décharge qui permet de laisser écouler le résidu de la distillation, lorsqu'il est encore chaud et liquide dans des réservoirs F où il se solidifie. La partie supérieure est reliée par un tuyau de charge avec le réservoir à goudron A, et par un tuyau C assez large, 30 centimètres de diamètre environ, avec le serpentin condensateur D. Un trou d'homme fermé par une vis à étrier permet le nettoyage de l'alambic, nettoyage devenu indispensable après un certain nombre d'opérations.

La figure ci-contre montre un modèle de chaudière très usité en Allemagne. C'est un alambic cylindrique de 3ᵐ,5 de haut sur 3 mètres de diamètre. Le foyer placé sous l'alambic chauffe directement un pont en briques réfrac-

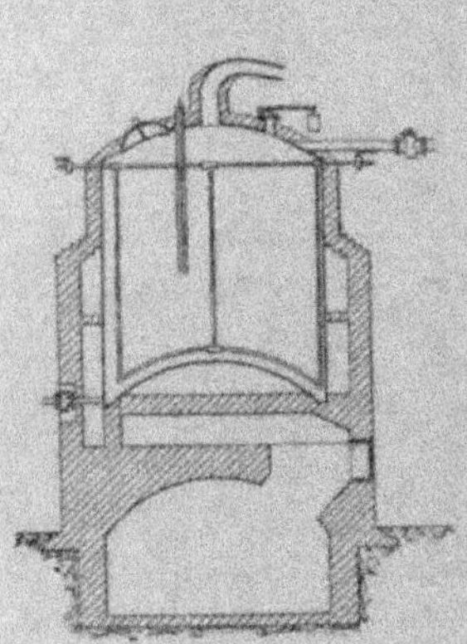

taires, puis les gaz de la combustion circulent le long des parois latérales avant de se rendre à la cheminée. Le fond de cette chaudière est concave. Entre ce fond et le pont en maçonnerie, il y a une masse d'air emmagasinée qui régularise le chauffage et évite les coups de feu. Comme dans l'appareil précédent, on voit un trou d'homme, un tuyau de charge et un tuyau de décharge; il y a, en outre, un tube de trop-plein placé un peu au-dessous du tuyau de charge. Ce tube est ouvert pendant la charge; il laisse échauffer l'air chassé par le goudron: lorsque ce dernier apparaît au robinet de trop-plein on le ferme, ainsi que le robinet de charge. Sous la grille se trouve une voûte qui règne sous tous les alambics analogues disposés côte à côte; elle est destinée à recevoir le goudron qui peut s'échapper des chaudières quand il arrive un accident à l'une d'elles. Un thermomètre placé dans un étui métallique permet de suivre la marche de la distillation. Des tuyaux percés d'un grand nombre de petits trous permettent d'envoyer de la vapeur sous pression près du fond de la chaudière et à travers le goudron. La vapeur est introduite vers la fin de l'opération; elle aide le départ des liquides peu volatils et brasse le goudron.

A côté de ces appareils qui servent à fractionner le goudron brut en cinq catégories, se trouvent les appareils destinés à fractionner les produits de la première catégorie. Ces nouveaux appareils de distillation, qui doivent séparer aussi bien que possible les produits dont les points d'ébullition sont assez voisins, sont plus compliqués que les précédents; entre l'alambic proprement dit où l'on vaporise le mélange et le réfrigérant, où on condense le produit volatilisé, se trouvent des appareils de formes différentes appelés analyseurs. Le principe de ces appareils est le suivant : on les maintient à une température un peu supérieure au point d'ébullition du liquide le plus volatil que l'on veut obtenir; de cette façon les vapeurs de ce liquide franchissent cet appareil sans s'y condenser, tandis que les autres vapeurs, liquéfiables à cette température s'y condensent plus ou moins complètement, d'autant plus que leur point d'ébullition est plus éloigné de la température de l'analyseur. La figure ci-dessous montre la disposition générale de ce genre d'appareil.

La chaudière est aplatie et chauffée sur toute sa surface par une enveloppe de vapeur. Au-dessus se trouve un gros cylindre vertical, immergé dans un bain d'eau chaude, c'est l'analyseur ; puis, vient un serpentin refroidi par de l'eau fraîche.

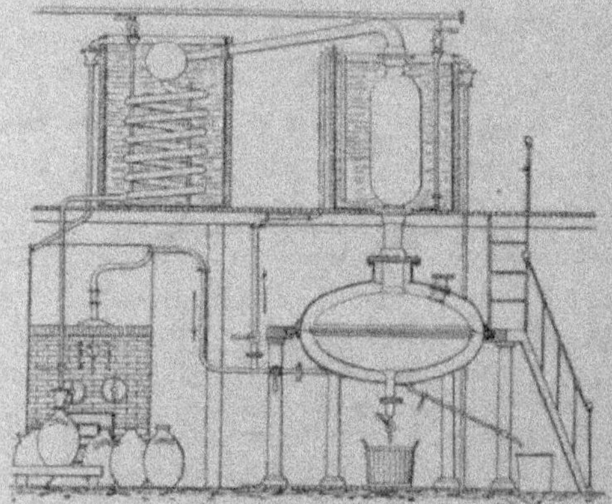

Marche des opérations. — Ces appareils permettent de séparer, dans la première fraction obtenue au-dessous de 170°, trois nouvelles fractions, comme l'indique le tableau précédent : une première fraction, entre 80 et 110° ; une deuxième, entre 110 et 140° ; et une dernière, entre 140 et 170°. Chacune de ces parties est lavée et distillée séparément. Ces nouvelles distillations donnent avec la première fraction (80 à 110°) un benzol (1) à 90° et un benzol impur moins volatil (désigné par A dans le tableau), et que l'on ajoute à la seconde fraction (110 à 140°), ainsi que le benzol B provenant d'une opération

---

(1) On entend par benzol, dans le commerce, un mélange de benzène C^6H^6 et de son homologue supérieur le toluène C^7H^8 ; un benzol est dit à 90 0/0 quand 90 0/0 de ce produit passent à la distillation entre 80° et 100°. Il y a intérêt à séparer les benzols de volatilités différentes pour l'industrie des couleurs d'aniline : les benzols à 90 0/0 sont préférables pour obtenir les bleus et les noirs, et les benzols à 30 ou 40 0/0 pour les rouges.

antérieure. Cette seconde fraction ainsi augmentée de A et de B donne des produits que l'on sépare par une nouvelle distillation en un benzol à 90 0/0, un benzol à 50 0/0, un benzol B (qui sera distillé de nouveau), et un liquide moins volatil, qui est utilisé comme dissolvant. La troisième fraction à laquelle on a ajouté la fraction D provenant d'une opération précédente est de même lavée et distillée, ce qui la fractionne en une huile utilisée comme dissolvant, une huile pour brûler et une huile C traitée avec la deuxième fraction de la distillation première.

La deuxième fraction, qui a passé à la distillation entre 170 et 230°, est additionnée de l'huile C dont nous venons de voir l'origine, et d'un liquide F provenant d'une opération précédente. Le tout est traité par la soude qui se combine avec les acides volatils que contient cette partie, avec l'acide phénique, en particulier. L'action de la soude transforme donc le mélange en une huile et une solution alcaline. L'huile est lavée, et la distillation en sépare au-dessous de 170° une huile D, au-dessus de 230° un résidu E, qui rentrent tous deux dans la fabrication. Entre 170 et 230° passe une huile qui se prend en masse par le refroidissement; on la presse à froid, et il reste de la naphtaline impure que l'on fond avec 1 0/0 d'acide sulfurique, pour enlever divers corps pyrogénés; puis, on sépare par décantation l'acide de la naphtaline, et on sublime celle-ci en dirigeant ses vapeurs dans une vaste chambre sur les parois de laquelle elle vient se condenser en paillettes nacrées (Voir p. 221).

La solution alcaline est décomposée par un acide, l'acide carbonique de préférence ; l'acide phénique $C^6H^5.OH$ est mis en liberté, et il reste une huile (F) qui rentre dans la fabrication. L'acide phénique brut ainsi obtenu est très impur (50 0/0 environ) ; il est mélangé d'eau, de naphtalène, de crésols, de résines, etc. ; on le distille et l'on recueille à part ce qui passe entre 175 et 200°. (L'acide phénique bout à 188°.) Cette partie, abandonnée à elle-même, cristallise. Ces cristaux sont ensuite traités par une petite quantité d'acide sulfurique et de bichromate de potassium (1 0/0 environ), puis distillés de nouveau. Les cristaux obtenus après cette distillation sont suffisamment purs, pour la plupart des usages de l'acide phénique. Quant au carbonate de sodium formé, il est traité par la chaux qui le transforme en lessive de soude utilisable pour l'opération suivante.

La troisième fraction, qui bout entre 230 et 270°, est une huile créosotée employée surtout pour l'imprégnation des bois.

La quatrième fraction, bouillant entre 270 et 300°, est souvent désignée sous le nom de graisse verte ; elle est utilisée pour l'extraction de l'anthracène $C^{14}H^{10}$. C'est, au moment où elle distille, une huile verte qui prend par refroidissement une consistance butyreuse. Elle est formée d'un mélange de matières solides et liquides. On sépare ces matières à l'aide d'un filtre-presse ; l'huile qui s'écoule pendant cette opération est séparée par la distillation en trois parties : 1° une partie, la plus volatile, qui se solidifie par refroidissement ; on l'ajoute à la matière solide restée dans le filtre-presse ; 2° une huile que l'on peut utiliser pour le graissage ; 3° un résidu qui est une sorte de brai que l'on peut vendre tel quel, ou distiller avec le brai qui forme la cinquième fraction de la première distillation du goudron.

Quant à la matière solide restée dans le filtre-presse,

elle contient environ 28 0/0 d'anthracène; on en traite
une partie avec 1,2 partie d'huile créosotée (débarrassée
des phénols par un traitement à la soude). Ce traitement
se fait dans une chaudière chauffée à la vapeur. Cette
huile dissout la paraffine et très peu d'anthracène ; on
sépare encore par un filtre-presse ; la matière obtenue
contient alors 40 0/0 d'anthracène. Par une distillation en présence de potasse, on peut l'enrichir jusqu'à
50 0/0. On peut même obtenir un produit à 70 0/0 en
lavant cet anthracène avec du benzol. L'anthracène sert
dans la fabrication de diverses matières colorantes. Ces
différents traitements donnent, en même temps que de
l'anthracène, des huiles qui rentrent dans la fabrication,
comme l'indique le tableau précédent, ainsi que du phénanthrène, qui est un isomère de l'anthracène fondant à
100° et bouillant à 340°. On peut l'utiliser en le brûlant
pour obtenir du noir de fumée.

La cinquième fraction, qui reste dans la cornue, est un
brai qui peut être utilisé tel quel ou distillé ; on obtient
alors une nouvelle quantité d'anthracène brut que l'on
traite comme la première, des huiles qui peuvent servir
pour le graissage et du coke.

46. Industrie de la nitrobenzine. — Le produit
que l'on utilise dans l'industrie sous le nom de nitrobenzine pour la fabrication de l'aniline et des matières colorantes qui en dérivent, est un mélange de mononitro-
benzine et de mononitrotoluène, en proportions que l'on
fait varier suivant les couleurs que l'on veut obtenir. La
matière première de ces dérivés nitrés, ce sont les benzols
d'industrie, mélanges à proportions variables de divers
carbures homologues parmi lesquels dominent la benzine

et le toluène, mais dans lesquels on peut trouver aussi des xylènes, des cumènes et des cymènes.

Les réactions qui produisent la nitrobenzine et le nitrotoluène peuvent être représentées par les formules :

$$C^5H^6 + AzO^3H = C^6H^5 (AzO^2) + H^2O$$
$$C^6H^5 (CH^3) + AzO^3H = C^6H^4 : (CH^3, AzO^2) + H^2O.$$

Cette substitution dans la benzine et le toluène du groupe AzO^2 à un atome d'hydrogène se fait avec l'acide azotique fumant, ou bien avec un mélange de deux parties d'acide azotique et d'une partie d'acide sulfurique. Pour que la réaction marche convenablement, on doit éviter la présence des cumènes, cymènes, etc., et de l'acide phénique dans les benzols ; avec les cumènes et ses homologues supérieurs, la réaction de l'acide azotique est très vive et peut amener des explosions ; avec l'acide phénique, il se formerait de l'acide picrique qui se transformerait en picrate par les traitements alcalins que l'on fait subir à la nitrobenzine. Ce sel a des propriétés explosives qui le rendent très dangereux.

Pour que la nitrobenzine obtenue soit de bonne qualité [1] il faut qu'elle ne contienne pas de dérivés binitrés ni de benzine ; elle ne doit pas non plus contenir de nitronaphtaline, parce que dans sa transformation en aniline la nitronaphtaline donnerait de la naphtylamine qui se résinifie à l'air et altérerait les nuances des couleurs d'aniline ; on évite cette présence en employant des benzols exempts de naphtaline. Pour éviter la formation de binitrobenzine, on verse l'acide azotique ou le mélange

---

[1] Une nitrobenzine de bonne qualité doit bouillir entre 205 et 235° (elle bout au-dessous si elle contient de la benzine). Elle ne doit pas laisser un résidu dépassant 5 0/0, et ce résidu ne doit pas se solidifier par refroidissement.

d'acide azotique et d'acide sulfurique dans le benzol, au lieu de faire l'inverse comme autrefois.

L'opération se fait maintenant dans de vastes récipients en fonte, munis d'agitateurs qui servent à produire un brassage énergique de la matière. Le benzol est mis à l'avance dans l'appareil, et l'on fait arriver un filet continu d'acide azotique mélangé d'acide sulfurique. La chaleur dégagée par la réaction élèverait trop haut la température si l'on ne faisait pas circuler de l'eau autour de la cuve. Grâce à l'agitation du mélange, la réaction est achevée en douze heures, tandis qu'autrefois la réaction durait plusieurs jours. On obtient d'ordinaire 140 à 150 parties de nitrobenzine pour 100 parties de benzol. On fait ensuite écouler la nitrobenzine dans des cuves, on la lave avec de l'eau et avec de la soude ou de l'ammoniaque.

La nitrobenzine obtenue a des propriétés qui dépendent beaucoup de la composition du benzol. Avec un benzol donné, on peut obtenir une nitrobenzine plus riche en nitrotoluidine que par le procédé ordinaire, en mettant une quantité d'acide azotique insuffisante pour tout transformer; la nitrobenzine obtenue dans ces conditions est beaucoup plus riche en nitrotoluidine et le benzol qui reste inattaqué est de la benzine presque pure. On les sépare par une distillation à 100°.

Applications de la nitrobenzine. — Elle sert en parfumerie sous le nom d'essence de mirbane; son application de beaucoup la plus importante est sa transformation par l'action successive des hydrogénants et des oxydants en aniline d'abord, puis en diverses bases, telles que la rosaniline, la mauvaniline, etc., dont les sels ont des couleurs très belles et très employées en teinture.

47. Extraction de la naphtaline. — Elle se
retire des portions qui ont passé vers 200° dans la distillation des goudrons de houille. Ces matières solides sont
concassées, passées à la turbine pour extraire une partie
huileuse, puis soumises à la presse hydraulique pour compléter cette extraction. Les gâteaux ainsi obtenus retiennent encore de l'acide phénique et des alcaloïdes. La matière est fondue et traitée par quelques centièmes de soude
qui neutralisent l'acide phénique ; puis, on lave à l'eau
chaude pour enlever le phénate de sodium, jusqu'à ce que
les eaux de lavage ne soient plus alcalines. On enlève

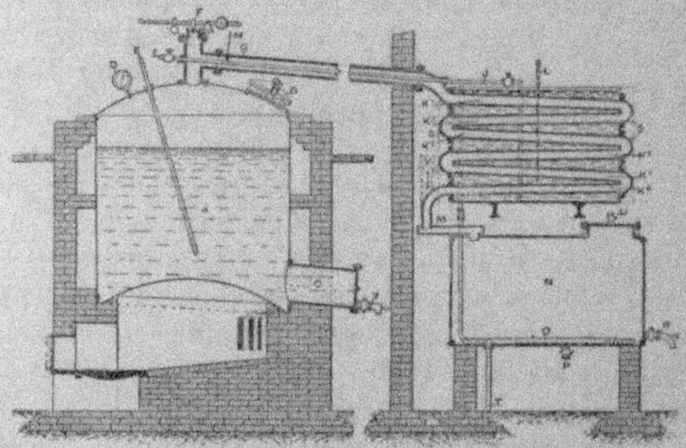

ensuite les alcaloïdes par un traitement avec de l'acide
sulfurique dans des appareils en plomb. Des lavages
enlèvent ensuite toute trace d'acide. On distille alors la
naphtaline ainsi purifiée soit seule, soit en l'entraînant
par un courant de vapeur d'eau.

On purifie encore la naphtaline de la façon suivante,
en opérant dans l'alambic, dont la figure est ci-dessus :

A, alambic ;

C, tuyau de vidange ;

E, H, thermomètres;

IJ, conduite de vapeur servant à empêcher la solidification de la naphtaline dans le tube G;

S, serpentin plongé dans un bain d'eau chauffée à 80° par la vapeur venant de IJ; la naphtaline s'y condense à l'état liquide;

N, chambre de dépôt chauffée par un serpentin de vapeur O.

Dans l'alambic on introduit par le trou d'homme B environ 5 tonnes de naphtaline avec environ 14 kilogrammes de soude caustique en solution concentrée; on envoie la vapeur en IJ; puis, lorsque l'eau qui environne le serpentin est à 80°, on commence à chauffer sous l'alambic. Les premières portions de la distillation contiennent de l'eau, des matières grasses, avec un peu de naphtaline. On les recueille à part. Vers 210° la naphtaline commence à passer abondamment; quand les produits distillés ne contiennent plus de matières aqueuses, on les envoie dans N. Lorsque la température atteint 235°, on arrête l'opération. On retire alors la naphtaline de N, on la mélange de résidus solides de naphtaline, de façon à épaissir la matière; puis, on la met dans des sacs et on la soumet à une pression hydraulique. La matière comprimée, ainsi obtenue, est alors distillée de nouveau dans un appareil analogue au précédent, en ajoutant 50 kilogrammes de soufre. Il se dégage beaucoup d'acide sulfhydrique pendant l'opération. La naphtaline qui passe à la distillation est maintenue liquide jusqu'au lendemain, puis transvasée dans un troisième alambic analogue, où elle est distillée en présence de soude caustique. On met de même à part ce qui passe au commencement, et on s'arrête à 235°. On a ainsi de la naphtaline très blanche, fondant entre 79°,2 et 79°,5.

Nitronaphtaline. — La naphtaline mononitrée qui sert pour la préparation des couleurs de naphtaline s'obtient en traitant 1 kilogramme de naphtaline par 5 kilogrammes d'acide azotique dans un ballon de 8 litres chauffé au bain-marie à 100°. L'opération est terminée en une demi-heure. La naphtaline qui, au début, surnageait le liquide, s'est transformée en nitronaphtaline plus dense; on sépare, par décantation, les deux couches de liquide; la couche inférieure est versée dans de l'eau froide où elle se solidifie en se divisant, ce qui facilite le lavage qu'on lui fait subir ensuite. On la comprime ensuite à la presse.

48. Térébenthines et essences de térébenthine. — L'essence de térébenthine contient, comme principale substance, un carbure d'hydrogène, le térébenthène. On l'extrait des *térébenthines*. On désigne ainsi les matières pâteuses, mélanges de carbures solides et de carbures liquides, qui s'écoulent des incisions faites à la plupart des conifères.

Térébenthines. — Les incisions se font en enlevant une longue bande d'écorce (mois de janvier), puis en enlevant de temps à autre un copeau de bois de 12 millimètres environ d'épaisseur, vers la base du tronc et en remontant chaque fois (avril jusqu'à octobre). La matière ne tarde pas à couler; elle est reçue dans de petits pots de terre fixés au tronc de l'arbre. L'opération se fait sur les arbres qui ont atteint vingt-cinq ans et elle se continue souvent pendant soixante ans. On peut obtenir des produits beaucoup plus abondants en multipliant les saignées : les arbres ne vivent alors que quelques années. On récolte de temps à autre le contenu des pots que l'on appelle *gemme*. Le *galipot* est la même substance, mais qui s'est desséchée à l'air, sur le tronc et qui n'a pas coulé. On la détache en grattant l'arbre.

La gemme est filtrée : pour cela, on la fait fondre et on la fait traverser un lit de paille qui arrête les feuilles, la terre, les écorces et autres impuretés. On distille ensuite la térébenthine, ce qui donne environ 1/4 d'essence de térébenthine, et 3/4 de matière solide appelée colophane (1).

La térébenthine de :

Bordeaux est extraite du .	*Pinus maritima.*
Alsace.	*Abies pectinata.*
Venise	*Pinus Larix.*
Bourgogne (poix de Bourgogne)	*Abies excelsa.*
Boston	*Pinus australis.*
Amérique, etc	*Pinus strobus.*

Extraction de l'essence de térébenthine. — Cette extraction se fait très simplement, en distillant les térébenthines soit à feu nu, soit plus rarement, mais, mieux, en présence de la vapeur d'eau. Les appareils sont le plus souvent entièrement primitifs. L'essence de térébenthine ainsi obtenue contient du térébenthène (et isomères) et, en même temps, des produits oxydés, formés pendant la distillation en présence de l'air. L'essence récemment préparée est incolore et neutre au tournesol. Sa densité est 0,86. Mais, au contact de l'air, elle ne tarde pas à jaunir, à s'épaissir en s'oxydant et à devenir acide (acides acétique et formique principalement).

---

1) La poix résine s'obtient en recevant dans de l'eau la colophane fondue qui reste dans l'alambic après la distillation de l'essence de térébenthine ; elle est plus opaque que la colophane.

Usages. — Elle dissout les matières grasses, les résines (fabrication des vernis), les huiles siccatives desséchées, (toiles cirées). Elle est très employée en peinture : mêlée à de la peinture à l'huile, elle active beaucoup sa dessiccation. Elle est aussi employée dans l'industrie du caoutchouc.

49. Caoutchouc. — Le caoutchouc se retire du latex de plusieurs espèces de plantes, parmi lesquelles le *Castilloa elastica*, divers *Slevea* et divers *Fucus*. Le caoutchouc pur peut être préparé en étendant d'eau le latex de ces plantes et en écrémant après un certain repos le caoutchouc qui est monté à la surface ; la matière ainsi obtenue est mise à égoutter sur de la porcelaine dégourdie. Sa formule est $(C^5H^8)^n$. L'action de la chaleur l'altère ; à 145°, il devient visqueux et fond vers 170°. Il se décompose à une température un peu plus élevée en donnant, comme produits principaux, de l'isoprène C^5H^8 qui bout à 37°, et de la caoutchine $C^{10}H^{16}$ qui bout à 171°. Le caoutchouc est soluble dans le sulfure de carbone, l'éther, la benzine, etc. Une de ses propriétés les plus remarquables est son élasticité ; le caoutchouc pur n'est élastique qu'au-dessus de 10°. A 0° il est aussi résistant que du cuir. Maintenu quelque temps au-dessus de 30°, il perd son élasticité et devient mou. Cette action de la température a beaucoup restreint les applications du caoutchouc jusqu'en 1838, où Goodyear montra que ce corps était capable d'absorber du soufre, et que le produit ainsi obtenu, le caoutchouc vulcanisé, conservait son élasticité au-dessous de 0°.

Extraction du caoutchouc. — En Amérique, au Brésil surtout, on fait aux arbres des incisions, et l'on place au-dessous de petits vases pour recueillir le liquide qui s'en échappe pendant une douzaine d'heures environ. Le contenu de ces vases est ensuite versé dans des calebasses ; pour mouler le caoutchouc, on prend des planchettes en bois (1) que l'on trempe dans le liquide et que l'on expose ensuite à la fumée d'un feu de bois vert. L'eau, en s'évaporant, laisse sur la planchette de bois une mince pellicule de caoutchouc ; on plonge de nouveau le moule dans le liquide, et l'on fait évaporer ; il se forme ainsi sur le moule un grand nombre de couches minces ; lorsque l'épaisseur est suffisante, on fend le caoutchouc sur un des côtés, et l'on a deux lames de caoutchouc d'un centimètre d'épaisseur environ.

Pour utiliser ce caoutchouc brut, on le fait tremper dans l'eau tiède pendant vingt-quatre heures, puis dans de la lessive de soude à 10° B. Le caoutchouc est ensuite introduit dans des tambours tournants où il se trouve déchiqueté en copeaux minces ; de là, il passe aux écraseurs ; ce sont des appareils composés de deux cylindres légèrement chauffés, tournants, qui compriment le caoutchouc et soudent les divers morceaux les uns aux autres.

Vulcanisation du caoutchouc. — On emploie plusieurs procédés pour faire ce traitement. Le procédé Goodyear consiste à mélanger 10 0/0 de soufre au caoutchouc brut, à le traiter comme précédemment, et à laisser séjourner ensuite les objets fabriqués avec ce caoutchouc dans une étuve chauffée à 140°. On peut aussi fabriquer les objets en caoutchouc pur, puis les plonger pendant deux ou trois heures dans un bain de soufre à 130°. Dans le procédé Parkes, le bain de soufre est une dissolution de soufre dans le chlorure de soufre ; les objets y séjournent quelques minutes suivant leur épaisseur. Le caoutchouc, traité par ces procédés, retient une quantité de soufre atteignant

---

(1) Autrefois, les Indiens employaient des moules en terre glaise ayant la forme d'une poire.

parfois 20 0/0, mais les dissolvants du soufre peuvent en retirer la plus grande partie.

Les applications du caoutchouc sont très nombreuses, par suite de son élasticité et de son imperméabilité : bandes de billard, caoutchouc pour vélocipèdes, tuyaux de caoutchouc pour le gaz d'éclairage, la chimie, etc., confection de vêtements imperméables, jouets en caoutchouc, etc.

Ébonite. — L'ébonite, ou caoutchouc durci, s'obtient par tous les procédés qui donnent le caoutchouc vulcanisé, mais en prolongeant l'action ou en augmentant la proportion de soufre : action du soufre fondu à 135° pendant dix heures, action du chlorure de soufre pendant douze heures, etc. L'ébonite est une substance noire assez dure qui se travaille comme la corne ; elle a d'assez nombreuses applications : fabrication de pompes pour les acides, de soupapes, d'instruments de physique, etc.

Essais du caoutchouc et de l'ébonite. — Il y a lieu de doser le soufre et les cendres dans les caoutchoucs et les ébonites. Pour doser les cendres, on incinère 1 gramme de caoutchouc dans une capsule en platine. Si la proportion des cendres est un peu importante, il y a lieu d'y rechercher, par les procédés ordinaires de l'analyse chimique, la présence de diverses substances qu'on y ajoute souvent, telles que : craie, sulfate de baryum, blanc de zinc, etc. Le soufre est dosé en faisant passer un courant d'oxygène sur le caoutchouc légèrement chauffé ; le soufre brûle en donnant de l'acide sulfureux ; on fait barboter les gaz obtenus dans de l'eau bromée qui transforme l'acide sulfureux en acide sulfurique, que l'on précipite par le chlorure de baryum et que l'on pèse à l'état de sulfate de baryum.

On a proposé aussi divers essais, en dehors des analyses chimiques, pour apprécier la qualité d'un caoutchouc d'après certaines propriétés physiques. Ainsi, d'après M. Wladimiroff :

1° Des échantillons de 6 centimètres d'épaisseur, repliés sur eux-mêmes et abandonnés à 125° pendant cinq heures, ne doivent donner aucun signe de craquement ;

2° Le caoutchouc pur, mais vulcanisé, doit s'allonger au moins de sept fois sa longueur avant de se rompre ;

3° Le caoutchouc contenant 50 0/0 d'oxydes métalliques devra s'allonger de cinq fois sa longueur avant la rupture ;

4° L'extension mesurée immédiatement après rupture ne doit pas excéder 12 0/0 de la longueur primitive ;

5° Le caoutchouc vulcanisé ne doit pas durcir par l'action du froid.

Caoutchouc artificiel. — On peut obtenir, d'après M. Perra, un produit analogue au caoutchouc naturel, quoiqu'un peu moins élastique, en ajoutant à de l'huile de lin 15 à 20 0/0 de chlorure de soufre ; en chauffant ensuite à 180°, on a un produit noir analogue au caoutchouc et qui peut être employé pour faire des rouleaux d'imprimerie, des manches de couteaux, etc.

CHAPITRE III

ALCOOLS

§ 1. — *Généralités.* — § 2. — *Étude particulière des alcools*
§ 3. — *Applications*

§ 1. — GÉNÉRALITÉS

50. Définition. — Les alcools sont des principes neutres, composés de carbone, d'hydrogène et d'oxygène, capables de s'unir directement aux acides et de les neutraliser en formant des éthers. Cette union est accompagnée par la séparation des éléments de l'eau (1).

Lorsqu'une molécule d'alcool, après avoir réagi sur un acide monobasique de cette façon, donne un éther incapable de réagir sur une nouvelle molécule d'acide monobasique, avec séparation d'une nouvelle molécule d'eau, on dit que l'alcool considéré est monoatomique. S'il peut, au contraire, éprouver successivement 2, 3, 4... fois cette réaction caractéristique, on dit qu'il est bi-, tri-, quadriatomique.

(1) Définition donnée par M. Berthelot.

51. Constitution. — Nous pouvons adopter déjà, tout au moins comme classification provisoire, celle qui consiste à grouper les alcools suivant leur atomicité; cherchons donc tout d'abord la constitution des alcools monoatomiques.

Le plus simple des alcools est l'alcool méthylique, méthylcarbinol, ou esprit-de-bois. Sa formule brute est CH^4O. Le carbone étant tétravalent et l'oxygène bivalent, on ne peut représenter l'alcool méthylique autrement que par :

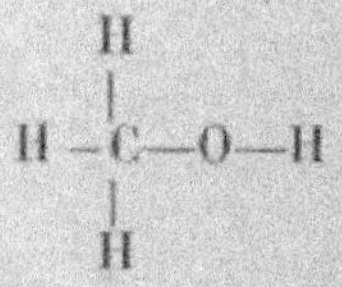

$$
\begin{array}{c}
H \\
| \\
H - C - O - H \\
| \\
H
\end{array}
\quad \text{ou, plus simplement,} \quad CH^3.OH \text{ ou } H.CH^2.OH,
$$

ce qui a l'avantage de montrer ses relations avec l'eau $H.OH$, et avec le formène $CH^3.H$.

L'alcool éthylique, ou alcool ordinaire, extrait du vin, a pour formule brute C^2H^6O. On ne peut grouper ces atomes en satisfaisant à la tétravalence du carbone et à la bivalence de l'oxygène, que de deux façons, représentées par les deux schémas :

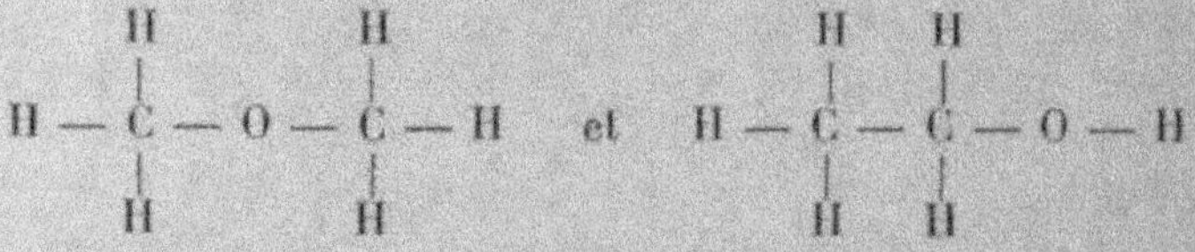

$$
\begin{array}{c}
H \quad\quad H \\
| \quad\quad | \\
H - C - O - C - H \\
| \quad\quad | \\
H \quad\quad H
\end{array}
\quad \text{et} \quad
\begin{array}{c}
H \quad H \\
| \quad | \\
H - C - C - O - H \\
| \quad | \\
H \quad H
\end{array}
$$

ou, plus simplement, par :

$$
CH^3.O.CH^3 \quad \text{et} \quad C^2H^5.OH \quad \text{ou} \quad CH^3.CH^2.OH
$$

corps de constitutions très différentes; or, on connaît

deux corps ayant pour formule brute C^2H^6O : l'un est l'alcool ordinaire, l'autre est l'éther méthylique. Plusieurs raisons doivent faire attribuer à l'alcool la formule $C^2H^5.OH$ ou $CH^3.CH^2.OH$, et à l'éther la formule $CH^3.O.CH^3$. Aucune raison ne conduit à faire l'inverse. Par exemple, l'alcool ordinaire peut être obtenu à l'aide de l'hydrure d'éthyle $C^2H^5.H$, de la même façon que l'alcool méthylique $CH^3.OH$ est obtenu à l'aide du formène $CH^3.H$. En outre, l'alcool éthylique, si on lui donne la formule $CH^3.CH^2.OH$, se trouve avoir une formule analogue à celle de l'alcool méthylique, dont la formule est $H.CH^2.OH$, comme nous venons de le voir ; ces deux formules possèdent le même groupement monovalent $CH^2.OH$. On verra au chapitre des *Éthers* pourquoi la formule $CH^3.O.CH^3$ convient à l'éther méthylique.

Nous représenterons donc l'alcool ordinaire par $CH^3.CH^2.OH$. Avant d'examiner les termes suivants, il est indispensable de signaler, dès maintenant, deux propriétés intéressantes des alcools précédents. Soumis à des actions oxydantes, ils donnent tous les deux d'abord une aldéhyde (1), puis, par une oxydation plus complète, un acide (2), suivant les formules :

$$H.CH^2.OH + O = H^2O + H.CHO$$
Aldéhyde méthylique

$$H.CH^2.OH + O^2 = H^2O + H.COOH$$
Acide formique

(1) La fonction aldéhyde sera définie au chapitre *Aldéhydes* ; disons pour le moment qu'elle est caractérisée, au point de vue des formules, par le groupe monovalent — C — H ou plus simplement CHO.
‖
O

(2) La fonction acide sera définie de même au chapitre *Acides* ; disons aussi, pour le moment, qu'elle est caractérisée, au point de vue des formules, par le groupe monovalent — C — OH ou .COOH.
‖
O

pour l'alcool méthylique ; pour l'alcool éthylique, on a de même :

$$CH^3.CH^2.OH + O = H^2O + CH^3.CHO$$
Aldéhyde éthylique

$$CH^3.CH^2.OH + O^2 = H^2O + CH^3.COOH$$
Acide acétique

Remarquons que les acides formique et acétique contiennent le même nombre d'atomes de carbone que les alcools générateurs.

Ceci posé, examinons les termes suivants :

L'alcool de la même famille qui vient immédiatement après, par ordre de poids moléculaires croissants, est l'alcool propylique C^3H^8O, que nous écrirons, par analogie avec ce qui précède, en mettant aussi en évidence un groupe oxhydryle (1) OH :

$$C^3H^7.OH.$$

Mais ici une particularité nouvelle se présente : tandis que l'on pourrait écrire indifféremment l'alcool ordinaire :

$$C^2H^5.OH \qquad ou \qquad CH^3.CH^2.OH$$

parce que le radical monovalent C^2H^5 ne peut être représenté que par un seul schéma $CH^3.CH^2$, en satisfaisant à la tétravalence du carbone ; ici la notation :

$$C^3H^7.OH$$

---

(1) Si on ne mettait pas en évidence un groupe oxhydryle, c'est-à-dire si on plaçait l'oxygène entre deux atomes de carbone, par exemple, suivant le schéma $C^2H^5.O.CH^3$, en notation simplifiée, on aurait la représentation d'un éther, l'éther méthyl-éthylique. (Voir *Éthers*.)

est insuffisante, le groupement C^3H^7 pouvant être obtenu de deux façons différentes, représentées ci-dessous :

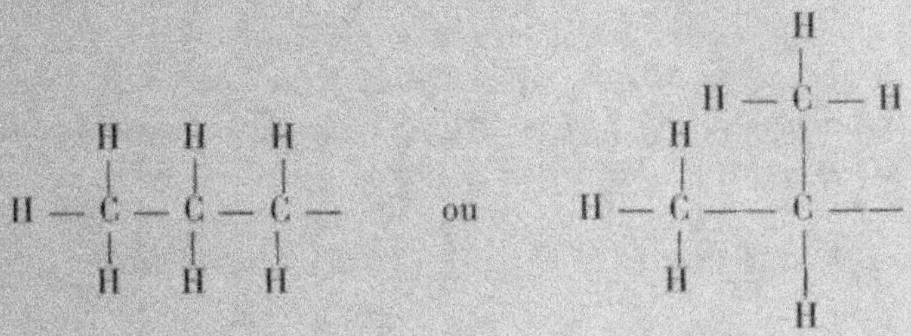

$$
H - \overset{\overset{\displaystyle H}{|}}{\underset{\underset{\displaystyle H}{|}}{C}} - \overset{\overset{\displaystyle H}{|}}{\underset{\underset{\displaystyle H}{|}}{C}} - \overset{\overset{\displaystyle H}{|}}{\underset{\underset{\displaystyle H}{|}}{C}} - \qquad \text{ou} \qquad H - \overset{\overset{\displaystyle H}{|}}{\underset{\underset{\displaystyle H}{|}}{C}} \underset{}{\overset{}{-\!\!-}} \overset{\overset{\displaystyle H - \overset{\overset{\displaystyle H}{|}}{C} - H}{|}}{\underset{\underset{\displaystyle H}{|}}{C}} -\!\!-
$$

ou $CH^3.CH^2.CH^2.$ et $(CH^3)^2 : CH.$

qui donneront, pour les alcools correspondants, les formules :

$$CH^3.CH^2.CH^2.OH \qquad \text{et} \qquad (CH^3)^2 : CH.OH$$

Il doit donc y avoir, d'après la théorie, deux alcools C^3H^8O, deux alcools propyliques. L'expérience apprend qu'il existe, en effet, deux composés qui ont cette formule et qui sont des alcools, car ils peuvent produire des éthers selon la définition donnée au début ; mais ils diffèrent l'un de l'autre par leurs produits d'oxydation. L'un donne, en effet, une aldéhyde, puis, par une oxydation plus complète, un acide ayant même nombre d'atomes de carbone que lui-même (trois). L'autre donne, par un premier degré d'oxydation, une cétone (1), et, par une oxydation plus complète, deux acides ayant moins d'atomes de carbone que lui-même.

Au premier de ces deux alcools, on donnera la for-

(1) Voir, au chapitre *Cétones*, les propriétés caractéristiques de ces corps.

mule $CH^3.CH^2.CH^2.OH$, qui contient le même groupement monovalent $CH^2.OH$ que les alcools méthylique et éthylique, dont il a les propriétés; au second, on donnera l'autre formule. On appelle le premier, alcool propylique primaire; le second, alcool propylique secondaire. La formule suivante représente la formation d'un cétone par l'oxydation de l'alcool propylique secondaire :

$$(CH^3)^2 : CH.OH + O = (CH^3)^2 : CO + H^2O.$$

Cette formule, rapprochée de celle qui représente la formation de l'aldéhyde correspondante (aldéhyde propylique) :

$$CH^3.CH^2.CH^2.OH + O = CH^3.CH^2.CHO + H^2O$$

montre qu'il y a, entre les aldéhydes et les cétones, les mêmes relations qu'entre les alcools primaires et secondaires; les cétones sont des aldéhydes secondaires.

Le terme suivant l'alcool butylique $C^4H^{10}O$ devra être écrit, en sa qualité d'alcool monoatomique, $C^4H^9.OH$, mais comme pour le cas précédent il faudra préciser, le groupe C^4H^9 pouvant être représenté de quatre façons différentes, ainsi que le montrent les quatre schémas suivants, qu'il est inutile de développer :

$$CH^3.CH^2.CH^2.CH^2, \qquad (CH^3)^2 : CH.CH^2,$$
$$(CH^2, CH^3.CH^2) : CH. \qquad \text{et} \qquad (CH^3)^3 : .C.$$

Il y aura donc, d'après la théorie, quatre alcools butyliques : l'expérience apprend que l'on peut préparer, en effet, quatre alcools monoatomiques $C^4H^9.OH$, et on n'en a pas obtenu davantage.

Leurs schémas seront donc :

$$CH^3.CH^2.CH^2.CH^2.OH, \qquad (CH^3)^2: CH.CH^2.OH$$
$$(CH^3, CH^3.CH^2): CH.OH \qquad et \qquad (CH^3)^3: .C.OH.$$

Quand on étudie leurs propriétés, on trouve que deux d'entre eux ont les mêmes propriétés générales que l'un des alcools propyliques et que les alcools méthylique et éthylique (1), qu'un autre a les mêmes propriétés que l'autre alcool propylique (2), et que le quatrième a des propriétés différentes (3). Or, nous remarquons que deux de ces schémas contiennent le groupe $CH^2.OH$, comme l'alcool propylique que nous avons appelé primaire, comme les alcools méthylique et éthylique, qu'un autre contient le groupe bivalent $CH.OH$, comme l'alcool propylique que nous avons appelé secondaire, et enfin le dernier contient un groupe trivalent $C.OH$, que nous n'avions pas trouvé dans les alcools propyliques. Il est donc naturel d'admettre que l'alcool propylique, ayant les mêmes propriétés que les deux premiers alcools butyliques, est aussi celui qui possède le groupement $CH^2.OH$. Ce qui nous confirme dans cette opinion, c'est qu'à l'autre alcool propylique contenant un groupe $CH.OH$ correspondra un alcool butylique contenant aussi $CH.OH$, ce qui nous permettra de donner à l'alcool butylique, qui a les propriétés de l'alcool propylique secondaire,

(1) Par oxydation, ils fournissent, tous les cinq, des aldéhydes et des acides ayant même nombre d'atomes de carbone que les alcools correspondants.

(2) Par oxydation, ils fournissent, tous les deux, des cétones ayant même nombre d'atomes de carbone que les alcools correspondants, et deux acides par une oxydation plus complète.

(3) Par oxydation il fournit des produits de dédoublement, cétones ou acides, qui n'ont pas le même nombre d'atomes de carbone que les alcools correspondants.

une formule analogue. Quant à celui des alcools butyliques qui n'avait pas son analogue parmi les alcools propyliques, il sera représenté par le schéma qui n'avait pas non plus son analogue; et, comme ce schéma contient un groupe *trivalent* $C.OH$, cet alcool butylique sera appelé alcool butylique tertiaire.

Considérons l'alcool suivant $C^5H^{12}O$, l'alcool amylique que l'on peut considérer comme dérivant de l'alcool méthylique par la substitution de quatre méthyles CH^3 à quatre H. Cette quadruple substitution peut s'effectuer comme précédemment, soit successivement sur un même H du groupement CH^3 de l'alcool $CH^3.OH$, soit sur deux H différents, soit sur les trois H, de telle sorte que l'on aura encore des alcools primaire, secondaire et tertiaire. Mais ici le nombre des isomères sera plus considérable; l'alcool primaire a pour formule $C^4H^9.CH^2OH$, et il y aura autant d'alcools primaires isomériques que le groupement C^4H^9 compte de types différents, c'est-à-dire, comme il est facile de le voir, autant que le carbure C^4H^{10} compte de dérivés monosubstitués isomériques, soit quatre. Pour les alcools secondaires, deux H éprouveront à eux deux quatre substitutions; deux cas peuvent se présenter : l'un des H éprouvera successivement deux modifications et l'autre deux, ou bien l'un en éprouvera trois et l'autre une. Dans le premier cas, chacun des deux H sera remplacé par le groupe éthyle C^2H^5 (ce qui revient à une double substitution successive de CH^3); l'éthyle ne pouvant être représenté que d'une façon, il n'y aura qu'un composé répondant à ce premier cas. Dans le second cas, l'H, qui éprouvera trois substitutions successives de CH^3 à H, sera remplacé par le groupe propyle C^3H^7, et celui qui en éprouvera une, par le groupe méthyle; le propyle pouvant être représenté de deux façons et le méthyle d'une seule, il en résulte qu'il y aura deux isomères répondant à ce second cas. Il y aura donc en tout trois alcools amyliques secondaires isomériques. On verrait d'une façon analogue que, l'alcool amylique tertiaire ne pouvant contenir qu'un groupe éthyle et deux groupes méthyles, et ces groupes ne pouvant être représentés que d'une seule façon, il n'y a qu'un alcool amylique tertiaire.

Nous n'avons considéré jusqu'ici que des alcools dérivant de carbures saturés ; la substitution d'un groupe oxhydrile à un atome d'hydrogène peut aussi avoir lieu dans un carbure non saturé. L'alcool allylique $C^3H^5.OH$ et l'alcool campholique $C^{10}H^{17}.OH$ en sont des exemples. Dans les formules de constitution de ces alcools apparaissent alors, comme dans les carbures dont ils dérivent, une ou plusieurs liaisons doubles.

Ainsi, par exemple, $CH^2 : CH.CH^2.OH$ est la formule de constitution de l'alcool allylique : c'est un alcool mono-atomique primaire, ayant une liaison double.

En généralisant et en résumant ce qui précède, nous pourrons dresser le tableau suivant. Sont caractérisés :

1° Les *alcools primaires*

Au point de vue expérimental	Au point de vue théorique (1)
Par la propriété de donner, par une oxydation ménagée, une aldéhyde, puis un acide ayant même nombre d'équivalents de carbone que l'alcool.	Par un groupement monovalent : $. CH^2.OH$

(1) Ce qui justifie *a posteriori* la considération de ces groupements pour schématiser ces trois sortes d'alcools, c'est que l'expérience apprend qu'il y a autant de composés isomériques ayant les propriétés

2° Les *alcools secondaires*

Par la propriété de donner
par oxydation une cé-
tone, puis des acides
ayant un nombre d'a-
tomes de carbone infé-
rieur à celui de l'alcool.

Par un groupement biva-
lent :
: CH.OH

3° Les *alcools tertiaires*

Par la propriété de ne
pouvoir donner par oxy-
dation des aldéhydes ou
des cétones ayant même
nombre d'atomes de
carbone que l'alcool.

Par un groupement triva-
lent :
:. C.OH

Alcools biatomiques. — L'expérience apprend que tous les alcools à fonction simple, d'une atomicité quelconque, ont autant d'atomes d'oxygène que cette atomicité compte d'unités ; d'autre part, sans entrer pour le moment dans le détail des propriétés générales des alcools, il est bon dès maintenant d'écrire la formule, qui représente la réaction que nous avons prise pour définir les alcools. La formation d'un éther $C^nH^p.O.CO.C^rH^t$ à l'aide d'un alcool monoatomique $C^nH^p.OH$ et d'un acide (1) $C^rH^t.CO.OH$

des alcools primaires que de schémas renfermant le groupe caractéristique $CH^2.OH$; qu'il y a autant de composés isomériques ayant les propriétés des alcools secondaires qu'il y a de schémas possédant le groupe caractéristique : CH.OH, etc.

(1) Le groupement monovalent COOH ou $C - OH$ (groupement déve-
$$\overset{\|}{O}$$
loppé), qui apparaît ici, caractérise les acides (Voir chapitre *Acides*) comme le groupement $CH^2.OH$ caractérise les alcools primaires.

avec élimination d'eau, peut se représenter par :

$$C^nH^a.OH + C^pH^q.CO.OH = C^pH^q.CO.O.C^nH^a + H^2O.$$

Comme une seule molécule d'alcool peut éprouver autant de fois cette réaction qu'elle contient d'atomes d'oxygène, et comme une seule molécule d'acide peut de même éprouver cette réaction autant de fois qu'elle contient de groupe CO.OH (voir *Acides*), il est naturel d'admettre, tout d'abord, que les deux atomes d'hydrogène de l'eau formée proviennent des deux groupes OH contenus, l'un dans l'alcool, l'autre dans l'acide, et, par suite, dans un alcool n-atomique, il est naturel d'admettre que les n-atomes d'oxygène y sont à l'état de n-groupes OH.

Le plus simple des alcools diatomiques connus, le glycol, a pour formule brute $C^2H^6O^2$, ou, en mettant en évidence les deux groupes OH, d'après ce qui précède, $C^2H^4 : (OH)^2$. Cette façon de représenter le glycol (1) s'accorde très bien avec le mode de formation de ce corps ; en effet, c'est parce que Wurtz a pensé que le groupement C^2H^4 était bivalent qu'il a cherché, une fois découverte la fonction trialcoolique de la glycérine, à obtenir un alcool intermédiaire entre l'esprit-de-vin monoatomique et la glycérine triatomique, à obtenir un alcool biatomique. Ici la formule du glycol a précédé, en quelque sorte, sa découverte, et a guidé Wurtz dans son expé-

(1) La théorie fait prévoir l'existence de deux glycols : l'un dérivant du bibromure d'éthylène $CH^2Br.CH^2Br$, c'est le glycol de Wurtz ; l'autre dérivant du bibromure d'éthylidène $CH^3.CHBr^2$. On n'a pas obtenu ce dernier ; quand on essaie d'appliquer au bromure d'éthylidène, la réaction qui donne le glycol avec le bromure d'éthylène, il se forme de l'aldéhyde et de l'eau. Toutefois il existe des éthers de ce glycol inconnu. On peut aussi rattacher à ce glycol l'hydrate de chloral $CCl^3.CH : (OH)^2$. Toutefois, ce corps est peu stable et tend à mettre en liberté une molécule d'eau.

rience mémorable. C'est une justification de l'hypothèse admise plus haut, que dans un alcool *n*-atomique les *n*-atomes d'oxygène y sont à l'état de *n*-groupes OH.

D'ailleurs, avec cette formule du glycol, les formations des éthers-alcools par l'action d'une seule molécule d'acide monobasique, ou des éthers à fonction simple par l'action de deux molécules d'un acide monobasique ou d'une seule molécule d'un acide bibasique, se représenteront facilement, comme le montrent les formules suivantes :

$$\begin{array}{l} CH^2.OH \\ | \\ CH^2.OH \end{array} + CH^3.COOH = \begin{array}{l} CH^2.OH \\ | \\ CH^2.O.CO.CH^3 \end{array} + H^2O$$

glycol.   ac. acétique.   alcool-éther glycol-monoacétique.

$$\begin{array}{l} CH^2.OH \\ | \\ CH^2.OH \end{array} + 2CH^3.COOH = \begin{array}{l} CH^2.O.CO.CH^3 \\ | \\ CH^2.O.CO.CH^3 \end{array} + 2H^2O$$

glycol biacétique.

$$\begin{array}{l} CH^2.OH \\ | \\ CH^2.OH \end{array} + \begin{array}{l} CH^2.COOH \\ | \\ CH^2.COOH \end{array} = \begin{array}{l} CH^2.O.CO.CH^2 \\ | \\ CH^2.O.CO.CH^2 \end{array} + 2H^2O$$

glycol.   ac. succinique.   glycol succinique.

Pour les alcools biatomiques homologues supérieurs du glycol, on pourra faire dériver leur formule des formules des carbures saturés correspondants, par la substitution de deux oxhydryles à deux H, reliés à des carbones différents; on aura ainsi des glycols dont les isomères s'obtiendront comme précédemment pour les alcools monoatomiques; mais le nombre de ces composés isomériques sera plus considérable.

Il y a lieu, dans ces isomères, de considérer les glycols primaires, secondaires et tertiaires caractérisés respectivement par les mêmes groupements CH^2OH, $CHOH$ et COH.

Alcools triatomiques. — Le plus simple (1) de ces alcools est la glycérine $C^3H^8O^3$ ou $C^3H^5(OH)^3$, qui dérive du propane C^3H^8 par la substitution à trois atomes d'hydrogène, reliés à des carbones différents, de trois oxhydryles.

Alcools polyatomiques. — On ne connaît guère qu'un alcool tétratomique, l'érythrite $C^4H^6(OH)^4$. On connaît plusieurs alcools pentatomiques dérivant de carbures saturés ou non ; tels sont : l'arabite, $CH^2OH(CH.OH)^3$ $CH^2.OH$, la pinite et la quercite ayant la même formule $C^6H^{12}O^5$. Les alcools hexatomiques connus sont nombreux ; ils comprennent un certain nombre de matières sucrées et ont des relations étroites avec les sucres. On connaît enfin un alcool heptatomique, la perséite, que l'on a considérée longtemps comme un alcool hexatomique.

Alcools incomplets. — Les carbures autres que les carbures saturés peuvent donner aussi des alcools. Dans ces composés, appelés quelquefois alcools incomplets, parce que ce ne sont pas des composés saturés, deux ou plusieurs atomes de carbone sont réunis par des liaisons doubles ou triples. Tel est l'alcool allylique, dont la formule est $CH^2:CH.CH^2.OH$ ou :

$$
\begin{array}{ccccccc}
H & & H & & H & & \\
| & & | & & | & & \\
C & = & C & - & C & - O - & H \\
| & & & & | & & \\
H & & & & H & &
\end{array}
$$

(1) On connaît peu d'alcools triatomiques : on a signalé l'existence d'une glycérine isobutylique (Prunier), isoamylique (Bauer), phényglycérique (Grimaux), et mésitylénique (Colson).

Ces alcools ont les propriétés générales des alcools.

Toutefois, les alcools qui dérivent des carbures aromatiques par la substitution de OH à H, tout en ayant certaines propriétés générales des alcools, en diffèrent assez cependant pour devoir être placés dans une autre classe. (V. *Phénols*.)

Alcools à fonction mixte. — Nous avons vu que les alcools polyatomiques peuvent donner plusieurs fois la même réaction, fixer, par exemple, et suivant leur atomicité, deux, trois, etc., molécules d'acide avec élimination de deux, trois, etc., molécules d'eau. Ainsi le glycol, qui est un alcool diatomique, donnera, par l'action d'une seule molécule d'acide, un composé jouissant à la fois des propriétés fondamentales des alcools et des éthers; ce sera un alcool-éther. On aura de même, mais par l'action de l'oxygène, des alcools-acides ou des alcools-aldéhydes. Avec la glycérine, qui est un alcool triatomique, on aura des composés qui pourront être deux fois alcool et une fois éther, ou une fois alcool, une fois éther, une fois acide, etc. Ces composés sont dits alcools à fonction mixte.

52. Classification. — La discussion précédente, relative à la constitution des alcools, montre qu'il y a lieu de diviser d'abord les alcools en alcools à fonction simple et en alcools à fonctions mixtes. Chacune de ces classes sera divisée en groupes, suivant l'atomicité de l'alcool : fonction alcoolique simple, double, etc. Chacun de ces groupes sera subdivisé en sous-groupes : alcools primaires, secondaires et tertiaires. Enfin, on pourra, dans chacun de ces groupes, distinguer les alcools qui dérivent des carbures saturés, de ceux qui dérivent des diverses classes de carbures considérées à l'article 31. Enfin, on pourrait rattacher aux alcools les phénols qui dérivent des carbures aromatiques; nous les étudierons dans un chapitre spécial.

53. Synthèse des alcools. — Plusieurs méthodes générales permettent de passer des carbures, dont la synthèse a été étudiée à l'article 28, à celle des alcools.

Si l'on prend un carbure saturé C^nH^{2n+2}, on peut le transformer, par l'action du chlore, en un dérivé chloré $C^nH^{2n+1}.Cl$, qui est un éther chlorhydrique que l'on pourra transformer par l'action de la potasse en un alcool correspondant :

$$C^nH^{2n+1}Cl + KOH = KCl + C^nH^{2n+1}.OH.$$

Il est parfois nécessaire de passer par d'autres intermédiaires, de préparer, par exemple, l'éther acétique de l'alcool qu'on veut obtenir, au lieu de l'éther chlorhydrique. L'action de la potasse donne une réaction tout à fait analogue : on obtient de l'acétate de potassium et l'alcool correspondant.

On peut aussi prendre un carbure non saturé et le combiner par voie d'addition à du brome, ce qui fournit un éther bromhydrique qu'on décompose ensuite par la potasse, soit directement, soit après l'avoir transformé en éther acétique. C'est ainsi que Wurtz, en partant de l'éthylène C^2H^4, a obtenu le glycol, alcool biatomique. Les équations suivantes marquent les trois phases de cette synthèse :

$$\begin{array}{c} CH^2 \\ \| \\ CH^2 \end{array} + Br^2 = \begin{array}{c} CH^2Br \\ | \\ CH^2Br \end{array}$$

$$CH^2Br \atop CH^2Br \quad + 2\ (CH^3.COOAg) = 2AgBr + {CH^3.COO.CH^2 \atop CH^3.COO.CH^2}$$

$$CH^3.COO.CH^2 \atop CH^3.COO.CH^2 \quad + 2KOH = 2CH^3.COOK + {CH^2.OH \atop CH^2.OH}$$

Une autre méthode intéressante de synthèse des alcools consiste dans l'hydrogénation des aldéhydes. Un alcool comme l'alcool éthylique $CH^3.CH^2OH$ étant obtenu par synthèse, on peut, par une oxydation ménagée, le transformer en l'aldéhyde correspondante $CH^3.CHO$. Mais une des propriétés générales des aldéhydes est de donner facilement des produits condensés; ces produits condensés, soumis à l'action d'une matière hydrogénante, se transforment en un alcool possédant deux fois plus d'atomes de carbone que l'alcool qui a servi de point de départ. Ainsi, avec l'aldéhyde éthylique deux fois condensée (aldol), on aura du butylglycol :

$$2\ (CH^3.CHO) + H^2 = (CH^2.OH).\ CH^2.CH^2.\ (CH^2.OH).$$

Si l'on ne fait pas agir l'hydrogène naissant, le produit obtenu par la condensation de l'aldéhyde est un alcool aldéhyde; tel est l'*aldol*, alcool-aldéhyde obtenu par la condensation de deux molécules d'aldéhyde éthylique. C'est en partant des aldéhydes, de l'aldéhyde méthylique $H.CHO$ et de l'aldéhyde glycolique $CH^2OH.CHOH.CHO$ principalement, que Fischer a réalisé la synthèse de nombreuses matières sucrées, alcools simples ou alcools aldéhydes.

54. Propriétés générales des alcools. — Les alcools sont des composés liquides ou solides à la tem-

pérature ordinaire. Leur propriété la plus générale est celle qui sert à les définir. Si, au lieu d'examiner l'ensemble des alcools, on ne considère que des composés appartenant à un des groupes que nous avons été amenés à former, les propriétés générales communes à chaque groupe deviennent plus nombreuses. Si, par exemple, on ne considère que les alcools primaires, on pourra donner comme propriété particulière à ce groupe, mais s'appliquant à tous les termes qu'il contient, celle de donner une aldéhyde dans une première oxydation, puis un acide par une oxydation plus profonde, l'aldéhyde et l'acide ayant autant d'atomes de carbone que l'alcool générateur. Ce double caractère est spécial aux alcools primaires, car les alcools secondaires donnent, par une première oxydation, une cétone, et, par une oxydation plus complète, deux acides contenant moins d'atomes de carbone que l'alcool considéré ; les alcools tertiaires ne donnent pas d'aldéhyde ni de cétone répondant à cette condition.

Une des propriétés les plus importantes et les plus générales des alcools est de s'unir à un grand nombre de corps avec élimination des éléments de l'eau.

Avec les *acides*, une réaction de ce genre donne naissance aux *éthers-sels*, qui seront étudiés un peu plus loin. Ainsi l'acide acétique et l'alcool éthylique se combinent avec élimination d'eau en donnant un éther composé, l'éther éthylacétique ou acétate d'éthyle :

$$C^2H^5.OH + CH^3.COOH = CH^3.COO.C^2H^5 + H^2O$$

Avec les *alcools*, une réaction du même genre donne les *éthers-oxydes* ; l'alcool éthylique, par exemple, en se combinant avec l'alcool méthylique donne, en même temps qu'une molécule d'eau, de l'éther méthyléthylique :

$$C^2H^5.OH + CH^3.OH = C^2H^5.O.CH^3 + H^2O.$$

Il peut, d'ailleurs, se combiner de la même façon, c'est-à-dire avec élimination d'une molécule d'eau, pour donner l'éther ordinaire :

$$C^2H^5.OH + C^2H^5.OH = C^2H^5.O.C^2H^5 = H^2O.$$

Avec l'*ammoniac* et les composés analogues, il donne des *amines* que l'on appelait autrefois, à cause de ce mode de génération, des éthers ammoniacaux. Ainsi l'ammoniac et l'alcool ordinaire donnent un alcali, l'éthylamine, toujours avec élimination d'une molécule d'eau :

$$C^2H^5.OH + AzH^3 = AzH^2.C^2H^5 + H^2O.$$

Avec les aldéhydes, une réaction analogue, quoique un peu différente, peut se produire; c'est ainsi que deux molécules d'alcool agissent sur une molécule d'aldéhyde éthylique en donnant de l'acétal, avec élimination d'une molécule d'eau :

$$2 (C^2H^5.OH) + CH^3.CHO = CH^3.CH : (O.C^2H^5)^2 + H^2O.$$

Une autre propriété également très générale des alcools consiste dans la faculté qu'ils possèdent de réagir sur un métal alcalin dont un ou plusieurs atomes peuvent remplacer un ou plusieurs atomes d'hydrogène des groupes oxhydryles; on obtient alors des combinaisons tels que l'alcool sodé $C^2H^5.ONa$, ou le glycol disodé $C^2H^4:(ONa)^2$.

§ 2. — ÉTUDE PARTICULIÈRE DES ALCOOLS

A. — ALCOOLS MONOATOMIQUES

a. — Alcools dérivant de carbures saturés

55. Alcool méthylique. — L'alcool méthylique $CH^3.OH$ a été découvert par Taylor en 1812, puis étudié avec soin, en 1835, par Dumas et Péligot ; M. Berthelot a fait sa synthèse en 1857.

Propriétés physiques. — L'alcool méthylique est un liquide incolore, d'une odeur qui n'est pas désagréable quand il est tout à fait pur, mais qui est souvent masquée par celle des produits empyreumatiques qu'il contient ; c'est à ces produits que l'esprit-de-bois doit son odeur désagréable. Il bout à $63°,3$; sa densité à $0°$ est $0,814$. Sa température critique est de $233°$; sa pression critique est de $69^{atm},7$.

Chaleur de formation. — Sa chaleur de formation depuis les éléments est, à l'état gazeux, de $53^c,6$; et à l'état liquide de $62^c,0$.

Propriétés chimiques. — La *chaleur* le décompose à partir de $400°$. Au rouge, il fournit de nombreux composés qui réagissent les uns sur les autres ; c'est ainsi que l'on trouve parmi les produits de la décomposition de l'hydrogène, du formène, de l'éthylène, de l'acétylène, du benzène, du naphtalène, de l'oxyde de carbone, etc.

L'*hydrogène naissant*, fourni par la décomposition de l'acide iodhydrique à 280°, le transforme d'abord en iodure de méthyle, puis en formène :

$$CH^3.OH + H^2 = CH^4 + H^2O.$$

L'alcool méthylique brûle avec une flamme pâle en donnant de l'eau et de l'acide carbonique :

$$CH^3.OH + 3O = CO^2 + 2H^2O.$$

L'*oxygène naissant* le transforme en acide formique et en acide carbonique :

$$CH^3.OH + O^2 = H.COOH + H^2O.$$

Ainsi, quand on verse de l'alcool méthylique sur du noir de platine, il se produit de l'acide formique.

Il se produit aussi de l'aldéhyde méthylique et du méthylal.

Enfin, la vapeur d'alcool méthylique passant sur l'*hydrate de sodium* chauffé à 250° produit du formiate de sodium :

$$CH^3.OH + NaOH = H.COONa + 2H^2.$$

L'action du *chlore* sur l'alcool méthylique est très vive. On obtient des composés analogues à ceux que fournit l'alcool ordinaire dans les mêmes circonstances. Le produit principal, quand on prolonge l'action du chlore, est le dérivé trichloré $CCl^3.CHO$.

Les *métaux alcalins* décomposent l'alcool méthylique

en dégageant de l'hydrogène et formant des méthylates alcalins :

$$CH^3.OH + Na = CH^3.ONa + H.$$

La baryte donne aussi un méthylate bien défini.

Les *acides* donnent avec l'alcool méthylique des éthers dont les principaux seront étudiés dans le chapitre consacré à ces corps.

Préparation. — On l'obtient en transformant l'alcool méthylique du commerce (esprit-de-bois ou méthylène) en oxalate de méthyle. Pour cela, à une partie d'alcool méthylique, on ajoute une partie d'acide sulfurique concentré et deux parties de bioxalate de potassium. On distille, et l'éther obtenu cristallise ; on l'égoutte et on l'exprime dans des doubles de papier à filtrer ; on le purifie par plusieurs cristallisations successives ; puis, on le saponifie par un lait de chaux, et on chauffe. L'alcool qui distille est alors mis à digérer avec de la chaux vive et de la baryte ; puis, on le rectifie.

Préparation industrielle. (V. plus loin, art. 73.)

56. Alcool éthylique $CH^3.CH^2.OH$ ou $C^2H^5.OH$. — L'alcool était connu au moyen âge, et on le trouve décrit dès le XIIe siècle par Arnault de Villeneuve. Sa transformation en éthers était connue de Basile Valentin, au XVIe siècle. La fonction alcoolique n'a été définie que beaucoup plus tard, en 1827, par Dumas et Boullay ; enfin, sa synthèse a été réalisée en 1854 par M. Berthelot.

Synthèse. — La synthèse de l'alcool a pour point de départ celle de l'éthylène. Ce gaz peut être combiné directement, soit à l'acide iodhydrique, soit à l'acide sulfurique, en donnant de l'iodure ou du sulfate acide d'éthyle.

L'iodure d'éthyle, par exemple, s'obtient en chauffant
à 100°, dans des ballons scellés à la lampe, une solution
saturée d'acide iodhydrique avec de l'éthylène ; l'iodure
d'éthyle est ensuite saponifié par la potasse, ce qui fournit l'alcool ordinaire.

L'acide éthyl-sulfurique s'obtient en partant de l'éthylène ; il suffit pour cela de secouer, dans un flacon rempli
d'éthylène, un peu d'acide sulfurique et de mercure ;
après un grand nombre de secousses, l'éthylène est
absorbé ; il s'est formé de l'acide éthyl-sulfurique
$SO^4 : (H, C^2H^5)$; en l'étendant d'eau, on le décompose en
acide sulfurique et alcool que l'on sépare par une distillation fractionnée.

Propriétés physiques. — L'alcool ordinaire est un
liquide incolore, très mobile, d'une odeur agréable ; il
bout à 78°, sa densité à 0° est 0,808. Sa température critique est 243°,6 ; sa pression critique, 64^{atm},34.

Propriétés chimiques. — La chaleur de formation de
l'alcool, à l'état gazeux, est de 60^c,7, et, à l'état liquide,
de 70^c,5 depuis les éléments. L'union de l'éthylène et de
l'eau dégage 16^c,9.

La *chaleur* décompose les vapeurs d'alcool vers 500°.
Quand on opère au rouge, on obtient de l'éthylène et de
la vapeur d'eau :

$$C^2H^5.OH = C^2H^4 + H^2O$$

ainsi que de l'aldéhyde (1) et de l'hydrogène :

$$C^2H^5.OH = CH^3.CHO + H^2.$$

(1) Les aldéhydes sont caractérisées, dans leur formule, par un groupement monovalent CHO.

L'éthylène se décompose à son tour en hydrogène et acétylène :

$$C^2H^4 = C^2H^2 + H^2.$$

L'acétylène se condense et fournit de la benzine, de la naphtaline, etc. Une autre partie de l'éthylène s'unit à l'hydrogène mis en liberté et produit de l'hydrure d'éthyle qui se décompose en partie, en donnant du formène.

De son côté, l'aldéhyde donne de l'oxyde de carbone et du formène ; l'oxyde de carbone, en réagissant sur l'eau, donne de l'anhydride carbonique.

L'alcool brûle avec une flamme peu éclairante :

$$C^2H^6O + 3O^2 = 2CO^2 + 3H^2O.$$

Les *corps oxydants* le transforment en aldéhyde, acide acétique, acétal et éther acétique. Voici les formules de ces réactions :

Formation de l'aldéhyde :

$$C^2H^5.OH + O = CH^3.CHO + H^2O ;$$

Formation de l'acide acétique :

$$C^2H^5.OH + O^2 = CH^3.COOH + H^2O ;$$

Formation de l'acétal :

$$3(C^2H^5.OH) + O = CH^3.CH : (C^2H^5O)^2 + 2H^2O ;$$

Formation de l'éther acétique :

$$2(C^2H^5.OH) + O^2 = CH^3.COO.C^2H^5 + 2H^2O.$$

Ces diverses oxydations peuvent être réalisées avec le noir de platine ; pour cela, on fait tomber peu à peu de l'alcool sur du noir de platine légèrement humecté d'eau, pour que la réaction soit atténuée et que l'alcool ne s'enflamme pas. On peut aussi chauffer au rouge une spirale de platine et l'introduire, chaude encore, dans un vase contenant à la partie inférieure un peu d'alcool, mais de façon à ce qu'elle ne touche pas à la couche d'alcool. La spirale de platine reste rouge, par suite de la chaleur dégagée par les réactions qui se produisent entre les vapeurs d'alcool et l'oxygène de l'air et qui donnent naissance aux composés indiqués plus haut.

La plupart de ces réactions peuvent aussi être produites avec les corps abandonnant facilement leur oxygène, comme l'acide chromique, le permanganate de potassium, l'acide azotique et même les hydrates de potassium et de sodium.

Si on verse de l'alcool absolu sur de l'acide chromique cristallisé, il prend feu aussitôt. En modérant l'action, en employant, par exemple, au lieu d'acide chromique, un mélange de bichromate de potassium et d'acide sulfurique, on obtient facilement de l'aldéhyde, de l'acide et de l'éther acétiques et de l'acétal.

Le permanganate de potassium, en présence des acides, donne des réactions tout à fait analogues. En présence des bases, l'oxydation est plus profonde, et il se produit de l'acide oxalique, ou plutôt un oxalate; la formule suivante rend compte de la formation de l'acide oxalique :

$$C^2H^5.OH + 5O = \begin{matrix} COOH \\ | \\ COOH \end{matrix} + 2H^2O$$

L'action de l'acide azotique est plus complexe. Ce corps, en effet, agit à la fois par l'oxygène qu'il peut abandonner facilement et par le peroxyde d'azote qui résulte de cette réduction. L'oxygène fournit, outre les dérivés déjà signalés plus haut, les acides formique carbonique, glycolique et oxyglycolique. Le peroxyde d'azote fournit des dérivés nitreux, tels que l'azotite d'éthyle $AzO^2.C^2H^5$:

$$2\,(C^2H^2.OH) + AzO^3H = CH^3.CHO + AzO^2.C^2H^5 + 2H^2O$$

Et même de l'acide cyanhydrique :

$$C^2H^2.OH + 2AzO^3H = CAzH + CO^2 + 3H^2O + AzO^3H.$$

En outre, en opérant en présence des azotates d'argent ou de mercure, on obtient des composés qui seront étudiés plus loin : avec l'azotate d'argent, par exemple, on obtient le fulminate d'argent :

$$AgC :. Az : C : (AzO_2, Ag).$$

Les hydrates de potassium et de sodium peuvent aussi agir comme oxydant. Quand on fait passer des vapeurs d'alcool sur de l'hydrate de sodium chauffé vers 250°, on le transforme en acétate de sodium.

L'*hydrogène naissant*, tel qu'il est fourni, par exemple, par la décomposition de l'acide iodhydrique, transforme l'alcool en hydrure d'éthyle :

$$C^2H^5.OH + H_2 = C^2H^5.H + H^2O.$$

Pour cela, on chauffe à 280° en tubes scellés de l'alcool avec une solution saturée à froid d'acide iodhydrique.

Le *chlore* attaque très vivement l'alcool sous l'influence de la lumière solaire directe ; il peut même y avoir inflammation ; mais, si on modère la réaction, on obtient tout d'abord de l'aldéhyde et de l'acide chlorhydrique :

$$C^2H^5.OH + Cl_2 = CH^3.CHO + 2HCl.$$

Puis, des réactions secondaires se produisent ; l'acide chlorhydrique formé réagit sur l'alcool pour donner de l'éther chlorhydrique :

$$C^2H^5.OH + HCl = C^2H^5.Cl + H^2O.$$

Quant à l'aldéhyde formée simultanément, elle réagit aussi sur l'alcool, pour donner de l'acétal :

$$CH^3.CHO + 2(C^2H^5.OH) = C^2H^4 : (C^2H^5O)^2 + H^2O.$$

Le chlore attaque en même temps l'eau mise en liberté dans les réactions précédentes, en donnant de l'acide chlorhydrique, et l'oxygène disponible transforme une partie de l'alcool en acide acétique :

$$2Cl^2 + H^2O + C^2H^5.OH = CH^3.COOH + 4HCl.$$

En outre, le chlore forme, avec ces divers composés, aldéhyde, acétal, acide acétique, de nouveaux dérivés chlorés qui viennent encore compliquer la réaction. Aussi, si on prolonge l'action du chlore sur l'alcool, trouve-t-on dans les produits de la réaction d'assez grandes quantités d'aldéhyde trichlorée, ou chloral.

Le *brome* agit d'une façon analogue, donne des composés semblables, et en particulier du bromal, quand on opère en présence d'un excès de brome.

L'*iode* se dissout abondamment dans l'alcool, en donnant une solution stable que l'on utilise en médecine, sous le nom de teinture d'iode. Cependant, cette solution s'altère sous l'influence de la lumière solaire directe ; il se produit de l'acide iodhydrique et, par suite, des dérivés iodés.

Les *métaux alcalins* décomposent l'alcool absolu, en se substituant à un atome d'hydrogène et en formant des corps que l'on appelle des alcoolates :

$$C^2H^5.OH + Na = C^2H^5.ONa + H.$$

Les *acides* transforment l'alcool en éther ; ces réactions seront étudiées au chapitre des *Éthers*.

Préparation de l'alcool absolu. — Nous verrons plus loin comment on obtient, dans l'industrie, de l'alcool concentré, qui contient environ 96 0/0 d'alcool pur. Pour enlever à cet alcool la petite quantité d'eau qu'il retient encore, il est nécessaire d'avoir recours à des déshydratants énergiques ; les plus employés sont : la chaux vive et la baryte anhydre.

Avec la chaux vive, on doit faire plusieurs opérations successives ; il faut laisser l'alcool en contact pendant vingt-quatre heures avec la chaux vive et le distiller ensuite, puis répéter plusieurs fois ces opérations. Avec la potasse récemment fondue, il est plus facile d'obtenir de l'alcool absolu ; il faut avoir soin seulement de ne pas dépasser la température de 200° pendant la distillation. Quant à l'alcool que retient encore la potasse, quand on ne dépasse pas cette température, on peut le recueillir en l'étendant d'eau et distillant.

Mais le procédé le plus efficace consiste à faire digérer l'alcool à 95 0/0 avec de la baryte anhydre, il se forme un alcoolate de baryum qui se dissout abondamment dans l'alcool, rendu anhydre, en donnant une liqueur d'un brun foncé ; c'est cette dissolution que l'on distille au bain-marie et qui donne de l'alcool absolument anhydre.

57. Alcools propyliques. — On connaît deux alcools propyliques de formule C^3H^8O ; la théorie en prévoit l'existence (V. art. 51) ; l'un est l'alcool propylique normal, que l'on représente par la formule $CH^3.CH^2.CH^2.OH$; l'autre, l'alcool isopropylique, que l'on représente par la formule $(CH^3)^2:CH.OH$; c'est un alcool secondaire.

Alcool propylique normal. — Densité à $0°$: 0,8205 ; bout à $97°,4$; miscible à l'eau, optiquement inactif. On le rencontre dans les produits de queue de la distillation des eaux-de-vie de marc de raisins (Chancel). On peut aussi l'obtenir par l'action de l'amalgame de sodium sur l'anhydride propionique.

Alcool isopropylique. — Il a été découvert par M. Berthelot en 1855, et obtenu par M. Friedel dans l'action du sodium sur l'acétone.

Sa densité est 0,791 à $15°$; il bout à $87°$.

La principale application de ces alcools est leur transformation en divers éthers, que l'on emploie pour fabriquer des essences de fruits artificielles.

58. Alcools butyliques. — On connaît deux alcools butyliques primaires de formule $C^4H^{10}O$, un secondaire et un tertiaire :

Alcool butylique normal : $CH^3.CH^2.CH^2.CH^2.OH$, bout à $116°,8$;

Alcool isobutylique primaire : $(CH^3)^2:CH.CH^2.OH$, bout à $108°,4$;

Alcool butylique secondaire : $CH^3.CH^2.CHOH.CH^3$, bout à 99°,4 ;

Alcool butylique tertiaire : $(CH^3)^3 : .COH$, fond à 25°, bout à 82°,9.

NOMS	FORMULES	POINTS DE FUSION	POINTS D'ÉBULLITION	ALCOOL
Alcool butylique normal	$CH^3.CH^2.CH^2.CH^2.OH$		116°,8	primaire
Alcool isobutylique	$(CH^3)^2 : CH.CH^2.OH$		108°,4	primaire
Alcool butylique secondaire	$[CH^3.CH^2.CH^3] : CH.OH$		99°,4	secondaire
Alcool butylique tertiaire	$(CH^3)^3 :. C.OH$	25°	82°,9	tertiaire

59. Alcools amyliques $C^5H^{12}O$. — La théorie prévoit, comme nous l'avons vu plus haut (art. 51), quatre alcools amyliques primaires :

NOMS	FORMULES	POINTS D'ÉBULLITION
Alcool normal primaire	$C^5H^{11}.OH$	127°
Alcool isoamylique	$(CH^3)^2 : CH.CH^2.CH^2.OH$	131°,6
Alcool amylique actif (lévogyre)	$(CH^3,C^2H^5) : CH.CH^2.OH$	117°,5
Alcool triméthyléthylique	$(CH^4)^3 :. C.CH^2.OH$	117°,5

Les deux premiers alcools se trouvent dans l'alcool amylique du commerce : le premier, en petite quantité ; le second, en grande quantité.

La théorie prévoit aussi trois alcools amyliques secondaires :

Noms	Formules	Points d'ébullition.
Méthylpropylcarbinol	$(CH^3,CH^3.CH^2.CH^2) : CH.OH$	118°,7
Méthylisopropylcarbinol	$[CH^3,CH : (CH^3)^2] : CH.OH$	122°,5
Diéthylcarbinol	$(C^2H^5)^2 : CH.OH$	116°,5

et un alcool amylique tertiaire :

$$[(CH^3)^2,C^2H^5] :. C.OH.$$

L'alcool amylique du commerce est formé principalement d'alcool isoamylique et d'alcool amylique normal. On l'obtient en traitant les produits de queue de la distillation des alcools de pommes de terre ou de grains. Ces produits sont neutralisés avec un lait de chaux, et on les distille dans un petit appareil à colonne, en recueillant ce qui passe entre 128 et 132°. Le produit obtenu dans ces conditions constitue l'alcool amylique du commerce. Pour l'avoir plus pur, on le lave avec un peu d'eau dans laquelle il est peu soluble, 1 partie se dissolvant dans 39 parties d'eau, et on le rectifie sur du chlorure de calcium ; sa densité est 0,811.

b. — Alcools dérivant de carbures non saturés

60. Alcool allylique, ou Propénol
$$CH^2 : CH.CH^2OH$$

Ce composé a été découvert par Cahours et Hoffmann. On le prépare en faisant agir une partie d'acide oxalique sur quatre parties de glycérine. La glycérine, qui est un alcool triatomique $C^3H^5 : . (OH)^3$, se transforme d'abord en deux éthers: l'un, l'éther mono-formique :

$$C^3H^5 : . [(OH)^2, H.COO] ;$$

et l'autre, l'éther diformique $C^3H^5 : . [OH, (H.COO)^2]$. Ces composés se détruisent ensuite quand on élève la température vers 200 à 250° ; il distille alors de l'alcool allylique et de l'eau, en même temps qu'il se dégage du gaz carbonique.

C'est un liquide qui se solidifie à — 51° et bout à 91°. Les matières oxydantes le transforment en acroléine et en acide acrylique.

61. Alcool benzylique $C^6H^5.CH^2OH$. — Cet alcool
dérive de la méthyl-benzine, ou toluène, par la substitution
d'un groupe oxhydryle OH à un atome d'hydrogène, dans
le groupe méthyle. Cette substitution produit un corps
qui est un véritable alcool, tandis que, lorsqu'elle a lieu
dans le noyau benzénique, on a un phénol (V. chap. IV).
Tels sont les trois crésols C^6H^4 : (CH^3,OH), isomères de
l'alcool benzylique.

On prépare l'alcool benzylique par l'action de l'hydrate
de plomb sur le chlorure de benzyle :

$$2C^6H^5.CH^2Cl + Pb(OH)^2 = PbCl^2 + 2C^6H^5.CH^2OH.$$

C'est un liquide incolore, peu fluide, de densité 1,063 ;
il bout à 207°.

Traité par les matières oxydantes, il fournit une
aldéhyde, l'essence d'amandes amères, et un acide, l'acide
benzoïque.

**62. Alcool campholique, Camphol ou Bor-
néol** C^9H^{16} : CHOH. — L'alcool campholique se retire
du *Dryobalanops aromatica*, arbre qui croît à Bornéo et à
Sumatra. On abat l'arbre ; puis, on le fend, et on retire
le camphre qui se trouve en petits cristaux réunis en
masses plus ou moins volumineuses.

C'est un corps solide, insoluble dans l'eau, soluble
dans l'alcool qui fond à 198° et bout à 220°. Il possède
une odeur qui rappelle à la fois celle du camphre et du
poivre. C'est un alcool secondaire ; les corps oxydants
le transforment en camphre, que l'on peut considérer
comme la cétone de l'alcool campholique, C^9H^{16} : CO,
puis en acide camphorique $C^{10}H^{16}O^4$, qui est un acide-
alcool-acétone.

La constitution du bornéol est, d'après M. Haller, représentée par la formule :

$$
\begin{array}{c}
CH^3 \\
| \\
C \\
\diagup \diagdown \\
HC \qquad CH^2 \\
| \qquad\quad | \\
H^2C \qquad CHOH \\
\diagdown \diagup \\
CH \\
| \\
CH^3
\end{array}
$$

63. Cholestérine $C^{26}H^{43}$,OH. — C'est une substance assez répandue dans l'économie animale ; sa fonction alcoolique a été signalée par M. Berthelot. Elle existe dans divers liquides de l'organisme, dans la bile et le sang, en particulier ; elle constitue certains calculs biliaires ; elle se rencontre, enfin, dans les cellules nerveuses.

On la prépare en traitant les calculs biliaires par une solution bouillante de potasse pour enlever les matières grasses ; on fait ensuite cristalliser le résidu dans l'alcool et dans l'éther.

La cholestérine cristallise en prismes clinorhombiques ; elle fond à 135°. Elle forme des éthers avec les acides.

B. — ALCOOLS DIATOMIQUES, OU GLYCOLS

64. Glycol. — Les glycols sont des alcools diatomiques ; ils jouissent des propriétés générales des alcools ; ce sont des principes neutres, composés de carbone, d'hydrogène et d'oxygène, capables de s'unir directement aux acides et de les neutraliser en formant des éthers ; cette union est accompagnée par la séparation d'une molécule d'eau ; les alcools diatomiques peuvent éprouver deux fois cette réaction.

Nous avons vu (art. 51) comment on a été amené à mettre en évidence dans la formule des alcools diatomiques deux groupes oxhydryles OH. Le glycol diéthylique, ou glycol ordinaire, a pour formule :

$$\begin{array}{c} CH^2.OH \\ | \\ CH^2.OH \end{array} \quad \text{ou} \quad CH^2OH.CH^2OH.$$

C'est la seule formule que l'on puisse donner au glycol, alcool primaire diatomique.

Ce composé a été découvert par Wurtz en 1856 (V. art. 15) ; en traitant l'iodure d'éthylène $CH^2I.CH^2I$ par l'acétate d'argent, on obtient l'éther diacétique du glycol :

$$CH^2I.CH^2I + 2CH^3.COO.Ag = \begin{array}{c} CH^3.COO.CH^2 \\ | \\ CH^3.COO.CH^2 \end{array} + 2AgI.$$

Cet éther est ensuite traité par la potasse qui le transforme en glycol avec formation d'acétate de potassium :

$$\begin{array}{c} CH^3.COO.CH^2 \\ | \\ CH^3.COO.CH^2 \end{array} + 2KOH = 2CH^3.COO.K + \begin{array}{c} CH^2.OH \\ | \\ CH^2.OH \end{array}$$

Propriétés physiques. — Le glycol est un liquide incolore, inodore, d'une saveur sucrée ; il est un peu visqueux ; sa densité à 0° est 1,125 ; il bout à 197,5 : il se mêle en toute proportion avec l'eau et l'alcool; il est à peu près insoluble dans l'éther. Il dissout un certain nombre de sels.

Chaleur de formation. — Sa chaleur de formation à l'état liquide depuis les éléments est $111^c,7$.

Propriétés chimiques. — La chaleur le décompose comme l'alcool, en donnant, parmi les produits de sa décomposition, de l'acétylène, de l'aldéhyde, de l'eau, etc. L'hydrogène naissant, tel que celui que donne la décomposition de l'acide iodhydrique à 280^c, le transforme en éthane :

$$CH^2OH.CH^2OH + 2H^2 = CH^3.CH^3 + 2H^2O.$$

Le glycol est sans action sur l'*oxygène* libre à la température ordinaire, mais il est combustible.

Nous avons vu (art. 51) qu'une des propriétés importantes des alcools était de donner par l'oxydation un aldéhyde et un acide ; dans la formation de l'aldéhyde, le groupe CH^2OH de l'alcool primaire se transforme en CHO, et dans la formation de l'acide le même groupe se transforme en $COOH$. Le glycol, possédant deux groupes CH^2OH, pourra former, par une oxydation plus ou moins complète : 1° des composés contenant encore un groupe CH^2OH, l'autre étant transformé en CHO ou $COOH$; 2° des composés ne contenant plus de groupe CH^2OH, mais contenant deux groupes CHO (aldéhyde diatomique), ou deux groupes $COOH$ (acide bibasique), ou un groupe CHO et un groupe $COOH$; ce dernier composé sera à la fois aldéhyde et acide.

Ainsi, le glycol s'oxyde rapidement en présence du noir de platine et de l'eau; il se produit de l'acide glycollique $CH^2OH.COOH$, qui est un composé à fonction mixte :

c'est un acide-alcool. L'oxygène naissant, provenant de la décomposition de l'acide nitrique, produit une oxydation plus profonde et le transforme en un acide bibasique, l'acide oxalique $COOH.COOH$. Le même composé s'obtient par l'action de l'hydrate de potassium. Citons encore le glyoxal $CHO.CHO$ parmi les produits de l'acide azotique étendu sur le glycol.

On peut aussi obtenir, comme pour l'alcool, un composé correspondant à l'aldéhyde, c'est l'acide glyoxylique $CHO.COOH$; ce composé est à fonction mixte : il est à la fois aldéhyde et acide monobasique.

Le *chlore* attaque lentement le glycol à froid, assez vivement à chaud et donne différents produits chlorés.

Le *sodium* décompose le glycol en dégageant de l'hydrogène et en donnant à la température ordinaire du glycol monosodé $CH^2ONa.CH^2OH$, et vers 180° le glycol bisodé $CH^2ONa.CH^2ONa$.

Avec les *acides*, il se produit des éthers de deux sortes : 1° des composés mixtes une fois éther et encore une fois alcool, tel que le glycol monoacétique :

$$(CH^3.COO.CH^2).CH^2OH ;$$

2° des éthers biacides, tels que le glycol biacétique :

$$(CH^3.COO.CH^2).(CH^3.COO.CH^3).$$

Préparation. — Nous avons vu comment le glycol avait été obtenu par Wurtz en partant de l'iodure d'éthylène; il est plus facile de le préparer de la façon suivante: on dissout 100 grammes d'acétate de potassium bien sec dans 200 grammes d'alcool à 80°, et on ajoute à cette solution 195 grammes de bibromure d'éthylène, ou liqueur des Hollandais bromée. On fait bouillir le tout dans un ballon muni d'un réfrigérant ascendant pendant dix-huit heures environ. On sépare ensuite le précipité de bromure alcalin qui s'est formé, et on soumet le liquide à la distillation fractionnée; on sépare ainsi le glycol de l'alcool et de l'éther acétique qui l'accompagnent et du bromure d'éthylène qui a échappé à la réaction.

On peut aussi traiter 190 grammes de bromure d'éthylène par 140 grammes de carbonate de potassium dissous dans un litre d'eau. On fait bouillir la liqueur jusqu'à ce que le bromure ait disparu. On concentre, on précipite le bromure de potassium en traitant la liqueur par l'alcool absolu ; puis, on soumet la liqueur à la distillation fractionnée.

65. Les homologues supérieurs du glycol ordinaire, ou éthylglycol, sont beaucoup moins importants que celui-ci. Voici les noms et les propriétés de quelques-uns de ces corps:

Propylglycol: $CH^2OH.CH^2.CH^2OH$, qui bout à 216°;
Isopropylglycol: $CH^2OH.CHOH.CH^3$, qui bout à 188°.

De ces deux composés isomériques, le premier est deux fois alcool primaire, le second une fois alcool primaire, une fois alcool secondaire.

Viennent ensuite les butylglycols $C^4H^8(OH)^2$, les amylglycols $C^5H^{10}(OH)^2$, des hexylglycols $C^6H^{12}(OH)^2$, dont la pinacone est le terme le mieux connu, etc.

On connaît aussi un certain nombre de glycols dérivant des carbures non saturés.

C. — ALCOOLS TRIATOMIQUES

66. Glycérine $C^3H^8O^3$. — La glycérine est, parmi les quelques alcools triatomiques dont on a signalé l'existence, le seul qui soit bien connu ; il a une grande importance au point de vue théorique et a des applications intéressantes.

La glycérine a été découverte par Scheele, en 1779, dans l'action des bases sur les huiles ; il l'a appelée principe doux des huiles. La composition et la nature de cette substance ont été longtemps méconnues, ainsi que la constitution des corps gras, qui se rattachait étroitement à la nature de la glycérine.

Ce sont les travaux de Chevreul (1814-1821) et de M. Berthelot (1854), qui ont élucidé ces points de la façon la plus complète. M. Chevreul avait émis cette hypothèse que les corps gras peuvent être considérés comme formés d'acides gras, et d'un composé qui, en fixant de l'eau, forme de la glycérine. M. Berthelot a montré par des expériences de synthèse que les corps gras pouvaient être obtenus par l'action des acides gras sur la glycérine, et que, de plus, la glycérine devait être considérée comme un alcool polyatomique. Cette désignation et cette notion, introduites dans la science à propos de la glycérine, avaient une importance de premier ordre.

Cette notion d'alcool polyatomique fut, en outre, bientôt étendue à d'autres corps par M. Berthelot, qui montra que certains sucres devaient être considérés comme des alcools hexatomiques.

La formule de la glycérine est $CH^2OH . CHOH . CH^2OH$. Cette formule correspond à celle du propane $CH^3.CH^2.CH^3$; il y a substitution de trois groupes OH à trois atomes d'hydrogène. Du reste, cette relation entre le propane et la glycérine n'est pas une simple relation de formule, car on peut obtenir de la glycérine en chauffant avec de l'eau à 180°, en tubes scellés, du propane trichloré $CH^2Cl.CHCl.CH^2Cl$. Le propane trichloré a été formé par la substitution de 3 atomes de chlore à 3 atomes d'hydrogène; dans la seconde opération, 3 atomes de chlore sont eux-mêmes remplacés par trois groupes d'oxhydryle OH, avec formation de 3 molécules d'acide chlorhydrique.

Propriétés physiques. — C'est un liquide sirupeux, inodore, incolore, d'une saveur sucrée. Sa densité est 1,264 à 15°. Il bout vers 285° en se décomposant partiellement à cette température. Il fond vers $+$ 17°, mais il présente d'une façon très marquée le phénomène de la surfusion. Il faut le refroidir très fortement pour le faire cristalliser. Il est, au contraire, facile de faire cristalliser la glycérine quand on possède un cristal de ce corps pour faire cesser la surfusion.

La glycérine est soluble dans l'eau et dans l'alcool en toutes proportions ; elle est, au contraire, presque insoluble dans l'éther; elle dissout un assez grand nombre de sels.

Propriétés chimiques. — La *chaleur* décompose la glycérine vers sa température normale d'ébullition ; aussi, pour la distiller, est-on obligé d'opérer sous une pression réduite qui permet de ne pas dépasser 200°, ou dans un courant de vapeur d'eau surchauffée qui entraîne les vapeurs de glycérine. Les principaux produits de l'action de la chaleur sur la glycérine sont : le *diglycéride* $C^6H^{14}O^5$ qui est un anhydride de la glycérine $(2C^3H^8O^3 — H^2O)$, des polyglycérides plus condensés, de l'*acroléine* $CH^2.CH.CHO$, ou *aldéhyde allylique*, et divers gaz combustibles.

L'*oxygène naissant* transforme la glycérine en aldéhyde
ou en acide : sous l'influence du noir de platine, elle
s'oxyde en donnant de l'*aldéhyde glycérique* :

$$CHO. \quad CHOH. \quad CH^2OH.$$

Avec l'acide azotique étendu, on obtient une oxydation
plus avancée, il y a formation d'*acide glycérique* (monobasique, bialcoolique) :

$$CH^2OH.CHOH.CH^2OH + O^2 = H^2O + CH^2OH.CHOH.COOH.$$

Enfin, une oxydation plus complète donne un acide
bibasique et monoalcoolique, l'*acide tartronique* :

$$CH^2OH.CHOH.CH^2OH + 2O^2 = 2H^2O + COOH.CHOH.COOH.$$

L'*hydrogène* naissant peut décomposer la glycérine
ou ses dérivés ; il y a substitution de 1, de 2 ou de
3 atomes d'hydrogène à 1, 2 ou 3 groupes OH, ce qui
donne respectivement les trois réactions :

$$CH^2OH.CHOH.CH^2OH + H^2 = H^2O + CH^2OH.CH^2.CH^2OH$$
$$\text{propylglycol (1)};$$
$$CH^2OH.CHOH.CH^2OH + 2H^2 = 2H^2O + CH^3.CHOH.CH^3$$
$$\text{alcool isopropylique (2)};$$
$$CH^2OH.CHOH.CH^2OH + 3H^2 = 3H^2O + CH^3.CH^2.CH^3$$
$$\text{propane (3)}.$$

L'hydrate de potassium, chauffé vers 200° avec la gly-

----

(1) Action de l'amalgame de sodium sur la monochlorhydrine de la
glycérine.

(2) Action de l'acide iodhydrique sur la glycérine à 120° en tubes
scellés.

(3) Action de l'acide iodhydrique sur la glycérine à 180° en tubes
scellés.

cérine, donne un mélange de formiate et d'acétate de potassium :

$$C^3H^5(OH)^3 + 2KOH = H.COOK + CH^3.COOK + H^2O + 2H^2.$$

Les *acides* donnent des éthers avec la glycérine et, comme cet alcool est triatomique, la réaction qui caractérise la formation des éthers peut être répétée trois fois avec la glycérine. Ainsi on peut faire réagir sur la glycérine 1, 2 ou 3 molécules d'acide chlorhydrique, avec mise en liberté d'un nombre égal de molécules d'eau.

La première réaction :

$$CH^2OH.CHOH.CH^2OH + HCl = CH^2OH.CHOH.CH^2Cl + H^2O$$

donne une monochlorhydrine (1) de la glycérine, composé ayant deux fois la fonction alcool et une fois la fonction éther.

La seconde réaction :

$$CH^2OH.CHOH.CH^2OH + 2HCl = CH^2Cl.CHOH.CH^2Cl + 2H^2O$$

donne la dichlorhydrine (2), une fois alcool, deux fois éther.

La troisième réaction :

$$CH^2OH.CHOH.CH^2OH + 3HCl = CH^2Cl.CHCl.CH^2Cl + 3H^2O$$

(1) Il existe deux monochlorhydrines isomériques ; le chlore peut remplacer l'oxhydrile d'un groupe CH^2OH ou du groupe CHOH.

(2) Il existe deux dichlorhydrines isomériques ; l'oxhydrile non remplacé par le chlore pouvant appartenir à un groupe CH^2OH, ou à un groupe CHOH.

donne une trichlorhydrine. Cette dernière réaction s'obtient, non pas avec l'acide chlorhydrique libre, mais avec le perchlorure de phosphore, que l'eau, mise en liberté dans les réactions ci-dessus, transforme en acide chlorhydrique et acide phosphorique.

Une molécule de glycérine peut réagir sur 2 ou 3 molécules d'acides différents.

L'acétochlorhydrine $CH^2OH\text{-}CHCl.CH^2O.CO.CH^3$ résulte, par exemple, de l'action d'une molécule d'acide chlorhydrique et d'une molécule d'acide acétique sur la glycérine.

Citons encore, parmi les éthers de la glycérine, l'éther trinitrique $C^3H^5 : (AzO^3)^3$, plus connu sous le nom de nitroglycérine. La plupart des corps gras, huiles ou graisses, sont des éthers de la glycérine. Tels sont :

La stéarine. . . . . $C^3H^5 : . (C^{18}H^{35}O^2)^3$;
L'oléine. . . . . . . $C^3H^5 : . (C^{18}H^{33}O^2)^3$;
La margarine. . . . $C^3H^5 : . (C^{16}H^{31}O^2)^3$;
L'oléomargarine . . $C^3H^5 : . [C^{18}H^{33}O^2, (C^{16}H^{31}O^2)^2]$;
La stéaromargarine. $C^3H^5 : . [C^{18}H^{35}O^2, (C^{16}H^{31}O^2)^2]$.

L'action de l'acide oxalique sur la glycérine est une action spéciale. Si l'on chauffe de l'acide oxalique avec de la glycérine en se maintenant au-dessous de 190°, l'acide se dédouble en acide formique et acide carbonique ; l'acide formique donne tout d'abord, d'après les expériences de M. Lorin, un éther monoformique de la glycérine qui se détruit ensuite, en mettant l'acide formique en liberté. Au-dessus de 190°, la glycérine se décompose en donnant de l'alcool allylique. Les deux réactions sont utilisées : la première, pour préparer l'acide formique et les formiates; la seconde, pour préparer l'alcool allylique et ses dérivés.

La glycérine, sous l'influence de certains ferments, peut se transformer en alcool éthylique et acide butyrique, comme le glucose qui donne de l'alcool et de l'acide carbonique. On a aussi obtenu, dans des fermentations, de l'alcool butylique normal et de l'acide propionique.

Usages. — La glycérine est employée en médecine pour le pansement des plaies; on la mélange souvent aussi à divers médicaments (glycérolés): elle s'emploie alors comme les cérats et les pommades. On l'utilise aussi comme substance hygroscopique: on la mélange au carmin d'indigo, pour empêcher l'efflorescence de certains sels qu'il contient, à l'argile à modeler pour qu'elle conserve sa plasticité, à diverses couleurs (couleurs humides pour l'aquarelle), etc.

Essai de la glycérine. — La glycérine peut contenir de la chaux ou de l'oxyde de plomb, suivant le procédé employé dans sa préparation: on recherche le plomb avec l'acide sulfhydrique; la chaux se recherche en dissolvant la glycérine dans de l'alcool contenant 1 0/0 d'acide sulfurique; il se forme du sulfate de calcium, si la glycérine contient de la chaux.

La glycérine est parfois falsifiée avec du sucre, de la gomme ou de la dextrine. Pour reconnaître ces substances, on met dans une capsule cinq gouttes de glycérine, 100 centimètres cubes d'eau, 0 gr. 03 à 0 gr. 04 de molybdate d'ammonium et une goutte d'acide azotique pur (à 25 0/0); on fait bouillir une minute et demie. La couleur devient bleue si la glycérine contient une des impuretés indiquées.

La glycérine peut encore contenir divers principes

irritants, qui rendent son emploi comme calmant absolument illusoire. Ce sont des combinaisons neutres formées avec l'acide formique et l'acide oxalique. On constate leur présence à l'aide de l'acide sulfurique concentré
qui, mélangé avec la glycérine volume à volume, donne
un dégagement de gaz (oxyde de carbone et acide carbonique), quand ces combinaisons existent ; pour cette
recherche, on opère sur 100 centimètres cubes de glycérine.

D. — ALCOOLS TÉTRATOMIQUES

On connaît quelques alcools tétratomiques: le principal est l'érythrite $CH^2OH.CHOH.CHOH.CH^2OH$.

67. Érythrite. — *État naturel.* — L'érythrine, qui
est un éther de l'érythrite, se rencontre dans divers
lichens. Il a été découvert, en 1845, par Stenhouse. C'est
M. de Luynes qui a montré sa fonction alcoolique.

Préparation. — On traite le *Rocella montagnei* par un
lait de chaux, on filtre ; puis, on ajoute à la liqueur filtrée
de l'acide chlorhydrique qui précipite l'érythrine, éther
diorsellique de l'érythrite. On saponifie cet éther à 150°
par la chaux éteinte dans un autoclave, ce qui donne de
l'érythrite, et tout d'abord de l'orsellate de calcium ; mais
celui-ci se décompose bientôt en donnant de l'orcine et
du carbonate de calcium. La liqueur est filtrée à chaud et
abandonne, par refroidissement, de l'orcine ; en concentrant la liqueur, il se dépose un mélange d'orcine et
d'érythrite que l'on épuise par l'éther, qui ne dissout

que l'orcine. L'érythrite restante est purifiée par une cristallisation dans l'eau alcoolisée.

Synthèse. — On peut l'obtenir en partant de l'éthylacétylène $CH^2.CH : CH.CH^2$. Ce composé traité par le brome fixe deux atomes de brome que l'on remplace par deux groupes acétyles CH^3CO, en traitant par l'acétate d'argent le composé bromé. Ce composé biacétylé fixe de nouveau deux atomes de brome, et le nouveau composé, traité par l'acétate d'argent, donne le composé tétra-acétylé :

$$CH^2(CH^3.COO).CH(CH^3.COO).CH(CH^3.COO).CH^2(CH^3.COO)$$

ou éther tétra-acétique de l'érythrite : il suffit de le saponifier par la baryte pour avoir l'alcool correspondant par la substitution de quatre oxhydryles à quatre acétyles :

$$CH^2OH.CHOH.CHOH.CH^2OH.$$

Propriétés. — L'érythite est une substance solide, cristallisée dans le système quadratique, soluble dans l'eau. Elle fond à 120°.

Par une oxydation ménagée, elle donne de l'*acide érythrique* $CH^2OH.CHOH.CHOH.COOH$ et par une oxydation plus complète de l'acide tartrique :

$$COOH.CHOH.CHOH.COOH.$$

E. — ALCOOLS PENTATOMIQUES

68. Arabite. — Les alcools pentatomiques connus sont peu nombreux et peu importants. Citons l'*arabite* obtenue en traitant l'arabinose par l'amalgame de sodium et la *xylite* obtenue par la même réaction appliquée au xylose.

F. — ALCOOLS HEXATOMIQUES

69. Mannite

$$CH^2OH.CHOH.CHOH.CHOH.CHOH.CH^2OH,$$

que nous écrirons plus simplement :

$$CH^2OH. (CHOH)^4.CH^2OH.$$

On connaît trois mannites isomères : une dextrogyre, une autre lévogyre, la troisième sans action sur la lumière polarisée. La mannite ordinaire, celle qu'on obtient en traitant la manne sécrétée par divers frênes, est la mannite dextrogyre, ou d-mannite.

On prépare la d-mannite en dissolvant à chaud la manne dans la moitié de son poids d'eau distillée. On ajoute un peu d'albumine, et on fait bouillir quelques minutes pour coaguler l'albumine. Il se précipite en même temps diverses matières albuminoïdes contenues dans la manne; on filtre et, par refroidissement, le liquide se prend en masse ; on l'exprime ; puis, on y ajoute son poids d'eau froide, et on l'exprime de nouveau. On la purifie par de nouvelles cristallisations, après l'avoir décolorée par le noir animal.

On a obtenu la mannite par l'hydrogénation du fructose.

La d-mannite cristallise en prismes orthorhombiques, soyeux, fusibles à 165°, très solubles dans l'eau chaude.

La mannite lévogyre, ou l-mannite, s'obtient par l'hydrogénation de la mannose lévogyre. Fond à 163°.

La mannite inactive sur la lumière polarisée, ou i-mannite, provient de l'hydrogénation de l'i-mannose; elle fond à 168°.

Les diverses mannites ont des propriétés chimiques très voisines. Elles donnent à 200° un anhydride, la *mannitane*, par perte d'une molécule d'eau.

Par une *oxydation* ménagée, air et noir de platine, ou acide azotique étendu, les mannites donnent des *mannoses* isomériques $CH^2OH.(CHOH)^4.COH$, qui sont des isomères du glucose; ce sont des composés à fonctions mixtes, une fois aldéhyde et cinq fois alcool. Il existe trois mannoses correspondant aux trois mannites.

Une oxydation plus complète donne d'abord un composé monoacide cinq fois alcool : *l'acide mannonique* $CH^2OH.(CHOH)^4.COOH$, puis un composé biacide quatre fois alcool, l'acide mannosaccharique

$$COOH.(CHOH)^4.COOH.$$

Avec les *acides*, les mannites donnent les éthers. Parmi ceux-ci nous citerons la mannite hexanitrée $C^6H^8(AzO^3)^6$, que l'on prépare en traitant 2 grammes de mannite par 9 grammes d'acide azotique concentré et 20 grammes d'acide sulfurique. Après un quart d'heure d'action, on verse la liqueur dans l'eau. La nitromannite se précipite; on la purifie en la faisant cristalliser dans l'alcool. C'est une substance qui détone avec une très grande violence par la chaleur ou par le choc.

70. Dulcite $C^6H^8(OH)^6$. — Cet alcool a même formule que la mannite, avec laquelle elle a, d'ailleurs, les plus grandes analogies; on l'extrait d'une manne de Madagascar; elle s'obtient aussi par l'action de l'amalgame de sodium sur la galactose. Elle est sans action sur la lumière polarisée; elle cristallise dans le système clinorhombique. Elle fond à 188°. Elle donne, sous l'influence de la chaleur, un anhydride, la *dulcitane*. Par l'oxydation, elle fournit *l'acide mucique*, isomère de l'acide mannosaccharique.

71. Sorbite $C^6H^8(OH)^6$. — C'est un alcool hexatomique, ayant même formule que les précédents. On l'extrait des bases du sorbier. Elle fond à 100°.

G. — ALCOOL HEPTATOMIQUE

72. Perséite. — Il s'extrait du fruit du *Laurus Persea*. C'est une matière solide, fusible à 184°.

		NOMS	FORMULE brute	FORMULE de constitution	POINT de fusion	POINT d'ébullition	DENSITÉS	SOLUBLE DANS — eau	SOLUBLE DANS — alcool	SOLUBLE DANS — éther	PRÉPARATIONS
		Alcool									
		méthylique, ou méthanol	CH^4O	$H.CH^2OH$		[illegible]	66°	$0,814$ à $0°$	misc.	misc.		Se retire des produits de condensation de la distillation du bois.
		éthylique, ou éthanol	C^2H^6O	$CH^3.CH^2OH$	−130°	78	$0,805$ à 0	misc.		misc.	Se retire des liquides de fermentation (fermentation alcoolique de sucres).
		propylique, ou propanol	C^3H^8O	$CH^3.CH^2.CH^2OH$		$96,5$	$0,820$ à 0	misc.	misc.	misc.	S'extrait des parties les moins volatiles des alcools d'industrie.
	Primaires	butylique, ou butanol	$C^4H^{10}O$	$CH^3.CH^2.CH^2.CH^2OH$		116	$0,824$ à 8	sol.			Action de l'hydrogène naissant sur l'aldéhyde butyrique.
		isobutylique, ou méthyl-2-propanol-1	id.	$(CH^3)_2 CH.CH^2OH$		$108,5$	$0,809$ à 18	sol.			Se retire des parties les moins volatiles de l'alcool de pommes de terre.
		amylique normal (isomères)	$C^5H^{12}O$	$CH^3.CH^2.CH^2.CH^2.CH^2OH$	−20	132	$0,820$ à 0	p. sol.	t. sol.	t. sol.	Se retire des parties les moins volatiles de l'alcool de pommes de terre.
		caproïque, ou hexanol	$C^6H^{14}O$			157	$0,820$ à 17				Se trouve dans les résidus de la distillation des marcs de vin de marc.
		œnanthylique, ou heptanol	$C^7H^{16}O$			176		ins.	sol.	sol.	Se retire de l'huile en mousse de raisin.
		caprylique, ou octanol	$C^8H^{18}O$			180	$0,825$ à 17	ins.	sol.		S'obtient en traitant l'huile de ricin par la potasse.
		cétylique, ou éthal	$C^{16}H^{34}O$		−49	344		ins.			Se retire du blanc de baleine.
		cérotique	$C^{27}H^{54}O$					ins.	sol.	sol.	S'extrait de la cire d'abeille.
		mélissique	$C^{30}H^{60}O$		85						
	Secondaires	propylique secondaire	C^3H^8O	$CH^3.CHOH.CH^3$		87	$0,791$ à 15	misc.	misc.	misc.	Action du sodium sur un mélange d'acétone et d'eau.
		butylique secondaire	$C^4H^{10}O$	$CH^3.CH^2.CHOH.CH^3$		99	$0,85$ à 2	sol.			Action de l'eau et de l'aldéhyde sur le vin acétyle.
		méthylpropylcarbinol	$C^5H^{12}O$	$CH^3.CH^2.CH^2.CH^2.CHOH$		119	$0,824$ à 0				
		méthylisopropylcarbinol	id.	$(CH^3.CH^2)_2.CH^2.CHOH$		100	$0,827$ à 17				Hydrogénation d'une cétone mixte dérivée de l'acide isovalérique.
		diéthylcarbinol	id.	$CH^3.CH^2)_2.CHOH$		115	$0,821$ à 6				[illegible]
	Tertiaires	butylique tertiaire	$C^4H^{10}O$	$(CH^3)_3.COH$	25	82	$0,778$ à 30				Action du chlorure d'acétyle sur le zinc méthyle.
		amylique tertiaire	$C^5H^{12}O$	$(CH^3)_2.CH^2.CH^3.COH$		$102,5$					Action de l'éthylène, provenant de la déshydratation de l'alcool amylique, sur l'acide sulfurique étendu de 1/2 volume d'eau.
	Primaires	allylique	C^3H^6O	$CH^2:CH.CH^2OH$		97	$0,873$ à 0	misc.	misc.	misc.	Action de la glycérine (1 v.) sur l'acide oxalique cristallisé (1 p.) vers 200 à 260°.
		propargylique	C^3H^4O	$CH:C.CH^2OH$		115	$0,065$ à 21	sol.			Action d'une solution de potasse sur l'alcool allylique monobromé.
		benzylique	C^7H^8O	$C^6H^5.CH^2OH$		207	$1,063$ à 0	ins.	sol.	sol.	Action d'une solution alcoolique de potasse sur un mélange d'alcool et d'essence d'amande amère (aldéhyde benzoïque).
	Secondaire	cinnamylique	$C^9H^{10}O$	$C^6H^5.CH:CH.CH^2OH$	33	250	$1,045$ à 15	p. sol.	sol.	sol.	Action de la potasse à l'ébullition sur le styrax.
		stéarique, ou cholestérine	$C^{26}H^{44}O$		146			ins.	p. sol.	sol.	Se tire des calculs biliaires par l'action de la potasse et de l'alcool.
		camphélique, ou bornéol	$C^{10}H^{18}O$	$CH<^{CH^2.CH}_{CH.COH}>$	198	212		ins.	sol.	sol.	Se trouve tout naturel dans le camphre de Bornéo.
	Tertiaires	triphénylcarbinol	$C^{19}H^{16}O$	$(C^6H^5)_3.COH$	157	359			sol.	sol.	S'obtient tout naturel ou hydrobenzoïne par l'acide sulfurique.
		phénylanthracol	$C^{14}H^{12}O$	$C^6H^5<^{C.H^3}_{CH^3}>COH$	144				sol.	sol.	Action sur l'aldéhyde pyromucique par l'acide benzène-sulfonique anhydre.
	2 f. primaire	glycol, ou éthanediol	$C^2H^6O^2$	$CH^2OH.CH^2OH$	−15	$197,5$	$1,125$ à 0	misc.	misc.	p. sol.	Action du carbonate de potassium sur le bromure d'éthylène.
		propylglycol	$C^3H^8O^2$	$CH^2OH.CH^2.CH^2OH$	−50	216		sol.	sol.		Action de la potasse sur l'iodet d'acétone obtenu par l'action de l'acétone d'argent sur le bromure de glycéryl-acétone $CH^3.CH^2.CH^2Br$.
	1 f. primaire, 1 f. secondaire	isopropylglycol	id.	$CH^3.CHOH.CH^2OH$	−17	188	$1,051$ à 6	misc.	misc.	p. sol.	Mise en contact des vapeurs de liqueurs de phosphore ordinaire $CH^3.CH^2.CH^2Br$.
	2 f. tertiaire	pinacone	$C^6H^{14}O^2$	$CH^3:(.OH).COH.:(CH^3)_2$	38	172		sol.			Action de la potasse sur l'acétone et d'une solution iodée d'acétone; dédoublement de potassium.
	2 f. primaire	glycol phtalique	$C^8H^{10}O^2$	$C^6H^4.(CH^2OH)_2$	65						Action de l'amalgame de sodium sur le chlorure phtalyque acetone bromée.
	2 f. tertiaire	benzpinacone	$C^{26}H^{22}O^2$	$(C^6H^5)_2.COH.COH.(C^6H^5)_2$	195						Réaction d'hydrogène naissant sur la benzophénone.
	1 f. primaire, 1 f. secondaire	glycérine, ou propanetriol	$C^3H^8O^3$	$CH^2OH.CHOH.CH^2OH$	18,5	293	$1,264$ à 15	misc.	misc.	ins.	Saponification des corps gras; produit accessoire de la fabrication du savon et un sous-produit technique.
	2 f. primaire, 1 f. secondaire	érythrite	$C^4H^{10}O^4$	$CH^2OH.CHOH.CHOH.CH^2OH$	120	déc.	$1,45$	sol.	p. sol.		Saponification de l'érythrine, éther que l'on extrait des lichens à crettes.
	2 f. primaire, 2 f. secondaire	arabite	$C^5H^{12}O^5$		102						Action du sodium sur l'arabinose.
	2 f. primaire, 4 f. secondaire	mannite	$C^6H^{14}O^6$		165			$1,521$	sol.	p. sol.	ins.	S'extrait de la manne vierge sur divers frênes.
		dulcite	id.		188						Produit d'une espèce de Madagascar.
		sorbite	id.		190						S'extrait des baies de sorbier.
	2 f. primaire, 5 f. secondaire	perséite	$C^7H^{16}O^7$	$CH^2OH.CHOH...CHOH.CH^2OH$	184						S'extrait des fruits du Laurus persea.

Left margin category labels: Alcools monoatomiques — Alcools dérivant de carbures saturés (Primaires, Secondaires, Tertiaires); Alcools dérivant de carbures non saturés (Primaires, Secondaires, Tertiaires). Alcools biatomiques. A. triatomique. A. tétratomique. A. pentatomique. A. hexatomique. A. heptatomique.

§ 3. — Applications

A. — ALCOOL MÉTHYLIQUE OU ESPRIT DE BOIS

73. Industrie de l'alcool méthylique. — La matière première d'où l'on extrait ce corps est le méthylène brut, que l'on recueille lorsqu'on distille les eaux de condensation de la distillation du bois. (V. chap. viii, *Bois*.) Ce méthylène brut renferme 45 0/0 environ d'alcool méthylique : il contient, en outre, quelques carbures d'hydrogène, de l'alcool allylique, de l'acétate de méthyle, de l'acétone, de l'aldéhyde, de la méthylamine, etc. On traite ce méthylène brut dans des appareils semblables à ceux qui servent pour les alcools d'industrie, tels que les appareils Savalle ou Barbet (V. pp. 324, 326). Les produits de tête contiennent, comme principale impureté, de l'acétone (point d'ébullition, 56°,4) souvent en proportions considérables ; on les met de côté pour les distiller de nouveau, quand on en a une quantité suffisante. Ce qui correspond au produit de cœur, c'est l'alcool méthylique commercial, qu'on peut transformer, par une nouvelle rectification, en méthylène pur (du commerce) titrant 95 à 99°. Le méthylène riche en acétone est ramené, avec du méthylène ordinaire à contenir 15 0/0 d'acétone ; il sert à dénaturer les alcools (on le vend sous le nom de méthylène-régie). Ces diverses rectifications se font, en général, en présence de quelques centièmes de chaux vive.

On a proposé diverses méthodes pour la préparation de l'alcool méthylique, exempt d'acétone, que l'on emploie dans la fabrication des couleurs d'aniline. Les unes utilisent l'action des corps avides d'eau qui transforment l'acétone en produits divers, tels que le mésitylène qui bout à une température élevée ; on a employé l'acide sulfurique concentré, la chaux vive, le chlorure de calcium ; d'autres transforment, par un courant de chlore, l'acétone en dérivés chlorés, dont le point d'ébullition est supérieur à 120°, et, par suite, beaucoup plus éloigné de celui de l'acétone, ce qui rend leur séparation plus facile ; l'alcool débarrassé de l'excès de chlore, à l'aide d'un peu de chaux, est distillé ensuite. Les méthodes les plus parfaites, que l'on n'emploie guère d'ailleurs que dans les laboratoires, consistent à transformer l'alcool en un éther solide, par exemple, en éther oxalique ; ce composé est essoré, puis décomposé avec de la soude qui régénère l'alcool méthylique dans un grand état de pureté.

Essai des alcools méthyliques. — 1° *Dosage de l'alcool méthylique.* — Lorsque le liquide considéré ne contient que de l'eau et de l'alcool, on peut déterminer son titre alcoolique en prenant sa densité, soit à l'aide d'un densimètre ordinaire, soit à l'aide d'un alcoomètre de Gay-Lussac, construit pour les mélanges d'eau et d'alcool éthylique et en se servant de la table suivante :

Densités des mélanges d'alcool méthylique et d'eau

ALCOOL 0/0	DENSITÉ à 0°	DENSITÉ à 15°	ALCOOL 0/0	DENSITÉ à 0°	DENSITÉ à 15°	ALCOOL 0/0	DENSITÉ à 0°	DENSITÉ à 15°	ALCOOL 0/0	DENSITÉ à 0°	DENSITÉ à 15°
0	1.000	0.999	25	0.967	0.961	50	0.929	0.919	75	0.875	0.863
1	0.998	0.997	26	0.965	0.959	51	0.927	0.917	76	0.873	0.860
2	0.996	0.996	27	0.964	0.958	52	0.925	0.915	77	0.870	0.856
3	0.995	0.994	28	0.963	0.957	53	0.923	0.913	78	0.868	0.855
4	0.993	0.992	29	0.962	0.955	54	0.921	0.911	79	0.866	0.853
5	0.991	0.990	30	0.961	0.954	55	0.919	0.909	80	0.863	0.850
6	0.990	0.989	31	0.959	0.952	56	0.917	0.907	81	0.861	0.848
7	0.988	0.987	32	0.958	0.951	57	0.915	0.905	82	0.858	0.845
8	0.987	0.986	33	0.956	0.949	58	0.913	0.903	83	0.856	0.843
9	0.986	0.984	34	0.955	0.947	59	0.911	0.900	84	0.853	0.840
10	0.984	0.983	35	0.954	0.945	60	0.909	0.898	85	0.851	0.837
11	0.983	0.981	36	0.952	0.944	61	0.907	0.896	86	0.848	0.835
12	0.982	0.980	37	0.950	0.942	62	0.905	0.894	87	0.845	0.832
13	0.980	0.978	38	0.949	0.941	63	0.903	0.891	88	0.843	0.829
14	0.979	0.977	39	0.947	0.939	64	0.901	0.889	89	0.840	0.827
15	0.978	0.975	40	0.946	0.937	65	0.898	0.887	90	0.838	0.824
16	0.977	0.974	41	0.944	0.935	66	0.896	0.884	91	0.835	0.821
17	0.976	0.972	42	0.942	0.933	67	0.894	0.882	92	0.832	0.818
18	0.975	0.971	43	0.941	0.932	68	0.892	0.880	93	0.829	0.816
19	0.973	0.970	44	0.939	0.930	69	0.889	0.877	94	0.827	0.813
20	0.972	0.968	45	0.937	0.928	70	0.887	0.875	95	0.824	0.810
21	0.971	0.967	46	0.936	0.926	71	0.885	0.873	96	0.821	0.807
22	0.970	0.965	47	0.934	0.924	72	0.882	0.870	97	0.819	0.804
23	0.969	0.964	48	0.932	0.922	73	0.880	0.868	98	0.816	0.802
24	0.968	0.962	49	0.931	0.920	74	0.878	0.865	99	0.813	0.799
									100	0.810	0.796

Ainsi, dans un mélange d'alcool méthylique et d'eau à 15°, plongeons un alcoomètre centésimal de Gay-Lussac ; supposons qu'il s'enfonce jusqu'à la division 21, la table des densités des mélanges d'eau et d'alcool éthylique (V. p. 333) montre qu'à la division 21 correspond la densité 0,975, et la table précédente montre qu'à la densité 0,975 (pour la température de 15°) correspond la proportion de 15 0/0 d'alcool méthylique. On peut donc facilement déterminer le titre alcoométrique quand la liqueur ne renferme que de l'eau et de l'alcool méthylique ; il n'en est plus de même si la liqueur contient, en outre, de l'acétone. La méthode employée par MM. Bardy

et Bordet (1) s'applique, au contraire, quand le liquide
contient de l'acétone, ce qui est le cas le plus général.
L'appareil se compose d'un très petit ballon B, portant
un bouchon en verre rodé qui présente un tube de dégagement T et une pipette P à robinet, fermée aussi par un
bouchon en verre rodé ; cette pipette porte un trait servant à mesurer 5 centimètres cubes. On place dans le
petit ballon 15 grammes de biiodure de phosphore, et
dans la pipette 5 centimètres cubes du méthylène à analyser. Le tube de dégagement passe dans un réfrigérant

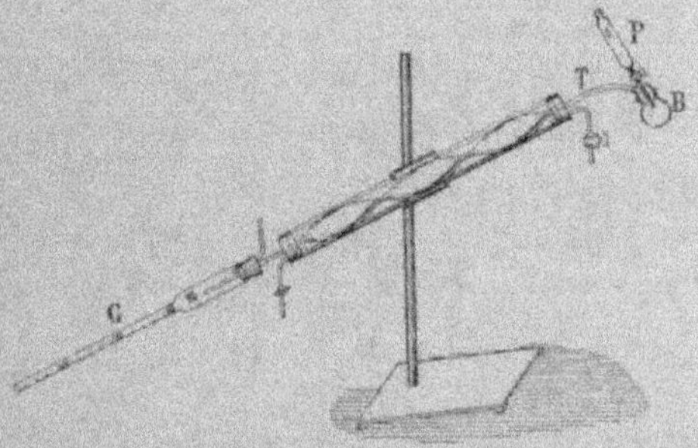

qui fonctionne d'abord comme réfrigérant ascendant. Au
moyen du robinet, on fait pénétrer le méthylène dans le
ballon goutte à goutte et très lentement ; ensuite, par le
même moyen, on introduit 5 centimètres cubes d'acide
iodhydrique de densité 1,7, chargé de son poids d'iode ;
enfin, on plonge le ballon dans un bain-marie à 80-90°,
pendant quelques minutes. Cela fait, on incline l'appareil
de façon à distiller le contenu du ballon, position représentée par la figure ; le réfrigérant condense les vapeurs
que l'on recueille dans un tube gradué. Pendant ces

(1) *Comptes rendus de l'Académie des Sciences* (1879), t. LXXXVIII,
p. 236. Voir aussi *Berichte der deutschen Chem. Gesll.*, VI, 13, 10.

opérations, l'alcool méthylique s'est transformé intégralement en iodure de méthyle, et l'acétone est resté inaltérée. Quand la distillation est terminée, on détache le tube gradué, on y ajoute de l'eau, on agite, et on laisse reposer. On a alors un certain volume d'iodure de méthyle, mais ce volume ne représente pas la totalité de l'iodure de méthyle produit ; ce corps se dissout, en effet, dans cent vingt-cinq fois son volume d'eau, et, par suite, la couche d'eau contenue dans le tube gradué renferme les huit millièmes de son volume d'iodure de méthyle. Il y a donc lieu de faire cette correction, ainsi qu'une autre, qui consiste à ajouter à chaque observation un nombre constant, dépendant de la capacité de l'appareil pour tenir compte de l'iodure de méthyle resté gazeux. Lorsque le méthylène à analyser contient de l'acétone, la méthode précédente, appliquée de cette façon, conduirait à un nombre trop fort; on doit alors faire une correction consistant à décanter l'eau qui surmonte l'iodure de méthyle et à l'agiter avec une nouvelle quantité d'eau; la diminution de volume qu'éprouve alors l'iodure permet de connaître, à l'aide d'un tableau, la correction à faire. Ce tableau a été établi par des analyses faites sur des mélanges de compositions connues.

2° *Dosage de l'acétone.* — Voici comment on doit opérer, d'après M. Vignon (1), en employant la réaction de Lieben, transformation de l'acétone en iodoforme. On dissout 5 centimètres cubes du méthylène à examiner dans 200 centimètres cubes d'eau distillée, et l'on complètera le volume du mélange à 250 centimètres cubes. Puis, on place dans une éprouvette à pied de 100 centimètres cubes graduée en centimètres cubes et bouchée à l'émeri :

(1) *Comptes rendus de l'Académie des Sciences*, CX, p. 534, et CXII, p. 873.

10 centimètres cubes de soude binormale (80 grammes
de soude monohydraté par litre) et 5 centimètres cubes
du mélange d'eau et de méthylène. Après avoir agité, on
introduira dans le flacon 5 centimètres cubes d'une solution d'iode, renfermant par litre 254 grammes d'iode et
332 grammes d'iodure de potassium, et l'on agite immédiatement. L'iodoforme se précipite en gros flocons d'un
jaune de soufre : on traite le mélange par 10 centimètres
cubes d'éther exempt d'alcool ; on note le volume V de cet
éther, et on prélève 5 centimètres cubes que l'on évapore
dans le vide ; l'iodoforme qui reste comme résidu est pesé
rapidement et de son poids p on déduit le poids x d'acétone, contenu dans 100 centimètres cubes du méthylène
examiné, par la formule :

$$x = 29,44\, p.\mathrm{V}.$$

Pour appliquer cette méthode, il faut que le méthylène
soit exempt d'aldéhyle ; s'il renferme de l'alcool éthylique, on devra, après un premier essai fait comme il
vient d'être dit, recommencer en employant des quantités doubles de liqueur d'iode et de soude. Ce n'est que
lorsque deux essais consécutifs, avec des quantités d'iode
doubles l'une de l'autre, auront donné le même résultat
qu'on pourra considérer le dosage comme définitif.

Usage de l'alcool méthylique. — Il sert à dénaturer
l'alcool ordinaire destiné à des usages industriels, dans
la préparation des vernis et des laques, des éthers méthyliques, de diverses couleurs d'aniline ; il sert aussi à la
préparation de l'oxyde de méthyle, utilisé lui-même pour
la production du froid.

B — ALCOOL ÉTHYLIQUE OU ALCOOL ORDINAIRE

74. Généralités. — L'alcool est toujours obtenu dans l'industrie par la distillation de liqueurs faiblement alcooliques, dont quelques-unes sont utilisées comme boissons ; tels sont, par exemple, le vin, le cidre, etc. Ces liqueurs alcooliques proviennent toutes de la fermentation de diverses matières sucrées, naturelles ou artificielles. Parmi les premières se trouvent les jus de fruits, comme le raisin, la pomme, la poire qui fournissent le vin, le cidre, pommé ou poiré ; d'autres sont les jus que l'on extrait de diverses parties des plantes, par exemple, de la racine de la betterave ou des tubercules de topinambours ; ces jus une fois fermentés ne donnent pas de boisson, mais une liqueur alcoolique faible qui sert à obtenir l'alcool concentré. Une autre matière naturelle sucrée est le miel dont la dissolution peut fermenter en donnant la boisson, connue sous le nom d'hydromel.

Les matières sucrées artificielles sont obtenues en transformant les matières amylacées des céréales ou des pommes de terre en un sucre que l'on fait ensuite fermenter. Dans tous ces procédés intervient la fermentation.

Nous n'étudierons ici que la fermentation alcoolique en nous bornant aux faits principaux.

Le glucose $C^6H^{12}O^6$, matière sucrée que l'on trouve dans le jus du raisin, se transforme sous l'influence d'un être vivant, d'un ferment, en un mélange d'alcool et d'acide carbonique :

$$C^6H^{12}O^6 = 2CH^3.CH^2OH + 2CO^2.$$

C'est la réaction principale ; elle est accompagnée de

plusieurs autres. Il se forme, en particulier, de la glycérine et de l'acide succinique, en petites quantités, mais d'une façon constante, suivant la réaction :

$$4C^6H^{12}O^6 + 3H^2O = COOH.CH^2.CH^2.COOH$$
$$+ 6CH^2OH.CHOH.CH^2OH + 2CO_2 + O$$

L'oxygène ne se dégage pas ; il sert à la vie du ferment.

On trouve, en moyenne, que 94 0/0 de glucose éprouvent la première réaction, tandis que 4,5 0/0 donnent de la glycérine et de l'acide succinique, et que 1,5 0/0 sont utilisés pour le développement du ferment.

Les matières végétales qui contiennent du glucose fournissent donc de l'alcool, quand on les soumet à la fermentation alcoolique. On peut aussi transformer en glucose des matières telles que les matières amylacées et même la cellulose. Les liquides alcooliques fournis par les matières amylacées, après leur transformation en glucose et après la fermentation de ce dernier composé, sont plus complexes que ceux qui proviennent de la fermentation des jus sucrés ; ils renferment des impuretés, en quantités plus considérables, d'une toxicité plus grande et d'une élimination plus difficile. Tandis que la distillation du vin, effectuée dans des appareils très simples, fournit des eaux-de-vie très pures, ne contenant sensiblement, en fait d'alcool, que de l'alcool éthylique, la distillation des liqueurs alcooliques obtenues avec la pomme de terre ou les grains, donne des alcools impurs qu'on doit distiller avec le plus grand soin, dans des appareils extrêmement compliqués, si on veut les débarrasser complètement des aldéhydes et des alcools supérieurs, ce qui est indispensable quand l'alcool doit être employé à la fabrication de liqueurs ou mêlé à des vins. Ces produits ont, en effet, une action beaucoup plus nocive que celle de l'alcool, et on leur attribue une grande part dans le développement de l'alcoolisme.

Nous diviserons l'étude de l'alcool en deux parties : les alcools retirés des boissons fermentées, et les alcools d'industrie.

a. — Eaux-de-vie

75. Alcools de raisins. — L'industrie de l'alcool, le raisin étant considéré comme la matière première, peut être subdivisée en deux : les alcools de vins, et accessoirement les alcools de seconde cuvée, de marc, etc. (1).

1° *Alcools de vins*. — Les alcools de vins étaient autrefois obtenus en France, surtout dans les Charentes (Cognac), dans le Gers (Armagnac) et dans le Midi (trois-six de Montpellier). La production annuelle de ces alcools a beaucoup diminué depuis 1876, par suite des ravages causés dans les vignes par le phylloxera, mais elle tend à augmenter de nouveau, comme le montre le tableau suivant :

1876	545.994 hectolitres.
1878	192.952
1880	27.200
1882	21.962
1884	35.251
1886	19.513
1887	32.758
1888	41.776
1890	39.799

(1) On désigne : sous le nom d'eau-de-vie, des mélanges d'eau et d'alcool dont le degré est voisin de 50 (50 0/0 d'alcool anhydre) ; sous le nom de trois-six, des alcools dont le degré est voisin de 85 ; et, enfin, sous le nom d'alcools, des mélanges encore plus riches en alcool absolu atteignant les degrés de 95 ou 96.

Eaux-de-vie des Charentes. — La production d'alcool,
qui était, en 1874, de 94 000 hectolitres dans la Charente
et de 146 000 hectolitres dans la Charente-Inférieure,
n'était plus, en 1888, que de 10 132 et 13 436 hectolitres
dans ces deux départements. Cette diminution, d'à peu
près les neuf dixièmes, a principalement porté sur les
meilleures eaux-de-vie, dites de Champagne. D'autre part,
on éprouve dans les Charentes de très grandes difficultés à reconstituer les vignobles à cause de la nature du
sol ; aussi, à côté du procédé ancien, consistant uniquement à distiller le vin, on voit apparaître divers procédés
mixtes, tels que ceux-ci : on ajoute aux vins de la Charente des alcools d'industrie, obtenus par un des procédés décrits plus loin, et on distille le tout ensemble ; on
obtient ainsi une eau-de-vie de bonne qualité, mais de
peu de bouquet ; ou bien encore on fait macérer, dans de
l'alcool d'industrie, des lies de vin pendant quelques mois,
et on distille de nouveau ensuite.

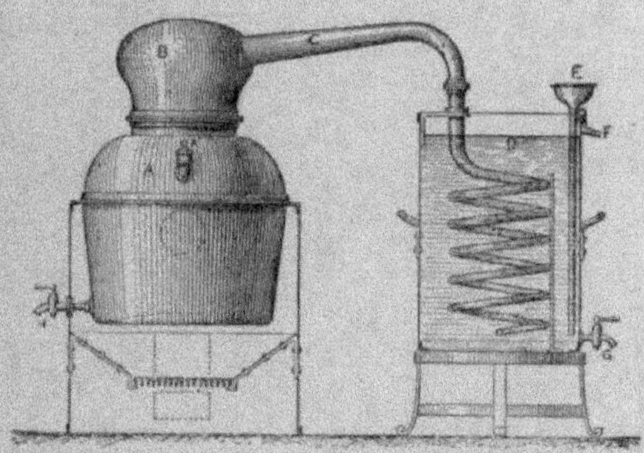

Les appareils employés sont très simples : c'est ou
l'alambic ordinaire, ou l'alambic muni d'un petit rectificateur. Ils sont chauffés à feu nu, en général. Les figures

ci-contre représentent : la première, un alambic A, avec
chapiteau B, col de cygne C, et serpentin D ; la seconde,
un alambic A avec chapiteau C et rectificateur N. Le chapiteau et le rectificateur sont refroidis d'une façon partielle par de l'eau provenant du réfrigérant G, puisée à des
hauteurs différentes et ayant, par suite, des températures
différentes. Cette disposition permet d'obtenir, dès la première distillation de l'alcool fort, même avec des liquides

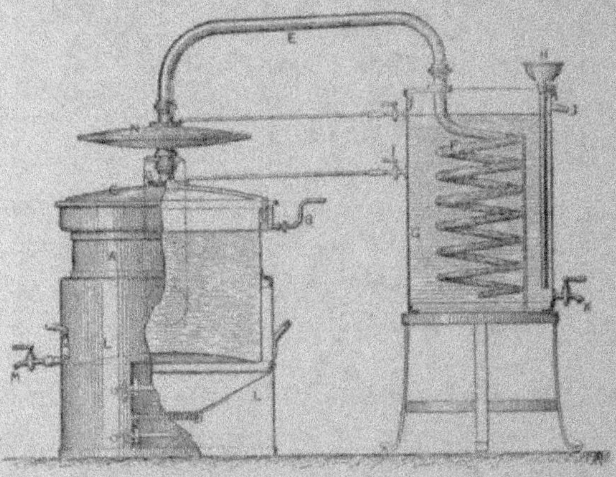

peu alcooliques, parce que le chapiteau et le rectificateur
sont chauffés à une température où ils laissent passer la
vapeur d'alcool, sans la condenser, mais arrêtent la majeure partie de la vapeur d'eau. Tantôt on fait deux distillations successives pour amener l'eau-de-vie à marquer
un degré supérieur à 50°, auquel on le ramène ensuite à
l'aide d'une addition d'eau convenable ; tantôt, lorsque le
liquide primitif est très alcoolique, par suite de l'addition
d'alcool d'industrie, une seule rectification suffit.

Eaux-de-vie d'Armagnac. — La production de ces

eaux-de-vie est descendue de 30 000 hectolitres pour le Gers en 1874, à 4 000 en 1888. Contrairement à ce qui s'est passé dans les Charentes, ce sont les vignobles fournissant les meilleures eaux-de-vie qui ont relativement mieux résisté. Comme dans les Charentes, mais à un degré moindre, la reconstitution des vignobles détruits par le phylloxera est difficile, par suite de la nature du terrain. Comme dans ces départements aussi, des procédés mixtes, où intervient l'alcool d'industrie, se sont introduits dans les distilleries de l'Armagnac.

Les appareils distillatoires employés sont très simples ; ils ne sont munis que de petits rectificateurs ; ils donnent, dès la première opération, un alcool qui marque entre 50 et 55°.

Eaux-de-vie du Midi. — La production de l'alcool de vin a considérablement baissé dans l'Hérault, le Gard et dans les départements voisins ; mais la reconstitution des vignobles, beaucoup plus facile que dans les régions précédentes, aurait pu relever cette industrie, si le prix des vins n'avait augmenté et fourni ainsi un débouché plus avantageux aux vins eux-mêmes qu'au produit de leur distillation. Souvent dans ces départements, on fait avec le marc un vin faiblement alcoolique, 4 ou 5°, une piquette que l'on distille ensuite et qui donne une eau-de-vie d'assez bonne qualité ; souvent aussi, on se contente de distiller les marcs, ce qui produit l'eau-de-vie de marcs.

2° *Alcools de marcs, de lies, de piquette, etc.* — Les eaux-de-vie de marcs se font surtout en Bourgogne et en Champagne. En 1888, on en a produit en France 44 000 hectolitres et, en 1890, 34 374. Dans le Midi, on utilise plutôt les marcs pour faire une piquette que l'on distille ensuite, et dans le Bordelais on fait fermenter les marcs avec de l'eau sucrée, et l'on distille le vin de seconde cuvée ainsi obtenu. Les lies sont surtout utilisées dans les Charentes; on distille des alcools d'industrie qui ont séjourné quelque temps au contact des lies.

Les appareils employés sont, en général, très simples; l'alambic brûleur Deroy est un des plus employés. On distille presque toujours en deux fois; à la seconde opération, il se dégage, au début, des gaz d'une odeur désagréable, puis un liquide d'une saveur âcre; ces matières constituent les produits de tête qu'il faut absolument recueillir à part; ensuite, l'alcool avec son goût franc commence à distiller (alcool de cœur); puis, à la fin, on obtient de nouveaux produits ayant un goût désagréable (alcool de queue); on les recueille à part. Les alcools de tête et de queue sont réunis au liquide que l'on distille dans l'opération suivante; mais il est bon, après un certain nombre d'additions de ce genre, de jeter les produits de tête et de queue.

Les marcs de vin blanc sont d'une fermentation plus difficile que ceux de vin rouge; il est avantageux de les additionner d'eau sucrée.

100 kilogrammes de marc donnent, en moyenne 7 litres d'eau-de-vie à 50°.

Voici la composition d'une eau-de-vie de marc d'après Mohler. Un litre contient :

Aldéhydes	2gr,363
Alcools supérieurs	1 600
Éthers	1 135
Acides	0 216
Extrait	0 106
Furfurol et bases	0 0078

76. Eaux-de-vie de cidre, de poiré, de fruits. — La distillation du cidre et du poiré a donné, en 1888, une production de 13 000 hectolitres et, en 1890, de 4 803 hectolitres ; le Calvados en a fourni à peu près la moitié. Le plus souvent, ce que l'on distille, ce sont des lies ou des marcs, plus ou moins mélangés de cidre : quand on cherche à obtenir une qualité supérieure, ou lorsque l'abondance des fruits est telle que les tonneaux manquent, on distille alors le cidre lui-même. Quelquefois encore, quand l'année est précoce, et que l'on doit presser les pommes les plus hâtives trop tôt, on a intérêt à convertir en alcool le cidre ainsi obtenu, parce qu'il se conserverait mal. La distillation des cidres a toujours lieu à l'aide d'appareils rudimentaires, que l'on transporte de ferme en ferme.

Parmi les eaux-de-vie de fruits, la production, en 1890, a été de 1 160 hectolitres ; les plus importantes sont : le kirsch, l'eau-de-vie de genièvre, l'eau-de-vie de prunes, etc. Le kirsch est fait avec des merises. La fermentation dure près d'un mois ; 100 litres de merises donnent en moyenne 10 litres de kirsch à 50°. D'après Möhler, un litre de kirsch contient, en plus de l'alcool et de l'eau :

Alcools supérieurs.	0,450
Éthers.	0,352
Acides divers	0,120
Aldéhydes.	0,058
Acide cyanhydrique. . . .	0,045
Extrait	0,176
Furfurol et bases	0.014
	1,215

Citons encore, parmi les eaux-de-vie de fruits, celles

de framboises, de fraises, qui sont très aromatisées, celles de figues, de banane, de cacaoyer, etc. Citons aussi l'eau-de-vie d'hydromel, très parfumée.

Le genièvre s'obtient en faisant fermenter les baies de genièvre, puis en distillant l'alcool obtenu, ou aussi en faisant macérer les baies dans de l'alcool, que l'on redistille ensuite, la plupart du temps en présence des baies.

L'eau-de-vie de prunes se prépare surtout en Autriche et en Hongrie (kari); 100 kilogrammes de prunes donnent 10 litres d'eau-de-vie (quetsch) à 50°.

Ces divers procédés, vins, cidre, fruits, ont donné des quantités d'alcools de moins en moins importantes, comme nous l'avons vu, par suite de la diminution de la matière première. D'autre part, entre ces années 1876 et 1888, que nous avons prises comme points de comparaison, la consommation de l'alcool a augmenté de 938 000 hectolitres à 1 468 000 hectolitres. Ce sont les alcools d'industrie que nous allons étudier maintenant, qui ont suppléé aux alcools de vins et de cidre.

b. — Alcools d'industrie

77. Généralités. — Parmi les alcools d'industrie, les uns proviennent, d'une part, de la fermentation et de la distillation des jus sucrés, obtenus non pas avec des fruits, mais avec des tiges (cannes à sucre), ou des racines (betteraves), ou des tubercules (topinambours) et, d'autre part, avec des matières amylacées (1), fécule, amidon, etc., contenues dans diverses graines, telles que maïs, orge,

---

(1) On a même fait divers essais pour utiliser ainsi la cellulose. La transformation de la cellulose en glucose peut, en effet, être réalisée facilement dans un laboratoire; les essais en grand n'ont pas donné de résultats satisfaisants.

seigle, riz, etc., ou dans des tubercules, tels que la pomme de terre. Ces matières doivent être d'abord transformées en sucre, puis soumises à la fermentation et à la distillation.

Les liquides qui ont fermenté se nomment des *moûts*; ce sont des liqueurs faiblement alcooliques; par une première distillation qui les concentre, sans les purifier, on obtient des *phlegmes*; ce sont des alcools impurs, d'une concentration moyenne. On épure alors les phlegmes par la distillation, et l'on obtient des alcools. Nous diviserons donc cette étude de la façon suivante:

I. — *Préparation des moûts;*
II. — *Distillation des moûts;*
III. — *Épuration et distillation des phlegmes;*
IV. — *Appareils de distillation;*
V. — *Analyse des alcools.*

La préparation des moûts se faisant avec des matières très différentes, jus sucrés ou matières amylacées, nous diviserons en deux parties la préparation des moûts:

1° Procédés utilisant les jus sucrés;

2° Procédés utilisant les matières amylacées et la cellulose.

Les chiffres suivants montrent l'importance des alcools d'industrie: de 1876 à 1888, la production de l'alcool de betteraves a presque triplé en France (elle est passée de 243 000 à 655 000 hectolitres). Celle de l'alcool de mélasses a un peu diminué (de 700 000 à 600 000), tandis que celle de l'alcool de grain s'est élevée de 100 000 hectolitres à près de 800 000 hectolitres. L'alcool de pommes de terre a une production peu importante en France; en Allemagne, au contraire, elle représente les trois quarts de la production totale de l'alcool. Cette industrie fournit de l'alcool de très mauvaise qualité, si on ne le rectifie pas avec le plus grand soin.

I. — Préparation des moûts

1° Procédés utilisant les jus sucrés

78. Tafia. — L'eau-de-vie de canne, ou tafia de sucre, est fabriquée avec le jus de la canne, obtenu par écrasement entre deux cylindres, ou bien par macération dans l'eau ; la fermentation est rapide ; elle est terminée en dix-huit heures environ. Le moût, une fois fermenté, est distillé, puis additionné de sucre (1 0/0 de sirop de sucre, à 25° Baumé) et souvent de caramel ; 1 000 kilogrammes de canne donnent, en moyenne, 100 litres d'eau-de-vie à 50°.

79. Rhums. — On désigne sous le nom de rhums les alcools obtenus avec la mélasse de la canne à sucre, Pour traiter les mélasses, on commence par les étendre d'eau, de façon que la liqueur ne titre que 8 ou 10° Baumé ; puis, on ajoute environ 1 0/0 d'acide sulfurique et 2 0/0 de levure. La fermentation se fait à l'aide de plusieurs cuves, de façon à introduire peu à peu la mélasse étendue d'eau, dans un liquide déjà en fermentation. La fermentation se produit bien entre 30 et 35° ; elle semble due à un ferment spécial; en tous cas, les organismes qu'on y observe sont des cellules un peu plus petites que la levure ordinaire qui se développe dans le moût de raisin.

On distille ensuite, soit dans des appareils à feu nu, soit dans des appareils à vapeur; presque toujours les appareils sont munis de colonnes rectificatrices. Le rhum marchand titre 60°; mais quelquefois on l'expédie, marquant 90°, et on le ramène en France au titre de 60° avec de l'eau.

La couleur du rhum lui est donnée en le logeant dans des tonneaux de chêne neuf, ou bien à l'aide de diverses écorces, ou de copeaux de chêne, ou même de cuir râpé.

La mélasse provenant de 1 000 kilogrammes de canne donne environ 13 litres de rhum.

Voici la composition de deux rhums :

	Jamaïque	Martinique
Alcool ordinaire ou éthylique . . .	67	66,5
Alcool amylique.	0,14	0,11
Éthers (l'acétate d'éthyle domine) .	0,28	0,20
Acides (l'acide acétique domine). .	0,08	0,07
Sucres divers	0,27	0,00
Extrait.	0,54	0,03

On fabrique aussi des rhums avec des alcools industriels, auxquels on donne la saveur du rhum, en y mélangeant des essences, dites de rhum, qui contiennent des éthers, principalement de l'acétate d'éthyle.

80. Alcool de betteraves. — Au lieu d'utiliser seulement les mélasses de sucre de betteraves, on peut transformer en alcool tout le sucre contenu dans la betterave. La fabrication de l'alcool de betteraves est actuellement très prospère: tandis qu'en 1876 elle produisait 243 000 hectolitres, elle a produit 654 700 hectolitres en 1888, et 800 982 en 1890, soit près de quatre dixièmes de la quantité totale d'alcool produite en France.

Une des causes auxquelles on peut attribuer le développement de cette industrie est la valeur alimentaire de la pulpe, qui permet l'élevage des bestiaux, et la simplicité de la fabrication, qui permet la création de petites usines agricoles, vendant de l'alcool et utilisant les résidus.

Pour fabriquer de l'alcool avec les betteraves, on fait, en général, les diverses opérations suivantes : 1° production du jus; 2° fermentation du jus ; 3° distillation. Les divers procédés diffèrent surtout par la façon dont on produit le jus.

Production du jus. — Deux procédés principaux peuvent être employés: la compression et la macération.

Procédé des sucreries. — Dans ce système, les betteraves sont râpées et la pulpe obtenue, soumise à des presses très puissantes, laisse couler son jus. Ce jus, au lieu d'être traité pour sucre, est traité pour alcool ; il suffit, pour cela, de le diriger dans des cuves de fermentation, en présence de levure, et de distiller ensuite le produit obtenu. Ce procédé a des avantages et des inconvénients : comme avantages, il présente celui de donner une pulpe sèche, se conservant bien, et pouvant être expédiée économiquement par chemin de fer; on pourra donc appliquer ce procédé sur de grandes quantités, parce que l'on trouvera l'emploi de la pulpe, non seulement dans le voisinage de l'usine, mais encore dans un cercle assez grand, puisque la pulpe se conserve; c'est le principal avantage de ce procédé sur le système Champonnois, qui sera décrit un peu plus loin.

Par contre, la pulpe est de qualité un peu inférieure, le rendement est plus faible et le matériel plus compliqué. Aussi ce système, très développé d'ailleurs, n'est-il utilisé que dans de très grandes fabriques, traitant par jour 150 ou 200 tonnes de betteraves.

Procédé Champonnois. — C'est le procédé des petites usines et des fermes ; il produit une pulpe de bonne qualité, mais se conservant peu, lourde relativement à sa valeur nutritive; pour ces deux raisons, elle doit être consommée au fur et à mesure de sa production et sur place; le rendement est avantageux, l'outillage est simple.

Les betteraves sont découpées à l'aide de coupe-racines en petits rubans appelés cossettes, d'une largeur de 5 à 8 millimètres, et d'une épaisseur de 2 à 3 millimètres. Ces cossettes sont mises à digérer dans de l'eau, en employant le procédé intermittent, ou le procédé méthodique. Ce dernier a l'avantage de donner un jus plus concentré. La macération se fait dans des cuviers; les cossettes sont placées entre deux doubles fonds, percés de trous. Sur 500 kilogrammes de cossettes, arrosées avec de l'eau contenant 1 litre d'acide sulfurique, on fait arriver 400 litres de vinasses bouillantes, c'est-à-dire du liquide, épuisé d'alcool, qui sort de l'appareil distillatoire. Après une heure de macération, on dirige les vinasses, ainsi enrichies en sucres, sur des cossettes contenues dans une seconde cuve, tandis que, dans la première, on fait arriver de nouvelles vinasses, et ainsi de suite. Après un certain nombre de pareilles opérations, nombre qui dépend des cuves dont on dispose, on considère les cossettes de la première cuve comme épuisées; on les retire du cuvier, et, afin de les rendre d'une utilisation meilleure pour la nutrition des bestiaux, on les mêle avec de la paille ou des fourrages hachés. Ce traitement est méthodique, parce qu'on met en présence des cossettes les plus pauvres les vinasses les moins sucrées ayant par conséquent le plus d'aptitude à dissoudre les dernières traces de sucre que l'on veut enlever. Ainsi supposons que l'on travaille avec six cuves que nous désignerons par a, b, c, d, e, f. La cuve d, par exemple, vient d'être chargée de cossettes fraîches; la cuve c avait été chargée à l'opération précédente, de sorte que, si l'on range les cossettes par ordre de richesse en sucre, cet ordre sera d, c, b, a, f, e; les cossettes de la cuve e étant les plus pauvres, c'est dans cette cuve que l'on introduit les vinasses sortant de l'alambic; après une heure de macération, on retire le liquide de la cuve d, on l'envoie aux cuves de fermentation, et l'on fait avancer d'une cuve chacun des liquides qui y sont contenus, c'est-à-dire que le liquide de la cuve e va dans la cuve f, celui de f dans a, etc. La cuve e se trouve ainsi vide de liquide, et ses cossettes sont épuisées; on la remplit alors de cossettes fraîches, et on fait arriver les vinasses de l'alambic dans f; la cuve e, qui était la première, devient la dernière, et ainsi de suite.

Dans le procédé intermittent, les cuves sont indépendantes les unes des autres; on épuise les cossettes qui y sont contenues par de la vinasse mise en plusieurs fois; les derniers traitements donnent des vinasses peu sucrées; l'ensemble des liquides obtenus est, par suite, beaucoup plus volumineux que dans le procédé méthodique.

La fermentation se produit de la façon suivante : une cuve étant en pleine fermentation; on la vide à moitié dans une autre cuve, et on achève de remplir ces deux demi-cuves avec le jus venant de la macération; cette nouvelle quantité de sucre fermente à son tour; on vide alors entièrement l'une des cuves en envoyant son liquide à l'appareil distillatoire, et dans cette cuve vide on fait écouler la moitié de l'autre cuve; on les remplit de nouveau avec du jus sucré et ainsi de suite.

Procédés divers. — Quelquefois on fait cuire les betteraves à la vapeur; puis, on les écrase mécaniquement; on ajoute de l'eau à la masse pâteuse, et on l'envoie tout entière dans les cuves à fermentation. Dans le procédé

Kessler, les betteraves sont mises en pulpe fine que l'on dépose sur une toile; on fait couler dessus les vinasses qui sortent de l'alambic et qui, en filtrant à travers la pulpe, lui prennent son sucre et lui cèdent leurs matières insolubles qui se trouvent ainsi restituées à la pulpe et la rendent plus nourrissante. Dans le procédé Le Play, les cossettes sont mises dans une cuve avec des vinasses tièdes qui les mouillent complètement, en présence de levure. Tout le sucre contenu dans les cossettes est transformé en alcool qui les imprègne; on les distille dans des alambics chauffés à la vapeur; la pulpe après cette opération peut servir à la nourriture des bestiaux, elle contient tous les principes nutritifs primitivement contenus dans la betterave, sauf le sucre qui a été transformé en alcool.

81. Alcools de mélasses de betteraves. — A côté du procédé qui utilise les mélasses, résidus de la fabrication du sucre de canne, vient se ranger celui qui utilise, pour la fabrication de l'alcool, la mélasse incristallisable qui provient de l'industrie du sucre de betterave. Cette mélasse contient environ la moitié de son poids de saccharose et un huitième environ de sels, principalement de nitrates. Les mélasses fermentent difficilement, par suite de leur réaction alcaline, de la présence des nitrates et de matières d'une odeur empyreumatique que la mélasse a acquise pendant les diverses cuissons que l'on a fait subir au sirop de sucre; ces matières semblent agir vis-à-vis de la levure comme des antiseptiques. Afin d'éliminer les deux premiers obstacles, on acidule assez fortement la liqueur par l'acide sulfurique pour que la liqueur étendue à 8° Baumé contienne $2^{gr},5$ d'acide sulfurique libre par litre, et on fait chauffer le liquide. Les nitrates sont décomposés, l'acide nitrique est mis en liberté ; grâce à la présence des matières organiques que contient la mélasse, il est transformé en peroxyde d'azote qui se dégage ; on injecte ensuite dans le liquide un courant d'air pour activer ce dégagement. Pour atténuer l'effet antiseptique des composés empyreumatiques, on prépare dans une cuve ce que l'on appelle un pied de cuve, c'est-à-dire qu'à l'aide de matières de fermentation facile, de maïs réduit en pâte et saccharifié, par exemple, et d'une quantité égale de mélasses, on détermine, à l'aide de levure, une fermentation qu'on laisse marcher pendant douze heures environ. Quand elle est en pleine activité, on ajoute alors une plus grande quantité de mélasse pouvant aller jusqu'à vingt-cinq fois le poids de maïs employé, et de l'eau en quantité suffisante pour que la liqueur ne marque que 8° Baumé. La fermentation continue alors facilement ; elle peut durer en tout trente-six ou quarante-huit heures. Le liquide alcoolique obtenu est alors envoyé à la distillerie.

Cette industrie donne en même temps des sous-produits facilement utilisables. Les mélasses étant riches en sels, surtout en sels de potassium, ces composés se retrouvent dans les vinasses, c'est-à-dire dans les liquides privés d'alcool, qui sortent des appareils distillatoires. Il suffit d'évaporer ces vinasses à sec, dans des fours à réverbère, ou mieux dans des fours Porion, pour obtenir un salin de potasse contenant 20 à 25 0/0 de carbonate, 20 0/0 de chlorure et 15 0/0 de sulfate de potassium.

Le four Porion se compose d'une sole de grande dimension sur laquelle on évapore les vinasses, et de soles plus petites, situées au voisinage immédiat des foyers, qui calcinent le produit de l'évaporation des vinasses. C'est sur ces petites soles que la matière organique du

salin brûle en partie. Toutefois, elle est imprégnée de
charbon qui brûle ensuite lentement, une fois la matière
sortie du four et mise en tas. L'évaporation des vinasses
sur la grande sole est facilitée par des agitateurs à palettes,
qui pulvérisent en quelque sorte les vinasses dans le courant d'air chaud qui provient des foyers de calcination.

Dans ce procédé, les composés organiques brûlent pendant la calcination ; ils sont perdus. Dans le procédé
Vincent, on emploie une méthode plus coûteuse, mais
qui donne à la fois des sels de potassium, des goudrons
et des eaux, riches en ammoniaque et en ammoniaques
composées, surtout en triméthylamine. Ce corps, traité
par l'acide chlorhydrique, donne un sel que l'on décompose ensuite par la chaleur ; il se produit du chlorure de
méthyle en grande quantité.

82. Alcools de topinambours. — L'industrie
de l'alcool de topinambours est surtout intéressante au
point de vue agricole, parce qu'elle permet d'utiliser des
terrains trop pauvres pour la culture de la betterave ou
de la pomme de terre. Les topinambours sont coupés
comme les betteraves, par exemple, avec le coupe-racines
Champonnois, puis mis à digérer avec des vinasses
chaudes et un peu d'acide sulfurique, qui transforme

l'inuline contenue dans le topinambour (de 1 à 3 0/0 en moyenne) en sucre fermentescible. Cette macération se fait tantôt d'une façon intermittente, et tantôt d'une façon continue et méthodique; puis, le jus est mis en fermentation et distillé. La quantité d'alcool ainsi obtenu représente environ 7 0/0 du poids des topinambours. Quant à la pulpe, épuisée de sucre, elle sert à la nourriture des bestiaux, ainsi que les fanes des topinambours. Cette industrie n'a commencé à se développer que depuis quelques années.

2° Procédés utilisant les matières amylacées ou la cellulose

83. Alcools de grains. — Les grains que l'on utilise dans la fabrication de l'alcool sont : le maïs, l'orge, le seigle, le blé, l'avoine et le riz. Le maïs est de beaucoup le plus employé. Ses graines contiennent, comme principes utilisables pour cette industrie, de l'amidon (riz 89 0/0, maïs 67 0/0, avoine 47 0/0) et de la dextrine (1 à 6 0/0), mais elles ne contiennent pas de matières sucrées; il faut donc transformer l'amidon et la dextrine en sucres que l'on fera ensuite fermenter. Deux procédés sont utilisés pour cette transformation : le procédé par le malt et le procédé aux acides. Le premier, plus coûteux et exigeant une installation plus considérable, a l'avantage de laisser un résidu utilisable pour la nourriture des bestiaux; il présente à ce point de vue des avantages, surtout pour les pays agricoles; le second est plus simple, plus rapide, moins coûteux, mais le résidu est inutilisable pour les bestiaux, du moins dans la plupart des procédés.

A. *Procédés au malt.* — Le malt est obtenu en faisant

germer de l'orge; quelquefois on emploie du blé. Pendant la germination de ces graines, il se forme de la diastase qui est le principe actif du malt; la diastase possède, en effet, la propriété de transformer l'amidon et la dextrine en glucose. L'orge une fois germée, on peut l'employer telle quelle, c'est le *malt vert*: il se conserve peu; ou bien on peut sécher l'orge germée dans des tourailles; c'est alors le *malt sec*, d'une conservation plus facile que le précédent, mais moitié moins actif environ. C'est vers 65 à 70° que l'on fait agir la diastase sur l'amidon.

Pour transformer l'amidon en sucre, on peut opérer avec les grains crus ou cuits.

a. Procédés des grains crus. — Ces procédés sont surtout applicables au seigle, au froment et à l'avoine. Le plus souvent, on emploie en même temps plusieurs sortes de graines; le maïs ne peut être traité ainsi.

Les procédés des grains crus donnent des produits de bonne qualité et permettent de récolter de la levure.

Les grains à saccharifier sont réduits en farine avec le cinquième ou le quart de leur poids de farine d'orge germée. Il y a avantage à augmenter la proportion de malt, quand on désire obtenir une bonne qualité d'alcool, ou que l'on se propose de recueillir de la levure. Ces farines sont délayées dans cinq fois leur poids d'eau tiède, maintenue entre 65 et 68°; on suit la marche de l'opération en brassant la liqueur à plusieurs reprises et en prenant de temps à autre des échantillons de liqueur; on regarde si l'iode leur donne une coloration bleue d'iodure d'amidon. Lorsque cette coloration cesse de se produire, tout l'amidon a été transformé en dextrine d'abord, puis en sucre; au moment où l'on n'observe plus la réaction de l'amidon, toute la dextrine n'est pas transformée. La saccharification dure de trois à quatre heures; on refroidit alors les liqueurs et on les envoie dans les cuves de fermentation.

Le sucre formé aux dépens de l'amidon se transforme en alcool et acide carbonique, et, à mesure que le sucre disparaît, le malt agit sur la dextrine non transformée et la change en sucre.

100 kilogrammes de grains donnent de 50 à 55 litres d'alcool à 50°.

b. Procédés des grains cuits. — La cuisson peut se faire à l'air libre, ou sous pression dans des autoclaves. A l'air libre, la farine de maïs est cuite dans cinq fois son poids d'eau; puis, on la refroidit jusqu'à 70° et on ajoute un poids de farine de malt égal à la moitié de la farine de maïs employée; une fois la saccharification terminée, après deux heures environ, on refroidit le moût jusque vers 25°, et on le dirige dans les cuves de fermentation.

La cuisson sous pression présente l'avantage d'être plus rapide et d'éviter d'avoir à chauffer de trop grandes masses d'eau. Le maïs est introduit dans le cuiseur avec une fois et demie son poids d'eau environ (au lieu de cinq fois dans la cuisson à l'air libre); on élève progressivement la température de l'eau par une arrivée de vapeur qui doit se faire par le bas, de façon à maintenir le liquide constamment en mouvement; après une heure de cuisson à l'air libre, on ferme le trou d'homme de l'appareil, mais on laisse fuir la vapeur par la soupape, insuffisamment chargée, de façon que la vapeur barbote toujours dans le liquide et le remue constamment; après une nouvelle heure, on charge davantage la soupape et on élève la pression à 3 atmosphères; on la maintient pendant un quart d'heure; puis, on ouvre un robinet, et la pression fait écouler l'empois formé à travers des ouvertures qui le divisent. Parfois, entre la cuisson à l'air libre et la cuisson sous pression, on fait passer le maïs dans des broyeurs.

La figure ci-contre représente l'un des cuiseurs les plus employés, le cuiseur Henze; la vapeur arrive à la partie inférieure de l'appareil par trois ouvertures situées à des hauteurs différentes, et dans trois plans verticaux faisant entre eux des angles de 120°. La vapeur s'échappe tangentiellement à la surface conique, ce qui produit une forte agitation. Dans le cuiseur Avenarius, la vapeur arrive par trois distributeurs de vapeur, situés à des hauteurs différentes dans la partie conique inférieure du cuiseur. Chaque distributeur se compose de six tuyaux disposés en rayons à 60° les uns des autres, et se recourbant de façon à lancer leur vapeur tangentiellement à la surface conique.

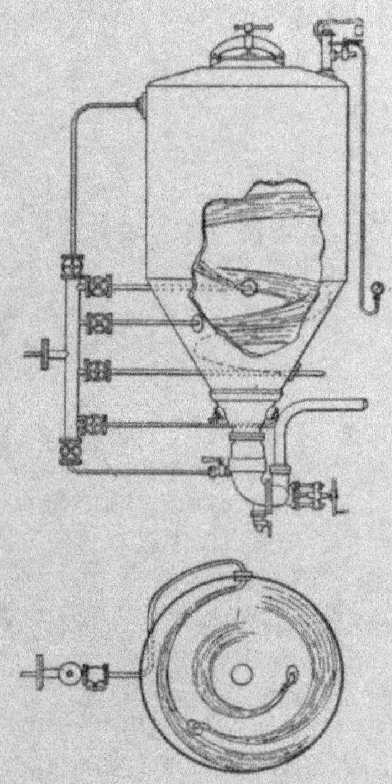

Au sortir du cuiseur, l'empois est refroidi et mélangé avec du malt dans une cuve à saccharifier, que nous allons décrire; puis, il est mis en fermentation comme précédemment.

Un des saccharificateurs les plus employés est celui de

Pauksch. La figure ci-contre montre la disposition de l'appareil avec son broyeur disposé à la partie inférieure et commandé par une poulie; ce broyeur qui se compose d'une plaque mobile cannelée, tournant au-dessus d'une

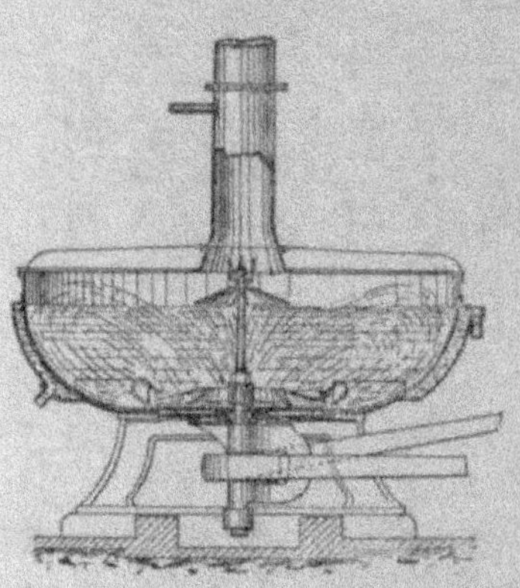

plaque fixe également cannelée, aspire le moût par quatre ouvertures centrales et le rejette par la circonférence après qu'il a passé entre les plaques.

En général, on accouple plusieurs cuiseurs, quatre le plus souvent, avec un saccharificateur.

B. *Procédés aux acides.* — Les procédés aux acides sont applicables à tous les grains, même au maïs; les acides les plus employés sont: l'acide sulfurique, puis l'acide chlorhydrique. On emploie un poids d'acide sulfurique égal à 5 0/0 du poids des grains, ou le double d'acide chlorhydrique et des poids égaux d'eau et de grains. Les grains sont introduits concassés; à l'aide d'un serpentin percé de trous, immergé dans la cuve de saccharification, on injecte de la vapeur et on maintient la température à 100°, tant que l'iode donne avec des échantillons de la liqueur une coloration bleue. L'opération est, en général, terminée après douze heures. Le liquide est alors dirigé dans une cuve où on le traite par un lait de chaux ou de carbonate de calcium destiné à neutraliser la plus grande partie de l'acide sulfurique, mais non la totalité. La liqueur sucrée est alors envoyée à la distillation.

En employant moins d'acide et en laissant les grains

entiers, le résidu est moins désagrégé, il peut être lavé et utilisé pour la nourriture des bestiaux (procédé Boudonneau et Foret).

Au lieu d'opérer à la pression ordinaire, si l'on opère sous une pression de 3 atmosphères, on peut saccharifier 300 kilogrammes de maïs en cinquante minutes, ce qui permet, avec la durée de la charge et du déchargement, de faire vingt-deux opérations par vingt-quatre heures.

84. Alcool de pommes de terre. — Nous avons vu plus haut que l'industrie de l'alcool de pommes de terre était surtout développée en Allemagne. Une des causes qui ont fait délaisser ce procédé en France était le rendement trop faible de la pomme de terre à l'hectare. Il résulte d'un travail récent de M. Aimé Girard, sur la culture industrielle de la pomme de terre, qu'on peut obtenir dans notre pays des rendements aussi élevés que ceux qui rendent cette industrie suffisamment rémunératrice en Allemagne.

Traitement des pommes de terre. — Les pommes de terre sont lavées, puis cuites sans eau dans des cuiseurs en tôle. Ces cuiseurs sont du genre de ceux qui ont été décrits pour les grains; ils sont parfois munis d'agitateurs mécaniques. Pour cuire les pommes de terre, on en remplit l'appareil par le trou d'homme; on ferme celui-ci et, laissant ouverte la soupape, on envoie un courant de vapeur d'eau dans le cuiseur, de façon à chasser tout l'air; puis, on ferme la soupape et on laisse la pression monter jusqu'à 3 atmosphères. Après deux heures de cuisson, on ouvre largement le bas du cuiseur, et les pommes de terre devenues pâteuses s'écoulent en se divisant par leur passage à travers des grilles, et s'écrasent entre deux cylindres, puis tombent dans une cuve appelée cuve-matière. Grâce à un courant d'air très violent, la température de la pâte, quand elle arrive dans la cuve, n'est plus que d'environ 70°; on y ajoute alors de 5 à 10 0/0 de malt vert, c'est-à-dire d'orge germée non séchée; ce malt est environ deux fois plus énergique que le malt sec; par contre, il se garde beaucoup moins longtemps et doit être utilisé presque aussitôt. Les cuves-matières que l'on emploie présentent la disposition générale de celles que l'on utilise pour les grains; les appareils d'agitation doivent être plus perfectionnés; ils sont souvent munis de rouleaux cylindriques qui roulent sur le fond de la cuve en écrasant et mélangeant avec le malt les morceaux de pommes de terre. Grâce à la diastase contenue dans l'orge germée, la fécule de la pomme de terre est transformée en sucre; cette transformation est terminée après une heure environ. La matière est alors trop chaude et trop pâteuse pour pouvoir être mise en fermentation; on l'étend, soit avec de l'eau, soit avec des vinasses provenant d'une opération antérieure, de façon à ce que le liquide ne dépasse pas une certaine richesse en sucre, et on le fait circuler dans un réfrigérant, de façon à abaisser sa température jusque vers 25°. On ajoute alors la levure, et la fermentation se produit. Les cuves de fermentation qui servent dans cette industrie, en Allemagne, sont souvent munies de tubes dans lesquels on peut faire circuler de l'eau froide; on a, en effet, tendance à employer des liqueurs plus riches en sucre qu'il ne faudrait pour une bonne marche de la fermentation, parce que l'impôt a pour base la capacité des cuves de fermentation. La réaction est donc tumultueuse, et le liquide s'échaufferait au-delà du point où la fermentation est normale; et la fermentation lactique pourrait apparaître, si l'on ne faisait pas circuler de l'eau dans les appareils réfrigérants.

Le liquide fermenté est ensuite envoyé aux appareils distillatoires.

85. Alcool de cellulose. — On a essayé, mais sans succès jusqu'ici, au point de vue industriel, de transformer la cellulose, sciure de bois, vieux papiers, vieux chiffons, etc., en sucre, puis en alcool. L'acide sulfurique peut, en effet, saccharifier la cellulose ; mais le procédé n'est pas économique, par suite des grandes quantités d'acide qu'il exige et que l'on est obligé de saturer ensuite par de la chaux. Cette réaction, assez facilement réalisable dans les laboratoires, n'est pas actuellement susceptible d'être appliquée industriellement.

II. — **Distillation des moûts et évaporation des flegmes**

86. Distillation des moûts. — La fermentation des jus sucrés naturels, ou obtenus par la saccharification des matières amylacées, fournit, comme nous venons de le voir, des liqueurs alcooliques contenant de 5 à 15 0/0 d'alcool anhydre. Le reste est constitué en majeure partie par de l'eau, mais contient aussi cependant, surtout dans les alcools d'industrie, d'autres substances d'un goût désagréable et nuisibles. La distillation a pour objet de séparer le plus possible ces divers liquides, non seulement des matières solides contenues dans les moûts, ce qui est facile, mais aussi les uns des autres, ce qui est une opération beaucoup plus délicate.

Le liquide obtenu, quand on distille le moût, est de l'alcool impur que l'on désigne sous le nom de flegme ; il faut ensuite retirer de ce flegme la plus grande partie possible de l'alcool qu'il contient, en évitant la présence des aldéhydes et des alcools supérieurs. Pour cela, on a intérêt, dans la plupart des cas, à faire subir aux flegmes une épuration qui élimine la majeure partie de ces composés nuisibles et facilite d'autant la séparation de ces corps dans l'appareil distillatoire.

La distillation des moûts s'effectue dans des appareils analogues à ceux qui seront décrits plus loin pour les flegmes : ils peuvent être simplifiés par la suppression d'un certain nombre de plateaux rectificateurs : ils ont, en général, une chaudière de dimension plus petite que dans les appareils qui servent à rectifier les phlegmes. Les vinasses arrivent déjà chaudes dans l'appareil distillatoire, par suite de leur passage dans des appareils, sortes de chauffe-vins, chauffés par la condensation des vapeurs.

87. Épuration des flegmes. — On a proposé un grand nombre de méthodes pour l'épuration des flegmes.

Épuration par le charbon. — On fait circuler lentement les flegmes à purifier dans une batterie de cylindres renfermant du charbon de bois. On associe, en général, de six à huit cylindres, ayant une hauteur de 4 mètres et un diamètre de $0^m,70$; l'alcool parcourt cette batterie en une dizaine de jours. Le charbon de bois, le meilleur pour cet usage, est celui que fournit le tilleul carbonisé à basse température : 2 kilogrammes de ce charbon servent à traiter 100 litres d'alcool de pommes de terre ; pour la même quantité d'alcool, il faut 3 kilogrammes de charbon de pin et 7 kil. 5 de charbon de chêne. Le traitement est méthodique : l'alcool entre par une extrémité de la batterie, où se trouvent des charbons ayant perdu une partie de leur pouvoir absorbant, et sort par l'autre où il rencontre des charbons venant d'être chargés et ayant, par suite, un grand pouvoir absorbant. Lorsque le charbon du premier cylindre est devenu inefficace, on fait écouler l'alcool qu'il contient; on expulse l'alcool que retient encore le charbon, en faisant arriver dans l'appareil un courant de vapeur d'eau, et on condense les vapeurs alcooliques qui se dégagent; puis, on vide le cylindre et on le recharge de charbon neuf; ce cylindre qui était le premier de la batterie devient le dernier; c'est lui que l'alcool traverse en dernier lieu. Le charbon retiré et privé d'alcool est calciné en vase clos, et peut ensuite servir de nouveau. L'épuration par le charbon se fait dans quelques usines, en dirigeant les vapeurs d'eau et d'alcool fournies par les alambics à travers des couches de charbon disposées sur des claies.

Épuration par l'air ou les oxydants. — L'épuration se fait par l'air en chauffant les flegmes vers 70° dans un grand bac de 50 mètres cubes environ, et en envoyant un courant d'air dans le liquide; les gaz s'échappent en traversant une colonne à plateau, arrosée par un filet d'eau. On a fait aussi des essais avec l'oxygène pris sous une pression de 6 atmosphères et à une température de 70°. On obtient un rendement un peu plus élevé en alcool bon goût, en envoyant de l'oxygène dans les appareils de distillation. On a aussi préconisé l'emploi de l'ozone pour l'épuration des flegmes; l'ozone oxyde, en effet, plus rapidement que l'alcool ordinaire, son homologue inférieur et les aldéhydes qu'il contient.

Épuration par les carbures d'hydrogène. — 1° *Procédé Bang* (1884). — Dans ce procédé, le flegme à épurer est étendu d'eau, de façon à marquer 30° Baumé; à cet état de dilution, il est insoluble dans les carbures d'hydrogène, tandis que les homologues supérieurs de l'alcool y sont solubles, ainsi que les produits polymères des aldéhydes; on pourra donc séparer l'alcool ordinaire des autres produits que l'on veut éliminer, en le traitant par des hydrocarbures. Dans le procédé Bang et Ruffin, on emploie des pétroles de densité 0,81 à 0,82, bouillant vers 150°. L'alcool à épurer est additionné de soude caustique jusqu'à réaction nettement alcaline et envoyé dans un grand cylindre vertical R, d'une contenance de 80 mètres cubes. A la partie inférieure se trouve un serpentin, percé de petites ouvertures S, par lequel on fait arriver du pétrole à l'aide de la pompe P. Ce pétrole se divise en gouttelettes qui traversent l'alcool et vont se rassembler à la partie supérieure, où elles se déversent par un tuyau T qui conduit le pétrole dans une série de caisses disposées en cascade, où il est revivifié. La

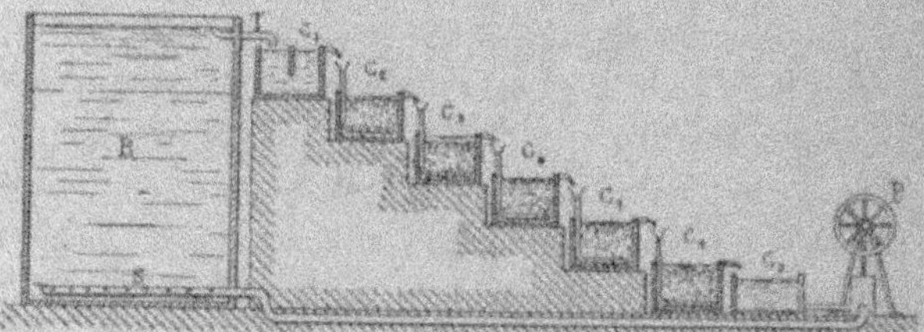

première cuve C_1 est une cuve de décantation, où il abandonne les matières solides qu'il tient en suspension; puis, il arrive dans la caisse C_2, où il traverse une couche d'eau à laquelle il abandonne l'alcool qu'il a entraîné mécaniquement. Dans les caisses suivantes C_3, C_4, C_5, il traverse des couches d'acide sulfurique à 66° Baumé; ces caisses, qui sont en tôle plombée, contiennent des débris de verre qui rendent plus parfait le contact de l'acide et du pétrole; le pétrole se rassemble à la partie supérieure de chaque caisse, et se déverse dans un entonnoir muni d'un serpentin percé de trous, qui le fait arriver au fond de la caisse suivante. Dans la caisse C_6, le pétrole est mis en contact avec une solution de soude qui enlève les petites quantités d'acide qu'il a pu entraîner, et en C_7 il arrive dans un réservoir qui alimente la pompe P. Ce procédé est efficace, car il augmente, dans une proportion notable, le rendement en alcool bon goût ; mais il est un peu coûteux.

Procédé Bowick (1887). — Ce procédé est fondé sur le principe suivant : si on imprègne une plaque filtrante avec du pétrole, et qu'on verse dessus un mélange de pétrole et d'alcool, le pétrole seul passe ; si le filtre est, au contraire, imprégné d'alcool, c'est ce dernier qui passe à travers le filtre. L'appareil de Bowick se compose d'une série de cinq à six cylindres pareils à celui qui est figuré à la page suivante. Chaque cylindre se compose d'une partie centrale fermée par deux plaques filtrantes, l'une F_P imbibée de pétrole, l'autre F_A imbibée d'alcool, et de l'autre côté de chaque filtre se trouve une calotte remplie du liquide qui a traversé la plaque filtrante correspondante. Dans cette batterie de cylindres, on introduit d'une façon continue de l'alcool et un hydrocarbure lourd (bouillant vers 360°) ; ces deux liquides cheminent à travers la batterie en sens inverse. Chaque cylindre possède quatre tuyaux servant à l'entrée et à la sortie de ces deux liquides. L'alcool entre en A_1, et se déverse au milieu du cylindre par deux pommes d'arrosoir disposées en sens inverse, de façon à faire tournoyer le liquide ; là il s'émulsionne avec le pétrole contenu dans le cylindre, et ces gouttelettes d'alcool et pétrole passent, les premières par le filtre F_A, mouillé d'alcool, et les secondes par le filtre F_P mouillé de pétrole ; l'alcool sort du cylindre par A_2 ; le pétrole entre par P_1, traverse F_P et sort par P_2. Considérons un cylindre du milieu de la batterie. Son tuyau A_1

communique avec le tuyau A_2 du cylindre précédent, et
son tuyau A_2 avec le tuyau A_1 du cylindre suivant. Son
tuyau P_1 communique avec le tuyau P_2 du cylindre
suivant, et le tuyau P_2 avec le tuyau P_1 du cylindre précédent. Considérons maintenant le premier cylindre de
la batterie : il communique par le tuyau A_1 avec une
pompe qui lui envoie l'alcool à épurer, et il laisse écouler
par P_2 l'hydrocarbure, qui vient se rassembler dans un
bac où on le puisera pour le régénérer. Le dernier cy-

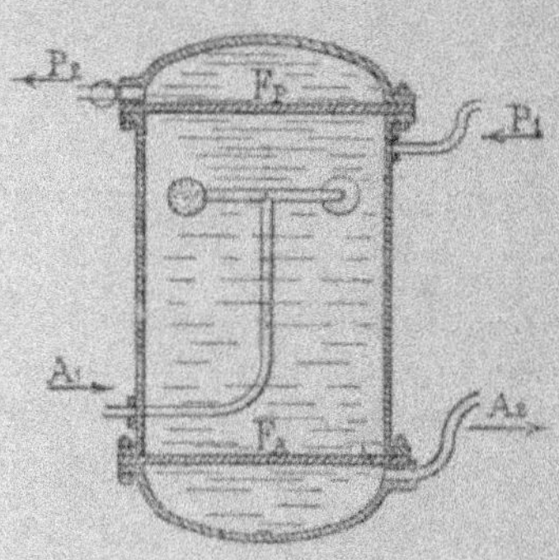

lindre de la série commu-
nique par A_2 avec un réservoir où se déverse l'alcool épuré qui sort de
l'appareil, et par P_1 avec
une pompe qui lui envoie
du pétrole régénéré. Le
pétrole et l'alcool cheminent d'un cylindre à l'autre
en sens inverse, ce qui
produit une épuration mé-
thodique. Le traitement
que l'on fait subir au pétrole pour lui rendre ses propriétés primitives consiste à le soumettre dans un alambic à l'action de la vapeur d'eau surchauffée, qui entraîne
tous les alcools supérieurs que l'hydrocarbure avait condensés. Dans ce procédé, ces alcools supérieurs ne sont
pas détruits, et leur vente vient atténuer les frais du
traitement.

Épuration des alcools par l'électrolyse. — MM. Nau-
din et Schneider ont proposé de transformer les aldéhydes
contenus dans les flegmes en alcools correspondants, à
l'aide de l'hydrogène naissant fourni par l'électrolyse ;
les alcools supérieurs étant plus faciles à séparer de l'al-

cool ordinaire que les aldéhydes, la rectification se trouve modifiée; puis, les flegmes sont oxydés par leur passage dans les voltamètres, et, enfin, soumis à la distillation. L'appareil d'hydrogénation se compose d'une cuve en bois de 150 hectolitres. On y dépose 150 lames de zinc séparées les unes des autres par des lattes en bois; elles pèsent ensemble 6 200 kilogrammes et représentent une surface totale de 1 800 mètres carrés. Pour former ces lames de zinc et les rendre plus hydrogénantes, on commence par remplir la cuve avec une solution de sulfate de cuivre à 5 0/0, que l'on laisse séjourner vingt-quatre heures et que l'on renouvelle cinq à six fois; on dépose ainsi 80 kilogrammes de cuivre sur les lames de zinc. Ces zincs cuivrés constituent des couples dégageant de l'hydrogène en présence des liquides neutres. Une fois les couples formés, on laisse les flegmes séjourner vingt-quatre heures dans la cuve; puis, on décante. Tous les huit jours, on ajoute de l'acide chlorhydrique à une charge de flegme pour enlever l'oxyde de zinc qui s'est formé pendant la semaine précédente; puis, à la charge suivante, on ajoute du sulfate de cuivre; dans ces conditions, l'appareil dure dix-huit mois. Au sortir de cette cuve, l'alcool circule dans une série de douze voltamètres, où les alcools supérieurs s'oxydent en partie; on emploie, pour cette opération, un courant de 40 ampères environ, avec une différence de potentiel de 120 volts. Avec une machine de quatre chevaux, on peut traiter 300 hectolitres d'alcool en vingt-quatre heures. L'épuration de l'alcool par ces deux traitements permet d'obtenir à la distillation 80 0/0 d'alcool bon goût, tandis que le même flegme non épuré en avait donné seulement 50 0/0.

Épuration par les sels. — On a proposé de traiter les flegmes par diverses solutions aqueuses de sels; le sulfate de sodium en solution aqueuse, par exemple, dissout plus l'alcool ordinaire que ses homologues supérieurs ; de sorte que, si l'on traite d'une façon méthodique un flegme par une solution de sulfate de sodium, il sortira de l'appareil : 1° une solution de ce sel contenant de l'alcool plus pur que le flegme employé ; 2° de l'alcool moins pur que le flegme ; la solution saline passera dans un alambic où elle abandonnera son alcool et sera régénérée.

III. — Distillation des flegmes

88. Généralités. — Par la distillation, on peut enlever à un moût tout l'alcool qu'il contient, mais l'alcool obtenu sera d'autant plus pauvre en alcool qu'on sera parti d'un liquide plus pauvre lui-même. Ainsi, pour retirer de 100 kilogrammes de moût, contenant 3 kilogrammes d'alcool, tout l'alcool qu'il contient, il faut, avec un alambic ordinaire, distiller 20 kilogrammes de liquide ; ce liquide contiendra 15 0/0 d'alcool. Avec un moût à 4 0/0, il faudra distiller 25 kilogrammes, et le titre sera 16 ; avec un moût à 5 0/0, il faudra distiller 29 kilogrammes, et le titre sera 17, etc. Si on reprend alors le premier liquide, contenant 15 0/0 d'alcool et, si on le distille de nouveau, de façon à le séparer en eau pure restant dans l'alambic et mélange d'eau et d'alcool recueilli dans le serpentin, on aura un liquide beaucoup plus riche en alcool et, par une série de distillations simples, on aura un liquide aussi riche en alcool que ceux que l'on utilise dans l'alimentation ou dans l'industrie. Ce procédé des distillations successives n'est guère employé que dans les fermes où, avec des appareils portatifs, on peut transformer en eaux-de-vie les lies, cidres, etc. La production de ces appareils est trop faible, et leur dépense en combustible trop considérable pour qu'on les emploie en grand.

On arrive au même résultat, concentration de l'alcool, par des procédés beaucoup plus économiques et plus parfaits en même temps, parce qu'ils permettent d'éliminer, non seulement l'eau des flegmes, mais encore les aldéhydes et les alcools supérieurs qu'ils contiennent : tels sont les procédés des déflegmateurs et des rectificateurs.

89. Déflegmateurs. — Quand on chauffe un mélange de plusieurs liquides, ils se vaporisent tous simultanément, mais dans des proportions très variables. La tension de vapeur de chacun des liquides, dans le mélange de vapeurs qui se dégagent, est d'autant plus grande que ce corps se trouve en plus grande proportion dans la masse liquide et possède un point d'ébullition moins élevé ; ce second facteur a une influence beaucoup plus grande que le premier. Ainsi l'eau bout à 100°, et l'alcool absolu à 78° ; aussi, quand on soumet à la distillation des mélanges d'eau et d'alcool, même assez pauvres en alcool, les vapeurs qui se dégagent au début sont riches en alcool, et l'expérience apprend qu'elles sont beaucoup plus riches en alcool que le mélange dont elles proviennent ; à mesure donc qu'on distille un mélange d'eau et d'alcool, celui-ci s'appauvrit en alcool, et son point d'ébullition s'élève. Si, inversement, on prend un mélange de vapeurs d'eau et d'alcool, et si on le condense partiellement, on obtient un liquide plus pauvre en alcool que le mélange de vapeurs dont il provient, et les vapeurs qui ont échappé à la condensation sont elles-mêmes plus riches en alcool que les vapeurs primitives. Ainsi, un liquide alcoolique bouillant à 98° émet des vapeurs contenant 15 0/0 d'alcool ; si on fait passer ces vapeurs primitivement à 98° dans un appareil où elles se refroidissent jusqu'à 94°, une partie (70 0/0) se condense en un liquide ne contenant que 7 0/0 d'alcool, et les vapeurs qui restent (30 0/0) sont, au contraire, beaucoup plus riches en alcool, elles en contiennent 50 0/0. Si on fait arriver ensuite ces vapeurs à 50 0/0, dont la température est de 94°, dans un appareil où elles se refroidissent jusqu'à 85°, elles se condensent en partie : le liquide qu'elles fournissent (41,6 0/0) contient 30 0/0 d'alcool, et ce qui reste à l'état de vapeur (58,4 0/0) contient 78 0/0 d'alcool. Ces appareils, où les vapeurs se refroidissent et se condensent partiellement, sont appelés des *déflegmateurs*.

90. Rectificateurs. — Supposons une batterie de chaudières disposées de façon à ce que chacune d'elles envoie barboter dans la suivante les vapeurs qu'elle émet. Supposons qu'au début toutes ces chaudières contiennent le même mélange d'eau et d'alcool, et supposons que l'on chauffe seulement la première. Bientôt le liquide qu'elle contient entrera en ébullition, et ses vapeurs, plus riches en alcool que le liquide primitif, viendront se condenser dans la seconde chaudière, dont elles élèveront le titre alcoolique. En même temps, la chaleur latente de condensation, abandonnée par ces vapeurs, élèvera progressivement la température de la seconde chaudière, jusqu'au moment où elle entrera aussi en ébullition ; cette température d'ébullition de la seconde chaudière sera plus basse que celle de la première, puisqu'elle contient un liquide plus alcoolique ; à partir de ce moment, la vapeur émise par la première chaudière barbotera dans la seconde en se condensant partiellement ; les vapeurs alcooliques échappées à cette condensation, qui

sont très riches en alcool, d'après ce que nous avons vu
à propos des déflegmateurs, se mêleront avec les vapeurs
formées dans la seconde chaudière ; celles-ci sont aussi très
riches en alcool, car elles proviennent d'un liquide enri-
chi en alcool. Toutes ces vapeurs iront dans la troisième
chaudière et les mêmes phénomènes se reproduiront,
mais d'une façon encore plus marquée, et ainsi de suite,
de sorte que les vapeurs émises par la dernière chaudière,
pourront être constituées par de l'alcool presque pur. Il
est, d'ailleurs, évident qu'il n'y a pas intérêt à continuer
d'envoyer les vapeurs de première chaudière dans la
seconde, quand elles ne contiennent plus d'alcool ; on
doit alors évacuer l'eau privée d'alcool, ou *vinasse*, que
contient la chaudière et la remplir de nouveau. Pendant
que la première chaudière vaporisait tout son alcool, le
contenu des diverses autres augmentait par cela même ;
la teneur en alcool du liquide de la seconde chaudière
avait d'abord augmenté ; mais, lorsqu'elle arrive à la température d'ébullition, le liquide qu'elle contient émet des
vapeurs plus riches en alcool que lui-même ; d'autre part,
la richesse en alcool des vapeurs reçues de la première
chaudière va en diminuant au fur et à mesure de la distillation, de sorte qu'il arrive un moment où ce liquide
est moins riche en alcool que le liquide primitif ; on a alors
tout intérêt à faire écouler ce liquide dans la première
chaudière, lorsque celle-ci a été purgée de l'eau privée
d'alcool qu'elle contient, à partir d'un certain moment ;
et, dans la seconde chaudière devenue libre, on introduira
un liquide plus riche en alcool, le liquide alcoolique primitif, par exemple. Ce que nous venons de dire de la
seconde chaudière peut se dire de toutes les autres ; il y a
intérêt, au bout d'un certain temps, à faire écouler d'une
chaudière dans la chaudière précédente tout ou partie

de son contenu, et, comme il faut introduire du nouveau liquide alcoolique, on l'introduira dans celle des chaudières où le liquide a un titre voisin de celui du liquide que l'on a à distiller. Si le nombre des chaudières est, d'ailleurs, suffisant, ces écoulements d'une chaudière à l'autre pourront être continus et assurés d'une façon automatique par des syphons et des trop-pleins ; chaque chaudière contiendra alors un volume constant de liquide ; de plus, si les conditions de chauffage de la première chaudière restent les mêmes, ainsi que l'alimentation en liquide à distiller, chaque chaudière se maintiendra à une température constante et contiendra un liquide alcoolique de titre constant. Les appareils qui réalisent ces conditions se nomment des *rectificateurs*. Ils sont fondés, en quelque sorte, comme nous venons de le voir, sur le principe des distillations successives employées dans les fermes ; mais ici, la dépense de combustible est réduite au minimum, parce que l'on ne chauffe qu'une des chaudières et qu'on utilise, pour le chauffage des autres, la chaleur latente de volatilisation des vapeurs qui en sortent. Comme on a tout intérêt à augmenter, le plus possible, le nombre des chaudières, on diminue beaucoup leur volume et on les empile les unes au-dessus des autres. Ces batteries de chaudières sont désignées, à cause de cette disposition, sous le nom de colonnes rectificatrices, colonnes à plateaux, etc.

IV. — Appareils de distillation

91. Généralités. — Ces appareils contiennent presque toujours des rectificateurs et des déflegmateurs. Les rectificateurs sont surtout efficaces pour les liquides dont la richesse alcoolique n'est pas très grande ; pour les liquides riches en alcool, au contraire, les déflegmateurs ont plus d'action. Aussi, l'on associe ces deux sortes d'appareils en mettant au-dessus de la chaudière proprement dite des rectificateurs, et en envoyant les vapeurs que ceux-ci émettent dans des déflegmateurs. A la sortie des déflegmateurs, les vapeurs qui peuvent contenir 95 à 96 0/0 d'alcool sont envoyées dans des réfrigérants qui condensent toutes ces vapeurs.

Nous allons donner maintenant la description de deux de ces appareils distillateurs, et, pour éviter le plus possible les redites, nous désignerons par les mêmes lettres les parties analogues des mêmes figures. Voici la liste de ces lettres :

A, alambic proprement dit, ne contenant que les moûts ou les flegmes plus ou moins épuisés ;

S, sortie des liquides épuisés ;

R, rectificateur ;

D, déflegmateurs ;

I, introduction des liquides à distiller ;

C, condenseur ;

E, éprouvette-jauge (1).

(1) L'éprouvette-jauge est destinée à indiquer le débit du liquide distillé qui s'écoule ; le principe est le suivant : le liquide distillé arrive dans un vase d'où il s'échappe par un orifice percé à sa partie inférieure ; la quantité de liquide qui s'écoule en une seconde par ce trou dépend de la hauteur du liquide dans ce vase ; à chaque hauteur correspond une vitesse d'écoulement, indiquée par la division correspondant à cette hauteur. Quand le liquide se maintient dans le vase à un niveau constant, c'est qu'il reçoit autant de liquide du condenseur qu'il en laisse échapper par le trou, et le niveau dans le vase donne ce débit. Si le volume du liquide fourni en une seconde par le condenseur augmente, le niveau s'élève dans l'éprouvette-jauge jusqu'à ce que le nouveau débit du tube de sortie soit devenu égal au débit du condenseur ; c'est l'inverse, si le débit du condenseur diminue ; dans tous les cas, le niveau de l'alcool dans l'éprouvette indique toujours le débit.

La rectification des flegmes peut être continue ou discontinue.

92. Appareil de Savalle. — Dans la figure ci-dessous, on retrouve les parties essentielles que nous venons de décrire et sur lesquelles il est inutile d'insister; quelques détails seulement sur la colonne R qui constitue le rectificateur : elle est formée par l'ensemble de trente-deux plateaux, comme ceux que nous avons figurés plus en grand, à côté de la figure principale. Chaque plateau est percé d'un certain nombre de trous de 3 millimètres de diamètre environ, non représentés sur la figure ; il présente, en outre, une petite cavité c et est traversé par un tube t qui s'élève de 3 centimètres au-dessus du plateau ; ce petit tube sert de déversoir et va s'engager dans la cavité c du plateau immédiatement inférieur. Quand l'appareil fonc-

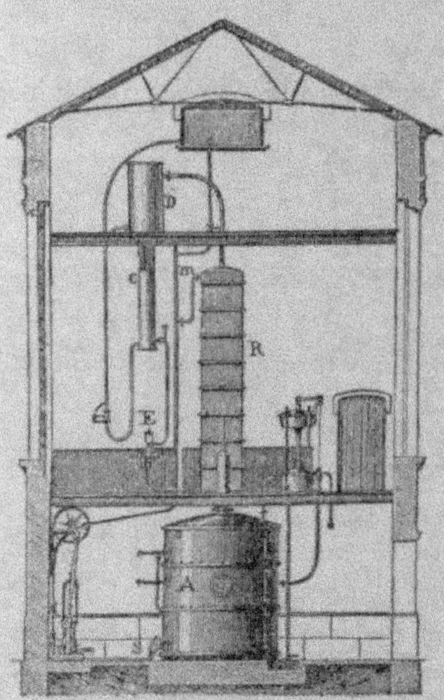

tionne, chaque plateau est recouvert d'une couche de liquide alcoolique qui ne peut dépasser 3 centimètres, par suite des tubes *t*. Les vapeurs qui viennent de la chaudière traversent les petits trous dont nous avons parlé, et barbotent dans les liquides des plateaux en les empêchant de descendre autrement que par les tubes *t*. Ces tubes *t* ne laissent pas, d'ailleurs, passer les vapeurs d'un plateau à l'autre, parce que leurs parties inférieures plongent dans les petites cuvettes *c*, ce qui forme fermeture hydraulique. L'ensemble de ces plateaux est assimilable à la batterie de chaudières dont il a été parlé plus haut; lorsque l'appareil est en marche, chaque plateau possède une température à peu près constante, qui va en diminuant de bas en haut; sur chaque plateau se trouve un mélange d'eau et d'alcool d'une composition à peu près constante aussi. On peut faire arriver en certains endroits de cette colonne, en M par exemple, l'alcool qui provient de la condensation qui se produit dans le déflegmateur et qui, moins riche en alcool que la vapeur qui se rend dans le condenseur, doit être reversé dans la circulation, plus ou moins loin en arrière, suivant la température qu'on maintient dans le déflegmateur et, par suite, suivant sa richesse alcoolique; cette *rétrogradation* permet de retirer l'alcool des liquides condensés dans le déflegmateur.

Dans l'appareil Savalle, le déflegmateur D est formé par une boîte annulaire qui se trouve en contact, par une grande surface, avec un liquide refroidissant destiné à maintenir sa température à un degré convenable; le liquide employé pour cela est presque toujours le moût ou le flegme que l'on veut distiller; il s'échauffe ainsi en passant autour du déflegmateur et arrive ensuite chaud dans l'alambic ou dans le rectificateur. Avec les appareils discontinus, on obtient des produits de qualités variables pendant le cours de la distillation. Au début, passent les

produits les plus volatils, consistant en alcool ordinaire
et aldéhydes ; puis, vient l'alcool et, à la fin, on obtient un
mélange d'alcool ordinaire et de ses homologues supérieurs. Les produits du commencement et de la fin, désignés sous les noms de produits de tête et de produits de
queue, ont un goût désagréable (mauvais goût de tête,
mauvais goût de queue). L'alcool qui passe dans le milieu
de la distillation est de l'alcool bon goût, ou alcool de
cœur.

On sépare ces divers produits à l'aide d'une sphère
placée sous l'éprouvette de jauge et munie de trois robinets : l'un permet de diriger les mauvais goûts de tête
dans un réservoir spécial ; l'autre, les mauvais goûts de
queue dans un réservoir différent du premier, et, enfin, le
troisième permet d'envoyer dans un autre réservoir les
alcools bon goût. Pour donner une idée de la marche
de la rectification d'un alcool, voici les résultats d'une
expérience faite avec un appareil Savalle. Pour 100 litres
de flegme, on a obtenu :

$$
\begin{array}{rll}
1^{\text{lit}},7 & \text{alcool mauvais goût de tête.} \\
9 \ ,0 & — & \text{moyen goût de tête.} \\
24 \ ,0 & — & \text{surfin de tête.} \\
33 \ ,0 & — & \text{extra-fin.} \\
27 \ ,8 & — & \text{surfin de queue.} \\
2 \ ,6 & — & \text{moyen goût de queue.} \\
1 \ ,9 & — & \text{mauvais goût de queue.} \\
\hline
100^{\text{lit}},0 &
\end{array}
$$

93. Appareil de Barbet. — La méthode continue, appliquée à la distillation des alcools, exige des
appareils plus compliqués, destinés à recueillir séparément les produits de tête, de cœur et de queue. Nous
décrirons ici l'appareil de M. Barbet : il se compose essen-

tiellement de deux appareils à distiller complets, comprenant : chaudière, rectificateurs, déflegmateurs ; l'un, dans lequel l'alcool brut arrive d'abord, sert à éliminer et à recueillir les produits de tête, l'autre sépare les produits de cœur des produits de queue. L'alcool à rectifier passe d'abord dans un cylindre à double paroi T, qui est un échangeur de température ; il s'échauffe avec la cha-

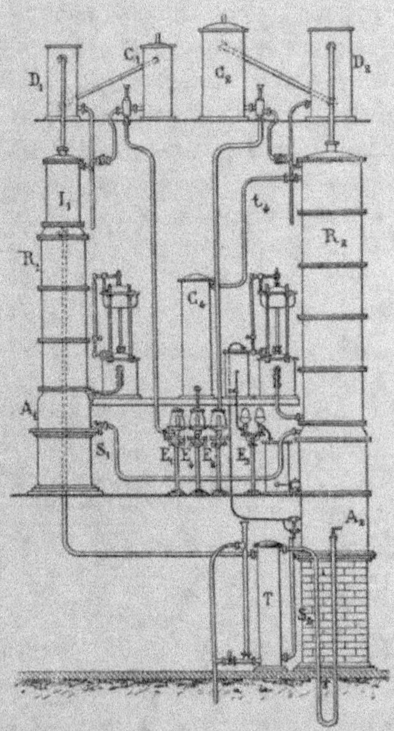

leur perdue des eaux épuisées d'alcool qui sortent du second appareil distillatoire ; puis, il pénètre en I₁ au sommet de la colonne de plateaux qui constitue le rectificateur R₁ du premier appareil ; de là, il s'écoule, de plateau en plateau, en perdant les matières les plus volatiles, c'est-à-dire les alcools de tête. A la partie inférieure en A₁, l'alcool qui a parcouru les plateaux est chauffé par de la vapeur envoyée par un régulateur figuré à droite de la colonne R₁. Les vapeurs d'alcool, d'é-thers et d'aldéhydes qui, sont émises par le liquide en A₁, traversent tous les plateaux en s'enrichissant en éthers et aldéhydes et s'appauvrissant en alcool ; arrivées à la partie supérieure des rectificateurs, elles passent dans l'analyseur D_1, où une condensation partielle se produit, ramenant au sommet de R_1 le liquide condensé ; les vapeurs qui ont échappé à l'action du déflegmateur D_1 se rendent dans le condenseur C_1, de là dans l'éprouvette-jauge E_1, puis dans le réservoir destiné aux produits de tête. Le liquide qui a perdu, dans ce premier appareil distillatoire, ses produits de tête, sort en S_1, et se rend sur les plateaux d'épuisement de la colonne R_2 ; la partie inférieure de l'appareil est chauffée à la vapeur. Le liquide, qui a perdu tout son alcool, sort en S_2 et se rend dans l'échangeur de température T. Les vapeurs d'alcool traversent les plateaux des rectificateurs, arrivent dans le déflegmateur D_2, qui produit une rétrogradation en ramenant en haut de la colonne R_2 les produits qui s'y condensent, tandis que les vapeurs qui ont échappé à cette condensation partielle se rendent dans le condenseur C_2, et de là à l'éprouvette-jauge E_2, puis dans les réservoirs destinés à l'alcool très pur. Les produits de queue sont évacués par un tube aboutissant à l'un des plateaux inférieurs ; sur ce plateau, le liquide contient de 40 à 50 0/0 d'alcool ordinaire, de l'eau et les produits de queue ; on fait circuler le liquide qui sort de cette partie de la colonne dans un réfrigérant, et il s'écoule ensuite dans l'éprouvette-jauge E_3, et de là dans le réservoir des produits de queue.

Remarquons que, si le premier appareil a fonctionné d'une façon incomplète, si les produits volatils de tête n'ont pas été entièrement enlevés, on les retrouvera dans les produits qui s'écoulent en E_2 ; l'alcool qui se trouve, au contraire, sur les plateaux supérieurs de la colonne R_2 est très pur ; il est débarrassé des produits de queue et des produits de tête. Aussi on a disposé un tube

permettant de retirer l'alcool contenu sur ces plateaux ;
il conduit l'alcool dans un réfrigérant C_4, puis dans
l'éprouvette-jauge E_4 ; pour augmenter la quantité de cet
alcool, plus pur que celui de E_3, on envoie sur le plateau supérieur de R_3, non seulement le liquide qui se
condense dans le déflegmateur D_3, mais aussi la plus
grande partie du liquide condensé en C_2. L'alcool qui
sort en E_4, qui est le plus pur de celui que fournit l'appareil, a reçu le nom d'alcool pasteurisé : il marque de 96
à 97° alcooliques.

V — Analyse des alcools

L'analyse des alcools comprend la détermination de
la richesse alcoolique, la recherche et le dosage des impuretés.

94. Richesse alcoolique. — La richesse alcoolique se détermine par un certain nombre de procédés ;
la plupart exigent que la liqueur ne contienne que de
l'eau et de l'alcool ; pour quelques-uns, l'influence des
matières solides en dissolution dans le liquide à analyser
est faible et peut être négligée. Ces procédés reposent sur
la densité mesurée à l'aide des alcoomètres, la température d'ébullition, la tension des vapeurs, l'indice de
réfraction, la vitesse d'écoulement, le nombre de gouttes
que fournit un volume déterminé du mélange, etc.

1° *Alcoomètres.* — On commence par mesurer un
volume exact du liquide à analyser ; puis, on le distille
dans de petits alambics, comme l'alambic Salleron, et,
lorsque la moitié du liquide a distillé, on arrête l'opération ; on ajoute de l'eau pure pour ramener le liquide

distillé au volume primitif, et on plonge dans le liquide un alcoomètre et un thermomètre dont on lit les indications ; l'alcoomètre donne un nombre qui doit être corrigé à l'aide d'une table de correction, en tenant compte de la température indiquée par le thermomètre. Les alcoomètres sont des aréomètres gradués d'une façon spéciale. L'alcoomètre centésimal de Gay-Lussac est le plus employé. Il est gradué de la façon suivante : à la température de 15° il s'enfonce dans l'eau distillée jusqu'à un trait marqué 0, et dans l'alcool absolu jusqu'à un trait marqué 100. Les divisions intermédiaires sont obtenues en plongeant l'instrument dans des mélanges d'alcool et d'eau, à la température de 15°. La division n, par exemple, s'obtient en mettant, dans une éprouvette à pied, de 100 centimètres cubes, n centimètres cubes d'alcool absolu et ajoutant de l'eau pour former 100 centimètres cubes de mélange ; le point où l'alcoomètre s'enfonce dans ce liquide à la température de 15°, est la division n. Lorsque la température est différente de 15°, on note la division lue sur l'alcoomètre et la température indiquée par le thermomètre, et l'on cherche dans la table ci-jointe (p. 330), le nombre qui se trouve dans la colonne verticale correspondant à la température indiquée, et dans la rangée horizontale correspondant au degré de l'alcoomètre ; le nombre qu'on y trouve est le degré alcoométrique véritable, c'est-à-dire celui qu'on aurait trouvé en opérant à 15°. Ainsi, si l'on observe à la température de 19° un degré alcoolique de 43°, on en déduira que le degré alcoolique véritable est le nombre que l'on trouve à la rencontre de la colonne 19 et de la rangée 43, c'est-à-dire 41.3 ; on peut d'ailleurs, connaissant la composition en volume d'un mélange d'eau et d'alcool, telle que la donne l'alcoomètre centésimal de Gay-Lussac, en déduire sa composition en

poids à l'aide de la table suivante, où figure la densité de
chaque mélange ; cette table permet aussi de déterminer
le titre alcoométrique, lorsqu'on n'a pas à sa disposition
d'alcoomètre centésimal, mais seulement un densimètre.

DEGRÉS de l'alcoomètre	DENSITÉS	DEGRÉS de l'alcoomètre	DENSITÉS	DEGRÉS de l'alcoomètre	DENSITÉS	DEGRÉS de l'alcoomètre	DENSITÉS
0	1.000	25	0.971	50	0.936	75	0.879
1	0.999	26	0.970	51	0.934	76	0.876
2	0.997	27	0.969	52	0.932	77	0.874
3	0.996	28	0.968	53	0.930	78	0.871
4	0.995	29	0.967	54	0.928	79	0.868
5	0.993	30	0.966	55	0.926	80	0.865
6	0.992	31	0.965	56	0.924	81	0.863
7	0.990	32	0.964	57	0.922	82	0.860
8	0.989	33	0.963	58	0.920	83	0.857
9	0.988	34	0.962	59	0.918	84	0.854
10	0.987	35	0.961	60	0.915	85	0.851
11	0.986	36	0.959	61	0.913	86	0.848
12	0.984	37	0.957	62	0.911	87	0.845
13	0.983	38	0.956	63	0.909	88	0.842
14	0.982	39	0.954	64	0.906	89	0.838
15	0.981	40	0.953	65	0.904	90	0.835
16	0.980	41	0.951	66	0.902	91	0.832
17	0.979	42	0.949	67	0.899	92	0.829
18	0.978	43	0.948	68	0.896	93	0.826
19	0.977	44	0.946	69	0.893	94	0.822
20	0.976	45	0.945	70	0.891	95	0.818
21	0.975	46	0.943	71	0.888	96	0.814
22	0.974	47	0.941	72	0.886	97	0.811
23	0.973	48	0.940	73	0.884	98	0.805
24	0.972	49	0.938	74	0.881	99	0.800
						100	0.795

Soit n le degré centésimal observé à une température t,
et N le degré centésimal correspondant, à 15°, d'un liquide
alcoolique. La table précédente donne la densité D de ce
mélange. D'après la définition du degré centésimal,
100 centimètres cubes du mélange, mesurés à 15°, contiennent N centimètres cubes d'alcool à 15° et x centimètres
cubes d'eau (1) à la même température ; d'autre part, ces

(1) On n'a pas $x = 100 - $ N, parce que, quand on mélange de l'eau et
de l'alcool, il y a contraction ; le volume du mélange est plus petit que
la somme des volumes de l'alcool et de l'eau ; on a donc : $x > 100 - $ N.

100 centimètres cubes pèsent 100 D, et l'on a, en désignant par d_a la densité de l'alcool à 15°, et par d_e la densité de l'eau à la même température :

$$100\,D = Nd_a + xd_e.$$

Cette équation où tout est connu, sauf x, permet de calculer soit x, soit xd_e, soit $\dfrac{xd_a}{100\,D}$ et $\dfrac{xd_e}{100\,D}$, ce qui donne la composition centésimale en poids du mélange d'eau et d'alcool.

Si, par exemple, on trouve pour n la valeur 46°,5 à la température de 26°, la première table montre que le degré alcoométrique corrigé est N = 42. (A l'intersection de la colonne 26 et des rangées 46 et 47, on trouve respectivement 41,5 et 42,5 ; au nombre observé 46,5, moyenne de 46 et de 47, correspond 42, moyenne de 41,5 et de 42,5.) La seconde table montre qu'au degré 42 correspond la densité 0,949. On a donc, 0,795 étant la densité de l'alcool à 15°, et 0,999 la densité de l'eau à la même température :

$$94,9 = 42 \times 0,795 + x \times 0,999.$$

d'où l'on tire :

$$x = 61,6.$$

Il y a donc eu volume à 15°, dans le liquide examiné, 42 0/0 d'alcool et 61°,6 0/0 d'eau (1).

En poids, il y a $\dfrac{xd_e}{100\,D}$, c'est-à-dire $\dfrac{61,6 \times 0,999}{94,9}$, soit 64,81 0/0 d'eau, et 100 — 64,81 ou 35,19 0/0 d'alcool.

(1) Cet exemple montre que 42 centimètres cubes d'alcool mélangés à 61cc,6 d'eau, au lieu de donner 103cc,6, donnent, en réalité, 100 centimètres cubes de mélange.

Lorsque le liquide à analyser est trop riche en alcool, on y ajoute une proportion d'eau que l'on mesure exactement. Avec les liquides qui ont une tendance à mousser, comme la bière, on doit faire attention à ce que le liquide ne soit pas entraîné dans le réfrigérant ; souvent on évite cet inconvénient, en ajoutant au liquide une petite quantité d'huile. Si le liquide à distiller est acide, on le neutralise avec un peu de magnésie.

Appareil de Salleron.

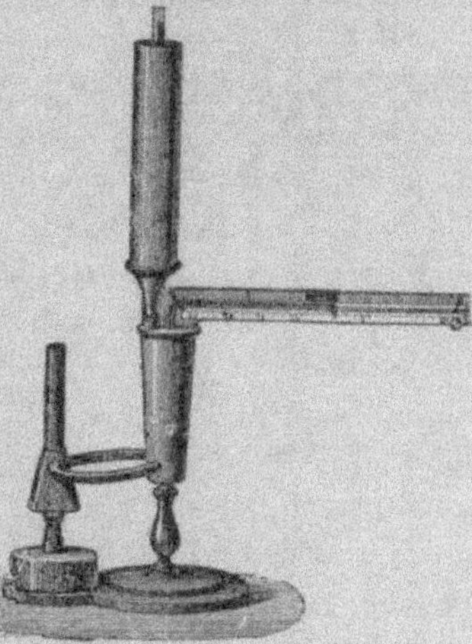

Appareil de Malligand.

Ébullioscopes. — Ces appareils permettent de mesurer, plus rapidement que les précédents, le titre alcoolique des mélanges d'eau et d'alcool, en déterminant leur température d'ébullition qui varie entre 78° pour l'alcool absolu, et 100° pour l'eau pure sous la pression atmosphérique de 76 centimètres de mercure. Comme cette pression varie d'un jour à l'autre, il y a lieu de déterminer la température d'ébullition de l'eau, au moment de faire une analyse. Ce procédé exige des thermomètres sensibles et bien gradués; l'influence du changement du point 0° et du point 100, qui est souvent une cause d'erreur importante, se trouve ici très atténuée par la précaution que l'on a de déterminer, avant chaque essai, le point d'ébullition de l'eau pure. Les instruments qui utilisent le point d'ébullition des liquides sont assez nombreux ; dans la plupart, la règle sur laquelle se trouve la graduation en degrés alcooliques est mobile ; le trait 0°, correspondant à un liquide de richesse alcoolique nulle, c'est-à-dire à l'eau pure, est mis en regard du point où s'arrête le mercure du thermomètre lorsque, dans l'expérience préalable, on fait bouillir de l'eau dans l'appareil ; la position de la règle ainsi fixée expérimentalement, pour les conditions atmosphérique et thermométrique où l'on se trouve à ce moment, on vide l'eau de l'instrument et on la remplace par le mélange que l'on veut analyser ; on le fait bouillir, et on note la division de l'échelle mobile à laquelle arrive le niveau du mercure quand le liquide bout ; cette division indique la richesse centésimale, en volume, du mélange analysé. Dans la plupart des instruments, le réservoir du thermomètre plonge dans la vapeur émise par le liquide, mais non dans le liquide lui-même : tel est l'appareil de Malligand. La plupart de ces appareils sont munis d'un condensateur, qui ramène dans l'alambic les vapeurs qui se sont formées de façon que le liquide conserve une composition et, par suite, une température d'ébullition constante, pendant les quelques minutes nécessaires pour que le thermomètre prenne la température du milieu qui l'entoure.

Dans l'appareil d'Amagat, la même lampe à alcool chauffe deux petites chaudières contenant l'une de l'eau pure, l'autre le mélange que l'on examine, de sorte que la fixation du zéro de l'appareil et la température d'ébullition du liquide se font simultanément.

L'appareil de L. Rey permet de déterminer le titre alcoolique par les deux méthodes précédentes ; il est muni

d'un thermomètre qui donne la température d'ébullition
au début, et d'un serpentin qui permet de condenser les
vapeurs et d'envoyer le liquide qui en résulte dans une
éprouvette à pied, dans laquelle on plongera un alcoomètre centésimal.

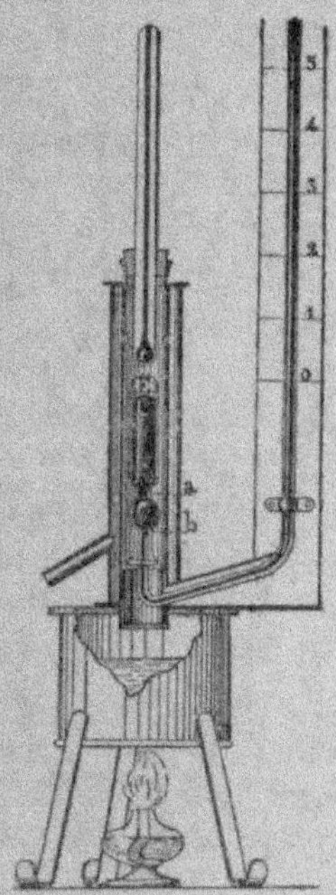

Appareil de Geissler.

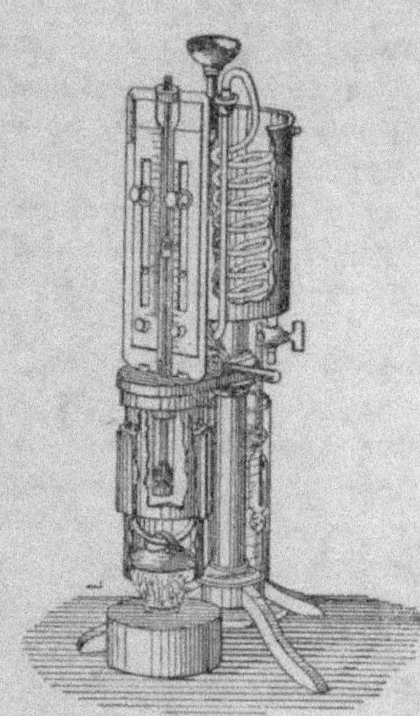

Appareil de Rey.

Vaporimètre de Geissler. — L'appareil se compose
d'une chaudière, disposée comme celles qui servent à
fixer le point 100° des thermomètres, c'est-à-dire sur-
montée d'une colonne à double enveloppe remplie par
la vapeur. Dans cette enceinte, se trouve un thermomètre
et l'appareil manométrique proprement dit. Ce dernier
se compose d'un tube-éprouvette E qui peut être fermé

par un tube de verre rodé qui se recourbe et sert de manomètre. Pour mettre l'appareil en expérience, on sort l'appareil manométrique, on le retourne, on le débouche et on emplit de mercure le tube E jusqu'en *a*; puis, de *a* en *b*, on met le mélange sur lequel on veut opérer; on rajuste le tube coudé sur l'éprouvette, on retourne l'appareil, et on l'introduit dans la position indiquée par la figure. Lorsque l'eau de la chaudière est en ébullition, le thermomètre marque une température voisine de 100°. Le mélange liquide qui est en E a une tension supérieure à celle de l'atmosphère, et cela d'autant plus qu'il est plus riche en alcool; on mesure la tension sur une règle graduée placée contre le tube de verre, et l'on corrige ses indications avec une table de correction, si la température indiquée par le thermomètre n'est pas exactement de 100°.

Pour que cet appareil donne des indications exactes, il faut que le liquide à analyser ne contienne que de l'eau et de l'alcool; s'il y avait des matières solides dissoutes dans le mélange, elles abaisseraient la tension de vapeur et feraient trouver un titre alcoolique trop faible.

Réfractomètre de M. Amagat. — Il se compose d'une cuve prismatique dans laquelle on place le liquide à analyser. Ce prisme se trouve immergé dans une cuve à faces parallèles contenant de l'eau. D'un côté se trouve un collimateur, formé par une lentille, au foyer de laquelle est un réticule; de l'autre côté, se trouve une lunette réglée pour voir à l'infini; au foyer de l'objectif se trouve un micromètre divisé en degrés alcooliques. Si on met de l'eau dans le prisme, les rayons lumineux envoyés par le collimateur ne sont pas déviés, et on règle l'instrument de façon que l'image du réticule coïncide avec le zéro du micromètre; l'appareil reste réglé si la température vient à changer. Si dans le prisme se trouve un mélange d'eau et d'alcool, il n'en est plus de même, et l'image du réticule vient se faire sur une autre division du micromètre; cet appareil est très rapide et n'exige que quelques centimètres cubes de liquide.

Procédés chimiques. — On a indiqué divers procédés chimiques dans le détail desquels nous n'entrerons pas, parce qu'ils ne sont presque pas employés.

96. Recherche et dosage des impuretés. — Les impuretés les plus intéressantes à rechercher et à doser sont les aldéhydes, les éthers et les alcools homologues supérieurs de l'alcool ordinaire.

Pour les *aldéhydes*, MM. Gayon et Dupetit ont proposé le procédé suivant : on prépare le réactif qui sert à reconnaître la présence de l'aldéhyde, en mettant dans un litre d'eau 10 grammes de fuchsine, 10 centimètres cubes d'acide chlorhydrique concentré et 20 centimètres cubes d'une solution de bisulfite de sodium marquant 30° Baumé. Ce réactif est incolore. Pour essayer un alcool, on le ramène au titre de 50 0/0 en ajoutant de l'eau; puis, on prend 2 centimètres cubes, et on y verse 1 centimètre cube de réactif; si l'alcool contient de l'aldéhyde, même en très faible quantité, la liqueur se colore en rose. La réaction est assez sensible pour déceler 1/500000 d'aldéhyde. Si l'on veut utiliser cette réaction à des mesures quantitatives, on compare les colorations obtenues avec des mélanges que l'on fait soi-même et dont on connaît la teneur en aldéhyde.

On utilise, pour la recherche des *alcools supérieurs*, la coloration brune que donne l'acide sulfurique avec l'alcool amylique, quand on chauffe ces deux corps ensemble. Il est bon, au préalable, de se débarrasser des aldéhydes. Pour cela, M. Mohler chauffe 100 centimètres cubes d'alcool, ramenés à 50 0/0, avec 1 centimètre cube d'acide phosphorique à 45° Baumé, pendant une heure, dans un ballon muni d'un réfrigérant ascendant; puis, il distille à sec et ramène à 100 centimètres cubes le liquide qui a distillé; on verse alors 10 centimètres cubes de ce liquide avec 10 centimètres cubes d'acide sulfurique à 66° Baumé, et l'on maintient une heure au bain-marie. Après ce temps, on laisse refroidir, et on compare la teinte obtenue avec celle que donne un mélange, en proportions connues, d'alcool ordinaire et d'alcool amylique, traité dans les mêmes conditions; la liqueur-type contient 0.2 d'alcool amylique par litre d'alcool ordinaire à 50 0/0.

Les *acides* se déterminent par les procédés acidimétriques ordinaires à l'aide d'une solution normale décime de potasse; on exprime les résultats en supposant que l'acidité est due uniquement à de l'acide acétique.

Les *éthers* se déterminent ensuite; après avoir neutralisé les acides, on ajoute 20 centimètres cubes de potasse normale décime, et on fait bouillir une heure avec un réfrigérant ascendant; les éthers sont saponifiés, c'est-à-dire transformés en sels de potassium et alcool; on ajoute alors 20 centimètres cubes d'acide sulfurique décinormal, qui donneraient, avec les 20 centimètres cubes de potasse, une liqueur neutre, si une partie de cette potasse n'avait été transformée en sels de potassium pendant la saponification; la liqueur est donc acide, et la quantité de potasse qu'il faut ajouter pour la neutraliser équivaut aux éthers existant dans l'alcool; on calcule leur poids, en supposant que la réaction est due uniquement à de l'éther acétique. Les *substances azotées* contenues dans les alcools se déterminent en traitant 100 centimètres cubes d'alcool par 2 centimètres cubes d'acide phosphorique à 45° Baumé, et en enlevant tout l'alcool par distillation. Dans le résidu, on dose l'azote à l'état d'ammoniac, par distillation à chaud. Pour cela, on ajoute au résidu, étendu à un litre, 20 grammes de carbonate de sodium, et on distille. Lorsque l'on a recueilli 250 centimètres cubes de liquide, on cherche si le liquide qui passe contient encore de l'ammoniac. S'il n'en contient plus, on dose l'ammoniac contenue dans les eaux de distillation, soit par l'alcalimétrie, soit à l'aide du réactif de Nessler ; si elle en contient encore, on continue jusqu'à ce qu'un nouvel essai apprenne que tout l'ammoniac est expulsé. A ce moment, on ajoute à ce qui reste dans le ballon 80 centimètres cubes d'une solution à 8 grammes par litre de permanganate de potassium, 200 grammes de potasse, et on distille 250 centimètres cubes de liquide. On dose l'ammoniaque dans le liquide distillé ; elle provient de la décomposition des bases pyridiques et des alcaloïdes, tandis que l'ammoniaque, qui avait passé d'abord, provenait des amides.

Dosage de l'alcool méthylique. — Voici le procédé indiqué par MM. Riche et Bardy (1). On introduit dans un petit ballon 10 centimètres cubes de l'alcool à essayer, avec 15 grammes d'iode et 2 grammes de phosphore rouge, et l'on distille immédiatement en recueillant le produit dans 30 à 40 centimètres cubes d'eau. L'iodure alcoolique, précipité dans le fond du liquide, est séparé au moyen d'un entonnoir qu'on bouche avec le doigt, et recueilli dans un ballon contenant 6 centimètres cubes d'aniline. Le mélange s'échauffe ; on aide la réaction en maintenant le vase pendant quelques minutes dans de l'eau tiède que l'on modère, au besoin, par de l'eau

(1) *Comptes rendus de l'Académie des Sciences*, LXXX, p. 1076.

froide, s'il se déclare une vive ébullition. Au bout d'une heure, on verse de l'eau très chaude pour dissoudre les cristaux formés, et l'on porte le liquide à l'ébullition pendant quelques minutes, jusqu'à ce que le vase ne contienne plus qu'un liquide clair. On ajoute à cette liqueur une solution alcaline, qui met en liberté les ammoniaques composées sous forme d'une huile que l'on force à remonter dans le col du ballon par une quantité d'eau suffisante. On oxyde alors le mélange de méthylaniline et d'éthylaniline ainsi formées, en versant sur 10 grammes du mélange d'Hoffmann (formé par 100 grammes de sable, 2 grammes de chlorure de sodium, 3 grammes d'azotate de cuivre) 1 centimètre cube du liquide huileux, que l'on y incorpore avec soin, au moyen d'un agitateur en verre, et l'on introduit ce mélange dans un tube en verre de 2 centimètres de diamètre, que l'on maintient à 90° au bain-marie pendant huit à dix heures. On épuise ensuite cette matière, dans le tube même, par trois traitements à l'alcool tiède que l'on jette sur un filtre et que l'on amène au volume de 100 centimètres cubes. L'alcool pur donne une liqueur présentant une teinte bois rougeâtre. L'alcool renfermant 1 0/0 d'alcool méthylique donne une solution manifestement violette à côté de la précédente. A 2,5 0/0 d'alcool méthylique, la nuance est d'un violet très accentué. On compare, dans des tubes de même calibre, ces liqueurs à des types de composition connue, traités de la même façon. On peut aussi se servir de ces liqueurs pour teindre une étoffe de laine blanche, que l'on compare avec des types obtenus avec des alcools à 1, 2, 3... 10 0/0 de méthylène.

C. — GLYCÉRINE

97. Préparation de la glycérine. — Les corps gras naturels, graisses et huiles, sont les matières premières de deux industries importantes : la fabrication des savons et celle des bougies stéariques. Dans ces deux industries, on décompose les éthers de la glycérine, qui constituent les corps gras, en glycérine et en acides gras, que l'on obtient, combinés à la soude ou à la potasse dans l'industrie des savons, ou libres dans l'industrie des bougies stéariques. Dans l'une et dans l'autre, on sépare la glycérine obtenue, on la concentre, et on la vend à l'état brut à des usines qui la purifient.

a. Glycérine brute des savonneries. — Dans la fabrication des savons, la saponification des corps gras est obtenue par les alcalis et la glycérine se trouve dans les premières eaux mères, d'où l'on a précipité les savons par une solution saturée de sel marin. La glycérine se trouve dans ces eaux mères, mélangée à un grand nombre d'impuretés, en particulier à celles de la soude, surtout quand on emploie celle-ci à l'état brut, état dans lequel elle contient des composés sulfurés en assez grande quantité. Ces eaux sont acidulées avec de l'acide chlorhydrique ou sulfurique qui détruisent les sulfures, sulfites, hyposulfites, etc. On les évapore ensuite en les plaçant dans un grand bac, ayant la forme d'un demi-cylindre, et dans lequel tourne un cylindre creux en tôle, chauffé par un courant de vapeur. Ce cylindre porte des augets qui se remplissent de liquide, puis le laissent couler sur le cylindre, quand celui-ci a dépassé une certaine position. On produit ainsi une évaporation rapide, et on obtient un liquide sirupeux pouvant contenir 60 0/0 de glycérine ; on la purifie par distillation et par dialyse ; on a aussi proposé de la traiter par l'acide oléique, de façon à obtenir une oléine insoluble, que l'on lave et que l'on saponifie ensuite, pour en retirer la glycérine. La glycérine brute des savonneries est difficile à purifier et ne peut pas être employée avec avantage pour certains usages, par exemple, pour la fabrication de la nitroglycérine.

b. Glycérine brute des stéarineries. — Dans les stéarineries, la décomposition des corps gras se fait à l'aide d'une petite quantité de chaux ou par l'action de l'acide sulfurique. Quand on emploie ce dernier procédé, on obtient, pour 100 kilogrammes de suif, de 2 à 3 kilogrammes de glycérine en partie altérée. Quand on décompose, au contraire, les corps gras par un peu de chaux, on obtient, 6 kil. 5 de glycérine d'une qualité beaucoup meilleure. Quel que soit le procédé de décomposition adopté, les liquides contenant la glycérine sont neutralisés (avec de la chaux dans le premier cas, avec de l'acide sulfurique dans le second) et évaporés jusqu'à 20° Baumé ; on filtre alors, pour éliminer le sulfate de calcium, on concentre jusqu'à 28° Baumé, et on décolore avec du noir animal ; on obtient ainsi une glycérine brute, de meilleure qualité que celle qui provient des savonneries.

98. Purification des glycérines brutes. — La purification se fait presque toujours par la distillation. Comme la glycérine se décompose à la température normale de son ébullition, on opère dans le vide ou en présence de la vapeur d'eau. Le plus souvent, on combine ces deux méthodes. L'alambic que l'on emploie est en cuivre, assez résistant pour qu'il puisse supporter la pression atmosphérique, quand on fait le vide à l'intérieur.

Il possède un double fond chauffé à la vapeur; des injecteurs placés à l'intérieur permettent de lancer des jets de vapeur. Les appareils de condensation se composent d'une série de tubes verticaux, communiquant entre eux alternativement par le haut et par le bas. Ces divers tuyaux, qui ne sont refroidis que par l'air, ont des températures qui vont en décroissant à partir du voisinage de l'alambic; les liquides qui se condensent dans ces divers tuyaux ont des compositions différentes, et on les recueille séparément dans des réservoirs spéciaux. A la suite de ces premiers appareils de réfrigération, se trouve un serpentin entouré d'eau froide, puis un cylindre où arrive une pluie d'eau froide qui achève de dissoudre les vapeurs non condensées. Cette eau est constamment aspirée et refoulée à l'aide d'une pompe spéciale.

Pour faire une opération, on emplit l'alambic, et, en envoyant de la vapeur dans le double fond, on chauffe le contenu jusqu'à 150°; à ce moment, on fait le vide dans tout l'appareil: la température baisse rapidement jusqu'à 80°, par suite de l'évaporation de l'eau qui se fait d'une façon très active dans l'alambic. Bientôt la température remonte et, lorsqu'elle atteint 180°, la distillation commence; on ne dépasse pas, en général, 220°, pour éviter l'altération de la glycérine. Le premier cylindre de condensation est à environ 170°; le deuxième, à 140; le troisième, à 130; le quatrième, à 115; le cinquième, à 100; et le sixième, à 95.

La glycérine obtenue dans ces conditions est à peine colorée; on lui retire la couleur ambrée qu'elle possède, en la filtrant sur du noir provenant de la calcination du sang, quand elle doit servir à des usages pharmaceutiques. Quand elle provient des stéarineries où l'on opère par la chaux, elle ne renferme que 4 millièmes environ d'impuretés ; elle est utilisée pour la fabrication de la dynamite.

99. Essai et dosage de la glycérine. — 1° *Essai.* — La glycérine doit être neutre aux réactifs colorés ; chauffée sur une lame de platine, elle ne doit fournir aucun résidu fixe. On a proposé de reconnaître la glycérine par un essai, avec une perle de borax que l'on trempe dans la liqueur à examiner, et que l'on porte ensuite dans une flamme. Il se produit une auréole verte avec une teneur en glycérine de 1 0/0. Cette réaction n'est pas caractéristique, elle est commune à la plupart des alcools (Prunier).

2° *Dosage de la glycérine.* — Presque toujours, on dose la glycérine par perte de poids. Ainsi, pour doser la glycérine dans le vin, on détermine le poids de l'extrait sec dans le vide à la température ordinaire, et le poids de l'extrait sec dans le vide à 180°, ou dans l'air à 100°; quand la matière ne diminue plus de poids, la différence donne le poids de glycérine.

100. Usages. — La glycérine sert dans l'industrie pour un grand nombre d'usages, par exemple, dans le tissage, dans l'industrie des cuirs, pour empêcher l'argile à modeler ou les couleurs de sécher. On utilise ses propriétés dissolvantes en pharmacie dans les glycérolés ; on s'en sert pour le pansement des plaies, pour l'extraction des parfums contenus dans les fleurs. Enfin, et c'est là une de ses applications les plus importantes, on la transforme en nitroglycérine et en dynamite.

CHAPITRE IV

PHÉNOLS

————

§ 1. — *Généralités.* — § 2. — *Étude particulière des phénols*
§ 3. — *Applications*

§ 1. — Généralités

101. Définition. — On désigne, sous le nom de phénols, une série de corps, de propriétés analogues, dont le plus simple est le phénol ordinaire C^6H^6O. Ces composés ont été, tout d'abord, confondus tantôt avec les alcools, tantôt avec les acides. Ils possèdent, en effet, des propriétés qui appartiennent aussi aux alcools et aux acides; mais ils en diffèrent par d'autres propriétés. Il y a donc lieu de considérer une fonction, la fonction phénol, à côté de la fonction alcool et de la fonction acide.

Les phénols se rapprochent des alcools par la propriété qu'ils possèdent de fournir des éthers en réagissant sur les acides; ils produisent aussi des amines avec l'ammoniac; mais ils diffèrent des alcools en ce qu'ils ne donnent pas, par oxydation, d'aldéhydes ni de cétones, mais des quinones, et en ce qu'ils donnent, avec le chlore et le brome, des phénomènes de substitution, ce que les alcools ne font pas.

Les phénols se rapprochent des acides, parce qu'ils se combinent aux bases pour donner des substances bien définies, cristallisées. Mais ils s'en distinguent, parce que ces combinaisons ne sont pas de véritables sels, et par leurs autres propriétés.

L'analogie des alcools et des phénols, relativement à la formation des éthers, permet de définir l'atomicité des phénols comme celle des alcools. (Voir page 231.)

102. Constitution. — Prenons, dans la série des phénols monoatomiques, le plus simple de ces composés, c'est-à-dire celui dont le poids moléculaire est le plus faible. Il a pour formule C^6H^6O. L'étude de toutes ses propriétés conduit à le représenter par la formule schématique $C^6H^5.OH$, qui en fait un dérivé du benzène, résultant de la substitution d'un oxhydryle à un atome d'hydrogène dans une molécule de benzène (1). Parmi les diverses raisons que l'on peut invoquer pour justifier cette constitution, voici quelques-unes des plus importantes : cette formule montre que, le phénol étant un dérivé monosubstitué du benzène, les dérivés monosubstitués du phénol seront des dérivés bisubstitués du benzène et devront, par suite, présenter le nombre d'isomères qui caractérisent cette double substitution (trois isomères désignés par les préfixes ortho, méta et para). Cette formule donne au phénol la constitution d'un alcool : ainsi l'alcool méthylique $CH^3.OH$ dérive, par substitution de OH à H, du formène CH^4. Cette analogie de formule

---

(1) Le schéma développé correspondant au phénol ne diffère donc de celui que l'on adopte pour le benzène que par le remplacement d'un H par un OH.

concorde avec l'analogie constatée entre les phénols et les alcools, en même temps que l'on peut expliquer les différences qui existent entre ces deux séries de corps par la présence du noyau benzénique, très différent par sa constitution des radicaux $R.CH_2$, $R : CH$ ou $R :. C$, qui caractérisent respectivement les alcools primaires, secondaires et tertiaires, et donnent à ces trois classes d'alcool des propriétés déjà notablement différentes.

On peut, enfin, citer, pour justifier la formule $C^6H^5.OH$, les diverses réactions où le phénol prend naissance et les transformations qu'il subit. On verra, en effet, dans ce qui va suivre, que cette formule du phénol se prête facilement à représenter toutes les réactions de ce corps.

Considérons maintenant les phénols monoatomiques, homologues supérieurs du phénol ordinaire. Le plus simple a pour formule brute C^7H^8O. D'après ce qui précède, nous mettrons en évidence un groupe OH, et nous l'écrirons $C^7H^7.OH$. La relation que nous avons remarquée entre la formule du benzène et celle du phénol nous conduit à rechercher une relation analogue entre la formule de ce nouveau phénol, homologue supérieur du phénol ordinaire, et celle du toluène, homologue supérieur du benzène. Le toluène ayant pour formule C^7H^8, nous voyons que la même relation existe entre le toluène et ce nouveau phénol, le crésol. On sait, d'autre part, que la formule qui convient au toluène est $C^6H^5.CH^3$; c'est le méthyl-benzène. La formule du phénol correspondant devra alors s'écrire, au lieu de $C^7H^7.OH$, en mettant en évidence le noyau benzénique, $C^6H^4 : (CH^3,OH)$. Ce phénol est donc, d'après cela, le produit d'une double substitution effectuée sur le benzène. Il doit donc exister trois composés isomériques, répondant aux schémas ortho, méta et para (1). C'est ce que l'expérience vérifie ; il existe trois crésols, et c'est là encore une preuve que la formule $C^6H^5.OH$, donnée au phénol ordinaire, convenait bien à ce corps.

D'autres phénols monoatomiques pourront se représenter de même par des substitutions, à un ou plusieurs atomes d'hydrogène du noyau benzénique, d'un oxhydryle, puis de divers radicaux monovalents. Tels sont, par exemple, le thymol $C^6H^3 :. (C^3H^7, CH^3, OH)$ et ses isomères (propylméthylbenzénols).

Il existe deux autres classes de composés se rattachant aux phénols très étroitement, et qui dérivent, non du benzène, mais du naphtalène et de l'anthracène, carbures qui ont, d'ailleurs, avec le premier, des relations simples. Ces phénols se nomment des naphtols et des anthrols. Il y a deux naphtols monoatomiques de formule $C^{10}H^7.OH$ (la plus simple), et, en effet, les produits monosubstitués du naphtalène sont toujours au nombre de deux. Car, parmi les huit atomes d'hydrogène du naphtalène, quatre ont des rôles identiques, et les quatre autres un rôle identique aussi, mais différent du premier, comme le montre la formule développée du naphtalène. (Voir p. 151.) Il y a donc deux isomères, lorsque l'on fait une substitution dans le naphtalène, selon que la substitution porte sur l'un ou sur l'autre de ces deux groupes d'atomes hydrogène.

(1) De la formule du toluène $C^6H^5.CH^3$, on passe donc à celle du phénol correspondant par la substitution de OH à un H du toluène. Mais le toluène contient des atomes d'hydrogène, dont les uns appartiennent au groupe benzénique, et les autres au groupe méthyle. Quand la substitution se fait dans le noyau benzénique, on a un des trois crésols ; mais, lorsqu'elle se fait dans le noyau CH^3, on a un corps très différent caractérisé au point de vue de la formule par le groupe CH^2OH des alcools primaires, et caractérisé au point de vue des propriétés par les propriétés des alcools (formation d'aldéhyde en particulier). C'est l'alcool benzylique. (Voir page 264.)

Considérons maintenant les phénols biatomiques. Ceux qui sont à fonction simple ne contiennent que deux atomes d'hydrogène. D'après ce qui précède, il est naturel de mettre en évidence, dans leur formule, deux groupes OH. Le plus simple des phénols diatomiques devra donc avoir pour formule $C^6H^4 : (OH)^2$. On connaît, en effet, trois phénols diatomiques, auxquels cette formule convient : ce sont les ortho, méta et paradiphénol, plus connus sous les noms de pyrocatéchine (composé ortho), de résorcine (composé méta) et d'hydroquinone (composé para). Ces composés ont des homologues supérieurs, dont on obtient la formule en substituant dans $C^6H^4 : (OH)^2$ à un ou plusieurs atomes d'hydrogène du noyau C^6H^4 un nombre égal de groupes méthyle CH^3. Telle est l'orcine $C^6H^3 : . [CH^3, (OH)^2]$.

On connaît de même plusieurs phénols triatomiques, dont la formule est représentée, pour les mêmes raisons, par $C^6H^3 : . (OH)^3$; ce sont le pyrogallol, la phloroglucine et l'oxyhydroquinone.

L'hexaoxybenzène $C^6 (OH)^6$ représente un phénol hexatomique, dernier terme des substitutions phénoliques que peut éprouver le benzène.

103. Classification. — Il résulte de la discussion précédente qu'il y a lieu de distinguer les phénols à fonction simple des phénols à fonctions mixtes ; dans le groupe des phénols à fonction simple, il conviendra de ranger les phénols d'après leur atomicité. Dans chaque classe de phénols ainsi obtenue, on classera les phénols d'après le carbure, benzène, naphtalène, ou anthracène, dont ils dérivent ; puis, dans chacun de ces groupes, ils seront rangés par ordre de poids moléculaires croissants. Les composés homologues d'une même classe différeront par un CH^2 du composé précédent ; ce CH^2, provenant d'une substitution de CH^2 à H, pourra avoir été obtenu de plusieurs façons, suivant le rôle de l'atome d'hydrogène enlevé. De là, de nombreux composés isomériques.

A côté des phénols à fonction simple, il faudra ensuite grouper les phénols à fonction mixte. La formule de ces corps s'obtient en remplaçant un des atomes d'hydrogène du noyau benzénique par un groupement monovalent, correspondant à une autre fonction, telle que le groupement CH^2OH, par exemple ; un pareil corps sera à la fois phénol et alcool primaire. Le plus simple de ces corps C^6H^4 : (CH^2OH, OH) est la saligénine.

D'après l'ordre adopté dans cet ouvrage, nous n'étudierons, parmi les phénols à fonction mixte, que ceux qui possèdent, outre la fonction phénol, une fonction déjà étudiée ; nous étudierons donc seulement les alcools-phénols, en renvoyant au chapitre *Éthers* pour les éthers-phénols, etc.

§ 2. — ÉTUDE PARTICULIÈRE DES PHÉNOLS

I. — PHÉNOLS A FONCTION SIMPLE

A. — PHÉNOLS MONOATOMIQUES

a. — *Phénols dérivant du benzène*

104. Phénol, ou benzénol. — Le phénol $C^6H^5.OH$ a été découvert par Runge, dans les goudrons qui proviennent de la distillation de la houille. Runge lui donna le nom d'acide phénique, à cause des combinaisons qu'il forme avec les bases. Laurent découvrit les propriétés qui le rapprochent des alcools : formation d'éthers avec les acides, d'amines avec l'ammoniac; de là, le nom d'alcool phénilique, qui est impropre d'ailleurs, comme celui d'acide phénique.

Synthèse. — La synthèse du phénol, à partir du benzène, montre les relations de ces deux corps, et justifie la formule $C^6H^5.OH$ attribuée au phénol. M. Church a obtenu le phénol, en traitant le chlorure de benzène $C^6H^6Cl^2$ par une solution alcoolique de potasse :

$$C^6H^6Cl^2 + 2KOH = C^6H^5.OH + 2KCl + H^2O.$$

On l'obtient aussi en traitant le benzène par l'acide sulfurique fumant, ce qui produit un acide benzinosulfurique, et en faisant agir la potasse sur le benzinosulfate de potassium :

$$2(C^6H^5.SO^3K) + 2KOH + H^2O$$
$$= 2C^6H^5.OH + SO^3K^2 + SO^4K^2 + H^2.$$

C'est là une méthode très générale de synthèse des alcools.

Comme le benzène a été obtenu synthétiquement par M. Berthelot, ces synthèses sont totales. On peut, d'ailleurs, ainsi que l'a montré ce savant, obtenir le phénol en partant de l'acétylène : on absorbe ce gaz par l'acide sulfurique fumant; en neutralisant la liqueur par la potasse, on obtient l'acétylénosulfate de potassium qui, traité par la potasse fondante, donne naissance à du phénol.

Le phénol se produit aussi dans la décomposition d'un assez grand nombre de substances, comme la houille, le bois, l'alcool, l'acide acétique, diverses résines, les acides oxybenzoïques, etc.

Préparations. — On prépare le phénol à l'aide des goudrons de houille. C'est dans la portion de ces goudrons, qui passe à la distillation entre 150 et 200°, que se trouve la majeure partie du phénol ; on traite le liquide distillé par de l'acide sulfurique étendu, qui le débarrasse de diverses matières alcalines qu'il contient toujours ; puis, après décantation, on le fait agir sur une solution chaude et concentrée de potasse, dans une chaudière chauffée à la vapeur ; un agitateur permet de maintenir le mélange bien homogène. Il se forme ainsi une solution de phénate de potassium, que l'on recueille à part, et que l'on décompose par l'acide sulfurique. Le liquide huileux, que l'on obtient par ce dernier traitement, est lavé, puis desséché sur du chlorure de calcium. Pour l'avoir plus pur, on le fait cristalliser à plusieurs reprises, en recueillant chaque fois, les cristaux qui se déposent les premiers, et en les faisant égoutter, puis fondre de nouveau.

Pour avoir du phénol tout à fait exempt de ses homologues supérieurs, il convient de le préparer par synthèse, comme il a été dit plus haut, en partant de benzène pur, exempt de toluène.

Propriétés. — Le phénol est un corps solide, incolore, cristallisant en aiguilles. Il fond à 42° et bout à 181°,5. Sa densité à 18° est de 1,065. Il est très déliquescent, bien que peu soluble dans l'eau (50 grammes par litre) ; il forme avec ce corps un hydrate $2C^6H^6O + H^2O$. Il se dissout en toutes proportions dans l'alcool, l'éther et l'acide acétique. Il est beaucoup plus soluble dans l'eau alcoolisée que dans l'eau pure, d'autant plus que le dissolvant est plus riche en alcool. Aussi emploie-t-on souvent l'eau alcoolisée pour faire des solutions plus ou moins concentrées d'acide phénique. Il a une odeur spéciale, caractéristique, et une saveur brûlante. A l'état pur ou en solutions concentrées, il attaque violemment la peau ; il désorganise rapidement les tissus ; il coagule l'albumine. Il possède des propriétés antiseptiques remarquables, et fréquemment utilisées. Il forme sur le papier des taches huileuses, qui disparaissent peu à peu par l'évaporation.

L'*hydrogène naissant*, fourni par la décomposition de l'acide iodhydrique à 280°, transforme le phénol en benzène.

L'*oxygène naissant* (acide chromique) le transforme en phénoquinone $C^6H^4 : (O. OC^6H^5)^2$. C'est par une réaction oxydante analogue, mais obtenue avec la potasse fondante, que le phénol se transforme en un phénol dérivant de deux molécules de benzène :

$$C^6H^4 : (C^6H^5, OH),$$

en donnant, en outre, de l'acide oxybenzoïque et de l'acide salicylique.

Le *chlore* et le *brome* donnent naissance à des dérivés mono, bi, tri, substitués. Les dérivés iodés correspondants peuvent être obtenus, mais indirectement.

Les *métaux alcalins* se dissolvent dans le phénol avec dégagement d'hydrogène et formation de dérivés correspondants.

Les *bases alcalines* donnent, avec le phénol, des combinaisons, qui ont pour formule $C^6H^5. OH, M'OH$; les alcalino-terreux, les combinaisons $(C^6H^5. OH)^2, M'' (OH)^2$. Ce ne sont donc pas, par leurs formules mêmes, de véritables sels. Ces combinaisons sont peu stables. Le phénol est, d'ailleurs, neutre au tournesol, et il ne décompose pas les carbonates.

Les *acides* réagissent sur les phénols en donnant, avec

élimination d'eau, des composés comparables aux éthers. Ces mêmes composés s'obtiennent plus facilement à l'aide des chlorures acides. Ainsi l'acétate de phényle, ou éther acétique du phénol $CH_3COO.C^6H^5$ s'obtient en faisant réagir le chlorure d'acétyle sur le phénol ; le chlorure de phosphore transforme, de même, le phénol en éther chlorhydrique du phénol C^6H^5Cl.

Certains acides possèdent, en outre, des réactions spéciales.

L'acide carbonique sous pression donne, avec le phénol, une combinaison $8C^6H^6O + CO^2$; avec le phénol sodé, il donne, par fixation à molécules égales, deux composés isomères : le salicylate et le paraoxybenzoate de sodium :

$$C^6H^5.ONa + CO^2 = C^6H^4 : (COONa, OH).$$

Un mélange d'acide oxalique et d'acide sulfurique, agissant par l'acide carbonique qu'il peut mettre en liberté, transforme le phénol en une belle matière colorante jaune, l'*aurine* $C^{19}H^{14}O^3$:

$$3 (C^6H^5.OH) + CO^2 = C^{19}H^{14}O^3 + 2H^2O,$$

que l'on appelle aussi coralline jaune.

L'ammoniaque la transforme en une belle matière rouge, la coralline rouge.

A côté de l'action des acides par le phénol on peut citer l'action de l'anhydride phtalique :

$$C^6H^4 \Big\langle {CO \atop CO} \Big\rangle O,$$

qui donne deux composés isomères, l'éther phtalique du

phénol :

$$C^6H^4 \Big\langle \begin{matrix} COOC^6H^5, \\ COOH \end{matrix}$$

et la phtaléine du phénol :

$$\begin{matrix} O. & C^6H^4 \\ | & | \\ CO.C & : (C^6H^4OH)^2. \end{matrix}$$

Cette substance incolore donne avec les alcalis une belle coloration rouge, souvent utilisée pour les dosages alcalimétriques.

L'acide azotique donne avec le phénol des réactions spéciales ; il le transforme en dérivés mono, bi et tri-nitrés. Le dérivé trinitré est le plus important : on le connaît sous le nom d'acide picrique ; nous l'étudierons un peu plus loin. (V. p. 382.)

Le phénol donne, quand on le traite par un mélange d'acide azotique et sulfurique concentré, une réaction assez vive et très complexe ; il se forme une masse brune, que l'on utilise en teinture, sous le nom de phénicine.

Parmi les réactions que l'on utilise pour reconnaître le phénol, on peut citer les suivantes : le chlorure de chaux donne, avec le phénol additionné d'un peu d'ammoniaque, une coloration bleue assez sensible. Quand on trempe un copeau de sapin dans une solution aqueuse de phénol, puis dans de l'acide chlorhydrique étendu, et qu'on l'expose au soleil, on obtient une coloration bleue.

Usages. — Le phénol est employé comme antiseptique et comme matière première de la fabrication de certaines couleurs, de l'acide picrique et des picrates.

Phénates. — Nous avons indiqué plus haut les formules des phénates alcalins et alcalino-terreux, que l'on peut considérer comme les types des combinaisons formées par le phénol, avec les métaux mono et bivalents.

Phénate de potassium $C^6H^6O + KOH$. — Petites lames micacées, fusibles vers 94°, que l'on obtient en ajoutant 62,6 parties de phénol à 37,4 parties de potasse fondue, ou en mélangeant les solutions alcooliques de ces corps. Il existe aussi un phénol potassique $C^6H^5.OK$, obtenu par l'action du potassium sur le phénol.

Phénate de sodium $C^6H^6O + NaOH$. — Il s'obtient d'une façon analogue, ainsi que le phénol sodé.

Phénate de baryum $(C^6H^6O)^2 + Ba(OH)^2 + H^2O$. — Il s'obtient en évaporant dans le vide un mélange de phénol et d'eau de baryte.

Phénate de plomb $C^6H^6O + PbO$. — Ce composé se dépose par refroidissement de la liqueur obtenue en faisant bouillir du phénol avec de la litharge.

Phénate de cuivre $(C^6H^6O)^2(CuH^2O^2)^3$. — Il s'obtient par double décomposition entre le sulfate de cuivre et le phénate de potassium. C'est une poudre verte.

Phénate de mercure C^6H^6O, HgH^2O^2. — Poudre d'un rouge orangé, obtenue aussi par double décomposition.

PHÉNOLS NITRÉS. — *Phénols mononitrés* $C^6H^5 : (AzO^2, OH)$. — On connaît les trois isomères (ortho, méta, para), correspondant à ces dérivés bi-substitués du benzène. Le composé *ortho* fond à 45° et bout à 214°. On l'obtient en ajoutant à une solution chaude de 2 parties de phénol dans 100 parties d'eau, 3 parties d'acide azotique de densité 1,51, et distillant. Le composé *méta* fond à 96° et bout à 194°. On l'obtient par l'action de l'acide sulfurique et de l'azotite de potassium sur la nitraniline. Le composé *para* fond à 110°. Il s'obtient par l'action de l'acide azotique sur le phénol. On élimine par distillation le composé *ortho* formé simultanément.

Ces divers composés forment des sels ; ils déplacent l'acide carbonique des carbonates.

Phénols binitrés $C^6H^3 : [(AzO^2)^2, OH]$. — On connaît quatre dinitrophénols : si l'on désigne par 1 le carbone lié à l'oxhydryle, les groupes AzO^2 occupent les places 2 et 3, 3 et 4, 2 et 4, enfin 2 et 6. Ces composés s'obtiennent simultanément, quand on traite le métanitrophénol par l'acide azotique. On les convertit en sels de baryum que l'on sépare par cristallisations dans l'alcool et dans l'eau. Ils forment des sels bien définis, de formule $C^6H^3(AzO^2)^2OM'$, avec les métaux monovalents et de formule $[C^6H^3(AzO^2)^2O]^2M''$ avec les métaux bivalents.

Phénols trinitrés $C^6H^2 :: [(AzO^2)^3, OH]$. — On connaît quatre phénols trinitrés. On les obtient, pour la plupart, par l'action de l'acide azotique sur les phénols binitrés ; on utilise encore les solubilités différentes des sels de baryum, dans l'alcool et dans l'eau, pour les séparer. Le plus important de ces composés, le seul que nous étudierons, est le phénol trinitré, où les trois groupes AzO^2 occupent les positions 2, 4, 6. Il est plus connu sous le nom d'acide picrique. (V. page 382.)

105. Crésols, ou méthylbenzénols. — Les crésols $C^6H^4 : (CH^3, OH)$, étant des dérivés bisubstitués du benzène, peuvent exister sous trois états isomériques différents. On connaît les trois crésols, ortho, méta et para, que prévoit la théorie. Ils accompagnent le phénol dans le goudron de houille et, quand on traite l'huile qui distille entre 100° et 200° pour en retirer le phénol, les crésylols restent en partie dans la portion demeurée liquide après la cristallisation du phénol. On peut obtenir les trois crésols en traitant par la potasse les toluène-sulfonates de potassium correspondants. Ces crésols, traités par la potasse fondante, se transforment dans les acides oxybenzoïques correspondants : l'orthocrésol, en acide orthoxybenzoïque, ou acide salicylique ; le métacrésol, en acide métaoxybenzoïque ; et le para-crésol, en acide paraoxybenzoïque. Voici les propriétés spécifiques des trois crésols.

L'*orthocrésol* est cristallisé en grands prismes incolores, fusibles à 31°, et bouillant à 185°.

Le *métacrésol* est un liquide incristallisable (même à — 78°) ; il bout à 201°.

Le *paracrésol* est cristallisé : il fond à 36° et bout à 202°.

Parmi les dérivés des crésols, le plus intéressant, au point de vue pratique, est le dinitroparacrésol, matière colorante d'un beau jaune, connu sous le nom de *jaune Victoria ;* on l'obtient par l'action de l'acide azotique sur le paracrésol ou sur un dérivé sulfoné de ce corps.

106. Thymols $C^6H^3 :. (CH^3, C^3H^7, OH)$. — On connaît deux thymols, l'α-thymol et le β-thymol ou carvacrol (1).

Thymol. — Le thymol se trouve dans diverses essences, mais surtout dans l'essence de thym, dont il constitue la partie principale. Pour l'obtenir, on traite cette essence par une solution moyennement concentrée de soude, et l'on décompose ensuite la liqueur obtenue par l'acide chlorhydrique ; on obtient aussi un liquide huileux qui se sépare du reste de la matière et ne tarde pas à se prendre en masse, par refroidissement ; on le presse, et on le purifie en le faisant cristalliser dans l'alcool. Il fond à 44°

---

(1) Le carvol, qui a même formule brute $C^{10}H^{16}O$, et que l'on rencontre dans diverses essences (essence de carvi, d'aneth), a une constitution différente, qui rapproche ce composé du camphre.

et bout à 230°. Il est très soluble dans l'alcool et dans l'éther, mais peu dans l'eau (3 grammes par litre).

Il est employé comme antiseptique.

Carvacrol. — C'est un liquide bouillant à 232°, que l'on obtient en traitant à chaud l'essence de carvi par la potasse.

b. — *Phénols dérivant du naphtalène*

107. Naphtols, ou naphtalénols $C^{10}H^7.OH$. — On connaît deux naphtols isomériques que l'on désigne par α et β. La synthèse de l'α-naphtol, réalisée par Fittig et Erdmann, à l'aide de l'acide phénylisocrotonique assigne à l'α-naphtol la constitution représentée par le schéma du naphtalène avec la substitution d'un OH à un H :

$$
\begin{array}{ccccc}
 & CH & & CH & \\
CH & & C & & CH \\
CH & & C & & CH \\
 & CH & & C.OH &
\end{array}
$$

Les naphtols α et β s'obtiennent en projetant dans la potasse en fusion, les dérivés sulfo-conjugués correspondant du naphtalène ou, plutôt, les sels de potassium ou de plomb de ces dérivés.

Naphtol α. — Composé découvert par M. Griess. C'est un corps solide qui cristallise en aiguilles, fond à 94°, et peut être entraîné en vapeur à l'aide de la vapeur d'eau.

Naphtol β. — Composé découvert par M. Schaeffer. C'est un corps cristallisé en lamelles fusibles à 122°.

Les naphtols donnent, plus facilement que les phénols,

des composés éthérés. Ils produisent, en agissant sur un dérivé diazoïque, de l'acide sulfanilique, de belles matières colorantes orangées. (V. *orangés*, *roccelline*, etc.) C'est la principale application de ces corps.

Les dérivés des naphtols sont très nombreux ; nous citerons seulement les dérivés nitrés utilisés comme matières colorantes.

Mononitro-α-naphtol $C^{10}H^5(AzO^2).OH$. — Ce composé s'obtient en soumettant, à l'action oxydante d'un courant d'air, vers 140°, un mélange d'une partie de nitronaphtalène, d'une partie de soude caustique et de 2 parties de chaux éteinte. Après douze heures, on laisse refroidir ; on reprend la masse par l'eau, on filtre, et on traite par l'acide chlorhydrique. Le mononitro-α-naphtol se précipite sous forme de petites aiguilles jaunes. Il fond à 163°. Il est très soluble dans l'alcool et se distingue ainsi d'un isomère qui cristallise en lames verdâtres, fusibles à 128°.

Il donne des sels jaunes ou rouges. Son sel de sodium est utilisé comme matière colorante sous le nom de *jaune français*, ou *jaune de Campobello*.

Dinitro-α-naphtol $C^{10}H^3(AzO^2)^2.OH$. — On le prépare par l'action d'un mélange d'acide sulfurique et d'acide azotique sur le naphtol brut à 100°. Ce naphtol brut, obtenu par l'action de la soude sur les composés sulfoconjugués du naphtalène, est un mélange des naphtols α et β.

C'est une belle matière jaune cristallisée, fondant à 135°, très peu soluble dans l'eau, dans l'alcool et dans l'éther. Elle donne des sels jaunes ou orangés. On l'utilise en teinture : c'est le *jaune de Martius*, ou *jaune de Manchester*.

Le *jaune de naphtol* est son dérivé sulfonique ou,

plutôt, son sel de potassium. Il a pour formule :

$$C^{10}H^5 (AzO^2)^2 OK.SO^3K.$$

On le prépare en traitant l'acide α-naphtolsulfonique par l'acide azotique.

On utilise aussi, comme matières colorantes jaunes, des dérivés mixtes amidés et sulfonés, tels que :

$$C^{10}H^4 (AzO^2) (AzH^2) (OH) SO^3H, \text{ etc.}$$

c. — Phénols dérivant de l'anthracène

108. Anthrols $C^{14}H^9.OH$. — On connaît deux anthrols (α et β), que l'on obtient en traitant par la potasse en fusion les deux dérivés sulfoniques correspondants de l'anthracène. On reprend ensuite par l'eau, puis par l'acide chlorhydrique, qui met en liberté les anthrols correspondants. Ces composés servent dans la préparation de diverses matières colorantes orangées.

L'α-anthrol est plus soluble que le β-anthrol dans l'alcool ; il cristallise en aiguilles jaunes qui se décomposent vers 250° sans fondre.

Pyrocrésols $C^{14}H^{13}.OH$. — Ces composés se trouvent contenus dans les produits les moins volatils de la rectification des phénols. On peut les séparer par distillation fractionnée ; ils sont volatils sans décomposition. On en connaît trois, qui fondent respectivement à 104°, 124° et 195°.

Ils fournissent, comme les phénols précédents, des dérivés sulfonés.

B. — PHÉNOLS DIATOMIQUES

a. — *Phénols* C^6H^4 : $(OH)^2$ ou *benzènediols*

Les phénols qui ont cette formule $C^6H^6O^2$ peuvent, d'après toutes leurs propriétés, être considérés comme dérivant d'une molécule de benzène par une double substitution de OH à H. Les trois isomères que prévoit la théorie du benzène pour ces composés bisubstitués sont connus : ce sont la *pyrocatéchine* (composé ortho), la *résorcine* (composé méta) et l'*hydroquinone* (composé para).

109. Pyrocatéchine. — Ce composé a été découvert par M. Reinsch, il s'obtient dans la distillation sèche de diverses substances, telles que le *cachou* (1).

La pyrocatéchine se prépare par la distillation sèche des catéchines, matières cristallisables que l'on extrait des cachous. On peut aussi l'obtenir en chauffant avec de la potasse fondante le dérivé orthosulfoconjugué du phénol ; il se forme en même temps un peu de résorcine. Dans la distillation sèche du cachou, on recueille à part ce qui passe entre 220° et 250° ; cette portion, en se refroidissant, cristallise. On presse les cristaux, et on peut les purifier par des cristallisations dans l'eau et l'alcool.

(1) Le cachou est un extrait sec obtenu par l'évaporation de décoctions de diverses espèces végétales ; le cachou vrai de Singapoor provient du bois de l'*acacia catechù* ; un autre cachou qu'on extrait aussi à Singapoor, à Sumatra, aux îles Moluques, etc., se retire des feuilles de l'*uncaria gambir* ; le cachou du Bengale se retire de la noix d'arec (*areca catechù*). Parmi les matières complexes dont se composent les cachous, il y a lieu de signaler une sorte de tannin appelé acide cachoutannique qu'on peut précipiter par la gélatine et des principes cristallisables, les *catéchines* qui constituent la partie utilisable pour la teinture.

La pyrocatéchine cristallise en lames blanches orthorhombiques. Elle fond à 104° et bout à 245°. Elle est très soluble dans l'eau, encore plus soluble dans l'alcool et dans l'éther.

Elle se combine avec les bases, mais en donnant des composés peu stables. Traitée par les chlorures acides, elle donne facilement des éthers. Citons parmi ceux-ci : l'éther monométhylique, ou gayacol, $C^6H^4 : (OCH^3, OH)$, qui bout à 200° ; c'est un composé peu soluble dans l'eau, que l'on trouve dans la créosote et dans le goudron de bois et l'éther diéthylique, ou vératrol, $C^6H^4 : (OCH^3)^2$, liquide huileux, d'une odeur de vanille.

110. Résorcine $C^6H^4 : (OH)^2$. — Ce composé a été découvert par MM. Hlasiwetz et Barth. Il se produit dans l'action d'un certain nombre de résines (le galbanum et l'assa fœtida, par exemple) sur la potasse fondante. Ce procédé est parfois utilisé pour sa préparation. Dans l'industrie, on obtient ce corps en décomposant par la potasse fondante le sel de sodium du dérivé bisulfoconjugué de la benzine :

$$C^6H^4 : (SO^3H)^2 + 2NaOH = C^6H^4 : (OH)^2 + 2 (SO^3NaH).$$

Cette opération se fait dans une marmite en fonte munie d'un agitateur. Le benzinodisulfonate de sodium est obtenu à l'avance en chauffant dans une chaudière en fonte émaillée, vers 60°, un mélange de 5 parties d'acide sulfurique et d'une partie de benzène, auquel on ajoute ensuite 1,5 partie de pyrosulfate de sodium. La masse dissoute dans l'eau est traitée par de la chaux pour éliminer l'excès d'acide sulfurique ; la liqueur filtrée est traitée par le carbonate de sodium, qui précipite la chaux, puis filtrée de nouveau. En évaporant la liqueur à sec, on obtient une matière solide que l'on mêle avec la moitié de son poids de soude caustique. C'est ce mélange que l'on chauffe dans une marmite en fonte, jusqu'à ce que la masse ait acquis une teinte brune. On coule alors la matière et, lorsqu'elle est refroidie, on l'attaque par l'acide chlorhydrique, et on épuise la liqueur par l'alcool amylique. En chassant ensuite ce liquide par la distillation, on obtient un résidu de résorcine que l'on purifie par sublimation dans le vide.

La résorcine cristallise en magnifiques cristaux clinorhombiques. Elle fond à 110° et bout à 271°. Elle est très soluble dans l'eau (500 grammes par litre à la température ordinaire), très soluble dans l'alcool et dans l'éther, insoluble dans le chloroforme et le sulfure de carbone.

Elle rougit peu à peu au contact de l'air. Elle donne facilement des produits de substitution; on en connaît un grand nombre; nous ne citerons que les plus intéressants.

La résorcine donne, avec l'acide azotique, un dérivé trinitré $C^6H(AzO^2)^3(OH)^2$, appelé aussi acide oxypicrique ou styphnique. C'est une matière jaune qui s'obtient en traitant par l'acide nitrique, soit la résorcine, soit l'assa fœtida, le galbanum, le bois de Brésil, le safran, etc. Cet acide décompose les carbonates; ses sels font explosion quand on les chauffe.

La résorcine donne, avec divers anhydrides, des produits intéressants : avec l'anhydride phtalique, on obtient une phtaléine de la résorcine, analogue à la phtaléine du phénol.

La formule de la phtaléine de la résorcine diffère de celle de la phtaléine du phénol en ce que les deux groupes: $(C^6H^4.OH)^2$, unis à l'atome de carbone, y sont remplacés par le groupe:

$$. \; C^6H^3OH \atop . \; C^6H^3OH \Big\rangle O$$

Avec l'anhydride succinique $(CH^2.CO)^2 : O$, on obtient un composé analogue, une succinéine de la résorcine, suivant la formule:

$$(CH^2.CO)^2 : O + 2C^6H^4 : (OH)^2 = 2H^2O + C^2H^4 \Big\langle {CO.C^6H^3OH \atop CO.C^6H^3OH} \Big\rangle O$$

La phtaléine de la résorcine, en perdant une molécule d'eau, se transforme en *fluorescéine*, matière colorante utilisée en teinture, ainsi que ses dérivés bromés, iodés, éthérés, etc.

111. Hydroquinone $C^6H^4 : (OH)^2$. — L'hydroquinone a été découverte par Wœhler. On l'obtient dans la distillation sèche d'un certain nombre d'extraits de plantes, de l'extrait du *Rhododendron ferruginensis*, par exemple, ou par l'action de la chaleur sur l'acide quinique. On peut aussi l'obtenir par l'action des réducteurs sur la quinone, ou par celle des oxydants sur l'aniline. Ce sont ces deux dernières réactions que l'on utilise industriellement pour la préparation de l'hydroquinone. On fait dissoudre une partie d'aniline dans trente parties d'eau contenant huit parties d'acide sulfurique, et on ajoute peu à peu dans ce mélange, en ayant soin de refroidir, deux parties et demie de bichromate de potassium. Il se forme ainsi un mélange de quinone et d'hydroquinone; pour transformer en cette dernière substance la quinone formée, on fait passer un courant d'acide sulfureux dans la liqueur. On agite ensuite la masse avec de l'éther qui dissout facilement l'hydroquinone, et, en distillant l'éther, on obtient l'hydroquinone cristallisée.

L'hydroquinone cristallise en prismes orthorhombiques, très solubles dans l'eau, l'alcool et l'éther. Ils fondent à 177°, et se subliment assez facilement; la chaleur les décompose en quinone et hydrogène. Les agents oxydants facilitent cette transformation. Un des produits intermédiaires de cette réaction est le corps appelé *hydroquinon vert*, que l'on peut considérer comme une combinaison de quinone et d'hydroquinone $(C^6H^4O^2, C^6H^6O^2)$; elle est cristallisé en belles aiguilles vertes, douées de reflets métalliques.

L'hydroquinone est utilisée en photographie comme réducteur.

B. — PHÉNOLS DIATOMIQUES

Phénols $C^7H^6 : (OH)^2$, *ou Methylbenzènediols*

L'*orcine* et l'*homopyrocatéchine* sont deux isomères ayant cette formule; ce sont des dérivés trisubstitués du benzène: deux groupes OH et un groupe CH^3 ont remplacé trois atomes d'hydrogène.

Voici leurs formules développées:

orcine   homopyrocatéchine

La Intorcine et l'hydrotoluquinone sont aussi deux isomères des corps précédents.

112. Orcine $C^7H^6(OH)^2$. — Ce composé a été découvert par Robiquet et étudié par M. de Luynes; il s'obtient en même temps que l'érythrite (V, page 273), quand on traite par la chaux certains lichens, le *Rocella montagnei*, par exemple. La liqueur, décomposée par l'acide chlorhydrique, laisse déposer sous forme de gelée de l'érythrine, éther diorsellique de l'érythrite. Cette gelée est lavée, puis décomposée par une petite quantité de chaux : l'érythrine est saponifiée, transformée en érythrite $C^4H^6 :: (OH)^4$, qui reste dans les eaux mères; et l'acide orsellique $C^8H^8O^4$, mis en liberté, est décomposé dans l'opération même en acide carbonique et en orcine :

$$C^4H^6(OH)^2(C^8H^7O^4)^2 + 2H^2O = C^4H^6(OH)^4 + 2C^7H^6(OH)^2 + 2CO^2$$

On filtre la liqueur encore chaude, et l'orcine se dépose par refroidissement. Pour la purifier, on peut la faire cristalliser en la dissolvant dans le benzène et en évaporant ce liquide, ou bien encore en l'agitant avec de l'eau qui s'empare de l'orcine, et évaporant la solution aqueuse.

On peut aussi obtenir l'orcine en utilisant l'action de la potasse en fusion sur un chlorotoluénosulfonate de potassium, comme l'ont fait Vogt et Henninger pour réaliser la synthèse de ce corps.

L'orcine cristallise en prismes orthorhombiques contenant une molécule d'eau d'hydratation qu'ils perdent dans le vide; ils fondent à 56°. L'orcine anhydre fond à 86° et distille vers 290°.

C'est une substance très soluble dans l'eau, l'alcool et l'éther; elle est incolore quand elle est pure, mais elle rougit très facilement sous l'influence de l'air et de la lumière. En présence de l'ammoniaque et de l'oxygène de l'air, elle se transforme en une matière colorante violacée, l'*orcéine* $C^7H^7AzO^3$:

$$C^7H^6 : (OH)^2 + AzH^3 + 3O = C^7H^7AzO^3 + 2H^2O.$$

C'est un corps peu soluble dans l'eau, qui devient rouge en présence des acides, et violet en présence des bases. C'est le principe de la matière colorante du tournesol.

113. Homopyrocatéchine $C^7H^6 : (OH)^2$. — C'est un liquide incristallisable, que l'on obtient en traitant l'éther monométhylique $C^7H^6 : (OCH^3, OH)$ correspondant par l'acide chlorhydrique. On le rencontre dans la créosote de hêtre. Son éther méthylique, que l'on appelle aussi créosol, entre en quantité importante dans la créosote ; il bout à 219°. Son éther diméthylique, qu'on rencontre aussi dans le goudron de bois, bout à 215°.

C. — PHÉNOLS TRIATOMIQUES

a. — *Phénols* $C^6H^3 : . (OH)^3$ *ou Benzénetriols*

Il existe trois phénols ayant cette formule ; ce sont : le pyrogallol, la phloroglucine et l'oxyhydroquinone.

114. Pyrogallol, ou acide pyrogallique

$$C^6H^3 : . (OH)^3 \text{ ou}$$

<pre>
              OH
              |
              C
            /   \
         HC   C — OH
          | |
         HC   C — OH
            \   /
              CH
</pre>

. — Le pyrogallol a été

découvert par Schéele, étudié surtout par Gmelin et
Pelouze. Sa synthèse a été obtenue, par M. Lautemann,
dans l'action de l'acide salicylique biiodé sur l'oxyde
d'argent humide :

$$C^6H^2I^2(OH,CO.OH)+Ag^2O+H^2O=2AgI+CO^2+C^6H^3(OH)^3$$

On le prépare en décomposant l'acide gallique par la
chaleur dans un autoclave; on ajoute à cet acide deux
ou trois fois son poids d'eau, et on chauffe au bain de
sable vers 180°; l'acide gallique se dédouble en acide carbonique et acide pyrogallique :

$$C^6H^2 : [(OH)^3,CO.OH] = CO^2 + C^6H^3(OH)^3.$$

L'autoclave est fermé par des rondelles de carton serrées entre le couvercle et la chaudière; l'acide carbonique
qui se produit sort peu à peu par ce joint. Lorsque l'opération est terminée, on laisse refroidir, on traite le contenu de la chaudière par l'eau, et on filtre sur du noir
animal; puis, on fait cristalliser l'acide pyrogallique. On
peut le purifier ensuite en le sublimant.

L'acide pyrogallique se présente sous forme d'aiguilles
minces, blanches, fusibles vers 115°, et se sublimant déjà
vers 210°. Il bout à une température plus élevée.

Il est beaucoup plus soluble dans l'eau que l'acide gallique (400 grammes par litre à 13°); il est aussi très
soluble dans l'alcool et dans l'éther; il a une saveur amère;
il est toxique.

La solution d'acide pyrogallique est neutre aux réactifs
colorés; cependant, elle peut se combiner avec les alcalis, mais en donnant des composés très peu stables; ces
composés absorbent très rapidement l'oxygène de l'air,

et l'on utilise cette propriété constamment dans l'analyse des gaz, pour absorber l'oxygène ; en même temps, il se dégage de très petites quantités d'oxyde de carbone, que l'on peut négliger dans la plupart des analyses, mais dont il est indispensable de tenir compte dans les recherches où une grande précision est nécessaire. En l'absence même de l'air, les solutions alcalines de pyrogallol s'altèrent ; il se forme, à la température de l'ébullition, des carbonate, acétate, oxalate alcalins. Le pyrogallol réduit un grand nombre de sels, les sels d'or, d'argent, le bioxyde de cuivre, etc. On utilise souvent en photographie ces propriétés réductrices.

Galléine et céruléine. — Avec les acides, le pyrogallol donne des éthers et, comme c'est un phénol triatomique, il peut donner trois sortes d'éthers. Lorsqu'on le chauffe avec l'anhydride phtalique $C^8H^4O^3$, il donne une phtaléine correspondante, la *pyrogallol-phtaléine* $C^{20}H^{14}O^8$, plus connue sous le nom de *galléine*. C'est une matière colorante violette. L'acide sulfurique la transforme en une matière verte, la *céruléine* $C^{20}H^{10}O^6$.

115. Phloroglucine $C^6H^3.(OH)^3$ ou

$$
\begin{array}{ccc}
 & OH & \\
 & | & \\
 & C & \\
HC & & CH \\
| & & | \\
HO-C & & C-OH \\
 & C & \\
 & H & \\
\end{array}
$$

— Ce composé a été découvert par M. Hlasiwetz ; c'est un isomère du pyrogallol. Il se forme dans l'action de la potasse fondante sur un grand nombre de substances, telles que les matières tannantes du cachou, du ratanhia, etc. On l'obtient aussi dans le dédoublement de certains glucosides, tels que la phlorizine, etc.

On le prépare par l'action de la potasse fondante sur la résorcine.

La phloroglucine peut être obtenue en gros cristaux incolores, contenant deux molécules d'eau, qu'elle perd à 100°. Elle fond à 220°, quand elle est anhydre. Elle est très soluble dans l'eau, l'alcool et l'éther ; c'est un réducteur assez énergique.

116. Oxyhydroquinone 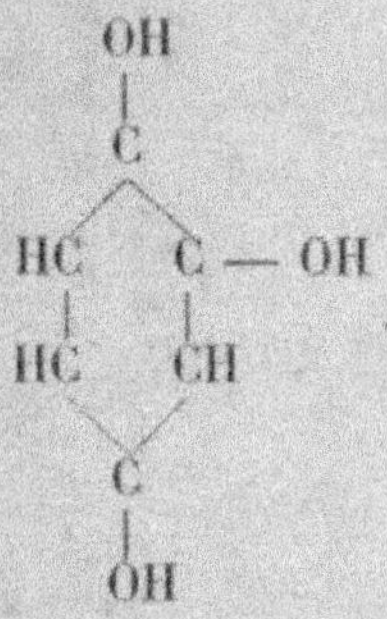
$$
\begin{array}{c}
OH \\
| \\
C \\
\diagup \diagdown \\
HC \qquad C - OH \\
| \qquad | \\
HC \qquad CH \\
\diagdown \diagup \\
C \\
| \\
OH
\end{array}
$$
. — C'est

une substance fusible à 140°, que l'on obtient par l'action de la potasse en fusion sur l'hydroquinone.

$$b. — Ph\acute{e}nol :. C^7H^3 (OH)^3$$

117. Méthylpyrogallol $C^6H^2 :: [CH^3, (OH)^3]$. — C'est un composé fusible à 129°, que l'on trouve à l'état d'éther diméthylique dans le goudron de hêtre.

Principales propriétés des phénols

			Noms	Formule brute	Formule de constitution	Solubilité de saturation	Point de fusion	Point d'ébullition	Densités	Eau	Alcool	Éther	Préparations
Phénols à fonction simple	monoatomiques	du benzène	phénol	C^6H^6O	$C^6H^5.OH$	>25	42	181,5	1,065 à 18	6,02	misc.	misc.	S'extrait du goudron de houille, ou action du chlorure de benzène sur la potasse.
			orthocrésol	C^7H^8O	$C^6H^4 : \{CH^3, OH\}$	31	185						Se retirent du goudron de houille.
			métacrésol	C^7H^8O	$C^6H^4 : \{CH^3, OH\}$		201						
			paracrésol	C^7H^8O	$C^6H^4 : \{CH^3, OH\}$	36	202						
			thymol (isomères)	$C^{10}H^{14}O$	$C^6H^3 : \{CH^3, C^3H^7, OH\}$	44	230		0,003	t. sol.	t. sol.	
		du naphtalène	α naphtol	$C^{10}H^8O$	(formule développée)	94							Action de la potasse en fusion sur les dérivés sulfoconjugués (α et β) du naphtalène.
			β naphtol	$C^{10}H^8O$	(formule développée)	122							
	diatomiques	du benzène	pyrocatéchine	$C^6H^6O^2$	$C^6H^4 : (OH)^2$	104	245		t. sol.	t. sol.	t. sol.	Décomposition par la potasse fondante des dérivés sulfoconjugués correspondants du benzène.
			résorcine	$C^6H^6O^2$	$C^6H^4 : (OH)^2$	116	271		0,5	t. sol.	t. sol.	
			hydroquinone	$C^6H^6O^2$	$C^6H^4 : (OH)^2$	171						Action des réducteurs sur la quinone ou oxydation de l'aniline.
			orcine	$C^7H^8O^2$	$C^6H^3 : \{CH^3, (OH)^2\}$	86	290	1,283	t. sol.	t. sol.	t. sol.	S'extrait des lichens à orseille.
			homopyrocatéchine	$C^7H^8O^2$	$C^6H^3 : \{CH^3, (OH)^2\}$							Distillation sèche de l'x-homoprotocatéchate de calcium.
		du naphtalène	α-dinaphtol	$C^{20}H^{14}O^2$	$OH.C^{10}H^6 — C^{10}H^6.OH$	300			insol.	t. sol.	t. sol.	Oxydation des naphtylols correspondants.
			β-dinaphtol	$C^{20}H^{14}O^2$		218						
	triatomiques	du benzène	pyrogallol	$C^6H^6O^3$	$C^6H^3 : (OH)^3$	115	210		t. sol.	sol.	sol.	Distillation sèche de l'acide gallique.
			méthylpyrogallol	$C^7H^8O^3$	$C^6H^3 : \{CH^3, (OH)^3\}$							S'extrait de la créosote du hêtre.
			phloroglucine	$C^6H^6O^3$	$C^6H^3 : (OH)^3$	200			t. sol.	t. sol.	t. sol.	Action de la soude en fusion sur la résorcine.
Phénols à fonctions mixtes	alcools-phénols		saligénine	$C^7H^8O^2$	$C^6H^4 : \{OH, CH^2OH\}$	82	100		9,67	t. sol.	t. sol.	Action de la synaptase sur la salicine.
			phtaléol	$C^{20}H^{14}O^3$		196			p. sol.	sol.	sol.	Action de l'amalgame de sodium sur la phtaléine du phénol.

II. — PHÉNOLS A FONCTIONS MIXTES

PHÉNOLS ALCOOLS (1)

118. Saligénine

$$\text{C}^6\text{H}^4(\text{OH}, \text{CH}^2.\text{OH})$$

ou

$$
\begin{array}{c}
\text{OH} \\
| \\
\text{C} \\
\diagup \; \diagdown \\
\text{HC} \qquad \text{C} - \text{CH}^2\text{OH} \\
| \qquad\qquad | \\
\text{HC} \qquad \text{CH} \\
\diagdown \; \diagup \\
\text{C} \\
\text{H}
\end{array}
$$

. — La *saligé-*
nine a été découverte par Piria. On peut l'obtenir synthétiquement en faisant agir l'amalgame de sodium sur
l'aldéhyde salicylique. On la prépare en dédoublant un
glucoside, la salicine, que l'on trouve dans diverses
espèces de saules et de peupliers, par un ferment soluble,
tel que l'émulsine des amandes ou la ptyaline de la
salive. Après digestion de ces matières à 40° pendant
douze heures, on filtre; on agite la liqueur avec de
l'éther, qui s'empare de la saligénine, et on fait cristalliser
par évaporation de l'éther.

La saligénine cristallise en petites aiguilles fusibles à
62°, sublimables dans le vide. Elle est assez soluble dans
l'eau (66 grammes par litre à 22°).

---

(1) Nous ne traiterons ici que des alcools-phénols; pour les phénols-
éthers, etc., voir *Éthers*, etc.

§ 3. — APPLICATIONS

119. Industrie du phénol. — Le phénol, par ses applications comme antiseptique, et son emploi comme matière première de la fabrication d'un certain nombre de dérivés intéressants, matières colorantes ou explosifs, est un corps d'une importance assez grande au point de vue industriel. Sa préparation ou, plutôt, son extraction est très facile; elle ne présente quelque difficulté que lorsqu'on cherche à obtenir du phénol très pur, exempt d'homologues supérieurs, comme cela est nécessaire pour certaines applications du phénol, la fabrication de matières colorantes, par exemple.

Le phénol se retire des goudrons qui viennent se condenser dans le barillet, quand on distille la houille pour la fabrication du gaz d'éclairage. Le goudron, très complexe, que l'on recueille ainsi, est fractionné par distillation entre des températures fixes. C'est la portion qui distille entre 170° et 230° que l'on utilise pour obtenir le phénol. (Voir page 212.) Les goudrons renferment des proportions très variables d'acide phénique; le goudron provenant de la distillation du *bog-head*, houille fournissant un gaz très éclairant, n'en contient que 3 0/0; celui qui provient des houilles de Newcastle en contient environ 5 0/0. Avec le *cannel-coal*, le goudron en contient jusqu'à 14 0/0. Enfin, des matières comme la tourbe, qui ne donnent qu'un gaz éclairant de qualité inférieure, fournissent, au contraire, du goudron pouvant contenir jusqu'à 20 0/0 de phénol.

Le principe de l'extraction du phénol est celui-ci : dans la portion du goudron qui a distillé entre 170° et 230° se trouvent des matières alcalines, des phénols et des carbures d'hydrogène ; les matières alcalines s'enlèvent par un traitement aux acides ; les phénols sont séparés des carbures en les combinant avec des bases, puis régénérés par l'action des acides sur les combinaisons ainsi formées ; l'action ménagée des acides permet de séparer partiellement le phénol de ses homologues supérieurs ; une distillation fractionnée permet ensuite de compléter plus ou moins parfaitement cette première séparation.

Pour enlever au goudron diverses matières alcalines, on le lave avec de l'acide sulfurique étendu en agitant fortement. On peut aussi mélanger avec le goudron, d'après le procédé Emile Kopp, de l'acide sulfurique et une solution de soude caustique, en proportions telles qu'il se forme du sulfate acide de sodium. La température du mélange s'élève presque à l'ébullition ; les alcaloïdes se combinent en donnant des sulfates, tandis que le phénol reste sous forme d'une couche huileuse, que l'on décante pendant que le mélange est encore très chaud. Quant à la partie non décantée, on la laisse refroidir ; du sulfate de sodium, neutre et acide, se dépose en cristaux, tandis que les sulfates d'alcaloïdes restent en dissolution ; on les sépare des cristaux, puis, en traitant cette liqueur par la chaux, et distillant dans un courant de vapeur d'eau, on recueille les alcaloïdes.

Pour séparer ensuite les phénols des carbures auxquels ils se trouvent mélangés dans le liquide que l'on a décanté dans l'opération précédente, on fait agir la soude en solution concentrée et chaude, dans des chaudières à double fond chauffées à la vapeur ; des agitateurs mécaniques permettent de brasser la matière. On laisse ensuite refroidir celle-ci, et elle se prend en masse ; on la fait dissoudre dans cinq à six fois son poids d'eau chaude, on agite, et on laisse refroidir; un liquide huileux, contenant des carbures d'hydrogène, toluène, naphtalène, etc., se sépare du reste; on le sépare par décantation. En le soumettant à la distillation quand on en a une grande quantité, on peut en retirer divers carbures utilisables. La dissolution de phénate de sodium est alors transvasée dans une chaudière, où on la décompose par de l'acide sulfurique étendu. La proportion d'acide nécessaire pour mettre tous les phénols en liberté est connue, d'après la quantité de lessive de soude employée; mais, en général, on fait ce traitement en plusieurs fois. Une quantité d'acide, représentant à peu près le sixième de la quantité totale à employer, est versée dans la solution; des matières goudronneuses de couleur foncée viennent se rassembler à la partie supérieure, on les met de côté; le liquide restant est alors additionné d'une nouvelle quantité d'acide sulfurique qui décompose surtout les combinaisons alcalines des crésols et des xylols, tandis que les phénates restent inaltérés. La quantité d'acide que l'on emploie pour ce second traitement dépend des proportions relatives du phénol et de ses homologues. On sépare le liquide huileux obtenu ainsi, et on verse ensuite dans la masse le reste de l'acide sulfurique. On a donc fractionné en trois parties, matières goudronneuses, phénols supérieurs et phénol, la portion du goudron qui avait distillé entre 170 et 230°. Chacune de ces portions est ensuite traitée, la première comme goudron, riche en phénol, la seconde pour obtenir des crésols et des xylols, la troisième pour obtenir le phénol; cette dernière est de beaucoup la plus importante.

La distillation de la troisième portion, qui contient le phénol, se fait dans de grandes cornues en fonte, très surbaissées; leur contenance est d'un mètre cube environ ; parfois on ajoute au liquide à distiller de l'oxyde de plomb, pour enlever des composés sulfurés d'une odeur nauséabonde. Ces cornues sont chauffées à la vapeur et munies de thermomètres permettant de juger de la pureté du produit qui distille, par la constance de la température d'ébullition. La majeure partie passe entre 186° et 195°. Les portions qui distillent avant et après cette température sont recueillies à part et redistillées dans les mêmes cornues, lorsqu'on en a recueilli une quantité suffisante. Pour achever la purification, on fait cristalliser (1) la portion qui a distillé entre 186 et 190°, en la refroidissant vers + 10°, dans de grands bassins coniques, terminés à la partie inférieure par des robinets qui permettent de faire écouler la partie restée liquide, partie qui contient surtout des crésols ; les cristaux égouttés sont fortement pressés pour faire écouler les crésols qui les imprègnent.

Pour obtenir une bonne séparation du phénol et des homologues supérieurs, on emploie avec avantage, au lieu des cornues dont il vient d'être parlé, un appareil un peu plus compliqué figuré ci-contre ; il se compose d'une cornue A, cylindrique, se terminant à la partie inférieure par une partie recourbée, munie d'un gros robinet pour l'évacuation des produits. La partie supérieure se compose d'un dôme muni d'un trou d'homme h, d'un thermomètre, d'un tube a par lequel les vapeurs se rendent dans un appareil de condensation, et d'un tube de retour qui ramène dans la chaudière les vapeurs condensées dans le condenseur E. La chaudière est chauffée latéralement. Le condenseur E peut être chauffé à l'aide

(1) Quand le phénol contient une petite quantité d'eau, il ne cristallise pas, il forme une dissolution sirupeuse ; en la traitant par du chlorure de calcium qui s'empare de l'eau, le phénol cristallise.

d'un second foyer; il est formé d'un serpentin, constitué
par une suite de tubes en U, réunis à la base au tuyau
de retour. L'une des extrémités du serpentin reçoit les
vapeurs amenées par le tuyau a; l'autre communique
avec un serpentin S immergé dans de l'eau froide, dans
lequel les vapeurs qui ont échappé à l'action condensante
de E viennent se liquéfier. La température du condensateur E, que l'on détermine à l'aide d'un thermomètre, a

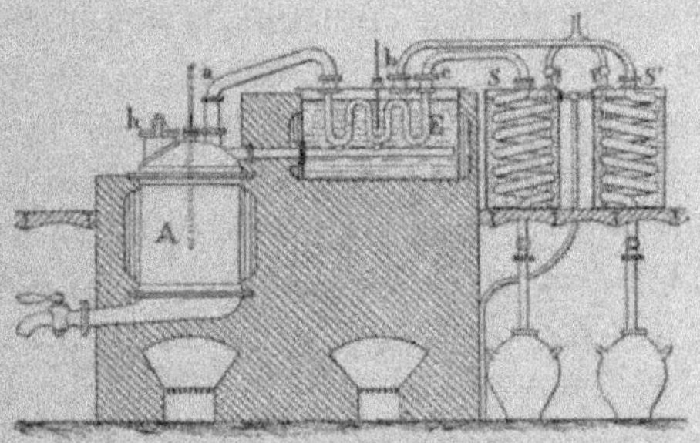

une grande influence sur la nature des produits qui s'y
liquéfient; souvent on remplit le condensateur E avec du
phénol pur, que l'on amène à son point d'ébullition; les
vapeurs qui se dégagent se rendent par b à un second
serpentin S', où elles se condensent; on les recueille, et
elles peuvent servir pour une autre opération. De cette
façon, le condenseur E, maintenu au point d'ébullition du
phénol, laisse passer les vapeurs de ce corps sans les
liquéfier, et arrête en les condensant les vapeurs des
homologues supérieurs, moins volatils, et les ramène
dans la chaudière.

On peut aussi employer, pour préparer le phénol industriellement, la réaction qui consiste à transformer la
benzine en sulfo-dérivé que l'on décompose ensuite par un

mélange de potasse et de soude. L'opération doit se terminer dans un autoclave.

Applications. — Le phénol est employé comme antiseptique dans le pansement des plaies, à l'état de dissolution très étendue; il possède, en effet, des propriétés très caustiques, lorsqu'il est en solution concentrée. Il coagule l'albumine et forme des combinaisons imputrescibles avec diverses matières animales; on l'emploie pour conserver les peaux avant le tannage. Les industries qui utilisent des matières animales l'emploient souvent pour prévenir leur décomposition: fabriques de parchemins, de cordes à boyaux, de gélatines, etc. On l'utilise aussi pour rendre moins infects certains déchets de diverses industries: eaux provenant de tanneries, d'amidonneries, du rouissage des textiles, etc., et aussi pour l'injection des bois. Il est utilisé, enfin, en assez grandes quantités pour l'assainissement des abattoirs, des hôpitaux, etc., et est surtout employé à l'état de dérivés dont on utilise les propriétés tinctoriales. C'est ce que nous allons étudier maintenant.

120. Industrie de l'acide picrique et de ses dérivés. — L'acide picrique $C^6H^2 :: [(AzO^2)^3 . OH]$ découvert par Haussmann en 1788, s'obtenait alors par l'action de l'acide azotique sur des substances très diverses, telles que l'indigo, certaines résines, etc. Welter l'obtenait avec la soie (amer de Welter). La résine de *Xanthorrea hastilis* a longtemps servi à la préparation de ce corps. On l'obtient aujourd'hui plus facilement en partant du phénol; on peut employer, pour cet usage, le phénol brut, c'est-à-dire les huiles qui, dans la distillation du goudron de houille, passent vers 180°. Mais il est préférable, et c'est le procédé le plus généralement suivi, de partir du phénol purifié.

On commence par transformer le phénol en dérivé sulfo-conjugué en chauffant à 100°, dans des cornues en grès, parties égales de phénol et d'acide sulfurique concentré. De temps à autre, on prélève un essai et, en le versant dans l'eau, on examine s'il s'y dissout sans louche. Dans ce cas, la première partie de l'opération est terminée, et on laisse se refroidir la liqueur ; puis, on l'étend de deux fois son volume d'eau. Cette solution est alors introduite dans de l'acide azotique ; il se dégage, au début, des vapeurs nitreuses que l'on absorbe, et l'on chauffe pour activer la réaction. Lorsque les vapeurs rutilantes ont cessé de se dégager, la réaction est terminée ; on laisse refroidir. Bientôt l'acide picrique qui s'était rassemblé à la partie inférieure en un liquide huileux, se prend en masse ; on lave les cristaux avec un peu d'eau, et on les soumet à la presse. Pour avoir de l'acide picrique plus pur, on le transforme en sel de sodium que l'on fait cristalliser et que l'on décompose ensuite par l'acide sulfurique en excès. L'acide picrique est très peu soluble dans l'eau acidulée par l'acide sulfurique ; il se dépose. La potasse et la soude, que l'on peut employer pour cette purification, présentent l'une et l'autre des avantages et des inconvénients : le picrate de potassium bouche facilement les pores des filtres en cristallisant ; le picrate de sodium, obtenu par l'action de l'acide picrique brut sur le carbonate de sodium, contient des matières résineuses solubles dans ce sel et insolubles dans le carbonate de potassium. Pour éviter ce dernier inconvénient, on traite l'acide picrique brut par la moitié environ du carbonate de sodium nécessaire à sa neutralisation, et on filtre : la résine n'est pas encore dissoute ;

la liqueur filtrée est alors additionnée d'un excès de carbonate de sodium ; le picrate de sodium, presque insoluble dans les solutions de carbonate, se précipite.

Propriétés. — L'acide picrique est un corps solide cristallisé en lamelles dérivant d'un prisme orthorhombique. Il est jaune et possède une saveur amère très prononcée. Il rougit le papier de tournesol. Il fond à $122°,5$, et, quand on le chauffe lentement en petite quantité, on peut même le sublimer ; cette opération serait très dangereuse avec une quantité notable de matière, l'acide picrique détonant facilement à cette température avec une grande violence. Il est peu soluble dans l'eau (6 grammes par litre à $5°$, 12 grammes à $26°$). Il est assez soluble dans l'acide sulfurique concentré et dans l'acide très étendu : il est, au contraire, insoluble dans le mélange de 1 volume de cet acide pour 11 volumes d'eau. Son pouvoir colorant est très intense : $0^{gr},001$ donne à un litre d'eau une coloration jaune très sensible. On l'emploie en grandes quantités pour teindre en jaune la laine et la soie, 1 gramme d'acide picrique suffit pour colorer 1 kilogramme de soie. On utilise aussi, mais à tort, sa saveur amère, pour remplacer, en partie, le houblon dans la fabrication des bières communes. Il sert à la fabrication des picrates.

L'acide picrique du commerce est parfois falsifié, par des matières salines principalement. L'acide picrique étant assez facilement soluble dans la benzine, on peut rechercher les matières étrangères insolubles dans ce liquide, en dissolvant quelques grammes d'acide picrique dans de la benzine.

Picrates. — L'acide picrique forme avec les métaux des sels bien cristallisés, jaunes pour la plupart, et d'une saveur amère. Ils se décomposent par la chaleur ou par le choc, en produisant de violentes explosions. Ils sont utilisés pour cela dans la fabrication de diverses poudres brisantes.

Picrate de potassium $C^6H^2 (AzO^2)^3 OK$. — Il est très peu soluble dans l'eau (4 grammes par litre à 15°); on utilise, à cause de cela, l'acide picrique comme réactif des sels de potassium. Il est très employé, mélangé à du chlorate de potassium comme poudre brisante, pour les torpilles par exemple.

Picrate d'ammonium. — Prismes orthorhombiques assez solubles dans l'eau; il peut brûler sans détoner; on l'emploie comme poudre fusante. Mélangé avec de l'azotate de potassium, il constitue la poudre picrique, qui est plus puissante que la poudre ordinaire, sans être cependant une poudre brisante.

Picrate de sodium. — Il est plus soluble que le sel de potassium (100 grammes par litre vers 20°). Il est très explosif.

Isopurpurates $(C^8H^4Az^5O^6)M'$. — Ces composés, que l'on utilise en teinture, à cause de leurs belles couleurs, dérivent de l'acide picrique. On obtient l'isopurpurate de potassium en mélangeant du cyanure de potassium avec du picrate d'ammonium et assez d'eau pour faire une bouillie épaisse; après un contact d'une demi-heure, on ajoute de l'eau et on élève la température à 45° :

$$C^6H^2 (AzO^2)^3 OH + 3KCAz + 3H^2O$$
$$= (C^8H^4Az^5O^6) K + CO^2 + AzH^3 + 2KOH.$$

On laisse refroidir, on filtre, on presse et on lave; on fait ensuite cristalliser la matière dans l'eau bouillante; on obtient ainsi, par refroidissement, des cristaux verts par réflexion et rouges par transparence. On les livre au commerce en pâte, humectée de glycérine, parce qu'ils détonent facilement quand ils sont secs. Ils donnent des solutions dans lesquelles on peut teindre la laine et la soie, en opérant comme avec la murexide; les nuances obtenues sont pourpres, tirant sur l'orangé; elles sont très résistantes.

121. Coralline jaune. — Cette substance a été découverte, en 1859, par Persoz, dans l'action du phénol sur un mélange d'acides oxalique et sulfurique. Ce n'est pas une substance définie, mais un mélange de plusieurs matières colorantes dont l'aurine est la principale.

On prépare la coralline en chauffant, entre 120° et 130°, un mélange de 10 parties de phénol, 5 parties d'acide sulfurique à 66° Baumé et 6 à 7 parties d'acide oxalique déshydraté. Après environ vingt-quatre heures, on verse le produit chaud dans un excès d'eau; une masse résineuse se précipite; la liqueur renferme du phénol, de l'acide sulfurique et de l'acide phénylsulfureux. On sature par la chaux, on filtre, on évapore, et le produit, additionné d'acide oxalique, donne une nouvelle dose de coralline.

La matière résineuse, qui contient la coralline, est soumise à l'action d'un courant de vapeur d'eau pour chasser l'excès du phénol.

La coralline est insoluble dans l'eau, soluble dans l'alcool et l'acide acétique concentré. L'hydrogène naissant la décolore. La coralline est employée comme matière colorante.

122. Aurine. — L'aurine dérive du triphénylméthane $CH \div (C^6H^5)^3$ et de l'alcool correspondant, le triphénylcarbinol $COH \div (C^6H^5)^3$. A cet alcool correspond un composé monoalcoolique et triphénylique

$$COH:. (C^6H^4.OH)^3$$

dont l'aurine est un anhydride interne :

$$C = (C^6H^4.OH)^2$$
$$O — C^6H^4$$

Cette constitution rapproche l'aurine de la pararosaniline (V. chapitre XI, *Amines*), deux groupes OH remplaçant les deux groupes AzH², et l'atome O remplaçant le
groupe AzH de la pararosaniline.

L'aurine a été obtenue, tout d'abord, en essayant de
purifier la substance complexe, appelée coralline. C'est
encore le procédé le plus pratique à employer. La coralline jaune, qui contient environ 70 0/0 d'aurine, est
dissoute dans l'alcool ; on fait arriver, dans la solution
concentrée, un courant de gaz ammoniac, qui précipite
l'aurine à l'état de combinaison ammoniacale, sous forme
de petits cristaux ; on les sépare ; puis, on les décompose
par l'acide chlorhydrique ou l'acide acétique ; l'aurine
insoluble se dépose. On la purifie par quelques cristallisations dans l'alcool.

L'aurine est une substance rouge, cristallisée, insoluble
dans l'eau, soluble dans l'alcool ; elle donne, avec les
bisulfites alcalins, des composés à reflets verts métalliques.

L'aurine est employée en teinture et en photographie.

123. Acide rosolique et ses dérivés. —
L'acide rosolique dérive d'un crésyldiphénylméthane

$CH : . [(C^6H^2)^2, C^7H^2]$, d'après Caro et Graebe, et sa formule
de constitution est :

$$C = (C^6H^4.OH)^2$$
$$O — C^5H^3.CH^3.$$

Il y a, entre l'aurine et l'acide rosolique, la même relation qu'entre la pararosaniline et la rosaniline : l'acide rosolique est le dérivé méthylé de l'aurine.

Pour préparer ce corps, on dissout 1 kilogramme de rosaniline ou une quantité correspondante de fuchsine (chlorhydrate de rosaniline) dans un mélange de 3 litres d'acide chlorhydrique concentré et de 3 litres d'eau ; puis, on verse cette solution dans 300 litres d'eau. On ajoute ensuite, peu à peu, à la solution étendue, de l'azotite de sodium, jusqu'à ce que la couleur rouge du sel de rosaniline soit près de disparaître ; on fait alors bouillir la solution. Quand le dégagement gazeux (azote) a cessé, on laisse refroidir ; il se dépose des cristaux brillants, colorés en vert, d'acide rosolique. On les recueille et, pour les purifier, on les dissout dans la soude ; puis, on fait passer dans la liqueur de l'acide sulfureux jusqu'à décoloration ; des matières brunes se précipitent. En ajoutant alors un acide minéral à la solution débarrassée du précipité brun, et en chauffant légèrement, l'acide rosolique se dépose. Après deux ou trois traitements analogues, il est suffisamment pur. Il est rouge jaunâtre en solution, ses cristaux sont rouges avec reflets verts. Il est employé en teinture et en impression, pour la coloration des savons et pour la fabrication de la coralline rouge.

Coralline rouge. — La coralline rouge s'obtient en chauffant dans un autoclave, 1 partie d'acide rosolique et 3 parties d'ammoniaque pendant trois heures, sans dépasser 150°. Par refroidissement, il se forme une masse d'un rouge cramoisi avec reflets mordorés. La coralline rouge, ou péonine, est un dérivé amidé de l'acide rosolique.

Azuline. — L'azuline s'obtient en chauffant à 180° un mélange de 6 à 8 parties d'aniline avec 5 parties d'acide rosolique. On obtient ainsi une poudre bleue à reflets cuivrés. Elle est insoluble dans l'eau, soluble en bleu dans l'alcool ; les acides ne modifient pas cette couleur ; la soude la transforme en une matière d'un jaune orangé. Depuis la découverte des bleus de rosaniline, cette substance est peu employée.

CHAPITRE V

ÉTHERS

---

§ 1. — *Généralités.* — § 2. — *Etude particulière des éthers*
§ 3. — *Applications*

§ 1. — Généralités

124. Définitions. — Une des propriétés générales
des alcools est de se combiner facilement avec d'autres
corps avec élimination d'eau (V. page 247). Parmi les
corps de fonctions diverses, sur lesquels les alcools
peuvent réagir de cette façon, figurent les alcools eux-
mêmes et les acides. Le produit de la réaction constitue les *éthers*, composés neutres, volatils, d'une odeur
agréable, en général. D'après leur mode même de génération, les éthers se divisent en deux grandes classes : les
éthers-oxydes, et les éthers-sels (1).

Les alcools, qui ont des analogies marquées avec les

---

(1) Autrefois on appelait souvent éthers mixtes les éthers-oxydes, et
éthers composés les éthers-sels ; on appelait aussi éthers simples des
éthers-sels formés par les hydracides.

hydrates métalliques, analogies que montrent leurs formules $C^2H^5.OH$ pour l'alcool ordinaire et $K.OH$ pour l'hydrate de potassium, peuvent former, dans certaines conditions, des anhydrides comparables aux oxydes anhydres : tel est l'éther ordinaire $(C^2H^5)^2 : O$, analogue à la potasse anhydre K^2O. Ces éthers ont, pour cette raison, reçu le nom d'éthers-oxydes. Si R désigne un radical monovalent formé de carbone et d'hydrogène, R^2O est la formule de ces éthers, qui proviennent de l'union de deux molécules d'un alcool, avec élimination d'une molécule d'eau suivant la formule :

$$2R.OH = R^2O + H^2O.$$

Si R' désigne un radical monovalent, formé aussi de carbone et d'hydrogène, mais différent de R, on peut obtenir une réaction analogue, en remplaçant les deux molécules d'alcool $R.OH$, qui figurent dans la formule précédente, par une molécule d'alcool $R.OH$ et une molécule d'alcool $R'OH$; le mécanisme de la réaction est le même, mais on obtient un éther ROR' où figurent deux radicaux différents :

$$R.OH + R'.OH = ROR' + H^2O.$$

On nommera ces composés en faisant suivre le mot oxyde du radical ou des radicaux alcooliques, qui interviennent dans leur formation. Ainsi, l'éther ordinaire $(C^2H^5)^2 : O$ se nommera l'oxyde d'éthyle, ou encore, éther éthylique, et l'éther $CH^3.O.C^2H^5$ se nommera l'oxyde de méthyle-éthyle, ou encore éther méthyléthylique.

Les éthers de l'autre classe, les éthers-sels, ont une origine analogue à celle des sels. Lorsqu'on fait réagir un acide sur un hydrate, l'acide azotique AzO^3H, par exemple, sur l'hydrate de potassium KOH ; il se forme un sel avec élimination d'une molécule d'eau :

$$AzO^3H + KOH = AzO^3K + H^2O.$$

Si, dans cette formule nous remplaçons l'hydrate de potassium par un alcool, composé comparable à un hydrate, comme nous l'avons vu, on obtient un éther, que l'on appelle éther-sel pour rappeler son origine :

$$AzO^3H + C^2H^5.OH = AzO^3.C^2H^5 + H^2O,$$

et l'on donne à cet éther un nom qui rappelle à la fois cette analogie et les générateurs qui lui ont donné naissance.

Le corps précédent $AzO^3.C^2H^5$ se nommera azotate d'éthyle, nom analogue à celui d'azotate de potassium, mais où le nom d'un radical alcoolique monovalent, l'éthyle, vient remplacer celui du métal monovalent, le potassium.

125. Constitution. — Les analogies signalées entre les alcools et les hydrates nous ont fait représenter, dans ce qui précède, les éthers par des formules analogues à celles des composés qui prennent naissance dans l'action des hydrates sur eux-mêmes ou sur les acides ; ces considérations suffiraient à elles seules pour légitimer l'emploi de ces formules. Voici, d'ailleurs, d'autres raisons que l'on peut invoquer.

Considérons, tout d'abord, ce que nous avons appelé les éthers-oxydes, composés capables de donner, par molécule, deux molécules d'alcool, avec fixation d'une molécule d'eau.

Le plus simple des éthers-oxydes, celui dont le poids

moléculaire est le plus faible, est l'éther méthylique, dont la formule brute est C^2H^6O. On connaît deux composés ayant cette même formule : l'un est l'alcool ordinaire, et l'autre l'éther méthylique (V. p. 232). Or, il n'y a que deux schémas possibles, satisfaisant à la tétravalence du carbone et à la bivalence de l'oxygène ; les voici :

$$
\begin{array}{ccc}
H & \quad & H \\
| & & | \\
H-C-C-OH & & H-C-O-C-H \\
| & & | \\
H & & H
\end{array}
$$

ou $\qquad C^2H^5.OH,\qquad$ ou $\qquad (CH^3)^2 : O$

Ces deux schémas font du premier de ces corps l'analogue d'un hydrate, et du second, l'analogue d'un oxyde anhydre. Il ne reste donc plus qu'à chercher quel est de l'alcool éthylique ou de l'éther méthylique celui que ses propriétés rendent comparable à un hydrate, et celui que ses propriétés rendent comparable à un oxyde anhydre. Les propriétés relatives de l'alcool éthylique et de l'éther méthylique permettent de choisir. Pour n'en citer qu'une, l'eau est sans action sur l'alcool, comme, d'ailleurs, sur les hydrates, tandis qu'elle régénère avec l'éther méthylique, dans certaines conditions, l'alcool méthylique, auquel on ne peut donner que la formule $CH^3.OH$; l'eau a donc agi sur l'éther méthylique, en le transformant en deux molécules d'hydrate $CH^3.OH$, comme elle fait avec les oxydes anhydres, suivant les formules :

$$C^2H^6O + H^2O = 2CH^3.OH$$
$$K^2O + H^2O = 2K.OH$$

Nous sommes donc encore amené, par cette nouvelle

considération, à donner à l'éther méthylique la formule $(CH^4)^2$: O, comparable à celle d'un oxyde anhydre.

Si nous passons maintenant à un éther plus compliqué, nous constatons que l'action de l'eau le transforme encore en deux molécules d'alcool, identiques ou différentes. Soit $C^nH^{2n+2}O$ la formule générale d'un éther homologue supérieur de l'éther méthylique. Un carbure saturé peut être représenté par divers schémas (V. p. 32), dès que n est supérieur à 3. Mais, dans tous ces schémas, il n'y a que des liaisons de deux espèces, celles qui réunissent 2 atomes de carbone, et celles qui réunissent 1 atome de carbone à 1 atome d'hydrogène. Pour passer d'un schéma de C^nH^{2n+2} à un schéma de $C^nH^{2n+2}O$, il suffira, l'oxygène étant bivalent, d'intercaler le symbole O au milieu d'une quelconque de ces liaisons. Si on fait cela pour une liaison établie entre le carbone et l'hydrogène, on obtient un schéma, tel que celui-ci (1) :

$$\boxed{}''' \,.\, C - O - H.$$

Le corps représenté par ce schéma est un hydrate ; c'est un alcool, sur lequel l'eau est sans action. Si on intercale, au contraire, l'oxygène entre deux atomes de carbone, on obtient le schéma :

$$\boxed{}'' \,.\, C - O - C \,.\, \boxed{}''$$

comparable à celui d'un oxyde anhydre. C'est le schéma d'un éther, capable de s'hydrater, en reproduisant deux

(1) Dans ce schéma, nous représentons, par un rectangle, le schéma de ce qui reste, c'est-à-dire $C^{n-1}H^{2n+1}$, et nous l'affectons de trois indices pour montrer qu'il y a, dans ce groupe, de quoi saturer trois valences du carbone.

molécules d'alcool suivant la formule :

$$\boxed{A}\ \ ⦂.\ C — O — C\ ⦂.\ \boxed{B}\ \ + H^2O$$
$$= \boxed{A}\ ⦂.\ COH + \boxed{B}\ ⦂.\ COH.$$

Pour distinguer, entre les schémas convenables aux éthers, celui qui convient à l'éther que l'on a obtenu, on étudiera l'action de l'eau sur cet éther. Représentons par R.OH et R'.OH les formules schématiques des alcools ainsi obtenus par l'action de l'eau : on donnera à l'éther la formule R.O.R', où l'on remplacera R et R' par les schémas développés qui entrent dans les formules des alcools R.OH et R'.OH.

Considérons maintenant les éthers-sels. Ces éthers résultent, comme il vient d'être dit, de l'action d'un acide sur un alcool, avec élimination d'eau, et l'analogie de ce phénomène avec la formation des sels a fait donner à ces éthers le nom d'éthers-sels. Or, la formation d'un sel, à l'aide d'un acide et d'un hydrate, peut être considérée comme résultant de la substitution de l'hydrogène basique de l'acide par le métal, ou le groupe jouant le rôle d'un métal, tel que AzH⁴, par exemple, contenu dans l'hydrate (1). Le cas le plus simple représenté, par exemple, par la formule :

$$K.OH + HCl = K.Cl + H.OH$$

a un analogue, si on remplace l'hydrate de potasse par

(1) On peut aussi dire, indifféremment, que la formation du sel résulte de la substitution, au groupe OH de l'hydrate, du radical de l'acide, c'est-à-dire du groupe qui est combiné à l'hydrogène basique, à Cl, par exemple, dans l'acide chlorhydrique HCl ou à CH³COO, dans l'acide acétique CH³COOH.

l'hydrate de méthyle (alcool méthylique). On a, en effet,

$$CH^3.OH + HCl = CH^3.Cl + H.OH.$$

Il n'y a pour l'éther-sel obtenu ainsi, le chlorure de méthyle $CH^3.Cl$, qu'une seule formule satisfaisant à la

$$H - \underset{\displaystyle H}{\overset{\displaystyle H}{\underset{|}{\overset{|}{C}}}} - Cl.$$

tétravalence du carbone $H - C - Cl$. Si, maintenant, nous remplaçons l'acide chlorhydrique par un autre acide, l'acide azotique AzO^3H, par exemple, le groupe monovalent AzO^3 jouera le même rôle que Cl, et nous serons amenés à représenter l'éther méthylique correspondant

par le schéma

$$H - \underset{\displaystyle H}{\overset{\displaystyle H}{\underset{|}{\overset{|}{C}}}} - AzO^3,$$

analogue au précédent, bien qu'ici il existe plusieurs groupements possibles permettant de satisfaire simultanément à la tétravalence du carbone, la trivalence de l'azote et la bivalence de l'oxygène. De même, si nous considérons un acide organique, tel que l'acide acétique, par exemple, $CH^3.COOH$, où le groupe $CH^3.COO$ joue le même rôle que le groupe AzO^3 dans l'acide azotique, ou l'atome Cl dans l'acide chlorhydrique, il donnera un éther, dans la formule duquel nous mettrons en évidence le groupement $CH^3.COO.$; aussi écrirons-nous ainsi cet éther, l'acétate de méthyle :

$$CH^3.COO.\underset{\displaystyle H}{\overset{\displaystyle H}{\underset{|}{\overset{|}{C}}}} - H. \qquad \text{ou} \qquad CH^3.COO.CH^3.$$

Dans tout ce qui précède, nous n'avons pas fait interve-

nir la nature spéciale du groupe directement relié à OH.
Par suite, la théorie précédente prévoit des éthers pour les
alcools primaires, secondaires et tertiaires où le groupe OH
est relié respectivement à un groupe CH_2, CH ou C.

Il en est de même des phénols qui sont caractérisés
par un groupe OH uni à un noyau aromatique. Ils forment
des éthers dont la formule peut être schématisée d'une
façon analogue.

Arrivons maintenant aux composés possédant plusieurs
fois la même fonction. Nous avons remarqué, à propos des
alcools (page 241), que la réaction qui donne naissance
aux éthers peut être répétée: 1° avec un même alcool,
autant de fois que cet alcool contient de groupes OH;
2° avec un même acide, autant de fois que cet acide contient de groupes COOH pour les acides organiques, ou,
d'une façon générale, autant de fois que cet acide compte
d'atomes d'hydrogène susceptibles d'être remplacés par
un métal. On donnera donc à ces éthers-sels, dérivés des
acides polybasiques, des formules analogues à celles qui
précèdent, c'est-à-dire où l'on remplacera dans la formule de l'acide un ou plusieurs atomes d'hydrogène par
un nombre égal de radicaux monovalents, tels que le

méthyle, etc. L'acide oxalique $\begin{vmatrix} COOH \\ COOH \end{vmatrix}$, qui est le plus
simple des acides bibasiques, formera donc avec l'alcool
méthylique un éther à fonction simple, avec mise en
liberté de deux molécules d'eau, suivant la formule:

$$\begin{matrix} COOH \\ | \\ COOH \end{matrix} + 2CH_3.OH = \begin{matrix} COO.CH_3 \\ | \\ COO.CH_3 \end{matrix} + 2H_2O$$

De même, avec des acides monobasiques, les alcools

polyatomiques donneront des éthers à fonction simple, dont on obtiendra la formule schématique, par analogie avec ce qui précède, en remplaçant dans la formule de l'alcool les groupes OH par les groupes acides correspondants, le groupe $CH^3.COO$ par exemple, pour l'acide acétique. La réaction du glycol $\begin{matrix} CH^2.OH \\ | \\ CH^2.OH \end{matrix}$, qui est le plus simple des alcools diatomiques sur l'acide acétique, sera représentée par la formule :

$$\begin{matrix} CH^2.OH \\ | \\ CH^2.OH \end{matrix} + 2CH^3.COOH = \begin{matrix} CH^3.COO.CH^2 \\ | \\ CH^3.COO.CH^2 \end{matrix} + 2H^2O$$

Si l'on considère maintenant un alcool biatomique et un acide bibasique, le glycol et l'acide succinique $\begin{matrix} CH^2.COOH \\ | \\ CH^2.COOH \end{matrix}$, par exemple, on pourra avoir un éther par l'élimination de leur deux molécules d'eau et soudure des deux radicaux bivalents, qui proviennent de cette élimination :

$$\begin{matrix} CH^2.COOH \\ | \\ CH^2.COOH \end{matrix} + \begin{matrix} CH^2.OH \\ | \\ CH^2.OH \end{matrix} = \begin{matrix} CH^2.COO.CH^2 \\ | \quad\quad | \\ CH^2.COO.CH^2 \end{matrix} + 2H^2O$$

Mais, en général, avec les alcools polyatomiques et les acides polybasiques, les réactions sont complexes et très peu connues dès que l'atomicité est un peu élevée.

Ainsi, l'action de la glycérine, alcool triatomique, sur les acides polybasiques, est compliquée ; on n'obtient pas, comme on pourrait le penser, des composés où les diverses basicités de l'acide sont satisfaites par les diverses fonctions alcooliques de l'alcool. Ainsi, avec la glycérine, alcool triatomique, et l'acide phosphorique, acide tribasique, on n'obtient pas de composé résultant de l'union d'une molécule de chacun de ces corps, avec élimination de trois molécules d'eau. On ne parvient à éliminer qu'une molécule d'eau, et l'on obtient un composé qui est à la fois alcool diatomique, acide bibasique et éther-sel.

Lorsqu'un alcool polyatomique réagit sur un acide, de façon que quelques-uns seulement de ses groupes alcooliques soient modifiés, le composé qui en résulte est à fonction mixte, à la fois alcool et éther : tel est le résultat de l'action d'une molécule d'acide acétique sur une molécule de glycol, par exemple ; une seule molécule d'eau est éliminée, et il se forme la monoacétine du glycol, composé une fois alcool et une fois éther :

$$\begin{matrix} CH^2.OH \\ | \\ CH^2.OH \end{matrix} + CH^3.COOH = H^2O + \begin{matrix} CH^3.COO.CH^2 \\ | \\ HO.CH^2 \end{matrix}$$

Ce n'est que par l'action d'une seconde molécule d'acide acétique que cet éther-alcool deviendra un éther à fonction simple, avec élimination d'une nouvelle molécule d'eau, suivant la formule :

$$\begin{matrix} CH^3.COO.CH^2 \\ | \\ HO.CH^2 \end{matrix} + CH^3.COOH = H^2O + \begin{matrix} CH^3.COO.CH^2 \\ | \\ CH^3.COO.CH^2 \end{matrix}$$

Réciproquement, lorsqu'un acide polybasique réagit sur un alcool pour donner un éther, tous les groupes COOH de l'acide peuvent ne pas être modifiés ; on obtient alors un composé à fonction mixte éther-acide, tel que l'oxalate acide de méthyle, obtenu par l'action d'une seule molécule d'alcool méthylique, sur une molécule d'acide oxalique avec élimination d'une molécule d'eau :

$$\begin{matrix} COOH \\ | \\ COOH \end{matrix} + CH^3.OH = H^2O + \begin{matrix} COO.CH^3 \\ | \\ COOH \end{matrix}$$

Ce composé, éther-acide, donnera ensuite un éther à fonction simple, l'oxalate neutre de méthyle, par l'action d'une nouvelle molécule d'alcool méthylique, avec élimination d'une nouvelle molécule d'eau :

$$\begin{matrix} COO.CH^3 \\ | \\ COOH \end{matrix} + CH^3.OH = H^2O + \begin{matrix} COO.CH^3 \\ | \\ COO.CH^3 \end{matrix}$$

On peut même avoir des composés plus complexes en faisant réagir des acides polybasiques sur des alcools polyatomiques ; on peut obtenir, comme dans l'exemple de la glycérine et de l'acide phosphorique, cité plus haut, des composés qui sont à la fois acides, alcools et éthers.

Les éthers oxydes peuvent aussi dériver d'alcools polyatomiques ; dans ce cas, ils peuvent dériver d'une seule molécule d'alcool, les éléments de l'eau éliminée se trouvant empruntés à deux groupes OH de la même molécule d'alcool polyatomique. C'est ainsi, par exemple, que le glycol fournit un éther, l'oxyde d'éthylène, selon la formule :

$$\begin{matrix} CH^2.OH \\ | \\ CH^2.OH \end{matrix} = H^2O + \begin{matrix} CH^2 \\ | \\ CH^2 \end{matrix} \!\!\! > O$$

Les alcools à fonction mixte peuvent aussi donner des éthers qui sont, eux aussi, à fonction mixte ; ils peuvent posséder, comme les précédents, en même temps que la fonction éther, les fonctions acide ou alcool et, de plus, les fonctions appartenant à l'alcool à fonction mixte dont on est parti.

126. Classification. — Il résulte de la discussion précédente qu'il y a lieu de diviser les éthers en classes diverses, correspondant à leurs constitutions différentes. Tout d'abord, nous distinguerons les éthers-oxydes des éthers-sels; puis, dans chacune de ces deux grandes classes, nous rangerons les éthers en adoptant le même ordre que les alcools dont ils dérivent : alcools proprement dits, rangés par ordre d'atomicité croissante, chaque groupe se subdivisant en alcools primaires, secondaires, tertiaires, dérivant de carbures saturés ou non, et phénols, entre lesquels on établira une subdivision analogue. Dans chacun des groupes ainsi établis pour les éthers-sels, on étudiera les divers éthers en les rangeant selon qu'ils proviennent d'acides minéraux ou organiques, et suivant la basicité des acides qui les ont formés. Les acides polybasiques donneront des composés, acides-éthers, qui, bien qu'à fonction mixte, seront étudiés en même temps que les éthers neutres; il en sera de même des composés, alcools-éthers, dérivant des alcools polyatomiques. Puis, viendront les éthers dérivés des alcools à fonction mixte étudiés jusqu'ici, les alcools-phénols (1).

127. Synthèse. — La synthèse des éthers repose sur la synthèse des alcools et des acides ou sur celle de composés ayant des relations simples avec ces corps.

---

(1) Pour les autres éthers à fonction mixte, les éthers aldéhydes, par exemple, ou les éthers-amines. (V. les chapitres *Aldéhydes* ou *Amines*.)

comme les alcoolates alcalins et les chlorures d'acides. Les alcoolates alcalins s'obtenant directement par l'action des métaux alcalins sur les alcools, et les chlorures d'acides se préparant par l'action du perchlorure ou de l'oxychlorure de phosphore sur les acides, la synthèse des éthers à l'aide des alcoolates et des chlorures d'acides repose donc aussi sur celle des alcools et des acides. Ces procédés de synthèse sont d'autant plus intéressants que ce sont ceux que l'on utilise pour la préparation de ces corps. Nous étudierons ici les procédés qui permettent, étant donnés un ou plusieurs alcools, de passer aux éthers-oxydes correspondants et, étant donnés un alcool et un acide, de passer aux éthers-sels correspondants.

I. *Éthers-oxydes*. — La synthèse des éthers-oxydes peut être obtenue en chauffant avec de l'acide sulfurique l'alcool que l'on veut éthérifier ou les deux alcools que l'on veut faire réagir l'un sur l'autre (1). On peut aussi faire réagir sur un alcoolate alcalin un éther-sel, un éther iodhydrique, par exemple, dont nous verrons un peu plus loin les modes de synthèse. Soit, par exemple, à former l'oxyde de méthyléthyle : on traitera le méthylate de sodium $CH^3.ONa$, alcool méthylique sodé, par l'iodure d'éthyle :

$$CH^3.ONa + C^2H^5.I = NaI + CH^3.O.C^2H^5.$$

II. *Éthers-sels*. — Les éthers-sels s'obtiennent par l'action des alcools sur les acides, ces composés étant pris à l'état libre ou à l'état naissant.

1° *Action des acides libres sur les alcools libres*. — Ces

____

(1) Voir, p. 419, quel est, dans cette synthèse, le mode d'action de l'acide sulfurique ; ce n'est pas, comme on l'avait cru d'abord, une action déshydratante.

réactions donnent naissance à des phénomènes d'équilibre, l'eau mise en liberté simultanément tendant à donner, avec l'éther, une réaction inverse. Ces phénomènes ont été surtout étudiés par MM. Berthelot, Péan de Saint-Gilles et Villiers. Lorsqu'on met en présence, à une température déterminée, soit une molécule d'alcool et une molécule d'acide, soit une molécule d'éther et une molécule d'eau, ces corps réagissent et atteignent, après un certain temps, un état d'équilibre qui est le même, que l'on soit parti du mélange alcool et acide, ou du mélange éther et eau. La nature de ces équilibres et la vitesse avec laquelle on y arrive ont été étudiées d'une façon très complète par M. Berthelot. Voici les principaux résultats de ces recherches.

Les corps réagissants étant maintenus à l'état liquide, la *vitesse* de l'éthérification croît très rapidement avec la température; si on prend, par exemple, une molécule d'acide acétique et une molécule d'alcool éthylique, on constate que l'équilibre est atteint, à la température ordinaire au bout de seize ans, à $100°$ après deux cents heures, à $170°$ après quarante-deux heures et à $200°$ après vingt-quatre heures.

Les divers alcools homologues se combinent avec un même acide, sensiblement avec la même vitesse. Par conséquent, pour une même classe d'alcools, la vitesse d'éthérification ne dépend pas de la nature de l'alcool, mais de celle de l'acide et, lorsqu'on prend des acides homologues, la vitesse est d'autant plus grande que le poids moléculaire est plus faible.

La *limite* de l'éthérification semble, au contraire, indépendante de la température, de la nature des acides et, dans une certaine mesure, de celle des alcools, tandis que, dans la formation de l'acétate d'éthyle, le temps nécessaire pour arriver à l'état d'équilibre variait entre seize ans et vingt-quatre heures, quand la température variait entre la température ordinaire et 200°, la proportion d'éther formé n'oscillait qu'entre 65,2 et 67,3 0/0, entre les mêmes limites de température.

D'une façon générale, on peut dire que, quels que soient la température, l'acide et l'alcool, il se forme environ 66 0/0 d'éther, quand on fait réagir une molécule d'alcool sur une molécule d'acide; les alcools secondaires, tertiaires et les phénols donnent seuls une proportion un peu différente.

L'*excès* de l'un des corps, alcool ou acide, a pour effet d'augmenter, à la fois, la quantité d'éther formé et la vitesse de la réaction. Par contre, la présence d'eau ou d'éther, ajoutée au mélange d'alcool et d'acide, diminue les quantités d'eau et d'éther formées, ainsi que la vitesse de la réaction.

Si l'on opère maintenant dans des conditions telles que les corps réagissants soient entièrement gazeux, on constate que la *vitesse* de la réaction augmente avec la température, mais elle est beaucoup moindre quand tous les corps sont gazeux, que lorsque tous les corps sont liquides; elle augmente avec la pression. La *limite* dépend de la pression; l'éthérification est d'autant plus avancée que la pression est plus élevée.

Quelquefois aussi, pour rendre plus prompte et plus complète l'action d'un acide sur un alcool, on y ajoute un acide minéral énergique, comme l'acide chlorhydrique et l'acide sulfurique. Ces acides agissent en s'emparant de l'eau, qui tend à s'opposer à la réaction, en donnant lieu à un état d'équilibre, et, par suite, la vitesse de l'éthérification est accrue, ainsi que la quantité d'éther formé.

2° *Action des acides naissants sur les alcools libres.* — Ce procédé a l'avantage, en remplaçant l'acide libre par un mélange de corps capables de donner cet acide avec dégagement de chaleur, de correspondre à un dégagement de chaleur plus considérable qui rend, par suite, la réaction plus facile à réaliser. Ainsi, pour obtenir les éthers iodhydriques on fait souvent agir sur l'alcool, au lieu d'acide iodhydrique, de l'iodure de phosphore ou même un mélange d'iode et de phosphore qui, par réaction sur l'eau formée simultanément, donne de l'acide iodhydrique naissant. Telles sont encore les actions des chlorures acides ou des mélanges de sels et d'acides sur les alcools : le chlorure d'acétyle $CH^3.COCl$ donne, par exemple, avec l'alcool éthylique $C^2H^5.OH$, de l'acétate d'éthyle ; c'est une conséquence de l'action de l'eau sur le chlorure d'acétyle, qui donne de l'acide acétique et de l'acide chlorhydrique :

$$CH^3.COCl + C^2H^5.OH = CH^3.COO.C^2H^5 + HCl.$$

Le mélange d'acétate de sodium, d'acide sulfurique et d'alcool éthylique donne aussi de l'acétate d'éthyle, par suite de l'action de l'acide acétique naissant sur l'alcool :

$$2 (CH^3.COONa) + SO^4H^2 + 2C^2H^5.OH$$
$$= 2CH^3.COO.C^2H^5 + SO^4Na^2 + 2H^2O.$$

3° *Actions des acides naissants sur les alcools naissants.* — Ces actions sont très importantes, parce qu'elles se prêtent facilement à la préparation des éthers les plus divers. Un certain nombre de réactions permettent d'obtenir les acides et les alcools à l'état naissant. Citons-en seulement quelques-unes et les formules qui leur correspondent :

Action d'un chlorure acide sur un alcoolate alcalin, du chlorure d'acétyle sur l'éthylate de sodium, par exemple :

$$CH^3.COCl + C^2H^5.ONa = NaCl + CH^3.COO.C^2H^5.$$

Action d'un sel sur un éther-sel ; il y a échange entre les acides du sel et de l'éther-sel, quand les acides et le métal sont convenablement choisis. Cette réaction réussit bien, par exemple, avec les sels d'argent et les éthers iodhydriques. Telle est la formation de l'acétate d'éthyle par l'action de l'acétate d'argent sur l'iodure d'éthyle :

$$CH^3.COOAg + C^2H^5.I = AgI + CH^3.COO.C^2H^5.$$

128. Propriétés générales des éthers. — Les *propriétés physiques* des éthers-oxydes et des éthers-sels sont voisines ; ce sont des corps liquides, en général, d'une odeur spéciale, peu solubles dans l'eau, miscibles avec l'alcool. Les points d'ébullition des éthers d'une même série s'élèvent souvent d'une façon très régulière, quand on passe d'un corps au suivant. On a aussi constaté une différence à peu près constante entre la température d'ébullition des éthers et leur température critique.

Pour les éthers-sels, dont on a étudié un plus grand nombre, on est arrivé à un certain nombre de remarques générales intéressantes.

Il existe entre les points de fusion des éthers formés par l'union d'un alcool avec divers acides de la même série, une variation assez régulière du point de fusion. Le point de fusion s'élève d'une quantité à peu près constante, quand on passe d'un terme à l'homologue immédiatement supérieur.

Entre la température d'ébullition d'un éther et celle de

l'acide correspondant, il y a une différence à peu près constante, quand l'alcool générateur reste le même; cette différence est de — 45° pour l'alcool ordinaire, de — 65° pour l'alcool méthylique, de + 20° pour l'alcool amylique, etc.

On peut calculer, d'une façon approximative, un certain nombre de données physiques relatives aux éthers, connaissant les données correspondantes relatives aux alcools et aux acides qui les ont formés. Ainsi la somme des volumes d'une molécule d'acide acétique et d'une molécule d'alcool, mesurées à leur température d'ébullition respective, est égale à la somme des volumes d'une molécule d'éther acétique et d'une molécule d'eau, mesurées aussi à leurs températures normales d'ébullition. En introduisant les poids moléculaires dans cet énoncé, on obtient une formule qui donne la densité D_{ea} de l'éther acétique, en fonction de la densité D_a de l'alcool, de la densité D_{aa} de l'acide acétique et de la densité D_e de l'eau, toutes ces densités étant déterminées aux températures normales d'ébullition. On a:

$$\frac{46}{D_a} + \frac{60}{D_{aa}} = \frac{88}{D_{ea}} + \frac{18}{D_e}.$$

On peut calculer de même la chaleur spécifique des éthers, en admettant que la quantité de chaleur nécessaire pour élever de 0 à 1° une molécule d'alcool et une molécule d'acide est la même que pour élever de 0 à 1° une molécule d'éther et une molécule d'eau. La chaleur spécifique que l'on détermine pour les éthers en faisant cette hypothèse, s'accorde bien avec celle que l'on peut déterminer directement.

De même, le pouvoir réfringent moléculaire d'un éther est égal à la somme des pouvoirs réfringents moléculaires de l'acide et de l'alcool diminuée de celui de l'eau ; cette relation permet de calculer l'indice de réfraction moyen d'un éther en fonction de ceux de l'eau, de l'alcool et de l'acide générateurs.

Les *chaleurs de formation* des éthers sont, en général, sensiblement nulles, lorsqu'on les calcule depuis l'alcool et l'acide générateurs ; on peut donc calculer depuis les éléments à l'aide de la chaleur de formation de l'alcool et de l'acide. Une autre conséquence de la valeur à peu près nulle de cette chaleur de formation, c'est que la chaleur de combustion d'un éther est la somme des chaleurs de combustion de l'alcool et de l'acide correspondant diminuée de la chaleur de combustion d'une molécule d'hydrogène.

PROPRIÉTÉS CHIMIQUES DES ÉTHERS-OXYDES. — Ce sont des composés très stables. Les réactifs qui agissent sur eux donnent le plus souvent les dérivés que l'on obtiendrait par l'action de ces corps sur les deux alcools qui ont donné naissance à l'éther.

Ainsi, l'acide sulfurique donne les éthers sulfuriques acides correspondants ; l'éther méthyléthylique donnera, par exemple, de l'acide sulfométhylique et de l'acide sulfoéthylique :

$$CH^3.O.C^2H^5 + 2SO^4H^2 = SO^4\!\!<^H_{CH^3} + SO^4\!\!<^H_{C^2H^5} + H^2O.$$

Les agents oxydants donneront, avec ces éthers, les acides correspondants aux alcools générateurs. C'est ainsi qu'avec l'éther méthyléthylique on aura de l'acide formique et de l'acide acétique :

$$CH^3.O.C^2H^5 + 2O^2 = H.COOH + CH^3.COOH + H^2O.$$

Quelquefois les agents oxydants donnent des produits

spéciaux comme le peroxyde d'éthyle obtenu par M. Berthelot dans l'action de l'ozone sur l'éther ordinaire.

Les agents réducteurs, l'acide iodhydrique par exemple à 280°, donneront les carbures saturés correspondant aux deux alcools qui ont formé l'éther. On aura, par exemple, avec le même éther que précédemment, du méthane et de l'éthane :

$$CH^3.O.C^2H^5 + 2H^2 = CH^4 + C^2H^6 + H^2O,$$

Mais l'acide iodhydrique pourra agir aussi comme tous les autres acides monobasiques, à condition que la réaction se produise à basse température, et non plus à 280°, température à laquelle il se décompose en donnant de l'hydrogène naissant. On aura alors l'éther iodhydrique d'un des deux alcools (le moins riche en carbone) et l'autre alcool sera régénéré :

$$CH^3.O.C^2H^5 + HI = CH^3.I + C^2H^5.OH.$$

Propriétés chimiques des éthers-sels. — *Action de l'hydrogène*. — Lorsqu'on fait agir sur un éther composé l'hydrogène naissant qui provient de la décomposition de l'acide iodhydrique à 280°, on obtient, avec les éthers à acides organiques, deux carbures saturés correspondant à l'alcool et à l'acide organique. Ainsi l'éther éthyl-propionique donne un mélange d'éthane et de propane :

$$C^2H^5.COO.C^2H^5 + 4H^2 = C^2H^6 + C^3H^8 + 2H^2O.$$

Avec les éthers d'hydracides, le corps halogène correspondant peut être mis en liberté avec formation du carbure saturé correspondant à l'éther. Ainsi l'iodure d'éthyle donne de l'éthane et de l'iode :

$$C^2H^5I + HI = C^2H^6 + I^2.$$

Action de l'oxygène. — Cette action est la même que sur les alcools, mais elle peut se compliquer de l'action de l'oxygène sur les acides dont dérivent les éthers. Les mêmes agents oxydants peuvent être employés : permanganate de potassium, bioxyde de manganèse et acide sulfurique, acide chromique, acide azotique, etc.

Action du chlore. — En présence de l'eau, le chlore peut donner naissance à des produits d'oxydation ; en l'absence de l'eau et sous l'influence de la lumière, le chlore donne avec les éthers chlorhydriques, des dérivés substitués, un atome de chlore remplaçant un atome d'hydrogène. Avec les éthers formés par les autres acides, le chlore agit d'abord pour les transformer en éthers chlorhydriques avec mise en liberté des corps halogènes correspondants ; puis, le chlore en excès agit sur l'éther chlorhydrique comme nous venons de le voir. Avec les éthers à oxacides, le chlore agit par substitution, mais en attaquant soit l'hydrogène de l'alcool, soit celui de l'acide, quelquefois les deux à la fois ; aussi obtient-on de nombreux composés isomériques. Tels sont, par exemple :

$C^2H^4 (C^2H^2Cl^2O^2)$ Éther ordinaire de l'acide acétique bichloré ;
$C^2H^2Cl^2 (C^2H^4O^2)$ Éther bichloré de l'acide acétique ordinaire ;
$C^2H^3Cl (C^2H^3ClO^2)$ Éther monochloré de l'acide monochloracétique.

Action des métaux. — Un grand nombre de métaux décomposent les éthers. Avec les éthers à hydracides et, en particulier, avec les éthers chlorhydriques, la réaction peut donner, en même temps que l'iodure métallique correspondant, deux carbures ou un carbure unique, résul-

tant de leur union, ou bien enfin un radical organo-métallique. Les formules suivantes montrent ces trois réactions de l'éther iodhydrique et du zinc :

$$2C^2H^5(HI) + Zn = ZnI^2 + C^2H^4 + C^2H^6$$
$$2C^2H^5(HI) + Zn = ZnI^2 + C^2H^5(C^2H^5)$$
$$2C^2H^5(HI) + 2Zn = C^2H^5[C^2H^5(H^2Zn^2)] + ZnI^2.$$

Les éthers à oxacides ne sont guère attaqués que par
les métaux alcalins ; la réaction est plus complexe, et l'on
obtient des produits que l'on peut considérer comme des
éthers dérivés d'acides à fonctions mixtes, d'acides-acé-
tones. Par exemple, avec l'éther acétique et le sodium,
on obtient un éther acétylacétique sodé et de l'alcoolate
de sodium suivant la formule :

$$3C^2H^5(C^2H^3O^2) + 2Na^2$$
$$= C^2H^4[C^2H^3Na(C^2H^3O)O^2] + 3C^2H^5NaO.$$

Action des acides. — Les acides agissent sur les éthers
comme les acides sur les sels ; il y a partage le plus souvent de l'alcool entre l'acide de l'éther et l'acide mis en
présence. Ainsi l'éther acétique traité par l'acide propionique sera en partie décomposé, et il se formera de
l'éther propionique avec mise en liberté d'acide acétique.
Inversement, si l'on met en présence de l'acide acétique
et de l'éther propionique, il y aura une décomposition
partielle. Quel que soit le point de départ, il se forme un
équilibre entre les quatre corps, acides acétique et propionique, éthers acétique et propionique. La décomposition est plus ou moins complète, suivant que l'acide de
l'éther et l'acide décomposant sont de force à peu près
égale (dégagements de chaleur avec les alcools sensiblement les mêmes).

Action des bases. — Cette action, très générale, a reçu le nom de saponification ; les réactions utilisées, en effet, dans la fabrication des savons, sont des exemples particuliers de ce mode d'action très général : la base décompose l'éther ; l'alcool générateur est mis en liberté, et il se forme le sel correspondant à l'acide. Ainsi la potasse, agissant sur l'éther acétique, donnera de l'alcool et de l'acétate de potassium :

$$C^2H^5.C^2H^3O^2 + KOH = C^2H^6O + C^2H^3KO^2.$$

De même, la tristéarine, éther qui forme la partie principale du suif de bœuf, traitée par de la potasse, donne l'alcool correspondant, la glycérine, et du stéarate de potassium suivant la formule :

$$C^3H^5 :. (C^{18}H^{35}O^2)^3 + 3KOH = C^3H^8O^3 + 3C^{18}H^{35}KO^2.$$

Ces actions sont lentes.

Avec les éthers à hydracides, les réactions sont compliquées d'actions secondaires, de la formation d'éther ordinaire, par exemple.

L'action des bases anhydres donne naissance à un sel et à un alcoolate. Ainsi l'éther acétique donne avec la baryte de l'acétate et de l'alcoolate de baryum.

Action de l'eau. — L'eau décompose les éthers de la même façon que les bases, c'est-à-dire avec mise en liberté d'alcool et d'acide, l'acide jouant dans cette réaction le rôle de sel dans le cas des bases. Mais, tandis que l'action des bases peut s'exercer d'une façon complète, celle de l'eau est limitée par la réaction inverse. C'est, en effet, cette réaction inverse entre les alcools et les acides, qui donne naissance aux éthers avec élimination d'eau. Il y a toujours équilibre entre ces quatre corps, alcool, acide, eau et éther ; la limite qui s'établit dépend de la proportion relative de ces divers corps. Aussi, dans la préparation des éthers, pour éviter, autant que possible, l'action saponifiante de l'eau, on ajoute souvent de l'acide sulfurique au mélange; d'autre part, on opère à une température élevée, et, lorsque l'éther est plus volatil que l'alcool, il distille et échappe à l'action de l'eau. Inversement, quand on veut décomposer un éther par l'eau, on emploie une quantité d'eau très considérable. On peut ainsi reculer considérablement la limite. Quand on fait agir l'eau sur l'éther, molécule à molécule, un tiers environ est transformé dans le système alcool et acide, quels que soient l'alcool primaire et l'acide ayant formé l'éther, quelle que soit aussi la température. Ce résultat très général résume de très nombreuses expériences faites par M. Berthelot sur ces équilibres. La température n'a d'influence sensible que sur la rapidité plus ou moins grande avec laquelle l'équilibre est obtenu.

Action de l'ammoniaque. — L'ammoniaque, qui, avec le concours de l'eau, joue dans un très grand nombre de cas un rôle analogue à celui de l'hydrate de potassium, agit sur les éthers sans que l'eau intervienne et en donnant des réactions d'un ordre tout autre. Il y a lieu de distinguer le cas des éthers formés par des acides faibles, tels que la plupart des acides organiques.

Avec l'éther chlorhydrique, l'éther azotique, l'acide sulfovinique (acide-éther), l'ammoniac réagit molécule à molécule sans élimination d'aucun corps ; il se forme un composé qui jouit des propriétés générales des sels ammoniacaux, mais l'ammoniac est remplacé dans ces sels par des groupements analogues, où des radicaux, tels que l'éthyle C^2H^5, remplacent en tout ou en partie l'hydrogène de l'ammoniac. Ainsi, avec l'éther iodhydrique et l'ammoniac, on obtient un corps que l'on peut considérer comme un iodhydrate d'éthylamine, ou comme un iodure d'éthylammonium :

$$C^2H^5.I + AzH^3 = C^2H^5H^3Az, HI = C^2H^5H^3Az, I.$$

Avec les éthers à acides organiques, on obtient de l'alcool et des amides, produits de déshydratation des sels ammoniacaux. Par exemple, l'éther acétique donnera, avec l'ammoniac, de l'alcool et de l'acétamide :

$$C^2H^3.C^2H^5O^2 + AzH^3 = C^2H^6O + C^2H^5OAzH^3.$$

Ces réactions sont, en général, assez lentes.

§ 2. — ÉTUDE PARTICULIÈRE DES ÉTHERS

I. — ÉTHERS-OXYDES

A. — ÉTHERS-OXYDES DÉRIVÉS DES ALCOOLS

a. — Éthers-oxydes des alcools monoatomiques

129. Oxyde de méthyle $CH^3.O.CH^3$ **(méthane oxyméthane).** — Ce composé a été découvert en 1844 par Dumas et Péligot. C'est un gaz incolore, d'une odeur éthérée qui se liquéfie à —23°. Sa densité à l'état liquide est 0,712 ; il est très soluble dans l'eau (trente-sept fois son volume à 17°), très soluble dans l'acide sulfurique (six cents fois son volume) ; l'eau ajoutée à cette solution dégage 90 0/0 du gaz absorbé, il est très soluble dans les alcools. Sa chaleur de formation à l'état gazeux depuis les éléments est de 50°,8, d'après M. Berthelot. Ce gaz brûle avec une flamme pâle.

Le chlore l'attaque en donnant des composés étudiés par Regnault et par M. Friedel, ce sont :

L'éther méthylique monochloré $CH^3.O.CH^2Cl$, que l'on obtient par l'action directe des deux gaz à la lumière diffuse ; il bout à 59°,5 ;

L'éther méthylique bichloré $CH^2Cl.O.CH^2Cl$, qui bout à 105° ;

L'éther méthylique tétrachloré $CHCl^2.O.CHCl^2$, qui bout vers 130° ;

L'éther méthylique perchloré $CCl^3.O.CCl^3$, qui bout vers 100°.

On prépare l'éther méthylique, en chauffant au bain de sable un mélange de 1 partie d'alcool méthylique et de 4 parties d'acide sulfurique concentré ; la température doit être maintenue entre 125 et 140°. Au-dessous de la première température la réaction est trop lente ; au-dessus de la seconde, on aurait de trop grandes quantités d'anhydrides sulfureux et carbonique ; à la suite du ballon se trouve un réfrigérant ascendant, pour faire refluer constamment dans le ballon les vapeurs d'alcool qui s'en échappent. Au sortir du réfrigérant, les gaz traversent une série de flacons laveurs contenant une dissolution de potasse concentrée, puis une colonne à chlorure de calcium fondu : le gaz est ensuite recueilli sur le mercure.

Erlenmeyer et Kriechbaumer prétendent qu'avec une molécule d'acide sulfurique (soit partie) et deux molécules d'alcool méthylique (soit 0 p. 65) le rendement peut être beaucoup amélioré, et atteindre environ 60 0/0 de la quantité théorique.

Ce gaz est employé à l'état liquide pour produire du froid.

130. Oxyde d'éthyle $C^2H^5.O.C^2H^5$ **(éthane oxyéthane).** — Ce composé semble connu depuis le XVI° siècle; il a fait l'objet d'un grand nombre de recherches, particulièrement de Dumas et Boullay. M. Williamson a étudié les circonstances de sa formation. C'est l'éther ordinaire.

Propriétés physiques. — C'est un liquide incolore, d'une odeur agréable, bouillant à 35°, fondant à — 31°. Sa densité à 0° est 0,736. Sa température critique est de 190°; sa pression critique de 36 atmosphères. Il est très peu soluble dans l'eau, 1/10 environ; il dissout 1/96 d'eau; il se mêle en toute proportion avec l'alcool. C'est un dissolvant très employé; il dissout en grande quantité les matières grasses, les résines, un grand nombre de produits organiques, quelques sels minéraux et même des métalloïdes, tels que l'iode, le brome, le soufre et le phosphore.

Propriétés chimiques. — Vers 450°, la vapeur d'éther se décompose en aldéhyde, éthylène, oxyde de carbone et eau. Au rouge vif, on obtient divers carbures, de l'acétylène et du formène en particulier.

Action de l'oxygène. — L'éther brûle avec une flamme pâle, sa vapeur est très inflammable; comme ce corps est très volatil et que sa densité à l'état gazeux est assez grande, sa vapeur se répand facilement sans se diffuser avec l'air, et peut venir s'enflammer au contact d'une flamme placée loin du vase qui contient l'éther; aussi ce liquide a-t-il été souvent la cause d'accidents sérieux.

Dans sa combustion, l'éther donne de l'acide carbonique et de l'eau :

$$C^2H^5.O.C^2H^5 + 6O^2 = 4CO^2 + 5H^2O.$$

En présence d'une quantité d'air insuffisante, il se

produit de l'acétylène en grande quantité. Les matières oxydantes l'attaquent assez facilement; l'ozone le transforme en peroxyde d'éthyle, comme l'a montré M. Berthelot $(C^2H^5)^2 O^2$. L'acide azotique, le permanganate de potassium, l'acide chromique, le transforment, comme l'alcool, en aldéhyde, acide et éther acétiques, acide oxalique, etc.

L'*hydrogène naissant*, tel que celui que donne la décomposition de l'acide iodhydrique à 280°, le transforme en hydrure d'éthylène suivant la formule :

$$C^2H^5.O.C^2H^5 + 2H^2 = 2C^2H^6 + H^2O.$$

Le *chlore* attaque vivement l'éther avec formation d'acide chlorhydrique, d'eau et de charbon; il suffit de verser quelques gouttes d'éther dans un flacon de chlore pour le voir s'enflammer aussitôt. Le chlore humide le transforme à l'abri de la lumière en aldéhyde et dérivés chlorés, en acide acétique et dérivés chlorés. Le chlore fournit dans les mêmes conditions divers produits de substitution : C^4H^9ClO... $C^4Cl^{10}O$. Ils seront étudiés un peu plus loin.

Le *brome* donne des réactions moins vives, mais fournit aussi des composés assez nombreux. Quand on traite une partie d'éther, refroidie à 0°, par deux parties de brome, le mélange se trouble bientôt, puis se sépare en deux couches. La couche inférieure, refroidie dans un mélange de glace et de sel, se prend en une masse cristalline rouge, dont la formule est $C^4H^{10}OBr^2$.

Les acides donnent avec ce corps les éthers-sels correspondants, mais la réaction est, en général, très lente à la température ordinaire, et ce n'est qu'à la haute température, en tubes scellés, que le plus souvent on peut constater leur formation.

Préparation. — On chauffe, dans un ballon communiquant avec un réfrigérant bien refroidi, un mélange fait à l'avance de 10 parties d'acide sulfurique concentré et de 7 parties d'alcool à 90 0/0. Le ballon est, en outre, muni d'un tube à entonnoir qui sert à introduire continuellement de nouvelles quantités d'alcool au fur et à mesure de sa transformation en éther; on peut ajouter ainsi peu à peu un poids d'alcool 20 fois supérieur à celui de l'acide sulfurique employé. Le bouchon qui ferme le ballon laisse passer, en outre, un thermomètre. La température doit être maintenue au voisinage de 140°. Les vapeurs qui ne sont pas condensées dans le réfrigérant se liquéfient dans un petit ballon bien refroidi, où vient se réunir l'éther obtenu.

Le produit ainsi préparé est un mélange d'éther, d'eau et d'alcool; il contient, en outre, de l'anhydride sulfureux; on le lave avec un peu d'eau, et on le distille en présence de carbonate de potassium; on le met ensuite à digérer avec du chlorure de calcium fondu, pendant vingt-quatre heures; puis, on le distille et, si on veut l'avoir absolument anhydre, on le rectifie sur du sodium.

Théorie de l'éthérification. — La formation de l'éther, telle que la résume la formule :

$$2\,(C^2H^5.OH) + SO^4H^2 = (C^2H^5)^2 : O + (SO^4H^2 + H^2O)$$

semblerait due à l'action déshydratante de l'acide sulfurique. Cette formule exprime seulement le résultat final de l'opération.

L'éther se produit dans une suite de réactions intermédiaires, dont l'importance a été démontrée par Williamson. Tout d'abord, l'acide sulfurique décompose l'alcool pour donner l'acide éthyl-sulfurique, ou sulfate acide d'éthyle suivant la formule :

$$C^2H^5.OH + SO^4H^2 = SO^4 : (H,C^2H^5) + H^2O ;$$

l'acide sulfurique agit donc ici à la fois pour former un composé particulier et pour s'emparer de l'eau. Ce sulfate acide d'éthyle réagit ensuite sur une nouvelle molécule d'alcool, en donnant de l'éther, et en régénérant l'acide sulfurique, suivant la formule :

$$SO^4 : (H,C^2H^5) + C^2H^5.OH = (C^2H^5)^2 : O + SO^4H^2.$$

Cette formation intermédiaire rend un compte exact des phénomènes qui se produisent : on peut, en effet, préparer du sulfate acide d'éthyle, par l'action de l'acide sulfurique sur l'alcool. On peut vérifier ainsi que cet acide éthyl-sulfurique, traité par de l'alcool, fournit de l'éther. D'autre part, l'action exclusivement déshydratante de l'acide sulfurique ne saurait être admise, car, pendant toute la préparation, l'eau distille en même temps que l'éther.

La formation des éthers-oxydes dérivant de radicaux différents s'explique aussi très aisément dans la théorie de Williamson ; ainsi l'éther éthyl-amylique $C^2H^5.O.C^5H^{11}$ s'obtient par l'action de l'acide amyl-sulfurique

$$SO^4 : (H,C^5H^{11})$$

sur l'alcool ordinaire, suivant la formule :

$$SO^4 : (H,C^5H^{11}) + C^2H^5.OH = C^2H^5.O.C^5H^{11} + SO^4H^2.$$

b. — Éthers-oxydes des alcools biatomiques

Ce sont des composés peu importants ; nous ne citerons que les suivants comme types de ce genre de composés.

131. Glycols éthyliques. — 1° *Glycol biéthylique*
$$\begin{matrix} CH^2.O.C^2H^5 \\ | \\ CH^2.O.C^2H^5 \end{matrix}$$
. — Ce composé s'obtient par l'action de l'iodure d'éthyle sur le glycol monosodé monoéthylique :

$$\begin{matrix} CH^2.ONa \\ | \\ CH^2.O.C^2H^5 \end{matrix} + C^2H^5I = NaI + \begin{matrix} CH^2.O.C^2H^5 \\ | \\ CH^2.O.C^2H^5 \end{matrix} ;$$

c'est un liquide de densité 0,799 à 0° qui bout à 123°,5.

2° *Glycol monoéthylique* $\begin{matrix} CH^2.OH \\ | \\ CH^2.O.C^2H^5 \end{matrix}$. — Ce composé est à fonction mixte ; c'est un alcool-éther ; il dérive en effet du glycol par la substitution d'un seul radical C^2H^5 à un atome d'hydrogène. On le prépare par la méthode générale, action du glycol monosodé sur l'iodure d'éthyle :

$$\begin{matrix} CH^2.OH \\ | \\ CH^2.ONa \end{matrix} + C^2H^5I = NaI + \begin{matrix} CH^2.OH \\ | \\ CH^2.O.C^2H^5 \end{matrix}$$

3° *Oxyde d'éthylène*. — Ce composé peut être considéré comme un éther-oxyde dérivant d'une seule molécule de glycol, les deux groupes OH de cet alcool biatomique fournissant les deux molécules d'hydrogène de l'eau éliminée :

$$\begin{matrix} CH^2.OH \\ | \\ CH^2.OH \end{matrix} = H^2O + \begin{matrix} CH^2 \\ | \quad \rangle O \\ CH^2 \end{matrix}$$

On le prépare en ajoutant peu à peu une solution concentrée de potasse à l'éther monochlorhydrique du glycol ; de l'oxyde d'éthylène se dégage : on le sèche sur du chlorure de calcium fondu, et on le condense dans un mélange réfrigérant ; il n'est besoin de chauffer le ballon où se fait l'expérience qu'à la fin. Voici la formule de la réaction :

$$\begin{matrix} CH^2Cl \\ | \\ CH^2OH \end{matrix} + KOH = KCl + H^2O + \begin{matrix} CH^2 \\ | \quad \rangle O \\ CH^2 \end{matrix}$$

C'est un liquide incolore, doué d'une odeur éthérée, de densité 0,8945 à 0°. Il bout à 15°,5. Il est très soluble dans l'eau ; sa solution s'altère peu à peu et contient du glycol, l'eau agissant en saponifiant cet éther. Avec les acides, il donne des éthers ; avec l'oxygène naissant, il fournit de l'acide glycolique, et avec l'hydrogène naissant de l'alcool ordinaire.

e. — Éthers-oxydes des alcools triatomiques

Composés peu importants. Le plus intéressant, au point de vue de sa constitution, est l'éther glycérique.

132. Éther glycérique $\begin{matrix} CH^2.O.CH^2 \\ | \qquad\qquad | \\ CH.\;O.CH. \\ | \qquad\qquad | \\ CH^2.O.CH^2 \end{matrix}$ — Ce composé résulte de l'union de deux molécules de glycérine, avec perte de trois molécules d'eau. Il représente l'éther-oxyde normal de la glycérine, ayant, vis-à-vis de cet alcool triatomique, les mêmes relations que l'éther ordinaire et l'alcool éthylique.

Ce corps, découvert par M. Berthelot, se prépare en chauffant, en présence de potasse, un éther iodhydrique de la glycérine obtenu par l'action de la chaleur sur la glycérine saturée d'acide iodhydrique.

On peut aussi l'obtenir par l'action du chlorure de calcium fondu, agissant comme déshydratant, sur la glycérine.

C'est un liquide incolore, visqueux ; sa densité est 1,16 à 16° ; il bout à 171°.

B. — ÉTHERS-OXYDES DÉRIVÉS DES PHÉNOLS

133. Éthers du phénol. — Les éthers dérivés du phénol ordinaire $C^6H^5.OH$ ont pour type le schéma $C^6H^5.O.R$, où R est un radical monovalent, tel que le méthyle CH^3, ou même le phényle C^6H^5.

La formule des éthers qui dérivent des phénols monoatomiques, homologues du phénol ordinaire, s'obtiennent en remplaçant dans le noyau C^6H^5 un ou plusieurs atomes d'hydrogène par un nombre égal de groupes CH^3.

Les phénols polyatomiques fournissent aussi des éthers comme les alcools polyatomiques, et la formule de ces éthers s'obtient comme pour les alcools polyatomiques. Tous ces composés sont peu importants au point de vue pratique. Nous n'étudierons ici, comme types, que les trois composés suivants : les phénates de méthyle, d'éthyle et l'oxyde de phényle.

Phénate de méthyle $C^6H^5.O.CH^3$, *ou anisol*. — Liquide bouillant à 152°. Ce composé s'obtient par l'action du phénol potassique sur l'iodure de méthyle :

$$C^6H^5.OK + CH^3.I = C^6H^5.O.CH^3 + KI,$$

ou par la distillation de l'acide anisique avec la baryte.

Phénate d'éthyle $C^6H^5.O.C^2H^5$, *ou phénétol*. — Liquide incolore, bouillant à 272°, que l'on obtient en distillant le salicylate de méthyle avec la baryte.

Oxyde de phényle $C^6H^5.O.C^6H^5$. — Composé solide cristallisant en longues aiguilles incolores, fondant à 27°, bouillant à 248, insoluble dans l'eau, très soluble dans l'alcool et dans l'éther. On l'obtient en faisant arriver de l'acide azoteux dans du sulfate d'aniline ; on ajoute ensuite du phénol, et l'on chauffe légèrement tant qu'il se dégage de l'azote ; le produit est ensuite traité par la soude, puis distillé.

C. — ÉTHERS-OXYDES A FONCTION MIXTE

134. Alcool anisique $C^6H^4 : (OCH^3, CH^2OH)$. — Ce composé est à fonction mixte ; il est alcool primaire et il est éther méthylique d'un phénol-alcool

$$C^6H^4 : (OH, CH^2OH).$$

On le prépare en faisant agir la potasse en solution alcoolique sur l'aldéhyde anisique ; il se forme ainsi de l'aldéhyde anisique et de l'anisate de potassium, suivant la formule :

$$2C^6H^4 : (OH, CH^2OH) + KOH = C^6H^4 : (COOK, OCH^3) + C^6H^4 : (CH^2OH, OCH^3).$$

C'est un corps solide, d'une odeur rappelant l'essence d'anis, cristallisé en aiguilles, blanches, fusibles à 25° en un liquide de densité 1,109. Il bout vers 259°.

135. Alcool vanillique C^6H^3 : (CH^2OH, OH, OCH^3). — C'est un composé à fonction mixte ; il est alcool primaire, phénol, éther méthylique d'un diphénol, ayant une fonction alcoolique. On l'obtient par l'action de l'amalgame de sodium sur l'aldéhyde vanillique :

$$C^6H^3 :. (CHO, OH, OCH^3).$$

C'est un corps solide, cristallisé en aiguilles fusibles vers 103°.

136. Eugénol $C^6H^3 :. (CH : CH.CH^2, OH,, OCH^3)$. — Composé à fonction mixte qui est éther d'un diphénol, dérivant de la pyrocatéchine par la substitution à un atome d'hydrogène du groupe $CH : CH.CH^3$. On le prépare en faisant bouillir l'essence de girofle avec la potasse ; il se forme une combinaison potassée, qui cristallise par refroidissement. On la décompose par un acide qui met l'eugénol en liberté. C'est un liquide de densité 1,078 à 0°, qui bout vers 250°. Il constitue les 9/10 de l'essence de girofle.

137. Alcool coniférylique. — Ce composé qui est alcool, phénol et éther, a pour formule :

$$C^6H^3 :. (C^3H^4.OH, OH, OCH^3).$$

Par l'action de l'hydrogène naissant, il donne de l'eugénol. On l'obtient par le dédoublement de la coniférine sous l'influence d'un ferment soluble (Voir *Glucosides*).

II. — ÉTHERS-SELS

A. — ÉTHERS-SELS DÉRIVÉS DES ALCOOLS

a. — Éthers-sels dérivés des alcools monoatomiques

138. Fluorure de méthyle $CH^3.Fl$ (fluorméthane). — Ce composé a été obtenu pour la première fois par Dumas et Péligot, dans l'action de l'acide méthyl-sulfurique sur le fluorure de potassium. MM. Moissan et Meslans (1) l'ont obtenu plus pur en faisant réagir de l'iodure de méthyle sur du fluorure d'argent, dans un tube en laiton muni d'un tube de dégagement en plomb. Ce tube est contourné et forme un réfrigérant ascendant que l'on refroidit à — 50°, de façon à faire constamment retomber dans l'appareil la majeure partie de l'iodure de méthyle. Celle qui échappe à ce serpentin rencontre du fluorure d'argent contenu dans deux tubes en U chauffés à 50°, qui la transforme complètement en fluorure de méthyle.

C'est un gaz incolore, d'une odeur agréable, se liquéfiant à la température ordinaire sous la pression de 32 atmosphères ; il est un peu soluble dans l'eau (2 volumes). Il est très stable : la potasse ne le saponifie que très lentement, même en tubes scellés, à 120°.

Il brûle avec une flamme bleue.

139. Chlorure de méthyle $CH^3.Cl$. — Le chlorure de méthyle peut être préparé par l'action du formène

____

(1) Moissan et Meslans, *Comptes rendus de l'Académie des Sciences,* CVII, p. 1135.

sur le chlore, sous l'influence de la lumière solaire diffuse :

$$CH^4 + Cl^2 = CH^3.Cl + HCl.$$

Dans les laboratoires, on le prépare par la méthode indiquée par Dumas et Péligot ; on fait un mélange de 3 parties d'acide sulfurique concentré et de 1 partie d'alcool méthylique, et, lorsque ce mélange est revenu à la température ordinaire, on le verse dans un ballon avec deux parties de chlorure de sodium ; on chauffe doucement. On fait passer les gaz qui se dégagent dans une solution de soude, pour retenir l'acide chlorhydrique entraîné, et on recueille le gaz sur le mercure.

Dans l'industrie, on le prépare en décomposant par la chaleur le chlorhydrate de triméthylamine (Voir page 468).

Propriétés physiques. — Le chlorure de méthyle est un gaz incolore, d'une odeur éthérée, agréable, soluble dans l'eau (4 fois le volume de l'eau à 15°), très soluble dans l'alcool (35 fois son volume). Sa densité est 1,736. Il a été liquéfié par M. Berthelot en le refroidissant au-dessous de — 23°,7.

Voici les tensions de vapeurs de ce corps à diverses températures :

— 23°,7	$1^{atm},0$
0	2 ,48
15	4 ,11
25	5 ,62
30	6 ,05

Sa température critique est 141°,5, et sa pression critique 73,0.

Chaleur de formation. — La chaleur de formation

de cet éther, déterminée par M. Berthelot, est, depuis les
éléments (carbone à l'état de diamant) :

$$C + H^2 + Cl = CH^3Cl \text{ gazeux} + 28^c,5.$$

Propriétés chimiques. — La *chaleur* le décompose en
mettant en liberté du carbone, de l'acide chlorhydrique
et des carbures absorbables par le brome. Le chlorure de
méthyle *brûle* avec une flamme fuligineuse, bordée de
vert, comme le font la plupart des dérivés chlorés.

Chauffé au rouge sombre, au contact de la *chaux
potassée*, il donne de l'hydrogène, en même temps qu'il se
produit un formiate et un chlorure suivant l'équation :

$$CH^3Cl + 2KOH = KCl + HCOOK + 2H^2.$$

Chauffé à 100° en contact avec une solution de potasse
dans un ballon scellé, cet éther est saponifié ; en une
dizaine d'heures, la réaction est terminée, et l'éther
transformé en alcool méthylique. Cette réaction est d'autant plus importante qu'elle permet de réaliser la synthèse de l'alcool méthylique ou esprit-de-bois, le chlorure
de méthyle pouvant être formé lui-même depuis les éléments. La réaction est exprimée par la formule :

$$CH^3Cl + KOH = KCl + CH^3.OH.$$

Usages. — Le chlorure de méthyle sert, dans les laboratoires, à produire des doubles réactions permettant
d'obtenir des dérivés méthylés. Il est aussi employé pour
obtenir de basses températures. Quand on l'emploie à
l'état liquide, sous la pression atmosphérique, il permet de maintenir, d'une façon absolument constante, à
— 23°, tous les appareils que l'on y plonge. A l'aide d'un
courant d'air sec bien réglé, on peut aussi atteindre des

températures notablement plus basses, pouvant même
aller jusqu'à — 55°, et les maintenir constantes. On peut
obtenir le même résultat en faisant partiellement le
vide au-dessus du chlorure de méthyle liquide. Le frigorifère Vincent, représenté ci-contre, est d'un usage commode: il se compose d'un vase C à doubles parois ayant
la forme de cylindres terminés à la partie inférieure par

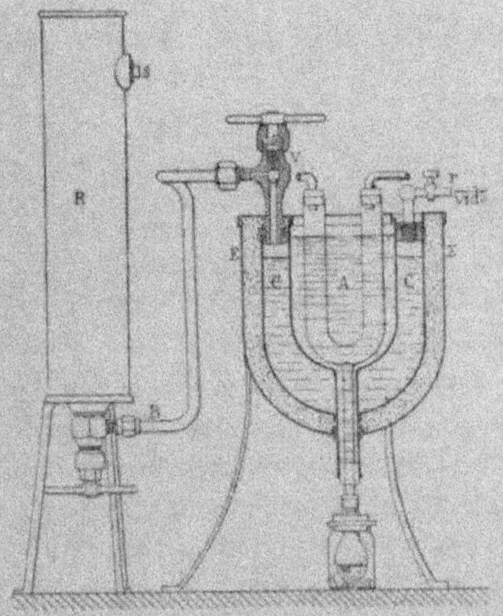

des demi-sphères. Ce vase est contenu dans une enveloppe E dont il est séparé par des corps mauvais con-
ducteurs, de la ouate ou du feutre, par exemple. Le vase
intérieur A contient un liquide incongelable aux températures auxquelles on opère; le plus souvent, c'est de
l'alcool ; dans ce liquide, on immerge l'appareil que l'on
veut refroidir; on a figuré ici un tube en **U** pouvant servir
à liquéfier un gaz. Le vase C est muni de deux robinets,
l'un à vis V, qui sert à l'introduction du chlorure de mé-

thyle liquide, l'autre *r* que l'on laisse ouvert directement dans l'air, quand on veut obtenir une température de — 23° et que l'on met en communication avec une machine pneumatique, lorsqu'on veut obtenir une température plus basse. Le chlorure de méthyle, qui sert à alimenter cet appareil, est contenu dans un vase en cuivre R contenant plusieurs kilogrammes de ce corps. Pendant le cours d'une expérience, on peut introduire une nouvelle quantité de ce liquide dans le frigorifère, de façon à le maintenir suffisamment plein.

Le chlorure de méthyle se trouve dans le commerce, en cylindres de capacités très diverses ; les plus petits ne contiennent que quelques centaines de grammes ; les plus grands contiennent une cinquantaine de kilogrammes.

On utilise, en dehors des laboratoires, le chlorure de méthyle comme réfrigérant, soit dans des machines à faire la glace, soit pour produire des anesthésies locales.

On l'emploie encore pour produire des dérivés méthylés, dans l'industrie des matières colorantes dérivées de la houille, par exemple, pour obtenir la méthylaniline. On peut aussi, dans ce genre de réaction, employer le chlorure de méthyle à l'état naissant. Pour cela, il suffit de chauffer de l'aniline, par exemple, en présence de chlorhydrate de triméthylamine. Ce dernier corps, sous l'influence de la chaleur, donnera du chlorure de méthyle à l'état naissant, qui se combinera avec l'aniline.

140. Bromure de méthyle $CH^3.Br$. — C'est un liquide d'une odeur éthérée, mais pénétrante, d'une densité de 1,664 ; il bout à 13°. Il est stable à l'abri de la lumière. Très peu soluble dans l'eau, assez soluble dans l'alcool et dans l'éther. Ses propriétés chimiques sont analogues à celles du chlorure de méthyle ; il est neutre aux réactifs colorés, ne précipite pas l'azotate d'argent ; il est difficilement combustible. On le prépare en dissolvant 30 parties de brome dans 200 parties d'alcool méthylique, en opérant lentement et en maintenant la température à — 6°. Ce liquide est alors introduit dans une cornue préalablement refroidie ; on y ajoute peu à peu 7 parties de phosphore coupé en très petits morceaux, et on laisse la cornue revenir peu à peu à la température ordinaire ; bientôt la réaction commence, et il est nécessaire de la modérer, en plongeant la cornue dans de l'eau froide. Quand la réaction est à peu près terminée ou du moins très ralentie, on laisse la température monter, et l'on recueille dans un ballon refroidi le liquide qui distille. On le lave avec de l'eau glacée ; puis, on le déshydrate, en le faisant séjourner sur du chlorure de calcium fondu ; puis, on le distille lentement.

M. Vincent a montré qu'en chauffant le bromhydrate de triméthylamine on observait, vers 230°, un dégagement gazeux ; les gaz obtenus se composaient de triméthylamine, d'ammoniac et de bromure de méthyle. Ce procédé pourrait être employé industriellement pour la préparation du bromure de méthyle.

141. Iodure de méthyle CH^3I. — C'est un liquide incolore, d'une densité de 2,149 à 0°. Il bout à 43°,8. Sa densité de vapeur est 4,883.

Il est neutre aux réactifs colorés et ne précipite pas l'azotate d'argent ; il brûle très difficilement, à moins qu'on ne le mêle avec une vapeur ou un gaz plus combustible ; il donne alors, en brûlant, des vapeurs violettes d'iode.

L'acide chlorhydrique ne le décompose pas ; le chlore, au contraire, le détruit, en mettant l'iode en liberté.

Pour le préparer, on opère comme pour le bromure de méthyle, mais avec moins de précaution : on emploie 15 parties d'alcool méthylique, 8 parties d'iode et 1 partie de phosphore mise en plusieurs fois. Le produit distillé est lavé, séché sur du chlorure de calcium et distillé de nouveau.

On peut le préparer industriellement en dissolvant de l'acide chlorhydrique dans de l'alcool méthylique, et en traitant cette dissolution par de l'iodure de potassium.

Il est très employé dans les laboratoires, parce qu'il permet d'opérer la synthèse d'un grand nombre de corps, en passant d'un composé à son homologue supérieur ; il suffit, pour cela, de traiter par l'iodure de méthyle, soit un dérivé métallique du corps que l'on veut *méthyler*, soit un dérivé chloré ou bromé en présence du sodium. Ce procédé a été appliqué par M. Berthelot pour la synthèse du toluène C^7H^8, homologue supérieur du benzène :

$$C^6H^5Br + CH^3I + Na^2 = C^6H^5.CH^3 + NaBr + NaI.$$

142. Azotate de méthyle $AzO^3.CH^3$. — Ce composé, découvert en 1835, par Dumas et Péligot, est un liquide incolore, d'une odeur éthérée, d'une densité de 1,182 ; il bout à 66°.

C'est un corps assez instable ; il détone vivement par le choc, et brûle avec une flamme jaunâtre ; quand on dirige sa vapeur dans un tube chauffé à 150°, il détone très violemment. Il se dissout dans un certain nombre de liquides et perd alors ses propriétés détonantes. M. C. Girard a montré qu'en imprégnant de ce corps les substances poreuses que l'on emploie pour faire de la dynamite, on obtenait des matières explosives, se comportant à peu près comme celle-ci.

Pour le préparer, on ne peut employer l'action directe de l'acide azotique sur l'alcool méthylique, parce qu'il se forme ainsi surtout des produits d'oxydation, tels que l'acide formique. On peut chauffer ensemble, dans une vaste cornue tubulée, 50 grammes d'azotate de potassium, 100 grammes d'acide sulfurique et 50 grammes d'alcool méthylique. La chaleur dégagée par la réaction suffit pour faire distiller l'éther ; on recueille les vapeurs dans un récipient refroidi ; on lave un peu avec de l'eau, et on rectifie à plusieurs reprises avec un mélange d'oxyde de plomb et de chlorure de calcium fondu. Ou bien, d'après Carey Lea, on distille au tiers un mélange formé de 20 centimètres cubes d'alcool méthylique, 4 grammes d'azotate d'urée, 15 centimètres cubes d'acide azotique, de densité 1,31 ; puis, sur le résidu, on verse un mélange de 17 centimètres cubes d'alcool méthylique et de 13 centimètres cubes d'acide azotique, et l'on distille de nouveau au tiers ; on ajoute ensuite au résidu 15 centimètres cubes d'alcool méthylique, 11 centimètres cubes d'acide azotique, et 1 gramme d'azotate d'urée, et on distille une troisième fois.

Tous les produits de distillation sont réunis et rectifiés sur du chlorure de calcium.

143. Sulfates de méthyle. — Il existe deux sulfates de méthyle, l'un neutre $SO^4 : (CH^3)^2$, et l'autre acide $SO^4 : (H,CH^3)$.

1° *Sulfate de méthyle neutre* $SO^4 : (CH^3)^2$. — C'est un liquide huileux, incolore, d'une odeur alliacée, de densité 1,324. Il bout à 188°. Il est saponifié lentement par l'eau froide, rapidement par l'eau bouillante et les alcalis. Il se prête facilement aux doubles décompositions pouvant donner naissance à d'autres éthers.

On l'obtient en distillant, à température aussi basse que possible, 1 partie d'alcool méthylique avec 10 parties d'acide sulfurique. Le liquide distillé se sépare en deux : la couche inférieure qui renferme l'éther neutre est lavée à l'eau, puis séchée sur du chlorure de calcium fondu, et rectifiée.

2° *Sulfate de méthyle acide* SO^4 : (H, CH^3). — Ce corps, que l'on appelle aussi acide méthyl-sulfurique est, d'après Dumas et Péligot, un corps solide blanc ; le composé obtenu par ces chimistes serait, d'après Claesson, un hydrate du véritable acide qui, lui, serait liquide. Il est peu stable ; la chaleur le décompose en sulfate neutre et acide sulfurique. On le prépare en décomposant le méthylsulfate de baryum par une quantité exactement équivalente d'acide sulfurique, et en évaporant la liqueur dans le vide. Le sel de baryum s'obtient en traitant par le carbonate de baryum, un mélange fait à l'avance de 2 parties d'acide sulfurique concentré et de 1 partie d'alcool méthylique. La liqueur, débarrassée du précipité de sulfate de baryum et du carbonate en excès, est mise à évaporer dans le vide.

144. Formiate de méthyle $HCOO.CH^3$. — Ce composé, préparé d'abord par Dumas et Péligot, est un liquide qui bout à 32° ; sa densité à l'état liquide est de 0,993, et à l'état de vapeur 2,084. Sa *chaleur de formation*, déduite de sa chaleur de combustion sous pression constante ($238^c,7$), est de $87^c,3$ à l'état gazeux.

Le *chlore* l'attaque vivement ; sous l'influence des rayons solaires et par une action prolongée, on peut obtenir le dérivé perchloré $ClCOO.CCl^3$, liquide bouillant à 180°.

On le prépare en distillant un mélange à parties égales

de formiate de sodium sec et d'acide méthyl-sulfurique;
au début, il est nécessaire de chauffer un peu, mais, dès
que la réaction est commencée, elle continue spontanément; le liquide distillé est repris et distillé de nouveau
en présence de formiate, pour achever de détruire l'acide
méthyl-sulfurique qui avait été entraîné : on rectifie
ensuite sur du chlorure de calcium (Dumas et Péligot).

MM. Bardy et Bordet ont indiqué un autre procédé
qui donne un rendement meilleur (90 0/0). On mélange
en proportions équivalentes du formiate de sodium (séché
à 140°), une solution saturée d'acide chlorhydrique et de
l'alcool méthylique (ce dernier en très léger excès); le
mélange est placé dans un ballon muni d'un réfrigérant
ascendant, dont on ne renouvelle pas l'eau et qui, par
suite, s'échauffe peu à peu et ne renvoie dans le ballon
que les liquides les moins volatils (alcool méthylique). A
la suite, se trouve un réfrigérant descendant soigneusement refroidi. On chauffe au bain-marie; lorsque le premier réfrigérant a atteint la température de 50°, on peut
considérer la réaction comme terminée. Le produit distillé est lavé avec un peu de soude, pour enlever l'acide
chlorhydrique, puis rectifié au bain-marie sur du chlorure
de calcium fondu.

145. Acétate de méthyle $CH^3.COO.CH^3$. — Ce
liquide, obtenu d'abord par Dumas et Péligot, est incolore,
d'une odeur éthérée; sa densité à 0° est de 0,956; il bout
à 56°.3; sa densité de vapeur est de 2,563. Il est très
peu soluble dans l'eau; soluble en toutes proportions
dans l'éther, l'alcool et l'eau alcoolisée. Il est facilement
saponifié par les alcalis.

L'acétate de méthyle $CH^3COO.CH^3$ est isomère du formiate d'éthyle $HCOO.C^2H^5$. Il a même densité à l'état

gazeux et liquide, même point d'ébullition et même indice moyen de réfraction.

On le prépare en distillant, jusqu'à ce que le liquide noircisse, le mélange suivant : 1 partie d'alcool méthylique, 1 partie d'acétate de sodium fondu et 2 parties d'acide sulfurique concentré. Le liquide qui passe à la distillation contient assez d'alcool méthylique non attaqué, pour que l'éther ne se précipite pas quand on étend d'eau ; pour effectuer cette séparation, on ajoute de l'eau saturée de sel marin. Tout l'éther se sépare dans ces conditions ; il est exempt d'alcool ; on le lave avec un lait de chaux ; on le déshydrate ensuite avec du carbonate de potassium sec (parce qu'il se combine avec le chlorure de calcium) et on le rectifie.

Le chlore le transforme en différents dérivés chlorés :

L'éther monochloré.	$CH^2Cl.COOCH^3$	bouillant à 116°.
L'éther bichloré. . .	$CHCl^2.COOCH^3$	»	145—148°.
L'éther trichloré . .	$CCl^3.COOCH^3$	»	145° (?).
L'éther pentachloré.	$CCl^3.COOCHCl^2$	»	
L'éther perchloré. .	$CCl^3.COOCCl^3$	»	204

Ces composés possèdent des isomères fournis par les éthers méthyliques des acides mono-, di- et tri-chloracétique.

146. Oxalates de méthyle. — La théorie prévoit l'existence d'un oxalate neutre $\begin{matrix} COO.CH^3 \\ | \\ COO.CH^3 \end{matrix}$ et d'un oxalate acide $\begin{matrix} COO.H \\ | \\ COO.CH^3 \end{matrix}$

1° *Oxalate neutre de méthyle.* — C'est un corps solide, de densité 1,17 à 50°, fondant à 54°, bouillant à 161 ; un peu soluble dans l'eau, mais se décomposant assez rapidement au contact de ce liquide en acide oxalique et alcool. Il est soluble dans l'éther et dans l'alcool. La solution aqueuse d'ammoniaque le transforme en alcool et oxamide instantanément. Le gaz ammoniaque donne, outre l'alcool, de l'oxamate de méthyle. Les alcalis le saponifient très rapidement.

On le prépare en distillant un mélange, fait à parties égales, d'acide oxalique, d'alcool méthylique et d'acide sulfurique. On cohobe les premières parties qui passent à la distillation ; elles contiennent de l'alcool ayant échappé à la réaction. Le produit distillé se prend bientôt en masse ; on exprime la masse entre des doubles de papier à filtrer, pour absorber la majeure partie de l'eau et de l'alcool méthylique qui imprègnent les cristaux, et on les soumet à plusieurs cristallisations successives ; enfin, on distille de nouveau le produit en présence d'un peu d'oxyde de plomb, pour enlever de petites quantités d'acide oxalique.

A la lumière diffuse, le chlore donne peu à peu un dérivé tétrachloré $(CHCl^2)^2 : C^2O^4$; à la lumière solaire et avec l'éther fondu, ce composé se produit rapidement, puis se transforme en présence d'un excès de chlore en dérivé perchloré $(CCl^3)^2 : C^2O^4$.

2° *Oxalate acide de méthyle*. — Il n'a pas été obtenu ; on a préparé son sel de potassium par l'action de l'oxalate neutre de méthyle sur le méthylate de potassium.

147. Fluorure d'éthyle $C^2H^5.Fl$. — C'est un gaz qui n'est bien connu que depuis les travaux de M. Moissan (1) qui l'a préparé par l'action du fluorure d'argent

<hr>

(1) Moissan, *Comptes rendus de l'Académie des Sciences*, CVII, p. 264.

sur l'iodure d'éthyle :

$$C^2H^5.I + AgFl = C^2H^5.Fl + AgI.$$

Pour obtenir le fluorure d'éthyle, on place le fluorure d'argent dans un petit tube de laiton, et l'on adapte à ce dernier un bouchon de liège donnant passage à un tube abducteur en plomb, et à un tube à brome permettant de faire couler goutte à goutte l'iodure d'éthyle. Le tube de dégagement en plomb s'élève au-dessus de l'appareil, et prend la forme d'un serpentin que l'on maintient dans un mélange réfrigérant à — 20°. Il est facile de condenser ainsi la majeure partie des vapeurs d'iodure d'éthyle entraînées avec le fluorure gazeux, et de ramener le liquide dans l'appareil contenant le fluorure d'argent. Deux tubes en U en verre, remplis de fluorure d'argent bien sec et maintenus à + 40°, retiennent les dernières traces d'éther iodhydrique. Enfin, le gaz est recueilli sur le mercure, dans des flacons de verre séchés avec soin. Dans la première partie de la réaction, il se forme un iodofluorure d'argent marron qui se transforme ensuite en iodure jaune.

Le fluorure d'éthyle est un gaz incolore, d'une odeur éthérée agréable, se liquéfiant à — 48° sous la pression atmosphérique, ou à la température de 19°, sous la pression de 8 atmosphères. Ce gaz est soluble dans l'eau (2 volumes), très soluble dans l'iodure d'éthyle (15 volumes) l'éther, l'alcool, etc.

Il brûle avec une flamme bleue, en produisant des fumées abondantes d'acide fluorhydrique. Son mélange avec l'oxygène détone violemment.

L'acide fluorhydrique anhydre n'éthérifie l'alcool qu'à une température élevée bien supérieure aux points d'ébullition de l'acide et de l'alcool. En opérant dans un vase de platine placé dans un tube de cuivre disposé dans un bloc d'acier résistant, M. Meslans (1) a pu obtenir ainsi du fluorure d'éthyle, en chauffant l'appareil vers 220°.

148. Chlorure d'éthyle $C^2H^5.Cl$. — C'est le plus anciennement connu des éthers composés ; longtemps il ne fut obtenu qu'à l'état de mélange avec de l'alcool et de l'éther ordinaire. En 1807, Thénard en fit une étude complète.

C'est un liquide incolore, d'une odeur agréable, très mobile, dont la densité est 0,921. Il est neutre aux réactifs colorés et sans action sur l'azotate d'argent. Il bout à 12°,5. Sa température critique est de 182°,5, et sa pression critique 54 atmosphères. Il est un peu soluble dans l'eau, 1 partie dans 50 de ce liquide ; il se mélange avec l'alcool. Il brûle avec une flamme verte et dégagement d'acide chlorhydrique qui produit à l'air d'abondantes fumées.

Sa *chaleur de formation* est, depuis les éléments, de 38°,5 à l'état gazeux et de 44°,9 à l'état liquide.

La *chaleur* le décompose en éthylène et acide chlorhydrique dès 400°. Au rouge, on obtient d'autres carbures, et en particulier de l'acétylène.

Le *chlore* attaque le chlorure d'éthyle sous l'influence de la lumière solaire directe (2), en donnant le chlorure d'éthyle monochloré ou $CH^3.CHCl^2$, isomère de la liqueur des Hollandais $CH^2Cl.CH^2Cl$, obtenue par l'action directe du chlore sur l'éthylène. Ce composé, appelé aussi chlorure d'éthylidène, bout à 64°, tandis que la liqueur des Hollandais bout à 82°,5.

<hr>

(1) Meslans, *Comptes rendus de l'Académie des Sciences*, CXV, p. 1080.

(2) Il est bon de commencer la réaction à la lumière solaire directe, mais elle se continue ensuite à la lumière diffuse.

L'action du chlore, si elle est prolongée, peut être plus complète ; on obtient alors :

1° Le chlorure d'éthyle bichloré CH^2CCl^2, qui bout à 75° et est isomère du chlorure d'éthylène monochloré $CH^2Cl.CHCl^2$ qui bout à 115° ;

2° Le chlorure d'éthyle trichloré, qui bout à 105° et est isomère du chlorure d'éthylène bichloré qui bout à 135° ;

3° Le chlorure d'éthyle tétrachloré, qui bout à 154°, est identique au chlorure d'éthylène trichloré ;

4° Le chlorure d'éthyle pentachloré, qui bout à 188°, est identique au chlorure d'éthylène tétrachloré. C'est le chlorure de carbone C^2Cl^6.

Ce qui distingue les dérivés chlorés du chlorure d'éthyle des dérivés isomériques de la liqueur des Hollandais, c'est que les premiers sont à peine attaqués par la potasse alcoolique, tandis que les seconds donnent du chlorure de potassium et le dérivé correspondant de l'éthylène. On a, par exemple, avec le chlorure d'éthylène monochloré, la réaction :

$$CH^2Cl.CHCl^2 + KOH = KCl + H^2O + CH^2.CCl^2.$$

Pour préparer le chlorure d'éthyle, on fait passer jusqu'à refus du gaz acide chlorhydrique bien sec, dans de l'alcool absolu contenu dans un ballon, refroidi avec un mélange réfrigérant. On élève ensuite lentement la température ; on fait passer les gaz et les vapeurs qui se dégagent dans deux flacons laveurs contenant de l'eau à 25° environ. L'acide chlorhydrique et l'alcool sont retenus par l'eau, tandis que le chlorure d'éthyle ne s'y dissout qu'en petites quantités ; les vapeurs se rendent ensuite dans un tube en **U**, entouré d'un mélange de glace et de sel, qui condense le chlorure d'éthyle. L'éther obtenu est lavé à l'eau salée froide, puis rectifiée sur de la magnésie. L'addition du chlorure de zinc anhydre au mélange d'alcool et d'acide chlorhydrique est recommandée par Groves comme améliorant le rendement. On peut aussi remplacer, dans cette préparation, l'acide chlorhydrique par un mélange de sel marin et d'acide sulfurique (5 parties d'alcool, 5 parties d'acide, 12 parties de sel marin).

On peut recueillir d'assez grandes quantités de chlorure d'éthyle dans la préparation industrielle du chloral. Il suffit, pour cela, de condenser, par une réfrigération énergique, les produits qui se dégagent dans l'action du chlore sur l'alcool : le liquide condensé est lavé avec de l'eau et traité par la distillation fractionnée.

149. Bromure d'éthyle $C^2H^5.Br$. — Ce corps a été découvert, en 1829, par Sérullas. C'est un liquide incolore, d'une odeur éthérée et légèrement alliacée, d'une saveur d'abord sucrée, puis brûlante. Sa densité est 1,4 ; il bout à 39°,0. Sa température critique est de + 236°. Très peu soluble dans l'eau, il se mélange en toutes proportions avec l'alcool.

Sa *chaleur de formation*, depuis les éléments, est de 38°,5 à l'état gazeux et de 44°,9 à l'état liquide.

Il brûle difficilement, avec une flamme verte et en donnant un dépôt de charbon ; l'acide bromhydrique, qui se forme simultanément, répand d'abondantes fumées à l'air.

La *chaleur* le décompose partiellement, au-dessous du rouge, en éthylène et acide bromhydrique. C'est la réaction inverse de celle qui a servi à M. Berthelot pour réaliser la synthèse de cet éther.

La potasse le décompose lentement vers 120°. Avec les sels d'argent, il donne, vers 100°, les éthers correspondants avec formation de bromure d'argent.

Le brome donne, avec ce composé, des dérivés par substitution analogues aux composés correspondants fournis par le chlore avec le chlorure d'éthyle.

Pour le préparer, on introduit dans une cornue tubulée 1 partie de phosphore rouge et 6 parties d'alcool très concentré. La cornue se trouvant placée dans de l'eau froide, on ajoute peu à peu 6 parties de brome, de façon à ce que la température s'élève le moins possible (Personne). Il se forme du bromure de phosphore qui réagit sur la petite quantité d'eau que contient l'alcool, en donnant de l'acide bromhydrique qui attaque l'alcool. La réaction a lieu suivant la formule :

$$PhBr^5 + 5(C^2H^5.OH) = 5(C^2H^5.Br) + PhO^5H^5 + H^2O.$$

On laisse digérer la matière pendant un certain temps avant de chauffer ; on distille ensuite lentement ; on lave le produit distillé avec de l'eau ; puis, on le fait digérer sur du chlorure de calcium fondu et on le rectifie.

On peut aussi, d'après de Vrij, traiter 1 partie d'alcool par un mélange de 2 parties de bromure de potassium et de 2 parties d'acide sulfurique concentré.

150. Iodure d'éthyle C^2H^5I. — Cet éther a été découvert, en 1815, par Gay-Lussac. C'est un liquide incolore lorsqu'il est pur, d'une odeur éthérée et alliacée, insoluble dans l'eau, miscible avec l'alcool et l'éther. Sa densité à 0° est 1,975. Il bout à 72°.

Il est peu stable ; sous l'influence de la lumière, même diffuse, il prend une coloration rose due à la mise en liberté d'iode qui se dissout dans cet éther. Le chlore et le brome le décomposent immédiatement, en mettant de l'iode en liberté. Les sels d'argent le décomposent aussi très rapidement, même à froid, en donnant de l'iodure d'argent et l'éther correspondant. Cette réaction est très souvent utilisée pour la préparation des éthers.

L'oxyde d'argent agit d'une façon analogue en donnant l'éther ordinaire :

$$2 \, (C^2H^5.I) + Ag^2O = 2AgI + C^2H^5.O.C^2H^5.$$

Il brûle très difficilement : quand on le verse sur des charbons rouges, il se décompose en répandant d'épaisses vapeurs violettes d'iode, mais il ne prend pas feu.

L'*acide iodhydrique* le transforme facilement en hydrure d'éthyle :

$$C^2H^5.I + HI = C^2H^5.H + I^2.$$

L'ammoniac, en solution alcoolique, l'attaque à chaud, en donnant des iodures d'éthyl, diéthyl, triéthyl et tétréthylammonium.

Pour le préparer, on chauffe de l'alcool en présence d'iode et de phosphore blanc ou rouge. Quand on emploie le phosphore rouge (Personne), on met dans l'appareil distillatoire 3 parties de phosphore, 12 parties d'alcool absolu et 10 parties d'iode, que l'on ajoute à plusieurs reprises ; il est bon d'abandonner ensuite le mélange à lui-même, pendant environ vingt-quatre heures ; on distille ensuite. Avec le phosphore blanc, on obtient, d'après Frankland, un rendement de 98 0/0, en employant les proportions suivantes : 100 parties d'iode, 70 parties d'alcool à 85° et 5 parties de phosphore ; on opère ainsi :

dans une cornue tubulée, on introduit tout le phosphore
et le quart environ de l'alcool à distiller ; on met l'iode
dans le restant de l'alcool ; on introduit goutte à goutte
cette teinture d'iode dans la cornue, chauffée au bain-
marie, en se servant d'un tube à brome : c'est un petit
ballon fermé à l'émeri et muni d'un tube à robinet qui
permet de régler l'écoulement. Comme la quantité d'alcool employée est insuffisante pour dissoudre tout l'iode
et que ce corps est plus soluble dans l'iodure d'éthyle,
on ajoute dans le tube à brome les premières portions de
l'éther qui ont distillé, de façon à dissoudre tout l'iode.
L'opération marche ainsi très régulièrement. On traite
ensuite le produit qui a distillé par de l'eau, pour enlever l'alcool non transformé, et on rectifie sur du chlorure
de calcium.

La réaction qui prend naissance peut être représentée
par la formule

$$P + 5I + 5C^2H^5.OH = 5 (C^2H^5.I) + PO^4H^3 + H^2O.$$

151. Sulfures d'éthyle. — L'acide sulfhydrique
H^2S, étant un acide bibasique, peut donner naissance à
deux composés : un éther neutre $(C^2H^5)^2 : S$, analogue à
l'éther ordinaire, et un éther acide $C^2H^5.SH$, plus ou
moins analogue à l'alcool ordinaire.

1° *Sulfure d'éthyle* $(C^2H^5)^2 : S$. — C'est un liquide
incolore, d'une odeur alliacée très désagréable, qui bout
à 92°. Sa densité à 0° est 0,836.

Les *métaux alcalins* sont sans action sur ce corps.

Il donne de nombreux composés avec les *chlorures,
bromures* et *iodures* métalliques.

Le *chlore* réagit très vivement : projeté dans un flacon
de chlore, il s'enflamme. On peut modérer la réaction en

refroidissant le sulfure, le plaçant dans l'obscurité et faisant arriver le chlore peu à peu ; il se forme plusieurs composés que l'on sépare par des distillations fractionnées, après avoir enlevé l'acide et l'éther chlorhydrique, par un courant d'acide carbonique sec que l'on dirige dans le liquide maintenu à 70° ; ces composés sont :

Le sulfure d'éthyle tétrachloré $(C^2H^3Cl^2)^2$: S, qui bout vers 170°.
       »   hexachloré $(C^2H^2Cl^3)^2$: S,   »   190°.
       »   octochloré $(C^2HCl^4)^2$: S,   »   220°.

On peut obtenir le composé décachloré $(C^2Cl^5)^2$: S en opérant à la lumière solaire.

Pour préparer le sulfure d'éthyle neutre, on prépare une solution alcoolique de monosulfure de potassium, et on y verse peu à peu de l'iodure d'éthyle ; on distille ensuite lentement, on lave à l'eau, et on rectifie sur du chlorure de calcium fondu.

2° *Sulfure acide d'éthyle ou mercaptan.* — Ce composé a été découvert par Zeise. C'est un liquide incolore d'une odeur alliacée très désagréable. Il bout à 36°. Sa densité à 21° est 0,8325 : très peu soluble dans l'eau, très soluble dans l'alcool et l'éther, il dissout un grand nombre de corps, en particulier le soufre, l'iode et le phosphore.

Le *brome* le décompose en donnant du bromure de soufre, de l'acide bromhydrique et du bromure d'éthyle.

L'*acide azotique* le transforme en éther sulfureux.

Les *métaux alcalins* le décomposent avec dégagement d'hydrogène et formation de composés que l'on appelle des mercaptides, composés correspondant aux alcoolates, différents de ceux-ci par la substitution du soufre à l'oxygène. On les obtient par l'action du mercaptan sur les métaux alcalins, sur leur amalgame ou sur les alcoolates alcalins ; ils ont pour formules $C^2H^5.S.K$ et $C^2H^5.S.Na$: ce sont des cristaux blancs, solubles dans l'eau, insolubles dans l'alcool et l'éther.

Les mercaptides de nickel, de cobalt, de zinc, de cuivre, de plomb, de cadmium, etc., s'obtiennent par l'action du mercaptan sur les acétates des métaux correspondants ; ce sont des précipités amorphes.

Le plus intéressant de ces composés, celui qui a fait donner le nom de mercaptan au sulfure d'éthyle acide, est le mercaptide de mercure : on l'obtient en mettant de l'oxyde de mercure dans une solution alcoolique étendue de mercaptan. La réaction est d'autant plus vive que la solution est moins étendue ; la température s'élève et, par refroidissement, il se dépose des écailles blanches, grasses au toucher, qui fondent à 85°. Leur formule est $(C^2H^5)^2HgS^2$.

L'oxyde d'or donne aussi une réaction très vive et fournit le composé $C^2H^5Au:S$: on peut aussi l'obtenir en partant du chlorure d'or.

Le chlorure de platine fournit un composé analogue $(C^2H^5)^2PtS^2$.

Il donne aussi, avec un certain nombre de chlorures, des produits d'addition.

Il décompose les trichlorures de phosphore et d'arsenic et donne les composés $(C^2H^5S)^3Ph$ et $(C^2H^5S)^3As$.

On prépare le mercaptan par l'action du chlorure d'éthyle sur un sulfhydrate de sulfure alcalin :

$$K.S.H + C^2H^5.Cl = C^2H^5.S.H + KCl.$$

Beaudrimont conseille de faire l'opération de la façon suivante ; dans 100 parties d'alcool à 90 0/0, on dissout 20 grammes de potasse caustique, et on fait passer dans la solution un courant d'acide sulfhydrique jusqu'à refus ; cette solution alcoolique de sulfhydrate de sulfure est alors placée dans une cornue tubulée, bien refroidie, et on y verse peu à peu 200 grammes d'iodure d'éthyle. On distille ensuite au bain-marie, on lave le produit avec de l'eau et on le distille de nouveau en présence d'une petite quantité d'oxyde de mercure. Le produit obtenu dans cette nouvelle distillation est rectifié sur du chlorure de calcium fondu.

152. Azotite d'éthyle $AzO.O.C^2H^5$. — Ce composé paraît avoir été connu de Paracelse, mais il n'a pas été étudié d'une façon méthodique avant Thénard.

C'est un liquide jaune pâle, d'une saveur piquante, d'une odeur de pommes de reinette. Il bout à 17° ; sa densité à 15° est 0,9. Il est peu soluble dans l'eau (1 partie se dissout dans 48 parties). Il est miscible à l'alcool et à l'éther.

Les alcalis et même l'eau le saponifient assez rapidement.

Les oxydants le décomposent en donnant de l'acide malique, $COOH.CHOH.CH^2.COOH$:

$$2 (AzO.O.C^2H^5) + 5O$$
$$= 2AzO + COOH.CHOH.CH^2.COOH + 2H^2O.$$

Les réducteurs donnent de l'ammoniac et de l'alcool :

$$AzO.O.C^2H^5 + 3H^2 = AzH^3 + C^2H^5.OH + H^2O.$$

L'acide sulfhydrique, qui agit souvent comme réducteur, donne une réaction tout à fait semblable, et tout son soufre se dépose.

Cet éther est isomérique du nitréthane $C^2H^5.AzO^2$, qui bout à 112°.

Pour préparer l'azotite d'éthyle, on fait un mélange de 150 centimètres cubes d'alcool à 90 0/0 et de 99 centimètres cubes d'acide azotique de densité 1.37, et on le verse sur 45 grammes de sulfate de protoxyde de fer, contenu dans une cornue tubulée. Cette cornue communique avec une série de flacons, dont le premier est vide et dont les deux autres contiennent de l'eau salée. Ces derniers sont refroidis par un mélange de glace et de sel. Il est quelquefois nécessaire de chauffer la cornue très légèrement au début; mais on doit cesser dès que le dégagement commence, et il est souvent nécessaire de plonger la cornue dans de l'eau froide pour modérer la réaction; elle pourrait devenir explosive, si l'on ne prenait pas cette précaution. Le sulfate de fer agit comme agent réducteur, il transforme l'acide azotique en acide azoteux qui réagit sur l'alcool. L'azotite d'éthyle forme une couche à la surface de l'eau salée des divers flacons. On le recueille et, pour enlever la plus grande partie de l'aldéhyde qu'il contient toujours, on le lave à la soude très étendue, puis à l'eau, et, enfin, on le rectifie, en recueillant ce qui passe vers 17°.

Usages. — On l'emploie en médecine : c'est la *liqueur anodine nitreuse* des pharmaciens.

153. Azotate d'éthyle $AzO^3.C^2H^5$. — C'est un liquide incolore, d'une odeur agréable, d'une saveur d'abord sucrée, puis amère. Il bout à 86°; sa densité à 0° est 1,132.

La chaleur le décompose avec explosion; sa vapeur détone à 140°.

Pour le préparer, on fait agir l'acide azotique sur l'alcool en présence de l'azotate d'urée. Lorsqu'on n'emploie pas ce dernier corps, il se produit une réaction très vive, et il se forme des composés d'oxydation très complexes, accompagnés de produits de substitutions nitrées, de l'azotite d'éthyle, mais on n'obtient pas d'azotate. La présence de l'azotate d'urée empêche la production de vapeurs nitreuses, qui l'attaquent immédiatement sans réagir sur l'alcool. Si l'on opère avec précaution, on peut d'ailleurs ne décomposer que très peu d'urée. On chauffe au bain-marie, et le produit distillé est lavé, d'abord avec un lait de chaux, puis avec de l'eau distillée et, enfin, rectifié sur du chlorure de calcium fondu.

154. Sulfates d'éthyle. — L'acide sulfurique SO^4H^2, étant un acide bibasique, peut donner naissance à deux éthers : un éther neutre $SO^4 : (C^2H^5)^2$ et un éther-acide, l'acide sulfovinique, ou sulfate acide d'éthyle, $SO^4 : (H,C^2H^5)$.

1° *Sulfate neutre d'éthyle.* — C'est un liquide incolore, huileux, d'une odeur rappelant la menthe. Il bout à 208° sans décomposition s'il est pur. Sa densité est 1,184 à 19°. Il fond vers — 24°. Il est insoluble dans l'eau. Les alcalis et l'eau bouillante le saponifient rapidement. L'ammoniac le transforme en éthylsulfates d'ammonium, d'éthylammonium et de tétréthylammonium.

Pour le préparer, il est avantageux, d'après M. Villiers, d'employer le procédé suivant : on fait un mélange d'un volume d'alcool absolu et de deux volumes d'acide sulfurique monohydraté ; on distille ce mélange lentement dans le vide jusqu'à ce qu'il se produise une mousse abondante. Le liquide distillé est partagé en deux couches ; celle du dessous contient le sulfate d'éthyle. On le rectifie dans le vide en rejetant les premières portions qui retiennent un peu d'eau et d'acide sulfureux.

2° *Sulfate acide d'éthyle, ou acide sulfovinique.* — La

découverte de ce corps a joué un rôle important dans la théorie de l'éthérification.

L'acide sulfovinique ou éthylsulfurique est difficile à avoir pur, exempt d'acide sulfurique ; aussi ses propriétés physiques sont-elles mal connues ; c'est un liquide sirupeux.

Il se décompose spontanément, mais lentement, même dans le vide, en donnant de l'alcool et de l'acide sulfurique. L'eau le décompose en acide sulfurique et alcool : il suffit de lui ajouter 15 à 20 fois son poids d'eau et de faire bouillir ; comme, d'ailleurs, on peut l'obtenir par l'action de l'acide sulfurique monohydraté sur l'éthylène, M. Berthelot, ayant réalisé la synthèse de l'éthylène, a pu faire ensuite celle de l'alcool ; chauffé avec un quart de son poids d'eau, il donne de l'éther.

L'acide sulfurique SO^4H^2 ou $OH.SO^2.OH$ étant un acide bibasique, et l'un des groupes OH ayant été remplacé par le groupement $O.C^2H^5$ dans la formation du sulfate acide d'éthyle, il en résulte que ce composé doit pouvoir fonctionner comme acide monobasique. On connaît, en effet, de nombreux sulfo-éthylates ; nous citerons seulement les suivants :

Éthylsulfate de potassium $C^2H^5O.SO^2.OK$, très soluble dans l'eau, insoluble dans l'alcool ;

Éthylsulfate de sodium $C^2H^5O.SO^2.ONa + H^2O$, encore plus soluble dans l'eau ;

Éthylsulfate de baryum $(C^2H^5O.SO^2.O)^2 Ba + H^2O$, très soluble dans l'eau ;

Éthylsulfate de plomb $(C^2H^5O.SO^2.O)^2 Pb + H^2O$, soluble dans l'eau.

Ces composés se prêtent facilement à un grand nombre de doubles réactions ; ils peuvent servir notamment à préparer un grand nombre d'éthers. Avec l'ammoniac ils donnent de l'éthylamine. Ils se préparent par l'action directe de l'acide sur les carbonates ou les oxydes correspondants, ou bien encore par double décomposition entre l'éthylsulfate de baryum et les carbonates correspondants.

On prépare l'acide éthylsulfurique en mélangeant peu à peu des volumes égaux d'alcool à 90° et d'acide sulfurique. On porte ensuite le mélange à la température de 100°, et on la maintient quelques heures; puis, on verse le mélange dans l'eau, et l'on ajoute du carbonate de baryum pour précipiter l'acide sulfurique en excès et former de l'éthylsulfate de baryum; on s'arrête quand la liqueur est neutre; on filtre, et on évapore pour faire cristalliser l'éthylsulfate de baryum; on en prend alors un poids connu, et on le décompose par une quantité strictement équivalente d'acide sulfurique titré. On sépare le sulfate de baryum par filtration, et on évapore le liquide dans le vide, en présence d'acide sulfurique.

155. Formiate d'éthyle $HCOO.C^2H^5$. — Ce composé a été découvert, en 1777, par Arvidson. C'est un liquide incolore, d'une odeur forte, rappelant celle du rhum. Il bout à 55°; sa densité à 0° est 0,9356. Le chlore donne, à froid et sous l'influence de la lumière diffuse, un éther bichloré $C^2H^4Cl.CClO^2$; à la lumière solaire directe, le chlore donne, par une action prolongée, le composé perchloré $C^2Cl^5.CClO^2$.

On le prépare par l'action de l'acide sulfurique et de l'alcool sur le formiate de sodium. Pour cela, on place 7 parties de formiate de sodium bien desséché et 6 parties d'alcool à 90°, dans une cornue tubulée munie d'un réfrigérant. On verse ensuite peu à peu 10 parties d'acide sulfurique concentré; on distille ensuite à une douce chaleur, et l'on traite le liquide distillé par un lait de chaux, puis par de l'eau. Enfin, on le rectifie sur du chlorure de calcium fondu.

Préparation industrielle. — On le prépare industriellement en chauffant, dans un ballon muni d'un réfrigérant ascendant, un mélange d'alcool, de glycérine et d'acide oxalique. Ces deux derniers corps, en réagissant, fournissent de l'acide formique. On continue l'ébullition avec le réfrigérant ascendant tant que l'acide oxalique n'a pas disparu complètement ; ensuite on met un réfrigérant descendant, et l'on distille. On sépare par rectification un peu d'oxalate d'éthyle formé simultanément.

Usages. — Il est employé pour communiquer aux alcools d'industrie la saveur du rhum.

156. Acétate d'éthyle $CH^3.COO.C^2H^5$. — Ce composé est connu depuis le xve siècle, mais il n'est bien étudié que depuis Thénard, et surtout depuis Dumas et Boullay. C'est un liquide incolore, d'une odeur très agréable, qui bout à $74°$. Sa densité est $0,915$ à $0°$. Il est peu soluble dans l'eau, $1/10$ à la température ordinaire, mais il suffit de traces d'alcool pour le rendre soluble en toutes proportions. Le *chlore* réagit très violemment, parfois même avec explosion, sous l'influence de la lumière solaire directe ; même à la lumière diffuse, l'action est énergique et donne un grand nombre de produits substitués ou de dérivés secondaires. Tels sont :

L'acétate d'éthyle bi-chloré $CH^3COO.C^2H^3Cl^2$, qui bout à $120°$;

L'acétate d'éthyle tri-chloré $CH^3COO.C^2H^2Cl^3$, les acétates d'éthyle tétra, penta, hexa, hepta et perchloré.

Le *brome*, chauffé à $150°$ en tubes scellés avec éther, donne des produits moins complexes, consistant surtout en bromure d'éthyle et acides acétiques mono et bibromé. Les alcalis le saponifient facilement. Il se combine avec le chlorure de calcium fondu.

On le prépare en chauffant, dans une cornue, 10 parties d'acétate de sodium fondu et pulvérisé avec un mélange fait à l'avance et refroidi de 6 parties d'alcool à 95 0/0 et de 15 parties d'acide sulfurique concentré ; on distille lentement. Le produit distillé est agité avec une solution concentrée de chlorure de calcium, tenant de la chaux en suspension ; la liqueur décantée est mise à digérer avec du carbonate de potassium fondu, décantée et rectifiée à point fixe. L'acétate d'éthyle est difficile à séparer de l'alcool ordinaire, par suite du voisinage de leurs points d'ébullition et parce qu'il est soluble dans l'eau contenant de petites quantités d'alcool.

157. Oxalates d'éthyle. — L'acide oxalique, étant un acide bibasique, peut donner deux éthers : l'oxalate

$$\text{neutre d'éthyle} \quad \begin{matrix} COO.C^2H^5 \\ | \\ COO.C^2H^5 \end{matrix} \quad \text{, et un éther-acide, l'oxalate}$$

$$\text{acide d'éthyle} \quad \begin{matrix} COO.H \\ | \\ COO.C^2H^5 \end{matrix}$$

1° *Oxalate neutre d'éthyle*. — C'est un liquide incolore, huileux ; il bout à 186°. Sa densité est 1,95. Il est rapidement saponifié par les alcalis en solution alcoolique ; l'*ammoniac* gazeux le transforme en éther oxamique ; l'ammoniaque en solution le transforme en oxamide ; il donne de nombreuses réactions avec les amines. Le *chlore* transforme l'éther oxalique à 100° et, sous l'influence des rayons solaires, en un dérivé perchloré solide $C^6Cl^{10}O^4$ qui fond à 144°.

On le prépare en faisant tomber goutte à goutte de

l'alcool absolu sur de l'acide oxalique, préalablement
déshydraté à 180°, d'une façon complète. L'éther formé
distille au fur et à mesure. On lave le produit distillé
avec de l'eau, puis avec une solution alcaline étendue;
on le dessèche sur du chlorure de calcium fondu, et
on le rectifie sur de l'oxyde de plomb pulvérisé.

2° *Oxalate acide d'éthyle.* — C'est un liquide très peu
stable que la chaleur et l'eau décomposent en acide oxalique et alcool. Comme acide monobasique, il forme des
sels peu stables.

On le prépare en traitant l'oxalate neutre d'éthyle par
une solution alcoolique de potasse en quantité strictement équivalente. Il se forme le sel correspondant
de potassium, l'éthyl-oxalate, qui est peu soluble en présence de l'alcool et qui cristallise. Ce composé sert ensuite
à préparer l'acide: pour cela on le transforme en sel de
baryum et on le décompose par une quantité correspondante d'acide sulfurique.

La solution, débarrassée par filtration du sulfate de
baryum, est évaporée dans le vide.

158. Formiate d'amyle $HCOO.C^5H^{11}$. — C'est un
liquide très mobile, ayant une odeur de fruits, qui bout
à 123°,3; sa densité à 15° est 0,881; on l'obtient en
chauffant un mélange, fait à l'avance depuis quelque
temps, d'alcool amylique, de glycérine et d'acide oxalique.
Il est employé pour faire des essences artificielles de fruits.

159. Acétate d'amyle $CH^3COO.C^5H^{11}$. — C'est un
liquide qui bout à 138°, dont la densité à 0 est 0,884;
il est incolore et possède une odeur agréable de poire. On
le prépare en traitant 2 parties d'acétate de potassium
sec, par un mélange de 1 partie d'alcool amylique et de

1 partie d'acide sulfurique concentré. Le produit distillé est lavé avec de l'acide acétique, étendu de son volume d'eau, qui dissout l'alcool amylique et très peu d'acétate d'amyle. On lave ensuite avec une solution alcaline étendue, on sèche avec du chlorure de calcium fondu, et on rectifie sur de l'oxyde de plomb.

On l'emploie dans la production artificielle des essences de fruits et pour aromatiser les bonbons anglais.

160. Valérate d'amyle $C^4H^{10}COO.C^5H^{11}$. — C'est un liquide qui bout vers 190°, sa densité à 0° est 0,874, il possède une odeur de fruit qui rappelle, en même temps, celle de la menthe. On peut le préparer, en chauffant au bain-marie, un mélange de 3 parties de valérate de sodium sec, de 2 parties d'alcool amylique, et de 2 parties d'acide sulfurique ; on peut aussi faire un mélange de 540 grammes d'alcool amylique, avec 850 grammes d'acide sulfurique étendu de son volume d'eau, le refroidir dans un mélange réfrigérant de glace et de sel, y ajouter 250 grammes d'eau et y projeter par petites portions 675 grammes de bichromate de potassium pulvérisé. Il se forme de l'acide et de l'aldéhyde valériques ; l'acide donne, avec l'alcool, du valérate d'amyle.

On décante la couche huileuse surnageante, on enlève avec une solution alcaline étendue l'acide valérique, et on obtient l'éther, par des distillations fractionnées.

Cet éther est employé pour faire des essences de fruits artificielles.

161. Butyrate d'amyle $C^3H^7COO.C^5H^{11}$. — C'est un liquide qui bout à 170°,3 ; sa densité à 0° est 0,877. Il a une odeur agréable de pommes de reinette. On le prépare en ajoutant 528 grammes d'alcool amylique et

756 grammes d'isobutyrate de potassium sec ; et, en ajoutant peu à peu 588 grammes d'acide sulfurique concentré. L'éther est ensuite séparé en versant le tout dans l'eau, et soumettant la couche de liquide qui surnage à la distillation fractionnée.

162. Chlorure de benzyle $C^6H^5.CH^2Cl$. — Ce composé est l'éther chlorhydrique de l'alcool benzylique $C^6H^5.CH^2OH$. On le prépare en faisant agir le chlore, vers 120°, sur le toluène, dans un appareil muni d'un réfrigérant ascendant. C'est un liquide huileux, incolore, d'une odeur irritante, qui provoque le larmoiement ; sa densité est 1,107 à 14° ; il bout à 183°. Il est assez souvent utilisé pour produire, par double décomposition, d'autres éthers de l'alcool benzylique. Il est préparé en assez grandes quantités pour être transformé en aldéhyde et en alcool benzyliques.

b. — Éthers-sels dérivés des alcools biatomiques

Les éthers-sels dérivés des alcools polyatomiques sont nombreux, mais ils n'ont qu'une importance secondaire, au moins au point de vue pratique ; il faut en excepter cependant les éthers nitriques, principalement ceux de la glycérine, utilisés comme matières explosives. Nous n'étudierons que les plus importants.

163. Acétines du glycol. — Le glycol, étant un alcool biatomique, peut réagir sur une ou deux molécules d'un acide monobasique tel que l'acide acétique, en donnant dans le premier cas un éther-alcool (mono-acétine) et dans le second cas un éther à fonction simple (diacétine).

1° *Diacétine du glycol* $\begin{matrix} CH^3COO.CH^2 \\ | \\ CH^3COO.CH^2 \end{matrix}$. — Ce composé
est surtout intéressant parce que c'est un des intermédiaires qui servent à la préparation du glycol. On le prépare en chauffant, entre 150 à 200°, au réfrigérant ascendant, une molécule de bromure d'éthylène $C^2H^4Br^2$, ou dibromhydrine du glycol, avec une molécule (1) d'acétate de potassium, ou bien en attaquant le bromure d'éthylène par l'acétate d'argent. La diacétine obtenue est séparée du bromure d'éthylène qui a échappé à la réaction par distillation fractionnée.

C'est un liquide, de densité 1,128 à 0°, qui bout à 186-187°.

2° *Monoacétine du glycol* $\begin{matrix} CH^3COO.CH^2 \\ | \\ HO.CH^2 \end{matrix}$. — Composé à
fonction mixte, éther-sel et alcool. On l'obtient en faisant bouillir, dans un appareil muni d'un réfrigérant ascendant, une partie d'acétate de potassium avec une partie de bromure d'éthylène dissous dans deux parties d'alcool. L'alcool dédouble, en effet, la diacétine du glycol, qui teud à se produire. On sépare par distillation fractionnée la monoacétine du glycol des composés qui l'accompagnent : alcool, bromure d'éthylène, acide acétique, acétate d'éthyle, etc.

C'est un corps liquide qui bout à 182°.

---

(1) On prend une molécule d'acétate de potassium et non deux, parce qu'il est indispensable d'opérer en présence d'un excès de bromure d'éthylène.

c. — *Éthers-sels dérivés des alcools triatomiques* (1)

164. Chlorhydrines de la glycérine. — La glycérine $CH^2OH.CHOH.CH^2OH$ étant un alcool triatomique, et l'acide chlorhydrique un acide monobasique, il peut exister une mono-, une bi- et une tri-chlorhydrine. Comme, d'ailleurs, les trois groupes OH qui caractérisent la fonction tri-alcoolique de la glycérine ne sont pas identiques, deux étant reliés à un groupe CH^2, et l'autre à un groupe CH, il en résulte qu'il existe deux monochlorhydrines et deux bichlorhydrines isomériques. On les désigne par les lettres α et β.

α-*Monochlorhydrine* $CH^2Cl.CHOH.CH^2OH$. — On l'obtient par l'action de l'eau sur l'épichlorhydrine α. C'est un liquide bouillant à 227°.

β-*Monochlorhydrine* $CH^2OH.CHCl.CH^2OH$. — On l'obtient par l'action de l'acide hypochloreux sur l'alcool allylique. C'est un liquide qui bout à 235°.

α-*Bichlorhydrine* $CH^2Cl.CHOH.CH^2Cl$. — On l'obtient par l'action de l'acide chlorhydrique sur l'épichlorhydrine α. C'est un liquide qui bout à 174°.

β-*Bichlorhydrine* $CH^2Cl.CHCl.CH^2OH$. — On l'obtient par l'action du chlore sur l'alcool allylique. C'est un liquide qui bout à 182°.

Trichlorhydrine $CH^2Cl.CHCl.CH^2Cl$. — Cet éther chlorhydrique neutre de la glycérine s'obtient en faisant réagir le perchlorure de phosphore sur la dichlorhydrine. C'est un liquide qui bout à 158°.

Épichlorhydrines. — Les épichlorhydrines sont des

(1) Pour les éthers formés par la glycérine avec les acides gras, voir *Acides gras.*

composés intéressants à ce point de vue que ce sont des
composés à fonctions mixtes, à la fois éther-sel et éther-
oxyde. On en connaît deux qui résultent de la soustrac-
tion d'une molécule d'eau aux deux monochlorhydrines :

$$
\begin{array}{ccc}
CH^2Cl & & CH^2Cl \\
| & & | \\
CHOH & = & CH \diagdown \\
| & & | \quad\ \diagup O \quad + \quad H^2O \\
CH^2OH & & CH^2 \diagup
\end{array}
$$

α-monochlorhydrine.   α-épichlorhydrine.

$$
\begin{array}{ccc}
CH^2OH & & CH^2 \diagdown \\
| & & | \quad\ \diagdown \\
CHCl & = & CHCl \diagup O \quad + \quad H^2O \\
| & & | \quad\ \diagup \\
CH^2OH & & CH^2 \diagup
\end{array}
$$

β-monochlorhydrine.   β-épichlorhydrine.

165. Éthers nitriques de la glycérine. — Ils
sont mal connus, sauf l'éther trinitrique, ou nitroglycérine. On obtient une mononitroglycérine par l'action de
l'acide azotique sur le glycide, éther-oxyde et alcool dérivé
de la glycérine et dont la formule est :

$$
\begin{array}{c}
CH^2OH \\
| \\
CH \diagdown \\
| \quad\ \diagup O \\
CH^2 \diagup
\end{array}
$$

C'est un liquide jaunâtre qui s'enflamme spontanément
quand on le chauffe, mais qui ne détone pas par le choc.
L'éther trinitrique s'obtient par l'action de l'acide azotique concentré sur la glycérine. C'est un liquide jaunâtre,
de densité 1,6 à 15°, qui se solidifie vers — 2°, il détone
avec la plus grande violence par le choc ou par une élé-

vation brusque de température. Comme c'est un composé important, on trouvera plus loin (page 471) sa préparation industrielle et ses applications.

d. — Éthers dérivés des alcools hexatomiques

166. Mannite hexanitrique $C^6H^8(AzO^3)^6$. — Le plus intéressant de ces composés est l'éther hexanitrique de la mannite; c'est, d'ailleurs, parmi les éthers nitriques de cet alcool hexatomique, celui qui est le mieux connu. On l'obtient en triturant une partie de mannite avec de l'acide azotique fumant que l'on ajoute peu à peu jusqu'à ce que toute la mannite soit dissoute. Une fois cette dissolution effectuée, on ajoute 4,5 parties d'acide azotique fumant et 10,5 parties d'acide sulfurique concentré en opérant par petites portions et en alternant ces deux acides. La masse devient bientôt pâteuse; on l'exprime, on la lave avec de l'eau, et on la fait cristalliser dans l'alcool chaud. Elle se présente alors sous forme de longues aiguilles blanches et soyeuses, insolubles dans l'eau, peu solubles dans l'alcool, sauf à chaud. Elle fond à 108°. Elle est moins dangereuse à préparer que le fulminate de mercure, et elle détone par le choc comme ce corps. Elle est parfois employée pour le remplacer.

B. — ÉTHERS-SELS DÉRIVÉS DES PHÉNOLS

167. Éthers-sels du phénol. — Ces composés sont peu importants au point de vue pratique. Citons seulement les deux suivants :

1° *Acétate de phényle* $CH^3COO.C^6H^5$. — Liquide incolore, bouillant à 190°, que l'on obtient par l'action du phénol sur le chlorure d'acétyle.

2° *Benzoate de phényle* $C^6H^5.COO.C^6H^5$, *ou benzophénide*. — Prismes clinorhombiques, fusibles à 70°, que l'on obtient par l'action du chlorure de benzoyle sur le phénol.

168. Salicylate de phényle ou salol. — Parmi les éthers-sels à fonctions mixtes, nous n'avons vu, jusqu'à présent, que des acides-éthers, comme l'acide sulfovinique dérivant d'un alcool polyatomique ou des alcools-éthers, comme le glycol monoéthylique, dérivant d'un alcool polyatomique. On peut obtenir des éthers possédant, outre la fonction éther, diverses autres fonctions, en partant d'alcools ou d'acides à fonctions mixtes. Quelques-uns de ces éthers seront étudiés dans les chapitres relatifs à l'une de leur fonction : aldéhyde, acide, etc. Nous n'étudierons ici que le *salol*, composé qui est à la fois phénol et éther.

L'acide salicylique, composé à fonction mixte, à la fois acide et phénol (V. chapitre *Acides*), est représenté par le schéma :

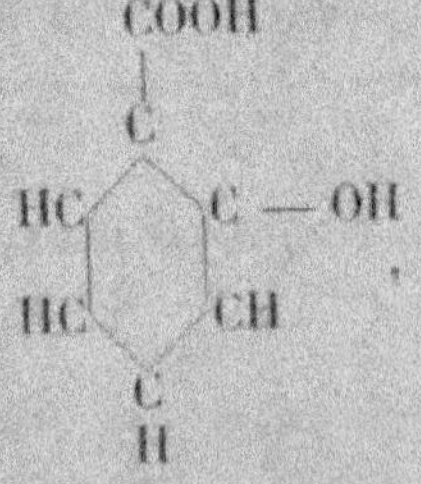

$$
\begin{array}{ccc}
 & COOH & \\
 & | & \\
 & C & \\
HC & & C-OH \\
 & & \\
HC & & CH \\
 & C & \\
 & H &
\end{array}
$$

qui indique que c'est un dérivé benzénique une fois

Principales propriétés des éthers

		NOMS	FORMULE brute	FORMULE de constitution	ÉLÉMENTS	POINTS de fusion	POINTS d'ébullition	DENSITÉS	SOLUBLE DANS — EAU	ALCOOL	ÉTHER	PRÉPARATIONS
Éthers-oxydes	monoatomiques	Oxyde de méthyle	C^2H^6O	$CH^3.O.CH^3$			—21°	0,7347 (liquide)	t. sol.	t. sol.	t. sol.	[illegible]
		O. de méthyléthyle	C^3H^8O	$CH^3.O.C^2H^5$			+11°	2,15 (gazeux)				[illegible]
		O. d'éthyle	$C^4H^{10}O$	$C^2H^5.O.C^2H^5$			34,97°	0,736 à 0° (liquide)	1/12	misc.		[illegible]
	atomiques	O. d'éthyl-propyle	$C^5H^{12}O$	$C^2H^5.O.CH^2.CH^2.CH^3$			64°	[illegible]				[illegible]
		O. d'éthylisopropyle	$C^5H^{12}O$	$C^2H^5.O.CH : (CH^3)_2$			54°	0,745 à 0				[illegible]
		O. de propyle	$C^6H^{14}O$	[illegible]			86°	0,744 à 21				[illegible]
		O. d'isopropylisopropyle	$C^6H^{14}O$	$(CH^3)_2 : CH.O.CH : (CH^3)_2$			61°	0,75 à 21				[illegible]
		O. de butyle	$C^8H^{18}O$	$C^4H^9.O.C^4H^9$			140°	0,794 à 0				[illegible]
		O. d'amyle	$C^{10}H^{22}O$	$C^5H^{11}.O.C^5H^{11}$			176°	0,398 à 0				[illegible]
	biatomiques	Glycol diéthylique	$C^6H^{14}O^2$	$C^2H^5.O.CH^2.CH^2.O.C^2H^5$			123,5	0,349 à 0				[illegible]
		Glycol monoéthylique	$C^4H^{10}O^2$	$C^2H^5.O.CH^2.CH^2.OH$			134°	0,956 à 12				[illegible]
		Éther glycérique	$C^6H^{14}O^3$	[illegible]			191°	[illegible]	misc.	misc.	misc.	[illegible]
	triatomiques	E. glycérique monoéthylique	$C^5H^{12}O^3$	$CH^2.O.C^2H^5.CHOH.CH^2OH$			227°	p. sol.			sol.	[illegible]
		E. glycérique biéthylique	$C^7H^{16}O^3$	[illegible]			192°	0,92				[illegible]
		E. glycérique triéthylique	$C^9H^{20}O^3$	[illegible]			185°	[illegible]				[illegible]
	monoatomiques	E. phénylique	$C^{12}H^{10}O$	$C^6H^5.O.C^6H^5$		27°	245°	[illegible]	ins.	t. sol.	t. sol.	[illegible]
		E. méthylphénique (anisol)	C^7H^8O	$C^6H^5.O.CH^3$			152°	0,991 à 15				[illegible]
		E. éthylphénique (phénétol)	$C^8H^{10}O$	$C^6H^5.O.C^2H^5$			172°	[illegible]				[illegible]
	biatomiques	monoéthylpyrocatéchine ou galacol	$C^7H^8O^2$	$C^6H^4 : (OH, O.CH^3)$			205°	1,115 à 15	p. sol.			[illegible]
		diméthylpyrocatéchine, ou vératrol	$C^8H^{10}O^2$	$C^6H^4 : (OCH^3)_2$			205°	1,086 à 15				[illegible]
		méthylrésorcine	$C^7H^8O^2$	$C^6H^4 : (OH, O.CH^3)$			243°	p. sol.	t. sol.	t. sol.		[illegible]
		diméthylrésorcine	$C^8H^{10}O^2$	$C^6H^4 : (O.CH^3)_2$			214°	1,055 à 0	sol.	sol.		[illegible]
		méthylhydroquinone	$C^7H^8O^2$	$C^6H^4 : (OH, O.CH^3)$			243°	p. sol.			sol.	[illegible]
		diméthylhydroquinone	$C^8H^{10}O^2$	$C^6H^4 : (O.CH^3)_2$			213°	p. sol.				[illegible]
		eugénol	$C^{10}H^{12}O^2$	[illegible]			250°	1,018 à 6				[illegible]
	triatomiques	E. diméthylique	$C^8H^{10}O^3$	$C^6H^3 : (OH, (OCH^3)_2)$			205°	[illegible]				[illegible]
		E. monoéthylique	$C^9H^{12}O^3$	[illegible]			264°	[illegible]	p. sol.	t. sol.	t. sol.	[illegible]
		E. méthylique	$C^9H^{12}O^3$	[illegible]			[illegible]	[illegible]	p. sol.	t. sol.	t. sol.	[illegible]
		E. triéthylique	$C^{11}H^{16}O^3$	$C^6H^3 : (OC^2H^5)_3$			[illegible]	[illegible]				[illegible]
		Alcool anisique (éther-alcool)	$C^8H^{10}O^2$	$C^6H^4 : (OCH^3, CH^2OH)$			259°	1,109 à 23				[illegible]
		Alcool vanillique (éther-alcool-phénol)	$C^8H^{10}O^3$	[illegible]			[illegible]	[illegible]				[illegible]
		Alcool coniférylique (éther-alcool-phénol)	$C^{10}H^{12}O^3$	[illegible]			[illegible]	[illegible]				[illegible]
Éthers-sels	monoatomiques	fluorure	CH^3Fl	$CH^3.Fl$				[illegible]	1,186 gaz	sol.		[illegible]
		chlorure	CH^3Cl	$CH^3.Cl$			—24°	1,139 gaz	[illegible]	35	t. sol.	[illegible]
	de méthyle	bromure	CH^3Br	$CH^3.Br$			13°	1,664 à 6	t. p. s.	sol.	sol.	[illegible]

Principales propriétés des éthers (Suite).

	NOMS	FORMULE BRUTE	FORMULE DE CONSTITUTION	POINTS DE FUSION	POINTS D'ÉBULLITION	DENSITÉS	EAU	ALCOOL	ÉTHER	PRÉPARATIONS
de méthyle (suite)	iodure	CH³I	CH³.I	[illegible]	43	2,310 à 0				Action de l'iode (24 parties) et de phosphore (3 parties) sur l'alcool méthylique (36 parties).
	azotite	CH³AzO²	AzO².CH³		12°					Action d'un mélange d'acide azotique et d'alcool méthylique sur l'anhydride arsénieux.
	azotate	CH³AzO³	AzO³.CH³		66°	1,182 à 22				Action de 1 partie d'azotate de potassium sur un mélange de 2 parties d'acide sulfurique et de 1 partie d'alcool méthylique.
	sulfure neutre	C²H⁶S	S : (CH³)²		37°,5	0,845 à 21				Action du sulfure neutre de potassium sur le méthyl-sulfate de calcium.
	sulfure acide	CH⁴S	H.S . CH³		21°		p. sol.			Action du sulfure acide de potassium sur le méthyl-sulfate de calcium.
	sulfite neutre	SO²C²H⁶	SO² : (CH³)²		188	1,325 à 22	déc.			Action de l'acide sulfureux sur l'alcool méthylique.
	sulfate acide	SO³CH⁴	SO² : (H.CH³)		déc.				misc.	Décomposition du sulfométhylate de baryum par SO⁴H².
	formiate	CH⁴O²	HCOO.CH³		32	0,993 à 0				Distillation d'un mélange de formiate et d'acide méthylsulfurique.
	acétate	C³H⁶O²	CH³.COO.CH³		58°,3	0,956 à 0	p. sol.	misc.	misc.	Distillation d'un mélange de 1 partie d'alcool méthylique, 1 partie d'acétate de sodium fondu, 2 parties d'acide sulfurique.
	propionate	C⁴H⁸O²	CH³.CH².COO.CH³		79,5	0,938 à 5				Action de l'acide chlorhydrique sur un mélange d'acide propionique et d'alcool méthylique.
	benzoate	C⁹H¹⁰O²	C⁶H⁵COO.CH³		199	1,626 à 0	ins.	sol.	sol.	Distillation d'un mélange à parties égales d'acide benzoïque, d'alcool méthylique et d'acide sulfurique.
	oxalate neutre	C⁴H⁶O⁴	(COO.CH³)²	54	164	1,17 à 50	ins.			Action d'un mélange d'acide sulfurique et d'alcool méthylique sur l'acide oxalique.
d'éthyle	chlorure	C²H⁵Cl	C²H⁵.Cl		12°,5	0,921 à 0	0,02	misc.		Action de l'acide chlorhydrique sec sur l'alcool absolu.
	bromure	C²H⁵Br	C²H⁵.Br		39,0	1,47 à 0	f. p. s.	misc.		Action du brome et du phosphore sur l'alcool.
	iodure	C²H⁵I	C²H⁵.I		72°	1,975 à 0	ins.	misc.	misc.	Action de l'iode et du phosphore sur l'alcool.
	azotite	AzO²C²H⁵	AzO².C²H⁵		17	0,9 à 15	0,02	misc.	misc.	Action de l'acide azotique sur l'alcool, avec un sel réducteur.
	azotate	AzO³C²H⁵	AzO³.C²H⁵		86	1,122 à 0	ins.	misc.		Action de l'alcool sur un mélange d'acide azotique et sulfurique.
	sulfure neutre	SC⁴H¹⁰	S : (C²H⁵)²		92	0,837 à 0	ins.	sol.		Action du chlorure d'éthyle sur le sulfure neutre de potassium.
	sulfure acide, ou mercaptan	SC²H⁶	H.S.C²H⁵		36	0,832 à 21	ins.			Action du chlorure d'éthyle sur le sulfure acide de potassium.
	sulfate neutre	SO⁴C⁴H¹⁰	SO² : (C²H⁵)²		208	1,184 à 19	ins.			Action de vapeurs d'anhydride sulfurique sur l'éther refroidi.
	sulfate acide	SO³C²H⁶	SO² : (H.C²H⁵)							Action d'acide sulfurique et d'alcool concentrés vers 100°.
	formiate	C³H⁶O²	HCOO.C²H⁵		55	0,933 à 0				Action d'un mélange d'acide sulfurique et d'alcool sur le formiate de potassium.
	acétate	C⁴H⁸O²	CH³COO.C²H⁵		74	0,914 à 0	0,1	misc.		Action d'un mélange d'acide sulfurique et d'alcool sur l'acétate de potassium.
	propionate	C⁵H¹⁰O²	CH³CH²COO.C²H⁵		98°,8	0,914 à 0				Action d'un mélange d'acide sulfurique et d'alcool sur le propionate de potassium.
	benzoate	C⁹H¹⁰O²	C⁶H⁵COO.C²H⁵		113°	1,066 à 0	ins.	sol.	sol.	Action d'un mélange de 2 parties d'acide chlorhydrique et de 4 parties d'alcool sur 7 parties d'acide benzoïque.
	oxalate neutre	C⁶H¹⁰O⁴	(COO.C²H⁵)²		186°,1	1,08 à 15				Action de l'alcool absolu sur l'acide oxalique déshydraté.
	oxalate acide	C⁴H⁶O⁴	COOH.COO.C²H⁵		117°		déc.			Saponification partielle de l'oxalate neutre de méthyle.
de propyle	chlorure	C³H⁷Cl	CH³.CH².CH².Cl		46°,5	0,915 à 0				Action du chlorure de mercure et du chlorure d'acétyle sur l'iodure de propyle.
	formiate	C⁴H⁸O²	HCOO.CH².CH².CH³		83°	0,919 à 0				Action de l'acide sulfurique sur un mélange d'alcool propylique et de formiate de sodium sec.

Principales propriétés des éthers (suite)

Groupe	Sous-groupe	NOMS	FORMULE brute	FORMULE développée et de constitution	POINTS de fusion	POINTS d'ébullition	DENSITÉS	eau	alcool	éther	PRÉPARATION
Éthers-sels (suite) — dérivant des alcools à fonction simple (suite)	mono-atomiques (suite)	acétate ... de propyle	$C^5H^{10}O^2$	$CH^3COO.CH^2CH^2CH^3$		102	0,91 à 0				Action d'un mélange d'acide sulfurique et d'alcool propylique sur l'acétate de sodium
		oxalate neutre ... de propyle	$C^8H^{14}O^4$	$C^2O^4 : (CH^2.CH^2.CH^3)^2$		210	1,015 à 22				Distillation d'un mélange d'alcool propylique et d'acide oxalique dessiccaté
		chlorure ... de propyle	C^3H^7Cl	$CH^3.CH^2.CH^2Cl$		77,6	0,987 à 0				On chauffe en tube scellé une solution d'acide chlorhydrique faite avec de l'alcool butylique
		formiate ... de butyle	$C^5H^{10}O^2$	$HCOO.C^4H^9$		109	0,900 à 0				Action du formiate sur le butylsulfate de potassium
		acétate ... de butyle	$C^6H^{12}O^2$	$CH^3COO.C^4H^9$		125	0,9 à 0	0,1			On chauffe de l'iodure de butyle avec de l'acétate d'argent en tubes scellés
		oxalate neutre ... de butyle	$C^{10}H^{18}O^4$	$C^2O^4 : (C^4H^9)^2$		225	1,002 à 14				Action de l'acide oxalique dessiccaté sur un grand excès d'alcool butylique
		chlorure ... d'amyle	$C^5H^{11}Cl$	$CH^3.CH^2.CH^2.CH^2CH^2Cl$		109°,6	0,981 à 0				Distillation d'un mélange de perchlorate de phosphore et d'alcool amylique
		acétate ... d'amyle		$CH^3COO.C^5H^{11}$		148,4	0,896 à 0				Action de l'iodure d'amyle sur l'acétate d'argent
		oxalate neutre d'isoamyle		$C^2O^4 : (C^5H^{11})^2$							Action de l'acide oxalique dessiccaté sur l'alcool isoamylique
	diatomiques (Les noms en italiques sont ceux d'éthers-alcools)	*monochlorhydrine* ... du glycol	C^2H^5OCl	$C^2H^4 : (OH, Cl)$		128°	1,21 à 8				On chauffe à 100° le glycol saturé d'acide chlorhydrique
		dichlorhydrine ... du glycol	$C^2H^4Cl^2$	$C^2H^4 : Cl^2$		67°,5	1,256 à 12				Action du chlore sur l'éthylène
		monoacétine ... du glycol	$C^4H^8O^3$	$C^2H^4 : (CH^3COO, OH)$		182°		misc.			On traite 1 partie d'acétate de potassium par un mélange de 1 partie de bromure d'éthylène avec 2 parties d'alcool
		diacétine ... de la glycérine	$C^6H^{10}O^4$	$C^2H^4 : (CH^3COO)^2$		186	1,128 à 9	0,15			Action du bromure d'éthylène sur l'acétate d'argent
		α-monochlorhydrine	C^3H^7OCl	$CH^2Cl.CHOH.CH^2OH$		189	1,338 à 9	misc.	misc.	misc.	Action de l'acide chlorhydrique sur la glycérine; séparation par distillation fractionnée dans le vide
		β-monochlorhydrine	C^3H^7OCl	$CH^2OH.CHCl.CH^2OH$		186	1,328 à 9				
		α-dichlorhydrine	$C^3H^6OCl^2$	$CH^2Cl.CHOH.CH^2Cl$		177	1,396 à 16	0,11			Action d'un excès d'acide chlorhydrique sur la glycérine; même procédé de séparation
		β-dichlorhydrine	$C^3H^6OCl^2$	$CH^2Cl.CHCl.CH^2OH$		182					
		trichlorhydrine	$C^3H^5Cl^3$	$C^3H^5 : Cl^3$		158	1,41 à 0				Action de l'acide chlorhydrique sur un mélange d'acide acétique et de glycérine
	triatomiques	trinitrine	$C^3H^5AzO^9$	$C^3H^5 : (AzO^3)^3$	— 3	281	1,60 à 15	0,001	0,3	misc.	Action de la glycérine sur un mélange d'acide sulfurique et nitrique
		triacétine	$C^9H^{14}O^6$	$C^3H^5 : (CH^3CO^2)^3$		287	1,17 à 8	0,2			Action de la glycérine sur l'acide acétique cristallisable
		trioléine	$C^{57}H^{104}O^6$	$C^3H^5 : (C^{18}H^{33}O^2)^3$			0,91				S'extrait de l'huile d'olive
		trimargarine	$C^{54}H^{104}O^6$	$C^3H^5 : (C^{17}H^{33}O^2)^3$	60			ins.	p. sol.	s. sol.	S'extrait de l'huile de perce
		tristéarine	$C^{57}H^{110}O^6$	$C^3H^5 : (C^{18}H^{35}O^2)^3$	64			inv			S'extrait du suif de mouton
dérivant des phénols	mono-atomiques	acétate ... de phényle	$C^8H^8O^2$	$CH^3COO.C^6H^5$		190	1,074				Action du chlorure d'acétyle sur le phénol
		oxalate ... de phényle	$C^{14}H^{10}O^4$	$C^2O^4 : (C^6H^5)^2$				ins.	l. sol	p. sol	Action de l'oxychlorure de phosphore sur un mélange de phénol et d'acide oxalique sec
	biatomiques	Éther diacétique de la pyrocatéchine	$C^{10}H^{10}O^4$	$C^6H^4 : (CH^3COO)^2$							Action du chlorure d'acétyle sur la pyrocatéchine
		Éther diacétique de la résorcine	$C^{10}H^{10}O^4$	$C^6H^4 : (CH^3COO)^2$		253					— la résorcine
		Éther diacétique de l'hydroquinone	$C^{10}H^{10}O^4$	$C^6H^4 : (CH^3COO)^2$							— l'hydroquinone
	triatomiques	Éther triacétique du pyrogallol	$C^{12}H^{12}O^6$	$C^6H^3 : (CH^3COO)^3$							— le pyrogallol

acide et une fois phénol. En réagissant sur une molécule
de phénol, par son groupe acide COOH, il donne une molécule d'eau et un éther qui a conservé la fonction phénolique de l'acide salicylique :

C'est le salicylate de phényle, ou salol, dont on peut
écrire plus simplement la formule : $C^6H^4COO.C^6H^5.OH$.

Le salol s'obtient en faisant agir l'oxychlorure de phosphore sur un mélange de phénol sodé et de salicylate de
sodium. C'est un antiseptique, pouvant être employé
comme succédané du salicylate de sodium pour le traitement des rhumatismes.

§ 3. — APPLICATIONS

169. Chlorure de méthyle. — Le chlorure de
méthyle, qui s'obtenait autrefois en petites quantités par

les réactions générales de préparation des éthers, réactions peu susceptibles d'être appliquées industriellement, se retire aujourd'hui, depuis les travaux intéressants de M. Vincent, des vinasses de betteraves. Autrefois ces vinasses, résidus de la fabrication de l'alcool de betterave, étaient calcinées dans un four Porion (V. page 303) et transformées en salins d'où l'on extrayait des sels de potassium ; on perdait ainsi les gaz et les vapeurs qui se dégagent dans cette opération. En chauffant, au contraire, ces vinasses dans des vases clos, on obtient des produits volatils que l'on condense dans des réfrigérants, et des gaz combustibles que l'on dirige sous les grilles des foyers qui chauffent les cornues. Les produits condensés contiennent de l'ammoniac, des sels ammoniacaux et des sels d'amines, en particulier du chlorhydrate de triméthylamine, en proportions variables avec la concentration des vinasses employées. Ces divers sels sont utilisés, ainsi que les goudrons que l'on recueille en même temps. Mais, pour l'industrie qui nous occupe en ce moment, c'est le chlorhydrate de triméthylamine qui est le produit important. Quand on chauffe une des solutions contenant du chlorhydrate de triméthylamine, elle se concentre peu à peu, et vers 260° elle commence à laisser dégager des gaz formés surtout de triméthylamine et de chlorure de méthyle, mais contenant aussi d'autres amines et de l'ammoniac. On dirige ces gaz dans des laveurs alimentés avec de l'eau acidulée qui absorbe l'ammoniac et les amines ; le chlorure de méthyle qui se dégage est assez pur pour qu'on puisse le liquéfier à l'aide d'une pompe de compression. Il suffit, pour cela, d'une pression de 4 atmosphères, lorsqu'on maintient à 15° le récipient où l'on recueille l'éther liquéfié. A mesure que la décomposition continue, il faut élever de plus en plus la température des cornues. On peut représenter la réaction principale de cette fabrication par la formule :

$$3\,(H,Cl)\,;\,Az\,\therefore\,(CH^3)^3$$
$$= 2Az\,\therefore\,(CH^3)^3 + 2CH^3Cl + (H,Cl)\,;\,Az\,\therefore\,(H^2,CH^3)$$

Le chlorure de méthyle est employé à l'état liquide pour produire du froid : il est employé comme anesthésique local et sert surtout à obtenir des dérivés méthylés dans l'industrie des matières colorantes.

170. Fabrication de l'éther ordinaire, ou oxyde d'éthyle. — L'éther est aujourd'hui fabriqué assez en grand à l'aide de la réaction utilisée dans les laboratoires, action de l'acide sulfurique sur l'alcool. Il se

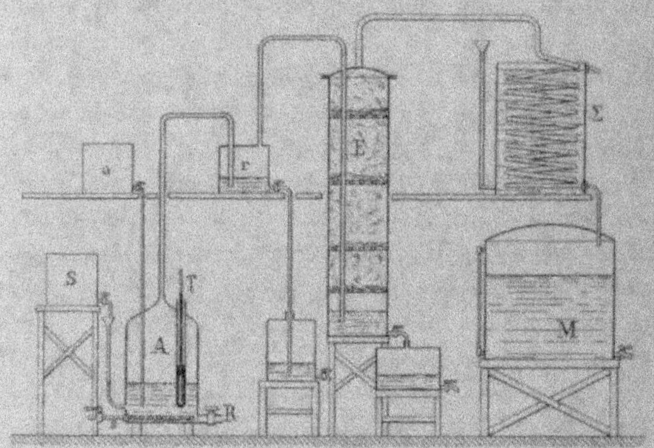

produit, en même temps que de l'éther, de l'anhydride carbonique et de l'anhydride sulfureux ; en outre, une portion de l'alcool échappe à la réaction. Si la température est trop élevée, la réaction est différente. Il se produit de l'éthylène (V. page 125). On doit donc surveiller avec soin la température, et il est nécessaire d'isoler l'éther des composés qui l'accompagnent dans le produit brut.

On prépare l'éther en introduisant peu à peu dans un alambic en plomb A de l'acide sulfurique provenant d'un réservoir en plomb S, et de l'alcool provenant du réservoir a. L'alambic est chauffé à l'aide d'un serpentin en plomb s dans lequel on envoie de la vapeur d'eau. La marche de la température est observée à l'aide du thermomètre T; elle est maintenue au voisinage de 140°. On introduit, d'abord lentement, parties égales d'acide sulfurique et d'alcool; puis, peu à peu de l'alcool et de l'acide, mais de façon que l'alcool domine et que, au moment de vider la chaudière, on ait employé environ 25 fois plus d'alcool que d'acide. L'évacuation se fait par R. Au sortir de l'alambic les vapeurs et les gaz se rendent à un réservoir r où ils barbotent dans un liquide formé surtout d'eau et d'alcool; les parties les moins volatiles se liquéfient dans ce vase; mais, comme sa température est suffisamment élevée, l'éther ne s'y condense pas. Le liquide condensé dans ce vase peut rentrer dans la fabrication, comme alcool, après distillation, si cela est nécessaire, et après digestion avec un peu de chaux vive qui enlève l'anhydride sulfureux et la majeure partie de l'eau. Les vapeurs se rendent ensuite dans un épurateur E, au bas duquel se condense encore un liquide que l'on recueille et que l'on fait rentrer dans la fabrication comme précédemment; dans cet épurateur se trouve de la chaux éteinte disposée sur des claies et destinée à absorber l'anhydride sulfureux. De là, les vapeurs d'éther se rendent à un serpentin Σ soigneusement refroidi, où elle se condensent; l'éther est alors emmagasiné dans un réservoir M et, lorsqu'il y en a une quantité suffisante, on le distille dans un appareil à plateaux, tels que ceux qui ont été décrits pour l'alcool, afin de séparer l'éther de l'alcool entraîné.

Les autres éthers que l'on prépare dans l'industrie, étant utilisés en petite quantité, s'obtiennent par les procédés des laboratoires, mais dans des ballons de grandes dimensions, chauffés au bain de sable.

171. Éther trinitrique de la glycérine, ou

$$\begin{array}{c} CH^2.AzO^3 \\ | \\ nitroglycérine \quad CH^2.AzO^3 \\ | \\ CH^2.AzO^3 \end{array}$$

nitroglycérine $CH^2.AzO^3$. — La nitroglycérine a été découverte, à Paris, en 1847, par Sobrero, mais ce n'est qu'en 1864 que Nobel parvint à l'utiliser et à la fabriquer d'une façon courante. Peu de temps après, en 1866, deux explosions terribles, celle d'un navire dans le port d'Aspinwall qui causa la mort d'une soixantaine de personnes et, quelques jours après, celle de deux caisses de ce produit dans une rue de San-Francisco, qui fit une vingtaine de victimes, montrèrent tous les dangers de l'emmagasinement et du transport de cette substance. D'autre part, l'économie considérable que l'on trouve à l'employer pour le travail des mines fit qu'on ne l'abandonna pas. Dans certaines localités, on la fabriqua par petites quantités à proximité des carrières où on l'employait et dans des constructions légères et isolées. Depuis l'invention de la dynamite, la nitroglycérine pure n'est plus guère employée ; on la transforme en dynamite.

Les procédés employés pour fabriquer la nitroglycérine dans certaines usines restent secrets. Voici le procédé décrit par Champion (1) : on introduit dans un verre à expérience 100 grammes d'un mélange froid d'acide sulfurique et d'acide azotique (contenant 66 gr. 6 d'acide sulfurique concentré et 33 gr. 3 d'acide azotique fumant à 50°) (2); puis, on verse lentement sur la paroi intérieure 127 grammes de glycérine à 31°. Celle-ci se répand à la surface du liquide et le tout peut rester dans cet état pendant plusieurs heures, sans qu'aucune réaction ne se manifeste. Dès qu'on agite rapidement le mélange, la réaction a lieu, sa durée est d'une dizaine de secondes; on verse le mélange dans 2 litres d'eau, et la nitroglycérine se précipite. On la lave avec du carbonate de sodium; puis, on la dessèche, en la chauffant vers 40°, dans une étuve à eau.

La nitroglycérine pure est un liquide huileux, inodore, incolore, d'une saveur, d'abord douceâtre, puis légèrement brûlante; sa densité est de 1,60. Sa fabrication et son maniement amènent de violentes céphalalgies, accompagnées de nausées. Ces phénomènes ne se produisent, en général, que plusieurs heures après l'intoxication. Au bout de quelques jours, l'organisme cesse d'être sensible à son action. La nitroglycérine est très peu soluble dans l'eau (1 gr. 25 par litre), soluble en toutes proportions dans l'éther, dans l'alcool méthylique, assez soluble dans l'alcool ordinaire (300 grammes par litre environ). On a proposé de la dissoudre dans ce dernier corps pour la transporter, parce qu'elle détone alors beaucoup moins

(1) CHAMPION, *Comptes rendus de l'Académie des Sciences*, t. LXXIII, p. 42.

(2) L'acide azotique du commerce marque généralement 48°; pour l'obtenir 50°, on l'additionne de son poids d'acide sulfurique, et on le distille en ne recueillant que la première moitié. On enlève l'acide hypoazotique qu'il renferme en faisant traverser le liquide, maintenu à 70°, par un courant d'acide carbonique.

facilement. Elle est légèrement volatile sans décomposition au-dessous de 100° (tension de vapeur, 30 millimètres à cette température). Pure, elle ne se décompose pas spontanément. Un froid prolongé la fait cristalliser ; l'acide azotique fumant, l'acide sulfurique concentré et le mélange de ces deux acides la décomposent ; il faut donc, dans la préparation de ce corps, éviter le contact prolongé de ces acides et de la nitroglycérine formée (1). La nitroglycérine détone à 257° (Champion) ; projetée sur une plaque rouge, elle prend l'état sphéroïdal et se volatilise sans détonation.

Le procédé Champion décrit plus haut se prête mal à la préparation de grandes quantités de nitroglycérine parce que, lorsqu'on opère sur de grandes masses, on rencontre de sérieuses difficultés dues principalement au grand dégagement de chaleur qui accompagne la réaction et qui tend à décomposer la nitroglycérine formée, en donnant lieu à un dégagement extrêmement abondant de vapeurs rutilantes. En raison de la viscosité des liquides, les procédés de réfrigération les plus énergiques restent inefficaces ; certains points conservent une température élevée et deviennent le foyer d'une décomposition qui s'étend presque instantanément à toute la masse et oblige à recourir à l'extinction par l'eau avant la transformation complète de la glycérine. De là, un abaissement marqué du rendement et des chances notables d'accidents. Pour éviter ces divers inconvénients MM. Boutmy et Faucher (2) ont proposé le pro-

(1) Il résulte des expériences de M. Boutmy (*Comptes rendus de l'Académie des Sciences*, t. LXXXIX. p. 414) que la nitroglycérine est stable au contact des acides sulfurique et azotique, ou de leurs mélanges, quand ces acides sont ou très concentrés ou très étendus, et qu'elle se décompose, au contraire, très facilement au contact des acides moyennement concentrés.

(2) *Comptes rendus de l'Académie des Sciences*, t. LXXXIII, p. 786.

cédé suivant utilisé à la poudrerie de Vouges depuis 1872 : on prépare à l'avance de l'acide sulfoglycérique, en traitant la glycérine à 30° par trois fois environ son poids d'acide sulfurique à 66° Baumé, et de l'acide sulfonitrique, en mélangeant à poids égaux l'acide sulfurique à 66° Baumé, et l'acide azotique à 48° Baumé. Ces deux préparations donnent lieu à des dégagements de chaleur considérables. On réunit ensuite ces deux acides (1), une fois revenus à la température ordinaire, de manière à réaliser un mélange aux proportions de :

$$
\begin{aligned}
&\text{Glycérine} \dots \dots \dots 100 \\
&\text{Acide azotique} \dots \dots \dots 280 \\
&\text{Acide sulfurique} \dots \dots 600
\end{aligned}
$$

L'élévation de la température est alors limitée à 10 ou 15°, et la réaction ne peut être regardée comme terminée qu'au bout de vingt-quatre heures. La nitroglycérine forme une couche assez nettement distincte au-dessus des acides, dont elle peut être séparée par décantation, ce qui rend les lavages plus faciles. Les rendements varient entre 160 et 195 0/0.

Usages de la nitroglycérine. — La nitroglycérine pure

---

(1) Lorsque l'on fait ces réactions dans un calorimètre protégé contre les pertes de chaleur, on trouve que la réunion de ces deux acides élève la température de la masse de 21°,9, tandis que, dans le procédé ordinaire, la réunion de la glycérine au mélange fait à l'avance et refroidi des acides sulfurique et nitrique élève de 42°,1 la température du mélange (BOUTMY, *Comptes rendus de l'Académie des Sciences*, t. LXXXIX, p. 414).

(2) On trouve qu'en traitant la masse par l'eau on obtient :

$$
\begin{aligned}
&\text{Après 1 heure} \quad 100 \text{ parties de nitroglycérine;} \\
&\qquad 2 \text{ heures} \quad 130 \\
&\qquad 4 \quad\text{»}\quad\;\; 150 \\
&\qquad 12 \quad\text{»}\quad\;\; 180 \\
&\qquad 24 \quad\text{»}\quad\;\; 200
\end{aligned}
$$

(BOUTMY, *Comptes rendus de l'Académie des Sciences*, t. LXXXIX, p. 414).

n'est plus que rarement employée pour le sautage des roches ; dans ce cas, elle est fabriquée sur place. Le principal emploi de la nitroglycérine est la fabrication de la dynamite. Il y a quelques années, MM. Wolf et Pietzeker (1) ont cependant construit un moteur à nitroglycérine ; le piston est fixe, le cylindre mobile est relié à la manivelle par une bielle. Un petit godet creusé dans le piston est mis en relation successivement avec divers tubes qui y amènent de l'acide sulfurique, de l'acide azotique et de la glycérine. La nitroglycérine se forme aussitôt ; une étincelle électrique la décompose, le cylindre se soulève ; quand il redescend, les gaz de la détonation sont évacués.

Dynamites (2). — On désigne, sous le nom de dynamites, des mélanges de nitroglycérine et de corps très divers. Tout d'abord, la dynamite telle que la fabriquait son inventeur, l'ingénieur suédois Nobel, consistait en une matière siliceuse très absorbante, imprégnée de nitroglycérine. On rendait ainsi moins dangereux le maniement de cette redoutable substance. La dynamite obtenue de cette façon détonait beaucoup plus difficilement par le choc que la nitroglycérine, elle brûlait sans détoner et exigeait, pour produire une explosion, d'être enflammée par une amorce au fulminate de mercure. On peut, d'ailleurs, modifier à volonté la puissance de la dynamite, en faisant varier les doses relatives de matière inerte et de nitroglycérine : une dynamite est dite à n 0/0, quand dans 100 grammes de dynamite se trouvent n grammes de nitroglycérine. Depuis, on a fabriqué des

(1) *Dingler's polytechn. Journal*, année 1887, et *Bulletin de la Société d'encouragement*, 4ᵉ série, t. II, p. 256.

(2) Voir dans le *Bulletin de la Société d'Encouragement*, 3ᵉ série, IV, pp. 493, 562, 659, 703, quatre articles intéressants de M. Brull sur la nitroglycérine et la dynamite, publiés aussi dans les *Mémoires de la Société des Ingénieurs civils*, 1877.

dynamites dans lesquelles la substance qui absorbe la nitroglycérine, au lieu d'être une matière inerte comme la silice, l'alumine, le carbonate de magnésium, est une matière explosive ou simplement combustible. Les premières dynamites sont appelées dynamites à base inerte; les autres dynamites, à base active.

Pour préparer les dynamites à base inerte, on commence par pulvériser finement et tamiser la matière (1) que l'on veut imprégner de nitroglycérine; on la dessèche dans des fours pendant plusieurs heures; on pèse, d'une part, la matière inerte, de l'autre la nitroglycérine et on verse celle-ci sur la première en remuant avec une spatule de bois. On étend alors la masse sur une table en bois recouverte de plomb et, avec un rouleau, on l'étale, puis on la relève en tas à plusieurs reprises. Quand le mélange est bien homogène, on l'introduit dans des cartouches en papier.

Pour qu'une dynamite soit de bonne qualité, il faut qu'elle ne laisse pas exsuder de la nitroglycérine, qui produit sur du papier des taches huileuses, si la dynamite est mal préparée. On s'en assure en la pressant entre des doubles de papier à filtrer. Elle serait alors aussi dangereuse que cette substance. L'action de l'eau sur la dynamite produit souvent un suintement de la nitroglycérine. Les basses températures, en congelant la nitroglycérine, altèrent les propriétés de la dynamite. La dynamite gelée exige pour détoner des amorces de fulminate plus puissantes que la dynamite ordinaire. Souvent aussi, la dynamite gelée laisse suinter la nitroglycérine quand elle dégèle. La dynamite ne doit pas être acide, car une dyna-

____

(1) Les silices les plus employées sont le Kieselguhr de Hanovre, terre rouge siliceuse, et la *randanite* d'Auvergne; on peut aussi employer les silices amorphes préparées chimiquement.

mite acide est une dynamite en voie de décomposition spontanée, et elle peut détoner; on vérifie la neutralité avec un papier de tournesol. Pour titrer une dynamite à base inerte, on en pèse un échantillon que l'on fait ensuite brûler sur une plaque en fer, puis on pèse les cendres; la différence donne le poids de nitroglycérine.

Les dynamites à base active sont très diverses. La décomposition explosive de la nitroglycérine se fait suivant la formule (1) :

$$2C^3H^5(AzO^2)^3 = 6CO^2 + 5H^2O + 6Az + O$$
$$\text{ou } 5Az + AzO$$

Elle dégage donc un gaz comburant, oxygène ou oxyde azotique que l'on peut utiliser à brûler une matière combustible, telle que le charbon. Les dynamites de ce genre sont appelées dynamites à base combustible simple. La dynamite est dite à base mixte, quand il y a à la fois une matière combustible et une matière inerte. On peut, enfin, imprégner de nitroglycérine une autre substance explosive, telle que le chlorate de potassium, l'azotate d'ammonium, etc. On peut choisir cette matière explosive, de façon que sa décomposition puisse utiliser la petite quantité d'oxygène disponible dans l'explosion de

---

(1) En faisant détoner dans un eudiomètre, en présence de quelques centimètres cubes de gaz tonnant ($H^2 + O$), 5 à 6 milligrammes de nitroglycérine, M. Lhote a trouvé 284 centimètres cubes de gaz à 0° et 760 millimètres pour 1 gramme de matière. Voici la composition de ces gaz :

CO^2	45,72
AzO	20,36
Az	33,92
	100,00

(*Comptes rendus de l'Académie des Sciences*, LXXIII, p. 1013).

la nitroglycérine. Le fulmi-coton jouit de cette propriété ; on a composé un grand nombre de dynamites, à base de poudres ordinaires, poudres de mines, poudres chloratées, etc., ou à base de celluloses nitrées, en employant celles-ci sous des formes très diverses : coton-poudre, cellulose nitrée en pâte, ligneux nitré, collodion, etc. La dynamite gomme (1), ou gélatine explosive de Nobel, est obtenue en mêlant 93 0/0 de nitroglycérine à 7 0/0 de collodion ; on obtient ainsi un composé gélatineux, élastique, transparent, ne donnant pas lieu à des exsudations de nitroglycérine, inaltérable par l'eau. Une addition de 1 à 4 0/0 de camphre rend, en outre, cette substance beaucoup moins sensible aux chocs et aux frottements. Par contre, il faut, pour la faire détoner, des amorces spéciales, beaucoup plus fortes.

Usages. — La dynamite est extrêmement employée dans les mines (2), pour briser les glaces, pour certains défrichements, dans l'art militaire : torpilles, mines, destructions de canons, de ponts, de voies ferrées, etc.

(1) Il résulte d'expériences de M. Maillard (*Bulletin de la Société d'Encouragement*, 4ᵉ série, t. II, p. 98) que la dynamite gomme représente une économie de 22 à 28 0/0, par rapport à la poudre comprimée, tandis que la dynamite ordinaire nᵒ 1 donne une économie de 9 0/0 en moyenne. M. Trauzl n'a trouvé pour les travaux du Saint-Gothard qu'une économie de 24 0/0 dans l'emploi de la dynamite gomme.

(2) L'un des plus grands travaux exécutés à l'aide de la dynamite fut la destruction du récif d'Hallet's Point, qui barrait sur une longueur de plus de 12 kilomètres l'une des passes de New-York. On creusa dans ce récif 5 000 fourneaux de mine dans lesquels furent placés 13 000 kilogrammes de dynamite et 2 400 kilogrammes de divers autres explosifs. L'explosion désagrégea près de 50 000 mètres cubes de roche que l'on mit dix ans à retirer du fond de la mer.

CHAPITRE VI

ALDÉHYDES, CÉTONES, QUINONES

§ 1. — *Généralités.* — § 2. — *Étude particulière des aldéhydes.* — § 3. — *Étude particulière des cétones.* — § 4. — *Étude particulière des quinones.* — § 5. — *Applications.*

§ 1. — Généralités

172. Définition. — Une propriété très générale des alcools, même en donnant à ce terme son acception la plus large, c'est-à-dire en y comprenant les phénols, est de fournir, sous l'influence d'une oxydation ménagée, des composés qui dérivent des alcools correspondants par la perte d'une ou de plusieurs molécules d'hydrogène. Les corps ainsi obtenus ont, en dehors des analogies d'origine, certaines propriétés générales communes ; telle est la propriété de fournir, sous l'influence de l'hydrogène naissant, des alcools ou des phénols ; ils ont, d'autre part, des propriétés qui les différencient et permettent de les diviser en trois classes : les aldéhydes, les cétones et les quinones. En effet, les aldéhydes donnent, par oxydation, un acide ayant autant d'atomes de carbone que l'aldéhyde elle-même, tandis que, sous la même action, les cétones se dédoublent en donnant deux acides ayant moins d'atomes de carbone que la cétone correspondante. Enfin, les quinones ne donnent pas d'acides quand on les oxyde.

La façon dont ces corps se comportent vis-à-vis de l'hydrogène et de l'oxygène naissants caractérise donc ces corps, et permet de définir les fonctions aldéhyde, cétone, quinone.

172 *bis*. **Constitution.** — I. *Aldéhydes*. — Considérons tous les corps jouissant de la double propriété de fournir des alcools par hydrogénation et des acides par oxydation, ces alcools et ces acides ayant même nombre d'atomes de carbone que le corps dont on est parti.

Considérons, d'abord, ceux qui donnent, par hydrogénation, des alcools monoatomiques à fonction simple. Si l'on range ces corps par ordre de poids moléculaires croissants, on trouve que les formules brutes diffèrent de CH^2, quand on passe d'un terme au suivant. Le plus simple de ces composés a pour formule CH^2O. Le carbone étant tétravalent et l'oxygène bivalent, il n'y a qu'une façon de représenter ce corps :

$$\begin{array}{c} H \\ | \\ H - C = O \end{array} \qquad \text{ou} \qquad H.CHO.$$

L'homologue immédiatement supérieur a pour formule brute C^2H^4O, qui ne peut être représenté que par deux schémas :

$$\begin{array}{c} H \quad\ H \\ | \quad\ | \\ H - C - C - H \\ \diagdown\diagup \\ O \end{array} \qquad \text{et} \qquad \begin{array}{c} H \quad\ H \\ | \quad\ | \\ H - C - C = O \\ | \\ H \end{array}$$

ou : $$CH^2\!-\!CH^2 \quad\text{et}\quad CH^3.CHO$$
$$\diagdown\!\diagup$$
$$O$$

Or, il existe, en effet, deux corps ayant cette formule brute C^2H^4O : l'un est l'oxyde d'éthylène, l'autre l'aldéhyde éthylique. Or, l'oxyde d'éthylène peut être considéré comme un éther-oxyde : l'eau le saponifie, en effet, lentement, en donnant l'alcool correspondant, le glycol $CH^2OH.CH^2OH$. Le premier schéma lui convient bien ; c'est le schéma d'un éther oxyde ; le second ne lui convient pas, car nous avons vu à propos des éthers que, dans le schéma de ces corps, l'atome d'oxygène réunit deux radicaux alcooliques monovalents. Par contre, il convient bien à l'aldéhyde éthylique, puisqu'il lui donne une formule analogue à celle de l'homologue inférieur ; les deux schémas ne diffèrent que par la substitution d'un groupe CH^3 à un atome d'hydrogène. La considération de ces deux aldéhydes met donc en évidence un groupe CHO caractéristique de la fonction aldéhyde.

En généralisant ce qui précède, on donnera aux homologues supérieurs des formules où l'on mettra en évidence le groupement CHO.

L'hydrogénation des aldéhydes donne des alcools qui sont toujours des alcools primaires, par définition (1). Désignons par $R.CH^2OH$ un alcool primaire ; il donne, par oxydation ménagée, une aldéhyde et, par oxydation plus complète, un acide suivant les formules :

$$R.CH^2OH + O = R.CHO + H^2O.$$
$$R.CH^2OH + O^2 = R.COOH + H^2O.$$

(1) Nous avons vu, en effet, pages 233 et suivantes, qu'on appelait alcool primaire celui qui, par oxydation, donne d'abord une aldéhyde, puis un acide ayant même nombre d'atomes de carbone que lui-même. Nous avons vu, de plus, que cette classe d'alcools est caractérisée par le groupe monovalent CH^2OH.

Dans ces phénomènes, l'oxydation se porte sur les groupes caractéristiques des alcools primaires et des aldéhydes, le groupe monovalent R restant intact. Nous verrons tout à l'heure qu'il en sera de même pour les cétones.

Considérons maintenant les corps qui donnent, par hydrogénation, des alcools biatomiques primaires, à fonction simple. L'expérience apprend que ces alcools peuvent perdre autant de molécules d'hydrogène H^2 qu'ils contiennent de groupes CH^2OH, c'est-à-dire deux. Il est naturel d'admettre que ces groupes CH^2OH, caractéristiques des alcools primaires, se transforment en groupes CHO caractéristiques des aldéhydes. Nous représenterons donc les aldéhydes dérivant des alcools biatomiques par le schéma $R'' : (CHO)^2$ dans lequel R'' désigne un radical bivalent.

De même, pour les autres alcools polyatomiques.

II. *Cétones*. — Considérons maintenant les cétones, c'est-à-dire les composés qui, tout en donnant par hydrogénation des alcools, secondaires par définition, donnent par oxydation, non plus un acide ayant même nombre d'atomes de carbone que lui, mais deux acides, ayant un nombre moindre d'atomes de carbone. Considérons les cétones qui fournissent ainsi des alcools monoatomiques, et supposons-les rangées par ordre de poids moléculaires croissants.

La plus simple a pour formule brute C^3H^6O. Si l'on groupe de toutes les façons possibles ces trois éléments, en satisfaisant à la tétravalence du carbone et à la bivalence de l'oxygène, on trouve qu'il existe sept schémas permettant de représenter ce corps. Sur ces sept schémas, cinq possèdent une liaison double entre des atomes de carbone, et on doit les écarter; les cétones sont des composés complets, ne donnant pas de produits d'addition. Voici les deux autres :

$$CH^3 - C - CH^3, \qquad et : \qquad CH^3 - CH^2 - C\!\!<^O_H \cdot$$
$$\quad\;\; \| \qquad\qquad\qquad\qquad\qquad\qquad$$
$$\quad\;\; O$$

Or, on connaît deux composés complets ayant cette formule brute C^3H^6O ; ce sont l'acétone ordinaire et l'aldéhyde propylique (*Aldéhyde*, étudiée page 505). D'après ce que nous avons vu sur la constitution des aldéhydes, ces corps contiennent un groupe CHO, s'ils proviennent d'un alcool monoatomique, et n groupes CHO, s'ils proviennent d'un alcool n fois atomique. C'est donc la seconde formule seule qui convient à l'aldéhyde propylique, de sorte que, par élimination, l'autre formule est celle de l'acétone ; il est indispensable d'ailleurs de montrer que les réactions de l'acétone sont bien d'accord avec cette formule que nous écrirons $CH^3.CO.CH^3$, ou $CO : (CH^3)^2$.

Les cétones dérivent, comme nous l'avons dit, des alcools secondaires par perte d'une molécule d'hydrogène, de même que les aldéhydes dérivent des alcools primaires par perte d'une molécule d'hydrogène H^2, dans le groupe CH^2OH, ce qui change en CHO le groupement caractéristique CH^2OH des alcools primaires ; il en est de même ici. Considérons l'alcool propylique secondaire

$$CH^3.CHOH.CH^3.$$

Si on admet pour l'acétone la formule à laquelle nous venons d'être conduits, $CH^3.CO.CH^3$, on voit que la perte de la molécule d'hydrogène a eu lieu aux dépens du groupe caractéristique CHOH de l'alcool propylique secondaire. Nous admettrons donc, par analogie, que toutes les cétones possèdent un groupe bivalent CO, de même que tous les alcools secondaires dont elles dérivent possèdent un groupe CHOH, qui ne diffère de CO que par la perte de H^2.

Les cétones sont souvent appelées, à cause de leur origine, des aldéhydes secondaires. Ce qui se passe avec les alcools tertiaires justifie encore cette manière de voir. On sait que ces alcools ont pour groupe caractéristique COH, groupe trivalent : .C.O.H différent du groupe monovalent CHO ou. CH : O des aldéhydes ; le groupe COH ne peut perdre une molécule d'hydrogène, car il ne contient qu'un atome de cet élément ; la réaction qui se produisait avec les alcools contenant un groupe CH^2OH ou CHOH, ne peut plus se produire ici ; il n'existe pas, en effet, de corps qu'on puisse appeler des aldéhydes tertiaires. Il est donc naturel d'admettre que c'est le groupement caractéristique des alcools qui perd H^2, quand ces corps se transforment en aldéhydes ou en cétones.

Il y a des cétones correspondant aux alcools, deux fois secondaires; ce sont des cétones diatomiques ou dicétones; par analogie avec ce qui précède, on met en évidence dans leur formule rationnelle deux groupes CO.

III. *Quinones.* — Les quinones se rapprochent par leur origine des aldéhydes et des cétones, à condition de ranger les phénols à côté des alcools. Or, si ces deux ordres de composés ont des propriétés communes qui permettent ce rapprochement, ils ont, d'autre part, des propriétés par lesquels ils diffèrent; aussi les quinones, tout en étant analogues aux aldéhydes et aux cétones, s'en éloignent cependant assez notablement au point de vue des propriétés. Les quinones se rattachent aux divers phénols comme les aldéhydes et les cétones aux alcools; ce sont les aldéhydes des phénols. De même qu'il y a des phénols qui dérivent du benzène, du naphtalène et de l'anthracène, de même il y a des quinones dérivant des phénols, des naphtols et des anthrols. Ces derniers semblent cependant avoir une constitution un peu différente ; nous les décrirons toutefois à la suite des quinones du phénol.

Les quinones ont été principalement étudiées par M. Graebe. On peut représenter la constitution de la quinone $C^6H^4O^2$, le type de ces composés, soit avec l'hexagone du benzène, soit avec le prisme triangulaire :

M. Kékulé a aussi proposé de la représenter par le schéma suivant, qui met en évidence le caractère diacétonique qu'il reconnaît à ce corps :

173. Classification. — Il résulte de cette discussion qu'il y a lieu tout d'abord de diviser ces corps en trois grandes classes : aldéhydes, cétones, quinones. Puis, chacune d'elles sera subdivisée en groupes correspondant à l'atomicité des alcools ou phénols générateurs. D'autre part, il existe des composés qui, outre la fonction aldébyde, cétone ou quinone, possèdent des fonctions différentes. A la fin des trois grandes classes, nous étudierons ces composés à fonctions mixtes. Nous adopterons donc l'ordre suivant:

Aldéhydes à fonction simple.
- monoatomiques.
- biatomiques.
- etc.

Aldéhydes à fonctions mixtes
- aldéhyde-alcool.
- aldéhyde-phénol.
- aldéhyde-éther.
- aldéhyde-alcool-phénol.
- etc.

Cétones à fonction simple . .
- monoatomiques.
- biatomiques.
- etc.

Cétones à fonctions mixtes .
- cétone-alcool.
- cétone-phénol.
- cétone-éther.
- etc.

Quinones à fonction simple . .
- dérivant des phénols.
- »   »   naphtols.
- »   »   anthrols.

Quinones à fonctions mixtes.
- quinone-alcool.
- etc.

174. Synthèse. — Les aldéhydes et les cétones pouvant être facilement obtenues en enlevant de l'hydrogène aux alcools, leur synthèse repose sur celle de ces composés et sur l'action des matières oxydantes qui, en formant de l'eau, enlèvent une molécule d'hydrogène aux alcools. Pour les quinones, on les obtient par l'oxydation des carbures correspondants.

§ 2. — ÉTUDE PARTICULIÈRE DES ALDÉHYDES

175. Propriétés des aldéhydes. — Les aldéhydes étant le produit de l'oxydation ménagée des alcools primaires, et les acides étant, au contraire, le produit d'une oxydation plus avancée, il en résulte : 1° que, par l'action des hydrogénants, de l'amalgame de sodium, en particulier, les aldéhydes se changent en alcools primaires ; 2° que, par oxydation, elles fournissent des acides. Ce sont là deux propriétés très générales des aldéhydes. Les propriétés réciproques des précédentes sont souvent utilisées pour préparer les aldéhydes : 1° oxydation ménagée des alcools ; 2° réduction ménagée des acides.

Les aldéhydes se polymérisent facilement en donnant des composés dont les paraldéhydes, les métaldéhydes et les aldols sont les types.

Avec le chlore, elles fournissent des produits de substitution dont le premier est identique au chlorure d'acide correspondant. Avec le perchlorure de phosphore, on remplace l'atome d'oxygène des aldéhydes par une molécule de chlore, ce qui donne des composés isomériques des éthers chlorhydriques monochlorés. Les cétones, mais non les quinones, donnent une réaction analogue avec le perchlorure de phosphore.

Les aldéhydes se combinent à l'acide cyanhydrique et donnent des nitriles.

Les aldéhydes se combinent à l'ammoniac pour former des combinaisons peu stables. Elles se combinent aussi au bisulfite de sodium pour donner des combinaisons cristallisées, décomposables par les bases et par les acides ; ces combinaisons sont souvent utilisées pour la purification des aldéhydes.

I. — ALDÉHYDES A FONCTION SIMPLE

A. — ALDÉHYDES DES ALCOOLS MONOATOMIQUES

a. — Aldéhydes monoatomiques dérivant d'alcools complets

176. Aldéhyde formique, ou méthanal $H.CHO$. — Ce composé n'a pas encore été obtenu à l'état de pureté. Pour le préparer, on fait passer un mélange d'air et d'alcool méthylique sur des fils fins de platine contenus dans un tube en porcelaine légèrement chauffé. En condensant l'alcool qui a traversé le tube, on trouve qu'il contient 5 0/0 d'aldéhyde formique ; par des congélations successives, on peut l'amener à en contenir 10 0/0. Quand on tente d'obtenir ce corps par les procédés qui réussissent pour l'aldéhyde acétique, on obtient des polymères de l'aldéhyde formique, en particulier le trioxyméthylène $(CH^2O)^3$. On a obtenu cependant divers dérivés de ce corps correspondant à ceux que fournit l'aldéhyde ordinaire, par exemple le méthylal $CH^2 : (OCH^3)^2$. C'est un antiseptique puissant dont on a proposé l'emploi, sous le nom de formol, pour conserver la viande.

Méthylal $CH^2 : (OCH^3)^2$. — Ce composé, analogue à l'acétal, s'obtient en soumettant à la distillation un mélange de 2 parties d'alcool méthylique, 3 parties d'acide sulfurique étendu de son volume d'eau et 2 parties de bioxyde de manganèse. Le liquide qui passe à la distillation est un mélange de formiate de méthyle et de méthylal ; on décompose l'éther en agitant le liquide avec de la potasse caustique ; on lave avec une solution de chlorure de calcium, puis on rectifie.

Le méthylal est un liquide mobile, d'une odeur rappelant celle de l'acide acétique. Il bout à 42°. Sa densité est 0,855. Il est soluble dans l'eau (300 grammes par litre), miscible avec l'alcool et l'éther.

Il est employé pour donner aux alcools d'industrie la saveur du rhum. On l'utilise aussi comme antiseptique.

177. Aldéhyde ordinaire, ou éthanal, ou aldéhyde acétique $CH^3.CHO$. — Ce composé a été découvert, en 1821, par Dœbereiner, puis étudié par Liebig qui a fixé sa composition et indiqué ses principales propriétés.

Synthèse. — La synthèse de cette aldéhyde a été réalisée par M. Berthelot, en partant de l'éthylène dont il avait obtenu préalablement la synthèse. En chauffant rapidement l'éthylène, à 120°, avec une solution très concentrée d'acide chromique, dans un ballon scellé, M. Berthelot a obtenu de l'aldéhyde :

$$CH^2 : CH^2 + O = CH^3.CHO.$$

Formation. — On peut, d'ailleurs, réaliser cette synthèse en utilisant la réaction de Dœbereiner par l'oxydation ménagée de l'alcool. Pour cela, il suffit d'abandonner de l'alcool à l'air en présence de noir de platine pour le transformer partiellement en aldéhyde.

L'aldéhyde se forme encore lorsqu'on oxyde certains dérivés des alcools, tels que les éthers, les ammoniaques composées, etc. L'éthylamine, par exemple, donne de l'aldéhyde et de l'ammoniaque :

$$C^2H^5.AzH^2 + O = CH^3.CHO + AzH.$$

On peut aussi oxyder des alcools à fonction mixte, tels que l'acide lactique de fermentation :

$$CH^3.CHOH.COOH + O = CH^3.CHO + CO^2 + H^2O.$$

L'aldéhyde se forme, enfin, dans des réactions très complexes, telles que l'oxydation de diverses matières albuminoïdes.

Préparation. — Le procédé le plus employé consiste à oxyder l'alcool par un mélange de bichromate de potassium, d'acide sulfurique et d'eau (Stœdeler). Dans une grande cornue tubulée, on a placé 10 parties de bichromate de potassium pulvérisé. À l'aide d'un tube à entonnoir à pointe effilée, qui traverse la tubulure de la cornue, on introduit peu à peu un mélange fait à l'avance, de façon qu'il soit revenu à la température ordinaire, de 10 parties d'alcool, 40 parties d'eau et 12 parties d'acide sulfurique. À la suite de la cornue se trouve un ballon tubulé, destiné à condenser une partie des produits qui se dégagent de la cornue. La tubulure de ce ballon communique avec un serpentin ascendant, immergé dans de l'eau dont on maintient la température vers 50°. L'autre extrémité du serpentin communique avec un premier flacon, refroidi par un mélange réfrigérant, puis avec un second flacon contenant de l'ammoniaque qui se combine avec l'aldéhyde non condensée dans le premier, et forme de l'aldéhydate d'ammoniaque. On décompose ensuite facilement cette combinaison comme nous le verrons un peu plus loin.

La principale réaction qui s'est produite est la formation de l'aldéhyde ; mais on obtient, en même temps, de l'acide acétique, provenant d'une oxydation trop complète de l'alcool, et des composés qui proviennent de l'action de l'alcool non transformé sur les corps produits. Ainsi, on trouve de l'éther acétique, provenant de l'action de l'alcool sur l'acide acétique, et de l'acétal qui provient de l'action de l'alcool sur l'aldéhyde. La réaction est souvent très vive et donne naissance à une mousse abondante qui nécessite l'emploi d'une cornue d'un volume beaucoup plus grand que le mélange que l'on doit y introduire. Tous les corps qui accompagnent l'aldéhyde ont des points d'ébullition plus élevés que le sien (1) ; ils se condensent en grande partie dans le serpentin maintenu à 50° et, de là, retombent dans le ballon, tandis que l'aldéhyde qui bout à 21° ne s'y condense pas et vient se liquéfier ou être absorbée dans les flacons qui font suite au serpentin. Cependant, comme l'aldéhyde condensée dans le premier flacon n'est pas pure et qu'elle contient un peu des corps formés simultanément, on la traite par l'ammoniaque contenue dans le second flacon, qui renferme déjà de l'aldéhydate d'ammoniaque, et on précipite toute l'aldéhyde à cet état. On rassemble ensuite ce composé, on le lave avec un peu d'éther anhydre ; puis, on le décompose dans un appareil distillatoire, avec un peu d'acide sulfurique étendu. On rectifie ensuite le produit qui a passé à la distillation sur du chlorure de calcium.

Propriétés physiques. — L'aldéhyde est un liquide incolore, d'une odeur très vive et caractéristique ; il est très mobile. Il bout à 21°. Sa densité est 0,805 à 0°. Il se dissout en toutes proportions dans l'eau, l'alcool et l'éther.

Propriétés chimiques. — La *chaleur* décompose l'aldé-

(1) L'alcool bout à 78° ; l'éther acétique, à 74° ; l'acétal, à 102°.

hyde en donnant des produits assez nombreux. Si la température est peu élevée, 160° par exemple, elle se décompose en mettant en liberté de l'eau et donnant naissance à des produits condensés d'apparence résineuse (M. Berthelot) :

$$n C^2 H^4 O = (C^2 H^2)^n + n H^2 O.$$

En même temps, une partie de l'eau formée réagit sur l'aldéhyde non décomposée pour la transformer en acide acétique et alcool :

$$2(CH^3.CHO) + H^2 O = C^2 H^6.OH + CH^3.CO.OH.$$

Vers le rouge sombre, l'aldéhyde se détruit partiellement en donnant du formène et de l'oxyde de carbone :

$$CH^3.CHO = CH^4 + CO,$$

et au rouge on voit apparaître l'acétylène parmi les produits de la décomposition :

$$CH^3.CHO = C^2 H^2 + H^2 O.$$

L'*oxygène* transforme à froid, à l'état naissant, l'aldéhyde en acide acétique. Au rouge, il se produit une combustion totale; l'aldéhyde brûle en donnant de l'eau et de l'acide carbonique.

L'aldéhyde, étant très oxydable, réduit un grand nombre de substances et, en particulier, les sels d'argent : quand on traite l'aldéhyde par une solution ammoniacale d'azotate d'argent, ce métal se dépose sur le verre où l'on fait l'expérience ; cette réaction a été utilisée pour l'argenture du verre ; il se forme en même temps, par suite de la tendance de l'aldéhyde à se polymériser, des matières résineuses qui souvent forment des taches sur le miroir ainsi obtenu.

La liqueur de Fehling est réduite par l'aldéhyde comme par les glucoses.

L'*hydrogène* naissant (amalgame de sodium et eau) transforme l'aldéhyde en alcool :

$$CH^3.CHO + H^2 = CH^3.CH^2.OH.$$

On peut même, à l'aide de l'acide iodhydrique, à 280°, avoir une hydrogénation plus complète et obtenir le carbure saturé correspondant, l'éthane :

$$CH^3.CHO + 2H^2 = CH^3.CH^3 + H^2O.$$

Le *chlore* donne avec l'aldéhyde des produits de substitution assez nombreux que l'on peut rattacher à deux séries comprenant des termes isomériques deux à deux :

Aldéhyde monochlorée. $CH^2Cl.CHO$;	Chlorure d'acétyle..... $CH^3.COCl$;
Aldéhyde bichlorée...., $CHCl^2.CHO$;	Chlorure de chloracétyle $CH^2.Cl.COCl$;
Aldéhyde trichlorée, ou	Chlorure de dichloracé-
chloral............... $CCl^3.CHO$;	tyle................... $CHCl^2.COCl$;
	Aldéhyde perchlorée..... $CCl^3.COCl$.	

Le dernier terme de chaque série est le même; c'est l'aldéhyde perchlorée. La première série peut être considérée comme formée par les aldéhydes des acides mono-, bi- et tri-chloracétiques.

Les termes de cette série ne sont pas décomposés par l'eau; les agents oxydants les transforment en acide chloracétiques correspondants. Les termes de la seconde série sont, au contraire, décomposables par l'eau en acide chlorhydrique et acides chloracétiques correspondants; ils ont

donc la propriété caractéristique des chlorures de radicaux acides.

Le *potassium* se dissout dans l'aldéhyde anhydre en
donnant un composé bien cristallisé C^2H^3KO.

Les *alcalis* oxydent à chaud l'aldéhyde en la transformant en acétate. C'est ce qui arrive quand on fait passer
des vapeurs d'aldéhyde sur de la chaux sodée ; il se dégage
de l'hydrogène, et il se produit de l'acétate de sodium :

$$CH^3.CHO + NaOH = CH^3.COONa + H^2.$$

L'*ammoniac* donne, avec l'aldéhyde, une combinaison
bien cristallisée que l'on peut représenter par la formule
$CH^3.CH : (OH, AzH^2)$.

Les *acides* donnent naissance à plusieurs ordres de
réactions : avec l'acide formique, on obtient un acide-
alcool, l'acide lactique normal :

$$CH^3.CHO + H.COOH = CH^2OH.CH^2.COOH ;$$

avec l'acide acétique (deux molécules d'acide pour une d'aldéhyde), on a un composé isomérique du glycol diacétique :

$$CH^3.CHO + 2 (CH^3.COOH) = CH^3.CH : (O.C^2H^3O)^2.$$

Certains *chlorures acides*, comme le chlorure de benzoyle, la transforment en un acide, l'acide cinnamique,
avec mise en liberté d'acide chlorhydrique :

$$CH^3.CHO + C^6H^5.COCl = C^6H^5.CH : CH.COOH + HCl.$$

L'*acide chlorhydrique* concentré transforme à froid,
mais lentement, l'aldéhyde en aldol, composé à fonction
mixte, aldéhyde et alcool secondaire, par la condensation

de deux molécules d'aldéhyde :

$$2\ (CH^3.CHO) = CH^3.CHOH.CH^2.CHO.$$

Il se produit, dans la même réaction, un autre composé à fonction mixte, aldéhyde et éther chlorhydrique de l'alcool précédent. Ce composé est représenté par la formule $CH^3.CHCl.CH^2.CHO$.

L'acide cyanhydrique s'unit directement avec l'aldéhyde en donnant un composé que les acides et les alcalis transforment facilement en acide lactique ; ce composé est représenté par la formule :

$$CH^3.CH\ :\ (OH,CAz).$$

Certains *sels* métalliques, en solutions concentrées, décomposent l'aldéhyde en s'emparant de l'eau mise en liberté : on obtient ainsi des aldéhydes d'acides incomplets : par exemple, l'aldéhyde ordinaire donnera de l'aldéhyde crotonique et de l'eau :

$$2\ (CH^3.CHO) = CH^3.CH\ :\ CH.CHO + H^2O.$$

En dehors de cette action déshydratante, les bisulfites alcalins ont une action toute spéciale et très générale sur les aldéhydes. Ils s'unissent à ces corps, molécule à molécule, en donnant des produits bien définis, bien cristallisés, souvent utilisés pour caractériser ou pour purifier les aldéhydes :

$$CH^3.CHO + SO^2\ :\ (Na,H) = CH^3.CH\ :\ (OH,SO^2Na).$$

L'alcool se combine avec l'aldéhyde pour donner de

l'acétal avec élimination d'une molécule d'eau :

$$CH^3.CHO + 2 (C^2H^5.OH) = CH^3.CH : (C^2H^5O)^2.$$

Avec les phénols en présence de l'acide sulfurique, elles fournissent, avec élimination d'eau, des produits généralement colorés, qui donnent, avec les alcalis, des solutions bleues.

Nous avons vu, dans ce qui précède, des exemples de condensation de l'aldéhyde. Au lieu de s'unir à elle-même, l'aldéhyde peut se combiner à d'autres aldéhydes pour donner de nouvelles aldéhydes, avec élimination d'une molécule d'eau. C'est ainsi que l'aldéhyde ordinaire donne, en agissant sur l'essence d'amandes amères, ou aldéhyde benzylique, de l'aldéhyde cinnamique :

$$CH^3.CHO + C^6H^5.CHO = C^6H^5.CH : CH.CHO. + H^2O.$$

Cette réaction se produit assez facilement sous l'influence de la chaleur ou de petites quantités d'acide chlorhydrique.

Polymères. — On connaît deux polymères de l'aldéhyde : la paraldéhyde $(C^2H^4O)^3$, liquide qui se solidifie à $+ 10°$ et bout à $125°$, et la métaldéhyde qui paraît avoir même condensation $(C^2H^4O)^3$ et être un isomère de la paraldéhyde. Ce fait résulte de la mesure de la densité de vapeur de la métaldéhyde ; mais, comme ce corps se transforme partiellement en aldéhyde ordinaire pendant cette mesure, la densité observée doit être corrigée, et la densité véritable est mal connue. La métaldéhyde est solide à la température ordinaire, elle résiste beaucoup mieux que l'aldéhyde à l'action des réactifs : elle ne réduit pas la liqueur de Fehling, même à l'ébullition.

178. Dérivés chlorés de l'aldéhyde éthylique. — I. ALDÉHYDES CHLORÉES. — *Aldéhyde monochlorée* $CH_2Cl.CHO$. — Ce composé s'obtient en faisant réagir l'éthylène monochloré sur l'acide hypochloreux, en présence d'un excès d'oxyde de mercure. C'est un liquide visqueux, d'une odeur irritante, peu stable, que l'oxygène de l'air transforme assez rapidement en acide monochloracétique.

Aldéhyde bichlorée. — On l'obtient par l'action de l'acide sulfurique sur l'acétal bichloré. C'est un liquide mobile, plus dense que l'eau, bouillant à 90°.

Aldéhyde trichlorée, ou chloral. — L'aldéhyde trichlorée, ou chloral, a été découverte, en 1832, par Liebig, étudiée par Dumas et Stœdler. Ce composé se forme dans l'action du chlore sur l'aldéhyde ou sur l'alcool.

Préparation. — On prépare le chloral en faisant passer un courant de chlore dans de l'alcool aussi concentré que possible et refroidi.

Le chlore passe dans une série de ballons placés les uns à la suite des autres et dans lesquels on a mis l'alcool. Quand le chlore passe depuis un temps suffisant, on retire les premiers ballons, on les remplace par les ballons suivants et on met à leur suite les ballons nouvellement chargés. Les ballons sont placés dans des bains-marie qui permettent de terminer l'action du chlore à une température un peu plus élevée. Le chlore est obtenu par le procédé ordinaire, en chauffant du bioxyde de manganèse et de l'acide chlorhydrique ; il est soigneusement desséché par son passage sur du chlorure de calcium fondu.

L'opération est très longue et le rendement assez faible. Par le refroidissement, il se forme une combinaison solide d'alcool et de chloral, et souvent la matière se prend en masse. Ce composé est essoré, puis détruit par l'acide sulfurique et distillé d'abord en présence d'acide sulfurique, puis en présence de chaux vive.

On peut encore abandonner à lui-même le produit de l'action du chlore sur l'alcool au contact d'acide sulfurique concentré. Le chloral se transforme peu à peu en un produit solide polymérisé, connu sous le nom de chloral insoluble; on le recueille, on le lave, et on le sèche; puis, on le soumet à la distillation. Vers 180°, il éprouve une transformation inverse et donne du chloral.

Propriétés. — Le chloral est un liquide, d'une odeur piquante, qui provoque le larmoiement; il bout à 99°. Sa densité est de 1,518 à 0°. Il est soluble dans l'eau, l'alcool et l'éther.

Quand on verse le chloral dans l'eau, il y a un assez grand dégagement de chaleur ($11^c,8$ pour une molécule) qui indique qu'il se forme un hydrate; en évaporant la liqueur, il est facile d'obtenir ce composé, cristallisé en prismes rhomboïdaux. C'est un corps très soluble dans l'eau qui fond vers 50° et bout à 98°. L'hydrate de chloral $C^2HCl^3O + H^2O$ est très employé en médecine comme anesthésique.

Il existe, de même, des combinaisons à molécules égales de chloral et d'alcool, telles que la combinaison avec l'alcool ordinaire $C^2HCl^3O + C^2H^6O$.

L'*oxygène* peut transformer le chloral en acide trichloracétique; cette réaction se produit, par exemple, quand on traite le chloral par l'acide azotique.

L'*hydrogène* naissant forme, avec le chlore du chloral, de l'acide chlorhydrique, et le transforme en aldéhyde.

Les *acides* transforment lentement le chloral en sa variété polymère, le chloral insoluble.

Les *bases* le décomposent en donnant le formiate correspondant et du chloroforme. On a, par exemple, avec la soude :

$$CCl^3.CHO + NaOH = H.CO.ONa + CHCl^3.$$

C'est à cette réaction que l'on a attribué tout d'abord les propriétés anesthésiques du chloral. Lorsque le chloral est absorbé et pénètre dans le sang, qui est un peu alcalin, il éprouve cette transformation qui met en liberté du chloroforme; ce dernier agit alors comme anesthésique.

On a dit aussi que le formiate provenant de ce dédoublement se dédoublait lui-même en donnant de l'oxyde de carbone se fixant sur le sang. Depuis, on a admis que le chloral agissait par suite d'une action propre; on peut le retrouver dans l'urine.

Le chloral, comme l'aldéhyde, se combine avec un assez grand nombre de corps : il forme, par exemple, avec l'ammoniac, un composé cristallisé $CCl^3.CH : (AzH^2,OH)$. Avec l'acide sulfhydrique, il forme aussi le composé C^2HCl^3O,H^2S. Il se combine aussi directement à l'acide cyanhydrique pour donner un dérivé de l'acide lactique, le nitrile trichlorolactique $CCl^3.CH:(OH,CAz)$. Cette combinaison en présence de l'acide chlorhydrique peut fixer les éléments de l'eau et donner l'acide trichlorolactique.

Dosage du chloral. — On dose le chloral en traitant sa solution aqueuse par une quantité connue d'une solution titrée de potasse; on a soin d'en mettre un excès; le chloral est transformé en chloroforme et formiate; à l'aide d'un acide titré, on détermine l'excès de potasse employé.

II. Chlorures d'acétyles chlorés. — La deuxième série des dérivés chlorés de l'aldéhyde comprend les corps isomériques de ceux que nous venons d'étudier. Leurs propriétés doivent les faire considérer, non plus comme les aldéhydes des acides chloracétiques, mais comme les dérivés chlorés du chlorure d'acétyle. Le premier de ces composés, $C^2H^3O.Cl$, est le chlorure d'acétyle lui-même.

Chlorure d'acétyle $CH^3.COCl$, *ou* $C^2H^3O.Cl$. — Ce composé, découvert par Gerhardt, s'obtient par la méthode générale, consistant à traiter un sel de l'acide correspondant (ici l'acide acétique) par l'oxychlorure de phosphore suivant la formule :

$$3 (CH^3.COOK) + POCl^3 = PO^4K^3 + 3 (CH^3CO.Cl).$$

Comme la réaction est très vive, on fait arriver l'oxychlorure de phosphore goutte à goutte sur l'acétate (préalablement fondu et grossièrement pulvérisé), contenu dans une cornue tubulée ; sous l'influence de la chaleur dégagée par la réaction, le produit distille en partie ; on purifie le liquide obtenu en le rectifiant à plusieurs reprises sur de l'acétate de potassium, et dans une dernière distillation on ne recueille que ce qui passe vers 55°.

C'est un liquide incolore, très mobile, d'une odeur suffocante, qui fume à l'air, par suite de l'action qu'il exerce sur la vapeur d'eau ; sa densité est 1,125 à 11° ; il bout à 55°.

La réaction la plus importante est de donner avec l'*eau*, liquide ou en vapeur, de l'acide acétique et de l'acide chlorhydrique :

$$C^2H^3O.Cl + H^2O = C^2H^4O^2 + HCl.$$

Avec l'*ammoniac* et avec les ammoniaques composées, il donne des amides avec mise en liberté d'acide chlorhydrique. Par exemple, avec l'ammoniaque, il donne de l'acétamide :

$$C^2H^3O.Cl + AzH^3 = CH^3CO.AzH^2 + HCl ;$$

avec l'*aniline*, il donne de l'acétanilide :

$$C^2H^3O.Cl + C^6H^5.AzH^2 = CH^3CO.Az : (H,C^6H^5) + HCl.$$

Avec les *alcools*, il donne l'éther acétique correspondant ; par exemple, avec l'alcool ordinaire, il donne de l'acétate d'éthyle :

$$C^2H^3O.Cl + C^2H^5.OH = CH^3COO.C^2H^5 + HCl.$$

Avec les *acétates*, il donne de l'acide acétique anhydre :

$$CH^3CO.Cl + CH^3COO.K = KCl + (CH^3CO)^2 : O.$$

Avec d'autres sels, formés par les acides gras, il fournit des anhydrides mixtes. C'est la généralité de ces réactions qui donne de l'importance au chlorure d'acétyle et à ses homologues. Il permet d'obtenir, d'une façon très générale, un assez grand nombre de composés.

Chlorure d'acétyle monochloré $CH^2ClCO.Cl$. — C'est un liquide incolore, d'une odeur irritante, fumant à l'air, bouillant à 105°, que l'on obtient en traitant le chlorure d'acétyle par le chlore, ou l'acide monochloracétique par l'oxychlorure de phosphore. Il se décompose au contact de l'eau en acide monochloracétique et en acide chlorhydrique.

Chlorure d'acétyle bichloré $CHCl^2CO.Cl$. — C'est un liquide incolore, d'une odeur irritante, fumant à l'air ; il bout à 107-108°. Il s'obtient par l'action du trichlorure de phosphore sur l'acide dichloracétique. Ses propriétés sont analogues à celles du corps précédent.

Chlorure d'acétyle trichloré $CCl^3CO.Cl$. — Ce composé, qui est le dernier terme que l'on obtient par la substitution du chlore à tout l'hydrogène de l'aldéhyde, n'existe pas sous deux états isomériques différents, comme les composés précédents. On l'obtient par l'action du trichlorure de phosphore, sur l'acide trichloracétique. C'est un liquide incolore qui bout à 118°. Sa densité à 0° est 1,656. Par toutes ses propriétés, il se rapproche des composés précédents, et non des aldéhydes chlorées. Ainsi l'eau le décompose en donnant de l'acide chlorhydrique et de l'acide trichloracétique.

179. Dérivés bromés. — Les propriétés de ces corps sont tout à fait analogues à celles des dérivés chlorés.

Aldéhyde monobromée $CH^2Br.CHO$.

Aldéhyde dibromée $CHBr^2.CHO$, bout à 140°-142°.

Aldéhyde tribromée, ou bromal, $CBr^3.CHO$, bout à 172°-173°. — Elle se combine à l'eau pour former un hydrate de bromal qui fond à 53°,5 et à l'alcool, pour former un alcoolate de bromal, qui fond à 44°. Il forme, avec le bisulfite de sodium, une combinaison cristalline ; traité successivement par l'acide cyanhydrique et l'acide chlorhydrique, il se transforme en acide tribromolactique.

Bromure d'acétyle $CH^3.COBr$. — Liquide incolore, fumant à l'air ; bout à 81°.

Bromure d'acétyle monobromé $CH^2Br.COBr$. — Mêmes propriétés, bout à 152°.

Bromure d'acétyle bibromé $CHBr^2.COBr$. — Bout à 194° ; lentement attaquable par l'eau.

Bromure d'acétyle tribromé $CBr^3.COBr$. — Bout à 220° ; difficilement attaquable par l'eau.

180. Acétal $CH^3.CH : (OC^2H^5)^2$. — Ce composé s'obtient dans la plupart des réactions qui servent à préparer l'aldéhyde ; on peut le retirer des mélanges obtenus dans ces réactions, par distillation fractionnée, en recueillant ce qui distille entre 60° et 90°, et traitant ce mélange par une solution de chlorure de calcium. Le liquide que l'on sépare ainsi est additionné de potasse et chauffé à la température de 100°. L'acétal résiste à ce traitement, tandis que l'aldéhyde et l'éther acétique sont détruits. On peut aussi traiter le bibromure d'éthylène par l'éthylate de sodium ; il se produit du bromure de sodium et de l'acétal.

C'est un liquide incolore, d'une odeur éthérée, et d'une saveur agréables. Il bout à 104° ; sa densité à 22°,4 est 0,821. Il est peu soluble dans l'eau (environ 50 grammes par litre) ; il est très soluble dans l'alcool et dans l'éther. Divers sels et, en particulier, le chlorure de calcium le précipitent de sa solution aqueuse.

Il donne, avec le chlore, divers dérivés chlorés.

Il peut être considéré comme l'éther diéthylique d'un alcool diatomique inconnu, isomère du glycol $CH^2OH.CH^2OH$, mais dérivant de l'éthylidène :

$$CH^3.CH : (OH)^2.$$

181. Homologues supérieurs. — *Aldéhyde propylique* $C^2H^5.CHO$. — Liquide de densité 0,8047 à 0° ; il bout à 49°.

Aldéhyde butyrique $C^3H^7.CHO$. — On connaît deux isomères de ce corps ; l'un bout à 75°, et a pour densité 0,834 à 0° : c'est l'aldéhyde butyrique. L'autre bout à 61°, et sa densité est 0,823 à 0°, c'est l'aldéhyde isobutyrique.

Aldéhyde amylique $C^4H^9.CHO$. — Elle bout à 92°,5, sa densité est 0,768 à 12°,5.

Aldéhyde œnanthylique $C^6H^{13}.CHO$. — Elle bout à 154°. Sa densité est 0,827 à 17°. On l'obtient par les procédés ordinaires et dans la décomposition par la chaleur de l'huile de ricin.

6. — Aldéhydes monoatomiques dérivant d'alcools incomplets

182.   Aldéhyde acrylique, ou acroléine $CH^2:CH.CHO$. — Ce composé qui est l'aldéhyde de l'alcool allylique a été découvert par Brandes. On peut l'obtenir par l'oxydation de l'alcool allylique ou par déshydratation de la glycérine :

$$CH^2OH.CHOH.CH^2OH = CH^2:CH.CHO + 2H^2O.$$

On la prépare, en soumettant à la distillation un mélange de 1 partie de glycérine avec 2 parties de bisulfate de potassium. Le récipient, bien refroidi, contient, à la fin de l'opération, de l'acroléine et de l'acide acrylique, tenant en dissolution de l'acide sulfureux.

Pour enlever ces acides, on met le liquide à digérer avec de l'oxyde de plomb ; puis, on le rectifie, on le dessèche sur du chlorure de calcium fondu, et on le distille de nouveau, dans une atmosphère inerte, d'acide carbonique par exemple, pour éviter l'oxydation par l'air.

C'est un liquide incolore, d'une odeur très irritante, même lorsque sa vapeur se trouve dans l'air en très petite quantité, d'une saveur brûlante. Il bout à 52°,4. Sa solubilité dans l'eau est peu considérable (25 grammes par litre) ; elle est beaucoup plus considérable dans l'alcool.

L'acroléine est peu stable ; elle s'oxyde facilement au contact de l'air ; à l'abri de l'air, elle se transforme en matières résineuses et se prend en masse. L'acroléine jouit, comme les aldéhydes précédentes, de la propriété de donner avec l'ammoniac et avec le bisulfite de sodium des composés. Le composé ammoniacal est solide ; la combinaison obtenue avec le bisulfite de sodium est un liquide sirupeux qui n'a pas les propriétés des combinaisons analogues fournies par les autres aldéhydes. Le composé ammoniacal se combine avec les acides ; le produit obtenu avec l'acide chlorhydrique se combine au chlorure platinique, comme le fait le chlorure d'ammonium, et les composés analogues.

183. Aldéhyde crotonique $CH^3.CH : CH.CHO$. — L'aldéhyde qui correspond à l'acide crotonique proprement dit a été découverte par Kékulé. On l'obtient en chauffant en tubes scellés à 100°, pendant plusieurs jours, de l'aldéhyde ordinaire en présence de chlorure de zinc et d'une très petite quantité d'eau.

C'est un liquide incolore, d'une odeur âcre et très pénétrante qui bout à 103°.

184. Aldéhyde benzylique $C^6H^5.CHO$. — L'essence d'amandes amères, qui est formée presque entièrement d'aldéhyde benzylique, a été obtenue pour la première fois, en 1803, par Martrès. Depuis, elle a fait l'objet d'un assez grand nombre de recherches, parmi lesquelles il faut signaler les travaux de Liebig et Wöhler qui ont montré ses principales propriétés ; ceux de Robiquet et Boutrou, et ceux de Piria, qui a réalisé sa synthèse.

L'aldéhyde benzylique se forme dans la plupart des

réactions générales qui donnent naissance aux aldéhydes : on peut l'obtenir, par exemple, par l'oxydation ménagée, au moyen de l'acide azotique étendu, de l'alcool benzylique :

$$C^6H^5.CH^2OH + O = C^6H^5.CHO + H^2O,$$

ou par réduction de l'acide benzoïque :

$$C^6H^5.COOH + H^2 = C^6H^5.CHO + H^2O.$$

L'oxydation de divers carbures, du toluène, du stilbène, etc., et de certaines matières albuminoïdes, donne aussi de l'aldéhyde benzylique.

Elle se rencontre dans les feuilles de l'*Amygdalus persica*, mais elle n'existe pas dans les amandes amères : c'est par le dédoublement de l'amygdaline, contenue dans ces amandes, qu'on peut l'en retirer.

Préparation. — L'aldéhyde benzylique se retire des amandes amères ou s'obtient en partant du toluène. Dans le premier procédé, on concasse des amandes amères, et on les soumet à l'action d'une forte presse hydraulique qui fait écouler une huile grasse qu'il est nécessaire d'éliminer, pour que l'eau puisse bien pénétrer la masse ; les tourteaux sont ensuite traités par l'eau ; l'amygdaline $C^{20}H^{27}AzO^{11}$ contenue dans les amandes se dédouble, sous l'influence d'un ferment soluble, appelé émulsine ou synaptase, en donnant de l'aldéhyde benzylique, du glucose et de l'acide cyanhydrique selon la formule :

$$C^{20}H^{27}AzO^{11} + 2H^2O = C^6H^5.CHO + 2C^6H^{12}O^6 + HCAz.$$

Il est bon de traiter les 7/8 des tourteaux écrasés par l'eau bouillante qui a une action dissolvante plus énergique, et d'ajouter à la masse refroidie le dernier huitième. Cette portion contient assez d'émulsine pour transformer l'amygdaline de la masse entière.

La liqueur, après vingt-quatre heures de contact est distillée à feu nu, ou mieux à la vapeur, qui entraîne facilement la vapeur d'aldéhyde. L'acide cyanhydrique se retrouve dans le produit distillé ; on l'élimine en faisant digérer la liqueur sur de l'oxyde de mercure, puis en distillant. Le produit obtenu est ensuite traité par une solution concentrée de bisulfite de sodium, qui donne, comme avec les autres aldéhydes, une combinaison cristallisée peu soluble ; on la lave avec un peu d'eau froide ; puis, on la décompose par le carbonate de sodium qui transforme le bisulfite en sulfite neutre. L'aldéhyde benzylique, mise en liberté, est décantée, desséchée sur du chlorure de calcium et rectifiée. Le produit obtenu ainsi est très pur.

On prépare l'aldéhyde benzylique utilisé par l'industrie en transformant le toluène en toluène monochloré ou chlorure de benzyle. Ce composé est ensuite saponifié par un lait de chaux, ce qui donne de l'alcool benzylique et du chlorure de calcium ; l'alcool benzylique est ensuite traité par l'acide azotique étendu qui le transforme en aldéhyde.

Très souvent aussi, on prépare industriellement cette aldéhyde en chauffant le chlorure de benzyle avec son poids d'azotate de plomb, et dix fois son poids d'eau. L'opération se fait dans de grands ballons, munis de réfrigérants ascendants ; après quatre heures environ d'ébullition, on met des réfrigérants ordinaires et on distille. La couche inférieure du liquide distillé est mélangée avec dix fois son volume d'une solution concentrée de bisulfite de sodium ; la combinaison cristallisée de bisulfite et d'aldéhyde est ensuite traitée comme il a été dit plus haut.

L'aldéhyde obtenue en partant du toluène chloré est moins pure que celle que l'on obtient avec les amandes amères; elle contient des dérivés chlorés du toluène plus stables que l'éther benzyl-chlorhydrique et qui ne se détruisent pas en même temps que celui-ci.

C'est cependant ce dernier procédé qui est le plus employé pour obtenir industriellement l'aldéhyde benzylique. L'aldéhyde une fois obtenue, on la rectifie dans un appareil à plateaux analogues à ceux qui servent pour les alcools. On la sépare ainsi en plusieurs fractions de puretés différentes. Quand on veut l'avoir plus pure, on la sépare des autres substances en la combinant au bisulfite de sodium, et on décompose ensuite cette combinaison par un lait de chaux dans un autoclave.

Propriétés. — L'aldéhyde benzylique est un liquide incolore, d'une odeur agréable d'amandes amères. Il bout à 179°,5. Sa densité à 15° est 1,050. Il est un peu soluble dans l'eau (30 grammes par litre environ); il est miscible avec l'alcool et l'éther.

La *chaleur* la décompose en benzène et oxyde de carbone :

$$C^6H^5.CHO = C^6H^6 + CO.$$

L'*oxygène*, même libre, la transforme peu à peu en acide benzoïque :

$$C^6H^5.CHO + O = C^6H^5.CO.OH.$$

L'oxygène naissant produit la même réaction, mais très rapidement.

L'*hydrogène* naissant régénère le toluène, ou bien même le carbure saturé correspondant, comme l'a mon-

tré M. Berthelot, en utilisant la décomposition de l'acide
iodhydrique à 280° :

$$C^6H^5.CHO + 2H^2 = C^6H^5.CH^3 + H^2O$$
ou : $$C^6H^5.CHO + 6H^2 = C^7H^{16} + H^2O.$$

L'*hydrate de sodium* la transforme, au contraire, en
l'oxydant, en benzoate de sodium :

$$C^6H^5.CHO + NaOH = C^6H^5COONa + H^2.$$

Le *chlore* transforme cette aldéhyde en chlorure benzoïque :

$$C^6H^5.CHO + Cl^2 = C^6H^5.CO.Cl + HCl.$$

Au contact du *cyanure de potassium*, l'aldéhyde benzylique se polymérise en donnant un corps solide, la
benzoïne, composé peu soluble dans l'eau et dans l'alcool
à froid, qui fond à 133°. Sa formule est $C^{14}H^{12}O^2$.

L'ammoniaque aqueuse transforme l'aldéhyde benzylique en hydrobenzamide $C^{21}H^{18}Az^2$, et l'ammoniaque, en
solution alcoolique, la transforme en une substance isomère, l'*amarine*. Ces deux substances sont bien cristallisées.

Les *acides* peuvent s'unir à équivalents égaux par addition directe ; tel est, par exemple, l'action de l'acide formique. Cette réaction est parfois accompagnée d'une
élimination d'eau : ainsi, l'acide acétique, en agissant sur
l'aldéhyde, molécule à molécule, mais avec élimination
d'une molécule d'eau, donne l'acide cinnamique :

$$C^6H^5.CHO + CH^3.CO.OH = H^2O + C^6H^5.CH : CH.COOH.$$

On obtient aussi des composés engendrés par l'union d'une molécule d'aldéhyde avec deux molécules d'acide et élimination d'une molécule d'eau :

$$C^6H^5.CHO + 2(CH^3.COOH) = H^2O + C^6H^5.CH:(CH^3COO)^2.$$

Les *aldéhydes* donnent avec l'aldéhyde benzylique, avec élimination d'eau, d'autres aldéhydes ; par exemple, l'aldéhyde ordinaire donne de l'aldéhyde cinnamique :

$$C^6H^5.CHO + CH^3.CHO = H^2O + C^6H^5.CH:CH.CHO.$$

La *benzoïne* qui se forme, comme nous l'avons vu, par l'action du cyanure de potassium sur l'aldéhyde benzoïque, peut être rattachée à ce type ; les deux molécules d'aldéhyde réagissantes sont ici identiques :

$$2(C^6H^5.CHO) = H^2O + C^6H^5.CH:C^6H^5.CHO.$$

Essai. — L'essence d'amandes amères est souvent falsifiée avec la nitrobenzine, qui possède une odeur analogue, mais plus âcre. Pour rechercher ce corps, on pèse 5 centimètres cubes d'essence, et on les traite par 40 centimètres cubes d'une solution de bisulfite de sodium, marquant au moins 28° Baumé ; on agite fortement, on ajoute assez d'eau pour compléter 50 centimètres cubes, et on verse dans une burette graduée ; la nitrobenzine se rassemble à la partie supérieure : on mesure son volume.

Usages. — À côté de ses usages en parfumerie, l'aldéhyde benzylique a des emplois très importants ; on l'utilise dans la fabrication d'un certain nombre de couleurs.

185. Chlorure de benzoyle. — Les dérivés chlorés de l'aldéhyde benzylique sont peu connus. Le composé $C^6H^5.COCl$ doit être regardé comme un chlorure de radical acide, et non comme une aldéhyde chlorée.

Le chlorure de benzoyle se prépare en traitant 1 partie d'acide benzoïque par 2 parties de perchlorure de phosphore :

$$PCl^5 + C^6H^5.COOH = PCl^3O + C^6H^5.COCl ;$$

c'est la méthode générale de préparation de ces corps.

On peut aussi l'obtenir par l'action du chlore sur l'aldéhyde benzylique.

Propriétés. — C'est un liquide incolore, d'une odeur spéciale, très irritante ; il est très réfringent. Il bout à 199°. Sa densité à 0° est 1,232. Comme tous les chlorures de radicaux acides, il est décomposé par l'eau, avec formation d'acide chlorhydrique et de l'acide correspondant :

$$C^6H^5.CO.Cl + H^2O = HCl + C^6H^5.CO.OH.$$

L'ammoniac le convertit en benzamide :

$$C^6H^5.COCl + AzH^3 = C^7H^5O.AzH^2 + HCl.$$

Ce composé se prête à un grand nombre de doubles réactions. Par exemple, avec les bromures, iodures, cyanures métalliques, il donne un chlorure métallique et un bromure, iodure, etc., de benzoyle. Avec les sels à acides organiques, il donne des anhydrides mixtes ou les produits de leur décomposition ; ainsi, avec le benzoate de sodium, il donne l'anhydride benzoïque, etc. Le chlorure de benzoyle est fréquemment employé en chimie pour substituer à de l'hydrogène le groupe benzoyle.

186. Aldéhyde cuminique $C^9H^{11}.CHO$. — Ce composé, qui existe dans l'essence de graines de cumin et dans les graines de la ciguë, a été d'abord obtenu par Gerhardt et Cahours.

Préparation. — On la prépare en traitant par la distillation fractionnée l'essence de cumin ; tout ce qui passe au-dessous de 200° est recueilli à part ; cette portion contient surtout du cymène. Ce qui reste dans l'appareil distillatoire est traité par le bisulfite de potassium, qui forme, avec cette aldéhyde, une combinaison cristallisée ; on la lave à l'éther qui entraîne, en le dissolvant, le cymène qui accompagnait cette combinaison. On la décompose ensuite par une solution alcaline, à une température peu élevée. L'aldéhyde cuminique, mise en liberté, vient surnager sur le liquide ; on décante cette couche, on dessèche le liquide décanté avec du chlorure de calcium ; puis, on distille dans une atmosphère d'acide carbonique pour éviter l'oxydation de l'air.

Propriétés. — C'est un liquide incolore, ayant l'odeur âcre et persistante de l'essence de cumin. Il bout à 236°,6. Sa densité est 0,983 à 0°. Au contact de l'air, à la température de l'ébullition, l'aldéhyde cuminique se résinifie en absorbant de l'oxygène. En tombant goutte à goutte dans la potasse en fusion, elle se transforme en cuminate. L'hydrogène naissant la change en alcool cyménique. Cette aldéhyde est isomère de composés analogues que l'on retire de diverses essences (essences d'anis, de badiane, d'estragon, de fenouil, etc.).

187. Aldéhyde cinnamique $C^6H^5.CH : CH.CHO$. — Ce composé a été découvert par Dumas et Péligot. Comme le composé précédent, il se trouve dans des essences naturelles, mélangé avec un carbure d'hydrogène. Les essences de cannelle et de cassia servent à le préparer : ces essences sont formées en grande partie d'aldéhyde cinnamique ; on y rencontre aussi des matières résineuses, de l'acide cinnamique et un hydrocarbure. On peut traiter ces essences directement par le bisulfite de potassium, sans distillation préalable. La combinaison cristallisée que l'on obtient ainsi est ensuite traitée comme celle que fournit l'aldéhyde cuminique.

C'est un liquide incolore, plus dense que l'eau, que l'on peut distiller sans altération. Une température plus élevée le détruit en donnant du styrolène et de l'oxyde de carbone :

$$C^6H^5.CH : CH.CHO = C^8H^8 + CO.$$

L'*hydrogène* naissant la transforme en alcool cinnamique :

$$C^6H^5.CH : CH.CHO + H^2 = C^6H^5.CH : CH.CH^2OH.$$

L'*oxygène* naissant ou même libre la transforme en acide cinnamique :

$$C^6H^5.CH : CH.CHO + O = C^6H^5.CH : CH.COOH.$$

En dehors du mode de préparation indiqué plus haut, on peut obtenir cette aldéhyde par l'action de l'aldéhyde ordinaire sur l'essence d'amandes amères, action qui conduit à donner à l'aldéhyde cinnamique la formule développée $C^6H^5.CH : CH.CHO$. On a, en effet,

$$CH^3.CHO + C^6H^5.CHO = H^2O + C^6H^5.CH : CH.CHO.$$

B. — ALDÉHYDES DES ALCOOLS DIATOMIQUES

Aux alcools biatomiques caractérisés par deux groupes CH^2OH et aux acides bibasiques correspondants caractérisés par deux groupes CO.OH, correspondent deux aldéhydes : dans l'un, les deux groupes CH^2OH ou CO.OH sont remplacés par deux groupes CHO : c'est l'aldéhyde normale ; dans l'autre, un seul de ces groupes est remplacé par un groupe CHO : c'est une aldéhyde à fonction mixte, à la fois aldéhyde et acide ou alcool. Nous n'étudierons ici que les premières. Pour les autres, voir chapitre *Acides*.

188. Glyoxal, ou aldéhyde oxalique $(CHO)^2$. — Au plus simple des acides bibasiques, formé par l'union de deux groupes CO.OH, correspond la plus simple des aldéhydes diatomiques, formée par l'union de deux groupes CHO.

Le glyoxal a été découvert par M. Debus dans l'oxydation de l'alcool par l'acide azotique étendu. Il s'obtient aussi dans l'oxydation du glycol, en même temps que divers acides.

Pour le préparer, on superpose par ordre de densité et sans les mélanger 450 centimètres cubes d'acide azotique, de densité 1.38 et 550 centimètres cubes d'alcool à 80°. On abandonne à eux-mêmes ces deux liquides dans un vase étroit ; une réaction lente se produit, des bulles de gaz se dégagent. Quand celles-ci ont cessé, on neutralise la liqueur par de la chaux ; on concentre la solution par la chaleur et on la précipite par l'alcool. Parmi les produits de l'oxydation se trouvaient de l'acide glycolique, de l'acide glyoxylique et de l'acide oxalique. Ces acides sont ainsi transformés en sels de calcium, insolubles dans l'alcool. La solution alcoolique qui contient le glyoxal est traitée par le bisulfite de sodium qui forme avec lui une combinaison cristallisée. Cette combinaison, traitée par le chlorure de baryum, est transformée en combinaison barytique et décomposée exactement ensuite par l'acide sulfurique. La masse évaporée à sec, après filtration, donne une masse solide, amorphe, très déliquescente.

Le glyoxal est soluble dans l'eau, l'alcool et l'éther. Il se combine avec l'ammoniac en perdant de l'eau. Il réduit facilement l'azotate d'argent ammoniacal.

189. Aldéhyde succinique $C^2H^4:(CHO)^2$. — Ce composé est l'aldéhyde diatomique correspondant au butylglycol et à l'acide succinique. Il a été découvert par Saytzeff.

C'est un liquide incolore, bouillant à 202°, que l'on obtient par l'action de l'hydrogène naissant sur le chlorure de succinyle.

190. Aldéhyde phtalique $C^6H^4:(CHO)^2$. — Ce composé obtenu par MM. Kolbe et Wirchin s'obtient comme le précédent, par l'action de l'hydrogène naissant sur le chlorure correspondant, le chlorure de phtalyle. C'est une substance solide, cristallisée qui fond à 65° et que l'on peut distiller au sein de la vapeur d'eau.

191. Aldéhyde téréphtalique $C^6H^4:(CHO)^2$. — Elle est isomère de la précédente et dérive de l'acide téréphtalique, isomère de l'acide phtalique. Elle est cristallisée, et fond à 115°.

II. — ALDÉHYDES A FONCTIONS MIXTES

A. — ALDÉHYDES-ALCOOLS

192. Aldéhyde glycolique $CH_2OH.CHO$. — Ce composé dérive de l'alcool diatomique, le glycol $CH_2OH.CH_2OH$, par perte d'une seule molécule d'hydrogène ; il conserve encore un groupe CH_2OH et il a acquis un groupe CHO ; il est donc alcool-aldéhyde, tandis que par la perte de deux molécules d'hydrogène on obtient l'aldéhyde diatomique, le glyoxal CHO.CHO. C'est un composé mal connu, qu'il est difficile d'avoir pur ; on l'obtient par l'action de l'eau sur le chlorure d'éthyle monochloré, ou en faisant réagir le zinc sur l'acide oxalique. On peut le considérer comme résultant de la condensation, de l'*aldolisation*, de deux molécules d'aldéhyde formique, suivant la réaction :

$$2H.CHO = CH_2OH.CHO.$$

193. Aldol $CH_3.CHOH.CH_2.CHO$. — C'est le type d'une série de composés assez importants. Il est une fois aldéhyde et une fois alcool secondaire. On le prépare en ajoutant peu à peu à un mélange, fait en parties égales d'aldéhyde et d'eau et refroidi vers 0°, un volume égal d'acide chlorhydrique, refroidi vers —10°. On abandonne le tout à lui-même. La température remonte et, lorsque le mélange commence à brunir, on le neutralise par addition de carbonate de sodium solide, et on épuise par l'éther. On chasse ce dissolvant au bain-marie, et on distille dans le vide. Le rendement est du quart du poids de l'aldéhyde.

Cette réaction peut se représenter, d'après Wurtz, par les deux formules suivantes, indiquant la formation, puis la destruction d'un composé intermédiaire peu stable :

$$CH^3.CHO + HCl = CH^3.CH : (OH,Cl),$$
$$CH^3.CH : (OH,Cl) + CH^3.CHO = HCl + CH^3.CHOH.CH^2.CHO.$$

L'aldol est un liquide incolore, se polymérisant facilement. On peut le distiller vers 90° sous une pression de 2 centimètres; au-dessus de 100°, il commence à se décomposer.

L'aldol est un réducteur énergique; il réduit l'azotate d'argent ammoniacal et la liqueur de Fehling. Avec les acides, il donne des éthers, par suite de la fonction alcool secondaire qu'il possède.

Enfin, il existe une classe nombreuse d'aldéhydes-alcools : les sucres, qui pourraient être étudiés ici; mais, à cause de leur importance, nous leur consacrerons le chapitre suivant (chap. VII).

B. — ALDÉHYDES-PHÉNOLS

194. Aldéhyde salicylique $C^6H^4 : (OH_1, CHO_2)$, **ou orthoxybenzoïque.** — Ce composé qui est l'aldéhyde de l'acide salicylique (composé une fois acide, une fois phénol) est une fois aldéhyde et une fois phénol.

Ce composé a été découvert par Pagenstecher, en 1835 dans l'essence de reine des prés. Piria l'a ensuite obtenu en 1838, par l'oxydation de la salicine. Cette aldéhyde, isomère avec l'acide benzoïque, dérive de l'alcool salicylique $C^6H^4 : (OH, CH^2OH)$.

On prépare ce corps soit en oxydant l'alcool salicylique, soit par la méthode générale, qui permet de passer d'un phénol à une aldéhyde par la fixation indirecte d'une molécule d'oxyde de carbone.

Pour utiliser la première réaction, on soumet à la distillation un mélange de 1 partie d'alcool salicylique, 1 partie de bichromate de potassium, 8 parties d'eau et 5,5 parties d'eau acidulée (contenant 1,5 partie d'acide sulfurique) ; il passe un liquide huileux que l'on peut rectifier.

Dans le second procédé, on chauffe dans un ballon, vers 50°, un mélange de 2 parties de phénol, 4 parties de soude caustique et 6 parties d'eau ; on fait arriver lentement dans ce mélange 3 parties de chloroforme. Puis, on ajoute de l'eau et on maintient à 60° pendant une demi-heure. Il s'est formé dans cette action l'aldéhyde salicylique et son isomère l'aldéhyde paraoxybenzoïque :

$$C^6H^5 (OH) + CHCl^3 + 3NaOH$$
$$= C^6H^4 (OH, CHO) + 3NaCl + 2H^2O.$$

On sépare ces deux corps par la distillation ; le premier distille, le second reste dans l'appareil ; en traitant le liquide distillé par le bisulfite de sodium, on obtient une combinaison avec l'aldéhyde qui permet de purifier ce corps.

L'aldéhyde salicylique est un liquide neutre, d'une odeur aromatique. Elle bout à 196°. Sa densité est 1,173 à 13°. Elle est peu soluble dans l'eau, soluble en toutes proportions dans l'alcool et l'éther.

L'*hydrogène* naissant la transforme en alcool salicylique ; l'*oxygène* naissant, en acide salicylique.

Elle donne, avec les *bases alcalines*, des combinaisons

analogues à celles du phénol ; elle décompose les carbonates en déplaçant l'acide carbonique. Les *acides* peuvent aussi s'unir à ce composé en donnant des produits qui dérivent soit de la fonction aldéhydique, soit de la fonction alcoolique que possède ce corps.

Le perchlorure de fer colore en un violet intense la solution aqueuse de cette aldéhyde.

195. Aldéhyde paraoxybenzoïque

$$C^6H^5:(OH_1,CHO_4).$$

Ce composé, obtenu par M. Buckny, se prépare en même temps que le précédent ; il reste dans l'appareil distillatoire après le départ de l'aldéhyde salicylique ; pour l'en retirer, on traite le résidu qui n'a pas distillé par l'éther qui le dissout facilement. On peut aussi l'obtenir en décomposant, par l'acide chlorhydrique, l'aldéhyde anisique qui est son éther méthylique.

C'est un corps solide, cristallisé en aiguilles, qui fond à 116°, et que l'on peut sublimer sans décomposition.

196. Aldéhyde protocatéchique

$$C^6H^3:[(OH)^2_{1,2},CHO_4].$$

Ce composé, qui a été découvert par MM. Fittig et Remsen, est à la fois phénol diatomique et aldéhyde monoatomique : il dérive de l'alcool protocatéchique, composé ayant une fonction alcoolique et deux fonctions phénoliques.

On l'obtient par la réaction générale indiquée pour l'aldéhyde salicylique : on chauffe avec du chloroforme une

solution alcaline du phénol correspondant, la pyrocatéchine :

$$C^6H^4 : (OH)^2 + CHCl^3 + 3KOH$$
$$= C^6H^3 : . [(OH)^2, CHO] + 3KCl + 2H^2O.$$

On peut aussi, comme pour l'aldéhyde précédente, traiter par l'acide chlohydrique son éther méthylique qui
est l'aldéhyde vanillique (V. p. 524).

L'aldéhyde protocatéchique est un corps solide,
cristallisé, fusible à 150°, mais en se décomposant
partiellement ; elle est assez soluble dans l'eau ; l'oxygène naissant la transforme en acide protocatéchique
$C^6H^3 : . [(OH)^2, COOH)]$.

C. — ALDÉHYDE-ÉTHER

197. Aldéhyde anisique $C^6H^4 : (OCH^3{}_1, CHO{}_1)$. — Ce
composé est une fois aldéhyde et une fois éther. On le
prépare en oxydant l'essence d'anis par l'acide azotique
ou par un mélange de bichromate de potassium et d'acide
sulfurique. Le produit de la réaction est lavé avec de
l'eau d'abord, puis avec de la potasse étendue, pour enlever l'acide anisique ; on le traite ensuite par le bisulfite de
sodium. Le composé formé est ensuite détruit par le
carbonate de sodium, et l'aldéhyde anisique se sépare sous
forme d'un liquide huileux. Sa densité est 1,09 à 20° ; son
odeur rappelle celle du foin ; il bout à 254° ;

198. Aldéhyde pipéronylique $CH^2 \diamondsuit{}_O^O C^6H^3.CHO$.

— Ce composé, découvert par MM. Fittig et Mielch,

s'obtient en oxydant, par le permanganate de potassium, le pipérate de potassium $C^{12}H^9KO^4$. C'est un corps solide, fusible à 37°, bouillant à 263°, assez soluble dans l'eau chaude, très soluble dans l'alcool et dans l'éther.

199. Aldéhyde pyromucique, ou furfurol

$$\begin{array}{c} CH : CH \\ |\quad\quad | \\ CH . C.CHO \\ \diagdown\quad\diagup \\ O \end{array}$$

Le furfurol, ou huile de son, s'obtient dans la distillation d'un assez grand nombre de substances, en présence d'acide sulfurique, comme la farine, le son, la sciure de bois, etc. Pour le préparer, on chauffe dans un alambic 2 parties de son, 2 parties d'eau et 1 partie d'acide sulfurique concentré. Quand il commence à se dégager de l'anhydride sulfureux, on ajoute 1 partie d'eau avec précaution, et on continue à chauffer en cohobant. A la fin, on distille en présence d'hydrate de calcium. Il passe un liquide huileux que l'on dessèche sur du chlorure de calcium et que l'on rectifie. On peut le considérer, à un certain point de vue, comme une aldéhyde des éthers. Ainsi que toutes les aldéhydes, il s'unit à un grand nombre de corps. En présence d'un peu d'acide, il donne, avec l'urée, une belle coloration violette. Il en est de même avec l'allantoïne. Avec le pyrogallol ou la résorcine et l'acide chlorhydrique, le furfurol donne une belle coloration bleu indigo.

Le furfurol est un liquide incolore, d'une odeur d'amande rappelant, en outre, celle de l'essence de cannelle. Il bout à 162°. Sa densité est 1,164 à 16°. Il est soluble dans l'eau (90 grammes par litre à 13°). Sous l'influence de l'oxygène naissant (oxyde d'argent) il se transforme en acide pyromucique.

Le *fucusol*, isomère du furfurol, s'obtient par la distillation de certains fucus, en présence d'acide sulfurique étendu.

Ces deux composés donnent, avec l'ammoniaque, des combinaisons : la *furfuramide* $C^{15}H^{12}Az^2O^3$ et la *fucusamide* (isomère).

La *furfurine*, autre isomère de la furfuramide, s'obtient par l'action des alcalis sur la furfuramide. Elle donne, avec les acides, des sels bien cristallisés, d'une saveur très amère.

D. — ALDÉHYDE ÉTHER-PHÉNOL.

200. Vanilline C^9H^5 : (OH_1, OCH_3, CHO_1). — Ce composé, d'une odeur suave, est le principe odorant de la vanille. On l'extrayait autrefois des fruits de cette plante; on le prépare maintenant industriellement. La composition de ce corps a été établie par M. Carles, sa fonction et ses diverses propriétés ont été étudiées par M. Tiémann.

Constitution. — La vanilline peut être représentée par la formule du benzène en remplaçant trois des atomes d'hydrogène par les groupes monovalents OH, OCH³, CHO qui caractérisent ses trois fonctions de phénol, d'éther méthylique et d'aldéhyde. M. Bertram (1) a décrit une isovanilline fondant entre 115 et 116°, isomérique de la vanilline, et en différant par les positions relatives de ces trois groupes. On l'obtient par l'action de

(1) Bertram, *Pharm. Central.* XXXIII, p. 78.

§ 3. — Étude particulière des cétones

201. Propriétés des cétones. — *Propriétés générales.* — Les cétones ou acétones prennent naissance, d'une façon générale, dans la calcination des sels alcalino-terreux (et de quelques autres) formés par les acides gras ou par l'acide benzoïque.

Ainsi, l'acétone ordinaire s'obtient dans la décomposition d'une molécule d'acétate de calcium, contenant deux groupes CH^3, et l'on représente cette décomposition par la formule :

$$(CH^3.COO)^2 Ca = CO^3Ca + CH^3.CO.CH^3.$$

Les autres cétones du même type, $C^{2n-3}H^{4n-6}O$, s'obtiennent de même par la calcination du sel de calcium correspondant :

$$(C^{n-2}H^{2n-3}.COO)^2 Ca = CO^3Ca + C^{n-2}H^{2n-3}.CO.C^{n-2}H^{2n-3}$$

et les deux groupes $C^{n-2}H^{2n-3}$, qui remplacent dans ce sel les deux groupes CH^3 de l'acétate de calcium, doivent — c'est au moins l'hypothèse la plus simple — remplacer les deux groupes CH^3 de l'acétone ordinaire.

A côté de ces composés, il y a des cétones dites mixtes, que l'on obtient en distillant un mélange intime de deux sels de calcium formés par des acides gras homologues. En distillant ensemble de l'acétate et du valérianate de calcium, on obtient une cétone que, par analogie avec ce qui précède, on peut représenter par la formule :

$$CH^3.CO.C^4H^9.$$

On a, en effet :

$$(CH^3.COO)^2Ca + (C^2H^5.COO)^2Ca = 2CO^3Ca + 2(CH^3.CO.C^2H^5).$$

Toutes ces cétones dérivent de la série grasse ; on en connaît aussi qui dérivent de la série aromatique par les deux groupes unis à l'oxyde de carbone, telles que la benzone $C^6H^5.CO.C^6H^5$, et d'autres où un groupe appartient à la série grasse, et l'autre à la série aromatique : telle est la méthyl-benzone $CH^3.CO.C^6H^5$.

Les cétones s'obtiennent aussi par l'oxydation des alcools secondaires, comme l'a montré M. Friedel.

Ainsi, l'alcool propylique secondaire $CH^3.CHOH.CH^3$ donne l'acétone :

$$CH^3.CHOH.CH^3 + O = CH^3.CO.CH^3 + H^2O.$$

On obtient aussi les cétones par l'oxydation des carbures éthyléniques :

$$C^3H^6 + O = CH^3.CO.CH^3.$$

Un des modes de formation les plus intéressants est celui qui résulte de l'action du chlorure de carbonyle $COCl^2$ sur le sodium-méthyle :

$$2 (Na.CH^3) + CO : Cl^2 = 2NaCl + CO : (CH^3)^2.$$

C'est une des réactions que l'on peut citer pour justifier la constitution donnée à l'acétone.

Comme les aldéhydes primaires, les cétones donnent, avec le bisulfite de sodium, des combinaisons cristallisées.

Traitées par l'hydrogène naissant, les cétones reproduisent des alcools secondaires (M. Friedel), selon la formule :

$$C^{n-2}H^{2n-3}.CO—C^{n-2}H^{2n-3}+H^2=C^{n-2}H^{2n-3}.CHOH.C^{n-2}H^{2n-3}.$$

Traitées par l'oxygène naissant, elles fournissent, non plus un acide, comme les aldéhydes primaires, mais bien deux acides :

$$C^{n-2}H^{2n-3}.CO.C^{n'-2}H^{2n'-3} + O^3$$
$$= C^{n-2}H^{2n-3}.COOH + C^{n'-3}H^{2n'-5}COOH.$$

On obtient deux acides : le premier correspond à l'un des deux groupes combinés à CO ; le second est l'homologue immédiatement inférieur de celui qui correspond au second groupe. Dans le gaz de l'acétone ordinaire (deux groupes identiques CH^3), on obtient l'acide acétique ($CH^3.COOH$ correspondant à CH^3), et l'acide formique (homologue inférieur). Il résulte des expériences de M. Popoff que, dans le cas des cétones mixtes, le seul à considérer ici, le groupe qui donne l'acide qui lui correspond est le groupe le plus simple : ce sera le groupe $C^{n-2}H^{2n-3}$ si l'on a $n < n'$. Dans les cétones mixtes qui contiennent un groupe aromatique C^6H^5, il se forme toujours de l'acide benzoïque.

I. — CÉTONES A FONCTION SIMPLE

A. — CÉTONES MONOATOMIQUES

202. Acétone $CO : (CH^3)^2$. — L'acétone a été découverte, en 1754, par Courtenvaux. Considérée au début comme un éther, sa constitution n'est bien connue que depuis les travaux de M. Chancel et de M. Friedel.

Nous avons vu, à propos des cétones, divers modes de formation de l'acétone : distillation de l'acétate de calcium, oxydation du propylène ou de l'alcool isopropylique.

MM. Pebal et Freund ont réalisé sa synthèse en faisant réagir le chlorure d'acétyle sur le zinc-méthyle :

$$Zn : (CH^3)^2 + 2 (C^2H^3O.Cl) = ZnCl^2 + 2 (CH^3.CO.CH^3).$$

Préparation. — On prépare l'acétone par la décomposition de l'acétate de calcium. Pour cela, on chauffe ce sel dans une cornue en grès ou dans une bouteille en fer, munie d'un tube refroidi par un courant d'eau. Le liquide qui a distillé est distillé de nouveau dans un appareil distillatoire ordinaire, chauffé au bain-marie. Le produit de cette rectification est mis à digérer avec de la chaux vive concassée, puis distillée en présence d'un peu de bichromate de potassium et d'acide sulfurique. Après une nouvelle distillation, en présence de chlorure de calcium, il est bon, si l'on veut avoir un produit pur, de combiner l'acétone obtenue avec du bisulfite de sodium : la combinaison, lavée et séchée, puis décomposée par de la soude, fournit de l'acétone pure.

Industriellement, l'acétone s'obtient dans la distillation du bois où elle accompagne l'alcool méthylique et l'acide acétique. On peut la retirer du liquide condensé, en s'aidant de la distillation fractionnée et en la combinant au bisulfite de sodium. On en obtient de très grandes quantités dans la fabrication de l'aniline; elle est due à la décomposition pyrogénée de l'acétate de fer.

Propriétés. — L'acétone est un liquide incolore, mobile,

d'une odeur éthérée, qui l'a fait prendre tout d'abord pour un éther (éther pyroacétique). Elle bout à 56°,3. Sa densité est 0,814 à 0°. Elle se mêle en toutes proportions avec l'eau, l'alcool et l'éther.

L'*hydrogène* naissant, obtenu avec l'amalgame de sodium et l'eau, la transforme en alcool isopropylique. On obtient aussi dans cette réaction un produit, la *pinacone*, qui résulte de l'action d'une molécule d'hydrogène sur deux molécules d'acétone. M. Friedel qui l'a découvert et étudié, le considère comme un glycol tertiaire :

$$(CH^3)^2 : COH.COH : (CH^3)^2.$$

Par la décomposition à 280° d'un excès d'acide iodhydrique, on la transforme en hydrure de propyle :

$$CO : (CH^3)^2 + H^2 = C^3H^8 + H^2O.$$

L'*oxygène* naissant attaque, mais difficilement, l'acétone, en donnant de l'acide acétique, de l'acide carbonique et de l'eau; il suffit pour cela de traiter l'acétone par un mélange de bichromate de potassium et d'acide sulfurique :

$$CO : (CH^3)^2 + O = CH^3.COOH + CO^2 + H^2O.$$

Cette réaction ne fait pas exception à la réaction générale indiquée plus haut pour l'oxydation des cétones : on devrait, d'après cette règle, obtenir de l'acide acétique et de l'acide formique. Ici l'acide formique, qui tend à se former, est lui-même l'objet d'une oxydation (V. *Acide formique*), et l'on obtient les produits de cette oxydation (1).

____

(1) En électrolysant l'acétone en présence de l'eau, on obtient, autour du pôle positif, de l'acide acétique et de l'acide formique.

Le *chlore* ne donne que des produits de substitution. Ce sont des liquides d'une odeur piquante. Le composé bichloré est particulièrement intéressant, parce qu'il peut être transformé en un acide-alcool, l'acide lactique. Les composés bi-, tri- et tétra-chlorés présentent des isomères.

Par l'action du *perchlorure de phosphore*, on obtient un composé que l'on a appelé méthylchloracétol ou acétone dichlorhydrique, et qui est isomère du chlorure de propylène $C^3H^6Cl^2$.

Un certain nombre d'*acides* décomposent l'acétone en donnant du mésitylène C^9H^{12}. Par l'action d'un mélange d'acides chlorhydrique et cyanhydrique, on obtient de l'acide oxybutyrique $C^4H^8O^3$.

La *soude*, ou plutôt la chaux sodée, décompose les vapeurs d'acétone vers 300° en se transformant en un mélange d'acétate et de formiate de sodium.

Usages. — L'acétone est surtout employée pour dénaturer les alcools. L'alcool dénaturé du commerce contient 1/9 de son volume d'un mélange d'alcool méthylique (80 0/0), et d'acétone (20 0/0).

203. Butyrone $CO : (C^3H^7)^2$. — Cette cétone a été découverte par M. Chancel.

On l'obtient mélangée de diverses aldéhydes dans la décomposition pyrogénée du butyrate de calcium. C'est un liquide qui bout à 144°.

204. Benzone $CO : (C^6H^5)^2$. — Ce composé, appelé aussi benzophénone, a été découvert par M. Péligot et étudié par M. Chancel. Comme les cétones correspondant aux acides gras, on l'obtient par la distillation sèche du benzoate de calcium. Dans une rectification ultérieure, on recueille le produit qui passe entre 300 et 360°. Le benzone, qui est solide à la température ordinaire, est dissous dans de l'alcool, et on le purifie à l'aide de quelques cristallisations successives.

La benzone se présente sous forme de prismes rhomboïdaux fondant à 46°. Il bout à 315°.

L'amalgame de sodium la transforme en un alcool secondaire.

205. Acéto-benzone $CH^3.CO.C^6H^5$. — Cette aldéhyde secondaire est un exemple d'acétone mixte. Elle a été découverte par M. Williamson en chauffant un mélange intime de benzoate et d'acétate de calcium. C'est un corps solide, cristallisé, qui fond à 14° et bout a 199°.

L'hydrogène naissant le transforme en un alcool phényl-éthylique.

C'est le type d'une classe assez nombreuse de composés, ayant toutes les propriétés des cétones.

206. Camphre $C^{10}H^{16}O$. — *Constitution.* — La constitution du camphre a été l'objet d'un très grand nombre de travaux, qui ont fait connaître de nombreux dérivés de ce corps. Toutefois, elle n'est pas encore établie d'une façon certaine. Parmi les schémas proposés, nous citerons les quatre suivants :

| Schéma | Schéma | Schéma | Schéma |
| de M. Kékulé | de M. Haller | de M. Bredt | de M. Etard |

Schéma de M. Kékulé :

$$
\begin{array}{c}
CH^3 \\
| \\
C \\
HC \diagup \diagdown CO \\
H^2C \diagdown \diagup CH^2 \\
HC \\
| \\
C^3H^7
\end{array}
$$

Schéma de M. Haller :

$$
\begin{array}{c}
CH^3 \\
| \\
CH \\
H^2C \diagup \diagdown CO \\
HC \diagdown \diagup CH^2 \\
C \\
| \\
C^3H^7
\end{array}
$$

Schéma de M. Bredt :

$$
\begin{array}{c}
CH^3 \\
| \\
C \\
H^2C \diagup \diagdown CO \\
H^2C \diagdown \diagup CH^2 \\
C \\
| \\
C^3H^7
\end{array}
$$

Schéma de M. Etard :

$$
\begin{array}{c}
CH^3 \\
| \\
C \\
H^2C \diagup \diagdown C-H \\
\hspace{3em} O \\
H^2C \diagdown \diagup C-H \\
C \\
| \\
C^3H^7
\end{array}
$$

Dans les trois premiers, on observe un groupe CO, que les auteurs ont introduit pour tenir compte de la fonction cétonique du camphre; dans le dernier les deux valences de l'oxygène sont attribuées à deux atomes de carbone différent. Les deux premiers schémas contiennent une liaison double qui n'existe pas dans les deux derniers. Cette absence de liaison double est d'accord avec des expériences de M. Bruhl sur les indices de réfraction et la dispersion du camphre éthylé. Comme conséquence, elle conduit à admettre l'absence de liaison double dans la formule de l'acide camphorique, qui n'éprouve pas facilement de réaction d'addition. Ces deux derniers schémas permettent de représenter facilement l'acide camphorique, avec le caractère bibasique qu'on lui reconnaît assez généralement. Voici la formule de cet acide :

$$CH^3$$
$$|$$
$$C$$
$$H^2C \diagup \quad \diagdown CO.OH$$
$$H^2C \diagdown \quad \diagup CO.OH$$
$$C$$
$$|$$
$$C^3H^7$$

En effet, M. Berthelot, en traitant une molécule d'acide camphorique successivement par une, puis par deux molécules d'hydrate de sodium a trouvé que la première dégageait $13^c,57$, et la seconde $12^c,70$. Une troisième molécule ne dégage que $0^c,47$. On peut conclure de ces nombres que les deux équivalents d'hydrate de sodium ont le même rôle, que l'acide camphorique est, par suite bibasique, et qu'il ne possède pas de fonction phénolique.

Avec la formule de M. Kékulé l'acide camphorique se représente par le schéma :

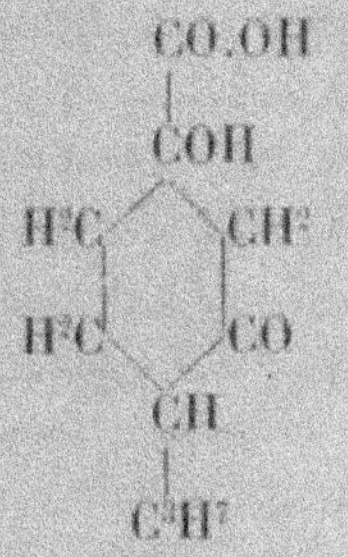

$$
\begin{array}{c}
CO.OH \\
| \\
COH \\
H^2C \diagup \quad \diagdown CH^2 \\
H^2C \diagdown \quad \diagup CO \\
CH \\
| \\
C^3H^7
\end{array}
$$

Cette formule représente non plus un acide bibasique, mais un acide monobasique à fonction mixte en même temps acétone et alcool. M. Friedel a développé diverses raisons qui doivent faire envisager, selon lui, l'acide camphorique de cette façon, plutôt que comme un acide bibasique.

M. Berthelot a placé le camphre et quelques autres corps moins importants dans une classe à part, celle des carbonyles, qui se rattache aux aldéhydes par quelques propriétés communes à ces deux classes de corps : transformation en alcool par hydrogénation, formation par oxydation de carbures incomplets, ou par substitution de H² par O dans certains carbures. Les carbonyles s'en distinguent, d'autre part, parce que, sous l'influence des alcalis ou des métaux alcalins, ils fixent de l'oxygène pour former des acides monobasiques : c'est ainsi que le camphre, sous l'influence du sodium et de l'oxygène, se transforme en camphate de sodium ; les carbonyles peuvent aussi, en fixant une molécule d'eau, se transformer en acides monobasiques : le camphre donne de l'acide campholique.

Historique. — Le camphre est connu depuis fort longtemps en Orient ; il a été importé en Europe vers le

V° siècle. De Saussure est un des premiers savants qui l'aient étudié ; depuis, il a été l'objet de recherches nombreuses : Liebig d'abord, puis Dumas, Pelouze, M. Berthelot, M. Friedel..., ont contribué à avancer l'histoire encore incomplète de ce corps. Pelouze a montré qu'il dérivait, par oxydation, du camphre de Bornéo ; M. Berthelot a montré sa fonction aldéhydique ou plutôt acétonique, et sa transformation en alcool campholique, etc. De très nombreux dérivés du camphre ont été obtenus, et de nombreuses réactions étudiées pour fixer sa constitution qui présente encore des points obscurs.

États isomériques. — Le camphre est connu sous divers états isomériques, trois ou quatre, selon les auteurs. On distingue : 1° le camphre droit, substance que l'on trouve dans le *Laurus camphora* ; son pouvoir rotatoire moléculaire (dextrogyre) pour la raie D est de $+ 42°$ environ ; 2° le camphre gauche que l'on trouve dans l'essence de matricaire, et dont le pouvoir rotatoire moléculaire (lévogyre) est de $- 42°$ environ ; 3° le camphre inactif par compensation, que l'on trouve dans les essences de lavande, de sauge, etc., qui est sans action sur la lumière polarisée ; on l'appelle souvent camphre racémique ; 4° enfin, M. Jungfleisch et divers chimistes admettent l'existence d'un camphre inactif véritable, différent du camphre inactif par compensation, et obtenu en chauffant le camphre ordinaire en tubes scellés entre 300 et 350°. Il existe, en outre, d'autres camphres bruts que l'on trouve dans diverses plantes et qui ont des pouvoirs rotatoires moléculaires inférieurs en valeur absolue à $+ 42°$; on doit les considérer comme de simples mélanges des variétés précédentes (1).

(1) MM. Bouchardat et Lafond ont obtenu, dans l'action de l'acide acétique sur l'essence de térébenthine, des camphols qui, soumis à

Formation. — Les camphres s'obtiennent par l'oxydation des camphols ou des isocamphols : le camphre droit s'obtient par l'oxydation du bornéol droit, de l'isocamphol gauche ou du camphol inactif, formé de l'union de ces deux corps droit et gauche. Le camphre gauche s'obtient par l'oxydation du bornéol gauche, de l'isocamphol droit ou du camphol inactif, formé par l'union de ces deux corps. Le camphre inactif par compensation s'obtient dans l'oxydation des bornéols inactifs par compensation, formés de bornéols droit et gauche ou d'isocamphols droit et gauche.

Synthèse. — Le camphène $C^{10}H^{16}$ peut être transformé en camphre, comme l'a montré M. Berthelot, quand on fait agir sur ce carbure l'oxygène de l'air en présence de la mousse de platine. La même transformation peut être accomplie en traitant le camphène par un mélange de bichromate de potassium et d'acide sulfurique.

Préparation. — Le camphre du commerce, connu sous le nom de camphre du Japon, est extrait du *Laurus camphora* qui croît en abondance au Japon et à Formose. Pour l'extraire de cet arbre, on le débite en copeaux à l'aide d'une sorte de gouge et, selon l'endroit où se fait cette exploitation, on opère d'une façon plus ou moins primitive. Le camphre est extrait de ces copeaux par volatilisation, en entraînant sa vapeur à l'aide de vapeur d'eau. Dans l'intérieur de Formose, la vapeur d'eau est fournie par une sorte d'auge en bois recouverte extérieurement d'argile, de façon à pouvoir être mise sur le feu ; cette auge est recouverte d'une planche

l'oxydation, leur ont donné des camphres dont les pouvoirs rotatoires (lévogyres) étaient bien supérieurs (en valeur absolue) à celui du camphre gauche, 42°. Ils étaient de — 67 à — 74°,4 pour l'un d'eux, et de — 51° à — 53°,5 pour un autre.

en bois percée de trous, sur laquelle on dispose les copeaux de *Laurus* en petits tas ; chaque tas est recouvert d'un pot en terre ; la vapeur d'eau qui se dégage de l'eau contenue dans l'auge traverse les copeaux, entraîne la vapeur de camphre, et celle-ci va se condenser au fond des pots. Dans les localités plus civilisées, on opère dans des chaudières en fer recouvertes d'une sorte de chapiteau en terre contenant de la paille de riz ; les cristaux de camphre sublimés viennent se déposer sur cette paille. Le camphre est ensuite recueilli et expédié en Europe dans des caisses doublées de plomb. On le raffine en le sublimant de nouveau en présence de chaux vive et de limaille de fer. L'opération se fait en plaçant le camphre brut additionné d'un peu de chaux et de fer dans des ballons plats en verre ; ces ballons sont chauffés au bain de sable jusque vers $200°$ environ, et maintenus à cette température pendant vingt-quatre heures. Le camphre vient se sublimer à la partie supérieure de ces vases. On les brise pour en retirer les gâteaux ou pains de camphre ainsi obtenus. Ces pains pèsent environ 2 kilogrammes. Les pains anglais pèsent 4 kilogrammes. Le camphre du commerce est du camphre droit.

Le camphre gauche s'obtient en soumettant à la distillation fractionnée l'essence de matricaire, et en recueillant ce qui passe entre 200 et $220°$.

Le camphre inactif s'obtient dans la distillation des huiles essentielles de lavande, sauge, romarin et de marjolaine.

Propriétés. — Le camphre se présente en petits cristaux blancs, doués d'une odeur spéciale bien connue, d'une saveur brûlante. Il fond à $175°$ et bout à 204 ; mais il se sublime facilement à la température ordinaire, et dans un vase clos inégalement chauffé il se déplace aisément des parties chaudes vers les parties plus froides. La densité à 0° est très voisine de celle de l'eau; il est plus léger que l'eau à la température ordinaire. Il est insoluble dans l'eau; jeté dans ce liquide, il se maintient à la surface en éprouvant des mouvements giratoires curieux. Il se dissout dans l'alcool, l'éther, le chloroforme, le sulfure de carbone, etc. Les divers états isomériques du camphre ne diffèrent que par leur action sur la lumière polarisée. En solution alcoolique ces camphres présentent, soit une rotation à droite de $+ 42°$, soit une rotation à gauche de $- 42°$ ou bien, s'il s'agit des variétés inactives, on n'observe aucune déviation.

L'*hydrogène* naissant transforme le camphre en alcool campholique ou bornéol par la fixation d'une molécule d'hydrogène (action de la soude ou du sodium). Par l'action de l'acide iodhydrique à 280°, on obtient une hydrogénation plus complète; il se forme les carbures $C^{10}H^{18}$, $C^{10}H^{20}$ et $C^{10}H^{22}$.

L'*oxygène* attaque difficilement le camphre; toutefois, l'action prolongée de l'acide azotique le transforme en acide camphorique :

$$C^{10}H^{16}O + 3O = C^{10}H^{16}O^4.$$

Le *chlore* n'agit sur le camphre qu'à chaud : il donne alors divers dérivés chlorés. L'action du perchlorure de phosphore permet aussi d'obtenir ces composés. Le *brome* agit d'une façon analogue :

Le *sodium* donne avec le camphre un dérivé, le camphre sodé $C^{10}H^{15}NaO$, et il se produit en même temps, comme l'a montré M. Baubigny, du bornéol sodé $C^{10}H^{17}NaO$:

$$2C^{10}H^{16}O + Na^2 = C^{10}H^{15}NaO + C^{10}H^{17}NaO.$$

Les *acides* donnent assez facilement avec le camphre des composés peu stables ; ils se présentent sous forme de liquides huileux que l'eau décompose ; les acides chlorhydrique, sulfureux, etc., agissent de cette façon. L'acide sulfurique concentré dissout le camphre en se colorant en noir ; il se forme une huile (camphrène) avec dégagement d'anhydride sulfureux.

Les *bases* alcalines agissent sur le camphre vers le rouge sombre en donnant des campholates alcalins. A une température plus élevée on obtient du naphtalène, divers autres carbures d'hydrogène et de l'oxyde de carbone. Les matières avides d'eau, comme le chlorure de zinc et l'anhydride phosphorique, le décomposent en donnant divers carbures et, en particulier, du cymène $C^{10}H^{14}$.

Usages. — En dehors de ses applications médicales, le camphre est utilisé dans la fabrication du celluloïd (V. chap. VIII), et comme insecticide pour la conservation des étoffes en laine.

B. — DICÉTONES

207. Acétyl-acétone. — M. Combes a obtenu, par l'action du chlorure d'aluminium sur le chlorure d'acétyle, un dérivé organo-métallique qui, décomposé par l'eau, fournit une dicétone, l'acétyl-acétone, dont la composition peut être représentée par la formule :

$$CH^3.CO.CH^2.CO.CH^3.$$

C'est un liquide incolore, d'une odeur agréable, bouillant à 136° sous la pression de 744 millimètres. Sa densité à 15° est 0,987.

Cette cétone diatomique correspond à un alcool secondaire diatomique. C'est le type d'une série de dicétones qui peuvent être préparées par la méthode générale indiquée par M. Combes.

On peut aussi ranger certains composés, comme l'anthraquinone $C^6H^4\begin{smallmatrix}CO\\CO\end{smallmatrix}C^6H^4$, parmi les dicétones; toutefois, la plupart de leurs propriétés les rapprochent plutôt des quinones; nous allons les étudier un peu plus loin, en même temps que les quinones.

II. — CÉTONES A FONCTION MIXTE

Si l'on considère l'anthraquinone comme une dicétone, il existe un composé qui en dérive par la substitution de deux groupes OH à deux atomes d'hydrogène, dans un noyau benzénique, ce qui fait que l'on peut considérer ce corps comme un dicétone-diphénol :

$$C^6H^4\begin{smallmatrix}CO\\CO\end{smallmatrix}C^6H^2\begin{smallmatrix}OH\\OH\end{smallmatrix}.$$

Ce composé important est l'alizarine qui sera étudiée au paragraphe suivant.

208. Acide campholique. — Ce composé est un alcool-cétone dont on peut représenter la formule par :

$$CH^2 - COH\begin{smallmatrix}CO\ \ CH^2\\ \ \\CH^2\ CH^2\end{smallmatrix}CH - C^2H^5.$$

Ce composé s'obtient en chauffant du camphre avec du sodium en présence de benzène.

L'acide campholique fond à 106° et bout à 255°.

	NOMS	FORMULE brute	FORMULE de constitution	P. de fusion	P. d'ébullition	DENSITÉS	Eau	Alcool	Éther	PRÉPARATIONS
Aldéhydes à fonction simple — monoatomiques — complets	ald. méthylique	$C H^2 O$	H.CHO							Action de l'air sur l'alcool méthylique en présence de platine.
	ald. éthylique	$C^2 H^4 O$	CH³.CHO		21	0,805 à 0°	misc.	misc.	misc.	Action d'un mélange de bichromate de potassium et d'acide sulfurique sur l'alcool éthylique.
	ald. propylique	$C^3 H^6 O$	CH³.CH².CHO		49	0,804 à 0°	0,2			Action d'un mélange d'acides chromique et sulfurique sur l'alcool propylique.
	ald. butylique	$C^4 H^8 O$	CH³.CH².CH².CHO		75	0,834 à 0°	0,04			Oxydation d'un mélange de butyrate et de formiate de calcium.
	ald. isobutylique	$C^4 H^8 O$	(CH³)² : CH.CHO		64	0,823 à 0°				Distillation de l'isobutyrate de calcium.
	ald. amylique normal	$C^5 H^{10} O$	C⁴H⁹.CHO		92,5	0,789 à 12,5				Action de l'eau sur le chlorure d'amyle.
	ald. oenanthylique	$C^7 H^{14} O$	C⁶H¹³.CHO		154	0,827 à 12				Méthodes générales et décomposition par la chaleur de l'huile de ricin.
incomplets	ald. allylique ou acroléine	$C^3 H^4 O$	CH² : CH.CHO		52,4		0,04	sol.		Distillation d'un mélange de glycérine et de bisulfate de potassium.
	ald. crotonique	$C^4 H^6 O$	CH³.CH : CH.CHO		104					On chauffe l'aldéhyde ordinaire en tubes scellés à 100° pendant plusieurs jours en présence de chlorure de zinc.
	ald. benzylique	$C^7 H^6 O$	C⁶H⁵.CHO		179,5	1,05 à 15°	0,03	misc.	misc.	S'extrait des amandes amères; s'obtient industriellement en oxydant le toluène chloré par l'acétate de plomb.
	ald. cuminique	$C^{10} H^{12} O$	C⁹H¹¹.CHO		236,6	0,983 à 0°				S'extrait de l'essence de cumin par distillation fractionnée et traitement aux bisulfites.
	ald. cinnamique	$C^9 H^8 O$	C⁶H⁵.CH : CH.CHO							S'extrait de la même façon des essences de cannelle et de cumin.
biatomiques	ald. oxalique ou glyoxal	$C^2 H^2 O^2$	CHO.CHO				1. sol.	1. sol.	1. sol.	Action de l'acide azotique sur l'alcool.
	ald. succinique	$C^4 H^6 O^2$	CHO.CH².CH².CHO		202°		sol.	sol.	sol.	Action de l'hydrogène naissant sur le chlorure de succinyle.
	ald. phtalique	$C^8 H^6 O^2$	C⁶H⁴ : (CHO)²				p. sol.	sol.	sol.	Action de l'hydrogène naissant sur le chlorure de phtalyle.
	ald. téréphtalique	$C^8 H^6 O^2$	C⁶H⁴ : (CHO)²				0,02			Action de l'hydrogène naissant sur le chlorure téréphtalique.
Aldéhydes à fonctions mixtes — aldéhydes-alcools	ald. glycolique	$C^2 H^4 O^2$	CH².OH.CHO							Réduction de l'acide oxalique par le zinc.
	aldol	$C^4 H^8 O^2$	CH³.CHOH.CH².CHO		déc.	1,11 à 0°	misc.	misc.	sol.	Action de l'acide chlorhydrique sur l'aldéhyde ordinaire.
aldéhydes-phénols	ald. salicylique	$C^7 H^6 O^2$	C⁶H⁴ : (OH, CHO)	20	196,5	1,173 à 15,5	sol.	misc.	misc.	Action d'un mélange de bichromate de potassium et d'acide sulfurique sur la saligénine.
	ald. protocatechique	$C^7 H^6 O^3$	C⁶H³ : [(OH)², CHO]	150	déc.		sol.	sol.	sol.	Action de la soude et du chloroforme sur la pyrocatéchine.
	ald. anisique	$C^8 H^8 O^2$	C⁶H⁴ : (OCH³, CHO)		254°	1,09 à 20°	p. sol.	misc.	misc.	Action d'un mélange de bichromate de potassium et d'acide sulfurique sur l'essence d'anis.
aldéhydes-éthers	ald. pyromucique ? ou furfurol	$C^5 H^4 O^2$	(noyau furane) CH : C.CHO		162	1,16 à 16°	0,1	1. sol		Action de l'acide sulfurique sur le son.
aldéhyde-phénol-éther	vanilline	$C^8 H^8 O^3$	C⁶H³ : (OH, OCH³, CHO)	82	280°		sol.	1. sol	1. sol	Décomposition de la coniférine par un mélange de bichromate de potassium et d'acide sulfurique.
Cétones à fonction simple — monocétones	acétone	$C^3 H^6 O$	CH³.CO.CH³		56,5	0,814 à 0°	misc.	misc.	misc.	Distillation sèche de l'acétate de calcium.
	butyrone	$C^7 H^{14} O$	C³H⁷.CO.C³H⁷		144°					Distillation sèche du butyrate de calcium.
	benzone	$C^{13} H^{10} O$	C⁶H⁵.CO.C⁶H⁵	48	143					Distillation sèche du benzoate de calcium.
	acétobenzone	$C^8 H^8 O$	CH³.CO.C⁶H⁵		199					Distillation sèche d'un mélange de benzoate et d'acétate de calcium.
	camphre	$C^{10} H^{16} O$	[formule de constitution illisible]	175	204	0,99	ins.	sol.	sol.	S'extrait du camphrier du Japon.
dicétones	acétylacétone	$C^5 H^8 O^2$	CH³.CO.CH².CO.CH³		136	0,184 à 15				Action du chlorure d'aluminium sur le chlorure d'acétyle.
Cétone à fonction mixte	acide campholique	$C^{10} H^{16} O^2$	[formule de constitution illisible]	114	255					Action du camphre chauffé dans du benzène sur le sodium.

§ 4. — ÉTUDE PARTICULIÈRE DES QUINONES

209. Propriétés générales des quinones. —
Les quinones sont capables de fixer facilement de l'hydrogène, et elles donnent une série d'autres corps que l'on a appelés des hydroquinones, et qui peuvent être considérés comme des phénols diatomiques (V. page 364). C'est là une des propriétés les plus caractéristiques des quinones. Cette fixation d'hydrogène se fait sous l'influence de la plupart des réducteurs, de l'acide sulfureux, par exemple. Les produits obtenus, les hydroquinones, sont d'ailleurs très facilement oxydables, et tendent à repasser à l'état de quinone ; l'influence de l'oxygène de l'air suffit souvent ; souvent cette réoxydation est incomplète et l'on obtient une nouvelle série de composés, les quinhydrones, que l'on peut regarder comme une combinaison d'une quinone à une hydroquinone, à molécules égales.

Les quinones subissent très facilement les phénomènes de substitution du chlore et du brome à l'hydrogène ; les composés ainsi obtenus réagissent aisément sur les hydrates alcalins, en donnant des composés à fonctions mixtes, à la fois quinone et phénol. Si l'on part d'un dérivé monochloré, on obtient une quinone ayant une fonction phénolique. Si on part d'un dérivé bichloré, on obtient une quinone possédant deux fois la fonction phénolique. Telle est l'alizarine obtenue par l'action de l'hydrate de sodium sur l'anthraquinone bibromée :

$$C^6H^4 \underset{CO}{\overset{CO}{\diagup\diagdown}} C^6H^2 \underset{Br}{\overset{Br}{\diagup\diagdown}} + 2NaOH$$

$$= 2NaBr + C^6H^4 \underset{CO}{\overset{CO}{\diagup\diagdown}} C^6H^2 \underset{OH}{\overset{OH}{\diagup\diagdown}}$$

210. Modes de production. — Les quinones peuvent s'obtenir à l'aide de quelques méthodes générales, bien que, dans la pratique, on ait surtout recours à des réactions particulières. Les quinones peuvent être préparées, par exemple, par l'oxydation des hydroquinones ou par la substitution d'une molécule d'oxygène à une molécule d'hydrogène, dans certains carbures. C'est ainsi que l'anthracène donne de l'anthraquinone :

$$C^{14}H^{10} + O^2 = C^{14}H^8O^2 + H^2.$$

Le naphtalène donne de même la naphtoquinone.

Le chlorure de chromyle donne, avec le benzène et ses homologues, des composés que l'eau détruit en fournissant des quinones (Étard). On a, par exemple, la réaction :

$$C^6H^6 + 2CrO^2Cl^2 = C^6H^4 (CrO^2Cl)^2 + 2HCl$$

puis, sous l'influence de l'eau :

$$C^6H^4 (CrO^2Cl)^2 + H^2O = C^6H^4O^2 + Cr^2O^3 + 2HCl.$$

L'oxydation des amines aromatiques, telles que l'aniline, par exemple, peut aussi donner des quinones.

Nous étudierons, dans ce qui va suivre, les quinones à fonction simple, dont les principales sont la quinone, la naphtoquinone et l'anthraquinone, ainsi que les quinones à fonction phénolique, dont la plus importante est l'alizarine.

I. — QUINONES A FONCTION SIMPLE

211. Quinone $C^6H^4O^2$ **ou** — La

quinone a été découverte par Woskresensky, en 1838, dans les produits de l'oxydation de l'acide quinique.

Nous avons vu à propos des quinones quelques modes de formation qui permettent d'obtenir de la quinone : oxydation de l'hydroquinone, traitement du benzène par l'acide chlorochromique, etc. On peut aussi obtenir la quinone en oxydant un grand nombre de dérivés bisubstitués du benzène, à la condition qu'ils appartiennent à la série para. Les séries ortho et méta, traitées de même, ne fournissent pas de quinone.

Préparation. — Un des procédés les plus pratiques consiste à oxyder l'aniline. On dissout 1 partie d'aniline dans un mélange de 8 parties d'acide sulfurique et de 30 parties d'eau, et on ajoute peu à peu, en évitant avec soin toute élévation de température, 3 parties 1/2 de bichromate de potassium finement pulvérisé. Ce n'est qu'après plusieurs heures de contact qu'on porte la température à 35°, pendant quelques instants. Puis, lorsque la liqueur est refroidie, on la traite par l'éther qui dissout la quinone et l'abandonne ensuite par évaporation.

On peut encore traiter une solution d'hydroquinone, obtenue aussi avec l'aniline, par une solution froide de bichromate de potassium acidulée par l'acide sulfurique.

Propriétés. — La quinone, lorsqu'elle a été sublimée, se présente sous forme de longues aiguilles jaune d'or, fusibles à 116°, et se sublimant dès la température ordinaire en donnant des vapeurs d'une odeur piquante, provoquant le larmoiement et rappelant celle des vapeurs d'iode. Elle est peu soluble dans l'eau froide, beaucoup plus soluble dans l'alcool et dans l'éther ou même dans l'eau chaude.

L'*hydrogène* naissant, fourni même par les corps dont le pouvoir réducteur est le plus faible, transforme la quinone en hydroquinone, par exemple, le sulfate ferreux suffit pour produire cette réduction :

$$C^6H^4O^2 + H^2 = C^6H^6O^2.$$

Si on fait agir deux molécules de quinone sur une seule molécule d'hydrogène, ou, ce qui revient au même, une molécule de quinone sur une molécule de sulfate ferreux (qui, en s'oxydant aux dépens de l'eau, ne fournit qu'une demi-molécule d'hydrogène), on obtient la quinhydrone (hydroquinone vert) :

$$2C^6H^4O^2 + H^2 = C^6H^4O^2,C^6H^6O^2.$$

La quinhydrone cristallise en belles aiguilles vertes, d'un éclat métallique.

L'*oxygène* naissant transforme la quinone en un mélange d'acides picrique et oxalique. Nous avons vu, à propos des quinones, comment on pouvait obtenir indirectement des produits d'oxydation des quinones, par l'intermédiaire des dérivés chlorés.

Le *chlore* et le *brome* donnent de nombreux dérivés, parmi lesquels les quinones trichlorés et tribromés sont les plus faciles à obtenir. Les chlorurants énergiques, comme l'eau régale ou les mélanges d'acide chlorhydrique et de chlorate de potassium, produisent le dérivé tétrachloré que l'on appelle le chloranile.

On peut obtenir des *dérivés nitrés* en prenant comme point de départ, pour la préparation de la quinone, des dérivés nitrés, par exemple, en traitant d'après la méthode de M. Étard, le mononitrobenzène $C^6H^5(AzO^2)$ par l'acide chlorochromique, on obtient la quinone mononitrée $C^6H^3(AzO^2)O^2$.

L'ammoniaque et les amines donnent avec la quinone des dérivés amidés.

212. Dérivés chlorés et bromés de la quinone.

— *Monochloroquinone* $C^6H^3ClO^2$. — Prismes orthorhombiques, fusibles à 57°, obtenus en oxydant par l'acide chromique l'hydroquinone monochlorée.

Dichloroquinone $C^6H^2Cl^2O^2$. — Prismes clinorhombiques, fusibles à 159°, obtenus en oxydant de même l'hydroquinone bichlorée.

Trichloroquinone $C^6HCl^3O^2$. — Petits prismes jaunes, fusibles à 165°, obtenus par l'action du chlore sur la quinone.

Tétrachloroquinone $C^6Cl^4O^2$, *ou chloranile.* — Elle a été obtenue, tout d'abord, par l'action du chlore sur l'indigo (Erdmann). C'est Laurent qui montra les relations de ce corps avec le phénol.

Ce composé s'obtient en dissolvant, dans 70 parties d'eau bouillante, 3 parties de chlorate de potassium et 1 partie de phénol. Puis, on verse peu à peu dans ce mélange, en agitant vivement, 14 parties d'acide chlorhydrique ; une vive effervescence, accompagnée d'une mousse abondante, ne tarde pas à se produire ; la température s'élève rapidement, et bientôt la liqueur se trouble et laisse déposer de fines aiguilles de chloranile. On obtient ainsi immédiatement, en chloranile, environ 40 0/0 du poids de phénol employé ; mais, en traitant le produit brut contenant, outre la chloranile, de la quinone trichlorée par de l'iode et de l'eau et en faisant passer un courant de chlore dans la masse, pour transformer l'iode en trichlorure d'iode, on obtient, après une douzaine d'heures d'action, un poids de chloranile qui peut représenter 125 0/0 du poids de phénol employé.

La chloranile se présente sous forme de paillettes d'un jaune pâle, possédant un éclat métallique. Elle se sublime sans fondre à une température assez basse. Elle est insoluble dans l'eau et un peu soluble dans l'éther. La potasse la transforme en donnant du chloranilate $C^6Cl^2O^2(OK)^2$, sel que l'on peut décomposer par l'acide chlorhydrique et qui fournit un composé à fonction mixte, quinone et diphénol, $C^6Cl^2O^2(OH)^2$, que l'on a appelé improprement acide chloranilique.

Avec l'ammoniaque en solution alcoolique, on obtient la dichloroquinonamide $C^6Cl^2O^2(AzH^2)^2$; avec l'ammoniaque en solution aqueuse, on obtient la monochloroquinonamide $C^6Cl^2O^2(AzH^2)(OH)$. L'aniline donne aussi un produit correspondant $C^6Cl^2O^2(AzHC^6H^5)^2$.

La chloranile est employée dans l'industrie des matières colorantes.

Dibromoquinone $C^6H^2Br^2O^2$. — Lamelles jaunes brillantes, fusibles à 122°, que l'on obtient par l'action de l'acide azotique fumant sur le tribromophénol. Elle est soluble dans l'alcool et dans l'éther.

Tribromoquinone $C^6HBr^3O^2$. — Lamelles d'un jaune doré

fusibles à 147°, que l'on obtient en traitant une solution alcoolique de tribromohydroquinone par le perchlorure de fer.

Tétrabromoquinone $C^6Br^4O^2$, *ou bromanile.* — On l'obtient par l'action du bromure d'iode sur le phénol. Pour cela, on ajoute peu à peu 1 partie de phénol à une dissolution contenant 50 parties d'eau, 10 parties de brome et 3 parties d'iode. Lorsque la réaction, très vive au début, est devenue calme, on ajoute 5 parties d'eau, et on maintient à 100° pendant deux heures, puis on laisse refroidir. La masse qui se dépose est essorée, puis mise en digestion, à froid, avec du sulfure de carbone qui dissout le tribromophénol formé simultanément ; le résidu est ensuite purifié par des lavages à l'alcool bouillant, puis mis à cristalliser dans le benzène.

C'est un corps cristallisé en paillettes jaunes, brillantes, ressemblant à la chloranile et donnant, avec la plupart des corps, des réactions analogues à celles de ce composé.

213. Toluquinone $C^7H^6O^2$ **ou**

$$\begin{array}{c} C-CH^3 \\ CH \diagup \diagdown C \\ \quad \| \\ C \diagdown \diagup CH \\ CH \end{array}$$

Ce composé s'obtient, comme la quinone, par l'oxydation, à l'aide du bichromate de potassium, du sulfate d'orthotoluidine ou de la paracrésylène-diamine ; on peut aussi le préparer par la méthode de M. Étard (V. *Quinone*). Il cristallise en lamelles d'un jaune d'or, fusibles à 69°, se sublimant facilement et ayant une odeur qui rappelle celle de la quinone. Elle est peu soluble dans l'eau froide, très soluble, au contraire, dans l'alcool et dans l'éther. Elle a donné, comme la quinone, de nombreux dérivés chlorés, bromés et nitrés: elle a fourni dans les mêmes conditions des phénols-quinones.

On a obtenu aussi des dérivés avec l'ammoniac, avec l'aniline et les amines analogues.

214. Thymoquinone $C^{10}H^{12}O^2$. — Ce composé a été découvert par M. Lallemand en oxydant le thymol sulfo-conjugué. On l'obtient en oxydant une solution d'acide thymolsulfureux, acidulée par l'acide sulfurique, à l'aide de bichromate de potassium. En distillant le mélange, on obtient un corps huileux qui cristallise en se refroidissant; on le purifie par quelques cristallisations dans l'alcool éthéré.

C'est un corps cristallisé en lamelles jaunes, fusibles à 45°,5, bouillant vers 200°. On a obtenu un certain nombre de dérivés chlorés et bromés, ainsi que les phénols-quinones et l'hydroquinone correspondants. On connaît aussi le thymoquinhydrone qui résulte de l'action de la thymoquinone sur la thymohydroquinone. C'est un corps cristallisé en beaux cristaux violets, à éclat métallique.

215. Naphtoquinone $C^{10}H^6O^2$. — On connaît deux composés isomériques répondant à cette formule: l'un, l'α-naphtoquinone, a des propriétés qui le rapprochent de la quinone ordinaire; l'autre, la β-naphtoquinone, se rapproche plutôt de la phénanthraquinone.

α-Naphtoquinone — Ce composé, découvert par Hermann, s'obtient dans la distillation sèche du chloronaphtosulfoquinonate de potassium. Le produit distillé est traité par l'éther, qui dissout la naphtoquinone.

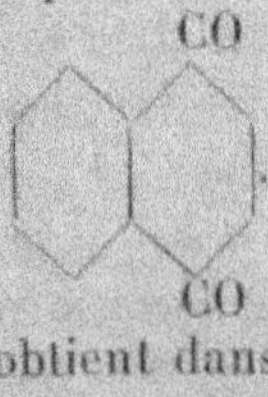

On peut aussi obtenir ce corps en traitant une solution acétique de naphtalène par une solution acétique d'acide chromique ; lorsque la réaction est terminée, on ajoute de l'eau, et la naphtoquinone se précipite. On lave ce précipité avec de l'alcool pour enlever le naphtalène non attaqué. Un autre procédé de préparation consiste à traiter la naphtylamine par un mélange d'acide sulfurique et de bichromate de potassium.

C'est un corps solide, cristallisé en grandes lamelles jaunes, fusibles à 125°, mais se sublimant déjà à une température notablement inférieure. Elle est très peu soluble dans l'eau, peu soluble dans l'alcool et dans l'éther ; ses solutions sont jaunes avec une belle fluorescence verte.

L'acide azotique la transforme en acide phtalique ; l'acide iodhydrique la transforme en dioxynaphtalène, composé à fonction mixte, quinone et diphénol. Elle donne, avec le chlore et le brome, de nombreux dérivés. Elle donne aussi, ainsi que ses dérivés chlorés et bromés, de nombreuses combinaisons avec les amines aromatiques, telles que l'aniline.

β-*naphtoquinone* $\underset{\text{CO}}{\overset{\text{CO}}{\bigcirc\bigcirc}}$. — Ce composé a été obtenu par Stenhouse et Groves en oxydant l'amido-β-naphtol. Ce sont des lamelles orangées qui se décomposent à 115°, avant de fondre ; l'acide sulfurique étendu la transforme, sous l'influence d'une douce chaleur, en dinaphtylquinhydrone. On a préparé un assez grand nombre de combinaisons de ce corps avec l'aniline et ses analogues.

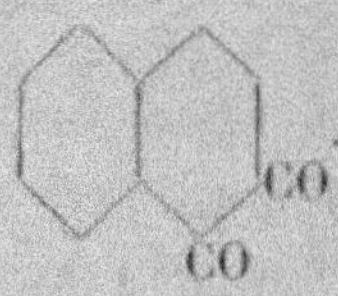

216. Anthraquinone $C^{14}H^8O^2$. — Ce composé a été

découvert par Laurent en 1835, parmi les produits de
l'action de l'acide azotique sur l'anthracène. Depuis, il a
été étudié par divers chimistes, parmi lesquels MM. Grœbe
et Liebermann qui ont particulièrement contribué à le
faire connaître. Ils le considéraient comme une quinone.
On représente le plus souvent sa constitution par le
schéma suivant, proposé par M. Kékulé :

$$\text{CH}^2:(\text{CO})^2:\text{C}^6\text{H}^4.$$

Il résulte, en effet, des expériences de Kékulé, de la
synthèse de l'anthraquinone par le chlorure de phtalyle
(Friedel et Crafts), des expériences de Baeyer et Caro, etc.,
que l'anthraquinone est plutôt une dicétone qu'une quinone proprement dite. C'est ce qu'exprime le schéma
ci-dessus. Toutefois, nous l'étudierons ici à la suite des
quinones.

Préparation. — On obtient l'anthraquinone, dans les
laboratoires, en traitant une solution acétique d'anthracène par une solution acétique d'acide chromique. L'anthraquinone se dépose en partie pendant cette réduction,
sous forme d'aiguilles cristallines. Pour précipiter ce qui
est resté en solution, on ajoute de l'eau ; le dépôt est
ensuite purifié par sublimation ou par cristallisation dans
l'alcool (V., page 562, la *préparation industrielle*).

Propriétés. — L'anthraquinone se présente sous forme
de cristaux soyeux d'un jaune rougeâtre, inodores et insipides. Ils fondent à 273°. Ils sont insolubles dans l'eau,
peu solubles dans l'alcool, plus solubles dans le benzène.
Leur densité est 1,43.

L'anthraquinone est un composé très stable qui résiste assez bien à un grand nombre de réactifs, au moins à la température ordinaire ; ainsi, le brome ne fournit de dérivés bromés qu'à 100°. Une des réactions caractéristiques de l'anthraquinone est de donner, avec un mélange de soude et de limaille de zinc, une coloration rouge due à la formation d'un dérivé sodé de l'hydroanthraquinone. L'hydrosulfite de sodium donne aussi avec l'anthraquinone une coloration rouge caractéristique (Schutzenberger).

L'anthraquinone donne avec l'acide sulfurique des dérivés sulfoconjugués importants qui servent à la préparation de l'alizarine.

L'anthraquinone donne facilement un grand nombre de dérivés chlorés, bromés, méthylés, etc., qui sont utilisés comme matières colorantes (V. page 563).

217. Phénanthraquinone

$$\text{ou}\quad \begin{array}{c} C^6H^4.CO \\ | \\ C^6H^4.CO \end{array}$$

— Ce composé, isomère de l'anthraquinone, s'obtient quand on fait bouillir le phénanthrène en solution acétique avec de l'acide chromique ou mieux avec un mélange de bichromate de potassium et d'acide sulfurique. Après plusieurs heures, il se dépose une masse orangée de phénanthraquinone qu'on purifie par quelques cristallisations dans l'alcool. Ces cristaux fondent à 198°. Cette quinone donne, avec le bisulfite de sodium, un composé cristallisé. Chauffée avec de la poudre de zinc, elle régénère le phénanthrène. L'acide sulfureux la transforme en hydroanthraquinone.

218. Fluoranthrène-quinone $C^{18}H^{10}O^2$. — On obtient ce composé en traitant 2 parties de fluoranthrène par un mélange de 10 parties de bichromate de potassium et de 15 parties d'acide sulfurique, étendu de trois fois son volume d'eau. Le composé, une fois obtenu, est neutralisé par le carbonate de sodium, puis traité par le bisulfite de sodium pour isoler la fluoranthrène-quinone, qui ne s'est formée qu'en petites quantités. Elle cristallise sous forme d'aiguilles rouges, fusibles, à 188°, solubles dans l'alcool.

219. Chrysoquinone $\begin{array}{c} C^6H^4.CO \\ | \qquad | \\ C^6H^4.CO \end{array}$. — Ce composé s'obtient en traitant 2 parties de chrysène additionné, d'acide acétique par 3 parties d'acide chromique que l'on ajoute peu à peu ; lorsque la réaction est calmée, on chauffe et on filtre le liquide bouillant. La liqueur est traitée par l'eau qui précipite la chrysoquinone ; après lavage à l'eau, on la redissout dans l'acide sulfurique concentré, et on la précipite de nouveau en versant la solution sulfurique dans l'eau.

La chrysoquinone se présente sous forme d'aiguilles d'un jaune rouge, fusibles à 220°, mais en se décomposant. Elle est soluble dans l'acide acétique, le benzène, l'alcool chaud ; sa solution dans l'acide sulfurique est bleue.

Elle donne avec le chlore, le brome et les vapeurs nitreuses, d'assez nombreux dérivés chlorés, bromés et nitrés. Ses diverses réactions rapprochent plus ce corps de la phénanthraquinone que de son isomère l'anthraquinone.

II. — QUINONES A FONCTIONS MIXTES

Une seule classe : Quinones-phénols

220. Oxyquinones. — Ces composés, que l'on désigne souvent sous le nom d'oxyquinones, possèdent la fonction quinone et, une ou plusieurs fois, la fonction phénol. Ils donnent, comme les phénols, des éthers par l'action des chlorures de radicaux acides et forment, avec les alcalis, des combinaisons analogues aux phénates. Leurs dérivés chlorés, qui ont une réaction acide plus marquée que ceux des phénols, sont souvent désignés par le mot acide, bien qu'ils ne renferment pas le groupement caractéristique CO.OH. En présence de l'hydrogène naissant, ils donnent des composés peu stables. En présence de la poudre de zinc, ils donnent les carbures d'hydrogène correspondants.

Usages. — Les oxyquinones sont des matières colorantes, teignant bien les étoffes mordancées ; quelques-unes sont très employées comme l'alizarine (dioxyanthraquinone) et la purpurine (trioxyanthraquinone).

Les oxyquinones de la première des quinones étudiées, la quinone proprement dite, ne sont pas connues.

Dioxytoluquinone

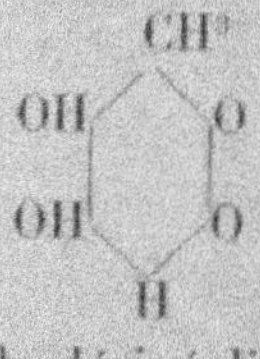

ou $C^7H^4(O^2)(OH)^2$. — Elle s'obtient en traitant le dérivé dianilidé, obtenu lui-même en chauffant la toluquinone avec l'aniline, par la potasse étendue. Ce sont de larges lamelles, d'un brun jaune, qui fondent à 177°. On a obtenu un dérivé monochloré de ce corps, cristallisé en aiguilles rouges, d'aspect métal-

lique, se sublimant avant de fondre, et un dérivé
dichloré également en cristaux rouges.

Trioxytoluquinone $C^7H^3O^2(OH)^3$. — Ce composé s'obtient en chauffant à 140° pendant trois heures du chlorhydrate d'amido-di-imido-orcine avec de l'acide chlorhydrique à 100°. C'est un composé solide, d'une nuance foncée, soluble en rouge cerise dans l'alcool bouillant.

Oxythymoquinone $C^{10}H^{11}O^2(OH)$. — Elle s'obtient par l'action de la potasse sur la thymoquinone monobromée ; elle fond à 166°. Beaux cristaux d'un rouge écarlate.

En faisant bouillir ce corps en solution acétique avec de l'aniline on obtient de petits cristaux violets, solubles en rouge dans le benzène.

Dioxythymoquinone $C^{10}H^{10}O^2(OH)^2$. — S'obtient de même avec la thymoquinone dinitrée ; flocons d'un jaune brun.

Oxynaphtoquinone $C^{10}H^5O^2(OH)$. — On l'obtient en chauffant le diimidonaphtol $C^{10}H^5(AzH)^2OH$ avec de l'acide chlorhydrique à 120°, en vase clos ; aiguilles jaunes, peu solubles dans l'eau, teignant la laine et la soie, mais non le coton. La plupart des combinaisons métalliques de ce corps (combinaisons analogues aux phénates) (1) sont rouges. L'oxynaphtoquinone monochlorée, que Laurent a obtenue par l'action de la potasse sur la naphtoquinone bichlorée, est une masse jaune, donnant des sels jaunes, orangés ou cramoisis. Ils sont très employés en teinture. Le dérivé pentachloré, obtenu par l'action de la potasse sur la naphtoquinone perchlorée, donne des sels d'une couleur rouge magnifique.

Bioxynaphtoquinone ou *naphtazarine* $C^{10}H^4O^2(OH)^2$. —

____

(1) Ces corps, qui ne sont pas des sels à proprement parler, s'appellent des naphtalates, l'oxynaphtoquinone étant souvent appelée acide naphtalique comme, d'ailleurs, le phénol est appelé acide phénique.

Ce composé a été obtenu par Roussin en traitant le naphtalène binitré (fusible à 214°) par l'acide sulfurique concentré et en projetant du zinc dans le mélange chauffé à 200°. Après trente minutes environ, la réaction est terminée et, en versant la masse dans une grande quantité d'eau, la naphtazarine se précipite sous forme d'une gelée rouge, peu soluble dans l'eau, plus soluble dans l'alcool et dans l'éther. Elle donne avec les alcalis des solutions bleues.

Trioxynapthoquinone $C^{10}H^2O^2(OH)^3$. — C'est une matière noire, presque insoluble dans l'eau bouillante, que l'on obtient parfois dans la préparation du composé précédent.

221. Oxyanthraquinones. — Avec la constitution que l'on admet pour l'anthraquinone, on peut obtenir deux monoxyanthraquinones, dix dioxy-, et un grand nombre de dérivés : trioxy-, tétraoxy-, pentaoxy-, et hexaoxy-. On en connaît un très grand nombre. Ce sont de belles matières colorantes, qui donnent des dérivés métalliques nombreux, analogues aux phénates, qui sont eux-mêmes des matières colorantes, souvent utilisées en teinture : le composé le plus connu est l'alizarine, principe colorant de la garance, que l'on prépare aujourd'hui industriellement en grandes quantités, en partant de l'anthracène.

On a obtenu aussi un grand nombre de dérivés éthylés, acétylés, sulfonés, etc.

Monoxyanthraquinones $C^{14}H^7O^2(OH)_1$. — Il existe deux isomères, le groupe OH occupant la position ortho ou méta. Pour préparer le premier l'oxyanthraquinone, on dissout l'orthoamidoanthraquinone dans un mélange d'acide acétique cristallisable et d'acide sulfurique ; on y projette de l'azotite de potassium ; puis, on ajoute de l'eau et on fait bouillir ; il se sépare des flocons jaunes ; on les dissout dans de l'eau de baryte, ce qui donne une liqueur rouge pourpre (sel de baryum) ; puis, on la traite par l'acide sulfurique qui précipite le baryum. Corps jaune orangé.

Pour préparer le second 2-oxyanthraquinone, on chauffe en vase clos, pendant cinq à six heures à 160°, 1 partie d'anthraquinone-sulfonate de sodium, avec 5 parties d'une lessive de soude caustique à 20 0/0. On acidifie ensuite par l'acide chlorhydrique et on précipite par la baryte. Corps jaune.

Dioxyanthraquinones $C^{14}H^6O^2 (OH)^2$. — La théorie prévoit dix isomères ; on a préparé douze corps répondant à cette formule, mais quelques-uns sont peu connus et peuvent appartenir ou dériver d'un autre type.

Les deux groupes OH peuvent exister dans le même noyau (quatre isomères), ou un dans chaque noyau (six isomères). Si l'on se reporte au schéma de l'anthraquinone (V. p. 553), dans lequel nous avons numéroté de 1 à 8 les huit atomes d'hydrogène auxquels on peut substituer divers groupes monovalents et, en particulier, de l'oxhydryle OH, on voit que, si les 2OH appartiennent au même noyau, ils peuvent être en 1 et 2, ou 1 et 3, ou 1 et 4 ou, enfin, 2 et 3. Nous désignerons par ces chiffres la position des deux oxhydryles pour distinguer les divers isomères.

Voici les noms et les constitutions des quatre premiers isomères :

Alizarine (1.2-dioxyanthraquinone) ;

Xanthopurpurine (1.3-dioxyanthraquinone) ;

Quinizarine (1.4-dioxyanthraquinone) ;

Hystazarine (2.3-dioxyanthraquinone).

Les six autres isomères ne sont pas tous connus avec certitude.

NOMS		FORMULE brute	FORMULE de constitution	POINTS DE FUSION	DENSITÉS	SOLUBILITÉ DANS eau	alcool	éther	COULEURS	PRÉPARATIONS
Quinones — quinones à fonction simple	quinone	$C^6H^4O^2$	(formule développée)	116		p. sol.	sol.	sol.		Action d'un mélange de bichromate de potassium et d'acide sulfurique sur l'aniline.
	toluquinone	$C^7H^6O^2$	(formule développée)	60		p. sol.	t. sol.	t. sol.		Action d'un mélange de bichromate de potassium et d'acide sulfurique sur l'orthotoluidine.
	thymoquinone	$C^{10}H^{12}O^2$		45						Oxydation d'un dérivé sulfoconjugué du thymol.
	α-naphtoquinone	$C^{10}H^6O^2$		125	200	tp. sol.	p. sol.	p. sol.		Action de l'acide chromique sur le naphtaline, tous deux en solution acétique.
	β-naphtoquinone	$C^{10}H^6O^2$		(déc.)						Oxydation de l'acido-β-naphtol.
	anthraquinone	$C^{14}H^8O^2$	(formule développée)	273	1,03	ins.	p. sol.	p. sol.		Action de l'acide chromique sur l'anthracène, tous deux en solution acétique.
	phénanthraquinone	$C^{14}H^8O^2$		198			sol.			Action de l'acide chromique sur le phénanthrène, tous deux en solution acétique.
	fluoranthraquinone	$C^{15}H^8O^2$		185			sol.			Action du bichromate de potassium et de l'acide sulfurique sur le fluoranthrène.
	chrysoquinone	$C^{18}H^{10}O^2$		250			p. sol.			Action du chrysène sur l'acide chromique en solution acétique.
quinones-phénols	dioxybenzoquinone	$C^6H^4O^4$	$C^6H^2[OH^2, O^2, OH^2]$	177					jaune brun	Action de la potasse étendue sur le produit de l'action de l'acétium sur la toluquinone.
	trioxytoluquinone	$C^7H^6O^5$	$C^7[CH^3, O^3, OH^3]$				p. sol.		rouge foncé	Action de l'acide chlorhydrique sur le chlorhydrate d'amido-dinitro-crésol.
	oxythymoquinone	$C^{10}H^{12}O^3$	$C^{10}H^{11}[O^2, OH]$	160					rouge écarl.	Action de la potasse sur la thymoquinone mononitrovée.
	dioxythymoquinone	$C^{10}H^{12}O^4$	$C^{10}H^{10}[O^2, OH^2]$						jaune brun	Action de la potasse sur la thymoquinone dinitrée.
	oxynaphtoquinone	$C^{10}H^6O^3$	$C^{10}H^5[O^2, OH]$			p. sol.			jaune	Action de l'acide chlorhydrique sur le dinitronaphtol.
	naphtazarine	$C^{10}H^6O^4$	$C^{10}H^4[O^2, OH^2]$			p. sol.	sol.	sol.	rouge	Action de la naphtazarine bénitée sur un mélange d'acide sulfurique et de zinc.
	trioxynaphtoquinone	$C^{10}H^6O^5$	$C^{10}H^4[O^2, OH^3]$			tp. sol.			noire	S'obtient en même temps que le précédent.
	1-oxyanthraquinone	$C^{14}H^8O^3$	$C^{14}H^7[O^2, OH]$						orangé	Action de l'acétate de potassium sur l'anthraamido-anthraquinone dissous dans un mélange d'acide sulfurique et acétique.
	2-oxyanthraquinone	$C^{14}H^8O^3$	$C^{14}H^7[O^2, OH]$						jaune	Action de l'anthraquinone-sulfonate de sodium sur la soude.
	alizarine	$C^{14}H^8O^4$	$C^{14}H^6[O^2, OH^2]$			p. sol.	0,005	0,0065	rouge orangé	Action de la potasse sur l'anthraquinone-bisulfonate de potassium.
	xanthopurpurine	$C^{14}H^8O^4$	$C^{14}H^6[O^2, OH^2]$						jaune orangé	Action de l'acide sulfurique sur un mélange d'acides benzoïque et orthodioxybenzoïque.
	quinizarine	$C^{14}H^8O^4$	$C^{14}H^6[O^2, OH^2]$	191					rouge orangé	Action de l'acide sulfurique sur un mélange d'hydroquinone et d'un hydrure phtalique.
	hystazarine	$C^{14}H^8O^4$	$C^{14}H^6[O^2, OH^2]$						orangé	Action de l'acide sulfurique sur un mélange de pyrocatéchine et d'anhydride phtalique.
	anthrarufine	$C^{14}H^8O^4$	$C^{14}H^6[O^2, OH^2]$	280					jaune	Action de l'acide azoteux sur le diamido-anthraquinone.
	chrysazine	$C^{14}H^8O^4$	$C^{14}H^6[O^2, OH^2]$	191					orangé	Action de la potasse sur la dioxyanthraquinone.
	anthragallol	$C^{14}H^8O^5$	$C^{14}H^6[O^2, OH^3]$						brun	Action de l'acide sulfurique sur un mélange d'acide gallique et d'acide benzoïque.
	purpurine	$C^{14}H^8O^5$	$C^{14}H^6[O^2, OH^3]$	250					orangé	Action de l'acide sulfurique et de l'acide arsénique sur l'alizarine.
	isopurpurine	$C^{14}H^8O^5$	$C^{14}H^6[O^2, OH^3]$	330					orangé	Action de la soude sur l'acide β-anthraquinone-disulfonique.
	anthrachrysone	$C^{14}H^8O^6$	$C^{14}H^6[O^2, OH^4]$	320					vert	Action de l'acide dioxybenzoïque sur l'acide sulfurique.
	dioxyanthragallol	$C^{14}H^8O^6$	$C^{14}H^6[O^2, OH^4]$			ins.		p. sol.	rouge	Action de l'acide dioxybenzoïque sur l'acide sulfurique et l'acide gallique.
	acide ruffigallique	$C^{14}H^8O^8$	$C^{14}H^6[O^2, OH^6]$			ins.	t. sol.	t. sol.	brun rouge	Action de l'acide sulfurique sur l'acide gallique.

Voici les noms des deux composés dont la constitution est connue :

Anthrarufine (1.5-dioxyanthraquinone) ;

Chrysazine (1.8-dioxyanthraquinone).

Les corps suivants sont des dioxyanthraquinones, mais leur constitution est incertaine :

Acide anthraflavique, acide isoanthraflavique, benzo-dioxyanthraquinone, isochrysazine, isoalizarine.

Ces corps et les plus importants de leurs dérivés, employés comme matières colorantes, sont décrits pages 568 et suivantes.

§ 5. — APPLICATIONS

Les corps, étudiés dans ce chapitre, qui donnent lieu à des applications industrielles importantes, sont principalement les dérivés de l'anthraquinone, et surtout les quinones-phénols, qui en dérivent et dont l'alizarine est le terme le mieux connu. Ce sont ces corps que nous allons étudier ici.

222. Préparation industrielle de l'anthraquinone. — Ce corps sert à la fabrication de l'alizarine ; aussi, est-il préparé industriellement en grandes quantités. Cette préparation repose sur l'oxydation de l'anthracène.

Dans un cuvier en bois doublé de plomb et dans lequel se trouve disposé un agitateur, on introduit 2 000 litres d'eau et 125 kilogrammes de bichromate de potassium. A l'aide d'un jet de vapeur, on porte la masse à l'ébullition, et l'on ajoute 125 kilogrammes d'anthracène ; on cesse alors de chauffer, et l'on fait couler peu à peu dans la masse 200 kilogrammes d'acide sulfurique à 55°

Baumé, de façon à ce que le liquide continue à bouillir par suite de la chaleur dégagée, mais sans que la réaction devienne trop tumultueuse. L'opération dure environ une douzaine d'heures. L'anthraquinone se trouve alors précipitée; on la recueille sur des filtres; puis, après l'avoir séchée, on la chauffe à 100° avec deux fois son poids d'acide sulfurique; elle se dissout dans ce liquide; mais, en versant la solution dans de l'eau bouillante, l'anthraquinone se sépare de nouveau; on la recueille dans des filtres-presses où on la lave avec une solution faible de carbonate de sodium, puis avec de l'eau. Pour l'avoir tout à fait pure, on la sublime dans un courant de vapeur d'eau. Le rendement en anthraquinone est d'environ 98 0/0 du poids de l'anthracène employé.

L'emploi du bichromate de potassium est une des dépenses importantes de cette fabrication. On peut régénérer ce sel qui est passé à l'état de sulfate de chrome. On traite la liqueur par la chaux, d'abord de façon à neutraliser l'excès d'acide sulfurique, on enlève le sulfate de calcium qui se dépose, puis de façon à précipiter le chrome. Le chromite de calcium, mélangé de sulfate formé simultanément, est ensuite grillé dans un four à reverbère où il se transforme en chromate de calcium; on décompose ensuite ce sel par du carbonate de potassium. D'autres méthodes sont également employées : entre autres l'oxydation du sesquioxyde de chrome par le nitre fondu.

223. Dérivés chlorés, bromés et nitrés de l'anthraquinone. — Dérivés chlorés. — *Monochloranthraquinone* $C^6H^4 : (CO)^2 : C^6H^3Cl$. — Fond à 204°, peu soluble dans le benzène.

Dichloranthraquinone. — Plusieurs variétés isomériques ; l'une fond à 205°, une autre à 161° ; fondue avec de la potasse, elle donne de l'alizarine.

Tétrachloranthraquinone $C^6H^2:(CO)^2:C^6Cl^4$. — Aiguilles d'un jaune d'or, fusibles à 191°.

Octochloranthraquinone $C^6Cl^4 : (CO)^2 : C^6Cl^4$. — Fond à 235°.

DÉRIVÉS BROMÉS. — On a obtenu une monobromanthraquinone fondant à 188° et une bibromoanthraquinone fondant à 265°, et donnant, par fusion avec la potasse, de l'alizarine.

DÉRIVÉS NITRÉS. — *Mononitroanthraquinone*

$$C^6H^4 : (CO)^2 : C^6H^3 (AzO^4).$$

On l'obtient par l'action de l'acide azotique sur une dissolution d'anthraquinone dans l'acide sulfurique. Belles aiguilles brillantes, jaunes, fusibles à 220°.

Dinitroanthraquinone $C^6H^4 : (CO)^2 : C^6H^2(AzO^4)^2$. — On connaît plusieurs isomères. L'un fond vers 258°; un autre, à 280°. Celle-ci forme avec les carbures des combinaisons colorées. Avec le stilbène, la combinaison $C^{14}H^{12}, C^{14}H^6O^2 (AzO^4)^2$ est orangée ; avec l'anthracène $C^{14}H^{10}, C^{14}H^6O^2 (AzO^4)^2$, elle est violette ; avec le chrysène $C^{18}H^{12}C^{14}H^6O^2 (AzO^2)^2$, elle est rouge.

Un autre isomère de formule

$$C^6H^3 (AzO^2) : (CO)^2 : C^6H^3 (AzO^2)$$

cristallise en aiguilles jaunes, fusibles au-dessus de 300°; il donne, avec l'acide sulfurique, quatre matières colorantes différentes de nuances rouges ou bleues, facilement transformables en diverses couleurs, principalement en bleu, en violet ou en brun.

Dérivés mixtes. — On a obtenu aussi un assez grand nombre de dérivés à la fois nitrés et bromés.

Anthraquinone monobromée mononitrée. — Fond à 261°.

Anthraquinone bibromée mononitrée. — Aiguilles jaunes fondant à 245°.

Anthraquinone monobromée binitrée. — Aiguilles jaunes, fusibles à 213°.

Anthraquinone bibromée binitrée. — Aiguilles jaunes, fusibles à 230°.

Anthraquinone tétrabromée binitrée. — Cristaux d'un rouge brun, fusibles à 105°.

224. Dérivés sulfoniques de l'anthraquinone. — *Acide anthraquinone-monosulfonique*

$$C^{13}H^7O^2.SO^3H.$$

Ce composé s'obtient industriellement en chauffant peu à peu jusque vers 160° un mélange à poids égaux d'anthraquinone et d'acide sulfurique (contenant la moitié de son poids d'acide anhydre). L'opération se fait dans une chaudière en fonte émaillée munie d'un agitateur; elle dure environ une heure; lorsqu'elle est terminée, on verse la matière dans quinze fois son poids d'eau, et on fait bouillir quelque temps. L'anthraquinone non attaquée se sépare en petits cristaux; on les élimine par filtration, et l'on neutralise la liqueur à l'aide de carbonate de sodium. Une partie de l'anthraquinone-monosul-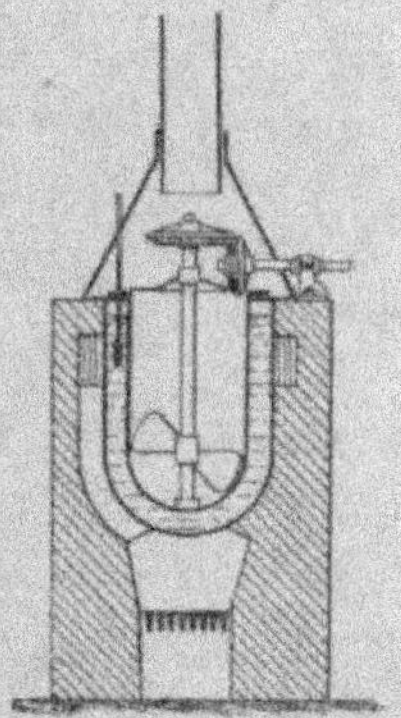

fonate de sodium cristallise. Les eaux mères concentrées abandonnent d'abord du sulfate de sodium que l'on sépare, et le résidu, évaporé à sec, contient les sels de sodium des deux dérivés disulfoniques. Les cristaux d'anthraquinone-monosulfonate de sodium peuvent être employés pour la fabrication de l'alizarine. Quand on veut en extraire l'acide anthraquinone-monosulfonique, on les transforme en sel de plomb peu soluble, et l'on décompose celui-ci par une quantité équivalente d'acide sulfurique. On obtient ainsi un composé que la potasse caustique en fusion transforme d'abord en oxyanthraquinone, et que les réducteurs transforment ensuite en anthracène monosulfonique et en hydroanthracène-mono-sulfonique $C^{14}H^{11}.SO^3H$.

Le sel de sodium donne, avec le perchlorure de phosphore, un dérivé chloré $C^{14}H^7O^2.SO^2Cl$; avec l'ammoniaque, ce dérivé chloré se transforme en dérivé amidé :

$$C^{14}H^7O^2.SO^2 (AzH^2).$$

et l'on peut obtenir des dérivés correspondants avec les amines aromatiques ; par exemple avec l'aniline, on obtient le composé $C^{14}H^7O^2.SO^2 (AzH.C^6H^5)$.

Lorsqu'on chauffe l'anthraquinone-monosulfonate de sodium avec un mélange d'acide azotique fumant et d'acide sulfurique, deux dérivés nitrés isomériques se produisent : $C^{14}H^6O^2 : (AzO^2, SO^3H)$; ce sont des composés jaunes qui deviennent rouges en présence d'un alcali.

Acides anthraquinone-bisulfoniques $C^{14}H^6O^2 : (SO^3H)^2$. — En faisant agir l'acide sulfurique sur l'anthraquinone, on obtient deux isomères.

Pour préparer ces acides, ou plutôt leurs sels de sodium, on traite l'anthraquinone, comme précédemment, par la même dose d'acide sulfurique; mais, lorsque la réaction est terminée, au lieu de verser la matière dans l'eau, on la traite par une nouvelle dose d'acide sulfurique égale à la première. Ce n'est que lorsque cette seconde réaction est terminée que l'on verse le tout dans une grande masse d'eau ; on neutralise la liqueur par addition d'un lait de chaux, qui transforme l'acide formé en sel de calcium soluble, tandis que l'excès d'acide sulfurique passe à l'état de sel de calcium insoluble, que l'on sépare au moyen de filtres-presses. La liqueur est alors traitée par le carbonate de sodium qui transforme le sel calcique en sel sodique, en passant à l'état de carbonate de calcium dont on se débarrasse par une nouvelle filtration. La dissolution est alors évaporée à sec; elle contient les deux sels de sodium isomériques, mais il n'est pas nécessaire de les séparer quand on les destine à la fabrication de l'alizarine (pour rouge). On peut cependant les séparer en utilisant leurs solubilités dans l'eau qui sont notablement différentes; une fois séparés, l'un, le moins soluble, sert à préparer la flavopurpurine, l'autre l'anthrapurpurine.

Les deux acides, traités par la potasse en fusion, donnent d'abord une oxyanthraquinone sulfonique, ou plutôt son sel potassique $C^{14}H^6O^2 : (OK, SO^3K)$, puis de l'alizarate de potassium $C^{14}H^6O^2 : (OK)^2$. Ces divers composés sont colorés.

225. Dérivés méthylés. — *Mono-méthylanthraquinone* $C^{14}H^7O^2 (CH^3)$. — On connaît les deux isomères que prévoit la théorie. L'un est un précipité jaune cristallin, fusible à 162°, que l'on obtient par l'action de l'acide azotique sur le méthylanthracène ; l'autre, en petites aiguilles d'un jaune clair, fond à 178° et s'obtient souvent en petite quantité dans la préparation de l'alizarine artificielle.

Diméthylanthraquinone $C^{14}H^6O^2 : (CH^3)^2$. — On a obtenu un composé ayant cette formule, en oxydant le diméthylanthracène par l'acide chromique dissous dans l'acide acétique. Ce sont des aiguilles jaunes, fusibles à 155°.

226. Alizarine ou 1.2.-dioxyanthraquinone.

— L'alizarine s'obtient par l'action des alcalis fondus, potasse, soude, ou mélange des deux, sur les dérivés mono ou bisulfoniques de l'anthraquinone, ou plutôt sur leurs sels de potassium. Avec le dérivé bisulfonique, on a :

$$C^{14}H^6O^2(SO^3K)^2 + 4KOH = C^{14}H^6O^2(OK)^2 + 2SO^3K^2 + 2H^2O.$$

La réaction se fait sous pression dans une chaudière

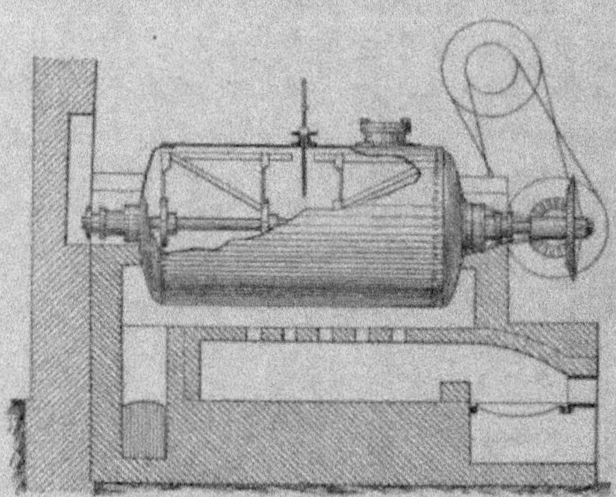

horizontale munie d'agitateurs. Un thermomètre permet de régler avec soin la température ; on peut, d'ailleurs, à l'aide d'une ouverture spéciale non figurée ci-contre, prendre de temps à autre des échantillons pour juger de l'état de transformation de la matière. On évacue la chaudière, à la fin d'une opération, à l'aide d'un tuyau de décharge, et en utilisant la pression qui force la masse pâteuse à s'écouler dans des cuves pleines d'eau.

On charge dans la chaudière 3 parties d'anthraquinone-bisulfonate de potassium avec un excès de potasse, ou de potasse et de soude, et on chauffe d'abord à la pression ordinaire jusque vers 200°. Pendant cette première phase, la matière s'épaissit; on ajoute alors du chlorate de potassium (15 à 20 0/0 du poids d'anthraquinone-disulfonate); on ferme l'autoclave, on met l'agitateur en marche et on maintient la température entre 170 et 180° pendant quarante-huit heures. On prend alors un essai à l'intérieur de la chaudière, et on le fait bouillir avec un lait de chaux, puis on filtre : l'oxyanthraquinone se dissout et peut être ensuite précipitée par un acide, tandis que l'alizarine reste insoluble. Les diverses réactions suivantes peuvent prendre naissance : d'abord avec le dérivé bisulfonique, on a la réaction indiquée plus haut qui se produit sans dégagement de gaz :

$$C^{14}H^6O^2(SO^3K)^2 + 4KOH = C^{14}H^6O^2(OK)^2 + 2SO^3K^2 + 2H^2O.$$

Avec le dérivé monosulfoné, il se forme d'abord, d'après une formule analogue, le dérivé correspondant

$$C^{14}H^7O^2(OK);$$

puis, celui-ci se transforme en présence d'un excès de potasse en alizarate, et il se dégagerait de l'hydrogène si l'on n'ajoutait pas, comme on le fait, une matière oxydante, le chlorate de potassium :

$$C^{14}H^7O^2(OK) + KOH = C^{14}H^6O^2(OK)^2 + H^2.$$

On obtient, en outre, des isomères de l'alizarate, en particulier de l'anthraflavate et de l'isoanthraflavate de potassium. La potasse les transforme, avec un nouveau dégagement d'hydrogène en trioxyanthraquinonates de potassium.

Lorsque l'action des alcalis est terminée, on vide la chaudière dans des bacs en bois doublés de plomb où l'on a mis assez d'eau pour que la matière ainsi étendue marque 10° Baumé. On décompose alors l'alizarate de potassium par l'acide sulfurique. Il se forme un précipité d'une belle couleur jaune que l'on isole et que l'on lave dans des filtres-presses jusqu'à ce que les eaux de lavage soient entièrement neutres. L'alizarine est retirée des filtres-presses à l'état de pâte que l'on pulvérise en l'introduisant avec des gobilles de cuivre dans un cylindre tournant. Cette pâte contient de 10 à 20 0/0 d'alizarine ; il vaut mieux la transporter à cet état, bien que les frais de transport soient plus considérables, que de la dessécher à l'étuve. On a indiqué aussi l'addition de substances desséchantes pour concentrer la pâte.

Propriétés. — L'alizarine se présente sous forme de fines aiguilles jaunes avec reflets rouges. Elle est peu soluble dans l'eau froide, plus soluble dans l'eau bouillante (0 gr. 34 par litre), notablement plus dans l'alcool, (5 grammes par litre à 12°), l'éther (6 gr. 5 par litre), le sulfure de carbone, la glycérine, etc.

L'alizarine est très stable ; elle possède deux fonctions phénoliques : quand on la traite par des alcalis, elle donne des liqueurs pourpres analogues aux phénates ; il résulte de mesures de thermochimie qu'une seule des fonctions phénoliques intervient en présence des alcalis étendus. Avec les oxydes autres que les alcalis, il se forme des précipités insolubles. L'acide sulfurique concentré dissout l'alizarine en donnant une liqueur rouge de sang ; l'eau en précipite l'alizarine inaltérée. L'acide azotique la transforme en acides phtalique et oxalique ; la poudre de zinc, en anthracène. Avec un réducteur moins puissant, avec le protochlorure d'étain et la soude, par exemple, on la transforme en une couleur brune (brun d'alizarine). Les vapeurs nitreuses transforment l'alizarine en deux dérivés nitrés isomériques $C^{14}H^5 (AzO^2) O^2 (OH)^2$, composés d'une belle nuance, employés en teinture sous le nom d'orange d'alizarine.

Avec la glycérine et l'acide sulfurique on obtient une belle couleur bleue, le bleu d'anthracène ou bleu d'alizarine.

226 bis. Dérivés de l'alizarine. — *Éther monométhylique* $C^{14}H^6O^2 (OH) (OCH^3)$. — Ce composé donne une solution rouge avec les alcalis.

Éther diéthylique $C^{14}H^6O^2 (OC^2H^5)^2$. — Aiguilles d'un jaune d'or.

Nitroalizarines $C^{14}H^5 (A^2O^2) O^2 (OH)^2$. — Deux isomères d'un beau jaune orange. L'une, celle qui domine dans le produit commercial, fond à 244° en se décomposant ; l'autre, à 195° ; elles donnent des solutions alcalines pourpres. On prépare la nitroalizarine en traitant une partie d'alizarine bien sèche, en suspension dans 10 parties d'acide acétique, par 7 parties d'acide azotique de densité 1,42. Il se précipite des aiguilles d'un jaune orangé ; on filtre, puis on dissout dans une solution étendue et chaude de potasse, à laquelle on ajoute, après filtration, une nouvelle dose de potasse ; le dérivé potassique se précipite ; on le lave et on le décompose par un acide.

Amidoalizarines. — Il existe deux isomères que l'on obtient en traitant les nitroalizarines correspondantes par l'amalgame de sodium ou le sulfhydrate d'ammoniaque. L'une est noire à reflets métalliques verts ; elle est soluble en rouge carmin dans les alcalis. L'autre est rouge, soluble en bleu dans les alcalis.

Ces dérivés amidés ont eux-mêmes donné naissance à des dérivés où un ou plusieurs atomes d'hydrogène sont remplacés par les groupes monovalents tels que :

$$CH^3, C^2H^3O^2, C^7H^5O^2, C^6H^5, SO^3H, \text{ etc. } ;$$

tous ces corps sont des matières colorantes jaunes, brunes ou rouges, dont quelques-unes peuvent être employées en teinture.

227. Isomères de l'alizarine. — *Xanthopurpurine ou 1.3-dioxyanthraquinone.* — On obtient ce corps en réduisant une solution alcaline de purpurine par le phosphore ou en chauffant à 105°, pendant sept heures, un mélange de 1 partie d'acide dioxybenzoïque, 5 parties d'acide benzoïque et 25 parties d'acide sulfurique concentré. Belles aiguilles jaunes tirant sur l'orangé.

Quinizarine, ou 1.4-dioxyanthraquinone. — On obtient ce corps par l'action de l'acide sulfurique sur un mélange d'hydroquinone et d'anhydride phtalique. Cristaux d'un rouge orangé fondant à 194°, solubles en bleu dans les alcalis.

Hystazarine, ou 2.3-dioxyanthraquinone. — On l'obtient, en même temps que l'alizarine, par l'action de l'anhydride phtalique, sur la pyrocatéchine en présence d'acide sulfurique concentré. Aiguilles orangées ; solutions alcalines bleues ; solution ammoniacale violette ; sel de baryum bleu.

Anthraruffine, ou 1.5-dioxyanthraquinone. — On l'obtient par l'action de l'acide azoteux sur le diamido-anthraquinone. Cristaux jaunes, fusibles à 280°.

Chrysazine, ou 1.8-*dioxyanthraquinone*. — Ce composé s'obtient en transformant l'anthracène en composé disulfonique, puis en chrysazol, celui-ci en diacétylchrysazol et en diacétylchrysazine qu'une ébullition avec la potasse transforme en chrysazine. Aiguilles d'un jaune rouge, fusibles à 191°.

Acide anthraflavique, ou (1.7-*dioxyanthraquinone?*). — Il se retire de l'alizarine artificielle par l'action de l'eau de baryte ; la solution, filtrée et décomposée par l'acide chlorhydrique, abandonne de l'acide anthraflavique ; cristaux en aiguilles, d'un jaune vif.

Acide isoanthraflavique. — Il se retire aussi de l'alizarine brute : aiguilles jaune d'or.

Benzodioxyanthraquinone. — Se retire de l'anthraflavone brute : aiguilles jaunes, fondant à 292°.

Isochrysazine. — Aiguilles d'un rouge foncé, fusibles à 175°.

228. Trioxyanthraquinone $C^{14}H^5O^2(OH)^3$. — On connaît six composés isomériques répondant à cette formule parmi les quatorze que prévoit la théorie. Les deux seuls isomères possibles, où les trois oxhydryles sont fixés sur le même noyau, sont l'anthragallol et la purpurine. Les autres sont l'anthrapurpurine, la flavopurpurine, l'oxychrysazine et la trioxyanthraquinone.

Anthragallol, ou 1.2.3-*trioxyanthraquinone.* — On le prépare en chauffant un mélange de 1 partie d'acide gallique, 2 parties d'acide benzoïque avec 20 parties d'acide sulfurique. On chauffe graduellement pendant huit heures, sans dépasser 125°, on verse ensuite la liqueur dans une grande quantité d'eau ; il se dépose des flocons bruns, peu solubles dans l'eau, solubles en vert dans les alcalis. L'anthragallol teint les tissus en brun ; on le désigne sous le nom de brun d'anthracène. On a préparé un certain nombre de dérivés éthylés, amidés et sulfonés de ce corps. Quelques-uns peuvent être employés en teinture.

Purpurine, ou 1.2.4-trioxyanthraquinone. — Ce composé s'obtient (brevet de Lalande) en traitant une solution de 1 partie d'alizarine desséchée, dans 10 parties d'acide sulfurique concentré, par 1 partie d'acide arsénique sec. On élève peu à peu la température presque vers 160°, et on l'y maintient jusqu'à ce qu'un essai montre que la matière se dissout en rouge franc dans les alcalis. On précipite alors par l'eau, on lave, on redissout dans une solution concentrée d'alun ; puis, on précipite de nouveau, après filtration, par l'acide sulfurique. Aiguilles orangées, fusibles à 253°.

Anthrapurpurine, ou isopurpurine. — Ce composé se trouve en abondance dans l'alizarine pour rouge du commerce ; on l'obtient pure en chauffant à 200°, en vase clos, 1 partie d'acide β-anthraquinone-disulfonique avec 4 parties de soude et 0,1 partie de chlorate de potassium. Aiguilles orangées, fusibles au-dessus de 330°. Elle colore en un magnifique rouge écarlate les tissus mordancés à l'alumine.

Flavopurpurine. — On chauffe rapidement avec de la soude l'acide α-anthraquinone-disulfonique. Aiguilles jaunes, fusibles au-delà de 330°, que l'on emploie pour teinture en rouge turc.

Oxychrysazine. — On l'obtient en chauffant la chrysazine avec de la potasse. Flocons bruns, se dissolvant en bleu dans les alcalis. Employé pour la teinture en rouge.

Trioxyanthraquinone. — Matière d'un brun rouge que l'on obtient en chauffant, à 210°,1 partie de tétrabromanthraquineno (fusible à 300°) avec 10 parties de soude.

229. Tétraoxyanthraquinone $C^{14}H^4O^2(OH)^4$. — *Oxypurpurine*. — On l'obtient en fondant de l'anthraquinone tribromé avec de la potasse à une température de 240°. Masse brune soluble en brun rouge dans les alcalis.

Anthrachrysone. — S'obtient en chauffant vers 130° 1 partie d'acide dioxybenzoïque avec 4 parties d'acide sulfurique. En précipitant par l'eau, on obtient une poudre verte, fusible à 320°, teignant en brun avec les mordants de fer et en rouge avec ceux d'alumine.

α-oxyanthragallol. — On chauffe pendant vingt heures à 150° de l'acide métaoxybenzoïque et de l'acide gallique, en présence d'acide sulfurique concentré. On précipite par l'eau et on redissout dans l'alcool bouillant. Par évaporation de ce liquide, on obtient une masse formée de ce composé et du suivant : on les sépare par le benzène qui dissout le composé α. Aiguilles d'un jaune d'or, peu solubles dans la plupart des dissolvants ordinaires, solubles dans la potasse en donnant une liqueur verte. Ce composé teint en rouge brun.

β-oxyanthragallol. — Se prépare en même temps que le précédent. Aiguilles rouges, solubles en vert dans la potasse.

Quinalizarine. — On prépare ce composé en chauffant à 130°, pendant deux heures, un mélange de 3 parties d'hydroquinone avec 5 parties d'acide hémipinique et 12 parties d'acide sulfurique concentré. On précipite par l'eau ; puis, on chauffe le précipité à 200°, en vase clos, avec de l'acide chlorhydrique. Aiguilles d'un rouge foncé à reflets verts.

Teint en carmin les tissus mordancés.

230. Pentaoxyanthraquinone $C^{14}H^3O^2(OH)^5$, **ou**

dioxyanthragallol. — On n'en connaît qu'un. On le prépare en chauffant dix minutes à 170° de l'acide gallique et de l'acide dioxybenzoïque symétrique (à molécules égales) avec de l'acide sulfurique concentré. On précipite ensuite par l'eau et, pour séparer le dioxyanthragallol de l'anthrachrysone et de l'acide rufigallique formés simultanément, on transforme la masse brute en dérivé acétylé (par l'action de l'anhydride acétique par exemple), et on épuise le produit par l'alcool qui ne dissout que le dérivé du dioxyanthragallol. En traitant ensuite le produit d'évaporation de la solution alcoolique par l'acide sulfurique, on obtient le dioxyanthragallol sous forme de petits prismes rouges, insolubles dans l'eau et le benzène, peu solubles dans l'éther, très solubles dans l'acétone.

Il teint les tissus en rouge brun violacé.

231. Hexaoxyanthraquinone $C^{13}H^2O^2(HO)^6$, **ou acide rufigallique.** — On ne connaît qu'une hexaoxyanthraquinone ; elle a été découverte par Robiquet, en 1836. On l'obtient en chauffant 5 parties d'acide sulfurique avec 1 partie d'acide gallique, en ne dépassant pas 140°. On verse la masse rouge et gluante, obtenue ainsi, dans de l'eau ; il se forme un précipité floconneux, mêlé de petits cristaux plus denses. Les flocons plus légers sont enlevés par lévigations, et les cristaux plus lourds restent ; ils constituent l'acide rufigallique. Ils sont bruns, à peu près insolubles dans l'eau (0 gr. 3 par litre), très peu solubles dans l'alcool et l'éther ; ils se dissolvent en rouge dans l'acide sulfurique et deviennent bleu indigo en présence de la potasse concentrée.

L'acide rufigallique teint les étoffes mordancées en brun rouge violacé.

CHAPITRE VII

SUCRES

---

§ 1. — *Généralités.* — § 2. — *Étude particulière des sucres*
§ 3. — *Applications*

§ 1. — GÉNÉRALITÉS

232. Définition et constitution. — On désigne sous le nom d'hydrates de carbone des composés neutres, formés de carbone, d'hydrogène et d'oxygène, en proportions telles que leur formule brute peut se représenter par $C^n(H^2O)^m$; de là, leur nom d'hydrates de carbone. On rangeait dans cette classe des composés de propriétés très différentes, comme les sucres et la cellulose. Les travaux remarquables de Fischer ont montré la constitution véritable des matières sucrées. Aussi séparerons-nous en deux chapitres la description des hydrates de carbone, en étudiant dans le chapitre VII l'ensemble des sucres, et en reportant au chapitre VIII l'étude des autres hydrates de carbone dont la constitution est inconnue.

Les sucres sont des composés à fonction mixte ; ils sont à la fois alcools et aldéhydes, ou alcools et cétones. On distingue donc deux classes de sucres : les aldoses (alcools-aldéhydes) et les cétoses (alcools-cétones). On les nomme bioses, trioses, hexoses, suivant le nombre d'atomes de carbone qu'elles contiennent.

Mais les sucres, ainsi définis, peuvent réagir, molécule à molécule, avec perte d'eau, sur des substances assez diverses, telles que des alcools, des acides, des aldéhydes, des sucres même. Les composés ainsi obtenus se nomment des glucosides : telles sont la coniférine, la salicine, l'arbutine, etc. Tel est encore le sucre de canne, le lactose, etc., qui sont des saccharoses, c'est-à-dire des glucosides provenant de l'union de deux molécules d'hexoses avec perte d'une molécule d'eau. On appelle souvent ces corps des hexobioses; ils contiennent douze atomes de carbone. On peut même obtenir des composés provenant de l'union d'une de ces hexobioses avec une hexose et perte d'une nouvelle molécule d'eau. Ces composés, qui contiennent 18 atomes de carbone et que l'on appelle des hexotrioses, peuvent aussi être considérés comme résultant de l'union de trois molécules d'hexoses avec élimination de deux molécules d'eau ; le mélézitose est une hexotriose.

Nous classerons les matières sucrées, d'après ce qui précède, en sucres et glucosides. Les sucres se diviseront en aldoses et en cétoses, selon qu'ils seront aldéhydes ou cétones, en même temps qu'alcool. Chacune de ces classes se subdivisera en biose, triose,..., hexose, etc. La formule générale d'une aldose est $CH^2OH.CHOH....CHOH.CHO$. Si elle contient n atomes de carbone, elle est une fois alcool primaire, une fois aldéhyde et $n - 2$ fois alcool secondaire. La formule générale d'une cétose est :

$$CH^2OH.CO.CHOH....CH^2OH.$$

Si elle contient n atomes de carbone, elle est deux fois

alcool primaire, une fois cétone et $n - 3$ fois alcool secondaire. Considérons une aldose et, pour préciser, prenons une hexose (une glucose). Ce composé contient quatre

groupes CHOH que nous écrirons $\overset{\displaystyle H}{\underset{\displaystyle OH}{\overset{|}{\underset{|}{C}}}}$ dans la formule ci-dessous :

$$CH^2OH - \overset{H}{\underset{OH}{\overset{|}{\underset{|}{C}}}} - \overset{H}{\underset{OH}{\overset{|}{\underset{|}{C}}}} - \overset{H}{\underset{OH}{\overset{|}{\underset{|}{C}}}} - \overset{H}{\underset{OH}{\overset{|}{\underset{|}{C}}}} - CHO$$

et l'on ne peut grouper autrement ces atomes, ce composé devant être une fois alcool primaire, une fois aldéhyde et quatre fois alcool secondaire. Cependant, l'expérience apprend l'existence de nombreux isomères. Pour expliquer leur existence, il est nécessaire de faire intervenir, non plus seulement les liaisons, mais aussi la disposition relative des groupes ; c'est ainsi que nous considérerons comme différents les deux groupements :

$$CH^2OH - \overset{H}{\underset{OH}{\overset{|}{\underset{|}{C}}}} - \overset{OH}{\underset{H}{\overset{|}{\underset{|}{C}}}} - \overset{OH}{\underset{H}{\overset{|}{\underset{|}{C}}}} - \overset{H}{\underset{OH}{\overset{|}{\underset{|}{C}}}} - CHO$$

et :

$$CH^2OH - \overset{OH}{\underset{H}{\overset{|}{\underset{|}{C}}}} - \overset{H}{\underset{OH}{\overset{|}{\underset{|}{C}}}} - \overset{H}{\underset{OH}{\overset{|}{\underset{|}{C}}}} - \overset{OH}{\underset{H}{\overset{|}{\underset{|}{C}}}} - CHO$$

Si l'on donne aux groupes OH et aux atomes H toutes

les dispositions possibles, on constate qu'il y a seize hexoses isomériques. La plupart de ces hexoses ont été obtenues synthétiquement par Fischer.

233. Synthèse des sucres. — Ce sont surtout les belles expériences de Fischer, sur la synthèse des sucres, qui ont conduit à admettre pour ces corps la constitution que nous venons d'indiquer brièvement. On utilise pour ces synthèses diverses réactions : les termes les plus simples de la classe des sucres sont faciles à obtenir par une condensation pure et simple des aldéhydes. Ainsi, la biose $CH^2OH.CHO$ peut être considérée comme provenant de la condensation de deux molécules d'aldéhyde formique :

$$2H.CHO = CH^2OH.CHO.$$

La triose $CH^2OH.CHOH.CHO$ peut aussi résulter de la condensation de trois molécules d'aldéhyde formique :

$$3H.CHO = CH^2OH.CHOH.CHO.$$

Les tétroses et les pentoses s'obtiendraient d'une façon analogue, ainsi que les hexoses que l'on peut faire dériver des trioses. C'est ainsi que l'aldéhyde glycérique, qui est une triose, $CH^2OH.CHOH.CHO$, en se condensant en présence d'alcalis, a fourni plusieurs hexoses que Fischer a pu séparer :

$$2CH^2OH.CHOH.CHO$$
$$= CH^2OH.CHOH.CHOH.CHOH.CHOH.CHO.$$

D'ailleurs, on peut passer d'une aldose contenant n atomes de carbone à une aldose en contenant $n + 1$ à l'aide d'une réaction très générale, souvent utilisée dans la synthèse des sucres connus, et qui a permis, en outre, d'en préparer de nouveaux, que l'on n'a pas encore rencontrés dans la nature. Pour cela on fait agir l'acide cyanhydrique sur l'aldose que l'on veut transformer, par exemple sur une tétrose :

$$CH^2OH.CHOH.CHOH.CHO + HCAz$$
$$= CH^2OH.CHOH.CHOH.CHOH.CAz.$$

Le nitrile ainsi obtenu est ensuite traité par la potasse, ce qui donne un acide, ou plutôt le sel de potassium correspondant :

$$CH^2OH.CHOH.CHOH.CHOH.CAz + KOH + H^2O$$
$$= AzH^3 + CH^2OH.CHOH.CHOH.CHOH.COOK.$$

De ce sel, transformé en acide, on passe à l'aldéhyde par la méthode générale, c'est-à-dire par hydrogénation, et l'on obtient ainsi une aldose contenant un atome de carbone de plus que celle dont on est parti :

$$CH^2OH.CHOH.CHOH.CHOH.COOH + H^2$$
$$= H^2O + CH^2OH.CHOH.CHOH.CHOH.CHO.$$

C'est en appliquant cette méthode à des hexoses, connues depuis longtemps, que Fischer a obtenu des heptoses, des octoses et des nonoses inconnues.

On peut encore passer d'une aldose à une autre ayant même composition, mais isomérique, à l'aide de la méthode que voici. On transforme l'aldose en acide bibasique par oxydation : le groupe CH^2OH et le groupe CHO contenus dans toute aldose se transforment en deux groupes identiques COOH, de sorte que les deux aldoses, dont nous avons donné le schéma développé (page 579), donnent des acides bibasiques qui sont identiques (car l'une des formules devient alors identique à l'autre, par une rotation de 180° dans le plan de la figure). Si maintenant, à l'aide d'*une* aldose on a obtenu, par oxydation, l'acide bibasique correspondant et qu'ensuite, par hydrogénation, on remonte de l'acide bibasique à l'aldose, on n'obtient pas une, mais bien *deux* aldoses isomériques, les deux qui sont capables de fournir le même acide bibasique. On sépare ces deux aldoses par des procédés convenables, que nous verrons un peu plus loin, et on a transformé ainsi une partie d'une aldose déterminée en une aldose isomérique (1).

On peut aussi, pour obtenir une transformation isomérique analogue, employer le procédé qui a servi à M. Pasteur pour transformer l'acide tartrique droit en acide tartrique gauche. Ce procédé, qui est général, consiste à transformer une aldose en acide, puis à combiner cet acide avec un alcaloïde, ce qui donne un sel qui se transforme facilement en un isomère que l'on détruit ensuite en revenant à l'aldose, par une suite de réactions inverses.

On peut, d'autre part, passer d'une aldose à une cétose sans changement du nombre d'atomes de carbone, et réciproquement. En effet, on passe d'une aldose à une cétose en la combinant à deux molécules de phénylhydrazine $AzH^2.AzHC^6H^5$, ce qui donne une combinaison qu'on appelle une osazone. C'est une réaction générale;

(1) Au lieu de transformer l'aldose en acide bibasique contenant deux groupes COOH, on peut la transformer en alcool biprimaire contenant deux groupes CH^2OH. Par suite de cette symétrie des deux extrémités de la chaîne, des aldoses qui étaient isomériques donnent des alcools identiques, et, en repassant des alcools biprimaires aux aldoses, l'alcool biprimaire donne les deux aldoses capables de l'engendrer lui-même.

appliquons-la à une hexose ou glucose :

$$2\,(AzH^2.AzHC^6H^5) + CH^2OH\,(CHOH)^4\,CHO$$
$$= 2H^2O + H^2 + CH^2OH.\,(CHOH)^3.\,C : Az.AzH.C^6H^5$$
$$|$$
$$H.C : Az.AzH.C^6H^5$$

Cette ozazone, qui est de la glucosazone quand on part du glucose, est décomposée par l'acide chlorhydrique ; elle prend deux molécules d'eau, en donnant du chlorhydrate de phénylhydrazine et un nouveau composé, une osone, ici la glucosone :

$$CH^2OH.\,(CHOH)^3.\,C : Az.AzH.C^6H^5 + 2H^2O + 2HCl$$
$$|$$
$$H.C : Az.AzH.C^6H^5$$
$$= 2\,(C^6H^5HAz.AzH^2HCl) + CH^2OH.\,(CHOH)^3\,C : O$$
$$|$$
$$HC : O$$

Cette osone donne enfin, sous l'influence de l'hydrogène naissant, une cétose correspondant à l'aldose dont on est parti :

$$CH^2OH.(CHOH)^3.C:O$$
$$| \quad + H^2 = CH^2OH.(CHOH)^3.CO:CH^2OH.$$
$$HC.:O$$

Inversement, on passe d'une cétose à une aldose en l'hydrogénant, ce qui donne l'alcool correspondant, puis en oxydant l'alcool obtenu. Cette réaction ne reproduit pas la cétose, mais l'aldose correspondante, l'oxydation se portant sur un groupe CH^2OH, tandis que l'hydrogénation avait changé le groupe CO en un groupe $CHOH$.

Dans la plupart des procédés de synthèse qui viennent d'être indiqués, on obtient non pas un, mais deux composés isomériques, ayant un même pouvoir rotatoire, en valeur numérique, mais l'un dextrogyre et l'autre lévogyre, de sorte que le mélange est sans action sur la lumière polarisée. Les méthodes que M. Pasteur a appliquées dans ses recherches sur l'acide tartrique, pour lever des difficultés du même ordre, ont permis ici encore de séparer ces composés ; pour certains mélanges, l'un des deux isomères est plus rapidement attaquable que l'autre par les ferments, de sorte qu'on peut se débarrasser du premier avant que l'autre ne soit entièrement détruit. On peut profiter de la différence de solubilité des deux composés et trier à la pince les cristaux obtenus, lorsqu'ils sont facilement reconnaissables par leur hémiédrie inverse, ou bien profiter des phénomènes de sursaturation en semant dans le liquide concentré un cristal de l'un ou de l'autre des deux isomères. Lorsque ces procédés sont inefficaces, on peut enfin engager les deux composés à séparer dans des combinaisons où la séparation peut se faire par les méthodes précédentes.

En résumé, les premiers termes s'obtiennent facilement par polymérisation des aldéhydes ; une méthode générale permet ensuite de passer de proche en proche d'un terme au suivant, en augmentant à chaque fois d'une unité le nombre d'atomes de carbone contenu dans la molécule ; dans un groupe de composés ayant tous même nombre d'atomes de carbone, on passe des aldoses aux cétoses (1), et réciproquement ; et, enfin, dans le groupe des aldoses, on passe d'une aldose à une autre isomérique à l'aide des procédés qui viennent d'être indiqués. Ces méthodes générales ont permis d'obtenir la plupart des sucres connus, mais pas tous encore ; par contre, de nou-

---

(1) Les cétoses sont plus difficiles à obtenir et moins bien connues que les aldoses.

veaux sucres ont été découverts ; tels sont les faits qui
légitiment les idées de Fischer sur la constitution des
sucres.

§ 2. — ÉTUDE PARTICULIÈRE DES SUCRES

1. — SUCRES

A. — ALDOSES

a. — *Bioses* $CH^2OH.CHO$

234. Aldéhyde glycolique. — L'aldéhyde glycolique est une biose ; sa formule étant $CH^2OH.CHO$, c'est
bien une aldose-biose, puisqu'elle est alcool-aldéhyde à
deux atomes de carbone. Mais, comme elle a été étudiée
(V. page 518), nous ne faisons que la rappeler ici.

b. — *Trioses* $CH^2OH.CHOH.CHO$

235. Aldéhyde glycérique. — C'est une aldose-
triose, comme le montre sa formule $CH^2OH.CHOH.CHO$.
On obtient ce composé par l'action de l'oxygène de la
glycérine en présence du noir de platine. On obtient aussi
un mélange d'aldose $CH^2OH.CHOH.CHO$ et de cétose
$CH^2OH.CO.CH^2OH$, que l'on désigne sous le nom de gly-
cérose par l'action du brome sur un dérivé plombique
de la glycérine.

$c.$ — *Tétrose* $CH^2OH.CHOH.CHOH.CHO$

236. Érythrose. — On connaît une tétrose qui résulte de la condensation de deux molécules d'aldéhyde glycolique (biose) sous l'influence d'une base. Par hydrogénation elle donne l'érythrite, alcool tétratomique.

$d.$ — *Pentoses* $CH^2OH.CHOH.CHOH.CHOH.CHO$

On connaissait deux pentoses, l'arabinose et la xylose. Les travaux de Fischer ont conduit, en outre, à une troisième pentose, la ribose : la théorie en prévoit huit.

237. Arabinose. — Ce composé s'obtient en chauffant la gomme arabique avec de l'acide sulfurique étendu (2 0/0). On chauffe à l'ébullition pendant dix-huit heures, dans un ballon muni d'un réfrigérant ascendant, 1 kilogramme de gomme arabique avec 8 litres d'acide sulfurique étendu ; puis, la liqueur étant chaude, on la neutralise par l'eau de baryte saturée à chaud, et on évapore sans filtrer. On extrait ensuite l'arabinose en traitant la masse par l'alcool à 96°. On décante pour séparer le précipité de sulfate de baryum, et on fait cristalliser en évaporant l'alcool ; on reprend ensuite par l'alcool, on filtre, et on fait cristalliser de nouveau.

L'arabinose cristallise en petits prismes fusibles à 160° ; elle se dissout facilement dans l'eau bouillante ; elle est peu soluble à froid et presque insoluble dans l'alcool absolu. Son pouvoir rotatoire, dextrogyre, est $[\alpha]_D = 105°$.

L'alcool correspondant à ce sucre est l'arabite :

$$CH^2OH.(CHOH)^3.CH^2OH.$$

On l'obtient par l'action de l'amalgame de sodium sur l'arabinose.

L'acide bibasique correspondant est l'oxyde trioxyglutarique COOH.(CHOH)^3.COOH. Il s'obtient par l'action ménagée de l'acide azotique sur l'arabinose. L'arabinose n'est pas fermentescible; elle ne réduit pas la liqueur de Fehling.

e. — Hexoses CH^{2}OH.(CHOH)^4.CHO

La théorie prévoit 16 hexoses-aldoses. Fischer a fait la synthèse des dix principales.

238. Glucose, ou dextrose. — On connaît trois glucoses qui diffèrent par leur action sur la lumière polarisée : l'un, le *d*-glucose, est dextrogyre; un autre, le *l*-glucose, est lévogyre; le troisième, l'*i*-glucose, est inactif.

Le *d*-glucose se rencontre dans la plupart des fruits mûrs, dans le miel.

On le prépare par l'action de l'acide sulfurique très étendu sur la fécule de pomme de terre. La fécule se transforme par cette action d'abord en dextrine, puis en glucose; on suit le progrès de l'opération à l'aide de l'iode qui donne une coloration bleue à un échantillon prélevé sur la masse, tant qu'il reste de l'amidon. Quand un nouvel essai ne donne plus cette coloration, il n'y a plus d'amidon, mais il reste de la dextrine; on continue encore jusqu'à ce qu'un essai ne précipite plus par l'alcool, ce qui indique qu'il ne reste plus que peu de dextrine, cette substance étant insoluble dans ce liquide.

Une fois la transformation terminée, on ajoute de la craie pour saturer l'acide; on laisse déposer le précipité de sulfate de calcium, on décante, et on filtre. La liqueur obtenue est alors concentrée plus ou moins, selon le produit que l'on veut obtenir. Pour avoir le *glucose en masse*, on concentre à 41° Baumé, et la liqueur se prend en masse par le refroidissement ; le *glucose granulé* cristallise en petits cristaux par refroidissement de la solution de glucose concentré à 32° Baumé, et, enfin, on obtient le *sirop de glucose* en concentrant seulement à 27° Baumé.

Dans l'industrie, cette opération se fait sur de grandes masses contenues dans des cuviers en bois, chauffés par injection de vapeur dans la masse liquide. Pour 10 mètres cubes d'eau, on ajoute 65 kilogrammes d'acide sulfurique et peu à peu 3 000 kilogrammes de fécule délayée dans un poids égal d'eau tiède. L'opération dure à peine trois quarts d'heure, mais elle est incomplète. Il faudrait prolonger l'action pendant trois ou quatre heures pour obtenir un rendement de 90 0/0. Le glucose du commerce ne renferme environ que 70 0/0 de glucose.

Propriétés. — Le glucose est une substance qu'on peut obtenir cristallisée ; elle a une saveur sucrée, trois fois moindre que celle du sucre de canne ; elle contient une molécule d'eau de cristallisation qu'elle perd vers 100° ; elle fond à 80°. Le glucose, déshydraté à 100° et redissous dans l'eau, a conservé les propriétés primitives. Chauffé, au contraire, à 170°, le glucose perd une nouvelle molécule d'eau en donnant une matière à peine sucrée, le glucosane $C^5H^{10}O^5$. Deux molécules de glucose perdent encore une nouvelle molécule d'eau à 200°, en se transformant en caramel $C^{16}H^{18}O^9$.

Les propriétés du glucose montrent que c'est un alcool pentatomique et une aldéhyde ; on peut transformer le glucose en éther par l'action de cinq molécules d'acide, ce qui indique qu'il est alcool pentatomique.

Ce sont surtout les acides organiques qui se prêtent à la formation de ces éthers : les acides minéraux, l'acide azotique excepté, décomposent le glucose, au lieu de former des éthers. Par une oxydation ménagée, on le transforme en un acide monobasique, cinq fois alcool encore, ce qui montre la fonction aldéhydique du glucose. Par hydrogénation, au contraire, on obtient un alcool hexatomique, la mannite ; il suffit pour cela de traiter le glucose par l'amalgame de sodium.

L'acide azotique transforme le glucose en acide bibasique $COOH.(CHOH)^4.COOH$, correspondant : c'est l'acide saccharique. On a pu aussi obtenir, par l'action de l'acide azotique sur le glucose, un éther pentanitrique $C^6H^7O(AzO^3)^5$, important au point de vue théorique, puisqu'il montre la fonction pentaalcoolique du glucose.

Le glucose se combine avec les bases : on obtient la combinaison barytique $C^6H^{10}BaO^6$, en mélangeant des solutions alcooliques de glucose et de baryte. Il se combine aussi, comme le font d'ordinaire les aldéhydes, à un certain nombre de substances, au chlorure de sodium en particulier, avec lequel il donne les composés

$$2C^6H^{12}O^6,\ NaCl + H^2O$$
$$2C^6H^{12}O^6,\ 2NaCl + H^2O$$
$$C^6H^{12}O^6,\ NaCl.$$

Le glucose jouit, comme aldéhyde, de la propriété de réduire certains sels : il réduit à l'état métallique les sels d'or et d'argent ; il précipite du sous-oxyde de cuivre Cu^2O des sels de cuivre. On utilise cette propriété pour le dosage du glucose (V. page 667).

Chauffé avec de la potasse ou de la chaux, le glucose brunit : cette réaction est utilisée pour reconnaître la présence du glucose dans certaines substances, par exemple dans la cassonade ou dans l'urine.

Usages. — Le glucose est employé en grande quantité dans la vinification. Lorsque les raisins ont mal mûri, qu'ils contiennent une proportion trop faible de glucose, ils donneraient, par la fermentation, un vin peu alcoolique, qui se conserverait mal ; en ajoutant du glucose, on remédie à cet inconvénient. Le glucose sert dans la fabrication de la bière et de l'alcool de grains ou de pommes de terre : dans ces industries, le glucose est obtenu à l'aide de la matière amylacée des grains ou des pommes de terre, mais il n'est pas séparé des matières qui l'accompagnent. Il est soumis tel quel à la fermentation.

On l'emploie aussi pour la fabrication des sirops et du pain d'épice.

239. L-Glucose. — Ce composé s'obtient en partant de l'acide gluconique, composé à fonction mixte, cinq fois alcool et une fois éther. La formule est :

$$CH^2OH.(CHOH)^4.COOH.$$

A cet acide correspond une *l*-lactone, anhydride résultant de la perte d'une molécule d'eau, aux dépens d'un groupe CHOH et du groupe COOH, dont la formule est :

$$CH^2OH\ (CHOH)^3\ CH.CO.$$
$$O$$

Cette lactone, traitée par l'hydrogène naissant, fixe H^2 en produisant le *l*-glucose :

$$CH^2OH.\ (CHOH)^4.\ CHOH.CHO.$$

Cette substance a des propriétés chimiques toutes semblables à celles du *d*-glucose ; elle fond à 143°, elle est
lévogyre : $[\alpha] = -51,4$.

240. l-Glucose. — Ce composé s'obtient, comme le
précédent, mais en partant de la lactone inactive de l'acide
gluconique, ou bien par la combinaison des deux glucoses
précédents.

241. Mannoses. — Il existe trois mannoses : 1° une
d-mannose (mannose dextrogyre) donnant par oxydation
l'acide *d*-mannosaccharique, et par hydrogénation une
mannite dextrogyre, alcool hexatomique ; 2° une *l*-man-
nose, mannose lévogyre, donnant par oxydation l'acide
l-mannosaccharique et, par hydrogénation, la mannite
lévogyre ; 3° une *i*-mannose, sans action sur la lumière
polarisée : elle résulte de la combinaison des deux précédentes.

242. Guloses. — Il existe aussi trois guloses : 1° une
d-gulose qui donne comme le *d*-glucose même acide bibasique par oxydation, c'est-à-dire l'acide *d*-saccharique
et, par hydrogénation, même alcool hexatomique, la
d-sorbite : 2° une *l*-gulose correspondant au *l*-glucose, donnant comme lui, par oxydation, le même acide *l*-saccha-
rique et, par hydrogénation, le même alcool hexatomique,
la *l*-sorbite ; 3° une *i*-gulose, ou gulose inactive, sur la
lumière polarisée, qui résulte de la combinaison des deux
précédentes.

243. Galactoses. — Il existe trois galactoses : 1° une
d-galactose ; 2° une *l*-galactose ; donnant toutes deux par
oxydation un même acide bibasique, l'acide *i*-mucique ;

et, par hydrogénation, un même alcool hexatomique l'*i*-dulcite ; 3° et, enfin, une *i*-galactose résultant de la combinaison des deux galactoses précédentes. La galactose résulte du dédoublement du sucre de lait, hexobiose, qui sera étudiée plus loin.

B. — CÉTOSES

Les cétoses sont moins connues que les aldoses ; nous n'en citerons que deux : la fructose et la sorbinose.

244. L-Fructose, ou lévulose :

$$CH^2OH.(CHOH)^3.CO.CH^2OH.$$

Ce composé, deux fois alcool primaire, trois fois alcool secondaire, une fois cétone, existe dans les fruits tels que les groseilles, où la graine est mêlée à la pulpe. Il est lévogyre ; son pouvoir rotatoire est — 106°. On prépare la *l*-fructose en traitant 100 grammes de sucre interverti, mélange de molécules égales de glucose et de lévulose, par 60 grammes de chaux éteinte délayée dans 1 litre d'eau. En agitant, il se forme une masse pâteuse de glucosate et de lévulosate de calcium que l'on met dans une toile fine et que l'on exprime ; le glucosate de calcium est soluble ; le lévulosate, insoluble, reste ; on le lave, puis on le décompose par l'acide oxalique ; on sépare le précipité d'oxalate de calcium insoluble et on concentre la dissolution ; le lévulose cristallise au bout d'un certain temps.

245. D-Fructose. — Ce composé, qui a même

formule que le précédent, mais qui est dextrogyre, s'obtient en soumettant à la fermentation le fructose inactif, mélange de *l*-fructose et de *d*-fructose. Sous l'influence de la levure de bière, le *l*-fructose est transformé en alcool et acide carbonique, tandis que le *d*-fructose subsiste seul.

246. L-Fructose. — Le fructose inactif s'obtient par l'oxydation de la mannite inactive.

II. — GLUCOSIDES

Les glucosides, composés que l'on trouve en grand nombre dans les végétaux, résultent de l'union de diverses hexoses et, en particulier, du glucose avec des alcools ou des aldéhydes, avec élimination d'eau. Certains glucosides présentent un intérêt particulier : ce sont ceux qui dérivent de deux molécules d'hexoses. Ces glucosides ont reçu le nom d'hexobioses ou saccharoses, du nom du principal composé. On connaît aussi des hexotrioses, résultant de la combinaison de trois molécules d'hexoses avec élimination de deux molécules d'eau.

A. — GLUCOSIDES DÉRIVANT D'UN ALCOOL OU D'UNE ALDÉHYDE

247. Arbutine $C^{12}H^{16}O^7$. — L'arbutine est un glucoside qui résulte de l'union d'un diphénol, l'hydroquinone, avec une molécule de glucose suivant la formule :

$$C^6H^4 : (OH)^2 + CH^2OH. (CHOH)^4. CHO$$
$$= H^2O + C^6H^4 : (OH, O.C^6H^{11}O^5).$$

On l'obtient en traitant une décoction de feuilles de busserole par le sous-acétate de plomb qui précipite un certain nombre d'impuretés ; la solution filtrée est concentrée ; elle cristallise par refroidissement. Cette substance se trouve souvent mélangée avec son éther méthylique $C^6H^4 : (O.CH^3, O.C^6H^{11}O^5)$.

L'acide sulfurique étendu et l'émulsine, en fixant sur l'arbutine une molécule d'eau, régénèrent le glucose et l'hydroquinone.

248. Salicine $C^{13}H^{18}O^7$. — La salicine est un glucoside dérivant d'une molécule de glucose et d'une molécule de saligénine, alcool phénol (V. page 376), avec perte d'une molécule d'eau :

$$C^6H^4 : (CH^2OH, OH) + CH^2OH . (CHOH)^4 . CHO$$
$$= H^2O + C^6H^4 : (CH^2OH, O.C^6H^{11}O^5).$$

On la prépare en épuisant l'écorce de saule par l'eau bouillante ; on concentre ; puis, on fait digérer avec de l'oxyde de plomb. Après filtration, on évapore de nouveau.

La salicine se dépose en cristaux. L'acide sulfurique donne avec ce corps une solution rouge caractéristique.

Un ferment soluble, l'émulsine, la transforme en saligénine et glucose par fixation d'une molécule d'eau. L'oxygène naissant transforme la salicine en glucose et aldéhyde salicylique, qui est l'aldéhyde de la saligénine.

249. Coniférine $C^{16}H^{22}O^8$. — Ce composé dérive de l'union, avec perte d'eau, d'une molécule de glucose avec une molécule d'alcool coniférylique, composé à fonction mixte, alcool, phénol et éther (V. page 425) :

$$C^6H^3 : . (C^3H^5O, OH, OCH^3) + C^6H^{12}O^6$$
$$= C^6H^3 : . (C^3H^5O, O.C^6H^{11}O^5, O.CH^3) + H^2O.$$

La coniférine s'extrait de la sève descendante des conifères. On porte ce liquide à l'ébullition dès qu'on l'a recueilli ; les matières albuminoïdes qu'il contient se coagulent ; on filtre et on concentre. La coniférine cristallise par refroidissement, avec deux molécules d'eau :

$$C^{16}H^{22}O^8 + 2H^2O.$$

L'émulsine dédouble la coniférine en alcool coniférylique et glucose.

B. — HEXOBIOSES OU SACCHAROSES $C^{12}H^{22}O^{11}$

250. Maltose. — Ce composé s'obtient dans l'action sur l'amidon de la diastase contenue dans l'orge germée. Cette action transforme l'amidon, d'abord en dextrine, puis en maltose qui se transforme ensuite en glucose.

Pour préparer le maltose, on traite l'amidon délayé dans six fois son poids d'eau par de l'orge germée vers 60°. Après vingt-quatre heures, on précipite la dextrine en ajoutant à la masse le double de son volume d'alcool. Après quarante-huit heures, on décante et on filtre. et dans la liqueur filtrée on précipite le maltose par l'éther.

Le maltose cristallise avec une molécule d'eau qu'il perd quand on le chauffe à 100°. Il est très soluble dans l'eau, un peu soluble dans l'alcool, insoluble dans l'éther. Il est dextrogyre, son pouvoir rotatoire est + 139°,3.

L'acide sulfurique le transforme à chaud en glucose. Il réduit la liqueur de Fehling, mais il ne réduit pas l'acétate de cuivre.

Le maltose résulte de l'union de deux molécules de glucose, avec perte d'une molécule d'eau.

251. Saccharose, ou sucre de canne. — Le saccharose est la matière sucrée qui existe dans un grand nombre de plantes, dans la tige de la canne à sucre, dans le tronc de l'érable, du palmier, dans les racines de carotte, de navet et surtout dans la racine de la betterave.

La préparation du sucre à l'aide de la betterave ou de la canne constitue une industrie très importante, étudiée un peu plus loin.

Le saccharose est un corps blanc, de densité 1,6, cristallisant facilement par refroidissement d'une solution concentrée à 37° Baumé, en prismes clinorhombiques (sucre candi); son pouvoir rotatoire est + 73,8. Il est très soluble dans l'eau, 2 kilogrammes par litre à froid et en toutes proportions dans l'eau bouillante. Le sucre fond vers 160° en un liquide sirupeux, se solidifiant par refroidissement en une masse vitreuse, amorphe (sucre d'orge). Si l'on chauffe le sucre davantage, il perd deux molécules d'eau à 210°, en se transformant en une masse brune, le caramel $C^{12}H^{18}O^9$. A une température plus élevée il se décompose complètement en donnant du charbon que l'on peut obtenir très pur (charbon de sucre).

Le saccharose résulte de l'union d'une molécule de glucose et d'une molécule de lévulose, avec perte d'une molécule d'eau. Les acides étendus produisent l'hydratation du saccharose et son dédoublement en glucose et lévulose.

L'acide sulfurique très étendu (1 0/0 d'acide) produit ce dédoublement quand on le chauffe avec du sucre pendant cinq minutes. Les autres acides ont une action identique, mais un peu moins rapide. On appelle *sucre interverti* (1) le saccharose ainsi transformé en un mélange de glucose et de lévulose. L'interversion du sucre peut se produire, en l'absence des acides, par l'action seule de l'eau, sous l'influence d'une longue ébullition. C'est là un fait très important pour l'industrie du sucre ; pour éviter cette interversion, correspondant à une perte de sucre, on doit conduire l'évaporation le plus rapidement possible. Le sucre peut aussi être interverti sous l'influence d'un ferment soluble, l'invertine des jus sucrés.

Certains acides ont une action spéciale : l'acide azotique concentré oxyde le sucre en donnant de l'acide oxalique. L'acide azotique à froid le transforme en éther tétranitrique $C^{12}H^{18}O^7 (AzO^3)^4$; c'est un explosif. L'acide sulfurique le décompose en dégageant de l'anhydride sulfureux et en donnant des composés noirs.

Les bases alcalines ne produisent pas avec le saccharose la coloration d'un jaune brun qu'elles fournissent avec le glucose. Les bases alcalino-terreuses forment des combinaisons utilisées dans l'industrie du sucre : le sucre se dissout facilement dans un lait de chaux, et la solution sucrée dissout beaucoup de cette base. La liqueur, filtrée pour la débarrasser de l'excès de chaux, se trouble quand on la chauffe en laissant déposer un précipité gélatineux qui a pour formule $C^{12}H^{16}Ca^3O^{11} + 3H^2O$. Il se redissout quand la liqueur se refroidit. On peut obtenir un sucrate monocalcique et un sucrate bicalcique, en précipitant la

______

(1) Le nom de sucre interverti provient de ce que le saccharose est dextrogyre, tandis que le mélange, à molécules égales, de lévulose et de glucose est lévogyre : il y a eu interversion du pouvoir rotatoire.

liqueur par l'alcool, au lieu de la chauffer. Ces trois combinaisons sont détruites par l'anhydride carbonique qui précipite la chaux à l'état de carbonate. La strontiane forme à froid un sucrate contenant un atome de cette base, et à l'ébullition un sucrate qui en contient deux. La baryte forme aussi un sucrate $C^{12}H^{20}BaO^{11} + H^2O$.

Le sucrate de calcium donne, avec l'acétate de plomb, un précipité de sucrate de plomb : $C^{12}H^{18}Pb^2O^{11}$.

L'hydrogène naissant donne, avec le saccharose, les mêmes alcools qu'avec le glucose et le fructose, c'est-à-dire la mannite et la sorbite.

Le saccharose ne réduit pas la liqueur de Fehling; mais il la réduit après interversion, propriété que l'on utilise dans l'analyse des sucres. Le saccharose ne possède pas non plus la propriété de fermenter, au moins immédiatement, car le ferment alcoolique fixe bientôt une molécule d'eau sur le saccharose en l'intervertissant : le glucose et le lévulose produits fermentent ensuite.

Le saccharose donne, avec le chlorure de sodium, une combinaison cristallisée $C^{12}H^{22}O^{11} + NaCl$.

252. Lactose, ou sucre de lait. — Ce composé est une hexobiose qui résulte de l'union d'une molécule de *d*-glucose et d'une molécule de *d*-galactose, avec élimination d'une molécule d'eau. Le lactose s'extrait du petit-lait, c'est-à-dire du lait dont on a enlevé le beurre et la caséine, du liquide qui baigne le lait caillé. On concentre la liqueur, et on l'abandonne à elle-même ; après un certain temps, elle laisse déposer des cristaux très durs de lactose.

Le lactose s'intervertit comme le saccharose, sous l'influence de l'acide sulfurique étendu, mais plus lentement; le *sucre de lait interverti* qu'on obtient ainsi est un mélange de *d*-glucose et de *d*-galactose.

L'acide azotique l'oxyde en le transformant en acide mucique $C^6H^{10}O^8$.

L'amalgame de sodium le transforme en un mélange des deux alcools hexatomiques correspondant aux deux hexoses génératrices: la mannite et la dulcite.

Elle ne fermente pas directement, mais après interversion produite par le ferment. Elle réduit la liqueur de Fehling.

C. — HEXOTRIOSES $C^{18}H^{32}O^{16}$

253. Mélézitose. — Le mélézitose résulte de l'union de trois molécules de glucose avec élimination de deux molécules d'eau. Ce sucre a été découvert par M. Berthelot qui l'a extrait de la manne du mélèze, connu sous le nom de manne de Briançon.

254. Raffinose. — Ce composé a été découvert par Loiseau, dans les mélasses de betteraves, en 1876. Pour l'obtenir, on enlève le sucre contenu dans les betteraves, puis on précipite le raffinose par la strontiane. Le précipité, lavé, est traité par l'anhydride carbonique qui précipite la strontiane. On fait ensuite cristalliser le raffinose dans l'alcool méthylique. Il cristallise en prismes enchevêtrés. Sa présence, que l'on constate parfois dans le sucre ordinaire, donne au sucre un aspect spécial (sucre pointu). Le raffinose résulte de l'union d'une molécule de glucose, d'une molécule de lévulose et d'une molécule de galactose avec élimination de deux molécules d'eau.

Propriétés générales des sucres

	NOMS	FORMULE brute	FORMULE de constitution	POINT de fusion	CHALEUR de rotation	POUVOIR rotatoire	DENSITÉ	eau	alcool	éther	PRÉPARATIONS
Aldoses — pentose	arabinose	$C^5H^{10}O^5$	$CH^2OH.(CHOH)_3.CHO$	145		+ 105		sol.	p. sol.		Action de l'acide sulfurique étendu sur la gomme arabique.
Aldoses — hexoses	d-glucose	$C^6H^{12}O^6$	$CH^2OH.(CHOH)_4.CHO$	86	200°.8	+ 57,6	0,8		p. sol.		Action de l'acide sulfurique étendu sur la fécule.
	l-glucose	$C^6H^{12}O^6$	(isomère stéréochimique)	145		— 57,6					Réduction de la lactone l-gluconique.
	i-glucose	$C^6H^{12}O^6$	id			0					Réduction de la lactone i-gluconique.
	l-fructose	$C^6H^{12}O^6$	$CH^2OH.(CHOH)_3.CO.CH^2OH$			— 106		l. sol.	p. sol.		S'obtient par l'action de la chaux sur le sucre interverti et la décomposition du levulosate de calcium ainsi obtenu.
Cétoses — hexoses	d-fructose	$C^6H^{12}O^6$	id					l. sol.	p. sol.		Se retire de la fructose inactive en la traitant par la levure de bière qui détruit d'abord la d-fructose.
	i-fructose	$C^6H^{12}O^6$						l. sol.	p. sol.		S'obtient par l'oxydation de la mannite.
Glucosides dérivant d'alcools ou de phénols	arbutine	$C^{12}H^{16}O^7$	$C^6H^4:(OH).O.C^6H^{11}O^5$					sol.		ins.	S'extrait des feuilles de busserole.
	salicine	$C^{13}H^{18}O^7$	$C^6H^4:(CH^2OH).O.C^6H^{11}O^5$					sol.			S'extrait de l'écorce de saule.
	coniférine	$C^{16}H^{22}O^8$	[illegible]					sol.			S'extrait de la sève descendante des conifères.
Glucosides — hexobioses	maltose	$C^{12}H^{22}O^{11}$				+ 139,3		l. sol.	p. sol.	ins.	S'obtient dans l'action de la diastase sur l'amidon.
	tréhalose	$C^{12}H^{22}O^{11}$				+ 200°					
	saccharose	$C^{12}H^{22}O^{11}$		160	56	— 74,8	1,6	2	ins.	ins.	S'extrait de la sève de la canne à sucre, de la racine des betteraves.
	lactose	$C^{12}H^{22}O^{11}$				+ 59,3					S'extrait du lait.
	raffinose	$C^{18}H^{32}O^{16}$		32		+ 104			ins.		S'extrait des mélasses de betteraves à l'aide de la strontiane.
hexotrioses	mélézitose	$C^{18}H^{32}O^{16}$				+ 94		sol.	p. sol.	ins.	S'extrait de la manne du mélèze.

Le raffinose est peu sucré ; il est dextrogyre ; son pouvoir rotatoire est + 104. Il est insoluble dans l'alcool ; très soluble dans l'eau ; il fond à 83°.

La levure de fermentation basse le fait fermenter après interversion ; la levure de fermentation haute n'en fait fermenter qu'un tiers.

§ 3. — APPLICATIONS

A. — SUCRE DE BETTERAVES

255. Historique. — L'industrie du sucre de betteraves est une des plus importantes, aussi bien au point de vue industriel, proprement dit, au point de vue de la valeur pécuniaire du sucre qu'elle produit, qu'au point de vue de son influence sur l'état agricole du pays où on cultive la betterave en grand. Les sous-produits de l'industrie sucrière permettent l'entretien d'un nombreux bétail, et l'on peut dire qu'à part le sucre extrait des betteraves toutes les substances que la plante avait retirées de la terre y retournent plus ou moins directement. Certaines substances même, comme la chaux, comme les phosphates du noir animal qui sont indispensables pour l'extraction du sucre, vont ensuite amender le sol. La fabrication du sucre de betteraves est très développée en France, principalement dans les départements du Nord et de l'Aisne.

Margraff avait signalé, dans le XVIIIe siècle, la présence du sucre dans la betterave. Les premiers essais tentés pour l'en extraire sont dus à Achard, mais c'est à l'époque du blocus continental que l'industrie du sucre

de betteraves a pris naissance en France ; elle n'a fait
que se développer depuis ce temps, et jusqu'en 1878
notre pays arrivait en tête des autres nations de l'Europe. Depuis cette époque, l'Allemagne et l'Autriche
nous ont devancé. La loi sur les sucres, du 19 juillet 1880,
changeant la base de l'impôt, a eu pour effet de favoriser le développement des méthodes perfectionnées que
l'on utilisait en Allemagne et en Autriche, mais que l'on
n'avait pas intérêt à appliquer en France avec l'ancienne
loi sur les sucres.

L'industrie du sucre de betteraves comprend les parties suivantes :

    I. — *Production de la betterave ;*
    II. — *Conservation de la betterave ;*
    III. — *Extraction du jus ;*
    IV. — *Épuration du jus ;*
    V. — *Concentration en sirops ;*
    VI. — *Épuration des sirops ;*
    VII. — *Transformation des sirops en sucre solide ;*
    VIII. — *Raffinage du sucre ;*
    IX. — *Traitement et utilisation des sous-produits.*

256. Production de la betterave. — La betterave est une plante bisannuelle du genre *bette*. On en
distingue plusieurs variétés que l'on peut diviser, au point
de vue qui nous intéresse ici, en betteraves fourragères
et betteraves à sucre. Parmi ces dernières, nous citerons
la betterave blanche de Silésie, la betterave à collet rose,
la betterave à collet vert, et la betterave à collet gris
rosé.

La culture de la betterave a subi un certain nombre
de modifications : quand on achète la betterave au poids,
le cultivateur a pour intérêt d'obtenir le plus fort rende-

ment possible en poids par hectare ; il arrive à ce résultat en choisissant certaines espèces et adoptant certains modes de culture : fumage exagéré, grand espacement des pieds ; on peut arriver ainsi à 70 000 kilogrammes à l'hectare. L'expérience a appris que les betteraves ainsi obtenues contiennent relativement peu de sucre, 6 à 8 0/0, au lieu de 12 qui est la moyenne ordinaire ; de sorte que le fabricant achète au prix ordinaire une matière dont le rendement est faible d'abord, parce que la betterave contient peu de sucre, et ensuite parce que l'extraction du sucre se trouve, par cela même, plus difficile. Les fabricants de sucre luttaient contre cet abus en spécifiant les variétés que les cultivateurs pouvaient semer.

Au contraire, quand on achète la betterave d'après sa richesse en sucre, l'agriculteur a intérêt à obtenir un fort rendement en sucre. Son intérêt devient le même que celui du fabricant. Le seul inconvénient de ce procédé est qu'il repose sur une base moins facile à évaluer que le poids.

Les expériences de M. Dehérain ont montré qu'il y avait intérêt à rapprocher les pieds de betteraves. Ainsi, en mettant les pieds à des distances de 25 centimètres, sur des files distantes de 30 centimètres, le rendement à l'hectare a été de 7 905 kilogrammes de sucre, tandis qu'avec des distances de 50 ou 35 centimètres le rendement était de 6 247 kilogrammes. En outre, dans le premier cas, la betterave contenait 11,61 0/0 de sucre, tandis qu'elle n'en contenait que 9,80 dans le second. Elle était donc moins facile à traiter que la première.

De nombreuses expériences ont montré qu'au point de vue du rendement en sucre par hectare, il fallait employer des engrais riches en potasse ; la fumure d'engrais azoté élève le rendement à l'hectare, mais abaisse le rendement en sucre. D'après G. Ville, il faut employer de l'engrais contenant 80 kilogrammes d'azote environ par hectare (sous forme de nitrate ou de sels ammoniacaux). Le choix de la graine a une importance considérable.

Les conditions météorologiques ont une grande influence sur la croissance de la betterave ; la production normale peut être diminuée de moitié dans les mauvaises années.

D'après les expériences de Violette, le sucre prend naissance dans la feuille, et descend dans la racine où il s'accumule. Aussi la pratique de l'effeuillage est-elle à condamner.

La luminosité du ciel pendant la quinzaine qui précède la récolte est un des facteurs météorologiques les plus importants ; un ciel nuageux diminue notablement la récolte, même si les conditions de température et d'humidité sont convenables.

Récolte de la betterave. — Vers la maturité, les feuilles de la betterave se couvrent de taches rouges, s'abaissent vers la terre et jaunissent. Il est bon de faire la récolte un peu avant la maturité, le sucre est alors d'une extraction un peu plus facile. Les ouvriers opèrent par trois : l'un pratique l'arrachage, à l'aide d'une bêche ; le second secoue les betteraves pour enlever la terre et les met en rangs, tournées dans le même sens ; le troisième pratique le décolletage. D'un coup de bêche, il sépare le collet, afin d'arrêter la végétation qui se ferait aux dépens du sucre. Les feuilles servent, en partie, à la nourriture des bestiaux. Les betteraves, après un séjour de quelques jours sur le sol, lorsque le temps le permet, doivent être ensuite conservées jusqu'au moment où on pourra les traiter.

257. Conservation des betteraves. — Les betteraves sont conservées dans des caves ou dans des silos. Il est important de les rentrer lorsqu'elles ont déjà un peu perdu de leur humidité à l'air, et d'éviter dans le transport de les meurtrir. Pour les conserver, on les entasse souvent en couches successives de 3 mètres de hauteur que l'on recouvre ensuite de paille pour les préserver de la pluie. Ainsi traitées, les betteraves restent exposées à la gelée et au dégel qui désorganisent leur tissu et les font pourrir. Pour éviter cela, on enfouit les betteraves dans des fossés pratiqués très souvent dans les champs mêmes où on les a récoltées. Ils ont 1ᵐ,50 de large sur 1 mètre au plus de profondeur. L'air doit circuler assez facilement dans ces silos ; il faut éviter cependant que la température puisse atteindre 0° pendant l'hiver. On peut s'aider de divers antiseptiques pour faciliter la conservation des betteraves : l'acide sulfureux est un des plus commodes que l'on puisse employer dans les silos.

La conservation dans des caves convenablement aérées est surtout adoptée en Russie ; elle nécessite de grands bâtiments : on n'en loge que 600 kilogrammes au mètre cube. Elles sont, d'ailleurs, rangées en tas de 3 à 4 mètres avec des couloirs qui permettent de surveiller leur conservation.

Transport des betteraves. — Le transport économique des betteraves est une des difficultés que rencontre actuellement l'industrie sucrière. Autrefois la fabrication du sucre avait lieu dans les fermes mêmes où la betterave était cultivée, et elle utilisait toutes les betteraves contenues dans un périmètre relativement peu étendu. Aujourd'hui on a dû, dans un but de production économique, perfectionner l'outillage, ce qui n'a été obtenu qu'en créant

de grandes usines, traitant de grandes masses de betteraves, qu'on doit aller chercher dans un cercle beaucoup
plus grand. Les frais de transport, les meurtrissures éprou-
vées par les betteraves diminuaient les bénéfices que l'on
pouvait attendre de cette fabrication en grand ; en même
temps, certains sous-produits devenaient moins facilement utilisables ; les pulpes épuisées, les engrais que l'on
peut retirer de la fabrication, devaient, pour faire retour
au lieu de production et, par suite, pour être utilisés, être
grevés de nouveaux frais de transport. On a alors songé
aux solutions suivantes : 1° transport aérien de paniers
de betteraves le long d'un câble fixe, en acier, soutenu
par des chevalets ; ce câble est incliné ; un treuil monte les
paniers au point de départ ; de là ils glissent sur le câble
et se rendent à l'usine ; ils reviennent sur un autre câble
incliné en sens inverse ; 2° transport hydraulique : les
betteraves sont entraînées par un courant d'eau qui
marche dans un caniveau avec une vitesse d'un mètre
par seconde ; les betteraves arrivent nettoyées à l'usine ;
3° le traitement des betteraves est scindé en deux ; une
série d'ateliers spéciaux installés sur les lieux mêmes de
production et disposés tout autour de l'usine centrale à
une distance de 5 à 10 kilomètres, font subir aux betteraves les premiers traitements ; ces ateliers appelés
râperies transforment les betteraves en jus ; ce jus est
ensuite envoyé à l'usine centrale par une canalisation
en fonte de 70 à 120 millimètres de diamètre. De cette
façon on retrouve une partie des avantages que présentait la petite industrie : transports moindres en véhi-
cules, utilisation sur place de la pulpe privée de son
sucre. Quant aux opérations délicates, elles restent concentrées dans une grande usine dont on peut choisir,
d'ailleurs, la position en tenant moins compte des con-

ditions agricoles, et en ayant égard au voisinage des gares de chemins de fer qui permettent d'abaisser le prix du transport du sucre fabriqué et de la houille nécessaire à l'usine.

258. Extraction du jus. — On commence par nettoyer les betteraves : pour cela, on enlève les pierres et la terre attachés à la racine des betteraves, ainsi que les restes de collets et de radicules ; en outre, on laisse de côté celles qui sont altérées. Les betteraves sont ensuite soumises à un lavage à l'aide d'appareils mécaniques. Les plus simples de ces appareils se composent d'une auge remplie d'eau et munie d'un laveur à palette ; la betterave est débarrassée de la terre adhérente ; celle-ci s'en va sous forme de boue qui s'écoule automatiquement de l'auge. De là, les betteraves passent dans un épierreur (1) dont les bras en fonte rejettent les betteraves dans les appareils sécheurs et peseurs. Les appareils sécheurs se composent de cylindres parallèles tournant dans le même sens et munis de brosses. Au sortir de ces appareils, les betteraves sont amenées à des appareils de pesage automatique, et de là aux appareils de débitage.

Deux procédés sont employés pour retirer le sucre de la betterave. Dans le premier procédé, la betterave est râpée et transformée en pulpe aussi fine que possible ; celle-ci est ensuite fortement pressée, le jus sucré s'écoule ; on enlève la petite quantité de sucre qui reste dans la pulpe en la traitant par un peu d'eau et la pressant de nouveau. Dans le second procédé, la betterave est débitée en cossettes, c'est-à-dire en petits rubans d'une longueur de quelques millimètres et d'une épaisseur d'un milli-

---

(1) La présence des pierres cause des avaries dans les appareils qui servent à transformer les betteraves en pulpe ou en cossettes.

mètre. Ces cossettes sont épuisées par un traitement méthodique à l'eau, qui permet d'obtenir un jus assez concentré. Ce procédé par macération, de date plus récente que le procédé par pressurage, tend à devenir de plus en plus général.

Procédé par pressurage. — 1° *Préparation de la pulpe.* — Le râpage de la betterave doit être fait aussi finement que possible ; ce point étant très important, on a imaginé de nombreuses râpes. Nous ne décrirons que la râpe Champonnois. Elle se compose d'un tambour cylindrique fixe horizontal T dont la paroi latérale est formée par des lames de scies maintenues par des liteaux en bois, ayant une épaisseur de 12 millimètres et laissant entre eux un espace de 1 millimètre ; l'un des fonds F du tambour laisse passer un axe de rotation R, qui porte un volant V et

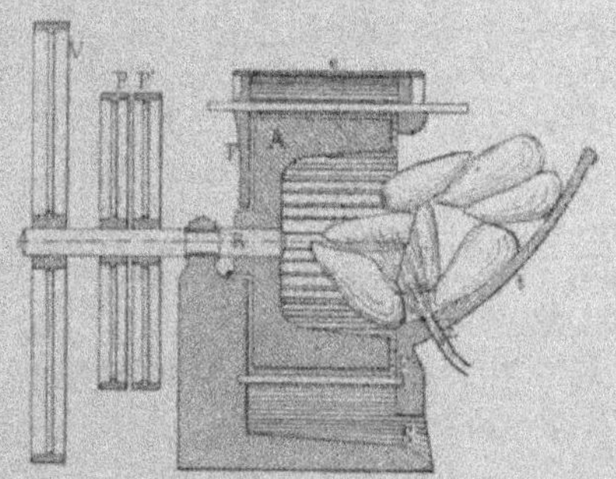

deux poulies PP', dont l'une est fixe ; l'autre fond F' présente une large ouverture par laquelle la trémie *t* laisse arriver les betteraves. A l'axe R se trouve fixé un agitateur A en forme de fourche, constitué par une plaque de fer épaisse de quelques centimètres et dont la partie voisine du tambour est cylindrique.

En E pénètre un jet d'eau qui facilite l'entraînement de la pulpe. Voici comment fonctionne l'appareil : la trémie étant pleine de betteraves, quelques-unes de celles-ci pénètrent dans le tambour et sont entraînées par la fourche fixée à l'arbre R, dans un mouvement rapide de rotation (1.000 tours environ par minute). La force centrifuge presse d'une façon très régulière et très mesurée ces betteraves contre le tambour fixe ; les dents de scie dont est munie la surface intérieure de celui-ci déchiquètent la betterave, et la pulpe formée s'écoule entre les scies par les rainures de 1 millimètre de large dont nous avons parlé. Cet écoulement se fait aussi sous l'influence de la force centrifuge ; il est d'ailleurs facilité par le jet d'eau qui arrive en E dans l'appareil. Une chemise extérieure e, en tôle, empêche les projections, et la pulpe sort en S. Pour en extraire le jus, on la soumet à des appareils de pression.

2° *Pressurage de la pulpe.* — Ce pressurage se faisait autrefois en mettant la pulpe dans des sacs et en soumettant ceux-ci à l'action d'une première presse qui faisait écouler la moitié environ du jus sucré de la pulpe. C'était, soit une presse hydraulique à faible pression, soit une presse à vapeur, agissant comme un marteau-pilon, mais sans secousse. De là, les sacs passaient sous une presse hydraulique ordinaire où ils séjournaient quelques minutes et laissaient écouler une nouvelle quantité de jus sucré. Le rendement total en jus atteignait, en moyenne, 80 0/0. Ces presses avaient l'inconvénient d'être très coûteuses par elles-mêmes et de nécessiter des dépenses considérables de main-d'œuvre et d'entretien des sacs. On a imaginé, pour les remplacer, un grand nombre de presses continues, parmi lesquelles nous citerons les presses Manuel et Socin, Collette, Liebermann, Pieron, Larochaymond, Dumoulin, Tissot, Flament et Douffet, etc., etc.

Nous décrirons ici seulement les presses Poizot et Druelle, Champonnois et Lachaume, la presse Lebée et la presse Desjardins, pour donner une idée des principales dispositions adoptées dans ces appareils. Ils fournissent, avec une dépense moindre de main-d'œuvre et de force motrice, un jus plus pur que celui que l'on obtient avec les presses ordinaires.

Presse Poizot et Druelle. — Dans cet appareil, deux cylindres horizontaux C et C' servent de compresseurs ainsi que les cylindres *a*. La pulpe contenue dans une trémie T s'écoule d'une façon régulière entre les deux cylindres B qui servent à régler son écoulement; elle tombe sur une toile sans fin qui recouvre le cylindre E ;

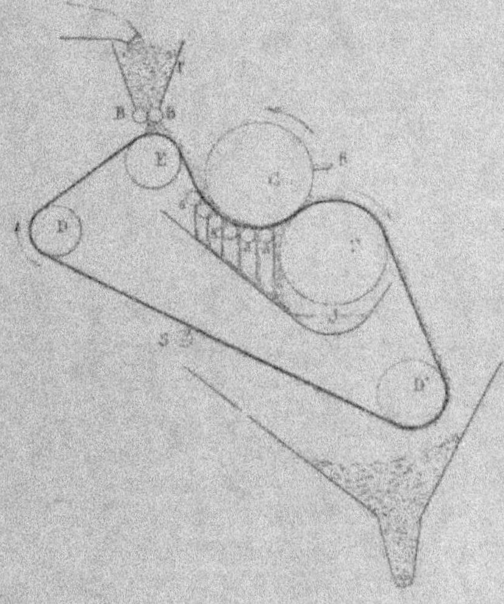

celui-ci, en tournant, entraîne la toile et la pulpe qui est dessus, entre le cylindre C et une série de petits cylindres *a* dont la distance *a*C diminue à mesure que l'on passe d'un de ces cylindres *a* au suivant. La compression de la pulpe se produit donc graduellement; le jus traverse la toile, tombe et se trouve recueilli dans une auge J au fond de laquelle il se rassemble; il s'écoule au fur

et à mesure dans les appareils qui doivent l'utiliser.
Entre les cylindres C et C' la pulpe éprouve une nouvelle compression. Arrivée au point le plus bas de sa
course, la pulpe tombe dans une sorte de trémie S où
elle se trouve malaxée par un arbre muni de palettes,
et cette trémie distribue la pulpe, qui tombe continuellement, à une autre machine à rouleau présentant les
mêmes dispositions que la précédente. La pulpe adhère
assez bien à la toile ; pour qu'elle s'en détache de la façon
la plus complète, un appareil S à secousses lui imprime un
grand nombre de trépidations par minute. Un râcloir R
qui frotte sur le cylindre C fait retomber sur la toile sans
fin la pulpe qui adhère après ce cylindre, et qui viendrait,
sans cette précaution, se mélanger avec la pulpe fraîche
après une demi-rotation.

Presse Champonnois. — Dans cet appareil, la toile
qui entraîne la pulpe est supprimée ; les cylindres com-

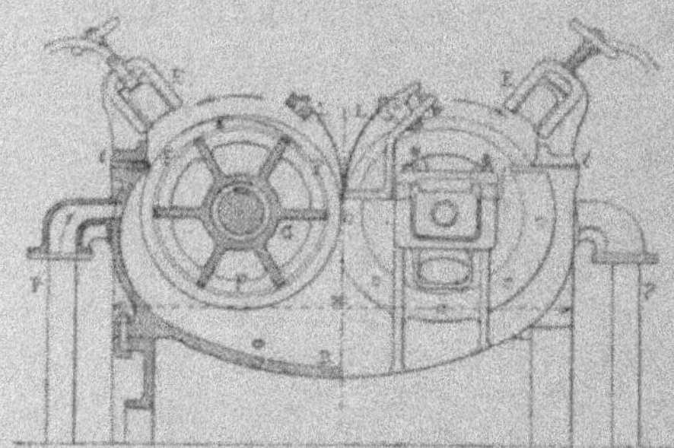

presseurs sont à parois perforées, de sorte que la pulpe
comprimée entre ces cylindres laisse écouler son jus qui
traverse leurs parois et vient sortir au dehors. La surface des cylindres est formée par un fil de cuivre ayant
pour section un triangle isocèle ; ce fil est enroulé sur une
carcasse en fonte munie de dents ; celles-ci servent à loger

l'arête du fil correspondant au sommet du triangle isocèle, tandis que la partie opposée à cette arête forme la surface du cylindre; les diverses spires de ce fil sont disposées de façon à laisser entre elles un intervalle de 1/10 de millimètre. Deux cylindres de ce genre C sont placés parallèlement à une très petite distance l'un de l'autre dans une bâche en fonte B, ayant la forme d'un demi-cylindre coupé parallèlement à son axe; les deux cylindres compresseurs plongent dans la pulpe que contient la bâche; cette pulpe est introduite d'une façon continue par la partie P, à l'aide d'une pompe qui l'envoie sous pression. Pour empêcher la pulpe comprimée de passer entre la bâche fixe et les cylindres mobiles, des lames de caoutchouc, telles que *l*, sont appliquées contre ceux-ci et forment une fermeture hermétique. L'eau ou, plutôt, le jus qui accompagne la pulpe pénètre dans les cylindres C en filtrant, en quelque sorte, à travers les fentes que laissent entre eux les fils de cuivre, et de là, le jus sort par des orifices non représentés sur la figure. Ce passage du jus à travers les cylindres se fait d'autant mieux que la pulpe est envoyée sous pression; par suite de cette filtration, la pulpe s'épaissit dans la bâche. Les deux cylindres compresseurs C sont animés d'un mouvement de rotation en sens contraire, de sorte qu'une partie de la pulpe sort en se laminant entre eux, et en perdant son jus qui pénètre aussi dans les cylindres. Des lames d'acier LL qui sont disposées tout le long des cylindres détachent la pulpe qui adhérait à ceux-ci. L'ensemble des deux cylindres et de la bâche est incliné de 45°, de sorte que la pulpe glisse dans l'espèce de gouttière que forment les deux lames d'acier et se rend dans un récipient. Le jus qui sort de ces appareils passe à travers des toiles métalliques très fines pour recueillir la *pulpe folle* qui a passé dans les

cylindres. La pulpe qui sort de cette presse est quelquefois
délayée dans de l'eau et passée de nouveau à la presse
continue. Dans d'autres usines, on la soumet telle quelle à
une seconde pression. En E se trouvent des appareils qui
lancent de l'eau de façon à nettoyer les cylindres et à
débarrasser les fentes étroites, par lesquelles s'écoule le
jus, de la pulpe qui peut les engorger. Avec une presse
de ce genre, munie de cylindres de 0ᵐ,60 de long sur 0ᵐ,40
de diamètre, on peut produire 600 hectolitres de jus par
vingt-quatre heures.

Presse continue, système Dujardin. — Dans cette
presse, analogue à la précédente, la surface des cylindres

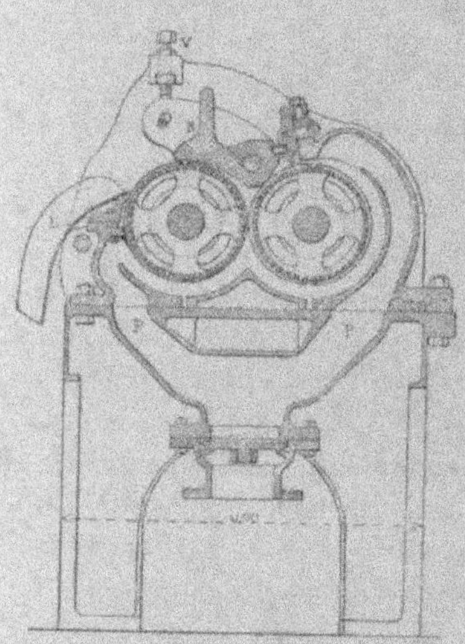

compresseurs et fil-
trants est percée d'un
très grand nombre de
trous très fins distants
les uns des autres de
2 millimètres. La pulpe
arrive par la partie in-
férieure de l'appareil
et de là par les con-
duits P dans une bâche
où se trouvent les cylin-
dres compresseurs. Une
petite lame de métal *l*
remplace la lame de
caoutchouc de l'appareil
précédent. Les cylindres
laissent filtrer le jus à
l'intérieur, et ils laminent la pulpe qui s'engage entre
eux. Cette pulpe est encore fortement pressée contre une
pièce massive R qu'une vis V permet d'appuyer plus ou
moins. En réglant cette vis, on a une pulpe aussi sèche

qu'on le désire ; la pulpe privée de jus s'en va alors par L.
Les cylindres font 30 tours par minute. On peut presser
avec cet appareil 30 tonnes de pulpe par vingt-quatre
heures. La pulpe qui a passé par cet appareil peut être
mouillée de nouveau et repassée dans cette presse.

Presse Lebée. — Dans cet appareil, la double pression
s'exerce successivement sur la pulpe. Il se compose de
trois cylindres compresseurs et filtrants C, C', C''. L'ensemble des deux premiers avec la bâche B fonctionne

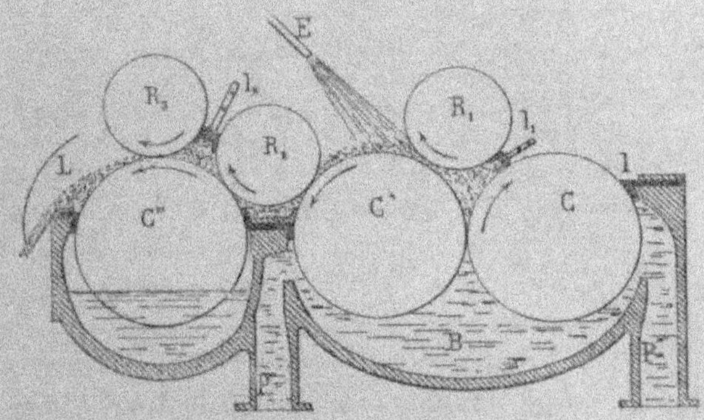

comme l'appareil précédent ; l, l_1 et l_2 sont des raclettes
qui empêchent la pulpe comprimée de passer ; R_1 est un
rouleau dont la pression joue le même rôle que la pièce R
de l'appareil Dujardin. Le jus de la pulpe traverse les
parois des cylindres à travers de petits orifices ; la pulpe,
après avoir subi entre R_1 et C' une nouvelle pression, reçoit
un jet d'eau E qui l'imbibe complètement ; elle repasse
alors entre les cylindres C' et R_2, puis entre C'' et R_2 ; dans
ce passage entre ces deux cylindres, elle est comprimée,
et une partie de l'eau qu'elle contient passe à travers C'' ;
la pulpe passe ensuite entre C'' et R_3 où elle éprouve une

compression plus énergique ; le jus qui en résulte traverse le cylindre C″, et la pulpe, presque complètement sèche, sort en L.

Procédé par macération et diffusion. — Le procédé par diffusion tend de plus en plus à se substituer au procédé des presses. Le procédé de la diffusion avait été proposé dès le début par Margraff, mais il ne fut pas appliqué, et ce n'est que vers 1821 que Mathieu de Dombasle fit les premiers essais de ce procédé. On avait constaté que l'eau mise en contact avec les cossettes de betteraves, c'est-à-dire avec des tranches de cette racine de 1 millimètre d'épaisseur, n'enlevait à cette substance que de très petites quantités de sucre, et l'on pensait que, pour que l'eau pût extraire facilement le sucre contenu dans les cellules, il fallait que celles-ci fussent détruites d'une façon quelconque, déchirées par des actions mécaniques, par la gelée, par la dessiccation, ou par le gonflement que produit la cuisson, etc. De là, des procédés très divers. A l'usine de Seelovits, on faisait arriver un jet de vapeur à 100° sur les cossettes. Schutzenbach desséchait les cossettes dans des touerailles dans une série de petites usines installées autour d'une usine centrale où le traitement se faisait ensuite. On pouvait rayonner ainsi sur une grande surface de terrain. Dubrunfault montra plus tard que l'on pouvait épuiser la pulpe par macération, et il étudia le rôle que pouvait jouer la mortification des cellules dans la macération. Mais c'est surtout à Robert de Seelovits que l'on doit les recherches qui ont permis au procédé de diffusion de se répandre et de prendre le grand développement qu'il possède aujourd'hui. Voici les principaux résultats de ces recherches : 1° La mortification des cellules n'est nullement nécessaire ; 2° avec des lavages méthodiques opérés à une température ne dépassant pas 60°, on peut extraire le sucre contenu dans la betterave débitée en lames minces (1 millimètre d'épaisseur) d'une façon au moins aussi complète que par la pression en opérant sur de la pulpe. Ce procédé présente sur le procédé des presses un certain nombre d'avantages : d'abord, le jus est plus pur; en effet, il est obtenu par diffusion à travers les membranes. On sait que, lorsque, de part et d'autre d'une membrane, se trouvent, d'un côté, de l'eau et, de l'autre, une dissolution comprenant des substances capables de cristalliser (cristalloïdes), tels que les sels, le sucre, etc., et des substances que l'on n'a jamais obtenues cristallisées (colloïdes), telles que l'albumine, etc., les substances cristalloïdes passent, presque seules, à travers la membrane, dans l'eau pure qui se trouve de l'autre côté, tandis que les colloïdes restent. Lorsque l'eau pure s'est chargée d'une certaine quantité de cristalloïdes, l'équilibre est atteint; si, à ce moment, on remplace l'eau qui s'est chargée d'une partie des cristalloïdes, par une nouvelle dose d'eau pure, l'équilibre est rompu de nouveau : il se produit une nouvelle diffusion. Des lavages méthodiques permettront de retirer des cossettes la presque totalité du sucre qu'elles contiennent. Le jus ainsi obtenu contiendra beaucoup moins de matières albuminoïdes que celui qu'on obtient par pression; il sera plus facile d'en retirer le sucre. En même temps, les cossettes, qui ont gardé presque toutes les substances albuminoïdes qu'elles contenaient, seront plus nourrissantes que les pulpes qui les ont perdues en partie. Il sera bon de les presser un peu, de façon à exprimer la majeure partie de l'eau qu'elles contiennent, afin de les rendre d'une conservation plus facile.

Voyons maintenant dans quels appareils se font le débitage et le lavage des cossettes.

1° *Débitage des cossettes*. — Les appareils qui coupent les betteraves en cossettes, c'est-à-dire en rubans de 1 centimètre de large environ, sur 1 à 2 millimètres d'épaisseur et une longueur qui dépend des dimensions de la betterave, se composent, en général, de deux disques, l'un fixe et l'autre mobile. Le disque fixe porte un certain nombre de fenêtres dans lesquelles s'engagent les betteraves. Ce disque est surmonté d'une trémie verticale où sont placées les betteraves. Selon la hauteur que l'on donne à cette partie de l'appareil, les betteraves sont plus ou moins fortement pressées contre le disque tournant qui se trouve placé immédiatement au-dessous du disque fixe. Le disque tournant est aussi percé de fenêtres garnies de couteaux inclinés et présentant des dents légèrement creusées ; ils découpent les cossettes qui tombent par les fenêtres du disque mobile sur une toile sans fin qui les transporte aux appareils diffuseurs ou même tombent directement dans ces appareils. Le disque mobile fait environ 2 tours par seconde. Les appareils sont établis d'une façon très robuste.

2° *Lavage méthodique des cossettes*. — *Traitement discontinu*. — Ce lavage se fait dans des appareils appelés diffuseurs. La marche de l'opération est continue ou discontinue. Les diffuseurs que l'on emploie dans le lavage discontinu sont de vastes cylindres verticaux, en tôle, disposés en série, pouvant être mis en communication, soit avec les diffuseurs voisins, soit avec une canalisation qui amène l'eau, soit avec une canalisation qui évacue le jus suffisamment riche en sucre. Une batterie de diffuseurs est formée de dix à douze de ces appareils. Les diffuseurs le plus généralement employés ont une hauteur de 3 mètres environ et un diamètre de 1^m,50. Ils présentent, en haut et en bas, deux larges ouvertures qui servent à introduire et à retirer les cossettes. Pour assurer l'étanchéité du joint inférieur, on a disposé, entre le couvercle et l'ouverture à fermer, un tube de caoutchouc qui entre à frottement dans une gouttière circulaire pratiquée à l'orifice du cylindre; on applique le couvercle et l'on envoie dans le tube de caoutchouc de l'eau sous pression; on a ainsi une fermeture hermétique. Chaque diffuseur porte vers sa base une plaque filtrante sur laquelle reposent les cossettes; il possède aussi un tuyau d'entrée au sommet et un tuyau de sortie à la base. Ce sont ces tuyaux que l'on met en communication à l'aide de robinets avec l'une ou l'autre des canalisations dont nous avons parlé. Entre chaque diffuseur se trouve un appareil appelé réchauffeur, destiné à donner aux liquides qui traversent la batterie la température la plus convenable pour le cylindre dans lequel ils vont entrer.

Marche de l'opération. — Les diffuseurs sont disposés en séries; tantôt ils sont fixes, et les cossettes sont dirigées, au fur et à mesure des besoins, vers tel ou tel diffuseur, tantôt ils sont mobiles et viennent se placer successivement à l'endroit, toujours le même, où arrivent les cossettes. La diffusion étant une opération méthodique, tout se passe comme si le liquide dissolvant, l'eau, et la matière à épuiser, les cossettes, cheminaient dans l'appareil en sens inverse l'un de l'autre. Supposons que la batterie se compose de douze diffuseurs que nous désignerons par les douze premiers nombres, et que l'appareil soit en pleine marche. Tous les diffuseurs, à l'exception de 3 et de 4, par exemple, sont pleins d'eau plus ou moins riche en sucre. La richesse en sucre est plus grande en 1 qu'en 2, en 12 qu'en 1, en 11 qu'en 12, etc. Le diffuseur n° 4 est vide; le diffuseur n° 3 ne contient pas de liquide, mais seulement des cossettes épuisées. On ouvre la porte inférieure du diffuseur n° 3, et les cossettes sont évacuées. La porte supérieure du diffuseur n° 4 est, au contraire, seule ouverte, et ce diffuseur est en train de recevoir des cossettes fraîches. Une fois la charge de ce diffuseur terminée, on envoie dans le diffuseur n° 2 de l'eau pure qui déplace l'eau sucrée que contenait cet appareil, et l'envoie dans 1, tandis que le liquide de 1 passe dans 12, celui de 12 dans 11, etc., et celui de 5 dans 4 qui vient d'être chargé de cossettes fraîches. On laisse ces liquides séjourner cinq minutes environ dans ces diffuseurs; puis, on envoie le liquide, contenu dans 4, dans le grand bac où on le prendra pour les opérations suivantes; on fait alors passer le liquide de 2 dans 1, celui de 1 dans 12, etc. A ce moment, 2 et 3 ne contiennent pas de liquide : 3 est entièrement vide, et 2 contient des cossettes épuisées; la série d'opérations que nous venons de décrire recommence alors. Entre chaque diffuseur se trouve un réchauffeur ou calorisateur qui amène la température au point convenable; cette température varie d'un diffuseur à l'autre; on emploie des températures d'autant plus élevées que les cossettes que le liquide va rencontrer sont plus épuisées, sans jamais dépasser, toutefois, la température de 75°. Quand le liquide sucré passe d'un diffuseur au suivant, on fait arriver par en haut le liquide qui déplace l'autre; de cette façon, la différence de densité des liquides empêche que le jus moins concentré se mêle avec celui qui l'est davantage. Mais, quand on introduit de l'eau pure dans un diffuseur, devenu le dernier de la série, c'est par en bas que se fait l'introduction de l'eau.

Le nombre de diffuseurs à employer dépend surtout de la richesse en sucre de la betterave; il est bon de

pouvoir augmenter facilement ce nombre, si d'une année
à l'autre les betteraves que l'on a à traiter ont une richesse
saccharine plus considérable.

Les figures ci-contre représentent les deux dispositions
principales que l'on peut adopter dans le groupement
des diffuseurs. Ceux-ci sont disposés sur une circonférence. Mais, dans l'une des figures, on voit le coupe-

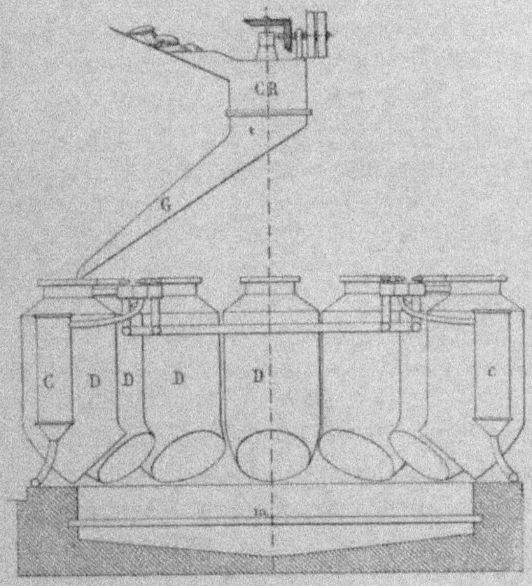

racines CR situé au-dessus du centre de la circonférence;
les cossettes sont distribuées par une trémie t qui se
termine par une gouttière G, et qui peut tourner de façon
à amener les cossettes dans tel diffuseur D qu'il est nécessaire. En même temps, les cossettes épuisées sont vidées
à l'intérieur de la circonférence tantôt en un point, tantôt
à l'autre; les cossettes tombent sur une claie m où elles
s'égouttent et d'où les extraient des appareils de transport

divers : glissières, courroies sans fin, vis d'Archimède, etc.
Les ouvriers qui ont à surveiller et à manœuvrer cet
appareil doivent déplacer la gouttière de chargement, et
en même temps se déplacer pour manœuvrer les divers
robinets qui servent à évacuer le jus sucré et à faire arriver l'eau pure ; C sont les calorisateurs. Dans la seconde

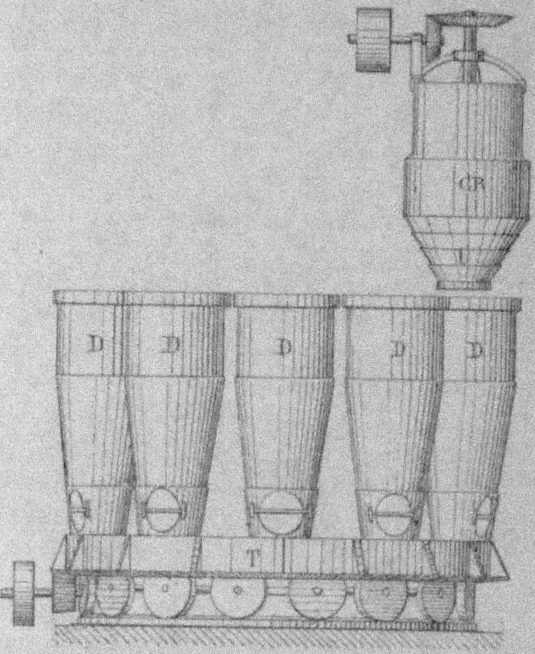

figure, tous les diffuseurs D et les calorisateurs sont
groupés sur une plaque tournante T animée d'un mouvement lent de rotation de 8 à 40 tours par vingt-quatre
heures. Ils passent donc successivement sous le coupe-
racines CR dont la trémie *t* est construite en plusieurs
anneaux tronconiques qui permettent à son orifice de se

déplacer légèrement, de façon à rester toujours au-dessus de l'orifice de charge du diffuseur. Cette disposition qui n'exige qu'une force motrice très faible (1/2 cheval), par suite de la lenteur de la rotation, présente les avantages que voici : les cassettes tombent plus directement dans les diffuseurs et d'une façon plus régulière, qui rend plus régulier aussi le chargement de ces appareils ; le chargement se faisant toujours à la même place, le déchargement se fait aussi toujours au même endroit, ce qui facilite l'enlèvement des cossettes. De plus, l'ouvrier chargé de diriger les opérations peut rester immobile ; il voit arriver devant lui les robinets qu'il doit manœuvrer : les erreurs sont beaucoup plus faciles à éviter que lorsqu'on doit se transporter successivement devant les divers groupes de robinets pour les ouvrir et les fermer. Trois ouvriers suffisent pour manœuvrer une batterie de diffuseurs : l'un, placé au centre, ouvre et ferme les robinets, un autre surveille la charge, et le troisième la décharge. L'opération est, en outre, très régulière ; la durée de la diffusion est déterminée par la vitesse de rotation imprimée à la plaque tournante ; elle ne dépend pas des ouvriers : dès qu'un diffuseur passe à l'endroit où a lieu le déchargement, on vide les cossettes. Quelques minutes après, ce diffuseur passe sous le coupe-racines, il s'emplit, etc.

Traitement continu. — L'appareil de M. Perret, qui permet de traiter les cossettes d'une façon continue, se compose d'un grand cylindre horizontal muni à ses extrémités d'un coupe-racines, et à l'autre extrémité d'une sorte de noria qui enlève les cossettes épuisées ; les cossettes marchent dans l'intérieur de l'appareil en sens inverse de l'eau, de façon à ce que le traitement soit méthodique.

Cet appareil a l'avantage de diminuer considérablement la main-d'œuvre et d'être moins encombrant. D'après l'inventeur, l'épuisement des cossettes serait aussi bon qu'avec les appareils précédents.

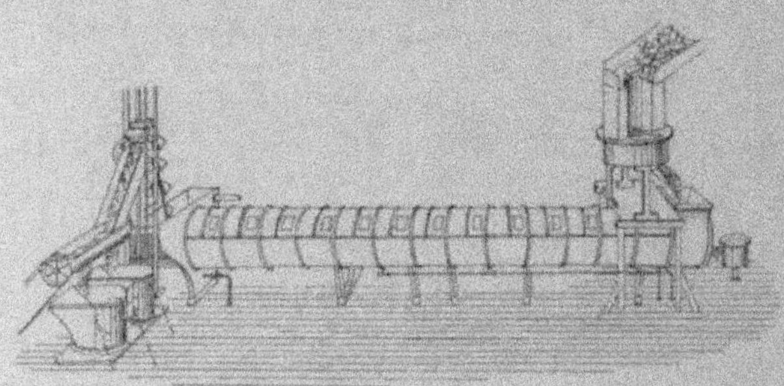

Traitement des cossettes sortant des diffuseurs. — Les cossettes épuisées qui sortent des diffuseurs sont imprégnées d'eau ; elles s'égouttent un peu à l'endroit où elles tombent, mais il est nécessaire de leur enlever la majeure partie de l'eau qu'elles contiennent pour qu'elles puissent se conserver et servir à l'alimentation du bétail.

Ce pressurage des cossettes se fait facilement à l'aide de la presse de Klusemann représentée ci-contre. Cette presse se compose d'un cylindre vertical dont le centre est occupé par un axe creux ayant une forme conique. L'axe est muni de palettes inclinées qui pressent les cossettes et expriment l'eau qui les imprègne, et qui sort facilement par les nombreux petits trous dont l'axe est perforé. La forme conique de l'axe a, en outre, pour effet, de rétrécir en bas la partie occupée par les cossettes.

259. Épuration du jus. — Cette épuration consiste à enlever la plus grande quantité possible des matières autres que le sucre ; ces matières sont nuisibles : les unes, parce qu'elles empêchent la cristallisation du sucre ; les autres, parce qu'elles sont une cause d'altération et de transformation du sucre. Dès le début de l'industrie du sucre de betteraves, on a trouvé que la chaux constituait un bon épurateur (Lampadius.) L'emploi du noir animal, proposé un peu plus tard par Derosne, et celui de l'acide carbonique, pour précipiter l'excès de chaux (Barruel), constituent de nouveaux perfectionnements ; et encore maintenant, c'est à l'aide de la chaux et du noir animal que l'on épure les jus. D'autres corps ont été proposés, mais la chaux et le noir animal sont beaucoup plus employés. Mais, si les matières utilisées par l'épuration sont restées les mêmes, leur mode d'emploi a varié.

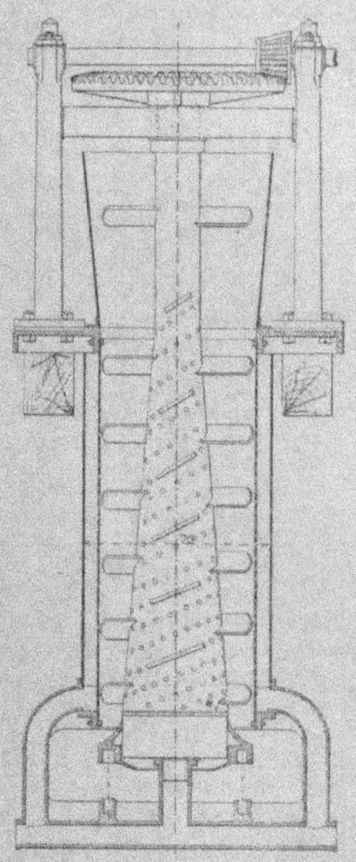

Le rôle de la chaux est complexe. Cette base sature les acides des jus sucrés, précipite diverses matières organiques qui y sont contenues, telles que les gommes, l'albumine végétale, certaines matières colorantes ; elle décompose d'autres corps, tels que l'asparagine, et, enfin, elle se combine au sucre pour former un sucrate de calcium soluble. Le noir animal absorbe aussi une partie de ces matières organiques, il agit surtout pour décolorer les jus. Au début de l'industrie sucrière, le noir animal était à bon marché; il ne servait qu'une fois, on ne le revivifiait pas comme on l'a fait depuis. Aussi pouvait-on employer un excès de chaux qui ne présentait que des avantages et pas d'inconvénients ; mais, l'industrie sucrière s'étant développée, le prix des noirs augmenta, et l'on songea à le revivifier. Or, cette revivification est facile quand le noir n'a absorbé que des matières organiques; il n'en est plus de même s'il a absorbé des matières calcaires. Aussi dut-on n'employer, dans la première partie de l'opération, que la quantité de chaux strictement nécessaire, afin de rendre possible la revivification du noir. Mais ce dosage de la chaux nécessaire est délicat, et il arrivait parfois que, n'en ayant pas mis assez, la masse se mettait à fermenter, et l'opération était perdue. C'est pour remédier à ces inconvénients que MM. Rousseau frères songèrent à employer un excès de chaux, mais à se débarrasser ensuite de la chaux, employée en excès à l'aide de l'acide carbonique, comme Barruel l'avait indiqué auparavant. Dans le procédé Rousseau, on mettait environ huit fois plus de chaux que la quantité strictement nécessaire, soit 25 kilogrammes pour 1 000 litres de jus; cette quantité de chaux était plus que suffisante pour précipiter et détruire les impuretés du jus et pour former avec le sucre un saccharate de calcium. On portait la température de la masse à 95°, et on faisait écouler le liquide encore chaud à travers une petite couche de noir animal, à grains fins, qui le clarifiait; de là le jus clair, la clairce, se rendait dans une chaudière où arrivait, par un serpentin percé de trous, un courant d'acide carbonique qui transformait le saccharate de calcium en carbonate, en mettant le sucre en liberté. De la chaudière de saturation, le liquide, éclairci par le dépôt du carbonate de calcium, coulait successivement sur deux filtres garnis de noir animal. Le jus était ensuite conduit aux appareils de concentration.

Le procédé Possoz et Périer, que l'on emploie maintenant, repose sur ce fait que le précipité de carbonate de calcium qui se forme peut absorber lui-même la plus grande partie des matières que l'on laissait auparavant absorber par le noir, et que la matière azotée soluble, qui se trouve dans les jus et qui n'est pas absorbable par le précipité de carbonate de calcium, le devient quand elle a été modifiée par une longue ébullition avec de la chaux. De là le procédé qu'ils ont imaginé et qui porte le nom de double carbonatation : au sortir des presses, les jus sont additionnés d'une forte dose de chaux; il se forme un dépôt et des écumes comme dans le procédé précédent; mais, au lieu de filtrer, on envoie dans la masse un courant d'acide carbonique (carbonatation trouble); le carbonate de calcium se précipite, en entraînant avec lui une grande quantité des matières que l'on faisait absorber autrefois par le noir; la matière s'étant clarifiée par le repos, on la fait écouler dans une seconde chaudière semblable à la première; on la porte à l'ébullition et l'on ajoute encore de la chaux, mais par petites doses, successives et répétées. On fait ensuite arriver de l'acide carbonique jusqu'à ce que la liqueur ne soit plus alcaline, et l'on continue de faire bouillir la liqueur pour détruire le bi-carbonate de calcium qui s'est formé. Les jus sont alors décantés, filtrés une première fois sur du noir, concentrés, filtrés sur une nouvelle couche de noir, et envoyés à la cuite.

Nous allons étudier cette méthode avec détail. Ce procédé exige l'emploi de chaux, d'acide carbonique et de noir animal ; elle donne, d'une part, des jus clairs, de l'autre, des écumes et des dépôts que l'on traite pour recueillir les jus qui les imprègnent. Après un certain temps, le noir animal doit être revivifié. Les principales phases de cette fabrication sont donc : 1° préparation de la chaux et de l'acide carbonique ; 2° action de ces corps sur les jus sucrés ; 3° traitement des écumes et des dépôts ; 4° action des jus sucrés sur le noir animal ; 5° revivification du noir.

1° *Préparation de la chaux et de l'acide carbonique.* — Les fours à chaux utilisés pour cet usage sont le plus souvent des fours à chaux, continus, à foyers latéraux. La partie supérieure du four est fermée par un cône qui vient s'appliquer exactement contre la trémie qui sert au chargement. Une pompe aspire l'acide carbonique qui provient de la combustion du coke des foyers et de la décomposition du calcaire. Le chargement du carbonate, à la partie supérieure, et le défournement, à la partie inférieure, d'une quantité de chaux correspondante, se font à intervalles répétés, toutes les heures par exemple ; on obtient ainsi une plus grande régularité de marche. Le calcaire doit être aussi pur que possible, et le combustible exempt de soufre.

On a aussi employé, avec avantage, des fours coulants où le calcaire et le combustible sont chargés par couches alternatives.

Le lavage de l'acide carbonique que la pompe extrait des fours à chaux se fait très simplement dans un vaste

cylindre vertical en tôle, séparé par des cloisons horizon-
tales en plusieurs chambres qui communiquent les unes
avec les autres par des tuyaux plongeant, qui servent de
trop-pleins, et par des tuyaux servant au passage du gaz ;
ces tuyaux sont recouverts par des cloches hémisphériques
qui forcent le gaz à barboter et à abandonner les poussières qu'il entraîne. En même temps, il se refroidit. Cet
appareil rappelle la disposition de certaines colonnes
employées pour la rectification des alcools. L'eau est
renouvelée constamment par la partie supérieure et
s'écoule, de plateau en plateau, jusqu'en bas de l'appareil
par où elle s'échappe.

2° Carbonatation des jus sucrés. — Elle se fait dans des
chaudières en tôle, de forme rectangulaire ; cette forme
présente cet avantage que la mousse tombe d'elle-même
dans les angles. La figure ci-contre montre la disposition
d'une chaudière de carbonatation C et de son bac de décantation D. Un serpentin S amène la vapeur nécessaire pour
élever la température au point voulu. L'acide carbonique
arrive en A et va se dégager à travers le liquide, à l'aide
de tuyaux disposés en étoile *ee*, près du fond de la chau-

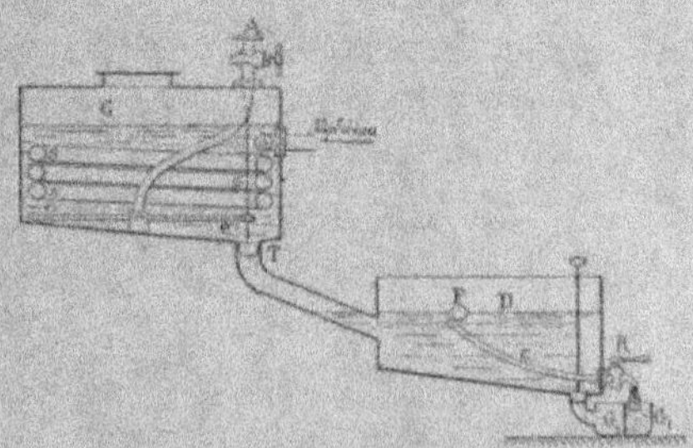

dière et percés de petits trous. Le tuyau T, qui fait communiquer la chaudière et le bac, est fermé à l'aide d'un

tampon conique que l'on soulève au moment de la décantation. Le bac est muni d'un tampon analogue qui permet d'écouler les matières solides déposées sur le fond dans une gouttière G_2. Un robinet R verse dans une gouttière G_1 le liquide clair qu'il va puiser près de la surface, grâce à un tube de caoutchouc C, maintenu toujours près de la surface par un flotteur F. Les eaux troubles et les matières solides qui s'écoulent par la gouttière G_2 se rendent dans des appareils appelés débourbeurs qui retiennent les matières en suspension et laissent écouler des jus clairs que l'on ajoute à ceux de la gouttière G_1. Ces jus sont conduits dans la seconde chaudière de décantation, de construction souvent identique à celle que nous venons de décrire, tandis que les écumes et les dépôts retenus dans les débourbeurs sont envoyés aux filtres-presses.

Le plus souvent les chaudières de carbonatation ont une capacité de 40 hectolitres; on les charge avec 25 hectolitres de jus, auxquels on ajoute 40 à 50 kilogrammes de chaux à l'état de lait de chaux; on élève la température; dès qu'elle atteint 40°, on commence à envoyer de l'acide carbonique, et on arrête l'arrivée de la vapeur quand la température est de 90°. On suit alors la marche de la carbonatation en prélevant des échantillons que l'on examine avec des liqueurs titrées, ou en plongeant des papiers réactifs (curcuma ou phtaléine). On arrête l'opération quand il ne reste plus que 1 gramme de chaux par litre. Si la liqueur était plus alcaline, les toiles des appareils de filtrage seraient rapidement hors d'usage. Si elle contenait, au contraire, un excès d'acide carbonique, une partie des matières albuminoïdes précipitées par la chaux se redissoudrait. Lorsqu'on arrête l'arrivée de l'acide carbonique, on envoie souvent un jet de vapeur dans le tube A pour le nettoyer et débarrasser les orifices qui ont pu être obstrués. La quantité de chaux mise dans la deuxième phase représente entre 1/10 et 1/2 de la quantité employée dans la première. Les jus éclaircis sont envoyés sur les filtres à noir et les dépôts de deuxième carbonatation aux filtres-presses.

3° *Traitement des dépôts et des écumes ; filtres-presses.* — Les matières solides, qui se déposent dans les chaudières ou dans les bacs de décantation, sont imprégnées de jus sucré dont on doit les débarrasser. Pour cela, ces matières boueuses sont envoyées dans des filtres-presses, soit à l'aide de monte-jus, fonctionnant par une pression de vapeur, soit à l'aide d'une pompe à vapeur qui se met en marche automatiquement au fur et à mesure des besoins. Les filtres-presses se composent d'une série de cadres mobiles en fonte, disposés parallèlement les uns aux autres dans une position verticale. Ces cadres ont des rebords saillants qui peuvent s'appliquer les uns contre les autres ; ils sont munis de deux crochets par lesquels ils reposent sur deux barreaux horizontaux servant

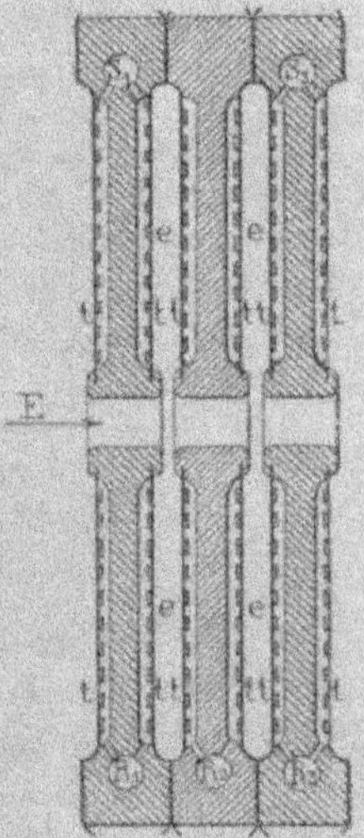

de glissières, faisant partie du bâti de la presse. La presse comprend à une extrémité un plateau fixe vertical et à l'autre extrémité un plateau également vertical, mais mobile, s'appuyant sur les mêmes glissières ; entre ces deux plateaux on place une série de cadres mobiles, et à l'aide d'une vis puissante on serre tous ces plateaux les uns contre les autres. La figure ci-jointe donne la coupe de trois cadres consécutifs, par un plan vertical normal aux

cadres. Chaque cadre est percé à son centre d'un trou qui
fait communiquer, tous ensemble, les espaces vides qui se
trouvent entre chaque cadre. Des toiles t, t,..., percées au
centre d'une ouverture circulaire, recouvrent chaque cadre
sur ses deux faces; elles sont fixées au milieu par deux
pièces formant écrou qui se vissent l'une sur l'autre et les
serrent fortement, et au bord par la pression qui applique
tous les cadres les uns contre les autres. En dedans de
chaque toile se trouvent des feuilles de tôle perforées qui les
aident à résister à la pression qu'elles supportent, tout en
laissant passer le liquide qui filtre au travers. Le plateau
vertical fixe, qui termine l'une des extrémités de la presse,
porte à son centre un robinet par lequel arrivent les
matières pâteuses à presser; celles-ci se rendent par E
en e, e... Le jus passe à travers les toiles et s'en va par les
tuyaux R_1, R_2, R_3, etc., qui sont munis de robinets et qui
le laissent couler dans une rigole commune. Lorsque
l'appareil marche depuis un certain temps, tous les espaces
tels que e, sont remplis de tourteaux d'écume, qu'il
devient nécessaire d'enlever.

Avant de procéder à cet enlèvement, on arrête l'arrivée des écumes par E, et on déplace le jus que les
tourteaux contiennent en envoyant de l'eau dans le filtre-
presse. Pour cela, on ferme les robinets R_1, R_3, R_5, etc.,
et on laisse ouverts les robinets des cadres intermédiaires
R_2, R_4, R_6, etc. Puis, par les canalisations S_1, S_3, S_5, etc.,
on envoie de l'eau. Cette eau traverse d'abord les toiles
fixées aux cadres de rang impair, puis les tourteaux et
les toiles fixées aux cadres de rang pair; elles sortent
alors par les robinets correspondants R_2, R_4, R_6, etc.; il
suffit de peu d'eau pour retirer le sucre de ces tourteaux,
parce que c'est moins un lessivage qui se produit qu'un
déplacement des jus sucrés par l'eau pure. Si le lavage

dure dix minutes, comme c'est l'ordinaire, le liquide qui coule pendant les cinq premières minutes est du jus fort que l'on peut mêler à celui qui s'est échappé avant le lavage. Celui qui coule ensuite est plus faible, on l'utilise pour faire du lait de chaux de façon à faire rentrer le sucre qu'il contient dans la circulation.

4° *Action des jus sucrés sur le noir animal.* — Au sortir des chaudières de défécation ou des filtres-presses, les jus sucrés sont filtrés sur du noir animal. Les filtres qui contiennent ce corps servent aussi pour la filtration des sirops. En général, on opère de la façon suivante : quand le filtre vient d'être chargé de noir animal neuf ou revivifié, on y fait passer les sirops pendant huit heures; après ce temps, son pouvoir décolorant et absorbant s'est affaibli; on interrompt l'arrivée des sirops et on envoie dans le filtre les jus des chaudières de défécation et des filtres-presses pendant une douzaine d'heures. Le noir doit être alors revivifié.

Les filtres à noir animal sont cylindriques et assez élevés. A la partie inférieure se trouve une lame de tôle perforée sur laquelle on place une toile. On charge ensuite le noir en mettant au fond une couche de noir neuf, sur une épaisseur de 10 centimètres, quand on en a à sa disposition, puis le noir revivifié, en le tassant bien le long des parois du cylindre pour que le liquide ne s'écoule pas par là trop rapidement. Puis, quand tout le noir est introduit, on dispose à sa surface une lame de tôle perforée, destinée à répartir également le jus sur toute la surface du noir. Le cylindre qui contient le noir animal se trouve entouré d'une couche de matières mauvaises conductrices, de telle façon que la température ne s'abaisse pas trop. On la maintient entre 70 et 90°. Au-dessus du filtre à noir sont disposés trois robinets servant à amener, le premier les sirops, le second le jus, et le troisième l'eau nécessaire pour les lavages. Le liquide est soutiré à la partie inférieure, au-dessous du faux fond, par un tuyau muni d'un robinet qui le déverse dans l'un ou l'autre des deux compartiments d'une gouttière double, suivant que c'est du jus ou du sirop. A la partie inférieure, le cylindre à noir est muni d'un trou d'homme pour évacuer les noirs épuisés. Lorsqu'on juge que l'action absorbante du noir devient insuffisante, on écoule les jus qui sont dans le filtre et on lave le noir avec de l'eau dans l'appareil même : c'est le dégraissage ; puis, on extrait le noir et on le porte à l'atelier de revivification.

5° *Revivification du noir.* — La revivification du noir se fait par deux procédés principaux : la fermentation et le lavage. Dans le procédé de la fermentation on abandonne à lui-même le noir, soit en tas, soit dans une citerne pleine d'eau; le sucre qu'il contient encore ne tarde pas à entrer en fermentation. Dans le procédé du lavage, on commence avec de l'eau, et on continue avec de l'eau contenant 1 0/0 d'acide chlorhydrique, qui dissout la plupart des composés calcaires contenus dans le noir. On termine par un dernier lavage à l'eau pure. Les noirs qui ont fermenté ou qui ont été lavés sont ensuite passés dans des fours, où on les chauffe au rouge cerise à l'abri du contact de l'air. Les matières organiques qui restaient dans le noir sont décomposées. Les fours que l'on emploie pour cette opération sont de formes très diverses ; dans la plupart le noir est contenu dans des cornues, fixes le plus souvent. L'opération peut être continue ou discontinue. Dans ce dernier cas, on laisse refroidir les cornues, avant de les ouvrir et de les charger de nouveau, pour éviter que le noir trop chaud ne brûle à l'air. Avec les appareils continus, le noir, avant d'arriver à l'orifice de sortie, parcourt une partie de la cornue où la température est plus basse et où il se refroidit graduellement.

On a proposé aussi de revivifier le noir animal sans le calciner, en le traitant par des alcalis qui dissolvent les matières colorantes qu'il a absorbées. L'alcali le plus employé est l'ammoniaque que l'on obtient dans l'évaporation des jus sucrés ; il est facile de la régénérer après son action sur le noir.

Le noir animal n'est pas le seul corps que l'on puisse employer pour l'épuration des jus. Depuis quelque temps, on utilise avec quelque avantage l'acide sulfureux. Toutefois, l'action de ce réactif doit être attentivement surveillée par des dosages répétés, et arrêtée au moment convenable.

260. Concentration des jus. — La concentration des jus se fait en deux périodes. Les jus qui proviennent des filtres à noir marquent en général 4 à 5° Baumé. On les concentre jusqu'à ce qu'ils marquent 20° Baumé. On les envoie alors de nouveau sur les filtres à noir, puis à *la cuite*. La concentration jusqu'à 24° Baumé a lieu dans des chaudières où on fait le vide de façon que l'évaporation de l'eau se produise à la température la plus basse possible. On a imaginé un certain nombre d'appareils pour produire cette évaporation dans le vide ; un des plus économiques est l'appareil, dit à triple effet, imaginé par Julius Robert, d'après certains auteurs, ou par Rillieux.

La figure ci-contre représente le schéma d'un appareil à triple effet, construit par Cail. Il se compose de trois chaudières verticales qui présentent toutes les trois la même disposition : elles se composent d'un dôme D_1, D_2, D_3 et d'une série de tubes, t_1 pour la première, t_2 pour la seconde, t_3 pour la troisième, qui réunissent deux fonds perforés $f_1 f_1'$, $f_2 f_2'$, $f_3 f_3'$. Chacune des chaudières est donc une chaudière tubulaire. Le dôme D_1 de la première chaudière communique avec l'espace intertubulaire de la seconde, par l'intermédiaire d'un tube de sûreté S_1. Le dôme D_2 de la seconde chaudière communique, par l'intermédiaire du tube de sûreté S_2, avec l'espace intertubulaire de la troisième chaudière. Le dôme D_3 de celle-ci

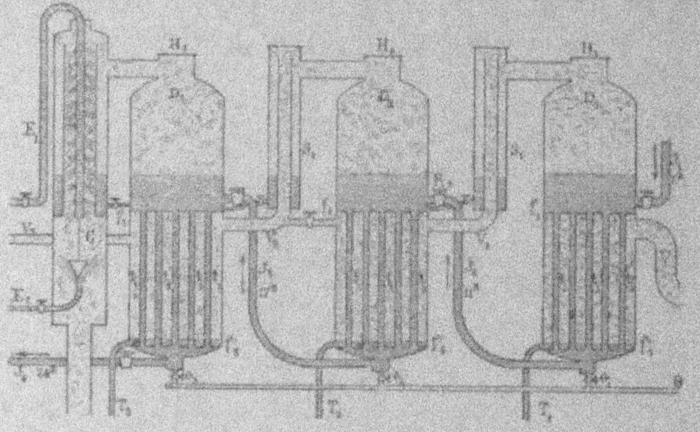

communique avec un condensateur C, dont nous parlerons un peu plus loin. L'espace intertubulaire de la première chaudière communique avec une canalisation qui lui amène, en V, la vapeur d'eau qui s'échappe des diverses machines utilisées dans la fabrique. Les chaudières contiennent des jus sucrés. La première reçoit en J_1 les jus sucrés provenant des filtres à noir ; ces jus marquent 5° Baumé environ. La partie inférieure de la première chaudière communique par un tube J_2 avec la partie moyenne de la seconde. Ce tube est muni d'un robinet R_2 qui sert à faire passer le jus sucré de la première chaudière dans la seconde. Ce jus sucré marque alors 11° Baumé. La partie inférieure de la seconde chaudière communique avec la partie moyenne de la troisième, par l'intermédiaire du tube J_3 muni du robinet R_3. Dans ce tube, le jus marque 17° Baumé. Enfin, le jus sort par J_4 de la partie inférieure de la troisième chaudière; il marque 24° Baumé et se rend aux filtres à noir animal, à l'état de sirop. Voyons maintenant comment se fait le chauffage de ces diverses chaudières et la volatilisation de l'eau contenue dans les jus sucrés. Nous avons vu que le chauffage de la première chaudière se faisait en utilisant la chaleur perdue des machines à vapeur, en dirigeant dans l'espace intertubulaire t_1 la vapeur de l'échappement de ces machines. L'eau qui résulte de la condensation de la vapeur dans l'espace t_1 est évacuée par le tube T_1. Pour faciliter l'évaporation du jus sucré contenu dans la première chaudière, on fait le vide à l'intérieur, par l'intermédiaire des tubes $V_1 V_2 V_3$, avec une machine aspirante. Par T_2 sort la vapeur émise par D et condensée en t_2. Cette condensation de la vapeur de la première chaudière, dans l'espace intertubulaire de la seconde, a pour effet de chauffer celle-ci. Les eaux de condensation s'écoulent en T_3. Les écoulements par $T_1 T_2 T_3$ sont produits par l'aspiration de la pompe qui sert à faire le vide dans tout l'appareil. De même, les vapeurs qu'émet la deuxième chaudière sont aspirées par la machine et vont, en partie, se condenser en t_3 en échauffant le liquide de la troisième chaudière. Les vapeurs émises par cette dernière sont aussi aspirées par la machine, par l'intermédiaire du réfrigérant C, dans l'intérieur duquel de nombreux jets d'eau froide, provenant de E_1 et de E_2, condensent la majeure partie de la vapeur et diminuent d'autant le travail de la machine aspirante. Ce condenseur C joue, en outre, le rôle de tube de sûreté comme les appareils S_1 et S_2. Ces tubes de sûreté ont pour objet de récolter les gouttelettes de jus sucré entraînées par l'ébullition, surtout quand le liquide mousse, et de les renvoyer dans la chaudière suivante. Si l'on n'avait pas adopté cette disposition, ces gouttelettes auraient été mêlées en t_2 avec l'eau de condensation et perdues. Nous avons vu comment croissait la concentration des jus à mesure qu'ils passaient d'une chaudière à l'autre. La température de chacun de ces appareils suit une marche analogue, mais inverse.

La vapeur envoyée en t_1 a une température de 108° en moyenne, mais le jus qui se trouve dans la première chaudière a la température de 91°. La vapeur qui arrive en t_2 a donc cette température de 91°, mais elle se refroidit à mesure qu'elle cède de la chaleur au liquide de la seconde chaudière; celui-ci est à 80°. Dans la troisième chaudière, la température est de 60°. Chacune de ces trois chaudières est munie d'une large fenêtre, pour surveiller l'intérieur, d'un niveau, d'un manomètre et d'un trou d'homme H_1, H_2, H_3 qui sert lorsqu'on nettoie ces appareils. Les tubes t_1, t_2, t_3, munis de robinets qui les font communiquer avec le tube t, servent pour le lavage des chaudières. Tous ces appareils sont enveloppés de chemises en bois, garnies intérieurement de matières mauvaises conductrices de la chaleur.

Voici quelques dimensions, pour donner une idée de la grandeur de ces appareils: elles se rapportent à un appareil capable de traiter 1.500 hectolitres de jus par vingt-quatre heures.

Ces chaudières sont en fonte ou en tôle.

Le piston de la pompe à faire le vide a un diamètre de $0^m,41$, et une course de $0^m,5$. On peut donner jusqu'à 45 coups de piston par minute.

	PREMIÈRE CHAUDIÈRE	DEUXIÈME CHAUDIÈRE	TROISIÈME CHAUDIÈRE
Diamètre.....................	$1^m,38$	$1^m,52$	$1^m,66$
Hauteur au-dessus des tubes........	1 30	1 40	1 50
Hauteur des tubes.............	1 25	1 25	1 25
Diamètre des tubes............	0 05	0 05	0 05
Nombre des tubes	340	420	495
Surface de chauffe	60^{mq}	74^{mq}	85^{mq}

261. Épuration des sirops. — Elle se fait en envoyant les sirops qui sortent des appareils à triple effet dans les filtres à noir animal, dont il a été parlé à propos des jus. Lorsque ces appareils viennent d'être garnis de noir revivifié, on fait d'abord écouler dans ces filtres des sirops pendant huit heures environ ; ils peuvent servir encore ensuite pour les jus, pendant un certain temps, avant qu'il soit nécessaire de revivifier le noir. Les sirops sont réchauffés vers 100° avant d'être versés sur le noir ; ils deviennent ainsi plus fluides et sont mieux décolorés. Dans la chaudière où on les chauffe ainsi, on leur fait quelquefois subir un traitement par la chaux, puis par l'acide carbonique. Quelquefois aussi, on les clarifie avant de les filtrer, avec un peu de sang et de noir animal fin.

262. Cuite, ou transformation des sirops en sucre. — Le sirop qui sort des appareils à triple effet marque de 20 à 25° Baumé. Il doit être concentré davantage pour laisser déposer du sucre par refroidissement. Cette concentration prend le nom de *cuite*. Elle s'effectue dans des chaudières cylindriques verticales en tôle, terminées par un fond et un dôme arrondis en fonte. Une chaudière de ce genre possède trois serpentins S_1, S_2, S_3 chauffés à la vapeur. Les robinets correspondants R_1, R_2, R_3 permettent de mettre à volonté ces ser-

pentins en communication avec une canalisation générale
de vapeur. En A se trouve le tuyau d'alimentation en
jus ; en E, une ouverture pour la vidange de la masse
cuite ; la canalisation V communique avec une pompe à
faire le vide. La chaudière est munie d'un manomètre à
vide, de fenêtres pour observer l'intérieur, voir le niveau
du liquide et constater si la mousse devient trop abondante. Dans ce cas, on la fait tomber en introduisant
par H un peu d'huile dans la chaudière. Cet appareil est

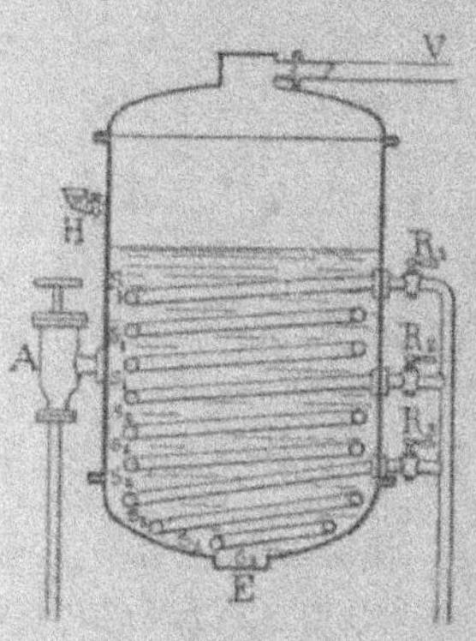

muni d'un tâte-jus, non représenté sur la figure ; c'est une
sorte de petite sonde permettant de prendre un échantillon
du liquide de la chaudière sans
laisser rentrer l'air. On peut
suivre ainsi le progrès de la
concentration. Pour faire cristalliser le sucre, on peut suivre
les deux méthodes que voici :
on concentre le sirop à un
point tel que par refroidissement
il puisse donner du sucre ; c'est
l'ancien procédé ; arrivé à ce point, on fait écouler le sirop
dans de grands bacs, où on l'abandonne à lui-même. Il
se refroidit lentement. Ou bien, on concentre encore le
sirop de façon à ce qu'il puisse donner des cristaux par
refroidissement, mais on commence cette fois la cristallisation dans la chaudière même, en faisant arriver par le
tube A un peu de sirop froid ; il se forme de petits grains
de sucre que l'on fait grossir par une arrivée progressive
de sirop. C'est la cuite en grains, la plus généralement
employée maintenant.

Voici maintenant comment l'on conduit l'opération :

On commence par faire le vide dans l'appareil, et, lorsque la pression est de 40 centimètres de mercure environ, on ouvre le robinet d'alimentation A ; le sirop, poussé par la pression atmosphérique, pénètre dans la chaudière. On continue de faire le vide, jusqu'à 60 ou 65 centimètres, et on le maintient pendant toute la durée de l'opération, de façon que la cuite se produise à la plus basse température possible, afin d'éviter qu'une trop grande proportion de sucre ne se transforme en mélasse. Tout d'abord, on n'introduit la vapeur que dans le serpentin inférieur ; au fur et à mesure de l'évaporation, le niveau tend à baisser dans la chaudière, mais on le maintient un peu au-dessus du serpentin supérieur par de nouvelles additions de sirop. On fait alors de temps à autre des prises de sirop pour surveiller la concentration. Les essais se font en prenant une goutte de sirop amenée par la sonde entre le pouce et l'index et en séparant rapidement ces deux doigts ; il doit se former un filet qui se rompt lorsqu'il a 5 à 6 centimètres et dont l'extrémité se relève en crochet (c'est la preuve au crochet) ; le sirop contient alors 12 à 13 0/0 d'eau. La preuve est dite au filet quand celui-ci ne se rompt pas en écartant les doigts. Quand le sirop donne la preuve au crochet, on forme le grain en envoyant, à trois ou quatre reprises, pendant quelques secondes, du sirop froid dans l'appareil au moyen de A. Ce sirop froid détermine la formation des premiers grains de sucre, on augmente alors la grosseur de ces grains en continuant l'arrivée du sirop froid ; on s'arrête quand le niveau dans la chaudière atteint la base du dôme ; alors commence le *serrage* de la cuite. On augmente le degré de vide, et l'on envoie la vapeur dans les trois serpentins. De temps à autre, on prélève des échantillons : une goutte de sirop tombant sur le pouce ne doit ni s'aplatir ni se gercer ; la masse est alors convenablement cuite. On arrête l'arrivée de la vapeur ; on laisse rentrer l'air dans l'appareil et, ouvrant la porte de vidange E, on fait écouler le contenu de la chaudière dans le bac *d'empli* où sa température baisse et où sa consistance augmente. On envoie alors un fort jet de vapeur dans la chaudière pour la nettoyer, et l'appareil se trouve prêt pour une nouvelle opération.

Essorage du sucre. — Après quatre ou cinq heures de séjour dans le bac d'empli, la masse cuite qui contient alors 82 0/0 de sucre, en moyenne, est débitée à l'aide d'un malaxeur, composé d'une caisse demi-cylindrique dans laquelle tourne, suivant son axe, un arbre muni de lames disposées en retrait les unes sur les autres, comme les marches d'un escalier. Lorsque la masse cuite est un peu trop compacte, on la mouille avec du sirop avant de la faire passer dans le malaxeur. Au sortir de cet appareil la masse est envoyée dans des essoreuses. Ces appareils se composent d'une partie, mobile autour d'un axe que l'on peut animer d'un mouvement très rapide de rotation. Dans cette partie on place la matière que l'on veut essorer, c'est-à-dire débarrasser du liquide qui l'imprègne. Le vase dans lequel on place la masse cuite est à claire-voie, de façon à permettre l'écoulement du liquide que la force centrifuge tend à chasser en dehors du vase. Une garniture en tôle qui entoure de toutes parts le vase mobile permet de recueillir le liquide projeté. Les cristaux de sucre contenus dans la masse cuite sont rapidement débarrassés, par ce procédé, du liquide qui les imprégnait. Pour rendre, d'ailleurs, plus parfaite cette purification, on mouille à trois reprises différentes les cristaux restant dans l'essoreuse, avec du sirop, d'abord impur, provenant d'une opération précédente, puis avec du sirop plus pur, et enfin avec du sirop absolument blanc. Après chaque mouillage, on fait tourner l'essoreuse. On obtient de cette façon du sucre très blanc que l'on peut livrer au commerce : c'est le sucre de premier jet qui peut contenir de 98 à 99 0/0 de sucre pur. Les liquides écoulés sont les mélasses de premier jet. Les essoreuses sont disposées pour tourner avec une vitesse de 1 500 tours à la minute ; elles peuvent traiter à la fois 100 kilogrammes de sucre ; l'opération dure de vingt à trente minutes.

Les mélasses de premier jet sont alors introduites de nouveau dans l'appareil à triple effet ; on obtient une masse cuite qui contient 66 0/0 de sucre, en moyenne ; on la laisse déposer ses cristaux, en la faisant écouler dans de grands bacs, disposés dans une étuve, de façon que la température reste comprise entre 35 et 40°. Elle y séjourne non plus quelques heures, comme pour la masse cuite de premier jet, mais une vingtaine de jours. Après ce temps, on la fait passer dans l'essoreuse, et on la sépare en un sucre de deuxième jet qui est un peu jaunâtre, et une mélasse de deuxième jet qui contient encore 55 0/0 de sucre, en moyenne. Cette mélasse passe dans un appareil à triple effet, et se transforme en une masse cuite dite de troisième jet, que l'on envoie dans de grands bacs maintenus à 40 ou 45°, où elle séjourne pendant quatre à cinq mois. Pendant ce temps, se dépose une nouvelle quantité de sucre ; c'est du sucre de troisième jet qui est un peu brun, et il reste une mélasse qui renferme encore 40 0/0 de sucre, mais que l'on ne peut plus traiter avantageusement par les procédés qui précèdent. On l'utilise en la faisant fermenter et en distillant l'alcool produit (V. *Alcool de mélasses*) ; ou bien, on la traite par des procédés spéciaux, qui seront décrits un peu plus loin, afin de retirer la majeure partie du sucre qu'elle renferme.

263. Raffinage du sucre. — Le raffinage du sucre brut a pour objet d'enlever quelques impuretés, principalement des matières colorantes, du sucre incristallisable, etc., et en même temps de lui donner la forme usitée dans le commerce.

Le sucre brut arrive dans les raffineries en sacs ou en caisses; on les vide dans un magasin spécial dont le sol est incliné, ce qui permet de recueillir les sirops qui peuvent s'écouler. Les sacs et les caisses sont passés à la vapeur, ce qui transforme en sirop le sucre restant adhérent aux parois.

Pour raffiner le sucre, on le dissout dans trois fois son poids d'eau; puis, on élève la température vers 50°. Pour décolorer le sirop ainsi obtenu, on y ajoute du noir animal finement pulvérisé (2 0/0 du poids du sucre) et du sang de bœuf frais et battu (1 0/0). Le mélange est envoyé dans une chaudière où l'on fait arriver un jet de vapeur qui barbote dans le liquide et produit une agitation parfaite. Les matières albuminoïdes, en se coagulant, entraînent avec elles toutes les matières tenues en suspension dans le sucre brut, ainsi que le noir animal que l'on a ajouté. Il se forme ainsi une écume, qui se rassemble à la surface, tandis que le liquide sousjacent est notablement éclairci. On interrompt alors l'arrivée de la vapeur, et on laisse le tout en repos, pendant vingt minutes environ; puis, on décante dans des filtres Taylor. Ces filtres, qui se composent d'un double sac en toile de 1 mètre de long sur $0^m.50$ de large, sont fixés à des tubes soudés au fond d'une cuvette en cuivre dans laquelle on verse le sirop. Celui-ci s'écoule, après avoir abandonné dans ces sacs les matières qu'il tenait en suspension, dans un réservoir qui sert à alimenter des filtres à noir animal, d'une disposition analogue à ceux qui ont été précédemment décrits, mais d'une capacité plus grande. Ils peuvent avoir 1m,20 de diamètre sur 12 mètres de hauteur.

Le sirop filtré, ainsi obtenu, qui marque 30° Baumé, est ensuite envoyé dans des appareils à triple effet, où il est soumis à la cuite en grains, comme le sirop brut. Au sortir de ces appareils la masse cuite est envoyée dans une chaudière appelée réchauffeur, où elle est agitée continuellement pendant la cristallisation. C'est là qu'on la puise avec des cuillères pour la verser dans des *formes*, ou moules en tôle, qui lui donnent l'aspect bien connu des pains de sucre. Le sommet de ces vases coniques, placé en bas au moment de la coulée, est troué, et l'orifice fermé par un tampon de linge mouillé. Peu de temps après la coulée, la cristallisation commence à la surface où il se forme une croûte solide ; on la brise et on remue avec une spatule en bois. Après dix à douze heures, on monte les formes dans un grenier à température constante, 30° ; la solidification est alors assez avancée pour qu'on puisse enlever le tampon de linge et les faire égoutter en les plaçant côte à côte sur des supports spéciaux, au-dessus d'une cuve en zinc où vient se rassembler le sirop qui s'écoule. Pour achever le raffinage de ce sucre en pain, on verse à deux ou trois reprises du sirop sur ces pains ; il entraîne l'eau mère qui imprégnait encore le sucre ; on enlève les dernières traces de ce sirop en adaptant au sommet des moules, par l'intermédiaire d'une rondelle de caoutchouc, des tubes par lesquels on fait le vide. Les pains, bien égouttés ainsi par l'action des *sucettes*, sont nettoyés à leur base (plamotage), démoulés (lochage), puis envoyés dans une étuve, maintenue vers 50°, où ils achèvent de se sécher. Depuis que l'on débite en grandes quantités le sucre à la mécanique, on emploie des formes qui se prêtent mieux à cet usage ; il se présente alors sous forme de tables assez minces.

Le raffinage du sucre fournit des sirops dont on peut extraire un sucre de qualité inférieure, assez fortement coloré. En même temps, il reste des mélasses que l'on traite comme les mélasses obtenues dans la fabrication du sucre brut, c'est-à-dire qu'on les transforme en alcool par fermentation, ou qu'on en retire le sucre par des procédés spéciaux que nous allons étudier maintenant.

264. Traitement et utilisation des mélasses. — Les mélasses sont utilisées, telles que les fournit l'industrie sucrière, pour certains usages, pour la fabrication du pain d'épices et les confitures communes, surtout les mélasses de canne à sucre ; on les utilise aussi dans l'industrie de la bière et dans celle de l'alcool de mélasses (V. p. 301). Nous ne nous occuperons ici que des traitements que l'on fait subir aux mélasses en vue d'en retirer, en nature, la plus grande partie possible du sucre qui y est contenu.

La mélasse contient, en moyenne, plus de 50 0/0 de sucre ; malgré cela, son prix représente à peu près le tiers de celui du sucre qu'elle contient. Aussi cherche-t-on, d'une part, à éviter le plus possible la production de la mélasse, et, d'autre part, à l'utiliser le mieux possible. On obtient d'autant moins de mélasse dans le traitement des betteraves, que les jus naturels que l'on a à traiter sont plus riches et que la plupart des opérations, des évaporations surtout, sont faites à températures plus basses. Mais on obtient toujours des mélasses, et il n'y a que deux procédés pour utiliser la grande quantité de mélasses que fournit l'industrie du sucre de betteraves : la transformation en alcool et l'extraction du sucre.

La mélasse contient, en moyenne, 55 0/0 de sucre, 20 0/0 d'eau, 12 0/0 de sels minéraux, et 13 0/0 de matières organiques. Ces proportions sont, d'ailleurs, assez variables. Nous avons vu que les cuites de deuxième et de troisième jets devaient être longtemps abandonnées à elles-mêmes, avant d'abandonner le sucre qu'elles pouvaient déposer. La mélasse qui accompagne le sucre de troisième jet ne peut plus être traitée comme les précédentes. Pour extraire une partie du sucre qui y est contenu, deux méthodes se présentent : on peut éliminer une partie des matières étrangères, ce qui fournira un produit analogue aux mélasses de premier ou de deuxième jet, que l'on pourra traiter comme ces dernières et qui abandonneront une partie de leur sucre, c'est le procédé par l'osmose ; ou bien, on peut combiner le sucre à un autre corps, de façon à obtenir un produit insoluble, que l'on séparera des matières salines et organiques de la mélasse, c'est le procédé chimique. Le produit une fois séparé sera décomposé, de façon à remettre en liberté le sucre qu'il contient. On peut enfin employer une méthode mixte, où l'on utilise chacun de ces deux procédés, le premier pour donner une mélasse plus pure et plus riche, le second pour en extraire le sucre.

1° *Procédés osmotiques.* — Les phénomènes d'osmose ont été découverts par Dutrochet, étudiés par Graham, et appliqués par Dubrunfant au traitement des mélasses. Lorsqu'une membrane sépare deux liquides différents, il y a osmose, c'est-à-dire que chacun des deux liquides pénètre la membrane et va se dissoudre dans l'autre ; le passage de ces deux liquides se fait d'ailleurs avec des vitesses qui varient avec leur nature et qui peuvent être très différentes. De même, si les liquides placés de part et d'autre de la membrane contiennent des matières en solution, celles-ci traverseront la membrane avec des vitesses qui pourront être très différentes. Il résulte des expériences de Graham que les matières salines, susceptibles de cristalliser facilement, s'osmosent beaucoup plus facilement que les autres. Tandis que les gommes, l'albumine ne traversent les membranes que d'une façon insensible, les sels, au contraire, surtout les sels de potassium et de sodium, formés par un acide minéral, se diffusent rapidement. Les sels ammoniacaux et les sels de potassium et de sodium à acide organique s'osmosent, mais moins rapidement que les précédents. Le sucre se diffuse beaucoup moins vite que les sels.

Pour appliquer ces phénomènes au traitement des mélasses, on prend, comme membrane, du papier parchemin. Considérons une série de cadres en bois ; entre chacun d'eux plaçons une feuille de papier parchemin et serrons-les tous les uns contre les autres, à l'aide d'une disposition analogue à celle des filtres-presses. Nous aurons ainsi formé une série de boîtes plates juxtaposées, dont les côtés sont en bois et les grandes faces en papier parchemin. Désignons-les par 1, 2, 3, 4, 5, 6,..., $2n + 1$. Si, par un procédé quelconque, l'on remplit les boîtes 1, 3, 5,..., $2n + 1$ d'eau et les boîtes 2, 4, 6,..., de mélasse, ce liquide se trouvera séparé de deux masses d'eau par du papier parchemin, à travers lequel l'osmose pourra se produire ; l'eau pure passera un peu à travers le papier, mais les sels de potassium, contenus dans la mélasse, passeront en partie dans l'eau pure. De sorte qu'après un certain temps de contact la mélasse sera un peu moins concentrée qu'avant, mais elle aura perdu une partie de ses sels de potassium. D'après Dubrunfaut, 1 partie de sel peut empêcher la cristallisation de 4 parties de sucre ; ainsi une mélasse qui contient 50 0/0 de sucre et

12,5 0/0 de sels ne peut plus cristalliser. Or, on peut pratiquement enlever par l'osmose la moitié des sels que contient une mélasse ; celle-ci pourra donc donner à la cristallisation la moitié du sucre qu'elle contenait. On a construit des osmogènes de dispositions assez peu différentes d'un appareil à l'autre. Nous n'en décrirons qu'un.

Osmogène de MM. Mathée et Scheibler. — Les cadres de cet appareil ont une épaisseur de 15 millimètres, une

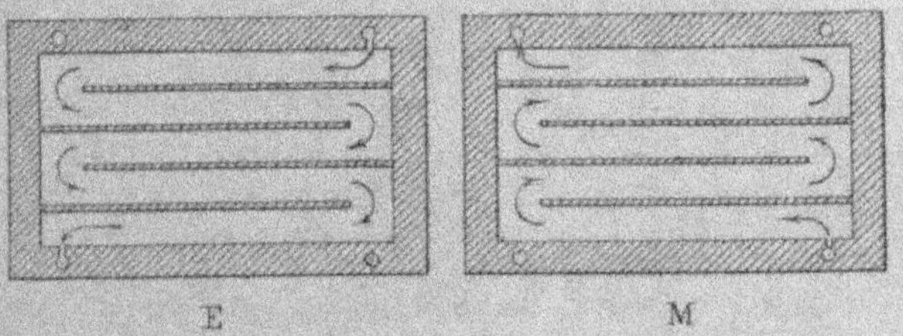

hauteur de $0^m,65$ et une longueur de 1 mètre ; à l'intérieur se trouvent des cloisons formant chicanes, de façon à augmenter le parcours de l'eau et de la mélasse. On les empile les uns sur les autres en les séparant par du papier parchemin ; et, à l'aide de barres de fer, munies d'écrous, on les serre les uns contre les autres et contre deux plaques en fonte qui se trouvent aux extrémités. L'une de ses plaques est munie de quatre canalisations qui servent : A*m*, à l'arrivée de la mélasse ; A*e*, à l'arrivée de l'eau ; S*m*, à la

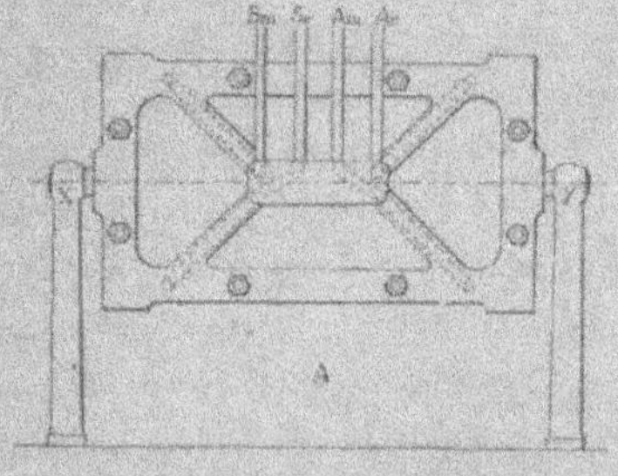

sortie de la mélasse ; S*e*, à la sortie de l'eau. Les figures ci-dessus montrent en A la disposition de cette plaque ;

en E, la circulation de l'eau dans un cadre ; en M, celle
de la mélasse. L'alimentation des cellules en eau et mélasse se fait à l'aide de la disposition que voici. Chaque
cadre est percé d'un trou aux quatre coins ; lorsque les
cadres sont empilés, l'ensemble de ces trous forme quatre
carneaux qui traversent tout l'appareil ; ils se trouvent
fermés à une extrémité par la plaque fixe correspondante,
et à l'autre extrémité ils aboutissent à des canalisations
figurées en A qui les mettent en relation avec l'un ou
l'autre des quatre tuyaux Am, Ae, Sm, Se qui ont le rôle
indiqué plus haut. Les trous placés à l'angle supérieur de
droite et à l'angle inférieur de gauche des cadres de rang
impair sont seuls mis en communication par un petit canal
c avec l'intérieur du cadre. Pour les cadres de rang pair,
ce sont, au contraire, les trous placés à l'angle supérieur
de gauche et l'angle inférieur de droite qui communiquent
avec l'intérieur des cadres. De cette façon, le carneau supérieur de droite et le carneau inférieur de gauche communiquent avec tous les cadres de rang impair et les deux
autres carneaux avec les cadres de rang pair. Comme la
mélasse, en circulant dans l'appareil, perd des sels et
s'enrichit en eau, sa densité diminue ; on la fait entrer
par la partie inférieure ; l'eau, au contraire, se char-
geant de sel, on la fait entrer par la partie supérieure.
En outre, le traitement se fait ainsi d'une façon méthodique, puisque l'eau et la mélasse marchent en sens
inverse. Tout l'appareil est supporté par un axe (XY) qui
permet de tourner les cadres de 180°, quand ils ont servi
un certain temps dans la première position. Le papier
parchemin s'usant, en effet, plus rapidement dans le
haut de l'appareil que dans le bas, on arrive à prolonger
le service de ces appareils en les retournant de temps à
autre.

L'eau qui sort des appareils contient un peu de sucre ; on l'utilise pour la fabrication de l'alcool.

Nous avons vu que les sels qui s'osmosaient le plus rapidement étaient les sels de potassium et de sodium, à acides minéraux. Les mélasses, outre ces sels, contiennent aussi des sels de potassium à acides organiques. Pour les éliminer, on a proposé d'ajouter à la mélasse du chlorure d'ammonium ; une double réaction, limitée par la réaction inverse, se produit alors entre ce sel et les sels de potassium à acides organiques ; ils échangent leurs bases et leurs acides, de sorte que l'on obtient du chlorure de potassium et des sels ammoniacaux à acide organique. Le chlorure alcalin se diffuse vite, de sorte que la réaction se poursuit, mais il faut maintenant éliminer les sels ammoniacaux qui se sont produits et qui gêneraient tout autant la cristallisation que les sels de potassium ; pour cela on les envoie dans la chaudière de défécation où on les traite successivement par la chaux et l'acide carbonique. L'ammoniac s'en va pendant la première partie de l'opération ; les sels organiques d'ammoniaque sont transformés en sels calcaires et précipités, pour la plupart, avec le carbonate de calcium.

2° Procédés chimiques. — On cherche, dans les divers procédés chimiques qu'on emploie, à transformer le sucre en composés insolubles, sans précipiter les autres corps. On a utilisé pour cela les combinaisons que le sucre forme avec la chaux, la baryte et la strontiane, en s'aidant ou non d'alcool, pour rendre la séparation plus complète. Le sucre peut se combiner en plusieurs proportions avec la chaux. Parmi les combinaisons les plus utiles, au point de vue de l'industrie sucrière, il y a lieu de considérer le saccharate bicalcique $C^{12}H^{22}O^{11}2CaO$, sel soluble à froid, et le saccharate tricalcique, qui est insoluble, et dont la formule est $C^{12}H^{12}O^{11}3CaO$. Le premier s'obtient quand on ajoute de la chaux à une dissolution de sucre, à la température ordinaire. Si l'on fait bouillir cette dissolution limpide, elle se trouble et laisse déposer les deux tiers du sucre qu'elle contenait à l'état de saccharate tricalcique. Ce même composé peut s'obtenir en projetant de la chaux en poudre dans la mélasse. Dans le *procédé Steffen*, on ajoute la chaux, peu à peu, en examinant la densité de la liqueur avec un pèse-sel. On fait des additions de chaux tant que le degré aréométrique diminue, on s'arrête quand il devient constant ; on doit éviter pendant cette opération que la température ne s'élève trop ; pour cela, on l'effectue dans un appareil, appelé réfrigérant, qui est refroidi par une canalisation d'eau froide. On traitera, par exemple, 250 kilogrammes de mélasse étendue d'eau, de façon à ne marquer que 12° Baumé, par 150 kilogrammes de chaux, mis en une dizaine de fois. L'opération dure de trois quarts d'heure à une heure. Le sucrate est ensuite envoyé à des filtres-presses ; il est lavé rapidement et ensuite emmagasiné pour être traité par l'acide carbonique ou pour être envoyé à la place de chaux dans les chaudières de défécation, pour le traitement des jus sortant des chaudières à triple effet. Tel est le procédé Steffen.

Dans le *procédé Dubrunfaut*, la mélasse, étendue d'eau pour la ramener à un degré convenable, est traitée par une solution de baryte ; il se forme un précipité de sucrate de baryum, très peu soluble, que l'on débarrasse, par des lavages, de toutes les matières étrangères, des sels en particulier.

Le sucrate de baryum est ensuite décomposé par l'acide carbonique qui donne du carbonate de baryum, et un jus sucré que l'on concentrera et d'où l'on pourra extraire le sucre cristallisé ; le carbonate de baryum formé simultanément est recueilli et décomposé par la chaleur ; la baryte caustique se trouve ainsi régénérée et prête à rentrer dans la fabrication. Les eaux mères, ainsi que les jus sucrés, doivent être complètement débarrassés de la baryte qu'ils renferment encore, en petite quantité, après l'action de l'acide carbonique. On y arrive à l'aide de petites quantités d'acide sulfurique ou de sulfates. Les eaux mères sont évaporées et calcinées, ce qui permet d'en extraire les sels de potassium.

Dans le *procédé Scheibler*, on utilise la formation d'un saccharate de strontium. Pour cela, la mélasse froide est agitée avec de l'hydrate de strontium pendant quelque temps ; bientôt la masse est transformée en une sorte de pâte que l'on envoie aux filtres-presses et que l'on lave avec un peu d'eau froide, pour enlever les impuretés que contenait la mélasse et qui n'ont pas été précipitées. Comme le sucrate monostrontique, formé dans ces conditions, n'est pas absolument insoluble, on traite les eaux mères et les premières eaux de lavage par une nouvelle quantité de strontiane, mais en opérant cette fois à la température de l'ébullition. Il se précipite alors un saccharate bistrontique, grenu, que l'on sépare par décantation et qu'on ajoute au saccharate monostrontique. La strontiane contenue dans les eaux mères du saccharate bistrontique se dépose en partie par refroidissement ; on précipite ce qui reste en solution par l'acide carbonique. Quant aux saccharates de strontium, on peut les décomposer par l'acide carbonique, envoyer le précipité aux filtres-presses qui donnent un jus sucré qu'on fait cristalliser ; ou bien, on peut s'en servir à la place de chaux pour traiter les jus sucrés dans les chaudières de défécation. Le carbonate de strontium, obtenu dans les diverses phases de cette fabrication, est aggloméré en briquettes que l'on chauffe fortement dans un four, afin de le transformer de nouveau en strontiane caustique.

Procédé Margueritte. — Dans ce procédé, on traite les mélasses par de l'alcool à deux reprises différentes, de façon à précipiter séparément, d'abord les sels alcalins, puis le sucre. La mélasse à 45° Baumé est additionnée d'une petite quantité d'acide sulfurique, de façon à transformer en sulfates alcalins les divers sels de potassium et de sodium contenus dans la mélasse. On ajoute alors à 1 kilogramme de mélasse 1 litre d'alcool à 85°. Les sulfates alcalins se déposent; une partie du sucre pourrait même se déposer, mais il reste à l'état de sursaturation, à moins qu'il ne rencontre quelque parcelle de sucre cristallisé.

On sépare les sulfates à l'aide d'une filtration rapide, et dans la liqueur filtrée on ajoute encore de l'alcool, 1 litre par kilogramme de mélasse ; on prend cette fois de l'alcool à 95°. Après cette nouvelle addition d'alcool, les trois quarts du sucre qui existait dans la mélasse se trouvent précipités. Le précipité est recueilli et lavé avec de l'alcool. L'eau mère et les liquides de lavage sont distillés pour recueillir l'alcool qu'ils contiennent, et il reste une mélasse impure, que l'on peut faire fermenter et transformer ainsi en alcool. Les sels de potassium se retrouvent dans les résidus de distillation de l'alcool.

Autre procédé Scheibler. — C'est le type d'un nouveau genre de procédés où l'on utilise à la fois la chaux et l'alcool. Les procédés Manoury, Weinrich, Drevermann sont des variantes de ce procédé. La mélasse qui marque de 40 à 45° Baumé est introduite dans des caisses avec de la chaux vive pulvérisée ; il se produit un grand dégagement de chaleur, la température s'élève jusque vers 125°, et, par refroidissement, tout se prend en une masse compacte qu'on brise en fragments gros comme des noisettes. Cette matière est désignée quelquefois sous le nom de mélassate de calcium, pour exprimer qu'elle contient, non seulement le sucre, à l'état de sucrate de calcium, mais encore les impuretés de la mélasse. On l'introduit dans des appareils ressemblant aux diffuseurs, ce sont les éluteurs ; on les traite par de l'alcool à 65° ; puis, on les lave avec de l'alcool à 28°. Cette opération dure plusieurs jours. Le saccharate de calcium reste insoluble, tandis que les impuretés se dissolvent dans l'alcool. Lorsque le lavage est terminé, on enlève l'alcool qui baigne le sucrate, on le laisse s'égoutter, puis on envoie un courant de vapeur qui chasse l'alcool. L'alcool est distillé et il reste dans l'alambic une matière qui peut servir d'engrais potassique. Quant au sucrate de calcium, il est décomposé par l'acide carbonique, ou bien il est employé à la place de chaux dans les chaudières de défécation. Le sucre qu'il contient rentre alors dans la fabrication.

Dans le *procédé Manoury*, la mélasse est mélangée avec de la chaux éteinte en poudre dans les proportions d'environ six molécules de chaux pour une de sucre, dans un appareil entièrement clos, appelé mélangeur. On obtient ainsi une matière granulée de la grosseur de grains de riz que l'on traite par de l'alcool dans des éluteurs.

Dans le *procédé Drevermann*, la mélasse est d'abord mélangée d'alcool ; puis, on ajoute de la chaux vive en poudre et une nouvelle dose d'alcool, et le tout est envoyé aux filtres-presses. Le sucrate de calcium ainsi séparé est traité comme précédemment, et les liquides alcooliques sont distillés.

B. — SUCRE DE CANNE

265. Historique. — Le sucre de canne est connu dans l'Inde et en Chine depuis une antiquité très reculée. Il a été importé en Europe à l'époque des conquêtes d'Alexandre le Grand. Au XIVe siècle, on cultivait la canne à sucre à Rhodes et à Malte. Elle fut ensuite cultivée dans les colonies portugaises, à Madère principalement ; l'introduction de la canne à sucre dans le Nouveau Monde, en particulier à la Guadeloupe, à la Martinique et à la Louisiane, vers le milieu du XVIIe siècle, fournit bientôt de grandes quantités de sucre.

L'industrie du sucre de canne est plus simple que celle du sucre de betteraves, parce que le jus est plus riche et moins impur ; aussi a-t-on employé longtemps des procédés assez primitifs. On peut appliquer à cette industrie la plupart des procédés mis en œuvre pour le sucre de betteraves.

266. Production de la canne à sucre. — La canne à sucre est une graminée qui atteint, dans les sols convenables, une hauteur de 3 et 4 mètres. On la reproduit par boutures. Sa richesse en sucre est d'environ 18 à 20 0/0. Elle varie avec la nature du sol, le climat, le degré d'humidité. Le sucre de la canne se compose presque exclusivement de saccharose ; on trouve cependant, surtout dans la partie supérieure, un peu de sucre incristallisable. C'est là aussi que les sels minéraux sont en proportions plus considérables ; on coupe la tête de la canne et on ne l'utilise pas pour en retirer le sucre. Aussitôt coupée, la canne doit être traitée pour en extraire le sucre.

267. Extraction du jus. — La canne est écrasée
entre des cylindres horizontaux mus par des machines à
vapeur. Les moulins primitifs rappelaient ceux que l'on
emploie encore aujourd'hui dans les fermes pour l'écrasement des pommes ; ils étaient mis en mouvement par
des animaux ou par des chutes d'eau.

Comme les travaux d'épuration des jus, d'évaporation
dans l'appareil à triple effet et de cuite sont délicats, et
que, dans les colonies, les ouvriers nègres dont on dispose
ne peuvent le faire d'une façon satisfaisante, on a proposé d'évaporer à sec le vesou avec ses impuretés, en
opérant le plus rapidement possible pour qu'il ne s'altère

pas ; il est alors emballé dans des sacs et expédié en Europe pour être raffiné. On peut employer pour cela un
appareil appelé concréteur. Il se compose de trois parties :
le plateau, le cylindre et le tambour. Le plateau P se compose d'une longue caisse séparée par des cloisons en
chicanes ; ce plateau est alimenté de jus sucré par un
réservoir A, où le jus se rend directement au sortir des
moulins. Le plateau P est chauffé à l'aide d'un foyer placé
au-dessous de A ; les gaz de la combustion parcourent le
plateau P dans toute sa longueur, et vont s'échapper dans
une cheminée après avoir circulé autour des tuyaux du
cylindre C. Ce plateau P est en fonte ; il est légèrement
incliné de façon à assurer la circulation du vesou. La longueur du parcours du jus sur ce plateau est d'environ
110 mètres ; il le parcourt en cinq minutes environ et en

perdant les 5/6 de son eau. Cette eau se dégage à l'état
de vapeur et vient par une canalisation *c* chauffer le réservoir R et le tambour T. Le sirop concentré qui sort du
plateau se rend dans le réservoir R d'où il passe dans le
tambour T. Celui-ci est un cylindre horizontal en cuivre
qui tourne autour de son axe et dont les fonds sont réduits
à deux rebords ; le sirop y tombe d'une façon continue.

Le cylindre est parcouru par de l'air qui a traversé les
tubes du cylindre C et qui s'est ainsi échauffé aux dépens
de la chaleur perdue des gaz du foyer. Le sirop se con-
crète dans ce cylindre tournant, et il est extrait automatiquement au fur et à mesure. Dans cet état il peut résister à la fermentation ; on l'enferme dans des sacs, et on
l'expédie en Europe où on le traite par l'eau, et on le soumet à un raffinage énergique.

Les moulins séparent les cannes en une partie solide,
la *bagasse*, et un jus, le *vesou*. Quelquefois, après un premier broyage, les cannes sont humectées d'eau et repas-
sées au moulin. Il est préférable d'employer un moulin
double ou triple, tel que celui qui est représenté ci-contre ;
on évite ainsi une dépense de main-d'œuvre.

Chacun des moulins se compose de trois cylindres horizontaux ; les cannes sont amenées au premier moulin par
un plan incliné sur lequel elles roulent ; au sortir d'entre
ces cylindres, la bagasse tombe sur une toile sans fin

qui se déplace continuellement, et l'entraîne d'abord sous un jet d'eau chaude qui l'humecte complétement ; puis, au second moulin ; elle reçoit ensuite de l'eau chaude et arrive dans le troisième moulin. De là, la bagasse est transportée à des presses hydrauliques. Le vesou qui coule des cylindres est réuni dans une citerne jusqu'au moment de son traitement qui doit avoir lieu rapidement.

On emploie aussi des appareils plus puissants, tels que le défibreur Labrousse : un arbre muni de très nombreuses dents tourne dans un cylindre en fonte ; les cannes sont déchiquetées et sortent à l'autre extrémité de l'appareil sous forme d'une véritable pâte.

La bagasse obtenue avec l'un ou l'autre de ces appareils est soumise à une presse hydraulique puissante ; les presses perfectionnées sont munies de deux pistons dont l'un agit seul tout d'abord ; le second sert pour terminer la pression. Le résidu sert pour chauffer les chaudières.

A côté de ces procédés par pressurage, on utilise aussi, comme pour la betterave, les procédés de diffusion (1) ; on y trouve les mêmes avantages ; augmentation du rendement, pureté plus grande du jus, dépense moindre de force mécanique ; on se contente, en effet, de couper les cannes, au lieu de les broyer.

263. Traitement du jus. — L'épuration se fait d'une façon beaucoup plus simple que pour la betterave ; on le débarrasse des matières solides en suspension par un tamisage à travers des toiles, et l'on procède à la défécation par la chaux. On se servait autrefois exclusivement d'une série de cinq chaudières chauffées par un seul foyer ; ou

____

(1) Voir Avisse, *Génie Civil*, t. XIII, p. 405.

les appelait en suivant l'ordre de leur distance au foyer et en commençant par la plus éloignée: la grande, la propre, le flambeau, le sirop et la batterie. La grande est la chaudière de défécation; on l'emplit avec du vesou et on y ajoute 0,3 0/0 de chaux, délayée dans un peu de jus. Cette base neutralise les acides libres, principalement l'acide malique; il se forme, avec les matières albuminoïdes, des produits insolubles qui viennent surnager sous forme d'écumes. On chauffe pendant environ trois quarts d'heure au voisinage de l'ébullition, mais sans l'atteindre; pendant ce temps on rejette les écumes; puis, on fait passer le vesou dans la seconde chaudière, la propre; l'évaporation continue, et on rejette dans la première chaudière les écumes qui continuent à se former dans la seconde. Le sirop est alors versé dans le flambeau; il doit rester limpide, sinon la défécation a été incomplète, et on ajoute un peu de chaux. La concentration s'achève dans la chaudière suivante; la cuite se produit dans la dernière. Depuis quelque temps, on emploie de plus en plus les procédés et les appareils qui servent pour l'extraction du sucre de betteraves: au sortir des presses, le jus est envoyé dans les chaudières de défécation; les écumes qui s'y produisent sont envoyées aux filtrespresses, tandis que le liquide décanté passe à travers des tamis avant de se rendre aux filtres à noir. Ces tamis ont pour objet de débarrasser le plus possible le jus de la folle bagasse, très ténue, qui accompagne le jus et le rend louche. Les filtres à noir animal décolorent le jus, absorbent une partie des sels de calcium et retiennent la folle bagasse échappée à l'action des tamis. Quelquefois aussi, on emploie la bagasse des moulins de deuxième ou de troisième pression pour filtrer les jus avant l'épuration et retenir la folle bagasse. Au sortir des appareils filtreurs, le jus se rend dans les chaudières à triple effet, puis à la chaudière de cuite. Le travail est conduit à peu près de la même façon que pour la betterave.

La matière qui sort des chaudières de cuite est envoyée dans un rafraîchissoir ; on la place, quand elle s'est suffisamment solidifiée, dans des tonneaux sans couvercle dont le fond est percé de quelques trous, fermés par des bouchons poreux. Ces tonneaux sont disposés au-dessus d'une citerne où vient s'écouler la mélasse qui traverse les bouchons. Le sucre séjourne de quatre à six semaines dans ces tonneaux, suivant sa qualité. Le local où se trouvent ces tonneaux, appelé purgerie, doit être maintenu à une température douce, pour que l'égouttage se fasse mieux.

Quelquefois aussi, on *terre* le sucre. Pour cela le sirop est plus concentré qu'à l'ordinaire pendant la cuite, et on le brasse pendant son séjour dans le rafraîchissoir pour lui donner un grain régulier ; on l'introduit alors dans des formes en terre, coniques, dont l'extrémité est percée d'un trou, complètement bouché tout d'abord, par lequel s'écoulera plus tard la mélasse. La durée de la prise est d'une vingtaine d'heures en général. Après ce temps, on enlève les bouchons des formes, et on place celles-ci au-dessus de vases en terre pour recueillir la mélasse qui s'écoule ; au bout de vingt-quatre heures, on visite les formes, on remplace les vases pleins de mélasse par des vases vides et on procède au terrage. Pour cela on applique sur la base des pains de sucre renfermés dans les formes une couche d'une bouillie épaisse de terre glaise ; peu à peu l'eau de l'argile passe dans le sucre en diluant et entraînant les sirops et va s'écouler à la partie inférieure ; lorsque la première couche d'argile est sèche, on envoie au bac des mélasses les liquides écoulés, et on applique une seconde, puis une troisième couche d'argile. Les liquides qui s'écoulent pendant ces nouveaux terrages sont envoyés aux chaudières de cristallisation ; elles fournissent des sucres de qualité un peu inférieure. Après le dernier terrage, les sucres sont dépotés, séchés à l'étuve, concassés grossièrement et les morceaux triés, parce que la qualité du sucre varie beaucoup depuis la base du pain où elle est la meilleure, jusqu'à la pointe où elle est très commune. Ces diverses parties sont ensuite grossièrement pulvérisées et expédiées en Europe pour le raffinage.

C. — ESSAIS ANALYTIQUES

Il est indispensable de faire intervenir constamment l'analyse dans l'industrie du sucre : 1° pour évaluer la richesse des matières premières ; 2° pour surveiller la marche des opérations ; 3° pour constater le degré de pureté des sucres obtenus ; 4° pour estimer la valeur des résidus. Aussi diviserons-nous cette section en quatre parties.

1° *Essais des matières premières*

Les matières premières qu'il est utile d'examiner sont les betteraves et le noir animal.

269. Examen des betteraves. — *Dosage du sucre.* — On se rend compte d'une façon grossière de la richesse d'une betterave en entamant la pelure près du collet et regardant si, après deux ou trois minutes, la partie entamée est devenue rouge ; la richesse en sucre est d'autant plus grande que la teinte est plus foncée.

Un procédé beaucoup plus précis consiste à prendre la densité du jus. Pour cela, à l'aide d'un foret denté, animé d'un mouvement rapide de rotation, on détache une certaine quantité de pulpe, 200 grammes environ, en perçant 10 à 15 betteraves avec le foret. La pulpe est ensuite enfermée dans un petit sac et pressée, avec les mains au besoin ; le jus qui s'écoule est recueilli ; on mesure sa densité à l'aide d'un aréomètre : une table permet de déduire de la densité la richesse en sucre, à l'aide d'une approximation généralement suffisante pour la pratique.

Lorsqu'on veut un résultat plus précis, on détermine la quantité de sucre au polarimètre. Pour faire la prise d'essai, on prend des betteraves de toutes les tailles, on les range par ordre de taille, et on en prend une de trois en trois, ou de quatre en quatre. De ces betteraves ainsi mises de côté, on enlève de la pulpe avec le foret, on réunit toutes ces pulpes dans une terrine : on mélange et on en prend 200 grammes qu'on enferme dans un cristalli-soir recouvert d'une plaque de verre. On pèse alors 16 gr. 2 de pulpe dans une capsule ; on la verse dans un ballon diffuseur, et on y ajoute quelques centimètres cubes de solution d'acétate de plomb (5 à 10 centimètres cubes) ; puis, on ajoute de l'eau de façon à compléter le volume à près de 200 centimètres cubes et on porte au bain-marie à 80° pendant une demi-heure ; quand le liquide mousse trop, on abat la mousse avec un peu d'éther ; on complète ensuite de façon à faire 200cc,7 (0cc,7 à cause du volume de la pulpe), on agite, on filtre, on acidifie avec une ou deux gouttes d'acide acétique, et l'on mesure au polari-mètre la richesse en sucre (Voir, plus loin, page 668).

Avec le tube de 20 centimètres de long et la prise de 16 gr. 2, la graduation de l'instrument est telle que le nombre lu indique immédiatement, sans aucun calcul, le poids de sucre en kilogrammes contenu dans 100 kilogrammes de betteraves.

Dosage de l'eau. — On dose l'eau de la pulpe en prenant dans le cristallisoir fermé une nouvelle prise de 10 grammes que l'on sèche à 110°, jusqu'à ce que le poids ne varie plus ; la perte de poids exprimée en décigrammes, représente l'eau en centièmes.

Dosage des cendres. — La prise précédente, une fois sèche, est portée au moufle où elle est incinérée : le poids du résidu, exprimé en décigrammes, représente le poids des cendres en centièmes.

270. Examen du noir animal. — Cet examen consiste à comparer le noir, que l'on examine, avec un noir type, reconnu de bonne qualité, au point de vue du pouvoir décolorant. Pour cela on fait agir séparément 100 grammes de chacun des deux noirs sur 100 centimètres cubes d'une solution de caramel, en opérant pendant le même temps, une heure environ, et dans les mêmes conditions. On filtre ensuite les deux essais et on les compare avec un colorimètre. C'est un instrument qui permet de déterminer les épaisseurs sous lesquelles on doit regarder les deux liquides, imparfaitement et inégalement décolorés, pour qu'ils présentent la même intensité. Les pouvoirs décolorants des deux noirs sont en raison inverse des deux épaisseurs ainsi trouvées. L'instrument est gradué de façon qu'une simple lecture donne le pouvoir décolorant du noir à essayer, l'autre étant pris égal à 100.

On apprécie aussi le pouvoir décolorant en détermi-

nant le pouvoir d'absorption, pour la chaux, d'un noir
déterminé. Ces deux pouvoirs sont sensiblement proportionnels. Pour cela, on fait deux liqueurs, contenant l'une
20 grammes par litre d'acide sulfurique, l'autre du
saccharate de calcium de façon à saturer la première,
volume à volume. Pour déterminer le pouvoir d'un noir,
on en met 50 grammes en présence de 100 centimètres
cubes de la solution de saccharate, et après une heure on
filtre ; on prend 50 centimètres cubes du liquide filtré et
on détermine, à l'aide d'une burette graduée en demi-centi-
mètres cubes, le nombre de divisions d'acide sulfurique
qu'il faut ajouter pour saturer la liqueur ; on peut employer
la phtaléine comme réactif indicateur. Si le noir n'avait pas
absorbé de chaux, il faudrait mettre, en fait d'acide, 50 centimètres cubes, soit 100 divisions de la burette ; s'il suffit
d'en mettre n, c'est que le noir a absorbé $100 - n$. C'est son
pouvoir absorbant. Ces essais servent, soit pour estimer la
qualité d'un noir que l'on achète, soit pour constater la
bonne revivification d'un noir déjà employé.

2° Essais pendant la fabrication

271. Alcalinité. — Ces essais portent surtout sur
l'alcalinité des jus chaulés, sur celle des laits de chaux
et sur celle des sirops. Ces essais permettent de surveiller
les opérations de carbonatation qui sont assez délicates.
Ces essais se font par les procédés ordinaires de l'alcali-
métrie. Comme liqueur acide, on emploie de l'acide sulfurique étendu, pouvant saturer 0 gr. 5 de chaux par litre ;
cette solution contient, en outre, de la phtaléine.

Pour faire un essai, on prend, avec une pipette, un
volume de la liqueur dont on veut mesurer l'alcalinité,

égal à 50 divisions de la burette graduée, et on y verse la liqueur sulfurique à l'aide de cette burette ; dès les premières gouttes, la phtaléine contenue dans l'acide devient rose en présence de l'excès de chaux ; ce n'est que lorsque la chaux est saturée que la coloration rose disparaît, et que la liqueur devient de nouveau incolore. La quantité d'acide sulfurique employée donne la quantité de chaux contenue dans la liqueur essayée. Si n est le nombre de divisions de la burette que l'on a dû verser, n représente en centigrammes la quantité de chaux contenue dans un litre de la liqueur, ou en kilogrammes la quantité de chaux contenue dans un hectolitre.

Cet essai, fait de cette façon, s'applique aux jus bruts, aux jus chaulés, aux jus de première décarbonatation. Pour les jus de seconde décarbonatation, la phtaléine vire mal, à cause de l'acide carbonique ; aussi, on emploie comme indicateur l'acide rosolique neutralisé ; en même temps, pour plus de sensibilité, on emploie une liqueur acide deux fois plus étendue, et on prend la moitié du nombre lu sur la burette.

3° *Analyse des sucres*

Il existe plusieurs procédés d'analyse des sucres ; nous n'en décrirons qu'un, parce qu'il est le seul véritablement employé, et qu'il permet de déterminer facilement le rendement probable d'un sucre au raffinage. Ce procédé consiste à doser le saccharose, le sucre réducteur, l'eau et les cendres, transformées en sulfates. Il existe dans les sucres bruts d'autres matières organiques que le saccharose et le glucose, mais on a constaté que ces impuretés sont proportionnelles très sensiblement au poids des cendres ; aussi, se contente-t-on, pour les doser, de multiplier le poids des cendres par un certain coefficient, comme nous le verrons.

272. Dosage du sucre réducteur. — Le dosage du sucre réducteur se fait à l'aide de la liqueur de Fehling. Cette liqueur, dont la composition varie beaucoup avec les opérateurs, est un tartrate de cuivre alcalin que le glucose réduit, à l'ébullition, à l'état de sousoxyde de cuivre rouge. On verse donc dans un verre de bohême, ou dans une capsule de porcelaine, 10 centimètres cubes de liqueur de Fehling, on fait bouillir et, dans la solution bouillante, on fait tomber goutte à goutte, à l'aide d'une burette graduée, une solution faite avec 5 grammes de sucre à essayer dissous dans de l'eau, de façon à faire 100 centimètres cubes de solution. La liqueur de Fehling qui est d'un bleu foncé, se décolore peu à peu à mesure que l'oxydule de cuivre est précipité par le sucre réducteur. Quand la couleur bleue a disparu complètement, on lit le nombre de centimètres cubes de liqueur employée. La liqueur de Fehling a une concentration telle que 10 centimètres cubes sont réduits par 0 gr. 5 de sucre réducteur. Le nombre de divisions lu sur la burette indique immédiatement la richesse centésimale du sucre essayé.

La liqueur de Fehling se prépare, entre autres recettes, en dissolvant 200 grammes de tartrate double de sodium et de potassium dans 500 grammes de lessive de soude marquant 20° Baumé. Puis, quand la dissolution est faite, on ajoute peu à peu 34 gr. 639 de sulfate de cuivre cristallisé, dissous dans 150 centimètres cubes d'eau ; on laisse alors refroidir, et on ajoute de l'eau distillée de façon à faire un litre.

On peut aussi doser le saccharose avec cette liqueur ; pour cela, sur un premier échantillon de la liqueur sucrée, on dose le glucose comme il vient d'être dit ; on trouve n centièmes ; puis, sur un autre échantillon on fait agir l'acide sulfurique à l'ébullition pour intervertir le saccharose ; on trouvera n' centièmes ; de ce nombre on retranche les n centièmes dus au sucre réducteur et on multiplie ce qui reste, $n - n'$, par le facteur 0,95, pour avoir le poids de saccharose correspondant.

273. Dosage du saccharose. — On peut le déterminer comme il vient d'être dit ; on le détermine plus généralement par le saccharimètre, le sucre réducteur n'ayant pas de pouvoir sensible sur la lumière polarisée, d'après Dubrunfaut.

Sans entrer dans le détail de la construction des saccharimètres, en laissant de côté le principe sur lequel ces instruments reposent, disons que l'instrument se compose essentiellement d'une source de lumière jaune, que l'on regarde dans une lunette, en interposant sur le trajet des rayons lumineux un tube d'une longueur déterminée, plein de la liqueur sucrée. Dans la lunette on aperçoit un cercle lumineux séparé en deux par un diamètre ; les deux demi-cercles ont des intensités variables. Pour régler l'appareil, on tourne la lunette autour de son axe jusqu'à ce que les deux demi-cercles aient exactement la même intensité. A ce moment, le zéro de la graduation que porte un cercle gradué, fixé à la lunette, doit se trouver en regard du point fixe de repère. Ceci fait, on intercale le tube contenant la dissolution sucrée sur le parcours des rayons lumineux : l'égalité d'éclairement des deux cercles cesse, mais on peut la rétablir en tournant la lunette d'une certaine quantité qu'on lit sur le cercle gradué. La graduation de ce cercle est telle, qu'avec la longueur du tube employé et le poids du sucre pesé le nombre de divisions lu représente, sans aucun calcul, le nombre de centièmes de saccharose contenu dans le sucre analysé. On peut opérer de deux façons pour faire la liqueur sucrée : on pèse 16 gr. 19 de sucre, on y ajoute dans un ballon un peu d'eau, puis de l'acétate de plomb (1), et on complète à 100 centimètres cubes ; cette dissolution filtrée est placée dans un tube de 20 centimètres de long ; ou bien, on pèse 16 gr. 19 de sucre, on dissout de façon à faire 100 centimètres cubes, on y ajoute 10 centimètres cubes de solution d'acétate de plomb ; on filtre et on remplit avec cette solution un tube de 22 centimètres de long. Dans le second cas, la solution est plus étendue de 1/10; mais, comme on l'examine sous une épaisseur qui est plus grande de 1/10, l'effet produit dans le polarimètre est le même.

274. Dosage des cendres. — Dans une capsule en platine, on pèse 4 grammes de sucre, on ajoute quelques gouttes d'acide sulfurique, et on chauffe doucement d'abord, puis on incinère. Une nouvelle pesée donne le poids du résidu, en partie à l'état de sulfate. Pour avoir le poids véritable des cendres, une règle empirique fait retrancher du poids trouvé le dixième de sa valeur.

275. Dosage de l'eau. — Il se fait sur 10 grammes ; on chauffe le sucre dans une étuve à 110°, jusqu'à ce qu'il n'y ait plus de perte de poids.

276. Calcul du rendement à l'affinage. — Pour calculer le rendement probable d'un sucre à l'affi-

(1) On met de l'acétate de plomb pour précipiter certaines substances organiques qui gêneraient l'analyse.

nage, on a adopté les règles suivantes : du titre polarimétrique observé, on retranche le poids des cendres sulfatées (en centièmes), multiplié par 4,5 (1), puis le poids de glucose (en centièmes) multiplié par 2.

Ainsi, soit un sucre marquant 92 au polarimètre ayant fourni 1,8 0/0 de cendres sulfatées, et 2,7 0/0 de sucre réducteur. Du nombre 92 on retranchera $1,8 \times 4,5$ (ou bien de 1,8 on retranchera 0,18, — reste 1,62, et l'on multipliera 1,62 par 5), ce qui donne $92 - 8,1 = 83,9$, et de ce nombre on retranchera $2,7 \times 2 = 5,4$, ce qui donne $83,9 - 5,4 = 78,5$. Un pareil sucre donnera comme rendement probable 78,5 0/0 de sucre raffiné.

4° *Essais des résidus*

277. Pulpes et noir animal. — Les résidus principaux sont les pulpes et le noir animal. Le noir sera examiné au point de vue de son pouvoir décolorant et revivifié quand cela sera nécessaire ; le noir revivifié sera examiné comme il a été dit page 664.

Les pulpes étant employées pour la nourriture des bestiaux, ou comme engrais, le dosage le plus utile à faire est celui de l'azote, pour avoir une idée de leur valeur nutritive ou fertilisante. Ce dosage se fait sur la pulpe desséchée, comme pour les matières organiques, par un des procédés indiqués pages 52 et suivantes.

---

(1) Cela revient à multiplier par 5 le poids des cendres, calculées en multipliant par 0,9 le poids des cendres sulfatées.

FIN DU TOME PREMIER

TABLE DES MATIÈRES

CHAPITRE PREMIER

GÉNÉRALITÉS

	Pages.
Objet de la chimie organique	1
Nature du carbone	1
Synthèse chimique. Échelle de synthèse. Échelle de réduction	4
Lois fondamentales	6
Caractère particulier de la chimie organique	6
Loi de Gay-Lussac. Conséquences	8
Poids moléculaires	13
Poids atomiques	14
Tableau des poids moléculaires et des poids atomiques	17
Loi de Dulong et Petit	18
Formules	18
Formules brutes et formules de constitution	20
Notions sur les valences des éléments	22
Théorie des types	22
Valence des métaux et des radicaux	25
Valence du carbone	27
Représentation des carbures saturés	28
Tableau des valences de quelques corps simples	31
Isomérie	32

Pages.

Formules de constitution. Exemple : constitution du benzène ... 35
Stéréochimie ... 41
Analyse organique ... 45
Analyse élémentaire ... 45

A. — Dosage du carbone et de l'hydrogène :
a. — *Composés non azotés* ... 46
b. — *Composés azotés* ... 51

B. — Dosage de l'azote :
a. — *Méthode de Dumas* ... 52
b. — *Méthode de Will et Warrentrapp* ... 54
c. — *Méthode de Kjeldahl* ... 56

C. — Dosage de l'oxygène ... 57
D. — Dosage du chlore, du brome et de l'iode :
a. — *Procédé à la chaux* ... 58
b. — *Procédé Carius* ... 59

E. — Dosage du soufre ... 60
F. — Dosage du phosphore ... 61
G. — Dosage des métaux ... 62
Calcul de la composition centésimale et détermination de la formule brute des corps ... 62
Détermination du poids moléculaire ... 65

A. — Détermination de la densité de vapeur :
a. — *Méthode de Dumas* ... 65
b. — *Méthode de Gay-Lussac, modifiée par Hoffmann* ... 71
c. — *Méthode de Victor Meyer* ... 74

B. — Détermination des poids moléculaires par la cryoscopie :
a. — *Principe de la méthode* ... 76
b. — *Définitions et formules* ... 78
c. — *Procédé opératoire* ... 81
d. — *Exemples* ... 82

C. — Détermination des poids moléculaires par les tensions de vapeur des solutions :
a. — *Principe de la méthode* ... 84
b. — *Formules* ... 85

Pages.

c. — *Procédés opératoires* 88

1° Méthode dynamique 88
2° Méthode statique 90

d. — *Exemples* 92

Application de la méthode dynamique 92
Application de la méthode statique 94

Fonctions chimiques 95

CHAPITRE II

CARBURES D'HYDROGÈNE

§ 1. — Généralités

Définition 97
Synthèse des carbures d'hydrogène 98
Propriétés physiques 99
Propriétés chimiques 102
Classification des carbures d'hydrogène 107

§ 2. — Étude particulière des carbures

Formène ou méthane :

Historique. — État naturel 109
Préparation, 110. — Composition 111
Chaleur de formation 112
Propriétés physiques. — Propriétés chimiques 113
Applications 114

Dérivés chlorés, bromés, iodés du formène 117
Formène monochloré, ou chlorure de méthyle, ou éther
méthylchlorhydrique 117
Formène bichloré 117
Formène trichloré, ou chloroforme 117
Formène tétrachloré, ou tétrachlorure de carbone 121

Pages.

Dérivés bromés... 122
Dérivés iodés.. 123
Éthane... 124
Éthylène... 125
Bichlorure d'éthylène, ou liqueur des Hollandais........... 131
Acétylène.. 132
Benzène.. 142
Toluène.. 149
Naphtalène... 151
Anthracène... 154

Carbures térébéniques, ou camphéniques.................... 155

———

Principales propriétés des carbures d'hydrogène (Tableau). 158

§ 3. — **Applications**

Gaz d'éclairage.. 160
A. — Gaz de la houille..................................... 160

Décomposition de la houille........................... 162
Four Caze. — Barillet, 166. — Extracteurs............ 167
Condenseurs, 168. — Épurateurs chimiques............. 171
Gazomètres, 176. — Canalisations..................... 177
Conditions que doit remplir le gaz d'éclairage....... 177

Détermination du pouvoir éclairant............... 178
Détermination du pouvoir calorifique............. 180
Produits accessoires............................. 181

B. — Gaz à l'eau... 181
C. — Gaz portatif... 184
D. — Gaz de la distillation du bois....................... 185
E. — Gaz de tourbe.. 187
F. — Gaz d'huile.. 187
G. — Gaz d'eaux grasses................................... 187
I. — Carburation de l'air................................ 189

Industrie du pétrole... 190

Nature chimique, 195. — Origine...................... 198
Distillation et raffinage............................ 200
Applications, 204. — Essais.......................... 206

Bitumes.. 207
Paraffines... 209

Pages.

Industrie du benzène, du toluène et de l'anthracène :

    Traitement du goudron de houille........................... 211
    Appareils... 213
    Marche des opérations..................................... 216

Industrie de la nitrobenzine............................... 219
Extraction de la naphtaline................................ 222
Térébenthines et essences de térébenthine................. 224
Caoutchouc :

    Extraction, 226. — Vulcanisation.......................... 227
    Ébonite, 228. — Essais du caoutchouc et de l'ébonite.... 228
    Caoutchouc artificiel..................................... 229

CHAPITRE III

ALCOOLS

§ 1. — Généralités

Définition.. 231
Constitution... 232

    Alcools primaires... 239
    Alcools secondaires....................................... 240
    Alcools tertiaires.. 240
    Alcools biatomiques....................................... 240
    Alcools triatomiques...................................... 243
    Alcools polyatomiques..................................... 243
    Alcools incomplets.. 243
    Alcools à fonction mixte.................................. 244

Classification... 244
Synthèse des alcools..................................... 245
Propriétés générales des alcools......................... 246

§ 2. — Étude particulière des alcools

A. — Alcools monoatomiques

a. — *Alcools dérivant de carbures saturés*

Pages.

Alcool méthylique.. 249
Alcool éthylique... 251

    Préparation de l'alcool absolu............................... 257

Alcools propyliques.. 258
Alcools butyliques... 258
Alcools amyliques.. 259

b. — *Alcools dérivant de carbures non saturés*

Alcool allylique, ou propénol...................................... 260
Alcool benzilique.. 261
Alcool campholique, camphol, ou bornéol............................ 261
Cholestérine... 262

B. — Alcools diatomiques, ou glycols

Glycol... 262
Homologues du glycol... 266

C. — Alcools triatomiques

Glycérine.. 267

D. — Alcools tétratomiques

Érythrite.. 273

E. — Alcools pentatomiques

Arabite.. 274

F. — Alcools hexatomiques

Mannite.. 275
Dulcite.. 276
Sorbite.. 277

G. — Alcool heptatomique

Pages.

Perséite.. 277

————

Principales propriétés des alcools (Tableau)............. 278

§ 3. — **Applications**

A. — Alcool méthylique, ou esprit-de-bois

Industrie de l'alcool méthylique......................... 280

B. — Alcool éthylique, ou alcool ordinaire

Généralités.. 286

a. — Eaux-de-vie

Alcools de raisin.. 288

Alcool de vin, 288; de marcs, lies, piquettes,.......... 291

Eaux-de-vie de cidre, de poiré, de fruits............... 293

b. — Alcools d'industrie

Généralités.. 294

I. — Préparation des moûts

Tafia. — Rhums.. 296
Alcools de betteraves................................... 297
Alcools de mélasses de betteraves....................... 301
Alcools de topinambours................................. 303
Alcools de grains....................................... 304
Alcools de pommes de terre.............................. 309
Alcools de cellulose.................................... 311

II. — Distillation des moûts et épuration des flegmes

Distillation des moûts.................................. 311
Épuration des flegmes................................... 312

III. — *Distillation des flegmes*

Pages.

Généralités 318
Déflegmateurs 319
Rectificateurs 320

IV. — *Appareils de distillation*

Généralités 322
Appareil de Savalle 324
Appareil de Barbet 326

V. — *Analyse des alcools*

Richesse alcoolique 329

    Alcoomètres 329
    Ébullioscopes 335
    Vaporimètre de Geissler 337
    Réfractomètre de M. Amagat 338

Recherche et dosage des impuretés 339

C. — Glycérine

Préparation de la glycérine 343
Purification des glycérines brutes 344
Essais et dosage de la glycérine 346
Usages 346

CHAPITRE IV

PHÉNOLS

---

§ 1. — Généralités

Définition 347
Constitution 348
Classification 351

§ 2. — Étude particulière des phénols

Phénols à fonction simple

A. — Phénols monoatomiques

a. — Phénols dérivant du benzène

Pages.

Phénol, ou benzénol... 352
Crésols, ou méthylbenzénols.................................... 359
Thymols... 360

b. — Phénols dérivant du naphtalène

Naphtols, ou naphtalénols....................................... 361
Anthrols.. 363

B. — Phénols diatomiques

a. — Phénols dérivant du benzène ou benzènediols

Pyrocatéchine... 364
Résorcine... 365
Hydroquinone... 367

b. — Phénols dérivant du toluène ou méthylbenzènediols

Orcine.. 369
Homopyrocatéchine.. 370

C. — Phénols triatomiques

Pyrogallol, ou acide pyrogallique............................... 370
Phloroglucine... 372
Oxyhydroquinone.. 373
Méthylpyrogallol... 373

Principales propriétés des phénols (Tableau).................... 375

Phénols à fonctions mixtes

Saligénine.. 376

§ 3. — Applications

Industrie du phénol... 377
Industrie de l'acide picrique et de ses dérivés................. 382
Coralline jaune... 386
Aurine.. 386
Acide rosolique et ses dérivés.................................. 387

CHAPITRE V

ÉTHERS

§ 1. — Généralités

Pages.

Définition.. 391
Constitution... 393
Classification.. 402
Synthèse... 402
Propriétés générales des éthers................................ 407

§ 2. — Étude particulière des éthers

Éthers-oxydes

A. — Éthers-oxydes dérivés des alcools

a. — Éthers-oxydes des alcools monoatomiques

Oxyde de méthyle, ou méthane oxyméthane...................... 415
Oxyde d'éthyle, ou éthane oxyéthane.......................... 417

b. — Éthers oxydes des alcools biatomiques

Glycols éthyliques.. 421

c. — Éthers oxydes des alcools triatomiques

Éther glycérique.. 422

B. — Éthers-oxydes dérivés des phénols

Éthers du phénol.. 423

C. — Éthers-oxydes à fonction mixte

Alcool anisique... 424
Alcool vanillique... 425
Eugénol... 425
Alcool coniférylique.. 425

Éthers-sels

A. — Éthers-sels dérivés des alcools

a. — Éthers-sels dérivés des alcools monoatomiques........... 426

Fluorure de méthyle ou fluorméthane........................... 426
Chlorure de méthyle... 426
Bromure de méthyle.. 430

Pages.

Iodure de méthyle.. 431
Azotate de méthyle.. 432
Sulfates de méthyle... 433
Formiates de méthyle.. 434
Acétate de méthyle.. 435
Oxalates de méthyle... 436
Fluorure d'éthyle... 437
Chlorure d'éthyle... 439
Bromure d'éthyle.. 441
Iodure d'éthyle... 442
Sulfures d'éthyle... 444
Azotite d'éthyle.. 447
Azotate d'éthyle.. 448
Sulfates d'éthyle... 449
Formiate d'éthyle... 451
Acétate d'éthyle.. 452
Oxalates d'éthyle... 453
Formiate d'amyle.. 454
Acétate d'amyle... 454
Valérate d'amyle.. 455
Butyrate d'amyle.. 455
Chlorure de benzyle... 456

b. — Éthers-sels dérivés des alcools biatomiques

Acétines du glycol.. 456

c. — Éthers-sels dérivés des alcools triatomiques

Chlorhydrines de la glycérine..................................... 458
Éthers nitriques de la glycérine.................................. 459

d. — Éthers dérivés des alcools hexatomiques

Mannite hexanitrique.. 460

B. — Éthers-sels dérivés des phénols

Éthers-sels du phénol... 460
Salicylate de phénol, ou salol.................................... 461

————

Principales propriétés des éthers (Tableau)........ 462 à 468

§ 3. — **Applications**

Pages.

Chlorure de méthyle... 468
Fabrication de l'éther ordinaire, ou oxyde d'éthyle..... 470
Éther trinitrique de la glycérine, ou nitroglycérine..... 472

    Dynamite.. 476

CHAPITRE VI

ALDÉHYDES, CÉTONES, QUINONES

---

§ 1. — **Généralités**

Définition... 481
Constitution.. 482
Classification.. 487
Synthèse.. 488

§ 2. — **Étude particulière des aldéhydes**

Propriétés des aldéhydes... 489

Aldéhydes à fonction simple

A. — Aldéhydes des alcools monoatomiques

a. — Aldéhydes monoatomiques derivant d'alcools complets

Aldéhyde formique, ou méthanol.............................. 490
Aldéhyde ordinaire ou éthanol................................. 491
Dérivés chlorés de l'aldédyde éthylique :

    Aldéhydes chlorés... 499
    Chlorure d'acétyles chlorées; chloral.................. 501

Dérivés bromés.. 504
Acétal.. 505
Homologues supérieurs.. 505

b. — Aldéhydes monoatomiques dérivant d'alcools incomplets.

Pages.

Aldéhyde acrylique, ou acroléine.... 506
Aldéhyde crotonique.... 507
Aldéhyde benzylique.... 507
Chlorure de benzoyle.... 512
Aldéhyde cuminique.... 514
Aldéhyde cinnamique.... 514

B. — Aldéhydes des alcools diatomiques

Glyoxal, ou aldéhyde oxalique.... 516
Aldéhyde succinique.... 517
Aldéhyde phtalique.... 517
Aldéhyde téréphtalique.... 517

Aldéhydes à fonctions mixtes

A. — Aldéhydes-alcools

Aldéhyde glycolique.... 518
Aldol.... 518

B. — Aldéhydes-phénols

Aldéhyde salicilique.... 519
Aldéhyde paraoxybenzoïque.... 521
Aldéhyde protocatéchique.... 521

C. — Aldéhydes-éthers

Aldéhyde anisique.... 522
Aldéhyde pipéronylique.... 522
Aldéhyde pyromucique, ou furfurol.... 523

D. — Aldéhyde-éther-phénol

Vanilline.... 524

§ 3. — Étude particulière des cétones

Propriétés des cétones.... 527

I. — *Cétones à fonction simple*
A. — Cétones monoatomiques

Pages.

Acétone... 529
Butyrone... 532
Benzone.. 532
Acéto-benzone...................................... 533
Camphre.. 533

B. — Dicétones

Acétyl-acétone..................................... 540

II. — *Cétones à fonction mixte*

Acide campholique.................................. 541

Principales propriétés des aldéhydes et des cétones
    (tableau)...................................... 542

§ 4. — Étude particulière des quinones

Propriétés générales des quinones.................. 544
Modes de production................................ 545

I. — *Quinones à fonction simple*

Quinone.. 546
Dérivés chlorés et bromés de la quinone............ 548
Toluquinone.. 550
Thymoquinone....................................... 551
Naphtoquinone...................................... 551
Anthraquinone...................................... 552
Phénanthraquinone.................................. 554
Fluoranthrène-quinone.............................. 555
Chrysoquinone...................................... 555

II. — *Quinones à fonctions mixtes*

Oxyquinones.. 556
Oxyanthraquinone................................... 558

Principales propriétés des quinones (tableau)...... 560

§ 5. — **Applications**

Pages.

Préparation industrielle de l'anthraquinone............... 562
Dérivés chlorés, bromés, nitrés de l'anthraquinone..... 563
Dérivés sulfoniques de l'anthraquinone.................. 565
Dérivés méthylés.. 567
Alizarine ou 1,2-dioxyanthraquinone..................... 568
Dérivés de l'alizarine.................................. 571
Isomères de l'alizarine................................. 572
Trioxyanthraquinone..................................... 573
Tétraoxyanthraquinone 575
Pentaoxyanthraquinone ou dioxyanthragallol... 575
Hexaoxyanthraquinone ou acide rufigallique............. 576

CHAPITRE VII

SUCRES

---

§ 1. — **Généralités**

Définition et constitution.............................. 577
Synthèse des sucres..................................... 580

§ 2. — **Étude particulière des sucres**

I. — *Sucres*

A. — Aldoses

a. — *Bioses*

Aldéhyde glycolique..................................... 585

b. — *Trioses*

Aldéhyde glycérique..................................... 585

686   TABLE DES MATIÈRES

c. — Tétrose

Pages.

Érythrose... 586

d. — Pentoses

Arabinose 586

c. — Hexoses

Glucose ou dextrose.. 587
L-Glucose.. 590
l-Glucose.. 591
Mannoses.. 591
Guloses.. 591
Galactoses.. 591

B. — Cétoses

L-Fructose, ou lévulose... 592
D-Fructose 592
l-Fructose... 593

II. — *Glucosides*

A. — Glucosides dérivant d'un alcool ou d'une aldéhyde

Arbutine... 593
Salicine... 594
Coniférine.. 594

B. — Hexobioses ou saccharoses

Maltose.. 595
Saccharose, ou sucre de canne.................................... 596
Lactose, ou sucre de lait... 598

C. — Hexotrioses

Mélézitose... 599
Raffinose 599

Propriétés générales des sucres (Tableau)............ 600 à 602

§ 3. — **Applications**

A. — Sucre de betteraves

	Pages.
Historique	602
Production de la betterave	603
Conservation des betteraves	606
Extraction du jus	608
Epuration du jus	624
Concentration des jus	635
Epuration des sirops	639
Cuite, ou transformation des sirops en sucre	639
Raffinage du sucre	644
Traitement et utilisation des mélasses	646

B. — Sucre de canne

Historique	656
Production de la canne à sucre	656
Extraction du jus	657
Traitement du jus	659

C. — Essais analytiques

1° Examen des matières premières

Examen des betteraves	662
Examen du noir animal	664

2° Essais pendant la fabrication

Alcalinité	665

3° Analyse des sucres

Dosage du sucre réducteur	667
Dosage du saccharose	668

Pages.
Dosage des cendres...................................... 669
Dosage de l'eau.. 669
Calcul du rendement à l'affinage....................... 669

4° Essais des résidus

Pulpes et noir animal.................................. 670

FIN DE LA TABLE DES MATIÈRES DU TOME PREMIER

Tours. — Imprimerie DESLIS FRÈRES.

Tours. — Imprimerie Deslis Frères.